Signalverarbeitung mit MATLAB® und Simulink®

Anwendungsorientierte Simulationen

von
Prof. Dr.-Ing. Josef Hoffmann,
Prof. Dr. Franz Quint

Oldenbourg Verlag München Wien

Prof. Dr.-Ing. Josef Hoffmann war Professor an der Fakultät Elektro- und Informationstechnik (EIT) der Hochschule Karlsruhe – Technik und Wirtschaft; er unterrichtet dort noch mit Lehrauftrag für die Fachgebiete Messtechnik, Technische Kommunikation, Netzwerke und Filter.

Prof. Dr. Franz Quint ist Professor an der Fakultät Elektro- und Informationstechnik (EIT) der Hochschule Karlsruhe – Technik und Wirtschaft; dort ist er zuständig für die Lehrveranstaltungen Nachrichtentechnik, Verarbeitung mehrdimensionaler Signale, Digitale Signalprozessoren und Informationstheorie und Codierung.

MATLAB® und Simulink® sind eingetragene Warenzeichen von
The MathWorks, Inc.
3 Apple Hill Drive
Natick, MA 01760-2098
Phone: (508) 647-7000

Bibliografische Information der Deutschen Nationalbibliothek

Die Deutsche Nationalbibliothek verzeichnet diese Publikation in der Deutschen Nationalbibliografie; detaillierte bibliografische Daten sind im Internet über <http://dnb.d-nb.de> abrufbar.

© 2007 Oldenbourg Wissenschaftsverlag GmbH
Rosenheimer Straße 145, D-81671 München
Telefon: (089) 45051-0
oldenbourg.de

Das Werk einschließlich aller Abbildungen ist urheberrechtlich geschützt. Jede Verwertung außerhalb der Grenzen des Urheberrechtsgesetzes ist ohne Zustimmung des Verlages unzulässig und strafbar. Das gilt insbesondere für Vervielfältigungen, Übersetzungen, Mikroverfilmungen und die Einspeicherung und Bearbeitung in elektronischen Systemen.

Lektorat: Anton Schmid
Herstellung: Anna Grosser
Coverentwurf: Kochan & Partner, München
Gedruckt auf säure- und chlorfreiem Papier
Druck: Grafik + Druck, München
Bindung: Thomas Buchbinderei GmbH, Augsburg

ISBN 978-3-486-58427-1

Vorwort

Die digitale Signalverarbeitung hat in den letzten Jahrzehnten explosive Fortschritte sowohl in der Theorie als auch in den Anwendungen erfahren. Dies ist hauptsächlich der rasanten Entwicklung in den Technologien der digitalen Hardware und Rechnertechnik sowie der entsprechenden Software geschuldet. Was heutzutage alles in einem mobilen Kommunikationsgerät („*Handy*") an Funktionalität integriert ist, kann dabei als Beispiel angesehen werden.

In allen elektrotechnischen, nachrichtentechnischen und den verwandten Studiengängen an Hochschulen werden Vorlesungen in digitaler Signalverarbeitung angeboten. Die Theorie der Lehrveranstaltungen wird dabei in vielen Fällen mit Simulationen in MATLAB begleitet. Es ist so möglich, Beispiele zu untersuchen, die praktisch relevant sind und über die einfachen, analytisch lösbaren Fälle früherer Zeiten hinausgehen.

In der Industrie hat sich die MATLAB-Produktfamilie in Forschung und Entwicklung zu einem Standardwerkzeug durchgesetzt. Sie wird von den wissenschaftlichen Voruntersuchungen über die Algorithmenentwicklung bis hin zur Implementierung auf einer dedizierten Hardware eingesetzt. Oftmals wird aus dem Simulationsprogramm des Verfahrens automatisch das in der Hardware zu implementierende Programm erzeugt. Diese durchgängige Entwicklungskette bietet den Vorteil effizienter Produktentwicklungszyklen, weil Abweichungen zwischen Simulation und auf der Hardware implementiertem Programm vermieden werden. Nachträglich erforderliche Änderungen können schneller implementiert und untersucht werden.

Damit ist die Verwendung der MATLAB-Produktfamilie in der Lehre nicht nur dem Verständnis der Theorie förderlich, sondern sie ermöglicht den Absolventen von Ingenieurstudiengängen auch einen raschen Zugang zur industriellen Praxis.

Das vorliegende Buch richtet sich vorwiegend an Ingenieurstudenten der Universitäten und Hochschulen für Technik, die eine Vorlesung zum Thema Signalverarbeitung hören. Mit Hilfe der Simulationen in vorliegendem Buch kann die Theorie mit praktischen Beispielen veranschaulicht und in Anwendungen eingesetzt werden.

Die vorgeschlagenen Simulationen wurden so gestaltet, dass sie häufig eingesetzten Anwendungen der Signalverarbeitungspraxis entsprechen. Die Studierenden können sie kreativ erweitern und eigene Konzepte untersuchen, bzw. ihre eigenen Fragen oder Schwierigkeiten beim Verstehen der Theorie mit ähnlichen Simulationen klären.

Das Buch richtet sich auch an Fachkräfte aus Forschung und Industrie, die im Bereich der Signalverarbeitung tätig sind und die MATLAB-Produktfamilie einsetzen oder einzusetzen beabsichtigen. Die leistungsfähigen Funktionen dieser Software werden mit typischen Verfahren der Signalverarbeitung dargestellt und untersucht. Die Simulationen gehen weiter als die Demonstrationsbeispiele aus der Begleitdokumentation von MATLAB, sind ausführlicher beschrieben und basieren auf der didaktischen Erfahrung der Autoren. Sie sind so gestaltet, dass man sie als Bausteine für weitere aufwändigere Anwendungen und Systeme verwenden kann.

Die MATLAB-Produktfamilie besteht aus der MATLAB-Grundsoftware, aus verschiedenen „Toolboxen" und aus dem graphischen Simulationswerkzeug Simulink. MATLAB ist eine leistungsfähige Hochsprache, die Grundfunktionen zur Manipulation von Daten, die in mehrdimensionalen Feldern gespeichert sind, enthält. Der Name MATLAB ist ein Akronym für "MATrix LABoratory" und bezieht sich auf die ursprünglich vorgesehene Anwendung, nämlich das Rechnen mit Matrizen und Datenfeldern.

Für verschiedene Fachgebiete gibt es Erweiterungen der MATLAB-Software in Form sogenannter „Toolboxen". Diese sind Sammlungen von MATLAB-Programmen, die zur Lösung spezifischer Aufgaben des entsprechenden Fachgebietes entwickelt wurden. Eine davon ist auch die *Signal Processing Toolbox*, die ein zentrales Thema dieses Buchs ist.

Eine Besonderheit dieses Buchs im Vergleich zu anderen MATLAB-Büchern besteht darin, dass auch Simulink als Erweiterung von MATLAB intensiv einsetzt wird. In Simulink werden mit relativ wenig Programmieraufwand Systemmodelle mit Hilfe von Blockdiagrammen, wie sie im Lehrbetrieb und in der Entwicklung üblich sind, erstellt. Funktionsblöcke aus verschiedenen Bibliotheken werden so verbunden, dass ein Modell des Systems entsteht.

Die Simulink-Bibliotheken stellen eine Vielzahl von Funktionsblöcken zur Verfügung: Blöcke für Signalquellen, für lineare und nichtlineare Funktionen, für zeitdiskrete Systemkomponenten, für Senken mit denen die Variablen der Modelle inspiziert werden können, usw. Ähnlich wie die Toolboxen MATLAB erweitern, sind in Simulink sogenannte „Blocksets" verfügbar, die spezifische Funktionen für verschiedene Fachgebiete bereitstellen. Im vorliegenden Buch liegt der Schwerpunkt auf den Blöcken des *Signal Processing Blockset*.

Das Simulink-Modell ist auch eine graphische Abbildung des Systems, die leicht zu verstehen, zu ändern und zu untersuchen ist. Die Erstellung von Simulink-Modellen ist in der Regel weniger fehleranfällig als die Programmierung mit MATLAB. Die notwendige Flexibilität gewinnt man durch die Erweiterung vorhandener oder die Programmierung neuer Blöcke. Zur übersichtlichen Gestaltung des Modells können Blöcke hierarchisch zu übergeordneten Blöcken zusammengefasst werden. Aus Simulink-Modellen können automatisch C- oder VHDL[1]-Programme generiert werden, die nach dem Übersetzen auf dedizierter Hardware lauffähig sind.

Das Buch enthält sieben Kapitel, in denen wichtige Aufgabestellungen in der Signalverarbeitung mit Simulationen begleitet werden. Bei einigen Themen werden auch die theoretischen Hintergründe erläutert, so dass man die Funktionen der MATLAB-Produktfamilie verstehen und einsetzen kann. Allerdings ist es nicht Ziel des Buchs, Lehrbuch für die Theorie der digitalen Signalverarbeitung zu sein. Vielmehr soll es der Vertiefung und dem Verständnis ausgewählter Verfahren dienen und Einsatz- und Anwendungsmöglichkeiten der MATLAB-Software in der Lehre und in Forschung und Entwicklung aufzeigen.

- Im ersten Kapitel werden Experimente zur Analyse und Synthese analoger Filter präsentiert. Diese Filter sind an der Schnittstelle zwischen der analogen Natur und der digitalen Signalverarbeitung notwendig. Es werden die von analogen Filtern verursachten Verzerrungen mit Simulationen untersucht und daraus praktische Aspekte abgeleitet. So ist z.B. die Amplitudenverzerrung durch die D/A-Wandler bei der Rekonstruktion zeitkontinuierlicher Signale aus den zeitdiskreten Abtastwerten dargestellt.

- Die Entwicklung digitaler Filter, ein Hauptthema der digitalen Signalverarbeitung, wird im zweiten und dritten Kapitel mit Hilfe der Werkzeuge aus der *Signal Processing Tool-*

---
[1] *Very High Speed Integrated Circuit Hardware Description Language*

box und aus der *Filter Design Toolbox* beschrieben. Die klassischen Entwicklungsverfahren wie z.B. das Parks-McClellan-Verfahren werden im zweiten Kapitel untersucht. Im dritten Kapitel werden spezielle Verfahren anhand von Simulationen erläutert. Dabei wird auch der für die Praxis wichtige Aspekt der Filter im Festkomma-Format ausführlich vorgestellt. Hierfür wird die *Fixed-Point Toolbox* einbezogen.

- Die Multiraten-Signalverarbeitung, die in vielen Anwendungen eingesetzt wird, wird im vierten Kapitel mit praktischen Beispielen begleitet. Zu Beginn werden die beiden Hauptthemen dieses Gebiets, die Dezimierung und die Interpolierung vorgestellt und mit Experimenten vertieft. Danach wird auf die Realisierung der Dezimierung und Interpolierung mit Polyphasenfiltern eingegangen. Auch Multiratenfilterbänke werden hier behandelt.

  Im letzten Teil dieses Kapitels werden die sogenannten CIC^2- und $IFIR^3$-Filter für die Dezimierung und Interpolierung zeitdiskreter Signale beschrieben und untersucht. CIC-Filter werden häufig in Hardware implementiert, weil sie ohne Multiplikationen realisierbar sind. Mit IFIR-Filtern werden Tiefpassfilter mit steilen Flanken und schmaler Bandbreite erzeugt, die sich ohne großen Aufwand implementieren lassen.

- Experimente zur Analyse und Synthese adaptiver Filter werden im fünften Kapitel vorgestellt. Dabei werden die Filter, die in Simulink-Blöcken und in den MATLAB-Objekten für adaptive Filter implementiert sind, eingesetzt.

- Das sechste Kapitel enthält eine der Thematik dieses Buches angepasste kompakte Darstellung von MATLAB. Es geht auf die Grundfunktionen von MATLAB und die Werkzeuge, die in den Experimenten eingesetzt werden, ein. Gute einführende Kenntnisse können auch über die Hilfe-Seiten *Getting Started* der MATLAB-Software erworben werden.

- Auf besonders beachtenswerte Aspekte von Simulink wird im letzten Kapitel eingegangen. Auch hier ist es ratsam, dass Simulink-Anfänger die Hilfe-Seiten *Getting Started* von Simulink vorher durcharbeiten.

Der Leser wird ermutigt, bei der Arbeit mit diesem Buch die vorgestellten Simulationen selbst in MATLAB oder Simulink durchzuführen, sie zu erweitern oder für seine Zwecke zu verändern. Hierfür kann er die Quellen aller für das Buch entwickelten MATLAB-Programme und Simulink-Modelle von der Internet-Seite des Oldenbourg-Verlages http//www.oldenbourg-wissenschaftsverlag.de beziehen.

Aus dem sehr großen Umfang der MATLAB-Produktfamilie werden in diesem Buch Funktionen folgender Werkzeuge eingesetzt: MATLAB und Simulink als Grundsoftware, *Signal Processing Toolbox*, *Signal Processing Blockset*, *Filter Design Toolbox*, *Fixed-Point Toolbox*, *Simulink Fixed Point* und *Wavelet Toolbox*. Hinzu kommen noch verschiedene mit MATLAB mitgelieferte Entwicklungs- und Analysewerkzeuge wie z.B. das *Filter Design and Analysis Tool*, kurz FDATool, für die Entwicklung und Analyse von Filtern oder das *Filter Visualization Tool* zur Visualisierung der Eigenschaften der Filter.

Die Handbücher der MATLAB-Produktfamilie sind im Internet als PDF-Dateien erhältlich (http://www.mathworks.com/access/helpdesk/help/techdoc/matlab.html).

---
[2] *Cascaded-Integrator-Comb*
[3] *Interpolated-Finite-Impulse-Response*

Allein für die MATLAB-Grundsoftware sind z.B. 19 Handbücher verfügbar. Aufgrund ihres Umfangs von mehreren tausend Seiten ist eine systematische Durcharbeitung von der ersten bis zur letzten Seite dem Anwender kaum möglich. Vielmehr sollten sie als Nachschlagewerk am Rechner verwendet werden, um so die Aufrufbeispiele der Funktionen oder die Demonstrationen gleich ausführen zu können. Ähnliche Dokumente gibt es auch für die anderen Komponenten der MATLAB-Familie. Der Einfachheit halber werden diese Quellen nicht zitiert. Sie stehen über die MATLAB-Oberfläche zur Verfügung und können immer nachgeschlagen werden.

Die Firma MathWorks bietet Unterstützung zur Produktfamilie auch unter der Adresse http://www.mathworks.com (oder http://www.mathworks.de) an. So findet man z.B. unter der Adresse http://www.mathworks.com/matlabcentral im Menü *File Exchange* eine Vielzahl von Programm- und Modellbeispielen. Weiterhin werden laufend Webinare[4], auch in deutscher Sprache angeboten, die man herunterladen und beliebig oft ansehen kann. Auch auf weltweit über 700 Buchtitel, die die MATLAB-Software beschreiben und einsetzen, wird auf den Internet-Seiten von MathWorks verwiesen.

Danksagung

Die Autoren möchten sich vor allem bei den Studierenden des Studiengangs Nachrichtentechnik der Hochschule Karlsruhe – Technik und Wirtschaft bedanken, die bei den entsprechenden Vorlesungen mit ihren Fragen dazu beigetragen haben, dass die Theorie mit passenden Simulationen in MATLAB und Simulink begleitet wurde. So sind die meisten Simulationen dieses Buches entstanden. Viele davon basieren auch auf Themen, mit denen unsere Studierenden in Diplomarbeiten, die sie in der Industrie ausarbeiten, konfrontiert wurden.

Gleichfalls möchten wir uns bei unseren Kollegen Prof. Kessler, Prof. Scherf und Prof. Beucher bedanken, die ebenfalls MATLAB und Simulink in ihren Vorlesungen einsetzen und über Gespräche dazu beigetragen haben, einige Simulationen didaktischer zu gestalten.

Dank gebührt auch Frau Courtnay von der Firma The MathWorks USA, die als Betreuerin der Autoren von MATLAB-Büchern uns regelmäßig mit der Anfrage *What is the status of your book project?* angespornt hat und uns gleichzeitig mit neuen Versionen und Vorankündigungen der Software versorgt hat. Ebenfalls bedanken wir uns beim Support-Team von The MathWorks Deutschland in München und besonders bei Herrn Schäfer, der sehr professionell und zeitnah unsere Anfragen beantwortet hat.

Nicht zuletzt bedanken wir uns bei unseren Familien, die viel Verständnis während unserer Arbeit am Buch aufgebracht haben.

Josef Hoffmann (josef.hoffmann@hs-karlsruhe.de)
Franz Quint (franz.quint@hs-karlsruhe.de)

Juli 2007

---

[4] Multimediale Seminare über das Internet

Inhaltsverzeichnis

1	**Entwurf und Analyse analoger Filter**	**1**
1.1	Entwurf und Analyse mit Funktionen der *Signal Processing Toolbox*	1
1.2	Verzerrungen durch analoge Tiefpassfilter	5
	Experiment 1.1: Verzerrungen wegen des Phasengangs	9
	Experiment 1.2: Verzerrung von rechteckförmigen Pulsen	13
1.3	Verzerrungen durch analoge Hochpassfilter	18
1.4	Verzerrungen modulierter Signale durch Bandpassfilter	21
	1.4.1 Verzerrung amplitudenmodulierter Signale	22
	1.4.2 Verzerrung frequenzmodulierter Signale	23
	Experiment 1.3: Frequenzgang und Gruppenlaufzeit von Bandpassfiltern	24
1.5	Rekonstruktion zeitkontinuierlicher Signale	26
	Experiment 1.4: Tiefpassfilter als Glättungsfilter	26
	1.5.1 Welligkeit im Durchlassbereich bei Glättungsfiltern	32
1.6	Verstärkung des Rauschens durch Überfaltung	35
	Experiment 1.5: Spiegelung von nicht gefiltertem Rauschen	36
1.7	Schlussfolgerungen	37
2	**Entwurf und Analyse digitaler Filter**	**39**
2.1	Einführung	40
2.2	Klassischer Entwurf der IIR-Filter	46
	Experiment 2.1: Antworten der IIR-Filter auf verschiedene Signale	51
	2.2.1 Entwurf der IIR-Filter mit der Funktion `yulewalk`	55
	2.2.2 Entwurf der verallgemeinerten Butterworth-Filter mit der Funktion `maxflat`	56
2.3	Implementierung der IIR-Filter	58
2.4	Entwurf und Analyse der FIR-Filter mit linearer Phase	61
	2.4.1 Einführung	62
	2.4.2 Entwurf der FIR-Filter mit dem Fenster-Verfahren	63
	2.4.3 Entwurf der Standard-Filter mit der Funktion `fir1`	69
	2.4.4 Entwurf der Multiband-Filter mit der Funktion `fir2`	70
	Experiment 2.2: Vergleich der mit dem Fensterverfahren entwickelten FIR-Filter	71
	2.4.5 Entwurf der FIR-Filter mit den Funktionen `firls` und `firpm`	75
	2.4.6 Entwurf der Differenzier- und Hilbertfilter	79
	Experiment 2.3: Erzeugung analytischer Signale	81

		Experiment 2.4: Entwurf komplexwertiger Filter mit der Funktion `cfirpm`	83
		Experiment 2.5: Einseitenband-Modulation	89
		2.4.7 Entwurf der FIR-Filter durch Kombination einfacher Filter	92
		Experiment 2.6: *Raised-Cosine*-FIR-Filter für die Kommunikationstechnik	98
	2.5	Entwurf zeitdiskreter Filter mit `dfilt`-Objekten.............................	105
	2.6	Zusammenfassung	112

3 Filterentwurf mit der *Filter Design Toolbox* — 113

	3.1	Optimaler Entwurf digitaler Filter	113
		3.1.1 Entwurf der FIR-Filter mit der Funktion `firgr`	115
		Experiment 3.1: Entwurf und Untersuchung eines Differenzierers	119
		3.1.2 Die Funktionen `firlpnorm` und `firceqrip` zum Entwurf von FIR-Filtern...	124
		3.1.3 Entwurf der IIR-Filter mit der Funktion `iirgrpdelay`	125
		3.1.4 Die Funktionen `iirlpnorm` und `iirlpnormc` zum Entwurf von IIR-Filtern...	128
	3.2	Festkomma-Quantisierung	130
		3.2.1 Einführung in das Festkomma-Format	132
		3.2.2 Stellenwert-Interpretation	133
		3.2.3 Skalierte Interpretation	134
		Experiment 3.2: Umgang mit Variablen im Festkomma-Format	138
		Experiment 3.3: Addition von Variablen mit skalierter und verschobener Festkomma-Codierung	145
		3.2.4 Schlussfolgerungen..	151
	3.3	Funktionen der *Fixed-Point Toolbox*	151
		3.3.1 Erzeugung von `numerictype`-Objekten	153
		3.3.2 Erzeugung von `fimath`-Objekten	154
		3.3.3 Einsatz der `fimath`-Objekte in arithmetischen Operationen	154
		3.3.4 Erzeugung von `quantizer`-Objekten	156
		3.3.5 Einsatz der `fi`-Objekte in Simulink	158
	3.4	Gleitkomma-Quantisierung...	160
		3.4.1 Genauigkeit der Zahlen im Gleitkomma-Format	162
		3.4.2 Dynamischer Bereich des Gleitkomma-Formats.....................	162
	3.5	Entwurf quantisierter Filter...	164
		3.5.1 Quantisierte FIR-Filter	164
		3.5.2 Quantisierte IIR-Filter	170
	3.6	Entwurf von `fdesign`-Filterobjekten	177

4 Multiraten-Signalverarbeitung — 181

	4.1	Dezimierung mit einem ganzzahligen Faktor	183
	4.2	Interpolierung mit einem ganzzahligen Faktor	189

4.3	Änderung der Abtastrate mit einem rationalen Faktor	193
4.4	Dezimierung und Interpolierung in mehreren Stufen	194
	Experiment 4.1: Entwurf eines Tiefpassfilters mit sehr kleiner Bandbreite	197
	Experiment 4.2: Filterung von Bandpasssignalen mit sehr kleiner Bandbreite	202
4.5	Dezimierung und Interpolierung mit Polyphasenfiltern	206
	4.5.1 Dezimierung mit Polyphasenfiltern	209
	4.5.2 Interpolierung mit Polyphasenfiltern	212
	Experiment 4.3: Dezimierung mit Polyphasenfiltern im Festkomma-Format	215
4.6	Interpolierung mit der Funktion `interpft`	219
4.7	Lagrange-Interpolierung mit der Funktion `intfilt`	221
4.8	Multiratenfilterbänke	225
	4.8.1 Die DFT als Bank von Bandpassfiltern	226
	Experiment 4.4: Cosinusmodulierte Filterbänke	232
	4.8.2 Zweikanal-Analyse- und Synthesefilterbänke	239
	Experiment 4.5: Simulation des Hochpasspfades einer Zweikanal-Filterbank	248
	Experiment 4.6: Simulation der Zweikanal-Filterbank für die Audio-Komprimierung	252
	4.8.3 Multikanal-Analyse- und Synthesefilterbänke	256
	Experiment 4.7: Signalkonditionierung mit Filterbänken	264
4.9	CIC-Dezimierungs- und Interpolierungsfilter	269
	4.9.1 Das laufende Summierungsfilter	269
	4.9.2 Die Dezimierung mit CIC-Filtern	272
	Experiment 4.8: CIC-Dezimierung und FIR-Kompensationsfilter	276
	4.9.3 Die Interpolierung mit CIC-Filtern	280
	4.9.4 Implementierungsdetails	281
	Experiment 4.9: Simulation mit CIC-Filterblöcken	285
4.10	Entwurf der *Interpolated*-FIR Filter	287
	Experiment 4.10: Dezimierung und Interpolierung mit IFIR-Filtern	292
4.11	Multiraten-Objekte aus der *Filter Design Toolbox*	294
	4.11.1 Die *overlap-add* Methode zur Filterung einer unendlichen, zeitdiskreten Sequenz	295
	4.11.2 Das Mutiraten-Objekt `mfilt.fftfirinterp`	297
	4.11.3 Anmerkungen zum *Solver*	300

5 Analyse und Synthese adaptiver Filter — 303

5.1	LMS-Verfahren	304
	Experiment 5.1: Identifikation mit dem LMS-Verfahren	307
	Experiment 5.2: Adaptive Störunterdrückung	309
5.2	RLS-Verfahren	313
5.3	Kalman-Filter	319
	Experiment 5.3: Adaptive Störunterdrückung mit einem Kalman-Filter	320

		Experiment 5.4: Adaptive Störunterdrückung mit einem Block-LMS-Filter 324
	5.4	Beispiele für den Einsatz der **adaptfilt**-Objekte 325
	5.5	Anmerkungen 327

6 MATLAB kompakt   329

- 6.1 Das MATLAB-Fenster 330
- 6.2 Interaktives Arbeiten mit MATLAB 332
  - 6.2.1 MATLAB-Variablen 333
  - 6.2.2 Komplexwertige Variablen 334
  - 6.2.3 Vektoren und Matrizen 335
  - 6.2.4 Arithmetische Operationen 337
  - 6.2.5 Vergleichs- und logische Operationen 338
  - 6.2.6 Mathematische Funktionen 339
  - 6.2.7 Einfache Funktionen zur Datenanalyse 339
- 6.3 Programmierung in MATLAB 342
  - 6.3.1 MATLAB-Skripte 342
  - 6.3.2 Eigene Funktionen 343
  - 6.3.3 Funktionsarten 344
- 6.4 Steuerung des Programmflusses 346
  - 6.4.1 Die **if**-Anweisung 346
  - 6.4.2 Die **for**-Schleife 346
  - 6.4.3 Die **while**-Schleife 347
  - 6.4.4 Die **switch/case**-Anweisung 347
  - 6.4.5 Die **try/catch**-Anweisung 348
  - 6.4.6 Die **continue-**, **break-** und **return**-Anweisung 348
- 6.5 Zeichenketten 348
- 6.6 Polynome 349
- 6.7 Funktionen für die Fourier-Analyse 350
- 6.8 Graphik 353
  - 6.8.1 Grundlegende Darstellungsfunktionen 353
  - 6.8.2 Unterteilung des Darstellungsfensters mit der Funktion **subplot** 355
  - 6.8.3 Logarithmische Achsen 357
  - 6.8.4 Darstellung zeitdiskreter Daten mit den Funktionen **stem** und **stairs** 357
- 6.9 Weitere Datenstrukturen 359
  - 6.9.1 Mehrdimensionale Felder 359
  - 6.9.2 Zell-Felder 360
  - 6.9.3 Struktur-Variablen 361
- 6.10 Dateioperationen 361
  - 6.10.1 Lesen und Schreiben im ASCII-Format 362
  - 6.10.2 Lesen und Schreiben von Binärdaten 363
  - 6.10.3 Lesen und Schreiben von Audiodaten 364

6.11	Schreibtisch-Werkzeuge		365
	6.11.1	Editor und Debugger	365
	6.11.2	Fehlervermeidung	367
	6.11.3	Das Hilfesystem	367
	6.11.4	Graphische Objekte	368
6.12	Anmerkungen		371

7 Hinweise zu Simulink 373

7.1	Aufbau eines Modells		374
	7.1.1	Schnittstellen	377
	7.1.2	Signale und Zeitbeziehungen	380
7.2	Datenaggregation in Simulink		385
	7.2.1	*Sample*-Daten und *Frame*-Daten	385
	7.2.2	*Sample-Multichannel*-Daten	395
	7.2.3	*Frame-Multichannel*-Daten	399
7.3	Blöcke im Festkomma-Format		402
7.4	Spektrale Leistungsdichte und *Power Spectrum*		405
7.5	Der Block *Embedded MATLAB Function*		412
7.6	Aufruf der Simulation aus der MATLAB-Umgebung		415

Literaturverzeichnis 419

Index 425

Index der MATLAB-Funktionen 429

Glossar 433

1 Entwurf und Analyse analoger Filter

Die Bestrebungen, die Signalverarbeitung so weit wie möglich digital zu realisieren, hat die analogen Filter ein wenig in den Hintergrund treten lassen. Da die Natur aber analog ist, bleiben die analogen Filter an der Schnittstelle zur digitalen Welt sicher erhalten. Der große Aufwand, mit dem die Chip-Hersteller die Eigenschaften der integrierten analogen Filter ständig verbessern, ist ein Beweis dafür, dass analoge Filter weiterhin ihren wohlverdienten Platz in der Signalverarbeitung bewahren werden. Darüberhinaus werden die Entwurfsmethoden für analoge Filter auch bei der Erstellung digitaler IIR-Filter[1] angewandt.

Der Entwurf und die Analyse analoger Filter ist umfangreich in der Literatur behandelt [68], [34], [56], [38]. Eine gute Einführung in die Thematik erhält man auch aus der Literatur zur Digitalen Signalverarbeitung, und zwar in den Kapiteln, die sich mit den Entwurfsmethoden von IIR-Filtern beschäftigen. Beispielhaft erwähnt seien hier die Bücher [26], [55], [52], die ebenfalls MATLAB-Begleitprogramme anbieten.

1.1 Entwurf und Analyse mit Funktionen der *Signal Processing Toolbox*

Lineare zeitinvariante Systeme können im Zeitbereich oder im Bildbereich (mit Hilfe der Laplace-Transformation) beschrieben werden [34]. Die Beschreibung im Zeitbereich erfolgt oft mit Hilfe eines Systems von Differentialgleichungen erster Ordnung, den sogenannten Zustandsgleichungen. Deswegen spricht man auch von einer Beschreibung im Zustandsraum. Filter sind Systeme mit einem Eingang und einem Ausgang (SISO-Systeme[2]) und ihre Beschreibung im Zustandsraum ist gemäß Gl. (1.1).

$$\frac{d\mathbf{x}_s(t)}{dt} = \mathbf{A}\mathbf{x}_s(t) + \mathbf{B}u(t) \qquad (1.1)$$
$$y_s(t) = \mathbf{C}\mathbf{x}_s(t) + Du(t)$$

Die erste Gleichung ist ein System von Differentialgleichungen in vektorieller Notation und stellt den Zusammenhang zwischen dem Zustandsvektor $\mathbf{x}_s(t)$ und der Eingangsgröße $u(t) = x(t)$ dar[3]. Die Länge n des Zustandsvektors $\mathbf{x}_s(t)$ gibt die Ordnung des Systems (Filters) an. Die zweite, algebraische Gleichung ist die sogenannte Ausgangsgleichung und stellt die Abhängigkeit der Ausgangsgröße $y_s(t) = y(t)$ vom Zustandsvektor und von der Eingangsgröße dar. Die Eigenschaften (Parameter) des Systems werden durch die Matrizen $\mathbf{A}, \mathbf{B}, \mathbf{C}$ und

---
[1] *Infinte-Impulse-Response* oder rekursive Filter
[2] *Single Input Single Output*
[3] In der Zustandsbeschreibung ist es üblich, die Eingangsgröße mit $u(t)$ zu bezeichnen. In der Welt der digitalen Signalverarbeitung wird die Eingangsgröße üblicherweise mit $x(t)$ bezeichnet und darf nicht mit dem Zustandsvektor $x_s(t)$ verwechselt werden.

$D = d$ festgelegt. Diese Matrizen müssen auch in MATLAB zur Beschreibung des Systems im Zustandsraum (Englisch: *state-space*) angegeben werden.

Im Bildbereich, mit s als Variablen der Laplace-Transformation, wird ein lineares zeitinvariantes System durch die Übertragungsfunktion $H(s)$ beschrieben [34]. Die Übertragungsfunktion (Englisch: *Transfer Function*) ist eine rationale Funktion mit jeweils einem Polynom im Zähler und im Nenner, gemäß Gl. (1.2). Dabei sind $Y(s)$ die Laplace-Transformierte des Ausgangssignals $y(t)$ und $X(s)$ die des Eingangssignals $x(t)$.

$$H(s) = \frac{Y(s)}{X(s)} = \frac{b_0 s^n + b_1 s^{n-1} + b_2 s^{n-2} \cdots + b_n}{s^n + a_1 s^{n-1} + a_2 s^{n-2} \cdots + a_n} \qquad (1.2)$$

In MATLAB kann diese Form der Übertragungsfunktion mit Hilfe der Koeffizienten des Zähler- und des Nennerpolynoms spezifiziert werden. Die Koeffizienten werden in zwei Vektoren angegeben, wobei der Koeffizient der höchsten Potenz eines Polynoms an erster Stelle steht. Diese Art der Beschreibung wird in MATLAB als *Transfer-Function*-Form bezeichnet.

Wenn die Polynome der Übertragungsfunktion mit Hilfe der Nullstellen des Zählers und Nenners ausgedrückt werden, erhält man die Null-Polstellen-Form [34]:

$$H(s) = \frac{Y(s)}{X(s)} = b_0 \frac{(s-z_1)(s-z_2)\dots(s-z_n)}{(s-p_1)(s-p_2)\dots(s-p_n)} \qquad (1.3)$$

Die Werte $z_1, z_2, \dots, z_n$ sind die Nullstellen der Übertragungsfunktion und die Nullstellen des Nennerpolynoms $p_1, p_2, \dots, p_n$ sind ihre Pole. Der Faktor b_0 wird im Englischen *Gain* genannt. Die Form der Übertragungsfunktion nach Gl. (1.3) wird in MATLAB als *Zero-Pole-Gain*-Form bezeichnet und wird durch zwei Vektoren, die die Nullstellen und Pole enthalten, sowie durch einen Skalar für die Verstärkung[4] spezifiziert.

Für das System mit der Übertragungsfunktion nach Gl. (1.2) gibt es eine Beschreibung im Zustandsraum mit folgenden Matrizen:

$$\mathbf{A} = \begin{pmatrix} 0 & 1 & 0 \dots & & 0 \\ 0 & 0 & 1\, 0 \dots & & 0 \\ . & . & \dots & . & . \\ 0 & 0 & \dots & 0 & 1 \\ -a_n & -a_{n-1} & \dots & -a_2 & -a_1 \end{pmatrix} \qquad \mathbf{B} = \begin{pmatrix} 0 \\ 0 \\ . \\ . \\ . \\ 0 \\ 1 \end{pmatrix} \qquad (1.4)$$

$$\mathbf{C} = \begin{pmatrix} (b_n - b_0 a_n) & (b_{n-1} - b_0 a_{n-1}) & \dots & (b_1 - b_0 a_1) \end{pmatrix} \qquad \mathbf{D} = d = b_0 \qquad (1.5)$$

In MATLAB können die drei unterschiedlichen Beschreibungsformen mit den Funktionen **ss2tf**, **tf2ss**, **ss2zp**, **zp2ss**, **tf2zp** und schließlich **zp2tf** ineinander umgewandelt werden. Dabei steht das Kürzel **ss** für die Zustandsraum-Beschreibung, **zp** für die Null-

---

[4] Dabei handelt es sich nicht um eine Verstärkung des Eingangssignals beim Durchgang durch das System (diese ist prinzipiell frequenzabhängig), sondern lediglich um eine Bezeichnung für den Koeffizienten des höchstgradigen Gliedes, der zur Darstellung in der angegebenen Form als Faktor auszuklammern ist.

1.1 Entwurf und Analyse mit Funktionen der *Signal Processing Toolbox*

Polstellen-Beschreibung und `tf` für die Beschreibung in der *Transfer-Function*-Form. Die Beschreibung im Zustandsraum ist die stabilste gegen numerische Ungenauigkeiten, gefolgt von der Null-Polstellen-Form.

Die *Signal Processing Toolbox* enthält mehrere Gruppen von Funktionen zur Entwicklung von Analogfiltern. In Tabelle 1.1 sind die Funktionen zum Entwurf von Prototyp-Filtern im Tiefpassbereich gemäß unterschiedlicher Approximationsschemata (wie z.B. Bessel, Butterworth usw.) angegeben. Mit Hilfe der in Tabelle 1.2 angegebenen Transformationsfunktionen können die Prototypen dann in die gewünschten Bandpass-, Bandsperr-, Hochpass- oder Tiefpassfilter transformiert werden.

Tabelle 1.1: Analoge Tiefpassprototyp-Filter

`besselap`	Bessel Tiefpassprototyp-Filter
`buttap`	Butterworth Tiefpassprototyp-Filter
`cheby1ap`	Tschebyschev Typ I Tiefpassprototyp-Filter (mit Welligkeit im Durchlassbereich)
`cheby2ap`	Tschebyschev Typ II Tiefpassprototyp-Filter (mit Welligkeit im Sperrbereich)
`ellipap`	Elliptisches Tiefpassprototyp-Filter

Tabelle 1.2: Transformationen der Analogprototypen

`lp2bp`	Transformation Tiefpass- zu Bandpassfilter
`lp2bs`	Transformation Tiefpass- zu Bandsperrfilter
`lp2hp`	Transformation Tiefpass- zu Hochpassfilter
`lp2lp`	Transformation Tiefpass- zu Tiefpassfilter (mit anderer Durchlassfrequenz)

In einem Beispiel soll die Anwendung der Funktionen aus Tabelle 1.1 und 1.2 veranschaulicht werden. Es wird ein elliptisches Bandsperrfilter 8. Ordnung mit einem Sperrbereich von 1000 Hz bis 2000 Hz, mit einer Welligkeit im Durchlassbereich von 0.1 dB und mit einer Dämpfung von 60 dB im Sperrbereich ermittelt. Zur Spezifikation der Filterkenngrößen im Frequenzbereich wird auf Abschnitt 1.5.1 verwiesen. Da sich bei der Transformation vom Tiefpassbereich in den Bandpassbereich die Filterordnung verdoppelt, wird zunächst ein Tiefpassfilter der Ordnung vier entworfen. Mit

```
Ap = 0.1;        % 0,1 dB Welligkeit im Durchlassbereich
As = 60;         % 60 dB Dämpfung im Sperrbereich
nord = 4;        % Ordnung des Tiefpassprototyp-Filters (8/2)
[z,p,k] = ellipap(nord,Ap,As); % Null- Polstellen des Prototyps
```

wird die Übertragungsfunktion des Tiefpassprototyp-Filters in der *Zero-Pole-Gain*-Form ermittelt. Die Vektoren z und p enthalten die Null- und Polstellen der Übertragungsfunktion. Für das Tiefpassprototyp-Filter vierter Ordnung erhält man 4 Nullstellen und 4 Polstellen. Die Koeffizienten der Zähler- und Nennerpolynome der Übertragungsfunktion erhält man mit:

```
[b,a] = zp2tf(z,p,k);    % Koeffizienten der Übertragungsfunktion
```
In den Vektoren b und a sind die fünf Koeffizienten der Polynome des Zählers und des Nenners der Übertragungsfunktion gemäß Gl. (1.2) enthalten.

Den Frequenzgang des Prototypfilters im Frequenzbereich 10^{-1} Hz bis 10^1 Hz mit 500 logarithmisch skalierten Punkten ermittelt man mit:

```
[Hap,wap]=freqs(b,a,2*pi*logspace(-1,1,500));   % Frequenzgang
% des Prototyps
fap = wap/(2*pi);
```

Zur Transformation des Prototypfilters in das gewünschte Bandsperrfilter verwendet man die Funktion **lp2bs**:

```
f1 = 1000;           f2 = 2000;
fm = sqrt(f1*f2);    B = f2 - f1;
% fm = (f1 + f2)/2;  B = f2 - f1;
% ------- Das Bandsperrfilter
[zaehler, nenner] = lp2bs(b,a,fm*2*pi,B*2*pi);
% ------- Frequenzgang des Bandsperrfilters
[Hbs,wbs] = freqs(zaehler, nenner, 2*pi*logspace(2,4,500));
fbs = wbs/(2*pi);
```

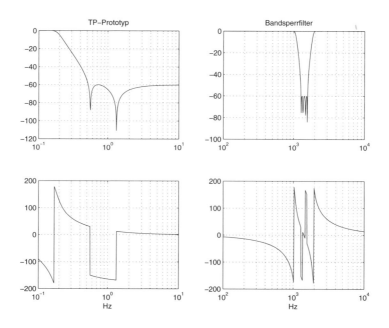

Abb. 1.1: Frequenzgänge von Prototyptiefpass und Bandsperrfilter (band_sperr1.m)

Die Ordnung des Bandsperrfilters verdoppelt sich wegen der Transformation aus der Tiefpass- in die Bandpasslage und ist somit acht. Damit hat die Übertragungsfunktion neun Koeffizienten im Zähler und neun Koeffizienten im Nenner. Für die Transformationen Tiefpass- in

1.2 Verzerrungen durch analoge Tiefpassfilter

Tiefpassfilter und Tiefpass- in Hochpassfilter bleibt die Ordnung erhalten. Die Frequenzgänge des Tiefpassprototyp- und Bandsperrfilters sind in Abb. 1.1 dargestellt und wurden mit der Funktion **freqs** ermittelt. Das Programm band_sperr1.m enthält alle Befehle zur Berechnung und Darstellung des Bandsperrfilters.

Tabelle 1.3: Direkte Entwicklung von Analogfiltern

besself	Bessel Analogfilter
butter	Butterworth Analogfilter
cheby1	Tschebyschev Typ I Analogfilter (mit Welligkeit in Durchlassbereich)
cheby2	Tschebyschev Typ II Analogfilter (mit Welligkeit im Sperrbereich)
ellip	Elliptisches Analogfilter

Die Mittenfrequenz fm des Bandsperrfilters kann, je nachdem ob man eine Symmetrie im linearen oder logarithmierten Frequenzgang wünscht, als das arithmetische oder das geometrische Mittel der beiden Eckfrequenzen berechnet werden.

MATLAB bietet auf einer höheren Abstraktionsebene auch Funktionen an, in denen der dargestellte Weg zum Filterentwurf bereits integriert ist. Diese Funktionen sind in Tabelle 1.3 angegeben und mit ihnen können auch digitale IIR-Filter entworfen werden. Das Filter aus dem vorherigen Beispiel erhält man unter Verwendung dieser Funktionen mit den folgenden Befehlen:

```
f1 = 1000;          f2 = 2000;      % Bandsperrbereich
Ap = 0.1;           As = 60;        % Welligkeit im Durchlass-
                                    % bzw. Sperrbereich
nor = 4;                            % Ordnung des TP-Prototyps
[zaehler, nenner] = ellip(nor, Ap, As, [f1 f2]*2*pi,...
    'stop','s');                    % Das Bandsperrfilter
```

Der Parameter 'stop' gibt an, dass der Frequenzbereich für ein Bandsperrfilter gedacht ist und der Parameter 's' gibt an, dass ein analoges Filter zu berechnen ist. Dieselbe Funktion dient (wie schon erwähnt) auch zur Ermittlung eines elliptischen digitalen IIR-Filters, wobei dann das Argument 's' entfällt.

1.2 Verzerrungen durch analoge Tiefpassfilter

Analoge Tiefpassfilter spielen auch in der digitalen Signalverarbeitung eine besondere Rolle, und zwar als Bandbegrenzungsfilter vor der Analog-Digital-Wandlung (Abb. 1.2). Entsprechend ihrer Aufgabe werden sie als *Antialiasing*-Filter bezeichnet [38]. Auch bei der Digital-Analog-Wandlung ist zur Rekonstruktion des zeitkontinuierlichen Signals ein analoges Tiefpassfilter erforderlich, welches in Abb. 1.2 als Glättungsfilter bezeichnet ist.

Wird ein Signal mit der Frequenz f_s abgetastet, so sollte das *Antialiasing*-Filter idealerweise die Bandbreite des zeitkontinuierlichen Signals auf $f_s/2$ scharf und ohne Verzerrungen begrenzen. Das Filter müsste einen konstanten Amplitudengang bis $f_s/2$ haben und danach unmittelbar in einen Sperrbereich mit großer Dämpfung übergehen. Der Phasengang sollte idea-

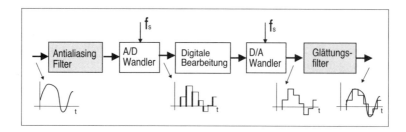

Abb. 1.2: Digitale Bearbeitung zeitkontinuierlicher Signale

lerweise Null oder linear fallend mit der Frequenz sein, dabei aber bei der Frequenz $f = 0$ den Wert $\varphi(0) = \pm 2k\pi, k = 0, 1, ...$ besitzen.

Dass ein in Abhängigkeit von der Frequenz linearer Phasenverlauf keine Verzerrungen hervorruft, kann man sich leicht folgendermaßen überlegen. Wenn am Eingang des Filters im stationären Zustand eine Komponente der Form

$$x(t) = \hat{x}\, cos(\omega t) \tag{1.6}$$

anliegt, dann ist der Ausgang durch

$$y(t) = \hat{x}\, A(\omega)\, cos(\omega t + \varphi(\omega)) = \hat{x}\, A(\omega)\, cos(\omega(t + \varphi(\omega)/\omega)) = \\ \hat{x}\, A(\omega)\, cos(\omega(t - \tau(\omega))) \tag{1.7}$$

gegeben. Dabei sind $A(\omega)$ der Amplitudengang und $\varphi(\omega)$ der Phasengang des Filters. Damit jede Komponente der beliebigen Kreisfrequenz ω mit derselben Verzögerung am Ausgang ankommt, muss $\tau(\omega)$ eine Konstante τ sein. Das bedeutet:

$$\varphi(\omega)/\omega = -\tau(\omega) = -\tau \qquad \text{oder } \varphi(\omega) = -\tau\omega \tag{1.8}$$

Wegen der Periodizität der Sinus- oder Cosinusfunktionen ist auch eine Phase der Form

$$\varphi(\omega) = -\tau\omega - 2k\pi, \qquad k = 0, 1, 2, 3, ... \tag{1.9}$$

als ideal zu betrachten.

Der ideale Amplitudengang mit $A(\omega) = Konstante$ im Durchlassbereich kann annähernd bei analogen Filtern ohne allzu großen Aufwand realisiert werden. Dagegen ist eine annähernd lineare Phase nach Gl. (1.9) nicht so leicht zu realisieren.

Man definiert die Gruppenlaufzeit [9] als die negative Ableitung des Phasengangs nach der Kreisfrequenz

$$G_r(\omega) = -\frac{d\varphi(\omega)}{d\omega}, \tag{1.10}$$

wobei das negative Vorzeichen eingeführt wird, um positive Werte für die Gruppenlaufzeit zu erhalten. Keine Verzerrungen beim Durchgang durch das Filter erleiden Signale, in deren Frequenzbereich die Gruppenlaufzeit annähernd konstant ist.

1.2 Verzerrungen durch analoge Tiefpassfilter

Im Gegensatz zur Gruppenlaufzeit wird die Variable $\tau_p(\omega)$

$$\tau_p(\omega) = -\tau(\omega) = -\varphi(\omega)/\omega \tag{1.11}$$

als Phasenlaufzeit bezeichnet und stellt die Verzögerung einer Komponente der Frequenz ω im stationären Zustand dar.

Es ist berechtigt zu fragen, was geschieht, wenn der Phasengang linear aber nicht null bei $\omega = 0$ ist:

$$\varphi(\omega) = -G_r\,\omega - \theta_0 \tag{1.12}$$

Hier ist G_r die konstante Gruppenlaufzeit (die sich aus dem linearen Phasenverlauf ergibt) und θ_0 ist der Wert der Phase bei $\omega = 0$. Eine Summe von sinus- oder cosinusförmigen Komponenten

$$x(t) = \sum_{k=1}^{N} \hat{x}\, sin(\omega_k t) \tag{1.13}$$

im stationären Zustand wird durch das Filter mit konstantem (auf $A = 1$ normiertem) Amplitudengang und Phasengang nach Gl. (1.12) in

$$y(t) = \sum_{k=1}^{N} \hat{x}\, sin(\omega_k(t - G_r) - \theta_0) \tag{1.14}$$

umgewandelt. Weil $sin(\alpha - \beta) = sin(\alpha)cos(\beta) - sin(\beta)cos(\alpha)$ ist, kann der Ausgang $y(t)$ wie folgt geschrieben werden:

$$y(t) = cos(\theta_0) \sum_{k=1}^{N} \hat{x}\, sin(\omega_k(t - G_r)) - sin(\theta_0) \sum_{k=1}^{N} \hat{x}\, cos(\omega_k(t - G_r)) \tag{1.15}$$

Der zweite Term bildet eine Verzerrung wegen des *Offsets* θ_0. Nur wenn $\theta_0 = \pm 2k\pi$ ist, dann wird $sin(\theta_0) = 0$ und $cos(\theta_0) = 1$ und es entstehen keine Verzerrungen. Das sinusförmige Ausgangssignal ist eine mit G_r verzögerte Version des Eingangssignals.

Zu beachten ist, dass in vielen Anwendungen die Signale im stationären Zustand nicht sinus- oder cosinusförmig sind, im Sinne der Fourier-Analyse aber als eine (unendliche) Summe von Sinus- und Cosinusschwingungen dargestellt werden können. Insofern behalten die prinzipiellen Überlegungen dieses Abschnittes ihre Gültigkeit. Zur konkreten Auswirkung von nichtidealen Amplituden- und Phasengängen auf die Signalform empfiehlt sich jedoch auch eine Untersuchung an anderen Signalformen, wie sie nachfolgend an Beispielen gezeigt wird. Ein gutes Testsignal ist dabei bandbegrenztes Rauschen.

Im Programm `analog_tp1.m` werden die fünf möglichen analogen Tiefpassfiltertypen für gleiche Spezifikationen entworfen und ihre Frequenzgänge bzw. Gruppenlaufzeiten dargestellt (Abb. 1.3). Der Frequenzparameter in den Argumenten des Befehls zur Berechnung des Tschebyschev-Filters Typ II stellt die Frequenz dar, bei der man den Sperrbereich erreicht und nicht, wie bei den anderen Filtern, die Grenze des Durchlassbereichs.

Bei allen Filtern erhält man annähernd konstante Gruppenlaufzeiten für Frequenzen, die viel kleiner als die Durchlassfrequenz sind. In der Nähe der Durchlassfrequenz (1000 Hz) sind die Verläufe unterschiedlich.

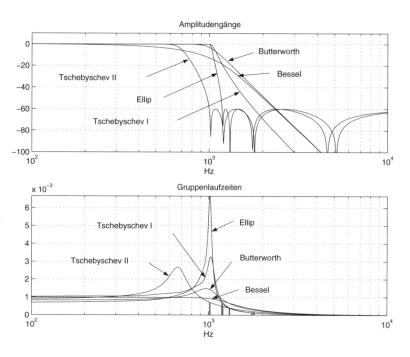

Abb. 1.3: Amplitudengänge und Gruppenlaufzeiten der fünf Tiefpassfilter (analog_tp1.m)

Früh ändert sich die Gruppenlaufzeit des Tschebyschev-Filters Typ II, weil bei diesem die Frequenz von 1000 Hz nicht die Durchlassfrequenz sondern die Sperrfrequenz ist. Die Durchlassfrequenz ist kleiner (ca. 500 Hz).

Sehr stark ändert sich die Gruppenlaufzeit bei dem Elliptischen und dem Tschebyschev-Filter vom Typ I. Für den Maßstab des Bildes sieht man kaum eine Änderung beim Bessel-Filter. Dieses Filter hat aber einen sehr flachen Verlauf des Amplitudengangs beim Übergang vom Durchlassbereich in den Sperrbereich und ergibt somit in diesem Bereich Amplitudenverzerrungen. Einen guten Kompromiss stellt das Butterworth-Filter dar.

Kurze Erläuterungen einiger Ausschnitte des Programms `analog_tp1.m` sollen zum besseren Verständnis führen und zum Experimentieren ermutigen. Die Koeffizienten der Zähler und Nenner der Übertragungsfunktionen werden in den Matrizen b und a gespeichert und einzeln berechnet, wie z.B. für das Tschebyschev-Filter Typ I:

```
Ap = 0.1;         % Welligkeiten im Durchlassbereich
[b(3,:),a(3,:)] = cheby1(nord, Ap, w_3dB, 's');
```

Anschließend wird der Frequenzbereich festgelegt und mit der Funktion **freqs** werden in der **for**-Schleife die Frequenzgänge der fünf Filter berechnet und in den Zeilen der Matrix H gespeichert:

```
alpha_min = log10(f_3dB/10);
alpha_max = log10(f_3dB*10);
```

1.2 Verzerrungen durch analoge Tiefpassfilter

```
fmin = 10^(floor(alpha_min));
fmax = 10^(ceil(alpha_max));
f = logspace(log10(fmin), log10(fmax), 1000);
w = 2*pi*f;

H = zeros(5,length(w));    % Frequenzgang
for k = 1:5
    H(k,:) = freqs(b(k,:), a(k,:), w);
end;
```

Da für analoge Filter in der *Signal Processing Toolbox* keine Funktion zur Berechnung der Gruppenlaufzeiten vorliegt, werden die Gruppenlaufzeiten der Filter mit Annäherungen über Finite-Differenzen berechnet:

```
Gr = -diff(unwrap(angle(H.')))./[diff(w')*ones(1,5)];
```

Die Übertragungsfunktionen des Elliptischen und des Tschebyschev-Filters Typ II besitzen Nullstellen auf der imaginären Achse der komplexen Variablen $s = \sigma + j\omega$ und dadurch sind im Amplitudengang Unstetigkeiten vorhanden. An diesen Stellen erhält man sehr kleine Werte für die Gruppenlaufzeiten, die in den Darstellungen durch die Wahl der Achsen (im Befehl **axis**) abgeschnitten werden:

```
subplot(212), semilogx(f(1:end-1), Gr);
La = axis;         axis([La(1:2), 0, max(max(Gr))]);
title('Gruppenlaufzeiten');
xlabel('Hz');      grid;
```

Die Zeilen der Matrix Gr enthalten die Gruppenlaufzeiten der fünf Filter und haben wegen der Differenzbildung eine um eins kleinere Länge als die Länge des Vektors der Frequenzen f, daher die Form des Befehls **semilogx**(f(1:end-1), Gr);.

Experiment 1.1: Verzerrungen wegen des Phasengangs

Zur Untersuchung der vorgestellten Filter wird das Modell analog_tp_1.mdl aus Abb. 1.4 benutzt. Die Filter werden in dem zuvor besprochenen Programm analog_tp1.m berechnet. Die Filterkoeffizienten sind damit auch im Simulink-Modell bekannt.

Es stehen verschiedene Quellen zur Verfügung, die man mit den *Gain*-Blöcken dem Summierer zuschalten kann. Der *Multiport Switch*-Block schaltet den Ausgang des gewählten Filters zum *Mux*-Block, an dem auch das über den *Transport Delay*-Block verzögerte Eingangssignal der Filter anliegt. So kann man Eingangs- und Ausgangssignal des Filters zeitrichtig überlagert mit dem Block *Scope* betrachten. Für jedes Filter muss diese Verzögerung durch Experimentieren neu eingestellt werden. Als Richtwert kann dessen Gruppenlaufzeit, die man aus Abb. 1.3 entnehmen kann (ca. 1 ms), dienen.

Zuerst sollen die Verzerrungen der Amplituden sinusförmiger Komponenten untersucht werden. Dazu stellt man die Frequenz eines Generators auf einen Wert im Durchlassbereich des entsprechenden Filters ein und schaltet nur diesen Generator auf den Eingang des Summierers. Vergrößert man die Frequenz zu Werten, die immer näher an der Durchlassfrequenz von 1000 Hz liegen, wird man die Frequenzgrenze ermitteln können, die zu Amplitudenverzerrungen führt.

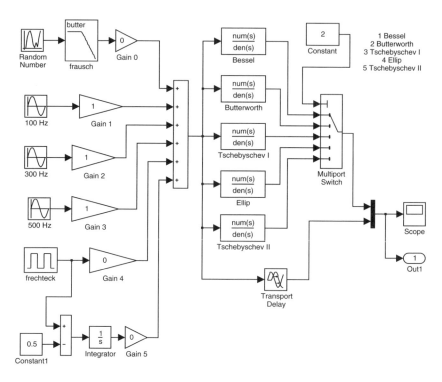

*Abb. 1.4: Simulink-Modell zum Testen der Filter (*analog_tp_1.mdl, analog_tp1.m*)*

Die Verzerrungen wegen eines nichtlinearen Phasenverlaufs können an einem einzelnen Sinussignal naturgemäß nicht beobachtet werden. Wir wählen zur Beobachtung der Verzerrungen ein Signal, das sich aus der Überlagerung von drei Sinussignalen ergibt. Die drei Generatoren werden mit Frequenzen von 100 Hz, 300 Hz und 500 Hz und Amplituden von 1, 1/3 bzw. 1/5 parametriert. Sie entsprechen somit den ersten drei Komponenten der Fourier-Reihe eines rechteckförmigen Signals mit dem Tastverhältnis 1:1 und ohne Mittelwert. Das Überlagerungssignal ist also eine symmetrische Annäherung des rechteckförmigen Signals und die Abweichung eines Filterausgangssignals von diesem symmetrischen Verlauf ist ein Maß für die Verzerrungen.

Es werden die Auswirkungen von vier analogen Filtern (ohne das Tschebyschev-Filter Typ II) mit Hilfe des Programms `analog_tp11.m` und des Modells `analog_tp_11.mdl` untersucht. Dabei wird die Simulation mit dem Modell für jeden Filtertyp einmal ausgeführt. Um die Programme einfach und verständlich zu halten, sind die Blöcke des Modells interaktiv zu initialisieren.

Im Programm `analog_tp11.m` wird zuerst das Programm `analog_tp1.m` aufgerufen um die Filter zu entwerfen. Die Bezeichnungen der Filter sind in einem *Cell*-Feld `text_` abgelegt, um sie bei den Darstellungen im Titel einzusetzen:

```
text_{1} = 'Bessel';
text_{2} = 'Butterworth';
text_{3} = 'Tschebyschev I';
text_{4} = 'Ellip';
```

1.2 Verzerrungen durch analoge Tiefpassfilter

Zu beachten ist, dass **text** eine Funktion in MATLAB ist, mit deren Hilfe Texte in Bilder geschrieben werden können, daher die Bezeichnung text_ mit Unterstrich zur Unterscheidung. Für jedes Filter werden die korrekten Verzögerungen für den *Transport Delay*-Block im Vektor verz initialisiert, um die bestmögliche Überlagerung des Eingangs- und Ausgangssignals zu erzielen. In der anschließenden **for**-Schleife wird das Simulink-Modell für jedes Filter aufgerufen und die Ergebnisse in verschiedenen **subplot**-Fenstern dargestellt (Abb. 1.5):

```
figure(3);      clf;
for Typ = 1:4
    delay = verz(Typ);                  % Festlegung der Verzögerung
    sim('analog_tp_11', [0, 0.025]);    % Aufruf der Simulation
    subplot(2,2,Typ), plot(tout, yout)
    title(text_{Typ});  grid
    La = axis;      axis([min(tout), max(tout), La(3:4)]);
    xlabel('Zeit in s')
end;
```

Die Unterschiede zwischen Eingangs- und Ausgangssignal werden in den vergrößerten Signalausschnitten aus Abb. 1.6 deutlich. Diese Darstellungen werden ebenfalls in einer **for**-Schleife erzeugt. Mit dem Befehl **axis** wird der darzustellende Ausschnitt gewählt:

```
nt = length(tout);
nd = fix(nt*0.43):fix(nt*0.65);     % Eingeschwungener Bereich
figure(4);      clf;
for Typ = 1:4
    delay = verz(Typ);
    sim('analog_tp_11', [0, 0.025]);
    subplot(2,2,Typ), plot(tout(nd), yout(nd,:))
    title(text_{Typ});  grid
    La = axis;      axis([min(tout(nd)), max(tout(nd)), ...
            0.65, max(max(yout(nd,:)))]);
    xlabel('Zeit in s')
end;
```

Die Variablen yout, tout sind die Signale, die nach der Simulation der MATLAB-Umgebung übertragen werden, gemäß der Initialisierung der Parameter *Data Import/Export* und der Option *Save to workspace* aus dem Fenster *Configuration Parameters* (Abb. 1.7). Dieses Fenster wird über das Menü *Simulation/Configuration Parameters* des Modells geöffnet.

Der *Outport*-Block *Out1* des Modells zeigt, welche Signale als *Output*-Signale mit yout bezeichnet sind. Über den Bereich *Save options* des gleichen Fensters (Abb. 1.7) wird yout als Feld (*Array*) mit zwei Spalten, welches die letzten 2000 Abtastwerte des Signals am Eingang des *Mux*-Blocks enthält, parametriert.

Die Ergebnisse aus Abb. 1.6 zeigen, dass das Besselfilter die drei sinusförmigen Komponenten in korrekter zeitlicher Relation zusammensetzt und somit keine Verzerrungen wegen der Phase hinzufügt. Der Unterschied zwischen Eingangs- und Ausgangssignal besteht wegen des frühen Abfalls des Amplitudengangs (siehe Abb. 1.3), der zu einer Dämpfung der Sinusschwingung mit der Frequenz $f = 500$ Hz führt. Bei den anderen Filtern sind die Verzerrungen hauptsächlich wegen der Abweichung des Phasengangs von einem linearen Verlauf gegeben. Sehr stark ist das beim Elliptischen Filter zu beobachten. Insgesamt den besten Kompromiss erreicht man mit dem Butterworth-Filter.

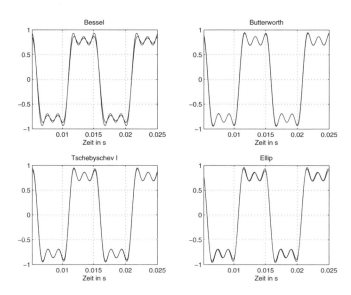

*Abb. 1.5: Wiedergabe der drei Komponenten mit 100 Hz, 300 Hz, 500 Hz und Amplituden 1, 1/3 bzw. 1/5 (*analog_tp11.m, analog_tp_11.mdl*)*

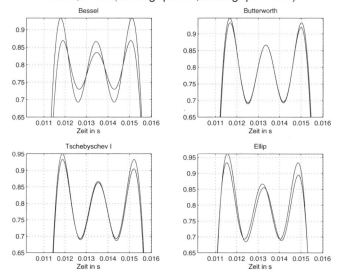

Abb. 1.6: Ausschnitte aus Abb. 1.5

In einem weiteren Versuch sollen die Filter mit einem bandbegrenzten Rauschsignal angeregt werden. Dafür werden, der Einfachheit halber, das vorherige Programm und das vorherige Modell unter den Namen `analog_tp12.m` beziehungsweise `analog_tp_12.mdl` gespeichert und entsprechend geändert. Im Modell werden alle Quellen mit Ausnahme der Rauschquelle (links oben in Abb. 1.4) durch die *Gain*-Blöcke gesperrt.

1.2 Verzerrungen durch analoge Tiefpassfilter

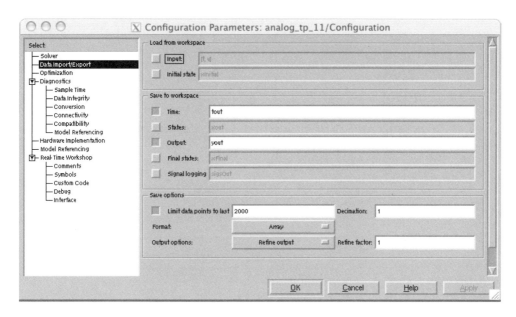

Abb. 1.7: 'Configuration Parameters'-Fenster aus dem Modell-Menü 'Simulation'

Zuerst wird die Bandbreite der Rauschquelle mit dem Tiefpassfilter, das an der Quelle angeschlossen ist, auf 500 Hz begrenzt. Wie aus der Darstellung der Frequenzgänge aus Abb. 1.3 zu erwarten war, sind keine großen Verzerrungen zu beobachten, da B=500 Hz noch in dem Bereich liegt, in dem die Amplitudengänge und Gruppenlaufzeiten konstant sind. Wenn man die Bandbreite des Rauschsignals auf 1000 Hz anhebt, dann ergeben sich erhebliche Fehler.

Experiment 1.2: Verzerrung von rechteckförmigen Pulsen

Mit diesem Experiment soll der Einfluss der Tiefpassfilter auf rechteckförmige Pulse unterschiedlicher Dauer untersucht werden. Dafür werden das zuvor verwendete Programm und Modell unter den Dateinamen `analog_tp13.m` beziehungsweise `analog_tp_13.mdl` gespeichert und dem Experiment entsprechend angepasst. Das Rechtecksignal wird durch eine von null verschiedene Verstärkung im Block *Gain 4* dem Filter zugeführt, während die anderen Signalquellen gesperrt werden. Der Generator wird mit der gewünschten Periode und Pulsdauer über das MATLAB-Programm initialisiert.

Der *Transport Delay*-Block aus dem ursprünglichen Modell wurde hier entfernt, so dass man die Verzögerungen vom Eingang zum Ausgang des Filters verfolgen kann. Die Simulation wird mit der Schrittweite `dt` ausgeführt.

```
period = 20e-3;       % Periode der rechteckigen Pulse
tau = 10;             % Dauer der Pulse in % der Periode
tau_r = period*tau/100; % Dauer der Pulse in s
dt = 1e-5;            % Schrittweite der Simulation
```

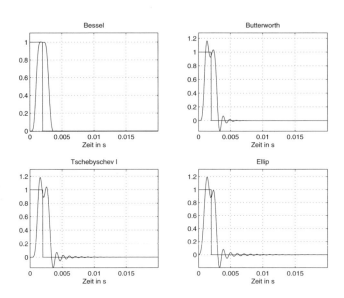

Abb. 1.8: Antwort der Filter auf rechteckige Pulse (analog_tp13.m, analog_tp_13.mdl)

```
figure(3);      clf;
for Typ = 1:4
    sim('analog_tp_13',[0:dt:2*period-dt]);  % Aufruf
                                             % der Simulation
    subplot(2,2,Typ), plot(tout, yout)
    title(text_{Typ});   grid
    La = axis;      axis([min(tout), max(tout), La(3:4)]);
    xlabel('Zeit in s')
end;
```

Eine ähnliche Programmsequenz speichert einen Signalausschnitt bestehend aus einer Periode in den Variablen yout bzw. tout und stellt sie dar. Abb. 1.8 zeigt diesen Ausschnitt für ein Signal der Periode 20 ms und der Pulsdauer 2 ms.

In Abb. 1.9 ist im oberen Teil das Spektrum des rechteckigen Eingangspulses dargestellt, während im unteren Teil das Spektrum des Ausgangssignals für ein Butterworth-Filter mit einer Grenzfrequenz $f_g = 1000$ Hz dargestellt ist. Es ist verständlich, dass die Verzerrung des Ausgangssignals um so stärker sein wird, je geringer die Bandbreite des Filters im Vergleich zur Bandbreite des Signals ist. Wählt man die Pulsdauer des rechteckförmigen Signals z.B. als 1 ms, so wird das Spektrum des Pulses seine erste Nullstelle bei $f = 1000$ Hz haben und das gewählte Filter wird alle Komponenten (im Frequenzbereich) außer der Hauptkeule aus dem Ausgangssignal entfernen. Um diese Werte einzustellen, sind in dem Programm die Variablen period und tau mit den Werten 20e-3 (20 ms) bzw. 5 (5 % von 20 ms) zu initialisieren.

Der Programmabschnitt mit welchem die Spektren ermittelt werden, beginnt mit der Wahl des Filters. Danach wird die Simulation aufgerufen und die in der Variablen yout gespeicherten Abtastwerte werden mittels FFT Fourier-transformiert.

1.2 Verzerrungen durch analoge Tiefpassfilter

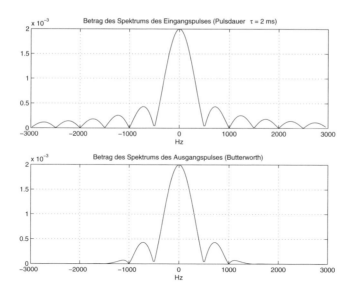

Abb. 1.9: Betrag des Spektrums des Eingangs- und Ausgangspulses (analog_tp13.m, analog_tp_13.mdl)

```
Typ = 2;              % Typ des Filters für die Spektraldichte
sim('analog_tp_13',[0:dt:period-dt]);
[n,m] = size(yout);
nfft = max(2^nextpow2(n), 4096);
H = dt*abs(fft(yout,nfft));   % Annäherung des Betrags der
                              % Fourier-Transformation
H = fftshift(H);
```

Bei der benutzen Simulationsschrittweite dt = 1e-5, dehnt sich der Frequenzbereich der FFT von 0 bis 100 kHz oder von -50 kHz bis 50 kHz. Der Frequenzbereich der hier interessiert, ist viel kleiner, so dass nur ein Ausschnitt notwendig ist. Die Programmsequenz, mit der ein Ausschnitt von -3000 Hz bis 3000 Hz der FFT selektiert und dargestellt wird, ist:

```
n_3000 = 3000*nfft*dt;     % Index für einen
           % Frequenzbereich von -3000 Hz bis 3000 Hz
ndfft = -fix(n_3000):fix(n_3000)-1;
fd = ndfft/(nfft*dt);

figure(5);       clf;
subplot(211), plot(fd,...
H(nfft/2-fix(n_3000)+1:nfft/2+fix(n_3000),1));
title(['Fourier-Transformation des Eingangspulses',...
       ' (Pulsdauer  \tau = ',num2str(tau_r*1000),' ms)']);
xlabel('Hz');    grid;
```

```
subplot(212), plot(fd, ...
H(nfft/2-fix(n_3000)+1:nfft/2+fix(n_3000),2));
title(['Fourier-Transformation des Ausgangspulses (',...
        text_{Typ},')']);
xlabel('Hz');    grid;
```

In dem Programm analog_tp2.m und dem Modell analog_tp2.mdl werden weitere Möglichkeiten zum Experimentieren gezeigt. Alle Parameter des Modells werden über Variablen aus dem Programm initialisiert. Solche Programme sollte man realisieren, nachdem Versuche mit einfachen Programmen und Modellen, die interaktiv parametriert werden, erfolgreich waren.

Studenten stellen oft die Frage, weshalb die Antwort der Filter auf rechteckförmige, periodische Signale nicht so aussieht, wie in der Zusammensetzung der periodischen Harmonischen aus Abb. 1.5. Die Filter unterdrücken doch die Harmonischen ab einer bestimmten Ordnung und somit müssten die verbliebenen Harmonischen die gezeigte Form ergeben. Dieses ist in der Tat der Fall bei digitalen FIR-Filtern[5], die einen linearen Phasengang haben, falls die Filterkoeffizienten, und damit auch die Impulsantwort, symmetrisch sind. Im Fall der zeitkontinuierlichen analogen Filter lässt sich eine symmetrische Impulsantwort jedoch nur annähernd realisieren.

In Abb. 1.10 sind die Impulsantworten derselben vier Filter dargestellt, die im Programm analog_tp1.m berechnet und untersucht wurden. Sie wurden mit dem Programm einh_puls1.m bzw. Simulink-Modell einh_puls_1.mdl erzeugt. Ein Puls der Amplitude eins und der Dauer dt wird als Eingangssignal den Filtern zugeführt. Die Antwort wird dann auf die Fläche des Pulses normiert, um die Impulsantwort anzunähern:

```
% ------- Impulsantwort
k1 = 1;     k2 = 0;
dt = 1e-5;      % Dauer des Pulses
d_t = 1e-6;     % Maximale Schrittweite der Simulation;
my_options = simset('MaxStep', d_t);

figure(3);      clf;
for Typ = 1:4
    sim('einh_puls_1', [0:dt:0.01], my_options);
    subplot(2,2,Typ),plot(tout, yout/dt)
                % Darstellung mit Normierung yout/dt
    title(text_{Typ});    grid
    La = axis;      axis([min(tout), max(tout), La(3:4)]);
    xlabel('Zeit in s')
end;
```

Wie Abb. 1.10 zeigt, ist nur die Impulsantwort des Bessel-Tiefpassfilters annähernd symmetrisch und für dieses Filter ist die Antwort auf einen rechteckförmigen Puls (Abb. 1.8 links oben) für die steigende Flanke gleich der Antwort für die fallende Flanke.

---

[5] *Finite Impulse Response* oder nichtrekursive Filter

1.2 Verzerrungen durch analoge Tiefpassfilter

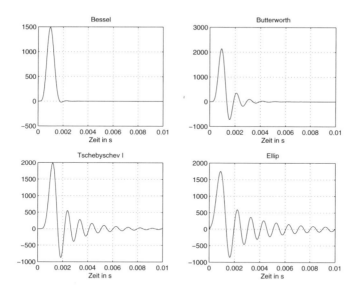

Abb. 1.10: Impulsantworten der Filter (einh_puls1.m, einh_puls_1.mdl)

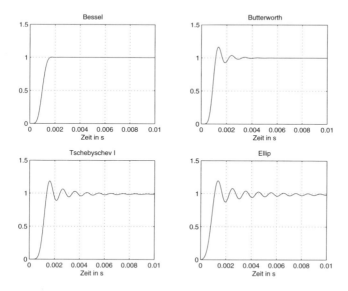

Abb. 1.11: Sprungantworten der Filter (einh_puls1.m, einh_puls_1.mdl)

Im Programm werden auch die Sprungantworten durch Integration der Impulsantworten berechnet, um die geschätzten Impulsantworten zu überprüfen. Die Integration wird mit der Funktion **cumsum** numerisch berechnet:

```
figure(4);      clf;
for Typ = 1:4
    sim('einh_puls_1', [0:dt:0.01]);
    subplot(2,2,Typ),plot(tout, cumsum(yout/dt)*dt)
                    % Annäherung des Integrals
    title(text_{Typ});   grid
    La = axis;      axis([min(tout), max(tout), La(3:4)]);
    xlabel('Zeit in s')
end;
```

Experimentell kann man die Sprungantwort mit dem besprochenen Simulink-Modell ermitteln, indem Sprünge auf den Eingang der Filter geschaltet werden (Abb. 1.11). Diese kann man mit den Sprungantworten, die über die Integration mit **cumsum** erhalten wurden, vergleichen.

1.3 Verzerrungen durch analoge Hochpassfilter

Man kann Hochpassfilter aus Tiefpassfiltern durch eine mathematische Transformation der Frequenzvariablen [9] erhalten. Wenn gewünscht wird, dass die Transformation die in Abb. 1.12 dargestellte Symmetrie im logarithmischen Frequenzgang haben soll, dann sind folgende Beziehungen zu erfüllen:

$$log(\omega_0) - log(\omega_{TP}) = log(\omega_{HP}) - log(\omega_0) \tag{1.16}$$

oder

$$\omega_{TP} = \frac{\omega_0^2}{\omega_{HP}}. \tag{1.17}$$

Wenn die komplexen Variablen $j\omega$ betrachtet werden, dann ist die Transformation durch

$$j\omega_{TP} = \frac{\omega_0^2}{j\omega_{HP}} \tag{1.18}$$

gegeben.
Exemplarisch wird diese Transformation für ein Tiefpassfilter zweiter Ordnung

$$H(j\omega_{TP}) = \frac{1}{(j\omega_{TP})^2/\omega_0^2 + (j\omega_{TP})2\zeta/\omega_0 + 1} \tag{1.19}$$

angewandt. Die Parameter des Filters, welche die Bandbreite und den Typ (Bessel, Butterworth, usw.) bestimmen, sind ω_0 als charakteristische Frequenz und 2ζ als Dämpfungsfaktor. Durch Einsetzen der Frequenztransformation erhält man die Übertragungsfunktion des Hochpassfilters:

$$H(j\omega_{HP}) = H(j\omega_{TP})\big|_{j\omega_{TP} = \omega_0^2/(j\omega_{HP})} \tag{1.20}$$

1.3 Verzerrungen durch analoge Hochpassfilter

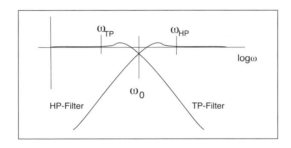

Abb. 1.12: Transformation der TP-Filter in HP-Filter

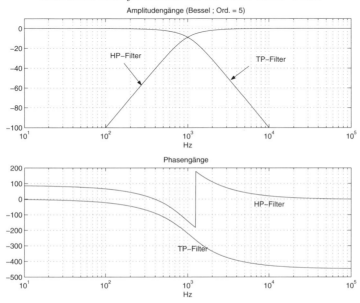

Abb. 1.13: Amplitudengang und Phasengang des TP- und HP-Filters (tp2hp1.m, tp2hp_1.mdl)

oder

$$H(j\omega_{HP}) = \frac{(j\omega_{HP})^2/\omega_0^2}{(j\omega_{HP})^2/\omega_0^2 + (j\omega_{HP})2\zeta/\omega_0 + 1} \quad (1.21)$$

Diese Transformation wird in den MATLAB-Funktionen verwendet, um die Tiefpassfilter in Hochpassfilter umzuwandeln. Da sich der Charakter des Filters ändert, werden sich durch die Transformation die Einschwingeigenschaften der ursprünglichen Tiefpassfilter ändern. Dieser Sachverhalt wird mit dem Programm tp2hp1.m veranschaulicht, in dem der Frequenzgang und die Sprungantwort eines Tiefpassfilters und des entsprechenden Hochpassfilters ermittelt und dargestellt werden.

In Abb. 1.13 sind die Frequenzgänge des gewählten Filtertyps dargestellt und die erwartete Symmetrie der Amplitudengänge in der logarithmischen Darstellung ist ersichtlich.

Die Sprungantworten werden mit Hilfe des Simulink-Modells tp2hp_1.mdl, das aus dem MATLAB-Programm aufgerufen wird, ermittelt. Sie zeigen, dass die Einschwingvorgänge sich stark unterscheiden. Am besten zu sehen ist dies beim Bessel-Filter. Für das gewählte Bessel-Filter 5. Ordnung besitzt das Tiefpassfilter praktisch kein Überschwingen, während beim entsprechenden Hochpassfilter es zu ca. 30 % Überschwingung kommt (welche sich bei einem Hochpassfilter als eine „Unterschwingung" des stationären Endwertes null darstellt).

Die ideale Phase der Hochpassfilter ist gleich null, ein Wert der sich bei höheren Frequenzen im Durchlassbereich einstellt (Abb. 1.13). Die Verzerrungen durch Hochpassfilter, die mit der Transformation nach Gl. (1.18) erhalten werden, können ähnlich wie bei den Tiefpassfiltern untersucht werden. Die dort gezeigten Programme sind leicht für diese Filter anzupassen.

Im Programm tp2hp3.m werden die üblichen fünf Typen von Hochpassfiltern für gegebene Parameter (Durchlassfrequenz 1000 Hz, Ordnung 8, usw.) ermittelt und ihre Frequenzgänge dargestellt (Abb. 1.14).

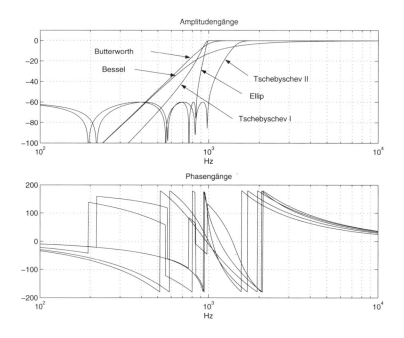

Abb. 1.14: Frequenzgänge der typischen Hochpassfilter (tp2hp3.m)

Der folgende Programmabschnitt berechnet beispielhaft das Tschebyschev-Filter Typ I:

```
....
% ------- Entwicklung eines Tschebyschev-Filters Typ I
Ap = 0.1;           % Welligkeiten in Durchlassbereich
[b(3,:),a(3,:)] = cheby1(nord, Ap, w_3dB,'high','s');
....
```

Die Zeichenkette 'high' gibt an, dass ein Hochpassfilter zu berechnen ist und 's' zeigt, dass ein analoges Filter gewünscht wird. Wie bereits erwähnt, dient dieselbe Funktion auch zur Entwicklung von digitalen IIR-Filtern ausgehend von den entsprechenden analogen Filtern.

Aus der Darstellung in Abb. 1.14 ist zu entnehmen, dass der ideale Amplitudengang von konstant 0 dB im Durchlassbereich relativ leicht zu erhalten ist. Nur das Bessel-Filter hat einen flachen Übergang vom Sperrbereich in den Durchlassbereich und das Tschebyschev-Filter Typ II, mit Welligkeit im Sperrbereich, hat für die charakteristische Frequenz eine andere Definition. Sie stellt die Grenze des Sperrbereichs dar und dadurch ist die Durchlassfrequenz größer als 1000 Hz.

Der Phasengang beginnt bei allen Filtern bei einem positiven Wert gleich der Ordnung mal $\frac{\pi}{2}$ (in diesem Fall bei $8 \times \frac{\pi}{2} = 4\pi$). Wegen der Vieldeutigkeit der Phase in 2π beginnt die Darstellung bei dem Phasenwert 0 (das ist 4π mod 2π). Es ist zu beachten, dass die Ordinate des Phasengangs in Abb. 1.14 nicht in Radian, sondern in Grad skaliert ist.

Bei den Hochpassfiltern ist der ideale Phasengang gleich null, ein Wert der sich im Durchlassbereich leider erst weit oberhalb der Durchlassfrequenz einstellt. Es gibt hier keine Annäherung eines Phasenverlaufs, die keine Verzerrungen hervorruft. Man erinnere sich, dass bei den Tiefpassfiltern ein linearer Phasenverlauf mit dem Wert null (oder einem Vielfachen von 2π) bei $\omega = 0$ ideal ist. Bei den Hochpassfiltern sind somit größere Verzerrungen wegen ihres Phasengangs zu erwarten.

Das zuvor verwendete Programm (tp2hp3.m) wird leicht abgewandelt in eine Funktion (tp2hp31.m), die als Argument die Durchlassfrequenz für die zu entwerfenden Hochpassfilter besitzt. Die Funktion liefert als Ergebnis die Koeffizienten der Zähler und Nenner der Filter.

Um die Verzerrungen wegen des Phasenverlaufs zu untersuchen, werden wie bei den Tiefpassfiltern drei sinusförmige Signale am Eingang überlagert, so dass sie eine periodischen Folge von rechteckförmigen Pulsen annähern. Das Simulink-Modell aus der Datei analog_hp_11.mdl, das jetzt aus dem Programm analog_hp11.m aufgerufen wird, ist dem Modell aus Abb. 1.4, das für die Tiefpassfilter benutzt wurde, ähnlich. Der Unterschied besteht darin, dass jetzt die Überlagerung des Eingangs- und des Ausgangssignals für jedes Filter mit einer Verzögerung des Ausgangssignals erzwungen werden kann. Das sinusförmige Ausgangssignal im stationären Zustand ist bei Hochpassfiltern voreilend, im Gegensatz zu Tiefpassfiltern, wo es, wie gesehen, nacheilt.

Mit dem Programm analog_hp12.m und Modell analog_hp_12.mdl wird der Einfluss der Hochpassfilter auf bandbegrenztes Rauschen untersucht. Es wird weißes Rauschen mit einem Bandpassfilter gefiltert, so dass man Spektralkomponenten im Bereich von 1000 Hz bis 5000 Hz erhält. Der Simulink-Block dieses Filters (*Analog Filter Design*) wird aus dem *DSP-Blockset* über *Filtering, Filter Design* entnommen.

Wenn die Durchlassfrequenz der Hochpassfilter 10 Hz ist (zwei Dekaden kleiner als die kleinste im Signal vorkommende Frequenz), sind die Unterschiede zwischen dem Eingangs- und Ausgangssignal sehr klein. Dagegen sind die Unterschiede bei einer Durchlassfrequenz von 100 Hz schon viel größer. Bei 1000 Hz Durchlassfrequenz sind die Verzerrungen so groß, dass man das Ausgangssignal dem Eingangssignal nicht mehr zuordnen kann.

1.4 Verzerrungen modulierter Signale durch Bandpassfilter

Wie schon bekannt ist, führen Filter mit einem linearen Phasengang, der bei $\omega = 0$ nicht null oder kein Vielfaches von 2π ist, zu Verzerrungen. Diese Verzerrungen (in der Literatur als

Phase-Intercept-Distortion bekannt) sind jedoch vielmals nur von akademischem Interesse und sollten für jede Anwendung auf Relevanz untersucht werden.

In diesem Abschnitt werden die Verzerrungen von amplituden- und frequenzmodulierten Signalen beim Durchgang durch Bandpassfilter untersucht. Es wird gezeigt, dass das modulierte Bandpasssignal zwar durch die *Phase-Intercept-Distortion* verzerrt wird, aber das nachrichtentragende modulierende Signal lediglich mit der Gruppenlaufzeit des Filters verzögert, aber nicht verzerrt wird.

Wir betrachten unser Filter als ein System mit konstantem Amplitudengang und mit einem linearem Phasengang der Form

$$\varphi(\omega) = -G_r\,\omega - \theta_0, \tag{1.22}$$

wobei G_r die konstante Gruppenlaufzeit ist. Die Phasenlaufzeit, definiert durch

$$\tau_p = -\varphi(\omega)/\omega = G_r + \theta_0/\omega, \tag{1.23}$$

stellt die Verzögerung einer sinus- oder cosinusförmigen Komponente der Kreisfrequenz ω beim Durchgang durch das Bandpassfilter dar.

1.4.1 Verzerrung amplitudenmodulierter Signale

Ähnlich dem Vorgehen in Abschnitt 1.2 betrachten wir die Auswirkungen des nichtidealen Phasengangs anhand harmonischer Schwingungen. Eine Trägerschwingung $x_c(t) = cos(\omega_c t)$ sei mit einer harmonischen Schwingung der Kreisfrequenz ω_m amplitudenmoduliert, so dass eine Zweiseitenbandamplitudenmodulation mit Träger vorliegt. Das amplitudenmodulierte Signal (kurz AM-Signal) hat dann die Form:

$$x(t) = [1 + m\,cos(\omega_m t)]cos(\omega_c t) = e(t)\,cos(\omega_c t), \tag{1.24}$$

wobei $e(t) = 1 + m\,cos(\omega_m\,t)$ die Hülle des Modulationssignals bildet, ω_c bzw. ω_m die Träger- und Modulationsfrequenz sind und m den Modulationsindex darstellt ($0 \leq m \leq 1$). Durch einfache mathematische Umformungen kann das Signal auch in folgender Form dargestellt werden:

$$x(t) = cos(\omega_c t) + \frac{m}{2}cos[(\omega_c - \omega_m)t] + \frac{m}{2}cos[(\omega_c + \omega_m)t] \tag{1.25}$$

Sie zeigt, dass das Signal aus dem Trägersignal und zwei Seitenbändern der Frequenzen $\omega_c - \omega_m$ bzw. $\omega_c + \omega_m$ besteht.

Die Antwort $y(t)$ des Filtersystems besteht aus der Superposition der Antworten auf diese drei Komponenten, wobei jede Komponente die ihr entsprechende Phasenverschiebung erfährt:

$$\begin{aligned} y(t) = cos[\omega_c(t - Gr) - \theta_0] + \\ \frac{m}{2}cos[(\omega_c - \omega_m)(t - Gr) - \theta_0] + \frac{m}{2}cos[(\omega_c + \omega_m)(t - Gr) - \theta_0] = \\ cos[\omega_c(t - Gr) - \theta_0] + m\,cos[\omega_c(t - G_r) - \theta_0]\,cos[\omega_m(t - G_r)] \end{aligned} \tag{1.26}$$

Die Eigenschaften dieser Antwort werden sichtbar, wenn sie wie folgt ausgedrückt wird:

$$y(t) = \{1 + m\,cos[\omega_m(t - G_r)]\}cos\{\omega_c[t - (G_r + \theta_0/\omega_c)]\} \tag{1.27}$$

1.4 Verzerrungen modulierter Signale durch Bandpassfilter   23

Die Trägerfrequenz wird mit der Phasenlaufzeit $\tau_p(\omega_c) = G_r + \theta_0/\omega_c$ und die Hülle mit der Gruppenlaufzeit G_r verzögert. Das Signal $y(t)$ ist verzerrt. Allerdings wird die Information, die in der Hülle enthalten ist, nicht verzerrt, sondern nur mit G_r verzögert. Somit wird das modulierende Signal nicht verzerrt, wenn der Amplitudengang und die Gruppenlaufzeit des Bandpassfilters im Frequenzbereich des modulierten Signals konstant bleiben. In der Praxis versucht man diese Bedingung annähernd zu erfüllen.

Sind diese Bedingungen grob verletzt, so sind die Verzerrungen, die das modulierende Signal erfährt, von der Art der Demodulation abhängig. Bei kohärenter Demodulation entstehen lineare Verzerrungen so, dass das demodulierte Signal dem Faltungsergebnis des modulierenden Signals mit der Impulsantwort der äquivalenten Basisbanddarstellung des Bandpassfilters entspricht. Wird jedoch Hüllkurvendemodulation durchgeführt, so entstehen im allgemeinen Fall auch nichtlineare Verzerrungen. Lediglich wenn das Bandpassfilter eine gerade Symmetrie bezüglich der Trägerfrequenz aufweist, entstehen nur dieselben linearen Verzerrungen wie bei kohärenter Demodulation [35].

1.4.2   Verzerrung frequenzmodulierter Signale

Ein mit einer harmonischen Schwingung der Kreisfrequenz ω_m frequenzmodulierter Träger hat die Form:

$$x(t) = cos[\phi(t)] = cos[\omega_c t + \mu \, sin(\omega_m t)], \tag{1.28}$$

wobei ω_c die Trägerfrequenz ist, $\mu = \Delta\omega/\omega_m$ der Modulationsindex und $\Delta\omega$ die größte Frequenzabweichung der Modulationsfrequenz ω_m. Die momentane Phase des Signals ist $\phi(t) = \omega_c t + \mu \, sin(\omega_m t)$ und die Momentanfrequenz ist:

$$\omega(t) = \frac{d\phi(t)}{dt} = \omega_c + \Delta\omega \, cos(\omega_m t) \tag{1.29}$$

Die Darstellung dieses Signals als Fourier-Reihe führt zu

$$x(t) = \sum_{k=-\infty}^{\infty} J_k(\mu) cos[(\omega_c + k \, \omega_m)t], \tag{1.30}$$

wobei $J_k(\mu)$ die Bessel-Funktionen erster Art der Ordnung k sind. Das Spektrum besteht somit aus der Trägerfrequenz und aus unendlich vielen Spektrallinien mit Vielfachen von ω_m als Abstände zur Trägerfrequenz.

Die Antwort des Filtersystems ist wieder eine Superposition dieser harmonischen Signale, verschoben jeweils um die entsprechenden Phasen:

$$y(t) = \sum_{k=-\infty}^{\infty} J_k(\mu) cos[(\omega_c + k \, \omega_m)(t - G_r) - \theta_0] \tag{1.31}$$

Auch hier ist das Ausgangssignal $y(t)$ verzerrt, weil θ_0 nicht immer ein Vielfaches von 2π ist. Die Antwort (1.31) kann auch als frequenzmoduliertes Signal (wie in 1.28) geschrieben werden:

$$y(t) = cos\{\omega_c(t - G_r) - \theta_0 + \mu \, sin[\omega_m(t - G_r)]\} \tag{1.32}$$

Die Augenblicksphase $\phi(t)$ ist

$$\phi(t) = \omega_c(t - G_r) - \theta_0 + \mu\, sin[\omega_m(t - G_r)] \tag{1.33}$$

und die Momentanfrequenz ist als Ableitung der Phase gegeben durch:

$$\omega(t) = \frac{d\phi(t)}{dt} = \omega_c + \Delta\omega\, cos[\omega_m(t - G_r)] \tag{1.34}$$

Man bemerkt also, dass bei konstanter Gruppenlaufzeit und konstantem Amplitudengang die nachrichtentragende Momentanfrequenz nicht verzerrt, sondern lediglich um die Gruppenlaufzeit G_r verzögert wird. Ein Versatz θ_0 ist dabei belanglos.

Im allgemeinen Fall eines nichtidealen Frequenzgangs des Bandpassfilters sind die Auswirkungen jedoch schwerwiegender als bei der Amplitudenmodulation. Eine frequenzabhängige Gruppenlaufzeit führt nicht nur zu Phasenverzerrungen, sondern auch zu einer Amplitudenmodulation des modulierten Signals. Und andererseits führt ein nichtidealer Amplitudengang nicht nur zu Verzerrungen in der Amplitude des Signals (die bei idealer Demodulation für frequenzmodulierte Signale irrelevant sind), sondern auch zu nichtlinearen Verzerrungen der Phase, und damit des modulierenden Signals [35]. Insoweit sind die Anforderungen an Amplituden- und Phasengang der Filter beim Einsatz mit frequenzmodulierten Signalen strenger als beim Einsatz mit amplitudenmodulierten Signalen.

Experiment 1.3: Frequenzgang und Gruppenlaufzeit von Bandpassfiltern

Bandpassfilter werden aus Tiefpassfilter mit folgender Transformation erhalten:

$$\begin{aligned} j\omega_{BP} &= (j\omega_{TP}/\omega_0 + \omega_0/\omega_{TP})/\gamma \\ \gamma &= (\omega_2 - \omega_1)/\omega_0 \end{aligned} \tag{1.35}$$

Hier sind ω_1, ω_2 die untere und obere Grenze des Durchlassbereichs und die Frequenz ω_0 ist durch $\omega_0 = \sqrt{\omega_1\, \omega_2}$ definiert.

Wenn die relative Bandbreite γ klein ist, kann man ω_0 als Mittenfrequenz bezeichnen und durch das arithmetische Mittel $\omega_0 = (\omega_1 + \omega_2)/2$ annähern.

In MATLAB werden die Tiefpassprototyp-Filter, die über die Funktionen aus Tabelle 1.1 berechnet werden, mit Hilfe der Funktionen aus Tabelle 1.2 in Bandpassfilter transformiert.

Im Programm `analog_bp1.m` werden Bandpassfilter aus Tiefpassprototyp-Filtern entwickelt und deren Frequenzgang bzw. Gruppenlaufzeit dargestellt (Abb. 1.15). Über die Variable `Typ` wird der Typ des Filters (Bessel, Butterworth, Tschebyschev I oder Elliptisch) gewählt und danach werden die Prototyp- bzw. die entsprechenden Bandpassfilter berechnet:

```
% -------- Wahl des Filtertyps
Typ = 2;          % 1 = Bessel; 2 = Butterworth;
% 3 = Tschebyschev I; 4 = Ellip
% ------- Felder der Koeffizienten
btp = zeros(4, nord+1);   % TP-Koeffizienten
atp = zeros(4, nord+1);
```

1.4 Verzerrungen modulierter Signale durch Bandpassfilter

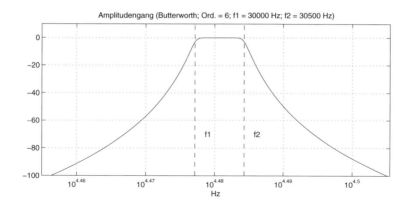

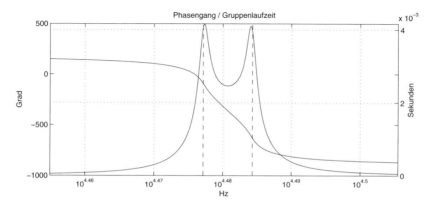

Abb. 1.15: Frequenzgang und Gruppenlaufzeit des BP-Filters mit f1 = 30000 Hz und f2 = 35000 Hz (analog_bp1.m)

```
bbp = zeros(4, 2*nord+1);  % BP-Koeffizienten
abp = zeros(4, 2*nord+1);

% ------- Entwicklung eines Bessel TP- und BP-Filters
[z,p,k] = besselap(nord);
[btp(1,:),atp(1,:)] = zp2tf(z,p,k);   % TP_Prototyp
[bbp(1,nord+1:end),abp(1,:)]=lp2bp(btp(1,:),atp(1,:),w0,Bw);
                                       % BP-Bessel-Filter

% ------- Entwicklung eines Butterworth TP- und BP-Filters
[z,p,k] = buttap(nord);
[btp(2,:),atp(2,:)] = zp2tf(z,p,k);   % TP_Prototyp
[bbp(2,nord+1:end),abp(2,:)]=lp2bp(btp(2,:),atp(2,:),w0,Bw);
                                       % BP-Butterworth-Filter
.......
```

Der Frequenzgang und die Gruppenlaufzeit werden ähnlich wie bei den TP- oder HP-Filtern ermittelt. Für die Darstellung des Phasengangs und der Gruppenlaufzeit wurde die Funktion **plotyy** verwendet, die es erlaubt, zwei Variablen mit einem sehr unterschiedlichen Wertebereich im selben Fenster darzustellen. Die Funktionsachse für den Phasengang ist links und für die Gruppenlaufzeit rechts (Abb. 1.15 unten). Die benutzte Form des Befehls ist:

[haxis, hline1, hline2] = **plotyy**(x1,y1,x2,y2,@semilogx);

Dabei sind haxis, hline1, hline2 die Zeiger für die graphischen Achsen (Objekt axes) für die erste ($y_1(x_1)$) bzw. die zweite ($y_2(x_2)$) darzustellende Funktion. Mit @**semilogx** wird in diesem Beispiel die MATLAB-Funktion, die für die Darstellung verwendet werden soll, angegeben. Für jede darzustellende Kurve kann eine andere Darstellfunktion gewählt werden.

Der Zeiger haxis ist ein Vektor mit zwei Komponenten, so dass haxis(1) bzw. haxis(2) die Zeiger auf die Achsen der beiden Darstellungen sind. Mit dem Befehl **axes**(haxis(1)) werden z.B. die Achsen der ersten Darstellung gewählt und mit den nachfolgenden Befehlen werden diese dann entsprechend gestaltet. Ähnlich werden die Achsen der zweiten Darstellung mit **axes**(haxis(2)) gewählt und ebenfalls parametriert. Hier werden auch die zwei vertikalen Linien zur Abgrenzung des Durchlassbereichs erzeugt. Das Programm analog_bp2.m unterscheidet sich von analog_bp1.m nur dadurch, dass zur Berechnung von ω_0 der arithmetische anstatt des geometrischen Mittelwerts verwendet wird.

Die Funktion analog_bp11 ist eine Erweiterung von analog_bp1.m, um für weitere Experimente beliebige Filter (Filterkoeffizienten) zu berechnen:

function [b,a]=analog_bp11(f1,f2,nord,Typ)

Die Argumente sind im Kontext dieses Abschnitts leicht zu verstehen. Die Frequenzen f1 und f2 sind die Grenzen des Durchlassbereichs, und nord und Typ sind die Ordnung bzw. der Typ des Filters. In den Vektoren b bzw. a werden die Koeffizienten des gewünschten Filters geliefert.

1.5   Rekonstruktion zeitkontinuierlicher Signale

In diesem Abschnitt wird mit Hilfe eines Experiments die Rekonstruktion eines zeitkontinuierlichen Signals aus seinen Abtastwerten untersucht (Abb. 1.16). Dieser Vorgang ist in der Praxis unter dem Namen Digital/Analog-Wandlung bekannt.[6]

Zeitdiskrete Signale werden in den folgenden Kapiteln ausführlich behandelt. Einige Grundkenntnisse, soweit sie für das Verständnis dieses Experiments notwendig sind, werden hier vorweggenommen.

Experiment 1.4: Tiefpassfilter als Glättungsfilter

Zeitdiskrete Signale $x[nT_s]$ als die Werte des zeitkontinuierlichen Signals $x(t)$ zu den diskreten Zeitpunkten nT_s mit $n = \ldots -2, -1, 0, 1, 2, \ldots$ sind als Zahlen in einem Speicher eines Rechenwerkes gespeichert. Die Zeitdauer T_s ist der Abstand zwischen den Zeitpunkten, zu

---

[6]Streng genommen beziehen sich die Begriffe *digital* und *analog* nur auf den Wertebereich eines Signals (digital = wertdiskret und analog = wertkontinuierlich). Häufig wird in der Praxis, gerade im Zusammenhang mit A/D- und D/A-Wandlung, oftmals der Begriff *digital* für wert- *und* zeitdiskrete Signale verwendet, während *analog* für wert- *und* zeitkontinuierliche Signale steht.

1.5 Rekonstruktion zeitkontinuierlicher Signale

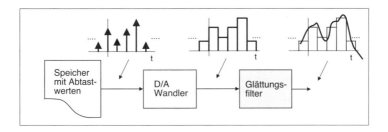

Abb. 1.16: Digital/Analog-Wandlung

denen die Abtastwerte aus dem zeitkontinuierlichen Signal entnommen werden und wird Abtastperiode genannt. Ihr Kehrwert ist die Abtastfrequenz $f_s = 1/T_s$.

Da Speicher immer nur eine endliche Genauigkeit haben können, ist auch der Wertebereich der Abtastwerte diskret. Dieser Aspekt der Quantisierung wertkontinuierlicher Größen soll hier außer Acht bleiben und es wird angenommen, dass diese digital mit großer Auflösung (mit sehr vielen Bit) dargestellt sind.

Der D/A-Wandler bildet aus den zeitdiskreten Werten ein zeitkontinuierliches Signal, mit konstanten Werten zwischen den Abtastzeitpunkten. Der Wandler verhält sich wie ein Halteglied nullter Ordnung mit einer Impulsantwort, die in Abb. 1.17 oben dargestellt ist [68], [56]. Die zeitdiskreten Abtastwerte aus dem Speicher, betrachtet als Dirac-Funktionen (oder Dirac-Impulse), gefaltet mit der Impulsantwort des Halteglieds nullter Ordnung, führen zum treppenförmigen Signal am Ausgang des Wandlers.

Sicher gibt es im Speicher keine Dirac-Funktionen, diese sind nur als Vorstellung oder Modell notwendig, um die zeitkontinuierliche Faltung auch für die zeitdiskreten Signale anwenden zu können. Wichtig ist, dass dieses Modell eine mathematische Beschreibung des Wandlers ermöglicht, welche sein treppenförmiges Ausgangssignal ergibt.

Der Frequenzgang $X(f)$ des D/A-Wandlers als Fourier-Transformierte der Impulsantwort ist [34]:

$$X(f) = \int_{-\infty}^{\infty} h(t)e^{-j2\pi ft}dt = \int_{0}^{T_s} e^{-j2\pi ft}dt \qquad (1.36)$$

oder

$$X(f) = e^{-j\pi fT_s}\frac{T_s}{2}\frac{sin(\pi fT_s)}{\pi fT_s} \qquad (1.37)$$

Der Phasengang wird hauptsächlich durch den komplexen Drehzeiger $e^{-j\pi fT_s}$ bestimmt und ist somit linear, bis auf Sprünge von π an den Stellen, an denen die Sinusfunktion aus Gl. (1.37) ihr Vorzeichen wechselt. Der Phasengang des Halteglieds führt also nicht zu Verzerrungen des Signals. Der Amplitudengang, als Betrag des komplexen Frequenzgangs, entspricht dem Betrag der $sin(x)/x$-Funktion, kurz sinc-Funktion. Die Nullstellen dieser Funktion für positive Werte der Frequenz liegen bei $k/T_s, k = 1, 2, 3, ...$.

In Abb. 1.17 ist unten der Amplitudengang im Frequenzbereich $f \in [0, 2f_s]$ dargestellt. Er wurde mit dem Programm `zero_order_hold.m` erzeugt. Der Frequenzbereich von 0

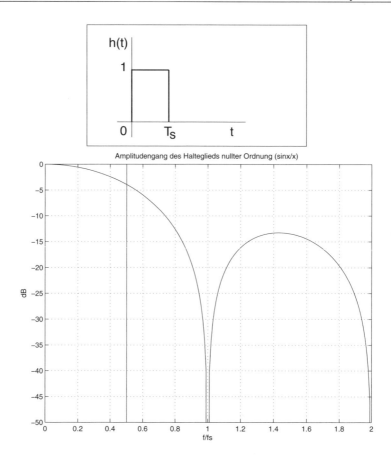

Abb. 1.17: Impulsantwort und Amplitudengang des Halteglieds nullter Ordnung (zero_order_hold.m)

bis $f_s/2$, auch als Nyquist-Bereich bekannt, ist der interessierende Frequenzbereich des abgetasteten Signals, den das nachgeschaltete ideale Glättungsfilter extrahiert. Aufgrund dieses Amplitudengangs des Wandlers entstehen im Nyquist-Bereich Amplitudenverzerrungen bis zu ca. -4 dB (Faktor $\cong 0.63$).

Das ideale Glättungsfilter sollte als Durchlassbereich den Nyquist-Bereich haben und dann unmittelbar in den Sperrbereich, beginnend bei $f_s/2$, mit unendlich hoher Dämpfung übergehen. Da dieses Verhalten, genau wie beim Antialiasing-Filter vor der A/D-Wandlung, nicht realisierbar ist, ist es ratsam eine Überabtastung des zeitkontinuierlichen Signals anzuwenden. Wenn die maximale Frequenz eines Signals f_{max} ist, dann sollte man eine Abtastfrequenz f_s wählen, die durch

$$f_s = k_u(2f_{max}) \tag{1.38}$$

gegeben ist, wobei k_u den Überabtastfaktor darstellt. Der Wert $k_u = 1$ (keine Überabtastung) entspricht dem Wert gemäß Abtasttheorem. In der Praxis werden je nach Anwendung Überabtastfaktoren zwischen 1.5 und 5 benutzt.

1.5 Rekonstruktion zeitkontinuierlicher Signale

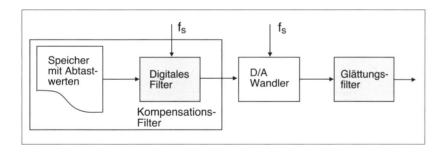

Abb. 1.18: Struktur des Ausgangs eines D/A-Wandlers mit digitalem Kompensationsfilter

In diesem Experiment wird der Rekonstruktionsfehler als Folge des Frequenzgangs des D/A-Wandlers und des Glättungsfilters untersucht. Dazu wird ein zeitkontinuierliches Signal abgetastet und anschließend wird mit einen D/A-Wandler (simuliert als Halteglied nullter Ordnung) und einem Glättungsfilter das ursprüngliche Signal rekonstruiert. Durch Differenzbildung wird die Qualität der Rekonstruktion bestimmt. Es wird ebenfalls untersucht, wie die Amplitudenverzerrung des D/A-Wandlers mit einem digitalen Filter vor der Wandlung kompensiert werden kann. Abb. 1.18 zeigt die neue Struktur der Rekonstruktion eines zeitkontinuierlichen Signals mit Kompensationsfilter, D/A-Wandler und analogem Glättungsfilter.

Das Kompensationsfilter soll als Amplitudengang eine der sinc-Funktion inverse Charakteristik aufweisen und linearphasig sein. In der Literatur [3] werden als Näherung dieser Charakteristik zwei sehr einfache digitale Kompensationsfilter vorgeschlagen. Die Lösung mit FIR-Filter entspricht folgender Differenzengleichung:

$$y[nT_s] = (-1/16)x[nT_s] + (9/8)x[(n-1)T_s] + (-1/16)x[(n-2)T_s] \quad (1.39)$$

Für die Realisierung als IIR-Filter wird die Differenzengleichung

$$y[nT_s] = (9/8)x[nT_s] - (1/8)y[(n-1)T_s] \quad (1.40)$$

empfohlen. In der kompakten Schreibweise der z-Transformation werden diese Filter mit folgenden Übertragungsfunktionen beschrieben:

$$H_{FIR}(z) = -(1/16) + (9/8)z^{-1} - (1/16)z^{-2} \quad (1.41)$$

und

$$H_{IIR}(z) = \frac{9/8}{1 + (1/8)z^{-1}} \quad (1.42)$$

Zur Simulation wird das Simulink-Modell (`rekonstr_1.mdl`) aus Abb. 1.19 verwendet, das mit dem Programm `rekonstr1.m` parametriert und aufgerufen wird. Das Eingangssignal der Simulation wird aus weißem Rauschen, das mit einem Tiefpassfilter (*Analog Filter Design1*-Block) bandbegrenzt wird, generiert. Als Bandbreite des Signals wurde `frausch=250` Hz gewählt und die Abtastfrequenz wurde auf `fs=1000` Hz festgelegt. Damit erhält man einen Überabtastfaktor von $k_u = f_s/(2f_{max}) = 2$.

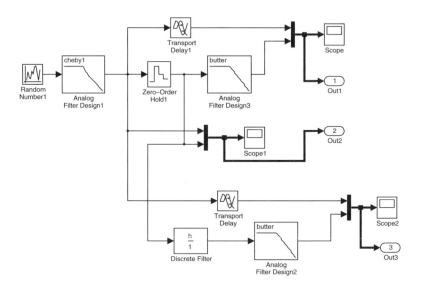

Abb. 1.19: Simulation der Rekonstruktion zeitkontinuierlicher Signale (rekonstr_1.mdl, rekonstr1.m)

Der D/A-Wandler wird mit dem Block *Zero-Order Hold1* (Halteglied nullter Ordnung) simuliert. Als Glättungsfilter wird ein Tiefpassfilter von Typ Butterworth (*Analog Filter Design3*-Block) eingesetzt.

Auf dem Block *Scope1* sind das zeitkontinuierliche und das mit Halteglied nullter Ordnung abgetastete Signal (wie in Abb. 1.20 gezeigt) überlagert dargestellt. Auf dem Block *Scope* werden das verzögerte zeitkontinuierliche Signal und das rekonstruierte Signal dargestellt. Die Verzögerung *Transport Delay1* ist so einzustellen, dass die Laufzeit des Glättungstiefpasses kompensiert wird. Man erreicht dies durch Versuche unter Beobachtung der zeitrichtigen Überlagerung der beiden Signale auf dem Block *Scope*.

Zur numerischen Evaluation des Rekonstruktionsfehlers wird die erforderliche Verzögerung in dem Programm `rekonstr1.m` durch Minimierung der Summe der Beträge der Differenzen der beiden Signale automatisch eingestellt.

```
......
% Bestimmung der optimalen Verzögerung
nv = 200;     % Anfangsindex
diff_y = zeros(2*nv,1);

y1 = yout(nv:end-nv,1);
for k = 1:2*nv
    diff_y(k) = sum(abs(yout(k:length(y1)+k-1,2) - y1));
end;
min_diff_1 = min(diff_y);
p1 = find(diff_y == min_diff_1);
......
```

1.5 Rekonstruktion zeitkontinuierlicher Signale

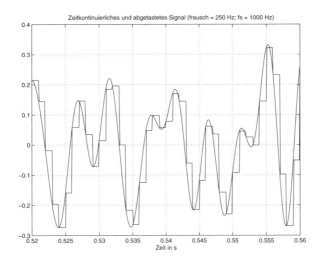

Abb. 1.20: Zeitkontinuierliches und mit einem Halteglied nullter Ordnung abgetastetes Signal (rekonstr_1.mdl, rekonstr1.m)

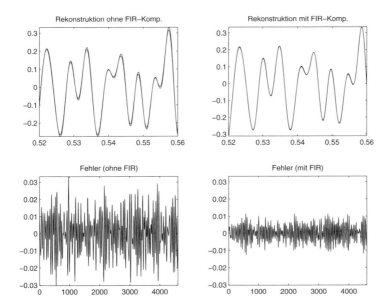

Abb. 1.21: Rekonstruktion mit und ohne FIR-Kompensation (rekonstr_1.mdl, rekonstr1.m)

Hierfür werden in der Senke *Out1* die beiden Signale als Spalten des Feldes yout (yout(:,1) und yout(:,2)) gespeichert. Ebenso wird im Vektor tout die Simulationszeit gespeichert. Diese Einstellungen werden mit der Option *Data Import/Export* des Dialogs

Simulation/Configuration parameters (Abb. 1.7) festgelegt. Damit ist ein Vergleich des Rekonstruktionsfehlers ohne Kompensationsfilter mit dem Rekonstruktionsfehler mit Kompensationsfilter möglich.

Im unteren Teil des Modells aus Abb. 1.19 wird die Rekonstruktion mit Kompensationsfilter simuliert. Mit einer ähnlichen Programmsequenz wird die Summe der Differenzen der Signale yout(:,5) und yout(:,6), die im *Outport*-Block *Out3* gespeichert werden, gebildet. In Abb. 1.21 links oben ist ein Ausschnitt der beiden Signale der Rekonstruktion ohne digitales Kompensationsfilter dargestellt und unten ist die Differenz dieser Signale dargestellt. Auf der rechten Seite sind in ähnlichen Darstellungen die Signale der Rekonstruktion mit dem FIR-Kompensationsfilter dargestellt. Im Programm wird auch der prozentuale Gewinn ermittelt, der mit den beschriebenen Parametern ca. 61 % beträgt.

Die Parametrierung des Blocks *Discrete Filter* aus dem Modell (Abb. 1.19) ist sehr einfach. Durch Doppelklick auf diesen Block öffnet sich ein Fenster, in dem für das FIR-Filter der Vektor h=[-1/16,9/8,-1/16] im Zählerfeld *Numerator* eingetragen wird. Im Nennerfeld *Denominator* wird für ein FIR-Filter immer die Zahl eins eingetragen. Im Falle der Kompensation mit dem IIR-Filter aus Gl. (1.42) wird das Zählerfeld den Wert 9/8 und das Nennerfeld den Vektor [1,1/8] enthalten.

1.5.1 Welligkeit im Durchlassbereich bei Glättungsfiltern

Wenn als Antialiasing- und Glättungsfilter zwei Filter mit Welligkeit im Durchlassbereich (vom Typ Tschebyschev I oder Elliptisch) eingesetzt werden, entstehen Rekonstruktionsfehler durch den nicht konstanten Amplitudengang.

Abb. 1.22 zeigt die Spezifikation des Amplitudengangs eines Tiefpassfilters. Die Durchlassfrequenz ist mit f_p (*pass-frequency*) und die Sperrfrequenz ist mit f_s (*stop-frequency*) bezeichnet. Mit δ_p wurde die Welligkeit in Durchlassbereich (Abweichung von dem gewünschten

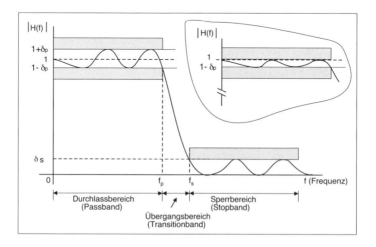

Abb. 1.22: Spezifikation des Amplitudengangs eines Tiefpassfilters

1.5 Rekonstruktion zeitkontinuierlicher Signale

Amplitudengang) und mit δ_s wurde die Dämpfung im Sperrbereich bezeichnet. In dB sind diese Größen durch die Beziehungen:

$$A_p = 20 \, log_{10}(1 + \delta_p)$$
$$A_s = -20 \, log_{10}\delta_s \qquad (1.43)$$

definiert. Beide Größen sind positive Werte. In der rechten oberen Ecke der Abb. 1.22 ist eine andere, ebenfalls übliche Art der Definition der Welligkeit im Durchlassbereich dargestellt.

Die Welligkeit im Durchlassbereich der Antialiasing-Filter bei der A/D-Wandlung sowie die der Glättungsfilter bei der D/A-Wandlung ist immer in Zusammenhang mit der Auflösung der verwendeten Wandler festzulegen. Hat man z.B. einen A/D-Wandler mit einer Auflösung von $n_b = 10$ Bit zur Verfügung, so entspricht bei einem Signal mit einem Spitzenwert $\hat{U} = 1V$ eine Änderung im niederwertigsten Bit einem Spannungshub $\Delta U = 1/2^{n_b} = 1/1024 \cong 1$ mV. Dieselbe Änderung erhält man auch bei einer Welligkeit im Durchlassbereich von $A_p = 20 \, log_{10}(1 + 0.001) \cong 0.01$ dB. Damit werden bei Verwendung eines Antialiasing-Filters mit einer Welligkeit im Durchlassbereich von etwa $A_p = 0.01$ dB Wandler mit einer Auflösung von mehr als $n_b = 10$ Bit keine Vorteile bringen, da sie mit ihrer höheren Auflösung Signaländerungen, die der Welligkeit des Filters geschuldet sein können, abbilden.

In ähnlicher Weise muss man auch das Rauschen der Filter in Relation zur Auflösung der Wandler bringen. Ein Rauschpegel, der viel größer als der LSB-Wert ist, wird die niederwertigen Bit unsicher und damit unnötig machen.

Abb. 1.23 zeigt den Amplitudengang eines Tiefpassfilters vom Typ Tschebyschev I mit einer Durchlassfrequenz $f_p = 1000$ Hz und einer Welligkeit im Durchlassbereich $A_p = 0.001$ dB. Aus dieser Darstellung geht auch hervor, dass für Filter mit Welligkeit der Durchlassbereich als jene Frequenz definiert ist, bei der die Zone der Breite A_p in Richtung Sperrbereich verlassen wird. Bei Filtern ohne Welligkeit im Durchlassbereich wird hingegen die Durchlassfrequenz üblicherweise als die Frequenz definiert, für die der Amplitudengang sich um -3 dB beim Übergang zum Sperrbereich ändert (Abb. 1.24). Deswegen wird oft für die Durchlassfrequenz auch die Bezeichnung f_{-3dB} verwendet.

Die Darstellungen aus den Abbildungen 1.23 und 1.24 wurden mit dem Programm `wellig_1.m` erzeugt. Der Darstellungsausschnitt, der die Welligkeit für das Tschebyschev-Filter hervorhebt, wurde mit folgender Programmsequenz erhalten:

```
.....
% -------- Frequenzgang
f = logspace(floor(log10(fp/100)),ceil(log10(fp*100)), 1000);
[H,w] = freqs(b,a,2*pi*f);
.....
subplot(212), semilogx(w/(2*pi), 20*log10(abs(H)));
La = axis;
axis([La(1), fp*2, -Ap*1.2, 0]);
title(['Welligkeit im Durchlassbereich = ',...
       num2str(Ap),' dB']);
xlabel('Hz');      grid;      ylabel('dB')
```

Mit dem Befehl **axis** werden die von MATLAB implizit gewählten Grenzen der Koordinatenachsen abgefragt und in dem Vektor La gespeichert. Danach werden mit dem Befehl **axis**([La(1),fp*2,-Ap*1.2, 0]) neue Achsen festgelegt, die den Frequenz- und Amplitudenbereich begrenzen, um die Welligkeit hervorzuheben.

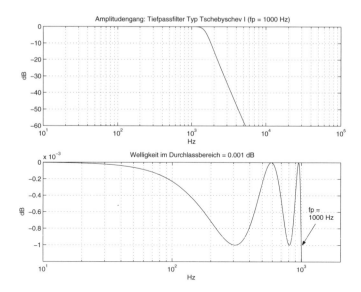

*Abb. 1.23: Welligkeit eines Tiefpassfilters vom Typ Tschebyschev I mit $f_p = 1000\,Hz$ im Durchlassbereich (*wellig_1.m*)*

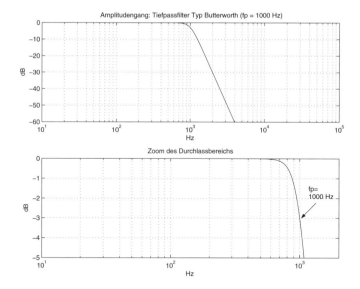

*Abb. 1.24: Durchlassbereich eines Tiefpassfilters vom Typ Butterworth mit $f_p = 1000\,Hz$ (*wellig_1.m*)*

Für Tiefpassfilter vom Typ Tschebyschev II, die ihre Welligkeit im Sperrbereich haben, wird als Entwurfsparameter den MATLAB-Funktionen die Sperrfrequenz f_s angegeben. Die Durchlassfrequenz f_p ergibt sich dann in Abhängigkeit der Filterordnung und der angegebenen

Dämpfung (A_s) im Sperrbereich. Diese Art die Parameter zu spezifizieren ist für Sperrbandfilter sehr geeignet: Man ist sicher, dass ein bestimmter Frequenzbereich mit der gewünschten Dämpfung unterdrückt wird.

1.6 Verstärkung des Rauschens durch Überfaltung

Auch wenn man weiß, dass die abzutastenden analogen Nutzsignale bandbegrenzt sind, sollte man ein *Antialiasing*-Filter einsetzen, um zu vermeiden, dass sich die Rauschanteile bei hohen Frequenzen durch die Abtastung in das Band des Nutzsignals spiegeln und so das Rauschen verstärken. Nimmt man an, dass die Bandbreite des Rauschens f_{rausch} um den Faktor N größer ist als die Abtastfrequenz f_s, so wird bei Verzicht auf das *Antialiasing*-Filter die spektrale Leistungsdichte des Rauschens im Bereich des Nutzbandes um $10\ log(2N)$ dB steigen [39], was unerwünscht ist.

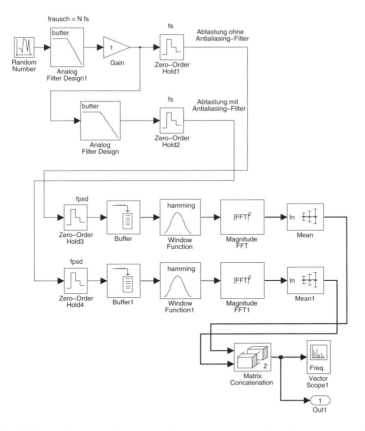

Abb. 1.25: Modell zur Untersuchung der Spiegelung von Rauschen (noise_alias.mdl, noise_alias_.m)

Experiment 1.5: Spiegelung von nicht gefiltertem Rauschen

Abb. 1.25 zeigt das Simulink-Modell, das zur Untersuchung eingesetzt wird. Aus weißem Rauschen, welches mit dem Block *Random Number* erzeugt wird, wird durch Filterung mit dem Block *Analog Filter Design1* ein bandbegrenztes Rauschsignal mit der Bandbreite frausch = N*fs erzeugt. Dieses wird einerseits ohne Antialiasing-Filter und anderseits mit Antialiasing-Filter mit der Abtastfrequenz f_s abgetastet. Dazu dienen die beiden Blöcke *Zero-Order Hold1* bzw. *Zero-Order Hold2*, die Halteglieder nullter Ordnung darstellen.

Im untere Teil des Modells wird die spektrale Leistungsdichte der beiden Signale nach der Methode von Welch [73] berechnet und dargestellt. Um eine höhere Frequenzauflösung zu erzielen, werden die Signale mit einer höheren Abtastfrequenz abgetastet, wie z.B. mit fpsd=6*fs. In den beiden Puffern (*Buffer* und *Buffer1*) werden Vektoren von je 256 Abtastwerten gebildet, die anschließend in den Blöcken *Window Function* und *Window Function1* mit je einem Hamming-Fenster gewichtet werden. Es wird danach das Betragsquadrat des Spektrums der gewichteten Vektoren berechnet. Man erhält die nicht normierten spektralen Leistungsdichten durch Mittelung mehrerer quadrierter Spektren mit den Blöcken *Mean* und *Mean1*. Für $f_s = 1000$ Hz und $f_{rausch} = 4000$ Hz ($N = 4$) erhält man die Darstellung in Abb. 1.26.

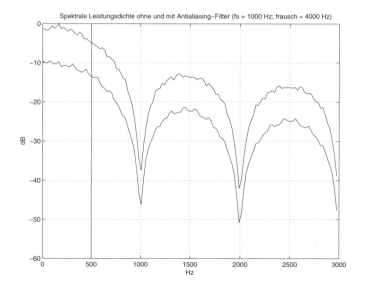

Abb. 1.26: Spektrale Leistungsdichte ohne und mit Antialiasing-Filter (noise_alias.mdl, noise_alias_.m)

Die spektrale Leistungsdichte des Rauschens ohne Verwendung eines Antialiasing-Filters ist um ca. $10\,log(2N) = 10\,log(8) = 9$ dB größer, was auch aus Abb. 1.26 im Nyquist-Bereich (bis 500 Hz) ersichtlich ist. Die Verläufe entsprechen einer sinc-Funktion wegen der Abtastung mit Haltegliedern nullter Ordnung. Die Abbildung zeigt nur die ersten beiden Nebenmaxima (Englisch: *lobes*) der sinc-Funktion für positive Frequenzen.

Das Modell wird aus dem Programm noise_alias_.m aufgerufen. In der Senke *Out1* werden die Werte der spektrale Leistungsdichten gespeichert. In der Konfiguration der Option *Data Import/Export* des Menüs *Simulation/Configuration parameters* (Abb. 1.7) wird der Parameter *Limit data points to last* auf den Wert 1 gesetzt, so dass nur das Endergebnis der Mittelung, bestehend aus zwei mal 256 Werten, gespeichert und anschließend dargestellt wird. Die spektralen Leistungsdichten werden auch mit dem Block *Vector Scope1* während der Simulation dargestellt, so dass man das Fortschreiten der Mittelung durch die Blöcke *Mean* und *Mean1* verfolgen kann.

Wenn im Programm `frausch = fs/2` gesetzt wird, dann ist die Bandbreite des Rauschsignals auf den Nyquist-Bereich begrenzt und man wird auch ohne Antialiasing-Filterung keine Erhöhung des Rauschpegels in diesem Bereich beobachten können.

1.7 Schlussfolgerungen

Die digitale Signalverarbeitung hat heute zwar weitestgehend die analoge Verarbeitung verdrängt, da unsere Welt aber nach wie vor analog bleibt, benötigen auch die digitalen Signalverarbeitungssysteme an ihren Schnittstellen analoge Komponenten. Analoge Filter mit Operationsverstärkern und diskreten Komponenten [6] werden praktisch nicht mehr benutzt. Die nachfolgende Generation bestand aus integrierten Universal-Filterschaltungen, realisiert aus Filtersektionen zweiter Ordnung. Diese konnte man mit wenigen Widerständen und Kondensatoren, mit denen das Filter-IC[7] beschaltet wurde, parametrieren und die Funktion als Tief-, Hoch- oder Bandpassfilter und die charakteristischen Frequenzen festlegen. Doch auch diese Schaltungen sind wegen zu großen Platzbedarfs bereits aus den gegenwärtigen Applikationen verdrängt worden.

Ersetzt wurden sie mit integrierten Schaltungen basierend auf so genannten *Switched-Capacitors* [6], [61]. Sie lösen sowohl die Schwierigkeit der Integration von großen Kapazitäten und die Reproduzierbarkeit in der Fertigung als auch das Problem der Programmierbarkeit. Mit elektronischen Schaltern werden relativ kleine Kapazitäten (ca. 1–2 pF) mit einer festgelegten Frequenz so geschaltet, dass sie einen Mittelwertstrom übertragen, der einem äquivalenten Widerstand entspricht. Über die Schaltfrequenz können die Eigenschaften der Filter verändert werden. Das Schalten der Kapazitäten stellt eigentlich ein analoges Abtastsystem dar, das eventuell auch ein vorgeschaltetes Antialiasing-Filter benötigt. Dieses Filter kann anspruchslos entworfen werden (oftmals nur ein Filter erster Ordnung), da die Schaltfrequenz groß relativ zur Bandbreite des Filters ist.

Ein weiteres Konzept für programmierbare, integrierte, analoge Schaltungen wird von der Firma *Lattice* angeboten. Im Gegensatz zu dem *Switched-Capacitors*-Konzept sind hier echte analoge Schaltungen integriert. Die ICs enthalten bis zu 60 aktive und passive Analogkomponenten mit Hunderten von Einstellmöglichkeiten. Mit einer schematischen Eingabe auf einem PC lassen sich die Charakteristik und die Parameter dieser Komponenten beschreiben und sie können miteinander verschaltet werden. Anschließend wird der Baustein programmiert und kann jederzeit erneut programmiert werden. Die Grundelemente dieser Bausteine sind die PAC[8]-Zellen, die durch eine programmierbare Verbindungsstruktur untereinander vernetzt werden können. Sie enthalten Operationsverstärker, Widerstände und Kondensatoren in einer differentiellen Architektur zusammengefasst, um eine hohe Gleichtaktunterdrückung zu erreichen.

---

[7] Integrierter Schaltkreis, Englisch: *Integrated Circuit*
[8] *Programmable Analog Circuit*

Die PAC-Zellen sind in PAC-Blöcke gruppiert, bei denen die Verstärkung und das Frequenzverhalten programmierbar sind. Es lassen sich bis zu 120 Grenzfrequenzen im Bereich 10 kHz bis 100 kHz und verschiedene Typen von Filtern (Bessel, Tschebyschev, Elliptisch, Butterworth, usw.) programmieren. Einige Bausteinreihen enthalten zusätzlich je einen 8 Bit breiten D/A-Wandler und zwei Komparatoren.

2 Entwurf und Analyse digitaler Filter

Eine gute Einführung in die Theorie digitaler Filter erhält man in den Werken [55], [56], [18], [68], [30], [45]. Anspruchsvoller ist die Thematik der digitalen Signalverarbeitung in [58], [12] behandelt. Viele Bücher und Aufsätze benutzen MATLAB und die *Signal Processing Toolbox*, um die behandelten Algorithmen zu implementieren und die Simulationsergebnisse graphisch darzustellen, so z.B. [74], [36], [15], [52], [67], [31], [34], [49] und [66].

Simulink und die so genannten *Blocksets*, als Erweiterungen von MATLAB, werden in der Literatur zur Signalverarbeitung jedoch kaum behandelt. Gerade diese Erweiterungen eröffnen jedoch neue Wege sowohl in der Vermittlung der Thematik als auch insbesondere in der industriellen Entwicklung [26], [27]. Simulink-Modelle kann man beispielsweise automatisch in Programme für verschiedene Mikrocontroller oder Digitale Signalprozessoren (kurz DSP[1]) umwandeln und so die Entwicklungs- und Implementierungszeiten von Algorithmen der Signalverarbeitung beachtlich verkürzen. Auch die automatische Erstellung von VHDL[2]-Programmen ist aus den zur Simulation verwendeten Simulink-Modellen möglich.

Filter werden heutzutage fast ausschließlich mit Hilfe von Software-Paketen entwickelt. Über komfortable Menüs werden die gewünschten Eigenschaften eingegeben und auf Knopfdruck erhält man die Koeffizienten der Filter. Zusätzlich können der Frequenzgang, die Gruppenlaufzeit, die Sprung- oder Impulsantwort und andere Eigenschaften des Filterentwurfs dargestellt werden. Damit kann man beurteilen, inwieweit der Entwurf die Sollvorgaben einhält. Man gelangt so mit wenigen Iterationsschritten zum Ziel und kann oftmals auch gleich den C- oder Assemblercode für die Implementierung auf dem verwendeten DSP generieren [3].

Wenn nun der Filterentwurf in der Praxis so einfach geworden ist, so stellt sich die Frage, ob die Beschäftigung mit der Theorie der Filter einerseits und mit Simulationsmethoden andererseits überhaupt noch notwendig ist. Die Antwort darauf ist nach wie vor ein klares „ja". Diese Kenntnisse werden für den Entwurf schon allein deshalb benötigt, weil die Vielzahl der Parameter, die die Programme zum Filterentwurf anbieten, nicht beliebig eingestellt werden kann. Weiterhin muss man durch Simulationen mit realen oder künstlich generierten Signalen untersuchen, ob das entworfene Filter tatsächlich die gewünschte Funktion erfüllt. Selten sind die Signale der Anwendungen sinusförmige Signale im stationären Zustand, so dass man mit Hilfe des Frequenzgangs direkt aussagen könnte, ob das Filter geeignet ist. Über Simulationen, wie sie hier in Experimenten gezeigt werden, kann man die Spezifikationen für die Filter mit der Anwendung in Einklang bringen und danach die Filter entwickeln lassen. Unerwünschte Überraschungen sind so leichter zu vermeiden.

Für den Entwurf digitaler Filter stehen in der Produktfamilie von MATLAB die Funktionen der *Signal Processing Toolbox* und die Funktionen der *Filter Design Toolbox* zur Verfügung. Diese stellen auch zwei Werkzeuge (*FDATool* und *SPATool*) in Form von graphischen Bedien-

---
[1] *Digital Signal Processor*
[2] *Very High Speed Integrated Circuit Hardware Description Language*

oberflächen zur Verfügung, um eine komfortable Entwicklung und Analyse von digitalen IIR- und FIR-Filtern zu ermöglichen. Ergänzt werden diese in Simulink mit den entsprechenden Blöcken aus dem *DSP-Blockset*, für deren Einsatz jedoch das Vorhandensein der *Signal Processing Toolbox* und der *Filter Design Toolbox* Voraussetzung ist.

Die Funktionen der *Signal Processing Toolbox* liefern ihre Ergebnisse grundsätzlich als Fließkommazahlen in doppelter Genauigkeit[3] (*double precision*). In der Praxis wird man jedoch selten über Prozessoren verfügen, die doppelte Genauigkeit unterstützen, verbreitet sind Festkommazahlen (*fixed-point*) oder Fließkommazahlen mit einfacher Genauigkeit[4] (*single precision*). Die Rundung der Filterkoeffizienten von mit der *Signal Processing Toolbox* entwickelten Filtern auf einfache Genauigkeit oder Festkommazahlen verändert jedoch die Eigenschaften des Filters, so dass es wünschenswert ist, bereits beim Entwurf das Format der Koeffizienten zu berücksichtigen. Hier hilft die *Filter Design Toolbox*, eine relativ neue Ergänzung der MATLAB-Produktfamilie, die zusätzliche Verfahren zum Entwurf digitaler Filter enthält und an die Belange der industriellen Entwicklung angelehnt ist. Es können sowohl die Daten als auch die Koeffizienten der Filter mit Fest- oder Gleitkommazahlen dargestellt werden und auch die arithmetischen Operationen können realitätsnah nachgebildet werden. Aus diesem Grund wird das nächste Kapitel dem Entwurf und der Analyse von Filtern mit der *Filter Design Toolbox* gewidmet.

2.1 Einführung

Ein diskretes Filter wird durch folgende Übertragungsfunktion in der komplexen Variablen z^{-1} der z-Transformation beschrieben [34]:

$$H(z) = \frac{b_0 + b_1 z^{-1} + b_2 z^{-2} + \cdots + b_n z^{-n}}{1 + a_1 z^{-1} + a_2 z^{-2} + \cdots + a_n z^{-n}} \quad (2.1)$$

Wenn man den Zähler und den Nenner mit z^n multipliziert und danach die Polynome des Zählers und Nenners mit Hilfe ihrer Nullstellen ausdrückt, erhält man die Übertragungsfunktion in Null-Polstellen-Form:

$$H(z) = b_0 \frac{(z-z_1)(z-z_2)\ldots(z-z_n)}{(z-p_1)(z-p_2)\ldots(z-p_n)} \quad (2.2)$$

Durch $z_1, z_2, ..., z_n$ und $p_1, p_2, ..., p_n$ werden die Null- bzw. Polstellen der Übertragungsfunktion bezeichnet. Die Anzahl n der Pole des Systems bezeichnet man als Ordnung des Systems.

Die Koeffizienten des Zählers und Nenners der Gl. (2.1) oder die Null- bzw. Polstellen der Gl. (2.2), jeweils in Vektoren gespeichert, bilden die Parameter für die Beschreibung diskreter Filter in MATLAB.

Bei einer Übertragungsfunktion mit reellen Koeffizienten sind die Null- und Polstellen in Gl. (2.2) entweder reell oder paarweise konjugiert komplex. Gruppiert man die konjugiert komplexen Null- und Polstellenpaare, so kann man Gl. (2.2) auch als Produkt von Teilsystemen

---

[3] Diese Zahlen werden mit 64 Bit dargestellt, wobei 52 Bit für die Mantisse, 11 Bit für den Exponenten und 1 Bit für das Vorzeichen verwendet werden.

[4] Diese Zahlen werden mit 32 Bit dargestellt, wobei 23 Bit für die Mantisse, 8 Bit für den Exponenten und 1 Bit für das Vorzeichen verwendet werden.

2.1 Einführung

schreiben, wobei die Übertragungsfunktionen der Teilsysteme Polynome vom Grad null, eins oder zwei im Zähler und eins oder zwei im Nenner haben:

$$H(z) = \prod_{i=1}^{l} H_i(z) \qquad (2.3)$$

mit

$$H_i(z) = \frac{b_{i0} + b_{i1}z^{-1} + b_{i2}z^{-2}}{1 + a_{i1}z^{-1} + a_{i2}z^{-2}} \qquad (2.4)$$

Die Teilsysteme sind Systeme der Ordnung höchstens zwei und man bezeichnet sie als Abschnitte zweiter Ordnung (Englisch: *second order sections*). Es ist vorteilhaft, ein System als eine Kettenschaltung von Abschnitten zweiter Ordnung zu realisieren, da man große Flexibilität in der Kombination der Pole und Nullstellen zu Teilsystemen hat und so die Empfindlichkeit gegenüber Parameterungenauigkeiten gut kontrollieren kann. Diese Methode wird nicht nur in der digitalen Signalverarbeitung, sondern auch bei der Realisierung analoger Filter häufig angewandt.

Der Gl. (2.1) entspricht im Zeitbereich eine Differenzengleichung der Form:

$$\begin{aligned} y[kT_s] = {}& b_0 x[kT_s] + b_1 x[(k-1)T_s)] + \cdots + b_n x[(k-n)T_s] \\ & -a_1 y[(k-1)T_s] - a_2 y[(k-2)T_s] - \cdots + a_n y[(k-n)T_s] \end{aligned} \qquad (2.5)$$

Dabei sind $y[kT_s]$ und $x[kT_s]$ die Abtastwerte des Ausgangs- bzw. des Eingangssignals zum Zeitpunkt kT_s mit T_s als Abtastperiode.

Formal wurden die Zähler- und Nennerpolynome so aufgeschrieben, als ob sie denselben Grad hätten. Einige der Koeffizienten der Polynome (evtl. auch die der höchstgradigen Glieder) können allerdings auch null sein, so dass der Grad von Zähler- und Nennerpolynom im allgemeinen Fall unterschiedlich ist. Multipliziert man die Übertragungsfunktion nach Gl. (2.1) mit z^n und bezeichnet mit b_0 den ersten von null verschiedenen Koeffizienten des Zählers, so hat die Übertragungsfunktion $H(z)$ die Form

$$H(z) = \frac{b_0 z^m + b_1 z^{m-1} + b_2 z^{m-2} + \cdots + b_m z^0}{z^n + a_1 z^{n-1} + a_2 z^{n-2} + \cdots + a_n z^0} \qquad (2.6)$$

und es gilt die Einschränkung, dass der Grad m des Zählers kleiner oder gleich dem Grad n des Nenners sein muss, um eine kausale Differenzengleichung im Zeitbereich zu erhalten. Ist im anderen Fall der Grad des Zählers z.B. um eins größer als der Grad des Nenners: $m = n + 1$, so hat die Differenzengleichung die Form

$$\begin{aligned} y[kT_s] = {}& b_0 x[(k+1)T_s] + b_1 x[(kT_s)] + \cdots + b_{n+1} x[(k-n)T_s] \\ & -a_1 y[(k-1)T_s] - a_2 y[(k-2)T_s] - \cdots + a_n y[(k-n)T_s] \end{aligned} \qquad (2.7)$$

und für die Berechnung des Ausgangswertes zum Zeitpunkt kT_s wird der Eingangswert des Zeitpunktes $(k+1)T_s$ benötigt, also ein Wert aus der Zukunft. Das widerspricht der Kausalitätsbedingung.

Man spricht von IIR-Filtern, wenn in der Beschreibung nach Gl. (2.1) wenigstens ein Koeffizient b_j im Zähler und mehrere Koeffizienten $a_2, a_3, \ldots$ (mit $a_1 = 1$) im Nenner verschieden von null sind. Ein FIR-Filter erhält man, wenn das Nennerpolynom Grad null hat, also lediglich der Koeffizient $a_1 = 1$ ist und alle anderen null sind.

Allgemein bezeichnet man ein System als AR-System[5], wenn im Zähler der Beschreibung nach Gl. (2.1) nur ein Koeffizient $b_j \neq 0$ vorhanden ist und alle andere gleich null sind. AR-Systeme sind offensichtlich ein Sonderfall der IIR-Filter. FIR-Filter bezeichnet man auch als MA-Systeme[6]. Allgemeine IIR-Filter, bei denen mehrere Koeffizienten des Zählers und des Nenners verschieden von null sind, werden auch ARMA-Systeme[7] genannt [58].

Die Beschreibung im Zustandsraum für ein zeitkontinuierliches SISO-System[8] ist durch eine vektorielle Differentialgleichung (System von Differentialgleichungen erster Ordnung) und eine algebraische Gleichung gegeben [34] und wurde in dem vorhergehenden Kapitel beschrieben. Im Falle zeitdiskreter SISO-Systeme wird die Differentialgleichung zu einer Differenzengleichung, so dass im Zustandsraum [58] die Beschreibung durch folgende Matrizengleichungen

$$\mathbf{x}_s[kT_s] = \mathbf{A}\mathbf{x}_s[(k-1)T_s] + \mathbf{B}u[kT_s]$$
$$y_s[kT_s] = \mathbf{C}\mathbf{x}_s[kT_s] + Du[kT_s] \quad (2.8)$$

erfolgt. Hier bilden die Vektoren $\mathbf{x}_s[kT_s]$ den Zustandsvektor, der Skalar $y_s[kT_s]$ den Ausgang und der Skalar $u[kT_s]$ stellt den Eingang dar. Die erste Gleichung aus (2.8) ist die sogenannte Zustandsgleichung (eine Differenzengleichung) und die zweite Gleichung ist die Ausgangsgleichung (eine algebraische Gleichung).

Die allgemeine Differenzengleichung

$$y[kT_s] = -\sum_{i=1}^{n} a_i y[k-1] + \sum_{i=0}^{n} b_i x[k-1] \quad (2.9)$$

eines zeitdiskreten Filters kann in die Zustandsform umgewandelt werden und man erhält die Matrizen aus Gl. (2.10) und Gl. (2.11).

Der Skalar $y_s[kT_s] = y[kT_s]$ stellt den Abtastwert am Ausgang des Filters dar, während der Skalar $u[kT_s] = x[kT_s]$ der Abtastwert am Eingang des Filters ist, jeweils zum laufenden Zeitpunkt kT_s.

Ein und dasselbe Systeme kann durch unterschiedliche Zustandsgleichungen beschrieben werden, abhängig davon, wie die Zustandsvariablen in dem Vektor $\mathbf{x}_s[kTs]$ zusammengefasst werden.

$$\mathbf{A} = \begin{pmatrix} 0 & 1 & 0 \ldots & . & 0 \\ 0 & 0 & 1\,0 \ldots & . & 0 \\ . & . & \ldots & . & . \\ 0 & 0 & \ldots & 0 & 1 \\ -a_n & -a_{n-1} & \ldots & -a_2 & -a_1 \end{pmatrix} \qquad \mathbf{B} = \begin{pmatrix} 0 \\ 0 \\ . \\ . \\ . \\ 0 \\ 1 \end{pmatrix} \quad (2.10)$$

$$\mathbf{C} = ((b_n - b_0 a_n)\ (b_{n-1} - b_0 a_{n-1})\ \ldots\ (b_1 - b_0 a_1)) \qquad \mathbf{D} = d = b_0 \quad (2.11)$$

---

[5] Auto-Regressiv
[6] Moving-Average
[7] Auto-Regressiv-Moving-Average
[8] Single Input Single Output

2.1 Einführung

Die drei gezeigten Formen zur Beschreibung eines zeitdiskreten Filters reagieren unterschiedlich empfindlich auf numerische Fehler in den Parametern. Am stabilsten ist die Zustandsdarstellung gemäß Gl. (2.8), gefolgt von der Darstellung mit Null- und Polstellen (Gl. (2.2)). Am empfindlichsten ist die Darstellung als Übertragungsfunktion (Gl. (2.1)). Das erklärt auch, weshalb einige Funktionen zum Entwerfen der Filter von verschiedenen Formen ausgehen.

MATLAB stellt Funktionen zur Verfügung, mit deren Hilfe eine Darstellungsform in eine andere umgewandelt werden kann:

- **ss2tf** und **tf2ss**: Zustandsbeschreibung in Übertragungsfunktionsform und umgekehrt

- **ss2zp** und **zp2ss**: Zustandsbeschreibung in Null-Polstellen-Beschreibung und umgekehrt

- **tf2zp** und **zp2tf**: Übertragungsfunktionsform in Null-Polstellen-Beschreibung und umgekehrt

- **tf2sos** und **sos2tf**: Übertragungsfunktion in Abschnitte zweiter Ordnung (*Second Order Sections*) und umgekehrt

- **ss2sos** und **sos2ss**: Zustandsbeschreibung in Abschnitte zweiter Ordnung (*Second Order Sections*) und umgekehrt

- **zp2sos** und **sos2zp**: Null-Polstellen-Beschreibung in Abschnitte zweiter Ordnung (*Second Order Sections*) und umgekehrt

Da diese Funktionen zur Umwandlung der Darstellungsform eines Systems mit Koeffizienten von Polynomen hantieren, ist es völlig unerheblich, ob diese Koeffizienten ein Polynom in s, und damit die Übertragungsfunktion eines zeitkontinuierlichen Systems, oder ein Polynom in z^{-1} und damit die Übertragungsfunktion eines zeitdiskreten Systems darstellen. Diese Funktionen sind also sowohl für zeitkontinuierliche als auch für zeitdiskrete Systeme anwendbar. Es gilt allerdings die Konvention, dass die Zähler und Nennerpolynome formal denselben Grad haben müssen, in MATLAB also durch Vektoren gleicher Länge dargestellt werden und die Koeffizienten müssen in fallender Reihenfolge der Potenzen in die Vektoren eingetragen werden.

Somit ist z.B. die Übertragungsfunktion des FIR-Filters

$$H(z) = \frac{1 + 0.9z^{-1} + 0.81z^{-2} + 0.729z^{-3}}{1} = \frac{z^3 + 0.9z^2 + 0.81z^1 + 0.729}{z^3 + 0z^2 + 0z^1 + 0} \quad (2.12)$$

durch folgende zwei Vektoren darzustellen:

```
zaehler = [1, 0.9, 0.81, 0.729];     nenner = [1, 0, 0, 0];
```

Bei IIR-Filtern, die im Zähler und Nenner Polynome in der Variablen z^{-1} gleichen Grades enthalten, können die Koeffizienten direkt in Vektoren übertragen werden. So ist z.B. das IIR-Filter

$$H(z) = \frac{0.0206 + 0.0285z^{-1} + 0.0464z^{-2} + 0.0464z^{-3} + 0.0285z^{-4} + 0.0206z^{-5}}{1 - 2.4928z^{-1} + 3.2869z^{-2} - 2.4498z^{-3} + 1.0465z^{-4} - 0.1997z^{-5}} \quad (2.13)$$

in MATLAB/Simulink durch folgende Vektoren dargestellt:
```
b = [0.0206    0.0285    0.0464    0.0464    0.0285    0.0206];
a = [1.0000   -2.4928    3.2869   -2.4498    1.0465   -0.1997];
```

Mit dem Aufruf

```
abschnitte = tf2sos(b,a);
```

wird die Übertragungsfunktion in ein Produkt von Abschnitten zweiter und eventuell erster Ordnung zerlegt. In den Abschnitten werden den Polstellen die ihnen am nahe liegendsten Nullstellen zugeordnet, um die Empfindlichkeit gegenüber Parameterungenauigkeiten möglichst klein zu halten.

Das Feld `abschnitte` enthält in jeder Zeile in den ersten drei Elementen die Koeffizienten des Zählers und in den nachfolgenden drei Elementen die Koeffizienten des Nenners eines Abschnitts:

```
abschnitte =
    0.0206    0.0206         0    1.0000   -0.5205         0
    1.0000    0.6039    1.0000    1.0000   -0.9953    0.4680
    1.0000   -0.2219    1.0000    1.0000   -0.9770    0.8199
```

Für das vorliegende Beispiel enthält die erste Zeile die Koeffizienten eines Abschnitts erster Ordnung und die folgenden zwei Zeilen enthalten die Koeffizienten zweier Abschnitte zweiter Ordnung:

$$H(z) = \left(\frac{0.0206 + 0.0206z^{-1}}{1 - 0.5205z^{-1}}\right)\left(\frac{1 + 0.6039z^{-1} + z^{-2}}{1 - 0.9953z^{-1} + 0.4680z^{-2}}\right) \\ \left(\frac{1 - 0.2219z^{-1} + z^{-2}}{1 - 0.9770z^{-1} + 0.8199z^{-2}}\right) \tag{2.14}$$

Die Funktionen der *Signal Processing Toolbox* verwenden die Darstellung mit Polynomen in der Variablen z^{-1} (sogenannte Konvention der *Signal Processing Toolbox* oder DSP-Konvention) und die Funktionen der *Control System Toolbox* benutzen die Polynome in s (für zeitkontinuierliche Systeme) oder für zeitdiskrete Regelungssysteme die Polynome in z statt z^{-1} (sogenannte Konvention der *Control System Toolbox*). Wenn man die Funktionen beider Toolboxen benutzen will, dann muss man darauf achten, dass die Vektoren der Koeffizienten fallweise den Konventionen genügen.

Im Weiteren wird nur die DSP-Konvention benutzt und die MATLAB-Werkzeuge für die Signalverarbeitung eingesetzt.

Zur Entwurf von IIR- oder FIR-Filtern stehen mehrere Gruppen von Funktionen zur Verfügung, die in den nachfolgenden Tabellen 2.1 bis 2.4 angeführt sind. Ein Teil dieser Funktionen ist bereits aus dem vorherigen Kapitel bekannt, da sie zum Entwurf zeitkontinuierlicher Filter dienen. Über die nachfolgend zu besprechenden Methoden der bilinearen Transformation oder der invarianten Impulsantwort können die zeitkontinuierlichen Filter in zeitdiskrete Filter umgewandelt werden.

Die entworfenen Filter können im Sinne einer objektorientierten Programmierung in einer Datenstruktur vom Typ **dfilt** gespeichert werden. Damit ist es möglich, die Aufbaustruktur der Filter anzugeben, welche die Reihenfolge der Operationen bei der Implementierung

2.1 Einführung

Tabelle 2.1: Entwurf der IIR-Filter - klassisch und direkt

`butter`	Butterworth-Filter
`cheby1`	Tschebyschev-Filter vom Typ I (mit Welligkeit im Durchlassbereich)
`cheby2`	Tschebyschev-Filter vom Typ II (mit Welligkeit im Sperrbereich)
`ellip`	Elliptisches Filter
`maxflat`	Verallgemeinertes Butterworth-Filter
`yulewalk`	IIR-Filterentwurf durch Approximation mit der Methode der kleinsten quadratischen Fehler

Tabelle 2.2: Schätzung der minimalen Ordnung digitaler IIR-Filter

`buttord`	Ordnung und Knickfrequenz von Butterworth-Filtern
`cheby1ord`	Ordnung von Tschebyschev Typ I Filtern
`cheby2ord`	Ordnung von Tschebyschev Typ II Filtern
`ellipord`	Ordnung von Elliptischen Filtern

beschreibt, wie z.B. *Direct-Form I, Direct-Form II, Second-Order Sections* usw. [58], [30]. Weiterhin können in diesen Objekten auch Anfangszustände des Filters gespeichert werden. Die Funktionen zur Analyse der Filter und zur Durchführung der Filterung akzeptieren `dfilt`-Objekte, womit die Parameterlisten der Funktionen nicht mehr explizit angegeben werden.

Zusätzlich liefert die Funktion `filtstates` ein Objekt vom Typ *states*, das den Zustand eines Filters, also die Inhalte der Speicher für die Zwischenwerte des Filters enthält.

Tabelle 2.3: Funktionen zum Entwurf der FIR-Filter

`cfirpm`	*Equiripple* FIR-Filter mit beliebigem Frequenzgang (Filter evtl. komplexwertig und mit nichtlinearer Phase)
`firpm`	Linearphasiges FIR-Filter mit der Methode von Parks-McClellan
`fir1`	Entwurf der FIR-Filter mit dem Fensterverfahren
`fir2`	Entwurf der FIR-Filter über Frequenzabtastung
`firls`	Entwurf über die Methode des kleinsten quadratischen Fehlers
`fircls`	Multiband-Filter mit Bedingungen (*constraints*) über die Methode der kleinsten quadratischen Fehler
`fircls1`	Tief- und Hochpassfilter mit linearer Phase über die Methode der kleinsten quadratischen Fehler
`firgauss`	Entwurf der FIR-Gauß-Filter
`firrcos`	Raised-Cosine FIR-Filter
`intfilt`	FIR-Filter zur Interpolation
`sgolay`	Savitzky-Golay Filter

Tabelle 2.4: Schätzung der minimalen Ordnung der FIR-Filter

`firpmord`	Ordnung und Parameter von Parks-McClellan FIR-Filtern
`kaiserord`	Ordnung und Parameter von FIR-Filtern, die mit dem Kaiser-Fenster entwickelt werden

Für die Analyse der Filter und für die Filterung der Signale stehen eine Vielzahl von Funktionen zur Verfügung. Die am häufigsten verwendeten Funktionen sind nachfolgend aufgeführt:

- `freqz`: zur Ermittlung und Darstellung des Frequenzgangs zeitdiskreter Filter

- `freqs`: zur Ermittlung und Darstellung des Frequenzgangs zeitkontinuierlicher Filter

- `grpdelay` zur Ermittlung der Gruppenlaufzeit (*group delay*) zeitdiskreter Filter

- `phasedelay` zur Ermittlung der Laufzeit zeitdiskreter Filter

- `zplane` zur Darstellung der Null-Polstellenlage in der komplexen z-Ebene

- `impz`: zur Ermittlung der Einheitspulsantwort zeitdiskreter Filter

- `stepz`: zur Ermittlung der Sprungantwort zeitdiskreter Filter

- `filter` zur Filterung mit IIR- oder FIR-Filtern

- `conv` zur Faltung von zwei Sequenzen (entspricht auch der Multiplikation von zwei Polynomen – es ist eine Funktion aus dem MATLAB-Grundpaket)

- `deconv` zur inversen Operation der Faltung (entspricht auch der Division von zwei Polynomen – es ist eine Funktion aus dem MATLAB-Grundpaket)

Die Funktion `fvtool` (*Filter-Visualisation-Tool*) vereint die angesprochenen Funktionen zur Analyse und Visualisierung von Filtereigenschaften unter einer Bedienoberfläche.

2.2 Klassischer Entwurf der IIR-Filter

Zum Entwurf von IIR-Filtern kann man den im vorherigen Kapitel gezeigten Weg gehen und zunächst ein zeitkontinuierliches Filter entwerfen. Wie dort gezeigt, kann man mit den Funktionen aus Tabelle 1.1 ein Tiefpassprototyp-Filter entwerfen und durch eine Transformation zu dem gewünschten Filtertyp gelangen. Alternativ kann man auch die Funktionen aus Tabelle 1.3 oder die ersten 4 Einträge der Tabelle 2.1 verwenden (sie fassen die Schritte Tiefpassprototyp-Entwurf und Transformation zusammen), um direkt das gewünschte zeitkontinuierliche Filter zu entwerfen. Daran anschließend wird das analoge Filter mit dem Verfahren der Impulsinvarianz oder dem Verfahren der bilinearen Transformation in ein zeitdiskretes Filter umgewandelt. Diese Verfahren sind in der Literatur z.B. in [51], [18], [30] beschrieben.

2.2 Klassischer Entwurf der IIR-Filter

Im Programm `iir_1.m` werden für die fünf verschiedenen Filtertypen: Bessel, Butterworth, Tschebyschev Typ I, Tschebyschev Typ II und Elliptisch Tiefpassprototyp-Filter entwickelt und anschließend diskretisiert. Als Beispiel sollen IIR-Tiefpassfilter mit einer Durchlassfrequenz `f_3dB` = 1000 Hz, einer Abtastfrequenz `fs` = 4000 Hz (Überabtastfaktor `ku` gleich 2) und einer Ordnung `nord` = 6 entwickelt werden.

Einige Funktionen für die Ermittlung der Prototypen wie z.B. **besselap** liefern als Ergebnisse die Null- und Polstellen sowie die Verstärkung dieser Filter. Andere wie z.B. **buttap** können sowohl die Ergebnisse in Form der Null- und Polstellen, als auch in Form der Koeffizienten der Übertragungsfunktion liefern. Für Erstere kann man mit den angeführten Funktionen zur Umwandlung der Beschreibungsformen die Koeffizienten der Übertragungsfunktion berechnen, um sich z.B. den Frequenzgang darzustellen. Allerdings ist wegen ihrer Unempfindlichkeit gegenüber numerischen Fehlern die Beschreibung im Zustandsraum als Basis für weitere Arbeiten vorzuziehen.

Der nachfolgende Programmausschnitt zeigt die Ermittlung der Zustandsmodelle für das Bessel- und das Butterworth-Filter:

```
% -------- Spezifikation
f_3dB = 1000;         % Durchlassfrequenz
ku = 2;               % Überabtastungsfaktor
nord = 6;             % Ordnung des Filters
fs = ku*2*f_3dB;      % Abtastfrequenz
% -------- Entwicklung der Filter
% Zustandsmatrizen für die Beschreibung der Filter
a = zeros(nord, nord, 5);
b = zeros(nord,1,5);                  c = zeros(1,nord,5);
d = zeros(1,1, 5);
% Bessel Filter
[z,p,k] = besselap(nord);     % Prototypfilter
[A,B,C,D] = zp2ss(z,p,k);     % Null- Polstellen Transformation in
                              % Zustandsmodell
[a(:,:,1),b(:,:,1),c(:,:,1),d(:,:,1)]=...
     lp2lp(A,B,C,D,2*pi*f_3dB);
% Butterworth Filter
[z,p,k] = buttap(nord);    % Prototypfilter
[A,B,C,D] = zp2ss(z,p,k);
[a(:,:,2),b(:,:,2),c(:,:,2),d(:,:,2)]=...
     lp2lp(A,B,C,D,2*pi*f_3dB);
```

Wie man sieht, wurde in den Funktionen für die Berechnung der Tiefpassprototyp-Filter (**besselap, buttap**, etc.) die Beschreibung mit Null- und Polstellen sowie Verstärkung gewählt. Daraus wird die Beschreibung im Zustandsraum mit den Matrizen A, B, C und D über die Funktion **zp2ss** berechnet. Die Filter mit den gewünschten Sperrfrequenzen erhält man aus dem Prototyp-Filter über die Tiefpass-Tiefpass-Transformation **lp2lp**.

In den dreidimensionalen Feldern a, b, c und d werden die Zustandsmatrizen für die fünf Filtertypen gespeichert. Die Größe dieser Felder ist durch die Ordnung der Filter und deren Anzahl gegeben. Abb. 2.1 zeigt diese Felder, in denen die Zustandsmatrizen A, B, C und D gespeichert werden.

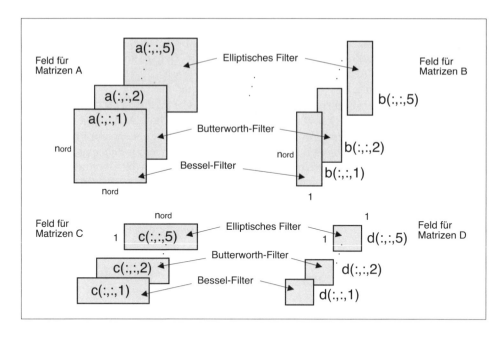

Abb. 2.1: Felder für die Matrizen der Zustandsmodelle der Filter

Mit dem Programm (iir_1.m) wird auch der Amplitudengang dargestellt. Die hierfür erforderlichen Frequenzgänge der analogen Filter werden mit folgendem Programmausschnitt berechnet:

```
% -------- Frequenzgänge der Analogfilter
f = logspace(log10(floor(f_3dB/10)),...
             log10(ceil(f_3dB*10)), 1000);  % Frequenzbereich
w = f*2*pi;                    nf = length(f);
H = zeros(nf,5);               % Komplexe Frequenzgaenge
for k = 1:5,
  [zaehler,nenner]=ss2tf(a(:,:,k),b(:,:,k),c(:,:,k),d(:,:,k));
  H(:,k) = freqs(zaehler, nenner, w).';
end;
```

Die Diskretisierung der Filter mit dem Verfahren der Impulsinvarianz [30], [52] geschieht im folgenden Abschnitt des Programms:

```
% -------- Diskretisierung über das Impulsinvarinz-Verfahren
zaehler = zeros(5, nord+1, 2);   % Speicher für die Koeffizienten
nenner  = zeros(5, nord+1, 2);   % der diskreten Filter
nf = 1000;
H = zeros(nf,5);
Gr = H;
for k = 1:5,
  [bz,az]=ss2tf(a(:,:,k),b(:,:,k),c(:,:,k),d(:,:,k));
  [zaehler(k,:,1), nenner(k,:,1)] = impinvar(bz, az, fs);
```

2.2 Klassischer Entwurf der IIR-Filter

```
                          % Diskretisierung
    H(:,k)=freqz(zaehler(k,:,1),nenner(k,:,1),nf,'whole');
    Gr(:,k)=grpdelay(zaehler(k,:,1),nenner(k,:,1),nf,'whole');
end;
```

In den dreidimensionalen Feldern zaehler und nenner werden die Koeffizienten der digitalen Filter in der Beschreibung als Übertragungsfunktion gespeichert. In der **for**-Schleife werden zuerst aus den Zustandsmodellen mit der Funktion **ss2tf** die Übertragungsfunktionen berechnet. Die Diskretisierung wird mit der Funktion **impinvar** durchgeführt und der Frequenzgang bzw. die Gruppenlaufzeit jedes Filters wird mit der Funktion **freqz** bzw. **grpdelay** ermittelt.

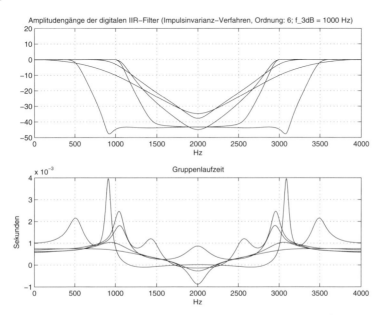

Abb. 2.2: Amplitudengänge und Gruppenlaufzeiten der Filter, die durch Diskretisierung mit dem Verfahren der Impulsinvarianz berechnet wurden (iir_1.m)

Die Diskretisierung der analogen Filter mit dem Verfahren der bilinearen Transformation [30], [52] wird mit einer ähnlichen Programmsequenz durchgeführt:

```
% -------- Diskretisierung über die bilineare Transformation
nf = 1000;
H = zeros(nf,5);
Gr = H;
for k = 1:5,
    [az,bz,cz,dz] = bilinear(a(:,:,k),b(:,:,k),c(:,:,k),...
         d(:,:,k),fs,f_3dB);   % Diskretisierung
    [zaehler(k,:,2),nenner(k,:,2)] = ss2tf(az, bz, cz, dz);
    H(:,k)=freqz(zaehler(k,:,2),nenner(k,:,2),nf,'whole');
    Gr(:,k)=grpdelay(zaehler(k,:,2),nenner(k,:,2),nf,'whole');
end;
```

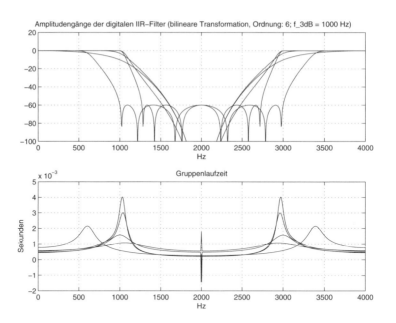

Abb. 2.3: Amplitudengänge und Gruppenlaufzeiten der Filter, die durch Diskretisierung mit der bilinearen Transformation berechnet wurden (iir_1.m)

Abb. 2.2 und Abb. 2.3 zeigen die Amplitudengänge und Gruppenlaufzeiten der fünf Filter (Bessel, Butterworth, Tschebyschev I, Tschebyschev II und Elliptisch), die durch eine Diskretisierung mit dem Impulsinvarianz-Verfahren bzw. mit der bilinearen Transformation realisiert wurden.

Die bilineare Transformation bildet nichtlinear die komplexe linke s-Halbebene in das Innere des Einheitskreises der z-Ebene ab. Auch die Frequenzachse ($j\omega$-Achse der s-Ebene) wird nichtlinear (gestaucht) auf den Einheitskreis abgebildet, stehen einem doch im zeitkontinuierlichen Fall alle Frequenzen zur Verfügung, während es im zeitdiskreten Fall eindeutig nur den Frequenzbereich $[0, f_s]$, mit f_s als Abtastfrequenz gibt. Durch eine Vorverzerrung der Frequenzachse kann erreicht werden, dass eine ausgewählte, „invariante" Frequenz f_0 in die normierte Frequenz f_0/f_s abgebildet wird.

Mit dem Aufruf `bilinear(...,d(:,:,k),fs,f_3dB);` wird die Durchlassfrequenz `f_3dB` des zeitkontinuierlichen Filters als invariante Frequenz angegeben, was auch aus der Darstellung in Abb. 2.3 ersichtlich ist.

Wenn man die Amplitudengänge und Gruppenlaufzeiten der Filter, die über die zwei Verfahren der Diskretisierung ermittelt wurden, vergleicht, kommt man zur Schlussfolgerung, dass die bilineare Transformation vorzuziehen ist. So wird z.B. die Dämpfung von -60 dB im Sperrbereich für das Tschebyschev Typ II und für das Elliptische Filter, wie für die analogen Filter vorgegeben, auch für ihre zeitdiskreten Realisierungen erreicht.

Experiment 2.1: Antworten der IIR-Filter auf verschiedene Signale

Mit Hilfe des Programms `iir_2.m`, das zusammen mit dem Simulink-Modell `iir2.mdl` arbeitet, wird die Antwort der zeitdiskreten klassischen IIR-Tiefpassfilter (Bessel, Butterworth, Tschebyschev Typ I und Ellip) in ähnlicher Art untersucht, wie es bereits für ihre zeitkontinuierlichen Gegenstücke in Kapitel 1 gezeigt wurde.

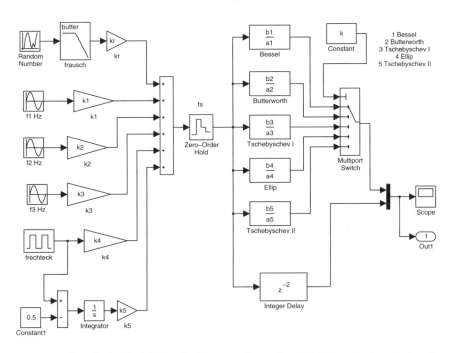

Abb. 2.4: Simulink-Modell für die Untersuchung der IIR-Filter (iir_2.m, iir2.mdl)

Im Programm `iir_2.m` wird zunächst das Programm `iir_1.m` aufgerufen, um die Filter zu entwerfen. Die Koeffizienten der Filter werden in den dreidimensionalen Feldern `zaehler` und `nenner` gespeichert. Es sollen hier nur die Filter benutzt werden, die über die bilineare Transformation berechnet wurden. Diese liegen in den Feldern `zaehler` und `nenner` vor:

```
b1 = zaehler(1,:,2);      a1 = nenner(1,:,2);     % Bessel
b2 = zaehler(2,:,2);      a2 = nenner(2,:,2);     % Butter.
b3 = zaehler(3,:,2);      a3 = nenner(3,:,2);     % Tscheby. I
b4 = zaehler(5,:,2);      a4 = nenner(5,:,2);     % Ellip
b5 = zaehler(4,:,2);      a5 = nenner(4,:,2);     % Tscheby. II
```

Über die Verstärkungsblöcke `kr`, `k1`, ..., `k5` kann das zu filternde Signal gewählt werden. So wird z.B. mit der Einstellung `kr = 1` und alle weiteren Verstärkungen gleich null die Antwort auf bandbegrenztes Rauschen ermittelt.

```
% ---- Untersuchung der Antwort auf bandbegrenztes Rauschen
kr = 1;
k1 = 0;   k2 = 0;   k3 = 0;   k4 = 0;   k5 = 0;
% -------- Aufruf der Simulation
frausch = 500;
delay = 2;   % Verzögerung des Eingangssignals
t = [0:1e-4:0.1];
nd = length(t) - fix(length(t)/8);
figure(4);     clf;
for k = 1:4,
    sim('iir2',t);
    subplot(2,2,k), plot(tout(nd:end), yout(nd:end,:));
    La = axis;     axis([tout(nd), La(2:4)]);
    title(my_text{k});
    grid;
end;
```

Durch wiederholten Aufruf wird in der **for**-Schleife der Ausgang je eines Filters über den *Multiport Switch* an den *Scope*- und *Outport*-Block *Out1* geschaltet und die Simulation mit der Funktion **sim** aufgerufen.

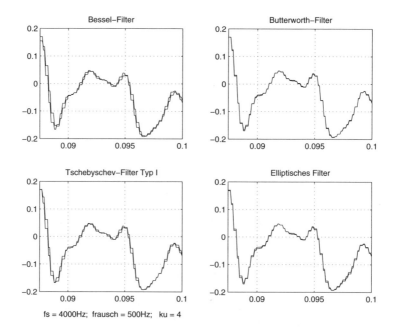

Abb. 2.5: *Antwort der Filter auf bandbegrenztes Rauschen* (iir_2.m, iir2.mdl)

Die Ergebnisse werden anschließend in je einem Bildausschnitt dargestellt. Abb. 2.5 zeigt die Eingangs- und Ausgangssignale der Filter, mit Hilfe der Verzögerung im *Integer Delay*-Block zeitrichtig überlagert. Die Signale entsprechen einer Bandbreite des Rauschens von

2.2 Klassischer Entwurf der IIR-Filter

frausch = 500 Hz bei einer Abtastfrequenz fs = 4000 Hz, was einem Überabtastfaktor k_u = 4 entspricht. Wenn die Bandbreite des Rauschsignals erhöht wird, z.B. auf frausch = 1000 Hz, erhält man stärkere Verzerrungen, sowohl wegen des Amplitudengangs als auch wegen des Phasengangs.

In der Darstellung sieht man unten links die Hauptparameter der entsprechenden Simulation. Diese Eintragungen werden mit folgender Programmsequenz am Ende der **for**-Schleife erzeugt:

```
h = axes('position', [0.1, 0.015, 0.8, 0.05]);
set(h,'Visible','off');
m_text = ['fs = ', num2str(fs),'Hz;   frausch = ',...
   num2str(frausch),'Hz;    ku = ', num2str(fs/(2*frausch))];
text(0.05, 0.5, m_text);
```

Mit der ersten Zeile dieser Sequenz wird ein neues Fenster unten in der Graphik erstellt und die zweite Zeile erzwingt, dass dieses Fenster unsichtbar wird. Wird diese Zeile mit Kommentaren versehen, wird das Fenster um den darzustellenden Text sichtbar bleiben. Die Variable h ist der Zeiger auf das Objekt-Fenster (**axes**). Der Text wird mit der Funktion **text** dargestellt.

Im Programm wird auch die Antwort auf drei sinusförmige Komponenten, die den ersten Komponenten der Fourier-Reihe eines symmetrischen, rechteckigen Signal entsprechen, simuliert. Das wird durch Verstärkungen kr = 0, k1 = 1, k2 = 1, k3 = 1 bzw. k4 = 0, k5 = 0 im Modell erhalten, die die *Sine Wave*-Generatoren zuschalten. Die Amplituden der Generatoren wurden im Verhältnis 1, 1/3 und 1/5 initialisiert und die Frequenzen werden durch das Programm bestimmt:

```
% ---- Untersuchung der Antwort auf sinusförmige Komponenten
kr = 0;
k1 = 1;  k2 = 1;  k3 = 1;  k4 = 0;  k5 = 0;
% -------- Aufruf der Simulation
f1 = 100;  f2 = 300;   f3 = 500;
delay = 2;   % Verzoegerung des Eingangssignals
t = [0:1e-4:0.1];
nd = length(t) - fix(length(t)/8);
figure(6);      clf;
for k = 1:4,
    sim('iir2',t); % Simulation
    subplot(2,2,k), plot(tout(nd:end), yout(nd:end,:));
    La = axis;    axis([tout(nd), La(2:4)]);
    title(my_text{k});
    grid;
end;
% Anzeigen der Parameter in der Darstellung
h = axes('position', [0.1, 0.015, 0.8, 0.05]);
set(h,'Visible','off');
m_text = ['fs = ', num2str(fs),'Hz;    f1 = ',num2str(f1),...
        'Hz;   f2 = ',num2str(f2),'Hz;    f3 = ',...
        num2str(f3),'Hz;    ku = ',num2str(fs/(2*f3))];
text(0.05, 0.5, m_text);
```

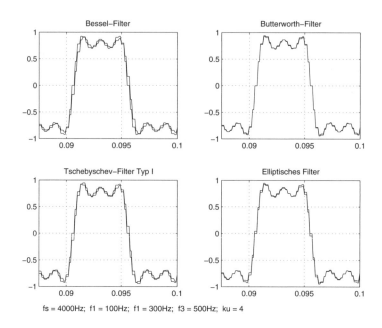

Abb. 2.6: Antwort der Filter auf drei sinusförmige Signale (iir_2.m, iir2.mdl)

Abb. 2.6 zeigt die Antwort für f1 = 100, f2 = 300, und f3 = 500 Hz. Bei den Frequenzen f1 = 200, f2 = 600 und f3 = 1000 Hz treten erwartungsgemäß viel stärkere Verzerrungen auf.

Die klassischen Entwurfsmethoden für IIR-Filter, wobei nicht nur Tiefpassfilter, sondern auch Hochpass-, Bandpass- oder Bandsperrfilter unmittelbar realisierbar sind, können auch mit den ersten vier Funktionen aus Tabelle 2.1 durchgeführt werden. Diese Funktionen fassen auf einer übergeordneten Ebene die Funktionsaufrufe für die einzelnen, zuvor gezeigten Entwurfsschritte intern und für den Anwender nicht sichtbar zusammen. Der Übergang zu zeitdiskreten Filtern erfolgt dort immer über die bilineare Transformation. Zu bemerken ist, dass die Funktion zum direkten Entwurf von Bessel-Filtern fehlt.

Als Beispiel werden diese Funktionen im Programm iir_3.m zur Entwicklung von Hochpassfiltern eingesetzt. Folgender Ausschnitt zeigt den Entwurf des Butterworth-Filters und des Tschebyschev Typ I-Filters:

```
% -------- Spezifikation
f_3dB = 1000;       % Durchlassfrequenz
ku = 2;             % Überabtastungsfaktor
nord = 6;           % Ordnung des Filters
fs = ku*2*f_3dB;    % Abtastfrequenz
fr = 2*f_3dB/fs;    % Relative Frequenz zum Nyquist-Bereich
% -------- Entwicklung der Filter
a = zeros(4, nord+1);   b = zeros(4, nord+1);
% Butterworth Filter
[b(1,:),a(1,:)] = butter(nord,fr,'high');
```

2.2 Klassischer Entwurf der IIR-Filter

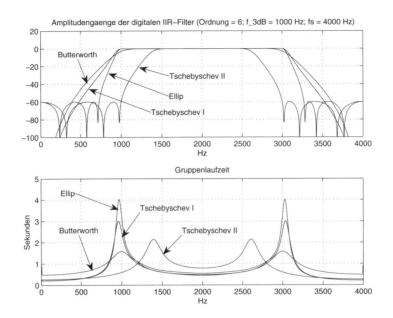

Abb. 2.7: Amplitudengänge und Gruppenlaufzeiten der Filter (iir_3.m)

```
% Tschebyschev Typ I Filter
Rp = 0.1;     % Welligkeit im Durchlassbereich
[b(2,:),a(2,:)] = cheby1(nord,Rp,fr,'high');
.....
```

Abb. 2.7 zeigt die Amplitudengänge und Gruppenlaufzeiten der Filter. Der dargestellte Frequenzbereich reicht von 0 bis f_s und er wird beim Aufruf der Funktion **freqz** zur Berechnung des Frequenzgangs mit der Option 'whole' festgelegt:

```
nf = 1000;
H = zeros(nf,4);                    Gr = H;
for k = 1:4,
    H(:,k)=freqz(b(k,:),a(k,:),nf,'whole');
    Gr(:,k)=grpdelay(b(k,:),a(k,:),nf,'whole');
end;
```

Ohne diese Option würde nur der Nyquist-Frequenzbereich $[0, f_s/2]$ dargestellt werden.

2.2.1 Entwurf der IIR-Filter mit der Funktion `yulewalk`

Im Gegensatz zu den bis jetzt gezeigten Verfahren, die nur für Standardfilter (Tiefpass, Hochpass, Bandpass und Bandsperre) gedacht sind, kann man mit der Funktion **yulewalk** auch Multibandfilter entwickeln. In der Funktion **yulewalk** wird ein IIR-Filter durch rekursive Anpassung an einen gewünschten Frequenzgang entwickelt [53].

Als Beispiel wird im Programm iir_yulewalk1.m ein Multibandfilter mit dem in Abb. 2.8 dargestellten Amplitudengang entworfen. Der gewünschte Frequenzgang wird mit

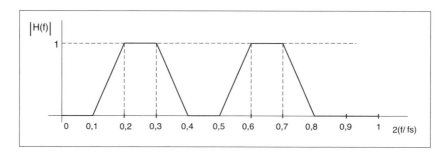

Abb. 2.8: Definition des Amplitudengangs eines Multiband-IIR-Filters

zwei Vektoren definiert. Der Vektor f enthält die Frequenzen der Eckpunkte und der Vektor m die Werte des Amplitudengangs an diesen Eckpunkten. Die Anzahl der Elemente in den Vektoren f und m muss gleich sein:

```
% -------- Spezifikation
f = [0,0.1,0.2,0.3,0.4,0.5,0.6,0.7,0.8,1];
            % Frequenz Eckpunkte relativ zur Nyquistfrequenz
m = [0,0,1,1,0,0,1,1,0,0]; % Amplitudengangswerte
nord = 10; % Ordnung des Filters
fs = 2000;   % Abtastfrequenz
% -------- Entwicklung des Filters
[b,a] = yulewalk(nord, f, m);
....
```

Abb. 2.9 zeigt den gewünschten und den realisierten Amplitudengang und zusätzlich den resultierenden Phasengang des Filters, der nicht spezifizierbar ist.

2.2.2 Entwurf der verallgemeinerten Butterworth-Filter mit der Funktion `maxflat`

Butterworth-Filter besitzen einen maximal flachen Amplitudengang im Durchlassbereich, was dadurch erzwungen wird, dass für ein Filter der Ordnung n die Ableitungen bis zum Grad $n - 1$ jeweils Nullstellen bei der Frequenz $f = 0$ besitzen [53]. Für den Verlauf des Amplitudengangs im Sperrbereich gibt es keine Anforderungen.

Der Entwurf der verallgemeinerten Butterworth-Filter fordert auch für den Sperrbereich einen maximal flachen Verlauf. Das wird dadurch erzielt, dass auch bei $f = f_s/2$ für mehrere Ableitungen des Amplitudengangs Nullstellen erzwungen werden. So wie die Filterordnung, also der Grad des Nennerpolynoms, beim Butterworth-Filter die Flachheit im Durchgangsbereich bestimmt, so wird beim verallgemeinerten Butterworth-Filter ein zusätzlicher Parameter – der Grad des Zählerpolynoms – die Flachheit im Sperrbereich bestimmen. Bei diesem Entwurf sind also zwei „Ordnungen" anzugeben: der Grad m des Zählerpolynoms und der Grad n des Nennerpolynoms.

Im Programm `gen_butter1.m` werden drei solche Tiefpassfilter berechnet:

- mit verschiedenen Ordnungen für den Zähler (`nord_b`) und für den Nenner (`nord_a`),

2.2 Klassischer Entwurf der IIR-Filter

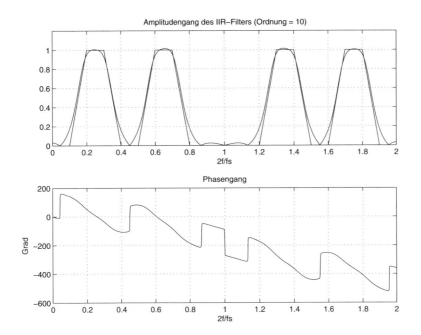

Abb. 2.9: Gewünschter und realisierter Amplitudengang sowie Phasengang des IIR-Filters (iir_yulewalk1.m)

- mit gleichen Ordnungen und
- mit der Option 'sym' (und in diesem Fall implizit gleiche Ordnungen für Zähler und Nenner), die zu einem FIR-Filter mit linearer Phase führt.

Folgender Ausschnitt aus dem Programm `gen_butter1.m` zeigt die Syntax für die drei Filter:

```
fr = 0.3;        % Durchlassfrequenz relativ zur Nyquistfreq.
nord_b = 6;      % Ordnung für den Zähler
nord_a = 3;      % Ordnung für den Nenner
% -------- Entwerfen von drei Filtern
[b1, a1]=maxflat(nord_b, nord_a, fr);   % verschiedene Ordnungen
[b2, a2]=maxflat(nord_b, nord_b, fr);   % gleiche Ordnungen
[b3, a3]=maxflat(nord_b,'sym', fr);     % Filter mit linearer Phase
```

Abb. 2.10 zeigt oben die Frequenzgänge der drei Filter, wobei der Amplitudengang in logarithmischem Maßstab dargestellt ist. Aus diesem Grund ist der flache Verlauf im Sperrbereich dort nicht zu erkennen. Eine ähnliche Darstellung dieser Frequenzgänge kann mit dem **fvtool**-Werkzeug erhalten werden. Der Aufruf hierfür ist :

fvtool(b1,a1, b2,a2, b3,a3)

Mit diesem Werkzeug lassen sich interaktiv viele Kenngrößen der Filter (wie z.B. Einheitspulsantwort, Sprungantwort, Gruppenlaufzeit usw.) darstellen. Allerdings bietet auch die

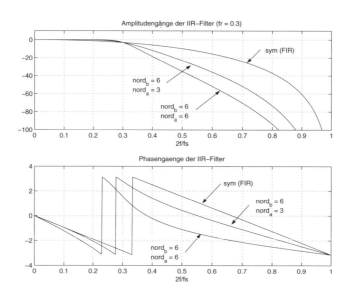

Abb. 2.10: Frequenzgänge der verallgemeinerten Butterworth-Filter (gen_butter1.m)

Funktion `maxflat` selbst, wenn sie mit dem zusätzlichen Parameter `'plots'` aufgerufen wird, graphische Darstellungen des Amplitudengangs, der Gruppenlaufzeit und des Pol-Nullstellendiagramms des entworfenen Filters.

2.3 Implementierung der IIR-Filter

IIR-Filter werden oft in der sogenannten dritten kanonischen Struktur [36] implementiert. Diese Struktur ist die Kettenschaltung von Teilfiltern zweiter Ordnung, die man durch die Zusammenfassung der konjugiert komplexen Pol- und Nullstellenpaare in ein Teilfilter erhält. Besitzt das Filter auch reellwertige Pole, so können als Sonderfall auch Teilfilter erster Ordnung in der Kettenschaltung auftreten. Der Vorteil dieser Implementierung liegt darin, dass sich die Parameterungenauigkeiten bei der Implementierung mit Festkommazahlen besser kontrollieren lassen und sich in der Regel nicht so stark auswirken wie in anderen kanonischen Strukturen. In MATLAB werden die Teilfilter als *Second Order Sections (SOS)* bezeichnet und es stehen viele Funktionen zur Verfügung, um mit ihnen zu arbeiten.

In diesem Abschnitt soll die Implementierung von IIR-Filtern in MATLAB unter Verwendung der dritten kanonischen Struktur betrachtet werden. Diese Implementierung kann sinngemäß auch in C- oder Assembler-Programme übertragen werden und sie erfolgt so z.B. auch in dem aus Simulink-Modellen automatisch generierten Code für Signalprozessoren. Der Einfachheit halber wird hier nur die Implementierung der Abschnitte zweiter Ordnung dargestellt. Ein eventuell noch vorhandener Abschnitt erster Ordnung (bei ungerader Filterordnung) kann dann in ähnlicher Form hinzugefügt werden.

2.3 Implementierung der IIR-Filter

Für die Übertragungsfunktion des Abschnitts zweiter Ordnung mit der Nummer i wird die allgemeine Form

$$H_i(z) = \frac{b_{1i} + b_{2i}z^{-1} + b_{3i}z^{-2}}{a_{1i} + a_{2i}z^{-1} + a_{3i}z^{-2}} \qquad (2.15)$$

vorausgesetzt, so dass sich für die z-Transformierte am Ausgang des i-ten Abschnittes $Y_i(z)$:

$$Y_i(z) = Y_{i-1}(z)\frac{b_{1i} + b_{2i}z^{-1} + b_{3i}z^{-2}}{a_{1i} + a_{2i}z^{-1} + a_{3i}z^{-2}} \qquad (2.16)$$

ergibt, in Abhängigkeit von der z-Transformierten $Y_{i-1}(z)$ am Ausgang des vorhergehenden Abschnittes. Der Eingang des ersten Abschnitts ($i = 1$) ist der Eingang des Filters $Y_0(z) = s_1 X(z)$, eventuell skaliert mit einem Faktor s_1.

Die Abschnitte zweiter Ordnung selbst werden mit der zweiten kanonischen Struktur (*Direct Form II* in MATLAB) implementiert. Hierfür werden die Zwischenvariablen w_i eingeführt, womit sich zwei Differenzengleichungen ergeben:

$$\begin{aligned} w_i[k] &= y_{i-1}[k] + (-a_{2i}w_i[k-1] - a_{3i}w_i[k-2])/a_{1i} \\ y_i[k] &= b_{1i}w_i[k] + b_{2i}w_i[k-1] + b_{3i}w_i[k-2] \end{aligned} \qquad (2.17)$$

Zur Vereinfachung der Schreibweise der zeitdiskreten Signale wurde die Abtastperiode T_s weggelassen und statt $x[kT_s]$ wird $x[k]$ geschrieben. Für den ersten Abschnitt gilt: $y_0[k] = s_1 x[k]$.

Die MATLAB-Funktionen liefern die Koeffizienten der Abschnitte in einer besonderen Form, der sogenannten SOS-Matrix, deren Struktur in Tabelle 2.5 dargestellt ist. Die Zwischenwerte $w_i[k-j], j = 0, 1, 2$ werden in der Matrix w gespeichert.

Tabelle 2.5: Struktur der Matrizen sos und w

b_{11}	b_{21}	b_{31}	a_{11}	a_{21}	a_{31}
b_{12}	b_{22}	b_{32}	a_{12}	a_{22}	a_{32}
...	...	...	...	...	...
b_{1i}	b_{2i}	b_{3i}	a_{1i}	a_{2i}	a_{3i}
...	...	...	...	...	...
b_{1p}	b_{2p}	b_{3p}	a_{1p}	a_{2p}	a_{3p}

$w_1[k]$	$w_1[k-1]$	$w_1[k-2]$
$w_2[k]$	$w_2[k-1]$	$w_2[k-2]$
...	...	...
$w_i[k]$	$w_i[k-1]$	$w_i[k-2]$
...	...	...
$w_p[k]$	$w_p[k-1]$	$w_p[k-2]$

Die Koeffizienten eines Abschnittes sind in jeweils einer Zeile der Matrix sos gespeichert, mit $i = 1, ..., p$ Zeilen für p Abschnitte. Die Matrix hat sechs Spalten (Index $m = 1, 2, ..., 6$) für die sechs Koeffizienten jedes Abschnitts. Die Matrix w hat dieselbe Anzahl Zeilen, je eine Zeile pro Abschnitt, und drei Spalten für die drei Zwischenwerte $w_i[k], w_i[k-1], w_i[k-2]$.

Das Programm iir_impl1.m implementiert das Filter. Als Beispiel wird ein Elliptisches Filter entworfen:

```
p = 3;      % Anzahl der Abschnitte 2. Ordnung
N = 1000;   % Anzahl der Eingangswerte die gefiltert werden müssen
```

```
Rp = 0.1;     Rs = 60;    fr = 0.4;
[b,a] = ellip(2*p, Rp, Rs, fr);
sos = tf2sos(b,a);       % Matrix der Koeffizienten
s1 = 1;                  % Skalierungsfaktor
```

und mit der Funktion **tf2sos** werden die Filterkoeffizienten in Abschnitte zweiter Ordnung umgewandelt, die in der Matrix sos gespeichert werden. Eine weitere Skalierung ist bei Berechnung im Fließkommaformat nicht erforderlich, so dass der Skalierungsfaktor s1 gleich eins gesetzt wird. Für Implementierungen im Festkommaformat mit Normalisierung der Koeffizienten kann dieser Faktor verschieden von eins sein.

Als Eingangssequenz wird die Summe zweier sinusförmiger Komponenten angenommen:

```
fr1 = fr*0.4/2;            % Relative Frequenz im Durchlassbereich
fr2 = fr*2/2;              % Relative Frequenz im Sperrbereich
x1 = sin(2*pi*(0:N-1)*fr1);      % Signal im Durchlassbereich
x2 = 2*sin(2*pi*(0:N-1)*fr*2/2); % Signal im Sperrbereich
x = x1 + x2;
```

Eine Komponente fällt in den Durchlassbereich und die andere in den Sperrbereich des Filters, so dass man die Filterfunktion leicht nachvollziehen kann. Die Filterung wird mit folgender Programmsequenz realisiert:

```
y = zeros(1,N);       w = zeros(p, 3);   % Matrix w
for k = 1:N
    e = s1*x(k);      % Eingang für den ersten Abschnitt
    for i = 1:p
       w(i,1) = e+(-sos(i,5)*w(i,2)-sos(i,6)*w(i,3))/sos(i,4);
       e = sos(i,1)*w(i,1)+sos(i,2)*w(i,2)+sos(i,3)*w(i,3);
       w(i,3) = w(i,2);
       w(i,2) = w(i,1);
    end;
    y(k) = e;
end;
```

In der äußeren **for**-Schleife wird der laufende Eingangswert für den ersten Abschnitt durch die Eingangssequenz $x[k]$ festgelegt. Die innere **for**-Schleife dient der Filterung mit den p Abschnitten zweiter Ordnung gemäß den Gleichungen 2.17.

Die Variable e ist für den ersten Abschnitt durch den Eingang gegeben und für die folgenden Abschnitte wird sie durch die Ausgänge der jeweils vorhergehenden Abschnitte geliefert. Die Zwischenwerte $w_i[k]$ werden laufend aktualisiert und rücken in der Verzögerungsleitung immer um eins nach hinten, wobei der letzte Wert verworfen wird.

Im Programm werden anschließend das Eingangs- und das Ausgangssignal dargestellt (Abb. 2.11 links) und man sieht, dass nur das Signal im Durchlassbereich des Filters am Ausgang verbleibt.

Um zu überprüfen, ob das implementierte Filter wirklich den gewünschten Frequenzgang besitzt, kann man den Frequenzgang durch Anregung des Filters z.B. mit dem Einheitspuls erhalten. Die Antwort y auf den Einheitspuls

```
x = [1, zeros(1,N-1)];
```

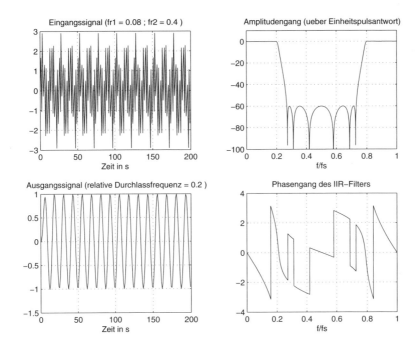

Abb. 2.11: *Antwort des IIR-Filters auf zwei sinusförmige Komponenten (links) und Frequenzgang (rechts) (iir_impl1.m)*

wird mit dem Programmabschnitt des implementierten Filters ermittelt. Anschließend kann man mit

```
Y = fft(y);    % FFT des Ausgangs
H = Y;
```

den komplexen Frequenzgang H berechnen. Abb. 2.11 zeigt rechts den so ermittelten Frequenzgang. Er entspricht dem Frequenzgang, den man mit der Funktion `freqz(b,a)` erhält, wobei b,a die Koeffizienten des implementierten IIR-Filters sind.

2.4 Entwurf und Analyse der FIR-Filter mit linearer Phase

FIR-Filter besitzen gegenüber IIR-Filtern den Vorteil, dass sie prinzipiell immer stabil sind[9], da ihre Pole immer im Ursprung der komplexen z-Ebene liegen [30]. Zur Realisierung vergleichbarer Steilheiten im Übergangsbereich und vergleichbarer Dämpfungen im Sperrbereich benötigen FIR-Filter im Vergleich zu IIR-Filter eine viel höhere Ordnung und damit auch

---
[9]Die mit MATLAB entworfenen IIR-Filter sind, mit ihren im 64-Bit-Gleitkomma-Format vorliegenden Koeffizienten auch stabil. Allerdings besteht die Gefahr, dass sie in der Implementierung auf einer Hardware durch Rundung der Koeffizienten auf kürzere Wortlängen instabil werden können.

viel mehr Rechenaufwand. Durch die stetig steigende Rechenleistung der Hardware zur digitalen Signalverarbeitung tritt dieser Aspekt jedoch zunehmend in den Hintergrund und im professionellen Audiobereich sind bei Abtastfrequenzen von 48 kHz FIR-Filter der Ordnung 4096 keine Seltenheit mehr [3].

2.4.1 Einführung

Ein FIR-Filter wird im Zeitbereich durch folgende Differenzengleichung beschrieben:

$$y[kT_s] = b_0 x[kT_s] + b_1 x[(k-1)T_s)] + \cdots + b_n x[(k-n)T_s] \tag{2.18}$$

Die Koeffizienten $b_0, b_1, ..., b_n$ sind gleichzeitig die Einheitspulsantwort des Filters und die Koeffizienten des Zählerpolynoms der Übertragungsfunktion [30]. Der Zeilenvektor mit diesen Koeffizienten

```
b = [b0, b1, b2, ..., bn];
```

beschreibt das Filter in der *Signal Processing Toolbox*. Das Nennerpolynom eines FIR-Filters ist 1, so dass in den MATLAB-Funktionen, die auch für IIR-Filter verwendet werden können, als Nennerpolynom die Zahl 1 anzugeben ist, wie z.B. im Aufruf der Funktion **freqz** zur Ermittlung des komplexen Frequenzgangs:

```
[H,w] = freqz(b,1,1000,'whole');
```

Mit dem Parameter 'whole' wird angegeben, dass der Frequenzgang im Bereich von $f = 0$ bis $f = f_s$ (und nicht nur im Nyquistbereich von $f = 0$ bis $f = f_s/2$) dargestellt werden soll.

In der Tabelle 2.3 sind die Funktionen der *Signal Processing Toolbox* zum Entwurf der FIR-Filter angegeben. Mit Ausnahme der Funktion **cfirpm**[10] liefern alle in der Tabelle 2.3 aufgeführten Funktionen Filter mit linearer Phase.

Damit ein FIR-Filter lineare Phase besitzt, müssen seine Koeffizienten gerade oder ungerade Symmetrien erfüllen. Mit gerader und ungerader Filterordnung ergeben sich somit vier mögliche Arten von FIR-Filtern mit linearer Phase. Diese Arten sind in der Literatur als FIR-Filter vom Typ I bis Typ IV bekannt und sie sind in Tabelle 2.6 aufgeführt [30].

Die Koeffizientensymmetrien führen dazu, dass die Filtertypen die in Tabelle 2.6 angegebenen Einschränkungen für den Wert des Frequenzgangs bei den beiden besonderen Frequenzen $f = 0$ und $f = f_s/2$ haben. Man erkennt, dass man Tiefpassfilter nur mit den Typen I und II realisieren kann, Hochpassfilter nur mit den Typen I und IV, während Bandpassfilter mit jedem Typ möglich sind. Die MATLAB-Funktionen berücksichtigen diese Einschränkungen und umgehen sie, mit Ausgabe einer Warnung, durch Erhöhung der Ordnung und damit Übergang zu dem passenden Filtertyp :

```
b = fir1(11, 0.2, 'high')
Warning: Odd order symmetric FIR filters must have a
gain of zero at the Nyquist frequency. The order is
being increased by one.
```

Die Funktionen **fir1**, **fir2**, **firls**, **fircls**, **fircls1**, **firrcos** und **firpm**[11] liefern Filter vom Typ I oder Typ II.

---

[10] In den MATLAB-Versionen vor 7.0 hieß diese Funktion **cremez**
[11] In den MATLAB-Versionen vor 7.0 hieß diese Funktion **remez**

2.4 Entwurf und Analyse der FIR-Filter mit linearer Phase 63

Tabelle 2.6: Einschränkungen des Frequenzgangs von FIR-Filtern mit linearer Phase

Filter-Typ	Filter-Ordnung	Symmetrie der Koeffizienten	H(0)	H(fs/2)
Typ I	gerade	gerade: $b_k = b_{n+2-k}$, $k = 1, ..., n+1$	Keine Einschränkung	Keine Einschränkung
Typ II	ungerade		Keine Einschränkung	$H(f_s/2) = 0$
Typ III	gerade	ungerade: $b_k = -b_{n+2-k}$, $k = 1, ..., n+1$	$H(0) = 0$	$H(f_s/2) = 0$
Typ IV	ungerade		$H(0) = 0$	Keine Einschränkung

Mit der Option 'hilbert' oder 'differentiator' zur Entwicklung von Hilbert- oder Differenzier-Filtern werden Filter vom Typ III oder IV entwickelt. Mit der Funktion **cfirpm** kann jeder Typ von FIR-Filter mit linearer oder nichtlinearer Phase berechnet werden.

Wegen der linearen Phase im Durchlassbereich ist die Gruppenlaufzeit dieser Filter konstant. Bei einem Filter der Ordnung n mit $n + 1$ Koeffizienten ($n_k = n + 1$) ist die Gruppenlaufzeit gleich $n/2$ Abtastperioden oder $nT_s/2$ Sekunden, wobei T_s die Abtastperiode ist.

2.4.2 Entwurf der FIR-Filter mit dem Fenster-Verfahren

Der Frequenzgang eines zeitdiskreten Filters ist periodisch mit der Abtastfrequenz f_s als Periode [14], [30], [18]. Der Amplitudengang eines idealen Tiefpassfilters mit der Durchlassfrequenz f_p ist durch

$$H(f) = H(e^{j2\pi f T_s}) = \begin{cases} 1 & \text{für } -f_p \leq f \leq f_p \\ 0 & \text{für } f_p < |f| \leq f_s/2 \end{cases}, \quad (2.19)$$

gegeben und ist in Abb. 2.12 oben dargestellt. Der ideale Phasengang ist mit einer Phase gleich null für alle Frequenzen gegeben (Nullphasenfilter). Der Frequenzgang des Filters kann, wie jede periodische Funktion mit Hilfe einer komplexwertigen Fourier-Reihe ausgedrückt werden:

$$H(f) = H(e^{j2\pi f T_s}) = \sum_{k=-\infty}^{\infty} h_d(k) e^{-j2\pi f k T_s} \quad (2.20)$$

Die Fourier-Koeffizienten $h_d(k), k = 0, \pm 1 \pm 2, ... \pm \infty$ dieser Zerlegung sind die Werte der Einheitspulsantwort des Filters. Sie werden durch die Formel der inversen Fourier-Reihe berechnet [14]:

$$h_d[kT_s] = \frac{1}{f_s} \int_{-f_s/2}^{f_s/2} H(e^{j2\pi f T_s}) e^{j2\pi f k T_s} df \quad (2.21)$$

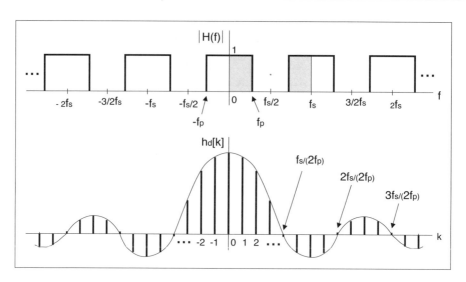

Abb. 2.12: *Amplitudengang eines idealen Tiefpassfilters und die entsprechende Einheitspulsantwort*

Für das ideale Tiefpassfilter gemäß Gl. (2.19) erhält man nach Auswertung des Integrals (2.21) die Einheitspulsantwort:

$$h_d[kT_s] = \left(\frac{2f_p}{f_s}\right) \frac{sin(2\pi k f_p/f_s)}{2\pi k f_p/f_s} \qquad (2.22)$$
$$k = -\infty, ..., -2, -1, 0, 1, 2, ..., \infty$$

Die Hülle der Einheitspulsantwort ist eine $sin(x)/x$-Funktion (oder kurz sinc-Funktion) mit Nullstellen bei $k = nf_s/(2f_p)$; $n = \pm 1, \pm 2, ..., \pm \infty$. Diese Einheitspulsantwort ist so aus zwei Gründen nicht realisierbar: Sie ist nicht kausal und sie hat eine unendliche Ausdehnung im Zeitbereich. In der Praxis wird man sie annähernd realisieren, indem man ihre zeitliche Ausdehnung symmetrisch um den Ursprung begrenzt und durch Verschiebung zu positiven Zeitindizes kausal macht (Abb. 2.13).

Mathematisch formuliert man die Begrenzung auf ein endliches Zeitintervall durch Multiplikation der idealen Einheitspulsantwort $h_d[kT_s]$ mit einer Fensterfunktion $w[kT_s]$, deren Werte außerhalb des gewählten Zeitintervalls null sind:

$$h[kT_s] = \sum_{k=-k_{max}}^{k_{max}} h_d[kT_s]w[kT_s] \qquad (2.23)$$

In Abb. 2.13 wurde beispielhaft ein rechteckiges Fenster benutzt. Zur Darstellung wurde die unabhängige zeitdiskrete Variable kT_s vereinfacht durch k ersetzt, so als hätte man eine Abtastperiode $T_s = 1$.

Die *Signal Processing Toolbox* enthält die Bedienoberfläche **wintool** zur Inspektion und Analyse von Fenster-Funktionen. Neben der rechteckigen gibt es viele andere Fensterfunktionen [14], [30] die für die zeitliche Begrenzung eines Signals besser geeignet sind als das

2.4 Entwurf und Analyse der FIR-Filter mit linearer Phase

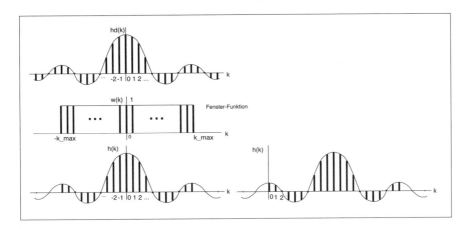

Abb. 2.13: Erzeugung einer kausalen Einheitspulsantwort mit einer Fenster-Funktion

rechteckige Fenster. Ein Beispiel für ein Fenster ist das Hanning-Fenster, das zur Familie der sogenannten *generalized-cosine*-Funktionen gehört. Diese sind gegeben durch die Formel:

$$w[k] = A - B\cos\left(2\pi \frac{k}{K-1}\right) + C\cos\left(4\pi \frac{k}{K-1}\right) \tag{2.24}$$

Dabei ist K die Länge des Fensters und A, B, C sind Parameter. Das Hanning-Fenster erhält man für $A = 0.5, B = 0.5, C = 0$.

Im Programm `fir_fenster1.m` werden zwei FIR-Tiefpassfilter, die mit einem Rechteck- und mit einem Hanning-Fenster entwickelt werden, verglichen. Die Einheitspulsantwort des Filters mit rechteckigem Fenster entspricht der Gl. (2.22) mit begrenztem k z.B. mit k von -22 bis 22. Das ergibt ein Filter mit $44 + 1 = 45$ Koeffizienten (bzw. der Ordnung 44) und kann durch

```
% ------- FIR-Filter mit sin(x)/x Einheitspulsantwort
% (Rechteckiges Fenster)
fp = 100;      fs = 1000;     fr = fp/fs;
k = -22:22;
b1 = (2*fr)*sin(2*pi*fr*k+eps)./(2*pi*fr*k+eps);
%b1 = (2*fr)*sinc(2*fr*k);
```

in MATLAB spezifiziert werden. Damit MATLAB keine numerischen Schwierigkeiten bei der Berechnung des Wertes von $sin(x)/x$ für $x = 0$ bekommt, wurde im Zähler und im Nenner die MATLAB-Konstante **eps**, welche die kleinste darstellbare Zahl enthält, hinzuaddiert. So wird für $k = 0$ das Verhältnis $sin(eps)/eps = 1$. In MATLAB erhält man die Funktion $sin(x)/x$ auch mit dem Befehl **sinc**, der den Grenzwert für $x = 0$ korrekt implementiert. Alternativ ist im Programmausschnitt also auch die mit Kommentaren versehene Zeile nutzbar.

Das Hanning-Fenster wird mit der Funktion **hanning** erzeugt. Da diese einen Spaltenvektor liefert und die Einheitspulsantwort als Zeilenvektor erzeugt wurde, ist das Fenster vor der Multiplikation zu transponieren. Es wird darauf hingewiesen, dass MATLAB-Nutzer häufig zwei Befehle verwechseln. Der Befehl ' bedeutet nicht Transposition, sondern Transjugation,

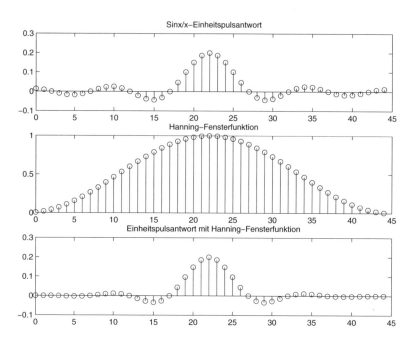

Abb. 2.14: Einheitspulsantwort durch Begrenzung mit einem Rechteck-Fenster (oben), Hanning-Fenster (Mitte) Einheitspunlsantwort durch Begrenzung mit dem Hanning-Fenster (unten) (fir_fenster1.m)

also die konjugiert komplexe, transponierte Matrix. Für die Transposition ist der Befehl .' zu verwenden.

```
% ------- Hanning-Fenster
w_fenster = hanning(length(k)).';
b2 = b1.*w_fenster;
```

Danach kann der Frequenzgang der beiden Filter mit

```
% ------- Frequenzgänge
[H1,w] = freqz(b1, 1, 512, 'whole', 1);
[H2,w] = freqz(b2, 1, 512, 'whole', 1);
```

ermittelt werden. Das letzte Argument stellt die Abtastfrequenz dar und mit dem Wert eins erhält man für das Ergebnis w die zur Abtastfrequenz relativen Frequenzen zwischen 0 und 1. Sicher hätte man hier auch die Abtastfrequenz fs eintragen können und man hätte die Darstellung in absoluten Frequenzen zwischen 0 und f_s erhalten.

Abb. 2.14 zeigt eine der Darstellungen, die mit dem Programm erzeugt werden. Oben ist die Einheitspulsantwort (oder die Koeffizienten) eines aus einem idealen Tiefpassfilter durch Fensterung mit dem Rechteck-Fenster erzeugten Filters dargestellt. In der Mitte ist das Hanning-Fenster und unten sind die Koeffizienten des Filters, das sich aus der elementweisen Multiplikation der Einheitspulsantwort des idealen Tiefpasses mit dem Hanning-Fenster ergibt, dargestellt.

2.4 Entwurf und Analyse der FIR-Filter mit linearer Phase

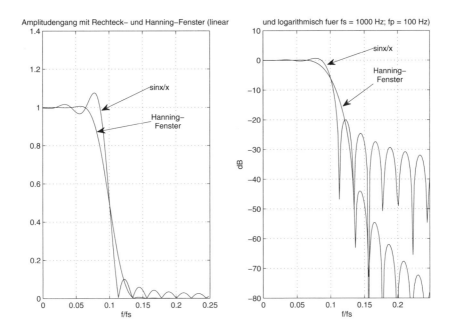

Abb. 2.15: Frequenzgänge der Filter, die durch Fensterung mit einem Rechteck- und einem Hanning-Fenster entwickelt wurden (fir_fenster1.m)

In Abb. 2.15 sind die Amplitudengänge der Filter linear und logarithmisch (in dB) dargestellt. Der Abbruch der $sin(x)/x$-Einheitspulsantwort bei Verwendung eines rechteckigen Fensters führt zu den Überschwingern an den Flanken des Amplitudengangs. Dieses bezeichnet man als Gibbs-Phänomen [14], [34].

Der Vergleich zeigt, dass die unerwünschten Überschwinger beim Entwurf mit dem rechteckigen Fenster durch Verwendung des Hanning-Fensters vermieden werden können. Diesen Vorteil erkauft man sich aber durch einen flacheren Übergang vom Durchlassbereich in den Sperrbereich.

Da die Multiplikation im Zeitbereich der Einheitspulsantwort des idealen Filters mit der Fensterfunktion einer Faltung der Spektren dieser Funktionen entspricht, ist das Streben zur Beibehaltung des Frequenzgangs des idealen Filters durch ein Spektrum der Fensterfunktion, das die Dirac-Funktion annähert, gewährleistet. Es soll also möglichst schmal sein und keine störenden Seitenkeulen besitzen.

Mit dem Programm `fenster_funk1.m` werden einige Fensterfunktionen untersucht, die aus Gründen der Übersichtlichkeit in zwei Gruppen zusammengefasst sind. Die erste Gruppe enthält die Boxcar-, Bartlett-, Blackman- und die Chebwin-Fensterfunktionen, während die zweite Gruppe die Hamming-, Hanning- und die Kaiser-Fensterfunktion enthält. Zur Speicherung wird das dreidimensionale Feld `wf` verwendet:

```
nk = 120;      % Länge des Fensters
wf = zeros(nk, 4, 2); % Feld zur Speicherung der Fenster
wf(:,1,1) = boxcar(nk);
```

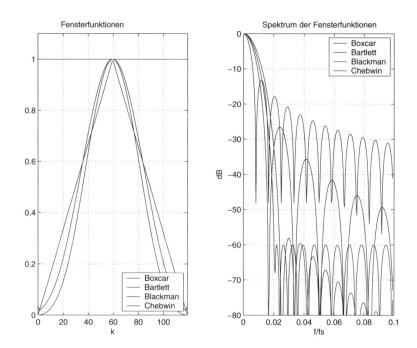

Abb. 2.16: Fensterfunktionen und deren Spektren (fenster_funk1.m)

```
wf(:,2,1)  = bartlett(nk);
wf(:,3,1)  = blackman(nk);
Rs = 60;                  % Parameter für chebwin
wf(:,4,1)  = chebwin(nk, Rs);

wf(:,1,2)  = hamming(nk);
wf(:,2,2)  = hanning(nk);
wf(:,3,2)  = hann(nk);
beta = 10;
wf(:,4,2)  = kaiser(nk, beta);
```

Die Funktionen **chebwin** und **kaiser** benötigen neben der Fensterlänge jeweils einen zusätzlichen Parameter. Mit Rs wird die Dämpfung der Nebenkeulen beim Tschebyschev-Fenster angegeben und beta ist ein Parameter, der indirekt die Dämpfung der Nebenkeulen beim Kaiser-Fenster bestimmt. Unterstützung bei der Festlegung dieses Parameters erhält man von der Funktion **kaiserord**, die neben beta weitere Parameter liefert, die für den Entwurf eines Filters mit der Funktion **fir1** und dem Kaiser-Fenster erforderlich sind.

Die Werte der Fensterfunktionen werden im Programm auf ihre Summe normiert. Damit ist die Summe der normierten Fensterwerte eins und die Gleichspannungsverstärkung beträgt 0 dB. Der Frequenzgang wird anschließend mit der Funktion **freqz** ermittelt:

```
% ------- Spektrum (Frequenzgang der Fenster)
wfn = wf;
```

2.4 Entwurf und Analyse der FIR-Filter mit linearer Phase

```
for p = 1:2
   for k = 1:4
      wfn(:,k,p) = wf(:,k,p)/sum(wf(:,k,p));
   end;
end;
nf = 2048;
Wf = zeros(nf, 4, 2); % Feld für die Frequenzgänge
for p = 1:2
   for k = 1:4
      [Wf(:,k,p),w] = freqz(wfn(:,k,p), 1, nf, 'whole', 1);
   end;
end;
```

In Abb. 2.16 sind die Hüllen der diskreten Werte der Fensterfunktionen aus der ersten Gruppe und die entsprechenden Spektren dargestellt. Die Spektren sind tatsächlich wie gefordert sehr schmal. Man beachte, dass die Darstellung der Spektren nur den Frequenzausschnitt zwischen $f = 0$ und $f = 0.1 f_s$ wiedergibt.

Die Fensterfunktionen können auch mit der Funktion **wvtool** dargestellt werden. Die Fensterfunktionen der zweiten Gruppe und deren Spektren, erhält man mit:

wvtool(wf(:,1,2),wf(:,2,2),wf(:,3,2),wf(:,4,2));

Wenn man die Spektren der beiden Gruppen vergleicht, kommt man zur Schlussfolgerung, dass die zweite Gruppe besser das gewünschte Spektrum eines idealen Fensters (schmal und tiefe Seitenkeulen) annähert.

Zusätzlich zu den gezeigten Fenstern gibt es in der *Signal Processing Toolbox* weitere Fenster: **barthannwin, blackmanharris, bohmanwin, gausswin, nuttallwin, rectwin, triang** und **tukeywin**. Diese können mit einer Erweiterung des vorgestellten Programms oder mit der MATLAB-Funktion **wintool** untersucht werden.

Über ähnliche Schritte können alle anderen Standard-FIR-Filter mit dem Fensterverfahren entwickelt werden. So erhält man z.B. gemäß Gl. (2.21) durch inverse Fourier-Reihenentwicklung des periodischen Frequenzgangs eines idealen, nicht kausalen Hochpassfilters folgende ideale Einheitspulsantwort [14], [30]:

$$h_d[kT_s] = \begin{cases} -(\frac{2f_p}{f_s}) \frac{sin(2\pi k f_p/f_s)}{2\pi k f_p/f_s} & \text{wenn } |k| > 0 \\ 1 - 2f_p/f_s & \text{wenn } k = 0 \end{cases} \quad (2.25)$$

Dabei ist f_p die Durchlassfrequenz des Hochpassfilters. Das Filter wird realisierbar, indem mittels einer Fensterfunktion mit ungerader Anzahl von symmetrischen Werten die unendliche Sequenz $h_d[kT_s]$ in der Länge begrenzt und durch anschließende Verschiebung in den Bereich $k \geq 0$ kausal wird. Es wird dem Leser überlassen, mit demselben Verfahren die Einheitspulsantwort eines Bandpass- und eines Bandsperrfilters zu bestimmen.

2.4.3 Entwurf der Standard-Filter mit der Funktion `fir1`

Der Entwurf der Standard-FIR-Filter (Tiefpass, Hochpass, Bandpass und Bandsperre) mit dem Fensterverfahren wird durch die Funktion **fir1** unterstützt. Wenn nicht anders angegeben, wird das Hamming-Fenster verwendet (wie in den ersten vier Zeilen des nachfolgenden

Beispiels), allerdings kann auch ein anderes Fenster (in den folgenden vier Zeilen) über einen Parameter gewählt werden:

```
b1  = fir1(nord,0.3);               % Tiefpass
b2  = fir1(nord,0.3,'high');        % Hochpass
b3  = fir1(nord,[0.3, 0.6]);        % Bandpass
b4  = fir1(nord,[0.3, 0.6],'stop'); % Bandsperre

b1w = fir1(nord,0.3,hanning(nord+1));
b2w = fir1(nord,0.3,'high',gausswin(nord+1));
b3w = fir1(nord,[0.3, 0.6], tukeywin(nord+1,0.8));
b4w = fir1(nord,[0.3, 0.6],'stop', kaiser(nord+1, 10));
```

2.4.4 Entwurf der Multiband-Filter mit der Funktion fir2

Mit der Funktion **fir2** kann man FIR-Multibandfilter mit dem Verfahren der Frequenzabtastung entwickeln [30]. Als Parameter sind die Werte des Amplitudengangs an Stützstellen anzugeben. Dazwischen wird der Amplitudengang stückweise linear angenommen. Im nachfolgenden Beispiel enthält der Vektor m die Werte des Amplitudengangs und der Vektor f die Stützstellen auf der Frequenzachse. Diese werden in relativer Form bezogen auf die Nyquist-Frequenz ($f_s/2$) angegeben. Sie waren in gleicher Form auch bereits für die Entwicklung der IIR-Multibandfilter mit der Funktion **yulewalk** anzugeben. Man erhält z.B. mit

```
f = [0 0.1 0.2 0.3 0.4 0.5 0.6 0.7 0.8 1];
m = [0 0 1 1 0 0 1 1 0 0];
nord = 50;
b = fir2(nord, f, m);
```

ein FIR-Multibandfilter mit dem Amplitudengang aus Abb. 2.8. Das Verfahren, das in der Funktion **fir2** benutzt wird, interpoliert zunächst den in den Vektoren angegebenen Amplitudengang auf ein dichteres Gitter (Voreinstellung: 512 Punkte). Anschließend werden die Filterkoeffizienten, wie bei **fir1** auch, mit Hilfe der inversen diskreten Fourier-Transformation berechnet. Wird zur Erzeugung eines steilen Übergangs eine Frequenzstützstelle zweimal, mit unterschiedlichen Amplitudenwerten angegeben, so fügt das Verfahren, falls nicht anders angegeben, 25 Stützstellen hinzu, um einen kontinuierlichen und steilen Übergang zu realisieren. Auch bei der Funktion **fir2** kann eine Fensterfunktion zur Gewichtung der Einheitspulsantwort angegeben werden.

Die Breite des Übergangsbereichs der entworfenen Filter ist von der gewünschten Filterordnung nord und von der gewählten Fensterfunktion abhängig. Es gibt in der Literatur [30] mehrere Formeln zur Schätzung der Ordnung. So wird z.B. für den normierten Übergangsbereich Δf eines mit dem Hamming-Fenster entworfenen Filters die Beziehung

$$\Delta f = 3.3/n_{ord} \qquad (2.26)$$

angegeben. Für eine normierte Breite des Übergangsbereichs von z.B. 0.1 benötigt man eine Ordnung $n_{ord} = 3.3/0.1 = 33$. Die Welligkeit im Durchlassbereich ist hingegen unabhängig von der Ordnung und beträgt für das *Hamming*-Fenster 0.0194 dB. Bei einem *Blackman*-Fenster ist die Breite des Übergangsbereichs durch

$$\Delta f = 5.5/n_{ord} \qquad (2.27)$$

2.4 Entwurf und Analyse der FIR-Filter mit linearer Phase

gegeben und die Welligkeit im Durchlassbereich ist 0.0017 dB. Die Parameter für das *Kaiser*-Fenster werden mit der Funktion **kaiserord** ermittelt, wie es im nächsten Experiment gezeigt wird.

Experiment 2.2: Vergleich der mit dem Fensterverfahren entwickelten FIR-Filter

Es werden zwei Tiefpass- und zwei Bandpassfilter, jeweils mit der Voreinstellung Hamming-Fenster und mit dem Kaiser-Fenster entwickelt und ihre Frequenzgänge verglichen. Das Kaiser-Fenster wurde gewählt um zu zeigen, wie man mit der Funktion **kaiserord** die Ordnung des Filters und andere für den Filterentwurf mit der Funktion **fir1** erforderlichen Argumente berechnen kann.

Im Programm fir_fenster3.m werden die Tiefpassfilter und in fir_fenster4.m werden die Bandpassfilter verglichen. Bei den Tiefpassfiltern beginnt das Programm mit dem Entwurf des Filters unter Verwendung des Hamming-Fensters (Voreinstellung, falls nichts anderes angegeben) für eine zur Nyquist-Frequenz relative Bandbreite von fr=0.4. Die Koeffizienten des Filters (oder die Einheitspulsantwort) werden im Zeilenvektor b gespeichert.

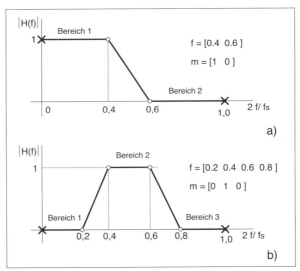

Abb. 2.17: *Spezifikation des Amplitudengangs des Tiefpass- und Bandpassfilters für* **kaiserord**

```
nord = 56;    % Ordnung des Filters (Hamming-Fenster)
fr = 0.4;     % Relative Bandbreite (zur Nyquist-Frequenz)
b = fir1(nord,fr);              % fir1 mit Hamming-Fenster
% Kaiser Fenster
ck = kaiserord([fr, 1.5*fr], [1,0],[0.01, 1e-4], 2, 'cell');
%bk = fir1(ck{:});    % mit Kaiser-Fenster
    % ck{1}=nord;    ck{2} = fr;    ck{3}='low';
    % ck{4}=kaiser(nord+1, beta);    ck{5}='noscale'
```

```
bk = fir1(ck{1}, fr, ck{3:5});
nk = length(bk)-1;    % Ordnung des Filters mit Kaiser-Fenster
```

Für die Funktion **kaiserord** wird der gewünschte Amplitudengang über Stützpunkte mit zwei Vektoren, welche die relativen Frequenzen und Amplituden angeben, definiert. Abb. 2.17a zeigt die Stützpunkte für die Tiefpassfilter und die entsprechenden Vektoren und Abb. 2.17b zeigt die Definition der Vektoren für die Bandpassfilter. In einem weiteren Vektor werden die Toleranzen für den Durchlass- und den Sperrbereich angegeben. Mit [0.01, 1e-4] wird eine absolute Abweichung (Welligkeit) im Durchlassbereich von 0.01 und eine Dämpfung im Sperrbereich von 10^{-4} oder 80 dB verlangt.

Die Funktion **kaiserord** liefert in dem Zellfeld ck fünf Elemente: ck{1} = nord, ck{2} = fr, ck{3} = 'low', ck{4} = kaiser(nord+1,beta) und ck{5} = 'noscale' als Argumente für die Funktion **fir1**. Das erste Element enthält die Ordnung, das zweite die zur Nyquist-Frequenz relative Durchlassfrequenz, das dritte den Typ des Filters ('low' für Tiefpass, 'high' für Hochpass, usw.), das vierte die Parameter des entsprechenden Kaiser-Fensters und fünfte Element dieses Felds zeigt, dass keine Normierung des Durchlassbereichs vorgenommen wird. Das Zellfeld kann direkt der Funktion **fir1** übergeben werden:

```
bk = fir1(ck{:});
```

Da die Funktion **kaiserord** die Durchlassfrequenz anpasst, hier aber derselbe Wert zum Einsatz kommen soll, der auch für den Filterentwurf mit dem Hamming-Fenster verwendet wurde, wird der Wert fr anstelle des im Zellfeld enthaltenen Wertes verwendet:

```
bk = fir1(ck{1}, fr, ck{3:5});
```

Bei der Ermittlung des Bandpassfilters im Programm fir_fenster4.m wird eine andere Form der Funktion **kaiserord** verwendet:

```
fr = [0.4, 0.6];    % Relative Bandbreite (zur Nyquist-Frequenz)
[nk,frk,beta,typ]=kaiserord([0.25,fr,0.75],[0,1,0],...
        [1e-4,0.01,1e-4],2);
nk = nord;
bk = fir1(nk, fr, typ, kaiser(nk+1, beta),'noscale');
```

Die Parameter für die Funktion **fir1** werden nicht in einem Zellfeld sondern explizit in den Variablen nk, frk, beta, typ geliefert. Auch hier wird der vorgeschlagene Vektor frk für die Frequenzbereiche nicht verwendet, sondern derselbe Wert fr wie für das Filter mit dem Hamming-Fenster eingesetzt.

In Abb. 2.18 erkennt man, dass das Filter mit dem Kaiser-Fenster die verlangte Dämpfung im Sperrbereich erfüllt und diese ist bei gleicher Ordnung viel größer als die des Filters mit dem Hamming-Fenster.

Die Steilheit des Übergangs vom Durchlassbereich in den Sperrbereich ist beim Filter mit dem Hamming-Fenster besser. Wenn man eine ähnliche Steilheit beim Filter mit dem Kaiser-Fenster, durch Änderung der Eckfrequenz des Sperrbereichs in der Definition des Vektors f (siehe Abb. 2.17) vornimmt (z.B. mit f=[fr, 1.4*fr]), dann erhält man eine viel größere Ordnung.

In Abb. 2.19 ist das mit **kaiserord** ermittelte Kaiser- und Hamming-Fenster für die Tiefpassfilter dargestellt. Die Darstellung erhält man mit dem Aufruf:

```
wvtool(ck{4}, hamming(nord+1));
```

2.4 Entwurf und Analyse der FIR-Filter mit linearer Phase

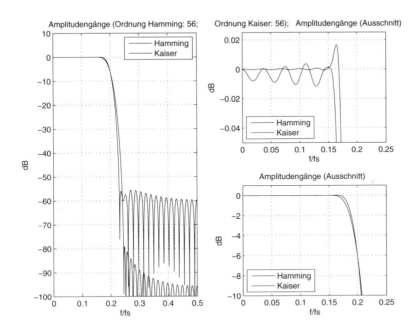

Abb. 2.18: Amplitudengänge der Filter mit Hamming- und Kaiser-Fenster (fir_fenster3.m)

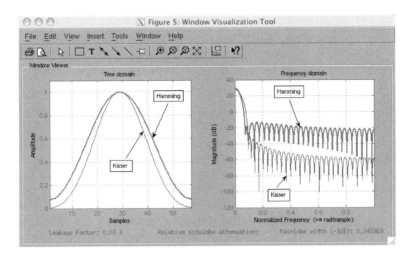

*Abb. 2.19: Das Hamming- und das mit **kaiserord** ermittelte Kaiser-Fenster (fir_fenster3.m)*

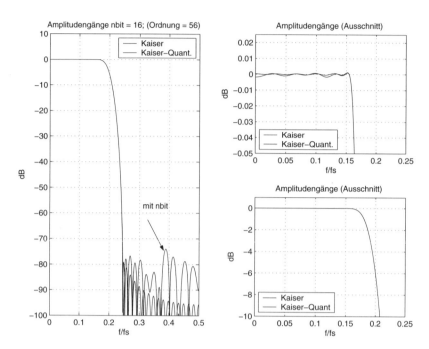

Abb. 2.20: Amplitudengänge ohne und mit begrenzter Auflösung der Koeffizienten (fir_fenster3.m)

Im letzten Teil des Programms `fir_fenster3.m` werden die Koeffizienten mit Werten im Festkomma-Format dargestellt, die einer wählbaren Wortbreite `nbit` entsprechen. Mit den so quantisierten Koeffizienten wird der Frequenzgang erneut ermittelt und im Vergleich zum ursprünglichen Frequenzgang dargestellt.

Die Quantisierung der Koeffizienten wird durch

```
nbit=16;% Anzahl Bit für die Implementierung in Fest-Komma-Format
ber=2^(nbit-1);% Bereich der Werte mit
      % nbit (2^(nbit-1)-1 bis - 2^(nbit-1)
bkq = fix(bk*ber)/ber;
```

erreicht. Dazu werden die nicht quantisierten[12] Koeffizienten `bk` auf den mit `nbit` darstellbaren Wertebereich skaliert, in ganze Zahlen gewandelt und wieder auf den ursprünglichen Wertebereich gebracht. In der MATLAB-Darstellung sind es dann Gleitkommazahlen, die allerdings nur noch die begrenzte Auflösung entsprechend der Wortbreite `nbit` besitzen.

Abb. 2.20 zeigt die Amplitudengänge der beiden Filter für `nbit=16`. Die Dämpfung im Sperrbereich verschlechtert sich um etwa 5 dB. Verwendet man dagegen eine Wortbreite von lediglich 8 Bit, so verschlechtern sich die Amplitudengänge beachtlich und die Dämpfung im Sperrbereich beträgt nur noch ca. -30 dB. Wortbreiten von 16, 24 oder gar 32 Bit sind durchaus

---

[12] Tatsächlich sind auch diese, wie alle Werte in einem Rechner, quantisiert. Da MATLAB jedoch die Werte intern in einem 64-Bit Gleitkomma-Format darstellt, können sie mit guter Näherung als reelle Zahlen angenommen werden.

gebräuchliche Werte in aktuellen Implementierungen digitaler Filter, so dass hierdurch keine merklichen Qualitätseinbußen zu befürchten sind.

Die Darstellungen und Überlegungen beim Vergleich der Bandpassfilter sind ähnlich denen bei den Tiefpassfiltern.

Mit dem Programm `fir_vergleich1.m` können die Antworten von Tiefpassfiltern, die mit verschiedenen Fensterverfahren entwickelt wurden, untersucht werden. Im Programm wird das Simulink-Modell `fir_vergleich_1.mdl` verwendet. Über die Variable `test` wird ausgewählt, ob die Antwort auf rechteckige Pulse, auf sinusförmige Signale oder auf bandbegrenztes Rauschen zu berechnen ist.

2.4.5 Entwurf der FIR-Filter mit den Funktionen `firls` und `firpm`

Die Funktionen `firls` und `firpm` zur Berechnung von FIR-Filtern ermöglichen erweiterte Spezifikationen im Vergleich zu den Funktionen `fir1` und `fir2`. Man kann mit diesen Funktionen verschiedene Filter mit ungeraden, symmetrischen Koeffizienten wie z.B. auch Hilbert- und Differenzierfilter entwickeln.

Die Funktion `firls` ist eine Erweiterung der Funktionen `fir1` und `fir2`, in dem sie den mittleren quadratischen Fehler (`...ls` steht für *least squares*) zwischen dem gewünschten und dem aktuellen Frequenzgang minimiert.

Die Funktion `firpm`[13] implementiert den Algorithmus von Parks-McClellan [49], [58] (`...pm` steht für Parks-McClellan), der wiederum den Remez-Exchange-Algorithmus und die Tschebyschev-Approximationstheorie benutzt, um eine optimale Annäherung des gewünschten Frequenzgangs zu realisieren. Die mit `firpm` entwickelten Filter sind optimal im Sinne, dass sie den maximalen Fehler minimieren. Deshalb sind sie auch unter der Bezeichnung Minimax-Filter bekannt. Sie besitzen einen Amplitudengang mit gleicher Welligkeit im Durchlass- und im Sperrbereich und werden daher auch Equiripple-Filter genannt. Der Parks-McClellan-Algorithmus ist der am häufigsten verwendete Algorithmus zur Entwicklung von FIR-Filtern.

Im Rahmen dieses Abschnittes werden die Eigenschaften der Filter, die mit den Funktionen `firls` und `firpm` entwickelt werden, untersucht. Die Aufrufsyntax der beiden Funktionen ist gleich, sie unterscheiden sich nur durch die eingesetzten Algorithmen. Beide erlauben die Definition von Übergangsbereichen, sogenannten *don't care* Regionen, in denen der Fehler nicht minimiert wird, und Bereichen in denen die Minimierung mit Hilfe von Gewichtungen gesteuert wird.

Ein erstes Programm `firpm_ls1.m` zeigt den einfachsten Aufruf dieser Funktionen zur Entwicklung eines Tiefpassfilters:

```
nord = 16;
f = [0 0.4 0.5 1];        m = [1 1 0 0];
b_pm = firpm(nord, f, m);
b_ls = firls(nord, f, m);
% Frequenzgänge
nf = 1024;
[H_pm, w] = freqz(b_pm, 1, nf);
[H_ls, w] = freqz(b_ls, 1, nf);
```

---

[13] In den Versionen der *Signal Processing Toolbox* vor MATLAB 7.0 trug die Funktion `firpm` den Namen `remez`.

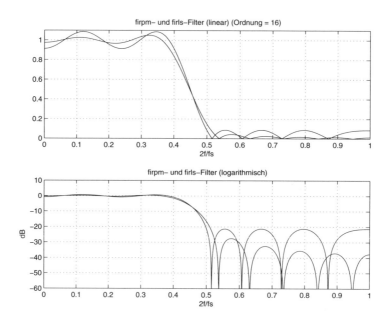

Abb. 2.21: Amplitudengänge der Filter, die mit **firpm** *und* **firls** *entwickelt wurden* (firpm_ls1.m)

Die Vektoren f und m definieren den gewünschten, stückweise linearen Amplitudengang über dessen Eckpunkte. In Abb. 2.21 sind die Amplitudengänge der realisierten Filter dargestellt. In der linearen Darstellung erkennt man die gleiche Welligkeit im Durchlass- und Sperrbereich des mit der Funktion **firpm** entwickelten Filters. Durch die niedrige Ordnung (nord=16) ist diese Welligkeit relativ groß und in der Darstellung sichtbar. Starten Sie das Programm mit einer höheren Ordnung (z.B. 32), um den Einfluss der Ordnung zu sehen.

Das mit **firpm** entwickelte Filter ergibt, im Vergleich zu dem mit der Funktion **firls** entwickelten Filter, eine bessere Annäherung des gewünschten Übergangs.

Mit den folgenden Definitionen der Amplitudengänge werden weitere FIR-Filter mit den Funktionen **firpm** und **firls** entwickelt. Im Programm firpm_ls2 wird mit

```
f = [0 0.3 0.4 0.7 0.8 1];  % Bandecken paarweise
m = [0    0   1   1   0  0];
```

ein Bandpassfilter mit dem Durchlassbereich von 0.4 bis 0.7 sowie den Sperrbereichen zwischen 0 und 0.3 sowie zwischen 0.8 und 1 definiert. Durch Vertauschung der Nullen und Einsen im Vektor m erhält man ein Bandsperrfilter (Programm firpm_ls3).

Die Definition

```
ff=[0 0.1 0.15 0.25 0.3 0.4 0.45 0.55 0.6 0.7 0.75 0.85 0.9 1];
m=[1 1 0 0 1 1 0 0 1 1 0 0 1 1];
```

führt zu einem Multibandfilter (Programm firpm_ls4). Bei breiten, linearen Übergängen vermeidet man grobe Fehler in dem Optimierungsalgorithmus, indem auch Zwischenwerte des Übergangsbereichs festgelegt werden (Programm firpm_ls5.m):

2.4 Entwurf und Analyse der FIR-Filter mit linearer Phase

```
f = [0 0.4 0.42 0.48 0.5 1];
m = [1 1 0.8 0.2 0 0];
```

Für beide Funktionen **firpm** und **firls** kann in einem Gewichtungsvektor die relative Dringlichkeit der Einhaltung der Spezifikationen in den Bereichen angegeben werden. Mit

```
nord = 18;
f = [0 0.4 0.5 1];
m = [1 1 0 0];
W = [100, 1]; % Gewichtung der Wichtigkeiten der Bänder
b_pm = firpm(nord, f, m, W);
b_ls = firls(nord, f, m, W);
```

wird im Programm firpm_ls11.m der Durchlassbereichs der Tiefpassfilter stärker gewichtet als der Sperrbereich.

Das Ergebnis ist in Abb. 2.22 dargestellt und man sieht, dass die Welligkeit im wichtigen Durchlassbereich viel kleiner als im Sperrbereich ist. Der Leser wird ermutigt, bei diesen Filtern niedriger Ordnung mit den Gewichtungen zu experimentieren.

Für die Bestimmung der Argumente der Funktion **firpm** abhängig vom gewünschten Amplitudengang gibt es die Funktion **firpmord**. Im Programm firpm_ord1.m wurde ein Tiefpassfilter exemplarisch mit dieser Funktion entwickelt. Statt die üblichen relativen Frequenzen zu benutzen, wird hier die Verwendung von absoluten Werten vorgestellt.

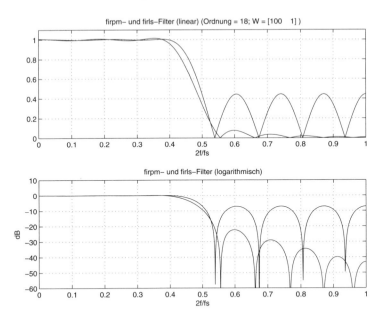

*Abb. 2.22: Amplitudengänge der Filter, die mit **firpm** und **firls** und dem Gewichtungsvektor W = [100, 1] entwickelt wurden (firpm_ls11.m)*

Folgender Ausschnitt des Programms zeigt den Entwurf:

```
fp = 1500;      % Durchpassfrequenz
fstop = 2000;   % Sperrfrequenz
Rp = 0.01;      % Welligkeit im Durchlassbereich (Absolutwert)
Rs = 0.1;       % Dämpfung im Sperrbereich (Absolutwert)
fs = 8000;      % Abtastfrequenz
% ------- Entwicklung des Filters
[nord, fo, mo, Wo] = firpmord([fp,fstop],[1,0],[Rp,Rs], fs);
b_pm = firpm(nord, fo, mo, Wo);
```

Die Vektoren f=[fp, fstop] und m=[1,0] definieren die Eckpunkte des gewünschten Amplitudengangs. Die zulässige Welligkeit im Durchlassbereich und die Dämpfung im Sperrbereich werden mit dev=[Rp,Rs] definiert. Die Funktion **firpmord** liefert dann die Parameter für die Funktion **firpm**.

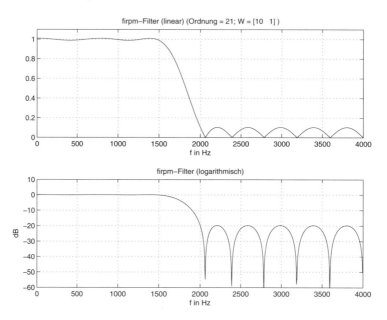

Abb. 2.23: Amplitudengänge der Filter, die mit **firpmord** *und* **firpm** *entwickelt wurden* (firpm_ord1.m)

Eine andere Einsatzmöglichkeit dieser Funktionen zeigt folgender Programmausschnitt:

```
c = firpmord([1500,2000],[1,0],[0.01,0.1], 8000, 'cell');
b_pm1 = firpm(c{:});
```

Die Ergebnisse der Funktion **firpmord** werden in dem Zellfeld c geliefert, das danach direkt im Befehl **firpm** benutzt werden kann. Abb. 2.23 zeigt den Amplitudengang des so entwickelten Filters. Die Welligkeit im Durchlassbereich ist mit Rp=0.01 relativ klein und damit ist nur in einer vergrößerten Darstellung überprüfbar, dass diese Vorgabe erfüllt ist. Die Funktion **firpmord** hat bei diesen Vorgaben einen Wichtigkeitsvektor Wo=[10,1] vorgeschlagen. Man sollte hier mit verschiedenen Vorgaben experimentieren und die Ergebnisse vergleichen.

2.4 Entwurf und Analyse der FIR-Filter mit linearer Phase

2.4.6 Entwurf der Differenzier- und Hilbertfilter

Als letzte Beispiele werden FIR-Differenzierfilter und -Hilbert-Filter mit den Funktionen **firls** und **firpm** entwickelt.

Die Differenzierfilter müssen die zeitkontinuierliche Übertragungsfunktion $H(j\omega) = j\omega\tau$ im Nyquist-Bereich annähern. Bei der Nyquist-Frequenz $\omega = 2\pi f_s/2$ ist der Betrag der Übertragungsfunktion gleich $(\pi f_s)\tau$. Mit $\tau = 1/(\pi f_s)$, ein Wert den man in den Entwurf einbeziehen kann, wird die Übertragungsfunktion normiert.

Im Programm differenzier_1.m werden mit:

```
fs = 8000;      nord = 21;      % Abtastfreq. und Ordnung (ungerade)
b_pm_g=firpm(nord,[0,1],[0,1],'differentiator');
b_ls_g=firls(nord,[0,1],[0,1],'differentiator');
```

zwei Differenzierfilter ungerader Ordnung entwickelt. Die Eckpunkte des Amplitudengangs sind f = [0,1] für den Frequenzvektor und m = [0,1] als Amplitudenwerte an diesen Stellen. Bei ungerader Ordnung wird die Anzahl der Koeffizienten gerade sein und die Koeffizienten werden ungerade Symmetrie besitzen (Filter-Typ IV gemäß Tabelle 2.6).

Für den Filter-Typ III mit gerader Ordnung (ungerade Anzahl der Koeffizienten) ist der Betrag von $H(f)$ bei $f = f_s/2$ gleich null und somit müssen die Vektoren f und m anders gewählt werden, z.B. f = [0,0.9] und m = [0,0.9]:

```
fs = 8000;      nord = 20;      % Abtastfreq. und Ordnung (gerade)
b_pm_g=firpm(nord,[0,0.9],[0,0.9],'differentiator');
b_ls_g=firls(nord,[0,0.9],[0,0.9],'differentiator');
```

Abb. 2.24 zeigt oben die Amplitudengänge der Filter Typ IV (links) und Typ III (rechts), welche mit der Funktion **firpm** ermittelt wurden. Darunter sind die entsprechenden Filterkoeffizienten dargestellt. Die Ergebnisse der Entwicklung mit der Funktion **firls** unterscheiden sich nur geringfügig.

Hilbertfilter sind Filter, welche die Hilbert-Transformation im Nyquist-Bereich annähernd realisieren [58], [30]. Das ideale Hilbertfilter im zeitkontinuierlichen Bereich besitzt eine Übertragungsfunktion $H(j\omega) = -jsgn(\omega)$, wobei $sgn(\omega)$ die Signumfunktion ist, die den Wert $+1$ für positive Argumente und den Wert -1 für negative Argumente annimmt. Damit ist der Amplitudengang konstant eins und der Phasengang gleich $-\pi/2$ für $\omega \geq 0$ und $\pi/2$ für $\omega < 0$.

Die Übertragungsfunktion im zeitdiskreten Bereich ist demnach:

$$H_d(e^{2\pi fT_s}) = \begin{cases} -j & \text{für } 0 < f \leq f_s/2 \\ j & \text{für } -f_s/2 < f < 0 \end{cases} \quad (\text{oder } f_s/2 < f \leq f_s) \qquad (2.28)$$

Daraus ergibt die inverse Fourier-Reihe gemäß Gl. (2.21) die Koeffizienten des idealen FIR-Hilbertfilters (oder dessen Einheitspulsantwort):

$$h_d[kT_s] = \begin{cases} \dfrac{2}{\pi} \dfrac{sin^2(\pi k/2)}{k} & \text{für } k \neq 0 \\ 0 & \text{für } k = 0 \end{cases} \qquad (2.29)$$

Wie erwartet, ist diese Einheitspulsantwort unendlich lange, nicht kausal und mit ungerader Symmetrie ($h_d[kT_s] = -h_d[-kT_s]$). Durch Begrenzung der Länge mit Hilfe einer

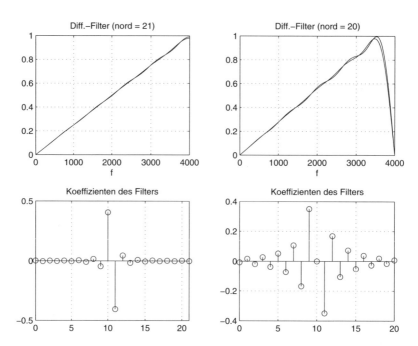

*Abb. 2.24: Amplitudengänge und Koeffizienten der Differenzierer, die mit **firpm** und **firls** entwickelt wurden* (differenzier_1.m)

Fensterfunktion und Verschiebung in den Bereich $k \geq 0$ erhält man ein kausales Filter mit $h[kT_s] = -h[(M - 1 - k)T_s], k = 0, ..., M - 1$, wobei M die Anzahl der Koeffizienten des Filters ist. Dieses ist jetzt realisierbar.

Abb. 2.25 zeigt oben die Amplitudengänge der Hilbertfilter Typ IV (links) und Typ III (rechts), die mit **firpm** entworfen wurden. Darunter sind die Koeffizienten der Filter (oder deren Einheitspulsantworten) dargestellt. Ähnlich sind auch die Ergebnisse bei Verwendung der Funktion **firls**.

Bei Hilbertfiltern mit gerader Ordnung (ungerader Anzahl von Koeffizienten) sind die Werte der idealen Einheitspulsantwort gemäß Gl. (2.29) null für gerade Indizes k (Abb. 2.25 rechts unten).

Mit dem Programm hilbert_1.m werden Hilbertfilter mit den Funktionen **firpm** und **firls** entworfen und untersucht. Unabhängig von der Ordnung der Filter ist der Amplitudengang bei $f = 0$ gleich null (Typ III und IV). Bei gerader Ordnung ist der Amplitudengang auch für $f = f_s/2$ null (Typ III). Dieser Sachverhalt spiegelt sich in der Definition der Eckpunkte für den Amplitudengang wider durch die Vektoren f und m für ungerade und gerade Ordnung:

```
nord = 21;      % Ordnung (ungerade)
f = [0.05, 1];           m = [1, 1];
% ------- Entwicklung der Filter
b_pm=firpm(nord,f,m,'hilbert');
b_ls=firls(nord,f,m,'hilbert');
.....
```

2.4 Entwurf und Analyse der FIR-Filter mit linearer Phase

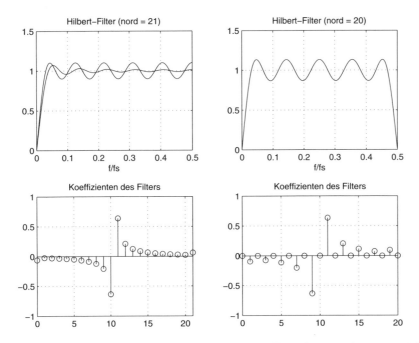

Abb. 2.25: *Amplitudengänge und Koeffizienten der Hilbertfilter, die mit* **firpm** *entwickelt wurden* (hilbert_1.m)

```
nord = 20;      % Ordnung (ungerade)
f = [0.05, 0.95];    m = [1, 1];
% ------- Entwicklung der Filter
b_pm_g=firpm(nord,f,m,'hilbert');
b_ls_g=firls(nord,f,m,'hilbert');
```

Der Phasengang der so entworfenen digitalen Hilbertfilter setzt sich zusammen aus den durch die Theorie vorgegebenen Werten $\pi/2$ für negative Frequenzen bzw. $-\pi/2$ für positive Frequenzen und einem linearen Teil, der wegen der für die Kausalität erforderlichen Verschiebung entsteht. Er spiegelt die Laufzeit des Filters von nord/2 Abtastintervallen wider, die man bei jedem FIR-Filter hat. Bei gerader Ordnung (ungerader Anzahl von Koeffizienten) ist diese Verzögerung eine ganze Zahl und kann bei den Anwendungen der Hilbertfilter leicht kompensiert werden.

Experiment 2.3: Erzeugung analytischer Signale

Die Hilbert-Transformation ist ein oft verwendetes Hilfsmittel in der Kommunikationstechnik, Radartechnik und der Sprachsignalverarbeitung. Die Eigenschaft der Hilbert-Transformation, Anteile des Spektrums bei positiven Frequenzen konstant um $\pi/2$ zu verzögern und Anteile bei negativen Frequenzen konstant um $\pi/2$ in der Phase vorzudrehen, macht man sich zu Nutze, wenn man Signale erzeugen will, deren Spektrum nur Anteile bei positiven Frequenzen besitzt. Solche Signale nennt man analytische Signale.

Analytische Signale sind eine Zwischenstufe bei der Transformation eines Bandpasssignals in ein komplexes Basisbandsignal und hierfür wird die Hilbert-Transformation häufig eingesetzt. Eine weitere Anwendung der Hilbert-Transformation findet man bei der Einseitenband-Amplitudenmodulation. Hier benötigt man das nachrichtentragende Signal (ein Tiefpasssignal, in den meisten Fällen ein Sprachsignal) in seiner analytischen Form, um es mit einem Quadraturmischer in die Bandpasslage zu verschieben und so ein einseitenband-moduliertes Sendesignal zu erhalten [35], [59].

Dass man durch Addition der mit j multiplizierten Hilbert-Transformierten zu einem Signal ein analytisches Signal erhält, ist einfach zu beweisen. Es sei $x(t)$ ein reellwertiges, zeitkontinuierliches Signal und $\widehat{x}(t)$ seine Hilbert-Transformierte. Von dem Signal $s(t) = x(t) + j\widehat{x}(t)$ zeigen wir, dass es analytisch ist. Weil die Fourier-Transformation, eine lineare Operation ist, wird das Spektrum $S(f)$ von $s(t)$ durch

$$S(f) = X(f) + j\widehat{X}(f) \tag{2.30}$$

gegeben, mit $X(f)$ und $\widehat{X}(f)$ als Spektren von $x(t)$ und $\widehat{x}(t)$.

Die Hilbert-Transformation verzögert die Anteile eines Signals bei positiven Frequenzen konstant um $\pi/2$, bzw. dreht die Phase der Anteile bei negativen Frequenzen um $\pi/2$ vor. Damit kann man für das Spektrum der Hilbert-Transformierten $\widehat{X}(f)$ folgende Beziehung zum Spektrum $X(f)$ des ursprünglichen Signals angeben:

$$\widehat{X}(f) = \begin{cases} -jX(f), & \text{für } f \geq 0 \\ jX(f), & \text{für } f < 0 \end{cases} \tag{2.31}$$

Daraus folgt, dass das Spektrum des komplexwertigen Signals $s(t)$ durch

$$S(f) = \begin{cases} X(f) + j(-jX(f)) = 2X(f) & \text{für } f \geq 0 \\ X(f) + j(jX(f)) = 0 & \text{für } f < 0 \end{cases} \tag{2.32}$$

gegeben ist und nur Anteile für $f \geq 0$ besitzt. Addiert man die mit $-j$ multiplizierte Hilbert-Transformierte zu einem Signal, so erhält man ein Signal, das nur Anteile bei negativen Frequenzen enthält.

Für zeitdiskrete Signale gilt ähnliches, wenn man den Frequenzbereich von $-f_s/2$ bis $f_s/2$ betrachtet (oder wegen der Periodizität alternativ von 0 bis f_s).

Abb. 2.26 zeigt das Simulink-Modell für die Erzeugung eines analytischen Signals. Das analoge Eingangssignal wird von einem Sinus- oder Rauschgenerator im Frequenzbereich zwischen 100 Hz und 400 Hz erzeugt. Danach wird es mit dem Block *Zero-Order Hold* mit $f_s = 1000$ Hz abgetastet.

Das zeitdiskrete Signal wird einerseits über das FIR-Hilbertfilter (mit den Koeffizienten aus dem Vektor b_pm) gefiltert und anderseits über den Block *Integer Delay* verzögert. Die Verzögerung entspricht der Laufzeit des Hilbertfilters, so dass die beiden Signale anschließend zeitrichtig zu einem komplexwertigen Signal zusammengefasst werden können. Dies geschieht in dem Block *Real-Imag to Complex*.

Zur vergleichenden Darstellung des Spektrums des ursprünglichen reellen Signals und des dazugehörenden komplexwertigen analytischen Signals werden beide im Block *Matrix Concatenation* zusammengefasst und die Abtastfrequenz wird durch Einfügen von Nullen in dem Block *Upsample* um den Faktor 2 erhöht, um zwei Perioden des Spektrums darstellen zu können.

2.4 Entwurf und Analyse der FIR-Filter mit linearer Phase

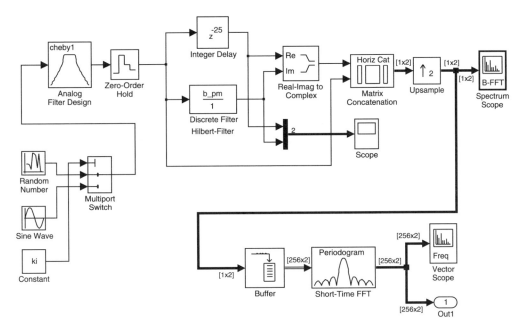

Abb. 2.26: Erzeugung eines analytischen Signals (ein_seiten1.mdl, ein_seiten_1.m)

Im unteren Teil des Modells wird das Spektrum berechnet und einerseits dargestellt, andererseits über die Schnittstelle *Out1* in die MATLAB-Umgebung exportiert. Um nur das letzte berechnete Spektrum zu exportieren, wird über das Menü *Simulation, Configuration Parameters* und danach *Data Import/Export* die Option *Limit data points to last* auf eins gesetzt.

Die Simulation wird über das Programm `ein_seiten_1.m` initialisiert und aufgerufen. Hier wird auch das Hilbertfilter entwickelt und die Koeffizienten in dem Vektor `b_pm` gespeichert:

```
nord = 50;      % Ordnung (ungerade)
f = [0.05, 0.95];   m = [1, 1];
% ------- Entwicklung der Filter
b_pm = firpm(nord,f,m,'hilbert');
```

Abb. 2.27 und Abb. 2.28 zeigen die Spektren für ein sinusförmiges Signal der Frequenz $f = 200$ Hz und für ein Rauschsignal mit einer Bandbreite $f_1 = 100$ Hz bis $f_2 = 400$ Hz. Die theoretisch auf null zu unterdrückenden Anteile bei den negativen Frequenzen (in dieser Darstellung im Bereich $f_s/2$ bis f_s, also bei 800 Hz bzw. zwischen 600 Hz und 900 Hz) wurden durch das realisierte digitale Hilbertfilter um etwa 50 dB gedämpft.

Experiment 2.4: Entwurf komplexwertiger Filter mit der Funktion `cfirpm`

Aus der Definition der Fourier-Transformation lässt sich direkt ableiten, dass reellwertige Signale (und die Einheitspulsantwort eines Filters ist auch ein Signal) ein gerades Betragsspek-

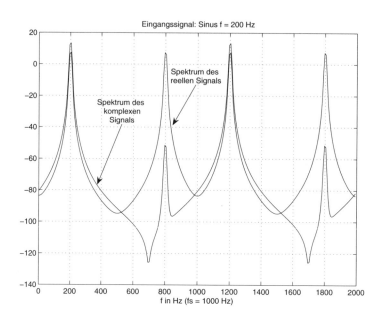

Abb. 2.27: Spektrum des reellen, sinusförmigen Eingangssignals und Spektrum des dazu gehörenden analytischen Signals (ein_seiten1.mdl, ein_seiten_1.m)

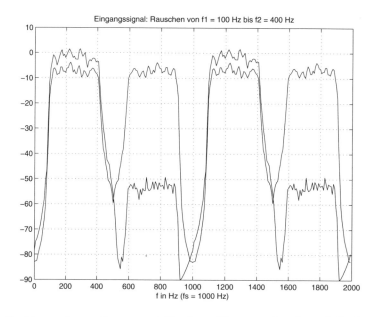

Abb. 2.28: Spektrum des reellen rauschförmigen Eingangssignals und Spektrum des dazu gehörenden analytischen Signals (ein_seiten1.mdl, ein_seiten_1.m)

2.4 Entwurf und Analyse der FIR-Filter mit linearer Phase

trum und ein ungerades Phasenspektrum besitzen. Mit reellwertigen Filtern kann man also nur Amplitudengänge realisieren, die symmetrisch zur Frequenz $f = 0$ sind. Diese Einschränkung trifft für komplexwertige Filter nicht zu.

In MATLAB können komplexwertige Filter mit der Funktion **cfirpm** entwickelt werden. Diese Funktion verwendet eine Erweiterung des Remez-Verfahrens und ermöglicht den Entwurf komplexwertiger FIR-Filter mit linearer oder nichtlinearer Phase.

Die Funktion ist sehr mächtig und vielfältig einsetzbar. Ihre Verwendung soll am Entwurf von Tiefpass- und Bandpassfiltern verdeutlicht werden.

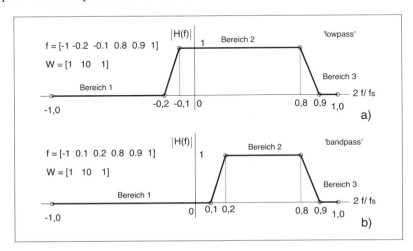

Abb. 2.29: *Spezifikationen des Amplitudengangs für die Funktion* **cfirpm**

Beispielhaft sind in Abb. 2.29a und in Abb. 2.29b die nichtsymmetrischen Amplitudengänge eines Tiefpasses und eines Bandpasses dargestellt. Die Eckpunkte der Amplitudengänge im Frequenzbereich $-f_s/2$ bis $f_s/2$ (bzw. in der MATLAB eigenen, auf die halbe Abtastfrequenz normierten Darstellung, zwischen -1 und 1) werden der Funktion in einem Vektor (in der Abbildung der Vektor f) übergeben. Die Länge des Vektors der Eckfrequenzen muss eine Paarzahl sein. Es wechseln sich Bereiche mit definierten Amplituden (Sperrbereich oder Durchlassbereich) mit Übergangsbereichen ab. Es kann auch ein Vektor mit Gewichtungen (in der Abbildung der Vektor W) für die Einhaltung der Toleranzen angegeben werden.

Die in den Abbildungen 2.29 dargestellten Filter werden durch die beiden nachfolgenden MATLAB-Programmsequenzen entworfen. Die Funktion **freqz** stellt im Anschluss die realisierten Frequenzgänge dar.

```
nord = 30;
bc = cfirpm(nord, [-1,-0.2,-0.1,0.8,0.9,1],'lowpass', ...
      [1, 10 ,1]);
freqz(bc,1,1024,'whole');

nord = 30;
bc = cfirpm(nord, [-1,0.1,0.2,0.8,0.9,1],'bandpass', ...
      [1, 10 ,1]);
freqz(bc,1,1024,'whole');
```

Die Einheitspulsantwort bc der Filter ist komplexwertig und man kann ihren Real- und Imaginärteil mit

```
subplot(211), stem(0:length(bc)-1, real(bc));
subplot(212), stem(0:length(bc)-1, imag(bc));
```

darstellen.

Es wird nun ein komplexwertiges Filter entwickelt, welches das komplexwertige Signal aus dem vorherigen Experiment filtern soll. Die Bandbreite, in der das Hilbertfilter korrekt funktioniert, ist bei einer Abtastfrequenz von 1000 Hz ungefähr 100 Hz bis 400 Hz. Das komplexwertige Filter dieses Experiments soll diese Bandbreite weiter von 210 Hz bis 290 Hz mit Übergangsbereichen von je 20 Hz begrenzen. Ähnlich wie in Abb. 2.29b muss der Vektor f der Eckpunkte definiert werden und danach die Funktion **cfirpm** aufgerufen werden:

```
f = [-500 190 210 290 310 500]/500;
nord2 = 200;
bc_pm = cfirpm(nord2,f,'bandpass', [10 100 10]);
```

Im Programm ein_seiten_2.m wird nochmals das Hilbertfilter für den Teil des Experiments berechnet, der vom ersten Experiment übernommen wurde, und danach das komplexwertige Filter dieses Experiments entwickelt. Das Simulink-Modell ein_seiten1.mdl wird mit dem komplexen Filter erweitert und unter dem Namen ein_seiten2.mdl gespeichert (Abb. 2.30). Als Eingangssignal wird nur bandbegrenztes Rauschen benutzt.

Ein komplexwertiges Signal $s(t) = x(t) + jy(t)$, das man mit einem komplexwertigen Filter der Impulsantwort $b_c(t) = b_{cr}(t) + jb_{ci}(t)$ filtern will, führt zu folgenden Faltungen:

$$\begin{aligned}s(t) * b_c =& [x(t) + jy(t)] * [b_{cr}(t) + jb_{ci}(t)] = \\ & [x(t) * b_{cr}(t) - y(t) * b_{ci}(t)] + j[x(t) * b_{ci}(t) + y(t) * b_{cr}(t)]\end{aligned}$$
(2.33)

Mit dem Symbol * wird die Faltungsoperation bezeichnet. Um die Schreibweise zu vereinfachen, wurde die zeitkontinuierliche Schreibweise für Signale und Filter verwendet. Sicher gilt diese Beziehung auch für zeitdiskrete Sequenzen.

Aus Gl. (2.33) geht hervor, dass vier reellwertige Filterungen notwendig sind, um die komplexwertige Filterung zu erhalten. Im Modell sind vier Filter mit den Blöcken *Discrete Filter 1*, *Discrete Filter 2*, *Discrete Filter 3* und *Discrete Filter 4* eingesetzt, um die komplexwertige Filterung zu realisieren[14]. So realisiert z.B. das Filter *Discrete Filter 1* die Faltung $x(t) * b_{cr}(t)$ und das Filter *Discrete Filter 4* die Faltung $y(t) * b_{cr}(t)$.

Am Ausgang des oberen Summierer-Blocks, der die Differenz aus der ersten eckigen Klammer in (2.33) ergibt, erhält man den Realteil des gefilterten Signals und am Ausgang des unteren Summierer-Blocks erhält man den Imaginärteil des gefilterten Signals.

In Abb. 2.31 ist links oben der Amplitudengang des reellwertigen Hilbertfilters dargestellt. Man erkennt die für reellwertige Filter typische Symmetrie des Amplitudengangs zwischen

---

[14] Der Block *Discrete Filter* aus der Simulink-Grundbibliothek kann nur reellwertige Filter simulieren. Es wurde bewusst auf diesen Block zurückgegriffen, um zu verdeutlichen, dass die komplexwertige Filterung vier reellwertigen Filterungen entspricht. Mit dem Block *Digital Filter* aus dem *Signal Processing Blockset* von Simulink können auch komplexwertige Filter simuliert werden. Ein solcher könnte im Modell ein_seiten2.mdl die vier Filterblöcke *Discrete Filter 1-4* ersetzen

2.4 Entwurf und Analyse der FIR-Filter mit linearer Phase

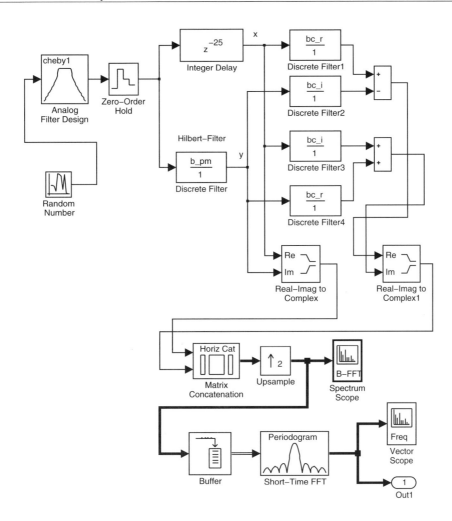

Abb. 2.30: Simulink-Modell der komplexen Filterung (ein_seiten2.mdl, ein_seiten_2.m)

den Frequenzbereichen 0 bis $f_s/2$ und $f_s/2$ bis f_s. In der Abbildung sind die Frequenzwerte normiert dargestellt. Darunter ist die Einheitspulsantwort des Hilbertfilters zu sehen.

Auf der rechten Seite ist oben der Amplitudengang des komplexwertigen Filters dargestellt, der jetzt nicht mehr symmetrisch ist. Darunter sieht man den Real- und den Imaginärteil der komplexwertigen Einheitspulsantwort dieses Filters.

Abb. 2.32 zeigt das nicht symmetrische Spektrum des komplexwertigen Signals und das Spektrum nach der komplexwertigen Filterung.

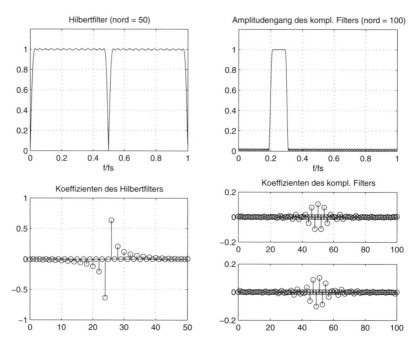

Abb. 2.31: Amplitudengänge und Einheitsprungantworten des Hilbert- und des komplexwertigen Bandpassfilters (ein_seiten2.mdl, ein_seiten_2.m)

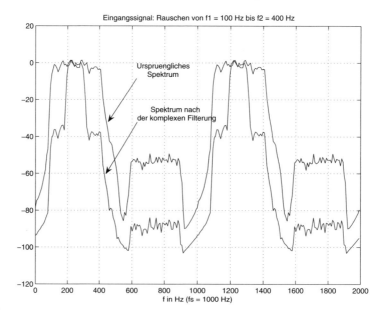

Abb. 2.32: Spektrum vor und nach der komplexen Filterung (für bandbegrenztes Rauschsignal) (ein_seiten2.mdl, ein_seiten_2.m)

2.4 Entwurf und Analyse der FIR-Filter mit linearer Phase

Experiment 2.5: Einseitenband-Modulation

Es ist eine Eigenschaft der Fourier-Transformation, dass die Multiplikation eines Signals mit dem komplexen Drehvektor $e^{j2\pi f_0 t}$ das Spektrum des Signals um f_0 verschiebt.

$$z(t)e^{j2\pi f_0 t} = z^+(t) \quad \Rightarrow \quad Z^+(f) = Z(f - f_0) \tag{2.34}$$

Das trifft natürlich gleichermaßen für reellwertige und komplexwertige Signale zu. Handelt es sich bei dem Signal $z(t)$ um ein komplexwertiges Basisbandsignal, so führt die Multiplikation nach Gl. (2.34) zu einem analytischen, weiterhin komplexwertigen Bandpasssignal:

$$\begin{aligned} z^+(t) = z(t)e^{j2\pi f_0 t} &= (x(t) + jy(t))\left(cos(2\pi f_0 t) + jsin(2\pi f_0 t)\right) \\ &= (x(t)cos(2\pi f_0 t) - y(t)sin(2\pi f_0 t)) \\ &\quad + j\left(x(t)sin(2\pi f_0 t) + y(t)cos(2\pi f_0 t)\right) \end{aligned} \tag{2.35}$$

Diesen Vorgang bezeichnet man auch als komplexes Mischen oder als Quadratur-Mischung, weil das Signal $z(t)$ mit zwei aufeinander senkrecht, in „Quadratur", stehenden Signalen $cos(2\pi f_0 t)$ und $sin(2\pi f_0 t)$ gemischt wird.

Verwirft man den Imaginärteil des Signals $z^+(t)$,

$$\Re(z^+(t)) = s(t) = x(t)cos(2\pi f_0 t) - y(t)sin(2\pi f_0 t) \tag{2.36}$$

so gehorcht das Spektrum des nunmehr reellen Signals $s(t)$ den Symmetriebedingungen der Fourier-Transformation für reelle Signale, d.h. das Signal $s(t)$ wird einen geraden Amplitudengang und einen ungeraden Phasengang haben. Wenn man so will, kann man sagen, dass sich durch die Realteilbildung der Amplitudengang eines Signals an der Achse $f = 0$ spiegelt. In Abb. 2.33 ist skizzenhaft der Amplitudengang eines komplexwertigen Basisbandsignals sowie der Amplitudengang nach dem komplexen Mischen und der Realteilbildung dargestellt.

Ist in dem komplexwertigen Signal $z(t)$ der Imaginärteil $y(t)$ die Hilbert-Transformierte des Realteils $x(t)$, so ist $z(t)$, wie in den vorherigen Abschnitten gezeigt, das analytische Signal zu $x(t)$ und $s(t)$ nach Gl. (2.36) hat bezüglich der Trägerschwingung mit der Frequenz f_0 nur ein Seitenband. Gl. (2.36) realisiert dann eine Einseitenbandmodulation ohne Träger. Der Bandbreitenbedarf des Bandpasssignals $s(t)$ ist derselbe wie der Bandbreitenbedarf des Signals $x(t)$, im Gegensatz zur beim AM-Rundfunk verwendeten Zweiseitenband-Amplitudenmodulation, wo der Bandbreitenbedarf doppelt so groß ist.

Die Signale $x(t)$ und $y(t)$ können aber auch zwei voneinander unabhängige reelle Signale sein, die zu einem komplexwertigen Signal $z(t)$ zusammengefasst wurden. Dann realisiert Gl. (2.36) eine analoge Quadratur-Amplitudenmodulation. In diesem Fall sind bezüglich des Trägers um die Frequenz f_0 beide Seitenbänder vorhanden, doch es werden zwei Signale $x(t)$ und $y(t)$ übertragen. Allerdings ist eine Zuordnung eines Signals zu einem Seitenband, also eine Trennung im Frequenzbereich, nicht möglich, sondern beide Signale haben Anteile in beiden Seitenbändern.

Die Abmischung oder Demodulation[15] geschieht ähnlich wie die Modulation. Das Signal

---

[15] Im Allgemeinen bezeichnet Mischung die Multiplikation eines Signals mit einer harmonischen Schwingung und Modulation bezeichnet die Veränderung eines Parameters (z.B. Amplitude, Frequenz, Phase) eines Trägersignals im Gleichklang mit einer zu übertragenden Nachricht. Bei der Amplitudenmodulation ist die Modulation eine Mischung und die Demodulation eine Abmischung.

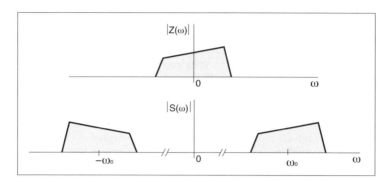

Abb. 2.33: Spektrum eines quadratur-gemischten Signals ausgehend vom Spektrum eines komplexen Basisbandsignals

$s(t)$ wird mit dem beim Empfänger rekonstruierten Träger[16] $cos(2\pi f_0 t)$ und dessen Quadraturkomponente $sin(2\pi f_0 t)$ multipliziert. Das erste Produkt

$$s(t)cos(2\pi f_0 t) = x(t)[1 + cos(4\pi f_0 t)]/2 + y(t)[sin(4\pi f_0 t)]/2 \qquad (2.37)$$

wird gefiltert, so dass die Anteile mit doppelter Trägerfrequenz unterdrückt werden und beim Empfänger nur $x(t)/2$ als Modulationskomponente verbleibt. Ähnlich wird das Produkt

$$s(t)sin(2\pi f_0 t) = x(t)[sin(4\pi f_0 t)]/2 + y(t)[1 - cos(4\pi f_0 t)]/2 \qquad (2.38)$$

gefiltert und man erhält das Signal $y(t)/2$ als zweite Modulationskomponente. Im Falle der Demodulation eines einseitenbandmodulierten Signals ist natürlich nur die Bildung des ersten Produktes erforderlich.

In dem in Abb. 2.34 dargestellten Simulink-Modell `quadratur_mod1.mdl` wird die Einseitenband-Modulation und -Demodulation simuliert. Als Nachrichtensignal dient Rauschen mit einer Bandbreite zwischen 100 Hz und 200 Hz, das über den *Analog Filter Design*-Block erzeugt wird.

Mit dem MATLAB-Programm `quadratur_mod_1.m` werden die Parameter des Modells initialisiert und die Simulation gestartet. Das analytische Signal wird in dem Modell nicht mit Hilfe der Hilbert-Transformation, sondern mittels Filterung mit einem komplexwertigen Filter, wie in dem vorhergehenden Experiment dargestellt, erzeugt. Das Filter wird mit folgender Programmsequenz entworfen:

```
nord = 100;                          fs = 1000;
f = [-500 50 100 200 250 500]/500;
m = [0 1 0];
% ------- Entwicklung der Filter
bc_pm = cfirpm(nord,f,'bandpass');
bc_r = real(bc_pm);      % Parameter für das Modell
bc_i = imag(bc_pm);
```

---

[16] In der praktischen Realisierung der Demodulation von einseitenbandmodulierten oder quadraturamplitudenmodulierten Signalen besteht die Schwierigkeit in der frequenz- und phasenrichtigen Rekonstruktion des Trägers aus dem gestörten Empfangssignal.

2.4 Entwurf und Analyse der FIR-Filter mit linearer Phase

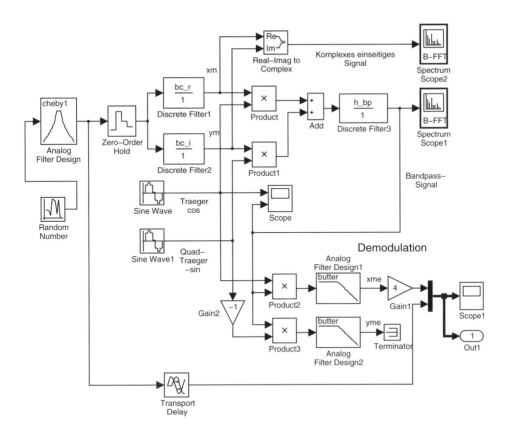

Abb. 2.34: *Modell einer Modulation und Demodulation* (quadratur_mod1.mdl, quadratur_mod_1.m)

Der Frequenzgang und die Einheitspulsantworten (Realteil und Imaginärteil) des Filters sind in Abb. 2.35 dargestellt. Der Durchlassbereich des Filters ist an die Bandbreite des Nachrichtensignals angepasst und liegt zwischen 100 Hz und 200 Hz (bzw. bezogen auf die Abtastfrequenz $f_{s1} = 1000$ Hz zwischen 0.1 und 0.2).

Die beiden reellwertigen Filter mit den Koeffizientenvektoren bc_r und bc_i realisieren das komplexwertige Filter. Die mit xm bzw. ym bezeichneten Ausgänge der Filter werden mit dem Trägersignal aus dem Block *Sine Wave* und dessen Quadraturkomponente aus dem Block *Sine Wave1* multipliziert. Der Ausgang des Summierers stellt das modulierte Signal nach Gl. (2.36) dar.

Als Trägerfrequenz wurde $f_c = 2000$ Hz bei einer Abtastfrequenz $f_{s2} = 16000$ Hz gewählt. Das digitale Bandpassfilter *Discrete Filter 3* spielt die Rolle eines „Sendefilters", das mit einem Durchlassbereich von 1700 bis 2300 Hz eventuell vorhandene Störungen außerhalb des zulässigen Sendefrequenzbereichs unterdrücken soll.

Beim Empfänger wird dieses Signal mit dem Träger (hier als verfügbar angenommen) multipliziert und tiefpassgefiltert. Der Vollständigkeit halber ist hier auch der zweite Pfad der Quadratur-Demodulation aufgebaut, er wird jedoch, wie gesagt, für die Demodulation von Ein-

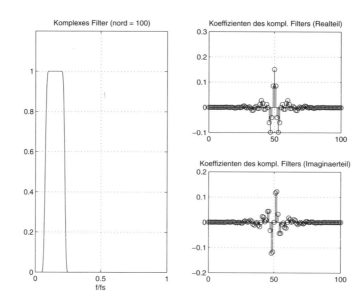

Abb. 2.35: Amplitudengang und Einheitspulsantworten (bc_r, bc_i) des komplexwertigen Filters

seitenbandsignalen nicht benötigt und ist auf einen Abschluss geführt. Nach der Demodulation erhält man das Signal xme, das mit dem zeitrichtig verzögerten Eingangssignal auf dem Block *Scope1* verglichen wird.

Abb. 2.36a zeigt das Spektrum des analytischen Basisbandsignals, so wie es am Block *Spektrum Scope2* erscheint und in Abb. 2.36b ist das Spektrum des modulierten Signals dargestellt, das mit dem Block *Spectrum Scope1* dargestellt wird. Man beachte, dass die Spektren wegen den verschiedenen Abtastfrequenzen unterschiedlich breit dargestellt sind. Das MATLAB-Programm enthält weitere Funktionsaufrufe zur Darstellung der Frequenzgänge des Realteil- und Imaginärteils des komplexen Filters, des Sende- und Empfangssignals usw.

2.4.7 Entwurf der FIR-Filter durch Kombination einfacher Filter

Viele FIR-Filter lassen sich durch Kombination einfacher Filter entwerfen. Diese Verfahren erweitern den Einblick in die Thematik der digitalen Filter und sind gute didaktische Übungen.

Fall 1. Es wird gezeigt, wie aus zwei Tiefpassfiltern ein Bandpassfilter erzeugt werden kann. Wenn die Tiefpassfilter die relativen Bandbreiten f_{r1} und f_{r2} besitzen, so dass $f_{r2} > f_{r1}$ ist, dann ergibt ihre Differenz ein Bandpassfilter. Die Einheitspulsantwort des Bandpassfilters berechnet man aus der Differenz der Einheitspulsantworten der Tiefpässe:

```
nord = 60;      fr1 = 0.4;      fr2 = 0.6;
h1 = fir1(nord, fr1);           h2 = fir1(nord, fr2);
hbp = h2 - h1;
```

2.4 Entwurf und Analyse der FIR-Filter mit linearer Phase

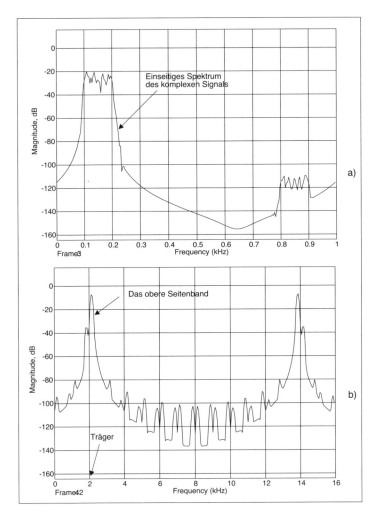

Abb. 2.36: a) Spektrum des analytischen Basisbandsignals; b) Spektrum des reellwertigen, modulierten Signals im Bandpassbereich (quadratur_mod1.mdl, quadratur_mod_1.m)

Abb. 2.37 zeigt die Amplitudengänge und Einheitspulsantworten der Tiefpassfilter und des erhaltenen Bandpassfilters. Der Einfachheit halber wurden die Tiefpassfilter mit Hilfe der Funktion **fir1** berechnet.

Fall 2. Ein Bandpassfilter kann aus einem Tiefpassfilter auch durch Mischung erhalten werden. Es ist bekannt, dass eine Verschiebung im Frequenzbereich einer Multiplikation im Zeitbereich entspricht:

$$\begin{aligned} H(f - f_0) &\Rightarrow h(t)e^{j2\pi f_0 t} \\ H(f + f_0) &\Rightarrow h(t)e^{-j2\pi f_0 t} \end{aligned} \tag{2.39}$$

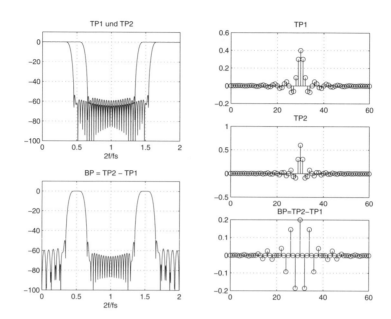

Abb. 2.37: Bandpassfilter, das aus der Differenz zweier Tiefpassfilter entwickelt wurde (kom_1.m)

Damit man aus dem Frequenzgang eines Tiefpassfilters den symmetrischen Frequenzgang eines reellen Bandpassfilters erhält, verschiebt man den Frequenzgang des Tiefpassfilters einmal nach f_0 und danach nach $-f_0$. Die Summe der verschobenen Frequenzgänge des Tiefpassfilters bildet den Frequenzgang des Bandpassfilters. Dieser Summe entspricht dann die Einheitspulsantwort, die durch

$$H(f - f_0) + H(f + f_0) \quad \Rightarrow \quad h(t)e^{j2\pi f_0 t} + h(t)e^{-j2\pi f_0 t} = 2h(t)cos(2\pi f_0 t)$$

(2.40)

gegeben ist.

Im zeitdiskreten Fall ist zu beachten, dass die Frequenzgänge mit der Periode f_s periodisch sind. Mit folgender Programmsequenz wird ein Bandpassfilter durch Mischung eines Tiefpassfilters erhalten:

```
fr = 0.2;    % Bandbreite 0.4 relativ zu fs/2
nord = 100;
htp = fir1(nord, fr);
fmitte = 0.6;
hbp = 2*htp.*cos(2*pi*(-nord/2:nord/2)*fmitte/2);
```

Die Einheitspulsantwort des Tiefpassfilters wird als nicht kausal und symmetrisch um $k = 0$ angenommen und die Cosinus-Funktion wird symmetrisch angewandt. Dadurch bleibt die Einheitspulsantwort des Bandpassfilters symmetrisch und das Filter besitzt lineare Phase. Abb. 2.38 zeigt die Frequenzgänge des Tiefpassfilters und des resultierenden Bandpassfilters zusammen mit den entsprechenden Einheitspulsantworten.

2.4 Entwurf und Analyse der FIR-Filter mit linearer Phase

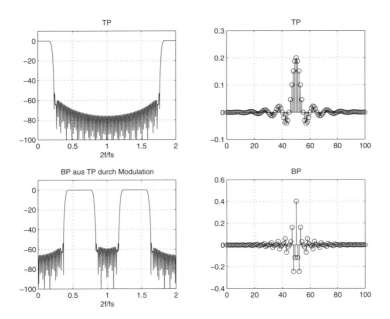

Abb. 2.38: Bandpassfilter, das aus einem Tiefpassfilter durch Mischung entwickelt wurde (kom_1.m)

Fall 3. Aus einem Tiefpassfilter erhält man leicht das komplementäre Hochpassfilter, wenn der Frequenzgang des Hochpassfilters durch

$$H_{hp}(f) = 1 - H_{tp}(f) \tag{2.41}$$

gebildet wird. Im Zeitbereich ergibt diese Beziehung eine Impulsantwort des Hochpassfilters der Form $h_{hp}(t) = \delta(t) - h_{tp}(t)$, wobei $\delta(t)$ die Dirac-Funktion ist. Wenn die Einheitspulsantwort eines diskreten FIR-Filters in der Nummerierung nach MATLAB-Konventionen durch

$$h[kT_s] = h_1\delta[kT_s] + h_2\delta[(k-1)T_s] + h_3\delta[(k-2)T_s] + ... + h_{n+1}\delta[(k-n)T_s] \tag{2.42}$$

gegeben ist, dann entspricht der Gleichung (2.41) im zeitdiskreten Fall folgende Beziehung zwischen den Einheitspulsantworten:

$$h_{hp}[kT_s] = \delta[(k-n/2)T_s] - \sum_{l=0}^{n} h_{l+1}\delta[(k-l)T_s] \tag{2.43}$$

Hier ist $\delta[kT_s]$ der Kronecker-Operator definiert durch:

$$\delta[kT_s] = \begin{cases} 1 & \text{wenn } k = 0 \\ 0 & \text{wenn } k \neq 0 \end{cases} \tag{2.44}$$

In der Differenz (2.43) wird die Symmetrie der Einheitspulsantwort des Hochpassfilters bewahrt. Die Programmsequenz zur Berechnung der Einheitspulsantwort des Hochpassfilters ist:

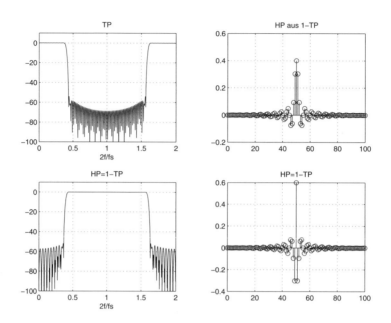

Abb. 2.39: Hochpassfilter als komplementäres Filter zu einem Tiefpassfilter (kom_1.m)

```
fr = 0.4;    nord = 100;  % muss eine gerade Ordnung
   % (ungerade Anzahl Koeffizienten) sein
htp = fir1(nord, fr);
hhp = [zeros(1, nord/2),1,zeros(1, nord/2)] - htp;
```

Der Zeilenvektor in der eckigen Klammer enthält Nullen bis auf den Wert eins an der Stelle nord/2+1 und entspricht dem Kronecker-Operator $\delta[(k - n/2)T_s]$ aus Gl. (2.43). Abb. 2.39 zeigt den Amplitudengang und die Impulsantwort eines Tiefpassfilters und des daraus entwickelten Hochpassfilters.

Fall 4. Die Summe der Frequenzgänge eines Tiefpassfilters und eines Hochpassfilters kann zu einem Bandsperrfilter führen, wenn die Durchlassfrequenz des Tiefpassfilters kleiner als die des Hochpassfilters ist (Abb. 2.40). Die Einheitspulsantworten der zwei Filter werden ebenfalls addiert:

```
frtp = 0.3;     frhp = 0.6;
nord = 100;  % muss eine gerade Ordnung sein
      % (wegen des Hochpassfilters)
htp = fir1(nord, frtp);     hhp = fir1(nord, frhp, 'high');
hbs = htp + hhp;
```

Fall 5. Aus einem Bandpassfilter kann das komplementäre Bandsperrfilter in derselben Art erzeugt werden wie das bei Fall 3 für ein Hochpassfilter aus einem Tiefpassfilter durchgeführt wurde:

```
fr1 = 0.3;     fr2 = 0.7;
```

2.4 Entwurf und Analyse der FIR-Filter mit linearer Phase

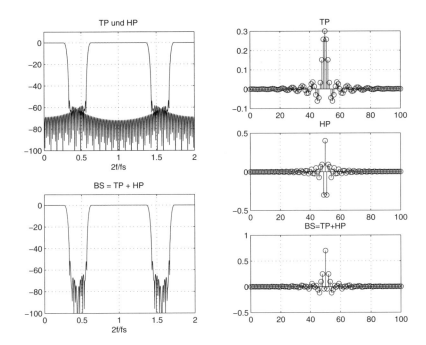

Abb. 2.40: Bandsperrfilter, das als Summe von Tiefpass- und Hochpassfilter entwickelt wurde (kom_1.m)

```
nord = 100;   % muss eine gerade Ordnung sein
hbp = fir1(nord, [fr1, fr2]);
hbs = [zeros(1, nord/2),1,zeros(1, nord/2)] - hbp;
```

Die Ordnung des Bandpassfilters muss gerade sein, um bei einer ungeraden Anzahl von Koeffizienten die Symmetrie der Koeffizienten zu bewahren (Abb. 2.41).

Fall 6. Durch Mischung mit der halben Abtastfrequenz $f_s/2$ erhält man aus einem Tiefpassfilter ein Hochpassfilter. Dabei ergibt sich die Besonderheit, dass die Cosinuswerte in Gl. (2.40) zu den diskreten Zeitpunkten kT_s nur die Werte $+1$ oder -1 annehmen:

$$h_{hp}[kT_s] = 2h_{tp}[kT_s]cos(2\pi(f_s/2)kT_s) = 2(-1)^k h_{tp}[kT_s] \qquad (2.45)$$

Der Index k muss so gewählt werden, dass die ungerade Symmetrie sichergestellt ist. In der MATLAB-Programmsequenz ist dies durch

```
frtp = 0.6;       nord = 101;
htp = fir1(nord, frtp);
if rem(nord,2) == 0
    hhp = htp.*((-1).^(-(nord/2):(nord/2)));
else
    hhp = htp.*((-1).^(1:nord+1));
end;
fvtool(hhp,1,htp,1);   % Frequenzgänge der Filter
```

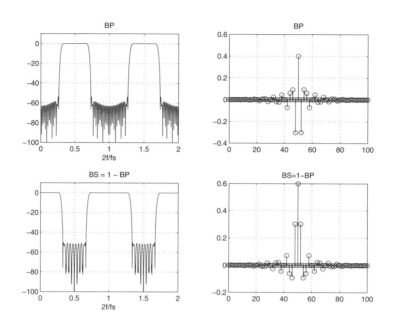

Abb. 2.41: Bandsperrfilter als komplementäres Filter zu einem Bandpassfilter (kom_1.m)

realisiert. Abb. 2.42 zeigt die Amplitudengänge und Einheitspulsantworten der zwei Filter. Die ungerade Symmetrie der Werte der Einheitspulsantwort des Hochpassfilters ist gewährleistet.

Beispielhaft wurde in den besprochenen Fällen die Funktion `fir1` zum Filterentwurf verwendet. Selbstverständlich kann auch jede andere der gezeigten Funktionen zur Entwicklung von FIR-Filtern benutzt werden.

Experiment 2.6: *Raised-Cosine*-FIR-Filter für die Kommunikationstechnik

Da unsere Welt eine analoge Welt ist, erfolgt auch die Übertragung digital vorliegender Nachrichten mit Hilfe von analogen Signalen. Es ist Aufgabe des Modulators, einem Nachrichtensymbol eine analoge „Wellenform" (Signal) zuzuordnen, welche stellvertretend für dieses übertragen wird. Da Bandbreite im Allgemeinen das knappste Gut der Nachrichtenübetragung ist, sind die Wellenformen so zu wählen, dass sie möglichst wenig Bandbreite beanspruchen. Eine Wahl von rechteckigen Pulsen, wie in Abb. 2.43c oben dargestellt, verbietet sich in der Regel.

Auf der anderen Seite gilt die fundamentale Eigenschaft der Fourier-Transformation, dass streng bandbegrenzte Signale nicht zeitbegrenzt sein können. Somit ist eine Beschränkung der Wellenformen auf eine endliche Symboldauer T_{symb} bei gleichzeitiger Bandbegrenzung nicht möglich, oder anders gesagt, bei der Übertragung über bandbegrenzte Kanäle wird sich die Wellenform über die Dauer mehrerer Symbole erstrecken und ein übertragenes Symbol wird nachfolgende Symbole stören. Das bezeichnet man als Intersymbol-Interferenz (ISI). Die ISI ist von besonderer Art, weil sie sich im Gegensatz zu den Störungen durch externe Rauschquel-

2.4 Entwurf und Analyse der FIR-Filter mit linearer Phase

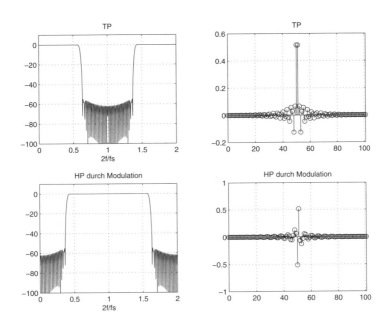

Abb. 2.42: *Hochpassfilter, das aus einem Tiefpassfilter durch Mischung entwickelt wurde* (kom_1.m)

len nicht durch Erhöhung der Sendeleistung verbessern lässt. Darum soll durch die Wahl der Wellenform die Intersymbol-Interferenz möglichst klein gehalten werden.

Im Demodulator wird die Entscheidung darüber, welche Wellenform, und damit welches Modulationssymbol gesendet wurde, im Symboltakt getroffen. Die Forderung ist, dass zu diesen Entscheidungszeitpunkten die Wellenformen der vorher gesendeten Symbole das aktuelle Symbol nicht stören, also den Wert null annehmen. Damit müssen die Wellenformen so gestaltet werden, dass sie im Abstand der Symboldauer (außer bei $t = 0$) Nulldurchgänge haben.

Diese Forderung wurde erstmals von Nyquist gestellt und wird daher auch als erste Nyquist-Bedingung zur ISI-Freiheit bezeichnet. Die Raised-Cosine-Pulsform ist eine Wellenform, welche die Nyquist-Bedingung erfüllt und sehr häufig in der Kommunikationstechnik verwendet wird, deshalb soll sie hier vorgestellt werden [60], [59].

In digitalen Nachrichtenübertragungssystemen ist der Modulator gewöhnlich digital realisiert. Das bedeutet, dass die zu sendenden analogen Wellenformen als zeitdiskretes Signal realisiert werden und später im D/A-Wandler in zeit- und amplitudenkontinuierliche Signale gewandelt werden. Das Abtasttheorem fordert als Abtastfrequenz mindestens die doppelte Bandbreite der Wellenform. Die Bandbreite der Wellenform ist, wie sich später zeigen wird, bis zu zwei mal größer als die Symbolfrequenz $f_{Symb} = 1/T_{Symb}$, der Kehrwert der Symboldauer. Um die Forderungen an den Tiefpass bei der D/A-Wandlung nicht zu streng werden zu lassen, arbeitet man in der Praxis im Modulator nicht mit der kritischen Abtastfrequenz, die bei der zwei- bis vierfachen Symbolfrequenz wäre, sondern überabgetastet mit 5 bis 10 Abtastwerten je Symboldauer. Das ist in Abb. 2.43a und Abb. 2.43b angedeutet. Die Zeitdauer T_s bezeichnet die Abtastperiode und T_{Symb} die Symboldauer.

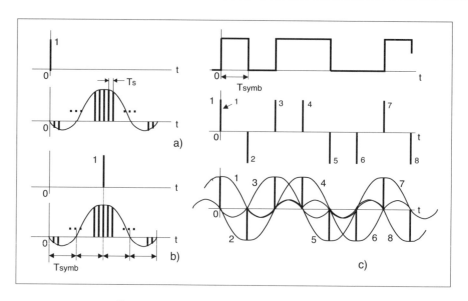

Abb. 2.43: Übertragung binärer Daten über bandbegrenzte Kanäle

Zur Erzeugung der Wellenformen kann man sich im Modulator ein Filter (das sogenannte Pulsformungsfilter) vorstellen, dessen Einheitspulsantwort die gewünschte Wellenform ist und das durch Einheitspulse angeregt wird. Beispielhaft ist dies in Abb. 2.43c für eine 2-PSK angedeutet, bei der der Modulator den binären Symbolen „0" und „1" Einheitspulse mit den (normierten) Gewichten 1 und −1 zur Anregung des Filters zuordnet. Die Einheitspulsantwort des Filters wurde zur leichteren Zuordnung von Einheitspulsen zur Antwort in ihrer nichtkausalen Darstellung wie in Abb. 2.43b angenommen, so dass die Antwort zum Zeitpunkt des Impulses den Maximalwert erreicht. Zur Erleichterung der Zuordnung sind in Abb. 2.43c die Einheitspulse und die Antworten des Filters dazu nummeriert. Das Ausgangssignal des Modulators ergibt sich aus der Addition der im unteren Diagramm von Abb. 2.43c dargestellten Antworten des Filters auf die einzelnen Anregungen.

Man beobachtet, dass wegen den Nulldurchgängen im Symbolabstand zum Symbolentscheidungszeitpunkt (der unter Vernachlässigung von Laufzeiten gleich mit dem Zeitpunkt der Einheitspulse angenommen wurde) der Wert des Modulatorausgangssignals nur vom aktuellen Symbol, nicht aber von vorhergehenden oder (wegen der nichtkausalen Darstellung) von nachfolgenden Symbolen abhängt.

Wellenformen, welche die Nyquist-Bedingung erfüllen, haben einen $sin(x)/x$-ähnlichen Verlauf. Den minimalen Bandbreitenbedarf im Bandpassbereich, und zwar gleich der Symbolfrequenz f_{Symb}, hat gerade die $sin(x)/x$-Wellenform, doch sie ist aus den bekannten Gründen nicht realisierbar. Besser realisierbar ist die Raised-Cosine-Wellenform, deren zeitdiskrete Form durch folgende Gleichung gegeben ist [60]:

$$h_{rc}[kT_s] = \frac{sin(\pi k T_s/T_{symb})}{\pi k T_s/T_{symb}} \frac{cos(\pi \alpha k T_s/T_{symb})}{1-4\alpha^2(kT_s/T_{symb})^2} \qquad (2.46)$$

2.4 Entwurf und Analyse der FIR-Filter mit linearer Phase

Sie trägt diesen Namen, weil ihr Amplitudengang einen cos^2-förmigen Übergang vom Durchlassbereich in den Sperrbereich besitzt. Weiterhin ist der Durchlassbereich punktsymmetrisch zum Wert 0.5 bei der halben Symbolfrequenz, der sogenannten Nyquist-Frequenz. Diese Symmetrie ist ebenfalls eine Folge der Nyquist-Bedingungen.

Auch die Raised-Cosine-Wellenform hat zunächst unendliche Länge und muss zur Realisierung zeitlich begrenzt und durch Verschiebung (wie in Abb. 2.43a) in ihre kausale Form gebracht werden. Da die Hüllkurve der Raised-Cosine-Wellenform für gebräuchliche Werte des Parameters α schneller abfällt als die Hüllkurve der $sin(x)/x$-Funktion, sind die Realisierungsungenauigkeiten geringer.

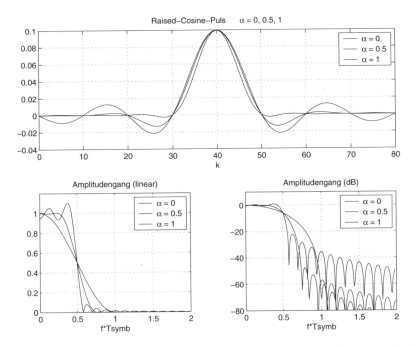

Abb. 2.44: Raised-Cosine-Wellenformen und ihre Amplitudengänge für $\alpha = 0, 0.5, 1$ (raised_cosine1.m)

Der Parameter α wird *Roll-Off*-Faktor genannt und kann Werte im Intervall $\alpha \in [0, 1]$ annehmen. Die Bandbreite der Wellenform beträgt bei der Übertragung im Bandpassbereich $B = (1 + \alpha)f_{Symb}$. Im Tiefpassbereich ist sie halb so groß. In der Praxis gebräuchlich sind Werte $\alpha \in [0.2, 0.5]$.

In Abb. 2.44 sind oben die Einheitspulsantworten für drei Werte von α und unten die entsprechenden Amplitudengänge (linear und logarithmisch) dargestellt. Dabei wurde die Einheitspulsantwort auf jeweils $m = 4$ Vor- und Nachschwinger begrenzt. Man bemerkt gerade für $\alpha = 0$ (dann entspricht die Raised-Cosine-Wellenform der $sin(x)/x$-Funktion) den Einfluss der zeitlichen Begrenzung der Impulsantwort: der Amplitudengang weist Welligkeit im Durchlass- und im Sperrbereich auf. Für die anderen Werte von α sind diese Abweichungen vom gewünschten Verlauf viel geringer. Die Abbildung wurde mit dem Programm `raised_cosine1.m` realisiert. Folgender Programmausschnitt zeigt den Einsatz der

MATLAB-Funktion **firrcos** zum Entwurf von Raised-Cosine-Filtern:

```
Ts = 1e-3;              fs = 1/Ts;
ku = 10;                Tsymb = ku*Ts;          fsymb = 1/Tsymb;
m = 4;
nord = 2*m*ku;    % Ordnung des Filters
fc = 0.5*fsymb;   % In der Kommunikationstechnik
% --------- Raised-Cosine-Antwort
alpha = zeros(3,1);  % Roll-Off-Faktor
hrc = zeros(3, nord+1);
for p = 1:3,
    alpha(p) = (p-1)/2;
    hrc(p,:) = firrcos(nord,fc,alpha(p),fs,'rolloff');
end;
```

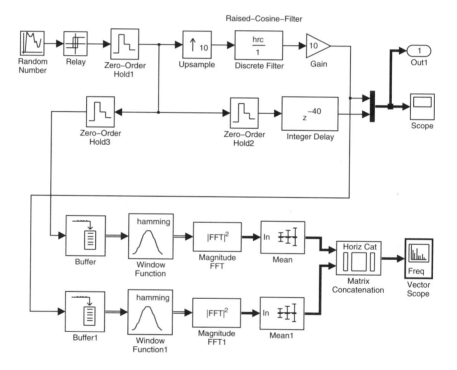

Abb. 2.45: *Modell der Übertragung mit Raised-Cosine-Filter* (raised_cosine2.m, raised_cosine_2.mdl)

Es wurde beispielhaft eine Abtastfrequenz von $f_s = 1000$ Hz und eine Symbolfrequenz $f_{Symb} = 100$ Hz angenommen. Da die Funktion allgemein für den Entwurf von Filtern mit cos^2-förmigem Übergangsbereich geeignet ist, muss mit dem Parameter fc = 0.5*fsymb die Nyquist-Frequenz gleich der halben Symbolfrequenz angegeben werden.

In der Praxis wird beim Sender durch Filterung die Bandbreite des Modulationssignals begrenzt und im Empfänger wird zur Selektion und zur Verbesserung des Signal-Rauschabstands das Empfangssignal auch gefiltert. Da die Gesamtcharakteristik dieser Filter die Nyquist-

2.4 Entwurf und Analyse der FIR-Filter mit linearer Phase

Bedingungen erfüllen soll, wird die Realisierung des Raised-Cosine-Filters in der Regel auf Sender und auf Empfänger aufgeteilt: bei beiden wird eine Wurzel-Cosinus-Charakteristik realisiert. Dieses ist auch mit der Funktion **fircos** möglich, durch Angabe der Option 'sqrt' als weiteren Parameter.

In Abb. 2.45 ist ein Modell (raised_cosine_2.mdl) zur Übertragung von Binärdaten mit *Raised-Cosine*-Filter dargestellt. Es wird aus dem Programm raised_cosine2.m parametriert und aufgerufen. Im Modell wird mit einem Rauschgenerator gefolgt von einem *Relay*- und *Zero-Order-Hold1*-Block ein bipolares, zufälliges binäres Signal mit der Symboldauer T_{symb} erzeugt.

Mit dem *Upsample*-Block werden aus den rechteckigen Pulsen der Dauer T_{symb} Einheitspulse der Dauer T_s gefolgt von 9 Nullwerten realisiert, was einer Überabtastung mit dem Faktor $k_u = 10$ entspricht. Diese bilden das Eingangssignal des Raised-Cosine-Filters mit der Einheitspulsantwort hrc. Das Ausgangssignal des Filters wird gemeinsam mit dem verzögerten binären Signal in der Senke *out1* gespeichert und mit dem Block *Scope* dargestellt. Die Verzögerung des binären Signals beträgt nord/2, wobei nord die Ordnung des Raised-Cosine-Filters ist und sie gleicht dessen Laufzeit aus. In Abb. 2.46 oben ist ein Ausschnitt aus der zeitrichtigen Überlagerung der beiden Signale dargestellt.

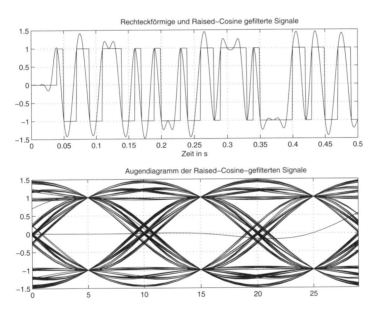

Abb. 2.46: *Rechteckförmige und Raised-Cosine-gefilterte Signale sowie Augendiagramm der Raised-Cosine-gefilterten Signale* (raised_cosine2.m, raised_cosine_2.mdl)

Die Intersymbol-Interferenz lässt sich qualitativ mit einem Augendiagramm bewerten. Bei einem Augendiagramm wird das modulierte Signal symbolsynchron überlagert dargestellt. In Abb. 2.46 unten wurde das Augendiagramm mit einer Länge $3T_{symb}$ dargestellt, und es ist ersichtlich, dass zu den optimalen Entscheidungszeitpunkten (in der Darstellung die Zeitpunkte 5, 15, 25 Abtastperioden) alle Wellenformen durch die Werte 1 oder −1 gehen, zu diesen Zeitpunkten also keine Störungen durch vorhergehende Symbole auftreten. Zu Zeitpunkten, die von den optimalen Entscheidungszeitpunkten abweichen, weicht auch das Signal von den erwarteten Amplituden ab. Diese Abweichungen werden größer, je kleiner der Wert α ist.

Im unteren Teil des Modells werden die spektralen Leistungsdichten des binären und des gefilterten Signals gebildet und gemeinsam mit dem Block *Vector Scope* dargestellt. Wie man in Abb. 2.47 sieht, belegen die gefilterten Signale eine viel kleinere Bandbreite und die Dämpfung der Nebenkeulen ist viel größer.

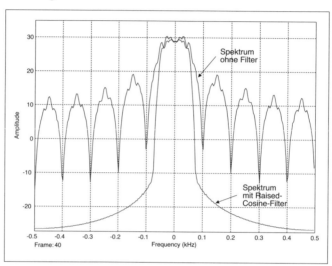

Abb. 2.47: Spektrale Leistungsdichten des rechteckförmigen und des Raised-Cosine-gefilterten Signals (raised_cosine2.m, raised_cosine_2.mdl)

Würde das Pulsformungsfilter nicht mit Einheitspulsen angeregt werden, sondern mit den in der Digitaltechnik üblichen rechteckförmigen Pulsen mit einer Länge gleich der Symboldauer T_{symb}, so muss natürlich die Antwort des Filters auf den rechteckförmigen Puls die gewünschte Wellenform (z.B. Raised-Cosine) ergeben. Man erhält die erforderliche Einheitspulsantwort des Filters durch Entfaltung (Englisch: *Deconvolution*) des rechteckförmigen Pulses aus der gewünschten Wellenform. In der *Signal Processing Toolbox* gibt es für diese Operation die Funktion **deconv**. Im Programm `raised_cosine3.m`, das mit dem Modell `raised_cosine_3.mdl` arbeitet, wird diese Möglichkeit untersucht. Mit

`hrc_puls = `**`deconv`**`(hrc, `**`ones`**`(ku,1));`

wird die neue Einheitspulsantwort `hrc_puls` aus der Raised-Cosine-Wellenform `hrc` und dem rechteckförmigen Puls `ones(ku,1)` berechnet. Die Ergebnisse sind, wie erwartet, den schon gezeigten Ergebnissen gleich.

In der *Communications Toolbox* gibt es die Funktion **rcosfir** zur Entwicklung von *Raised-Cosine*-FIR-Filtern. Die Argumente dieser Funktion sind besser an die Anwendung in der Kommunikationstechnik angepasst, die Nyquist-Frequenz wird z.B. implizit angenommen. Zur Entwicklung des in diesem Experiment gezeigten Filters würde der Aufruf

```
hrc = rcosfir(alpha, [-m,m], ku, 1);   % Funktion aus der
hrc = hrc/sum(hrc);                    % Communications Toolbox
```

lauten.

2.5 Entwurf zeitdiskreter Filter mit `dfilt`-Objekten

Viele neue MATLAB-Funktionen in der aktuellen Version 7 sind als Objekte im Sinne einer objekt-orientierten Programmierung programmiert. Für den Entwurf von Filtern gibt es in der *Signal Processing Toolbox* und *Filter Design Toolbox* neuerdings die Filter-Objekte vom Typ **dfilt**.

Die ursprüngliche Art zu programmieren, in der Funktionen einen bestimmten Algorithmus implementieren, wird immer mehr durch eine Art ersetzt, in der die Organisation der Daten eine wichtige Rolle spielt. In der objektorientierten Programmierung werden Objektklassen (z.B. **dfilt**-Objekte) gebildet, die bestimmte Objekte definieren (z.B. **dfilt.df1**, **dfilt.df2**, etc.). Zusätzlich werden Operationen für diese Klassen zur Verfügung gestellt, mit denen man die in den Objekten enthaltenen Variablen manipulieren kann.

Die **dfilt**-Objektklasse enthält folgende Objekte (in der MATLAB-Bezeichnung *Structures*):

```
dfilt.df1             - Direct-form I.
dfilt.df1sos          - Direct-form I, second-order sections.
dfilt.df1t            - Direct-form I transposed.
dfilt.df1tsos         - Direct-form I transposed, second-order sections.
dfilt.df2             - Direct-form II.
dfilt.df2sos          - Direct-form II, second-order sections.
dfilt.df2t            - Direct-form II transposed.
dfilt.df2tsos         - Direct-form II transposed, second-order sections.
dfilt.dffir           - Direct-form FIR.
dfilt.dffirt          - Direct-form FIR transposed.
dfilt.dfsymfir        - Direct-form symmetric FIR.
dfilt.dfasymfir       - Direct-form antisymmetric FIR.
dfilt.fftfir          - Overlap-add FIR.
dfilt.latticeallpass  - Lattice allpass.
dfilt.latticear       - Lattice autoregressive (AR).
dfilt.latticearma     - Lattice autoregressive moving-average (ARMA).
dfilt.latticemamax    - Lattice moving-average (MA) for maximum phase.
dfilt.latticemamin    - Lattice moving-average (MA) for minimum phase.
dfilt.scalar          - Scalar.
dfilt.statespace      - State-space.
dfilt.cascade         - Cascade (filters arranged in series).
dfilt.parallel        - Parallel (filters arranged in parallel).
dfilt.calattice       - Coupled-allpass (CA) lattice
           (available only with the Filter Design Toolbox).
dfilt.calatticepc - Coupled-allpass (CA) lattice
           with power complementary (PC) output (available
           only with the Filter Design Toolbox).
```

Ein kleines Beispiel soll den Umgang mit diesen Objekten zeigen. Mit

```
b = firls(80,[0 .4 .5 1],[1 1 0 0],[1 10]);
Hd = dfilt.dffir(b);
fvtool(Hd)        % Darstellung des Frequenzgangs
```

wird zuerst die Einheitspulsantwort b eines FIR-Tiefpassfilters mit der Funktion **firls** berechnet. Daraus wird dann ein Objekt Hd vom Typ **dfilt.dffir** gebildet. Durch Eingabe von Hd im Kommandofenster (MATLAB-Umgebung) wird die Struktur des Objekts angezeigt:

```
Hd =
       FilterStructure: 'Direct-Form FIR'
            Arithmetic: 'double'
             Numerator: [1x81 double]
      PersistentMemory: false
```

Das Objekt enthält als Filtereigenschaften, dass das Filter in der „direkten Form" angenommen wird, dass das Format *double* für die Koeffizienten benutzt wird und die Koeffizienten (oder die Einheitspulsantwort) des FIR-Filters in Hd.Numerator liegen.

Die verschiedenen Formen der Realisierung der Filter, die zu den verschiedenen **dfilt**-Objekten führen, wie *Direct-Form I, Direct-Form II,* usw., sind ausführlich in der Literatur beschrieben [30], [58]. Für die Implementierung mit Fließkommazahlen mit hoher Genauigkeit spielen diese Formen keine entscheidende Rolle. Bei einer Implementierung im Festkomma-Format beeinflusst jedoch die Reihenfolge der Operationen zusammen mit den Charakteristika des Signalprozessors (Wortbreite, Akkumulatorbreite, Rundungsart usw.) das Ergebnis. Darin liegt die Bedeutung der Realisierungsformen.

Die letzte Eigenschaft PersistentMemory zeigt, dass der Endzustand nach der Filterung mit diesem Filter nicht gespeichert wird. Wenn diese Eigenschaft true ist, kann man Daten blockweise filtern und am Ende jedes Blocks wird der Zustand des Filters zwischengespeichert, so dass dieser als Anfangszustand bei der Filterung des nächsten Blocks benutzt werden kann. Mit

```
>> Hd.PersistentMemory = true
```

wird die Eigenschaft PersistentMemory neu gesetzt und das Filter-Objekt Hd meldet die neue Struktur:

```
>> Hd
Hd =
       FilterStructure: 'Direct-Form FIR'
            Arithmetic: 'double'
             Numerator: [1x81 double]
      PersistentMemory: true
                States: [80x1 double]
```

Es wird jetzt angezeigt, dass das Filter 80 Zustandswerte besitzt, die zwischengespeichert werden. Über die Eigenschaft Hd.Arithmetic kann das Format der Daten und Koeffizienten gewählt werden. Mit

```
>> Hd.Arithmetic = 'fixed'
```

wählt man das Festkomma-Format, das von der *Filter Design Toolbox* unterstützt wird. Das Filter-Objekt Hd erhält nun zusätzliche Eigenschaften, die im Verbindung mit diesem Format von Bedeutung sind:

2.5 Entwurf zeitdiskreter Filter mit `dfilt`-Objekten

```
>> Hd
Hd =
      FilterStructure: 'Direct-Form FIR'
           Arithmetic: 'fixed'
            Numerator: [1x81 double]
     PersistentMemory: true
               States: [80x1 embedded.fi]
       CoeffWordLength: 16
        CoeffAutoScale: true
                Signed: true
       InputWordLength: 16
       InputFracLength: 15
      OutputWordLength: 16
            OutputMode: 'AvoidOverflow'
           ProductMode: 'FullPrecision'
             AccumMode: 'KeepMSB'
       AccumWordLength: 40
         CastBeforeSum: true
              RoundMode: 'convergent'
           OverflowMode: 'wrap'
```

Alle neuen Eigenschaften können passend zu der DSP-Platform, auf der das Filter zu implementieren ist, geändert werden. Die Beschreibung dieser Eigenschaften ist in der *Filter Design Toolbox* unter *Reference for the Properties of Filter Objects* im Hilfesystem zu finden.

Tabelle 2.7: *Properties of `dfilt`-Objects*

Property Name	Valid Values (default value)	Brief Description
AccumFracLength	Any positive or negative integer number of bits [29]	Specifies the fraction length used to interpret data output by the accumulator. This is a property of FIR filters and lattice filters. IIR filters have two similar properties – DenAccumFracLength and NumAccumFracLength – that let you set the precision for numerator and denominator operations separately.
AccumMode	FullPrecision, KeepLSB, [KeepMSB], SpecifyPrecision	Determines how the accumulator outputs stored values. Choose from full precision (FullPrecision), or whether to keep the most significant bits (KeepMSB) or least significant bits (KeepLSB) when output results need shorter word length than the accumulator supports. To let you set the word length and the precision (the fraction length) used by the output from the accumulator, set AccumMode to SpecifyPrecision.
AccumWordLength	Any positive integer number of bits [40]	Sets the word length used to store data in the accumulator/buffer.

Arithmetic	[Double], single, fixed	Defines the arithmetic the filter uses. Gives you the options double, single, and fixed. In short, this property defines the operating mode for your filter.
.....	.....	.....

In Tabelle 2.7 sind einige Eigenschaften, so wie sie im Hilfesystem ersichtlich sind, dargestellt. Die Angaben in den eckigen Klammern aus der zweiten Spalte stellen die Standardwerte dar, die benutzt werden, wenn keine abweichenden Werte angegeben wurden.

Mit den Funktionen **get** und **set** können die Eigenschaften gelesen und gesetzt werden. So wird z.B. mit

```
set(Hd,'arithmetic','fixed');
```

dieselbe Änderung wie mit der vorherigen Form Hd.Arithmetic = 'fixed' durchgeführt. Einige Werte können nur in Abhängigkeit von anderen Eigenschaften geändert werden. Um z.B. die Anzahl der Bits nach der Kommastelle für die Koeffizienten des Filters zu ändern, muss man zuerst den Parameter CoeffAutoscale auf false setzen. Dadurch erscheint in der Struktur des Hd-Objekts die neue Eigenschaft NumFracLength mit der man diese Anzahl der Bits festlegen kann (z.B. auf 15 Bit):

```
set(Hd, 'CoeffAutoscale', false)
set(Hd, 'NumFracLength', 15)
```

Mit **get**(Hd) erhält man die Werte aller Eigenschaften des Objektes und zusätzlich die Eigenschaft NumSamplesProcessed, die nach einer Filterung angibt, wie viele Eingangsabtastwerte bearbeitet wurden. Durch

```
x = randn(1,100);
y = filter(Hd,x);
get(Hd)
```

wird ein Signal der Länge 100 mit Gauß-verteilten Abtastwerten x mit der Funktion **filter** (Methode für dieses Objekt) gefiltert und das Ergebnis in y gespeichert. Die Eigenschaft NumSamplesProcessed zeigt jetzt den Wert 100 an, weil 100 Eingangsabtastwerte gefiltert wurden.

Tabelle 2.8: *Methods of **dfilt**-Objects*

Method	Description
addstage	Adds a stage to a cascade or parallel object, where a stage is a separate, modular filter. See dfilt.cascade and dfilt.parallel.

2.5 Entwurf zeitdiskreter Filter mit `dfilt`-Objekten

block	(Available only with the Signal Processing Blockset) block(Hd) creates a Signal Processing Blockset block of the dfilt object. The block method can specify these properties/values: 'Destination' indicates where to place the block. 'Current' places the block in the current Simulink model. 'New' creates a new model. Default value is 'Current'. 'Blockname' assigns the entered string to the block name. Default name is 'Filter'. 'OverwriteBlock' indicates whether to overwrite the block generated by the block method ('on') and defined by Blockame. Default is 'off'. 'MapStates' specifies initial conditions in the block ('on'). Default is 'off'. See Using Filter States.
.....	.....
filter	Performs filtering using the dfilt object.
freqz	Plots the frequency response in fvtool. Note that unlike the freqz function, this dfilt freqz method has a default length of 8192.
grpdelay	Plots the group delay in fvtool
.....	.....

Die **dfilt**-Objekte besitzen Methoden, mit deren Hilfe man die Objekte einsetzt. So ist z.B. die zuvor eingesetzte **filter**-Funktion eine für Objekte der Klasse **dfilt** erweiterte Funktion, die auf alle Objekte dieser Klasse anwendbar ist. Solche Funktionen werden „überladene Methoden" (Englisch: *overloaded*) bezeichnet.

Der Frequenzgang des Filters kann mit der überladenen Methode **freqz**(Hd) oder auch direkt mit **fvtool**(Hd) berechnet werden. In beiden Fällen wird das *Filter-Visualisation-Tool* **fvtool** aufgerufen und es wird der Frequenzgang des quantisierten, im Festkomma-Format definierten Filters zusammen mit dem idealen Frequenzgang des Filters im *double*-Format angezeigt (Abb. 2.48)

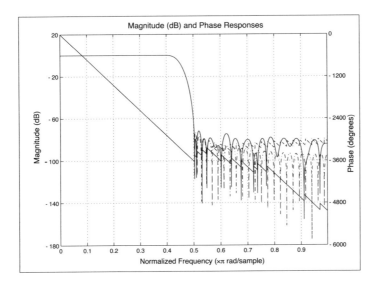

Abb. 2.48: Frequenzgang des Filter-Objekts Hd

Die Liste aller Methoden, die für **dfilt**-Objekte vorgesehen sind, erhält man über den *Help*-Browser. Einige dieser Methoden sind in der Tabelle 2.8 aufgeführt.

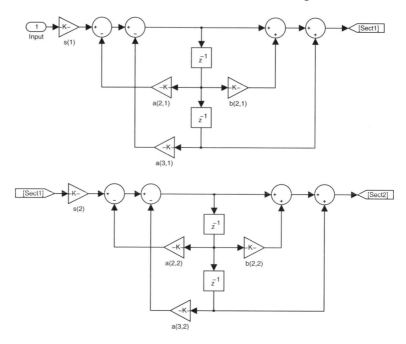

Abb. 2.49: Zwei Abschnitte eines IIR-Filters 8. Ordnung vom Typ Direct-form II, Second-Order Sections

In Abb 2.49 sind zwei Abschnitte eines IIR-Filters 8. Ordnung vom Typ *Direct-form II, Second-Order Sections* für das Format *double* dargestellt. Man erkennt die Koeffizienten der Abschnitte (a(2,1), b(2,1), a(3,1), a(2,2), b(2,2), a(3,2)) und die Skalierungsfaktoren s(1), s(2), mit deren Hilfe die Wertebereiche der Signale am Ausgang der Abschnitte festgelegt werden.

Für ein Filter im Festkomma-Format werden zusätzliche Blöcke hinzugefügt, die es erlauben, die Parameter der Eingangs- und Ausgangsdaten zu spezifizieren.

Abb. 2.50 zeigt oben den ersten Abschnitt des gleichen Filters, jetzt als Filter in Festkomma-Format. Man erkennt mehrere zusätzliche Blöcke *Convert*. Der erste *Convert*-Block spezifiziert die Parameter der Eingangsdaten des Filterabschnittes. Der zweite definiert die Ausgangsdaten nach der ersten Addition/Subtraktion dieser Strukturform und schließlich definiert der letzte *Convert*-Block das Format der Ausgangsdaten des ersten Abschnitts.

Beispielhaft wird in Abb. 2.50 unten das Parametrierungsfenster des ersten dieser Blöcke dargestellt. Mit sfix(16) wird die Auflösung auf 16 Bit festgelegt und mit 2^-15 wird die Kommastelle (Radix Punkt) definiert. Das bedeutet, die Daten werden mit 2^{-15} multipliziert und somit ist die Kommastelle gleich nach dem höchstwertigen Bit (MSB[17]) platziert. Es ist zu beachten, dass Signalprozessoren im Festkomma-Format immer mit ganze Zahlen arbeiten, so als läge die Kommastelle nach dem niedrigstwertigen Bit (LSB[18]). Nur der Programmierer in-

---

[17] *Most Significant Bit*
[18] *Least Significant Bit*

2.5 Entwurf zeitdiskreter Filter mit `dfilt`-Objekten

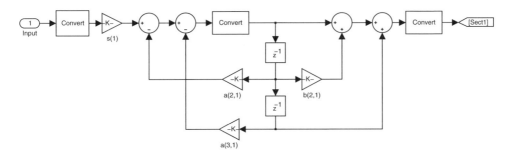

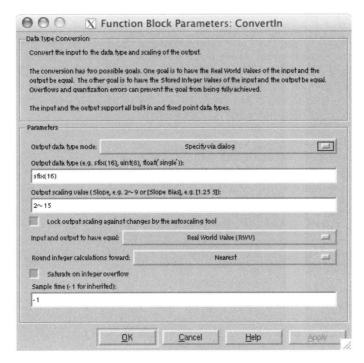

Abb. 2.50: Erster Abschnitt des gleichen Filters in quantisierter Form (Festkomma-Format) und Einstellungsfenster für den ersten Converter

terpretiert seine Daten mit einer impliziten Kommastelle, in dem er die Faktoren der Skalierung (z.B. 2^{-15}) berücksichtigt.

Der Umgang mit dem Festkomma-Format und die Möglichkeiten für die Entwicklung von Filtern in diesem Format werden im nächsten Kapitel vorgestellt.

2.6 Zusammenfassung

In diesem Kapitel wurden die wichtigsten Filterentwurfsfunktionen der *Signal Processing Toolbox* mit Beispielen vorgestellt. Nicht besprochen wurden weniger gebräuchliche Filterfunktionen wie z.B. **firgauss**, **fircls**, **fircls1** und **sgolay**. Mit **firgauss** werden FIR-Filter mit Gauß-förmiger Einheitspulsantwort entworfen. Die Funktionen **fircls**, **fircls1** lösen die Entwurfsaufgabe über die Methode des kleinsten quadratischen Fehlers mit Zwangsbedingungen (*constraints*), sind aber ähnlich den **firls**-Filterfunktionen.

Das sogenannte Savitzky-Golay-Filter [57] (Funktion **sgolay**) dient der Entwicklung von Filtern zur Glättung breitbandiger Signale. Es wird z.B. bei der Filterung von spektrometrischen Daten eingesetzt.

Das Interpolated-FIR-Filter, das man mit der Funktion **intfilt** berechnen kann, wird später in Zusammenhang mit der Multiraten-Signalverarbeitung (Kap. 4) untersucht.

Alle in diesem Kapitel untersuchten Filter der *Signal Processing Toolbox* werden mit der höchsten Auflösung von MATLAB berechnet. Im nächsten Kapitel wird der Einfluss der Quantisierung der Koeffizienten und der Signalabtastwerte mit Hilfe von Funktionen aus der *Filter Design Toolbox* untersucht. Die *Filter Design Toolbox* enthält auch weitere Verfahren zur Entwicklung von FIR- und IIR-Filtern, die dort besprochen werden.

3 Filterentwurf mit der *Filter Design Toolbox*

In diesem Kapitel wird der Entwurf digitaler Filter mit den leistungsfähigeren Verfahren der *Filter Design Toolbox* vorgestellt und insbesondere auf die Probleme beim Entwurf und bei der Implementierung von Filtern im Festkomma-Format eingegangen. Es wird der Einfluss der Quantisierung der Filterkoeffizienten und der Signalabtastwerte untersucht und die verschiedenen Strukturen zur Implementierung der digitalen Filter (*Direct-Form I, Direct-Form II* usw.) bezüglich ihrer numerischen Stabilität besprochen [3], [37], [38], [42], [53].

Die *Signal Processing Toolbox* ist historisch bedingt prozedural angelegt. Mit der Version 7 von MATLAB findet für diese Toolbox der Übergang auf ein objektorientiertes Modell statt, allerdings sind die ursprünglichen Prozeduren (Funktionen) weiterhin verfügbar. In der *Filter Design Toolbox* wird der Schwerpunkt auf den objektorientierten Ansatz gelegt. Die Objekte werden in Form von Strukturen definiert, in denen ihre Daten und Eigenschaften gekapselt sind. Um einen bestimmten Parameter eines Objekts zu erreichen oder zu spezifizieren, wird dem selbst gewählten Namen für das Objekt noch der Name der Eigenschaft, der durch die Toolbox festgelegt ist, hinzugefügt. Für jede Klasse von Objekten gibt es auch Methoden, mit deren Hilfe die Objekte eingesetzt werden (z.B. zum Filtern) oder deren Eigenschaften (z.B. der Frequenzgang) ermittelt werden können.

Zum Entwurf eines Filters mit Koeffizienten im Festkomma-Format werden zunächst Referenzfilter mit Fließkommakoeffizienten in doppelter Genauigkeit mit der *Signal Processing Toolbox* oder der *Filter Design Toolbox* entwickelt und anschließend in quantisierte Filter umgewandelt.

3.1 Optimaler Entwurf digitaler Filter

Alle Filterfunktionen der Toolbox verwenden Verfahren, die zu optimalen Lösungen bezüglich eines Kriteriums führen [43], [58], [15]. Es wird von Vorgaben bezüglich des Durchlassbereichs, des Sperrbereichs oder des Übergangsbereichs ausgegangen und ein Fehlermaß minimiert, das über die Abweichung zwischen der gewünschten und der realisierten Eigenschaft definiert ist. Die Abweichung $E(j\omega)$ wird wie folgt definiert:

$$E(j\omega) = W(j\omega)[H(j\omega) - D(j\omega)] \quad (3.1)$$

Dabei sind $D(j\omega)$ der gewünschte, ideale Frequenzgang, $H(j\omega)$ der realisierte Frequenzgang und $W(j\omega)$ ist eine Gewichtungs- oder Bewertungsfunktion, mit der Bereiche des Frequenzgangs stärker gewichtet werden können als andere. Als Fehlermaß J wird die L_p-Norm verwendet:

$$J = \int_\Omega |E(j\omega)|^p d\omega \quad (3.2)$$

Mit Ω wird der Frequenzbereich, in dem die Optimierung durchgeführt wird, bezeichnet. Im diskreten Fall bezieht sich Ω auf den Nyquist-Bereich 0 bis $2\pi f_s/2$.

In der Praxis [43] wird die L_2- und L_∞-Norm benutzt, mit $p = 2$ oder $p = \infty$. Der Fall $p = \infty$ ist wichtig, weil er zu Lösungen mit konstanter Welligkeit (*equiripple*) führt und Filter mit kleinster Ordnung, welche die gewünschten Eigenschaften erfüllen, ergibt. Die L_∞-Norm vereinfacht sich zu

$$max|E(j\omega)|_{\omega \in \Omega} \tag{3.3}$$

und entspricht einer Minimax-Lösung.

Die von der *Filter Design Toolbox* Version 3.1 angebotenen Entwurfsverfahren für FIR-Filter sind in der Tabelle 3.1 zusammen mit einer kurzen Anmerkung angegeben. Für IIR-Filter sind die Entwurfsverfahren in der Tabelle 3.2 angeführt.

Tabelle 3.1: Neue Funktionen zum Entwurf von FIR-Filtern

Funktion	Beschreibung
`fircband`	zum Entwurf von Remez-FIR-Filtern mit bedingten Bändern
`firceqrip`	zum Entwurf bedingter, *equiripple* FIR-Filter
`firgr`	zum Entwurf optimaler *equiripple* FIR-Filter mit dem Parks-McClellan Algorithmus
`firhalfband`	zum Entwurf von Halbband-FIR-Filtern
`firlpnorm`	zum Entwurf von FIR-Filtern beliebiger p-Norm
`firminphase`	zum Entwurf minimalphasiger FIR-Filter mit linearer Phase
`firnyquist`	zum Entwurf von Nyquist-FIR-Filtern
`ifir`	zum Entwurf von interpolierten FIR-Filtern

Tabelle 3.2: Neue Funktionen zum Entwurf von IIR-Filtern

Funktion	Beschreibung
`iircomb`	zum Entwurf von Kammfiltern
`iirgrpdelay`	zum Entwurf von p-Norm-IIR-Filtern mit vorgegebener Gruppenlaufzeit
`iirlpnorm`	zum Entwurf von p-Norm-IIR-Filtern
`iirlpnormc`	zum Entwurf von bedingten p-Norm-IIR-Filtern
`iirnotch`	zum Entwurf von IIR-Kerbfiltern (*Notch*-Filter)
`iirpeak`	zum Entwurf von IIR-Filtern zur Dämpfung oder Hervorhebung einer bestimmten Frequenz

Die *Filter Design Toolbox* enthält auch Funktionen zur Transformation von Filtern z.B. zur Tiefpass-Tiefpass-, Tiefpass-Hochpass-Transformation usw., die in der Tabelle 3.3 zusammengefasst sind.

3.1 Optimaler Entwurf digitaler Filter   115

Tabelle 3.3: Filtertransformationen

Funktion	Beschreibung
`ca2tf`	wandelt Filter aus der gekoppelten Allpassform in die Übertragungsfunktionsform
`cl2tf`	wandelt Filter aus der gekoppelten Lattice-Allpassform in die Übertragungsfunktionsform
`convert`	wandelt **dfilt**-Objekte in verschiedene Formen
`firlp2lp`	wandelt FIR-Tiefpassfilter in Tiefpassfilter mit anderen Spezifikationen
`iirlp2bp`	wandelt IIR-Tiefpassfilter in Bandpassfilter
`iirlp2bs`	wandelt IIR-Tiefpassfilter in Bandsperrfilter
`iirlp2hp`	wandelt IIR-Tiefpassfilter in Hochpassfilter
`iirlp2lp`	wandelt IIR-Tiefpassfilter in Tiefpassfilter
`iirpowcom`	ermittelt das leistungskomplementäre IIR-Filter
`tf2ca`	wandelt die Übertragungsfunktionsform in die gekoppelte Allpassform
`tf2cl`	wandelt die Übertragungsfunktionsform in die gekoppelte Lattice-Allpassform

Die zeitdiskreten Objekte **dfilt** und **fdesign** zum Entwurf von FIR- und IIR-Filtern werden später in diesem Kapitel in Zusammenhang mit quantisierten Filtern dargestellt. Die adaptiven und Multiraten-Filter sowie die dazugehörenden Objekte werden in gesonderten Kapiteln erläutert.

Nachfolgend werden einige der neuen Funktionen aus Tabelle 3.1 und Tabelle 3.2 zum Entwurf von FIR- und IIR-Filtern mit Versuchen dargestellt.

3.1.1 Entwurf der FIR-Filter mit der Funktion `firgr`

Die Funktion **firgr** verwendet zum Filterentwurf ebenso wie die Funktion **firpm** (siehe auch Abschnitt 2.4.5) den Parks-McClellan-Algorithmus, der eine Tschebyschev-Approximation basierend auf dem *Remez Exchange*-Algorithmus implementiert [58]. Insofern liefern beide Funktionen bei gleichen Eingabeparametern auch dieselben Ergebnisse. Gegenüber **firpm** bietet die Funktion **firgr** jedoch viel mehr Möglichkeiten zur Beeinflussung des Filterentwurfs sowie Rückmeldungen über den Entwurfsvorgang. Zusätzlich zur Einheitspulsantwort oder den Filterkoeffizienten wird z.B. ein Feld zurückgeliefert, in dem der nicht bewertete Fehler des Optimierungsprozesses enthalten ist sowie eine Struktur mit vielen Informationen über das entwickelte Filter.

Als Beispiel wird mit

```
[b,err,res] = firgr(22, [0 0.4 0.5 1],[1 1 0 0],[10,1]);
```

ein FIR-Tiefpassfilter mit denselben Argumenten wie für den Befehl **firpm** entwickelt. In `err` wird der erwähnte Fehler zurückgeliefert (hier `err = 0.1360`) und die Struktur `res` enthält Informationen, die in der Tabelle 3.4 dargestellt sind.

Tabelle 3.4: Informationen in dem Rückgabeparameter res

Strukturelement	Inhalt
`res.order`	Ordnung des Filters
`res.fgrid`	Vektor mit dem Frequenzgitter, das im Optimierungsprozess benutzt wird
`res.H`	Komplexer Frequenzgang an den Gitterpunkten `res.fgrid`
`res.error`	Fehler an den Gitterpunkten (gewünschter abzüglich realisierter Amplitudengang)
`res.des`	gewünschter Amplitudengang am Frequenzgitter
`res.wt`	Bewertung oder Gewichtung am Frequenzgitter
`res.iextr`	Vektor der Indizes im Frequenzgitter mit den Extremalfrequenzen
`res.fextr`	Vektor der Extremalfrequenzen (Ableitung gleich null)
`res.iterations`	Anzahl der Iterationen des Remez-Verfahrens
`res.evals`	Anzahl der Evaluierungen von Funktionen
`res.edgeCheck`	zeigt die Anomalien der Übergangsbereiche (wenn Option 'check' aktiv)
`res.returnCode`	zeigt, ob der Entwurf konvergiert ist. Sinnvoll wenn die Funktion **firgr** aus einer anderen m-Datei aufgerufen wird

Die Elemente der Struktur können in weiteren Befehlen eingesetzt werden, wie z.B. für die Darstellung des Frequenzgangs:

```
f=[0 0.4 0.5 1];
m=[1 1 0 0];
w=[10,1];
[b,fehler,res]=firgr(22, f,m,w);
plot(res.fgrid, abs(res.H));
%fvtool(b);
%fvtool(b,1);
```

Im Aufruf der Funktion **firgr** definiert der Vektor f ein Filter mit zwei Bereichen und zwar von der relativen Frequenz 0 bis 0.4 und von 0.5 bis 1. Der Vektor m = [1 1 0 0] gibt an, dass im ersten Bereich der gewünschte Amplitudengang 1 ist, während er im zweiten Bereich 0 sein soll, dass also ein Tiefpassfilter entworfen werden soll. Der Vektor w = [10,1] definiert die Bewertungsfunktion gemäß Gl. (3.1) für die zwei Bereiche. Die Bewertung ist relativ, also sollen in diesem Beispiel die Abweichungen des realisierten Amplitudengangs im Vergleich zum geforderten idealen Amplitudengang im Durchlassbereich zehn mal stärker gewichtet werden als die im Sperrbereich. Mit denselben Eingangsparametern könnte man auch die Funktion **firpm** aufrufen und man erhielte dieselbe Einheitspulsantwort.

Mit der Programmsequenz

```
[b,feh,erg]=firgr('minord',[0 0.4 0.5 1],[1 1 0 0],...
                  [0.01, 0.001]);
fvtool(b,1);
```

3.1 Optimaler Entwurf digitaler Filter

wird ein Filter mit minimaler Ordnung ermittelt. Das Argument `'minord'` kann durch `'minodd'` bzw. `'mineven'` ersetzt werden, wenn man eine ungerade oder gerade Ordnung wünscht. Wird die Ordnung nicht explizit vorgegeben, so ist ein weiteres Argument (in diesem Beispiel der Vektor diff = [0.01, 0.001]) erforderlich, der die absoluten Abweichungen im ersten und im zweiten Bereich angibt. Beim Aufruf mit `'minord'`, `'minodd'` oder `'mineven'` kann in Form eines Zellfeldes auch eine Anfangsordnung für den Optimierungsprozess angeben werden.

Gewichtungen und absolute Werte können auch gemischt angegeben werden. In dem Aufruf

```
[b,feh,erg]=firgr(60,[0 0.4 0.5 1],[1 1 0 0],...
                  [0.01, 5],{'c','w'});
fvtool(b,1);
```

gibt der Buchstabe `'c'` des letzten Argumentes an, dass die erste Komponente des Bewertungsvektors [0.01, 5] eine Zwangsbedingung (*constraint*) ist, die vorgibt, dass die Welligkeit im ersten Bereich nicht größer als 0.01 (absolut) sein darf. Die zweite Komponente des Bewertungsvektors wird mittels `'w'` als relative Gewichtung definiert.

Die Sequenz

```
h = firgr(42,[0 0.1 0.13 0.2 0.6 0.65 0.7 1],...
          [1 1 0 1 1 0 1 1],{'n' 'n' 's' 'n' 'n' 's' 'n' 'n'});
freqz(h,1,1024);
La = axis;    axis([La(1:2), -60, 10]);
```

ermittelt ein Filter mit zwei Kerben (*notches*) bei den relativen Frequenzen von 0.13 und 0.65. Mit dem Zellfeld wird angegeben, wie die Werte aus dem Vektor der Frequenzen bzw. aus dem Vektor des Amplitudengangs zu interpretieren sind: mit `'n'` werden Werte als (untere und obere) Bandgrenzen gekennzeichnet und mit `'s'` werden sogenannte *Single-Point-Band*-Werte angegeben, also Frequenzbänder deren untere Grenze gleich der oberen Grenze ist und die somit nur durch einen Wert charakterisiert sind. Die *Single-Point-Band*-Werte ergeben die Kerben im Frequenzbereich.

Wenn z.B. bei einem Hochpassfilter zusätzlich im Sperrbereich eine bestimmte Frequenz voll gesperrt sein soll (z.B. bei $f_r = 0.1$), dann kann man diese Frequenz mit `'f'` (*forced frequency point*) kennzeichnen und im Vektor der Amplitudengänge den Wert null eintragen:

```
h = firgr(128,[0 0.099 0.1 0.2 0.25 1],[0 0 0 0 1 1],...
          {'n' 'i' 'f' 'n' 'n' 'n'});
freqz(h,1, 1024);
```

Normalerweise kann der Wert des Amplitudengangs nur für Punkte an den Bereichsgrenzen vorgegeben werden. Ist die Frequenz, für die man den Amplitudengang festlegen will, gerade keine Grenze, so fügt man einen zusätzlichen Punkt ein, so dass diese Frequenz eine Grenze wird und kennzeichnet den zusätzlichen Punkt mit `'i'` (*indeterminate frequency point*). Diese Möglichkeit ist sehr nützlich, wenn man z.B. die Frequenz des öffentlichen Stromnetzes („Netzbrumm") zusätzlich zu einer bestimmten Filterfunktion stärker unterdrücken möchte. In dem Aufrufbeispiel entstehen folgende Bänder: von der relativen Frequenz 0 bis 0.099, von 0.1 bis 0.2 und von 0.25 bis 1. Es darf nicht vergessen werden, dass die Vektoren der Frequenzen und entsprechend auch der Amplitudengänge paarweise erscheinen müssen.

Eine Erweiterung dieser Möglichkeit wird mit

```
h = firgr(128,[0 0.099 0.1 0.2 0.25 1],[0 0 0 0 1 1],...
        {'n' 'i' 'f' 'n' 'n' 'n'},[10 1 1], {'e1','e2','e3'});
freqz(h,1, 1024);
```

erhalten. Hier ist noch der Vektor (`[10 1 1]`) der Bewertung der Bereiche hinzugefügt und mit dem Zellfeld wird angegeben, dass jeder Bereich mit einem anderen Approximationsfehler in den Optimierungsprozess eingehen kann.

Abb. 3.1 zeigt die Amplitudengänge von vier Hochpassfiltern mit jeweils gleicher Spezifikation für die Frequenzbänder, die sich nur durch die Bewertungsvektoren unterscheiden:

```
W1 = [10,1,1];
h1 = firgr(128,[0 0.299 0.3 0.6 0.65 1],[0 0 0 0 1 1],...
        {'n' 'i' 'f' 'n' 'n' 'n'},W1, {'e1','e2','e3'});
W2 = [1,10,10];
h2 = firgr(128,[0 0.299 0.3 0.6 0.65 1],[0 0 0 0 1 1],...
        {'n' 'i' 'f' 'n' 'n' 'n'},W2, {'e1','e2','e3'});
W3 = [1,1,10];
h3 = firgr(128,[0 0.299 0.3 0.6 0.65 1],[0 0 0 0 1 1],...
        {'n' 'i' 'f' 'n' 'n' 'n'},W3, {'e1','e2','e3'});
W4 = [1,10,1];
h4 = firgr(128,[0 0.299 0.3 0.6 0.65 1],[0 0 0 0 1 1],...
        {'n' 'i' 'f' 'n' 'n' 'n'},W4, {'e1','e2','e3'});
```

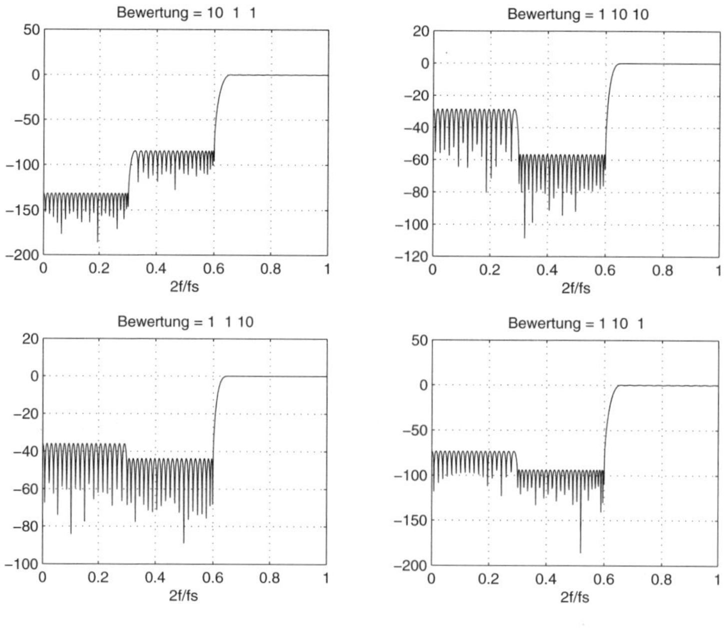

Abb. 3.1: Amplitudengänge für verschiedene Bewertungen (firgr_1.m)

Der Einfluss der Bewertungen auf den Amplitudengang und damit auch die Notwendigkeit ihrer sorgfältigen Wahl wird anhand der Abbildungen deutlich. Im Falle der Bewertung

3.1 Optimaler Entwurf digitaler Filter   119

[1,1,10] hätte man für die ersten zwei Bereiche gleiche Dämpfungspegel erwartet, doch man sieht, dass dies wegen des Übergangs vom Sperr- in den Durchlassbereich nicht der Fall sein kann. Man beachte beim Vergleich auch die unterschiedliche Skalierung der Ordinate.

Die angegebene Programmsequenz befindet sich in der Datei firgr_1.m. Die vorher angeführten Codefragmente können in das MATLAB-Kommandofenster kopiert und ausgeführt werden. Da es ratsam ist, bei jedem Entwurf mit Optimierungsverfahren den sich ergebenden Frequenzgang zu überprüfen, ist jedes Mal auch die Darstellung des Frequenzgangs enthalten.

Experiment 3.1: Entwurf und Untersuchung eines Differenzierers

Es soll ein FIR-Filter entwickelt und untersucht werden, das im Nyquist-Bereich bis zur relativen Frequenz $f = 0.5$ Differenzierverhalten hat und danach bis zur relativen Frequenz $f = 1$ einen Sperrbereich aufweist, in der Annahme, dass in diesem Bereich eine Störung vorhanden ist. In der einfachsten Form kann dies mit

```
nord = 128;
f = [0, 0.5, 0.54, 1];           m = [0, 1, 0, 0];
W1 = [10, 1];
[h1,feh,erg] = firgr(nord,f,m,W1,'d');
```

erreicht werden. Mit diesen Parametern könnte man auch die Funktion **firpm** verwenden, um dasselbe Ergebnis zu erhalten.

Durch 'd' wird der Funktion angegeben, dass ein Differenzierer verlangt wird. Ohne diese Option würde der Amplitudengang des entworfenen FIR-Filters zwar dem eines Differenzierers entsprechen, die Phase aber nicht. Gewünscht wird von einem Differenzierer die konstante Phase $\pi/2$, die allerdings von einem linearen Phasenterm überlagert wird. Dieser Term ergibt sich aus der Verschiebung der Einheitspulsantwort, um ein kausales Filter zu erhalten.

Mit der Filterordnung nord erhält man eine Verzögerung von nord/2 Abtastperioden und dadurch einen linearen Phasenanteil der Form:

```
-2*pi*(0:nf-1)/(2*nf)*nord/2
```

Hierbei ist nf die Anzahl der Stützstellen, mit denen der Frequenzgang im Nyquist-Bereich (von 0 bis f_s) dargestellt wird.

Im Programm teil_diff1.m werden zwei Differenzierer mit unterschiedlichen Gewichtungen entworfen:

```
% -------- Spezifikationen
f = [0, 0.5, 0.54, 1];           m = [0, 1, 0, 0];
% -------- Lösungen für das Filter
nord = 128;        % Sollte gerader Ordnung sein
W1 = [10,1];
[h1,feh,erg] = firgr(nord,f,m,W1,'d');
W2 = [10,10];
[h2,feh,erg] = firgr(nord,f,m,W2,{'e1','e2'},'d');
% -------- Frequenzgänge
nf = 1024;
[H1,w] = freqz(h1,1, nf);        [H2,w] = freqz(h2,1, nf);
```

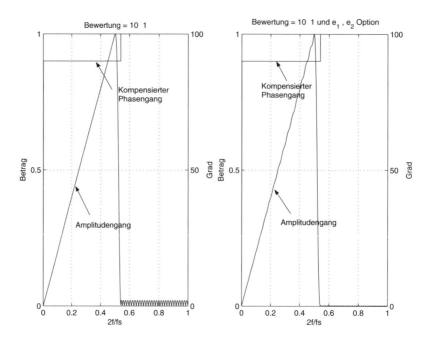

Abb. 3.2: Frequenzgänge der Differenzierer (teil_diff1.m)

```
phi1 = unwrap(angle(H1))' + 2*pi*(0:nf-1)/(2*nf)*(nord/2);
phi2 = unwrap(angle(H2))' + 2*pi*(0:nf-1)/(2*nf)*(nord/2);
```

In Abb. 3.2 sind die Frequenzgänge der beiden Filter dargestellt. Um den konstanten Phasengang des Differenzierers zu verdeutlichen, wurde der durch die Verschiebung bedingte lineare Anteil der Phase für die Darstellung kompensiert. Im Sperrbereich ist die Kompensation nicht möglich und die Werte driften ab. Um den Amplitudengang und den Phasengang in das selbe Diagramm zu zeichnen wurde der Befehl **plotyy** benutzt. Die Achse für den Phasengang ist rechts und die für den Amplitudengang links dargestellt. Als Beispiel wird die Programmsequenz für die erste Darstellung gezeigt:

```
subplot(121),
[ax,z1,z2] = plotyy(w/pi, (abs(H1)),w/pi, phi1*180/pi);
axes(ax(1));    % Koordinaten für Amplitudengang
title(['Bewertung = ',num2str(W1)]);
xlabel('2f/fs');    grid;
ylabel('Betrag');
La = axis;    axis([La(1:2), 0, 1]);

axes(ax(2));    % Koordinaten für den Phasengang
La = axis;    axis([La(1:2), 0, 100]);
ylabel('Grad');
set(ax(2), 'Ytick', [0:50:100]);
```

3.1 Optimaler Entwurf digitaler Filter

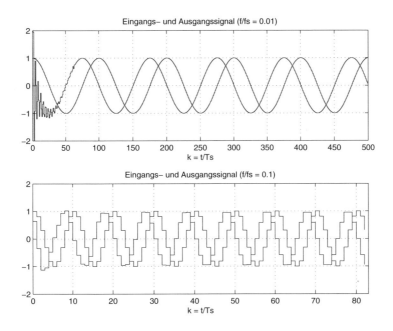

Abb. 3.3: Antworten auf ein sinusförmiges Signal (teil_diff1.m)

Wenn die Verzögerung die durch die Filter entsteht, kompensiert wird, zeigt die Antwort auf sinusförmige Eingangssignale die erwartete Phasenverschiebung von $\pi/2$ (Abb. 3.3). Nach dem Einschwingvorgang ist die Phasenverschiebung in der Abbildung erkennbar. Folgende Programmsequenz führt zur ersten Darstellung aus Abb. 3.3 oben:

```
fr = 0.01;              x = cos(2*pi*fr*(0:1000));
y = filter(h1*0.25/fr, 1, x);
subplot(211),
nd = fix(length(x)/2);
stairs(0:nd-1,[x(1:nd)', y(nord/2+1:nd+nord/2)']);
title(['Eingang- und Ausgangssignal (f/fs=',num2str(fr),')']);
xlabel('k=t/Ts');       grid;
La = axis;      axis([La(1), nd, -2, 2]);
```

Die Darstellung in Abb. 3.3 unten[1] wird mit einer ähnlichen Sequenz erhalten. Da das Eingangssignal nach nord/2 das Ausgangssignal bestimmt, ist mit

```
stairs(0:nd-1,[x(1:nd)', y(nord/2+1:nd+nord/2)']);
```

die Verzögerung durch das Filter in die Darstellung einbezogen. Die Einheitspulsantwort des Differenzierers wurde mit dem Faktor 0.25/fr gewichtet, um gleiche Amplituden zu erhalten. Dieser Wert ist der Kehrwert der Dämpfung, die das Filter (der Differenzierer) bei der Frequenz fr des Signals hat (Abb. 3.2).

---

[1] Die Darstellung ist „stufig", weil der Befehl **stairs** zur Darstellung verwendet wurde. In der unteren Abbildung sind die Stufen sichtbar, weil das Verhältnis zwischen der Frequenz des sinusförmigen Signals und der Abtastfrequenz lediglich 10 beträgt. In der oberen Darstellung sind die Stufen kaum sichtbar, weil dieses Verhältnis 100 ist.

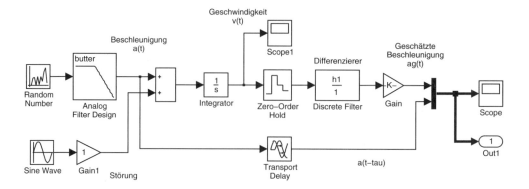

Abb. 3.4: Überprüfung der Qualität des Differenzierers (teil_diff2.m, teil_diff_2.mdl)

Zur Beurteilung der Qualität der entwickelten Differenzierer wird ein Experiment vorgeschlagen, das eine in der messtechnischen Praxis häufig vorkommende Situation nachbildet: Elektromechanische Induktionssensoren liefern ein Ausgangssignal, das proportional zur Geschwindigkeit eines Maschinenelements ist. Zur Bestimmung der Beschleunigung wird dieses Signal differenziert.

Abb. 3.4 zeigt das Modell für das Experiment. Mit Hilfe eines bandbegrenzten Rauschsignals wird die zeitkontinuierliche Beschleunigung des Sensors simuliert. Es wird weiter angenommen, dass dem Signal des Sensors eine sinusförmige Störung überlagert ist. Man benötigt somit eine Differenzierung nur in einem begrenztem Frequenzbereich und ansonsten einen Sperrbereich, wie im zuvor entwickelten FIR-Differenzierer.

Durch eine zeitkontinuierliche Integration im Block *Integrator* wird das Ausgangssignal des Geschwindigkeitssensors simuliert. Hier beginnt nun das Messsystem, das über den jetzt zeitdiskreten Differenzierer die Beschleunigung schätzt. Wenn das FIR-Filter die Differenzierung korrekt realisiert, muss das Ausgangssignal so aussehen, als wäre es aus der ursprünglichen Beschleunigung durch Abtastung entstanden.

Das hier eingesetzte FIR-Differenzierfilter besitzt bei der Frequenz $2f/f_s = 0.5$ eine Verstärkung gleich eins (Abb. 3.2). Ein idealer Differenzierer besitzt eine Übertragungsfunktion der Form:

$$H(j\omega) = j\omega \quad \text{oder} \quad H(j2\pi f) = j2\pi f = j\pi(2f/f_s)f_s \tag{3.4}$$

also ist die Verstärkung bei der Frequenz $2f/f_s = 0.5$ gleich $\pi 0.5 f_s$. Um in der Simulation dieselbe Verstärkung wie beim idealen Differenzierer zu haben, wird das Ausgangssignal des FIR-Differenzierfilters mit $\pi 0.5 f_s$ multipliziert.

Im Programm `teil_diff2.m` wird das Filter entworfen und das Simulink-Modell initialisiert und gestartet. Der Entwurf und die Darstellung des Frequenzgangs des Filters sind aus dem Programm `teil_diff1.m` übernommen. Die Initialisierung und der Aufruf des Simulink-Modells geschieht durch die Programmsequenz:

3.1 Optimaler Entwurf digitaler Filter

```
% --------- Initialisierung des Modells
fs = 1000;        Ts = 1/fs;
frausch = 0.8*fs/4; % Bandbreite des Rauschsignals
fst = 0.7*fs/2; % Frequenz der Störung
K = (pi/2)*fs;  % Verstärkungsfaktor
delay = (nord/2)*Ts;
% -------- Aufruf der Simulation
my_options = simset('OutputVariables', 'ty');
[t,x,y] = sim('teil_diff_2', [0,1],my_options);
```

Mit der Funktion **simset** wird festgelegt, dass nur die Ausgangsvariablen t und y aus dem Aufruf des Befehls **sim** zu liefern sind. Die Ausgangsvariable y entspricht den zwei Signalen, die mit dem *Scope*-Block dargestellt und in der Senke *Out1* gespeichert werden.

In Abb. 3.5 sind die zeitkontinuierliche, über den Block *Transport Delay* verzögerte Beschleunigung und die zeitdiskrete, geschätzte Beschleunigung überlagert dargestellt. Der untere Ausschnitt verdeutlicht, dass der Differenzierer korrekt arbeitet.

Die Simulation wurde mit einer Abtastfrequenz $f_s = 1000$ Hz, einer Bandbreite des Rauschsignals $f_{rausch} = 200$ Hz und einer Störung der Frequenz $f_{st} = 350$ Hz durchgeführt. Die Störung wird mit ca. -45 dB (Faktor 0.0056) unterdrückt, wie es aus der Darstellung des Amplitudengangs des Differenzierers hervorgeht. Diese Darstellung wird von dem Programm erzeugt, ist aber hier nicht abgebildet.

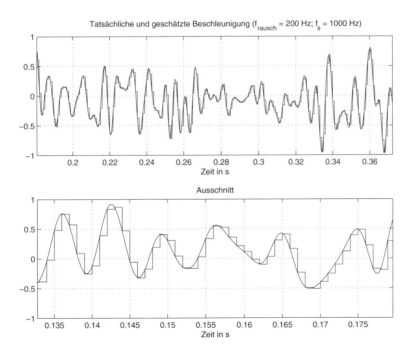

Abb. 3.5: Tatsächliche und geschätzte Beschleunigung (teil_diff2.m, teil_diff_2.mdl)

3.1.2 Die Funktionen `firlpnorm` und `firceqrip` zum Entwurf von FIR-Filtern

Die Funktion **firlpnorm** verwendet als Optimierungskriterium die Minimierung der L_p-Norm gemäß Gl. (3.2). Ohne Angabe des Parameters p wird p = 128 angenommen, was praktisch der L_∞-Norm entspricht. Mit dieser Funktion kann man Filter mit nichtlinearer und minimaler Phase entwerfen. Die einfachste Form dieser Funktion

```
h = firlpnorm(nord, f, edges, m)
```

benötigt folgende Argumente: nord als Ordnung des Filters, f und m als Vektoren mit gleicher Länge, die die Stützfrequenzen und die Werte des Amplitudengangs an diesen Frequenzen enthalten sowie edges als Eckfrequenzen. Die Eckfrequenzen sind eine Untermenge der Frequenzen aus f und definieren die Bandgrenzen der Filter. Die zu den Eckfrequenzen zusätzlich in dem Vektor f angegebenen Stützstellen erlauben die Spezifikation des Amplitudengangs auch an anderen Stellen als an den Bandgrenzen. Als Beispiel wird ein Filter zur Kompensation des Tiefpasseffekts eines D/A-Wandlers, der als Halteglied nullter Ordnung angesehen werden kann (siehe Abb. 1.17), entwickelt:

```
nord = 6;
f = [0:0.2:1];   m = [1./sinc(0.5*(0:0.2:1))];   edges =[0,1];
h = firlpnorm(nord, f, edges, m);
[H,w]=freqz(h,1,256,'whole');
subplot(221), plot(w/pi, abs(H));
title('Amplitudengang'); grid;
subplot(223), plot(w/pi, angle(H));
title('Phasegang'); grid;
subplot(122), stem(0:length(h)-1, h);
title('Einheitspulsantwort'); grid
```

Mit einem Bewertungsvektor Wb der Größe gleich der Vektoren f und m kann die Optimierung zusätzlich beeinflusst werden:

```
Wb = [10 8 6 4 2 1];
h = firlpnorm(nord, f, edges, m, Wb);
```

Wenn die Option 'minphase' hinzugefügt wird, erhält man ein Filter mit minimaler Phase, d.h. alle Nullstellen des Filters liegen im Einheitskreis:

```
Wb = [10 8 6 4 2 1];
h = firlpnorm(nord, f, edges, m, Wb, 'minphase');
```

Dieses Filter wurde nur als Beispiel gewählt, um zu zeigen, dass hier ein beliebiger Frequenzgang definiert werden kann. Als Kompensationsfilter des A/D-Wandlers kann es eingesetzt werden, wenn die Verzerrungen wegen des Phasengangs keine Rolle spielen. Abb 3.6 zeigt die Eigenschaften des Filters, das mit der Option 'minphase' (Programm lpnormfir1.m) entwickelt wurde.

Die Funktion **firceqrip** dient der Entwicklung von *equiripple* FIR-Filtern mit zusätzlichen Bedingungen (*constraints*). Mit dieser Funktion hat man unter anderem auch die Möglichkeit zur Kompensation von Amplitudengängen, die mit $(sin(x)/x)^p$ abfallen. So realisiert z.B. folgende Programmsequenz ein solches Filter:

3.1 Optimaler Entwurf digitaler Filter

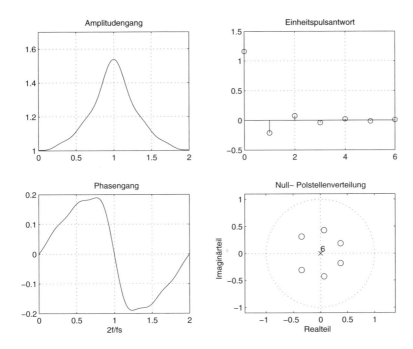

Abb. 3.6: *Eigenschaften eines FIR-Filter, das mit der Funktion* **firlpnorm** *entwickelt wurde* (lpnormfir1.m)

```
nord = 20;            p = 5;        w = 0.5;
Apass = 5.7565e-4;    % 0.01 dB Welligkeit
Astop = 0.01;         % 40 dB Dämpfung im Sperrbereich
Aslope = 60;          % 60 dB
Fpass = 0.16;         % Durchgangsfrequenz
h = firceqrip(nord,Fpass,[Apass,Astop],'passedge','slope',...
    Aslope, 'invsinc', [w,p]);
fvtool(h);
```

Die Werte p,w bestimmen die Form der zu kompensierenden $sin(x)/x$-Funktion als $(sin(wf)/(wf))^p$, wobei f die relative Frequenz ist. Mit 'slope' wird ein Sperrbereich ohne *equiripple*-Charakteristik, sondern mit der Steigung Aslope>0 definiert.

Mit dem Programm my_firceqrip_1.m wird Abb. 3.7 erzeugt, die den Amplitudengang des Filters für zwei Werte Aslope und zwar für 10 und 60 dB zeigt. Die restlichen Parameter sind selbsterklärend.

3.1.3 Entwurf der IIR-Filter mit der Funktion iirgrpdelay

Die Funktion **iirgrpdelay** dient dem Entwurf von Allpassfiltern [58] mit einem vorgegebenen Verlauf der Gruppenlaufzeit. Ein Anwendungsfall für solche Filter ist die Kompen-

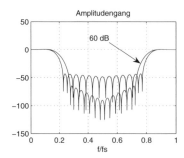 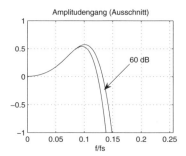

Abb. 3.7: Amplitudengang des FIR-Filters mit Kompensation des $\sin(x)/x$-Abfalls (my_firceqrip_1.m)

sation der nichtlinearen Phase (nichtkonstanten Gruppenlaufzeit) von anderen Filtern. Im Programm `grp_komp1.m` wird gezeigt, wie man die nichtlineare Phase eines IIR-Tiefpassfilters, das mit der Funktion **ellip** entwickelt wurde, mit Hilfe eines mit **iirgrpdelay** entworfenen Filters kompensiert.

Für das Tiefpassfilter mit nichtlinearer Phase wird mit der Funktion **grpdelay** die Gruppenlaufzeit an Stützstellen im Durchlassbereich `f = 0:0.001:fr` ermittelt und im Vektor `g` abgelegt. Im Sperrbereich des Filters ist eine Kompensation sinnlos.

```
% --------- Tiefpassfilter das entzerrt wird
fr = 0.4;          nord = 6;
Rp = 0.1;       % Welligkeit im Durchlassbereich dB
Rs = 40;        % Dämpfung im Sperrbereich dB
[z,p,k] = ellip(nord, Rp, Rs, fr);
[b,a] = zp2tf(z,p,k);
.....
% --------- Entzerrungsfilter
f = 0:0.001:fr;    % Durchlassbereich
g = grpdelay(b,a,f,2);  % es wird nur der Durchlassbereich
    % entzerrt
Gd = max(g) - g; % Die Kompensationsgruppenlaufzeit
nord_g = 8;
[be, ae, tau]=iirgrpdelay(nord_g, f, [0, fr], Gd);
```

Die Gruppenlaufzeit Gd, die das Kompensationsfilter realisieren muss, wird aus der Differenz `Gd = max(g) - g` berechnet. Mit dieser Differenz kann dann über die Funktion **iirgrpdelay** das Kompensationsfilter entworfen werden.

Abb. 3.8 oben zeigt links den Frequenzgang des ursprünglichen Tiefpassfilters und rechts den Frequenzgang der kompensierten Kaskade, bestehend aus dem Tiefpass- und dem Kompensationsfilter. In Abb. 3.8 unten sind die Einheitspulsantworten der Filter und deren Kaskade dargestellt. Die Einheitspulsantwort der Anordnung (im untersten Diagramm dargestellt) nähert die Einheitspulsantwort eines FIR-Filters mit symmetrischen Koeffizienten an und hat dadurch eine annähernd lineare Phase.

Die beiden IIR-Filter (Tiefpassfilter und Kompensationsfilter) der Ordnungen `nord = 6` und `nord_g = 8` benötigen insgesamt 33 Koeffizienten. Ein FIR-Filter mit linearer Phase

3.1 Optimaler Entwurf digitaler Filter

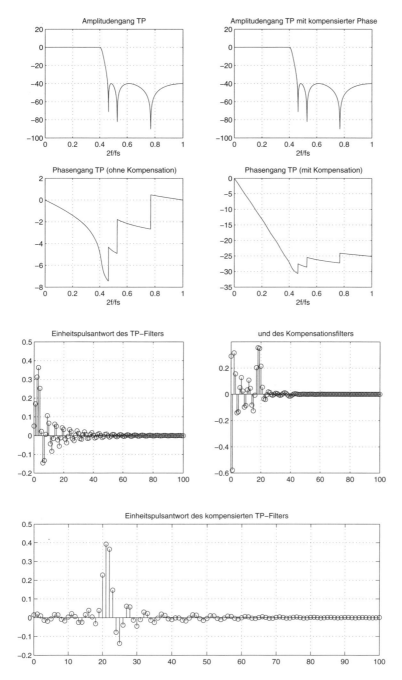

Abb. 3.8: Frequenzgang ohne und mit Phasenkompensation (oben) und Einheitspulsantworten (unten) (grp_komp1.m)

und gleicher Anzahl von Koeffizienten kann die Dämpfung im Sperrbereich mit der Steilheit des Übergangs des IIR-Filters nicht realisieren.

Mit der Funktion **firpmord** kann man die Ordnung für ähnliche Eigenschaften des FIR-Filters schätzen:

```
[n,f0,a0,Wb] = firpmord([0.4 0.46],[1 0],[0.1 0.01], 2);
```

Das Ergebnis mit n = 42 führt zu einem FIR-Filter mit 43 Koeffizienten und somit zu einem höheren Realisierungsaufwand als mit der Kombination der beiden IIR-Filter mit insgesamt 33 Koeffizienten.

3.1.4 Die Funktionen iirlpnorm und iirlpnormc zum Entwurf von IIR-Filtern

Diese Funktionen dienen dem Entwurf von IIR-Filtern unter dem Gesichtspunkt der Optimierung der L_p-Norm gemäß Gl. (3.2). Sie sind die Gegenstücke zu den Funktionen **firlpnorm** und ihre Parameter sind ähnlich. Die Syntax des Grundbefehls **iirlpnorm** ist:

```
[b, a] = iirlpnorm(nz, nn, f, edges, m, Wb);
```

Dabei sind nz und nn die Ordnungen des Zählers bzw. des Nenners und f, m, edges und Wb sind die Vektoren der Frequenzen, der Amplitudengangswerte und der Bereichsgrenzen sowie der Bewertungsvektor.

Als Beispiel wird ein Bandpassfilter mit folgenden Spezifikationen

```
fp  = [20.5, 23.5]*1.e3;    % Durchlassbereich
fs1 = [0, 19]*1.e3;         % Sperrbereich 1
fs2 = [25, 50]*1.e3;        % Sperrbereich 2
Rp  = 0.25;                 % dB Welligkeit im Durchlassbereich
Rs  = 45;                   % dB Dämpfung in den Sperrbereichen
fs  = 100*1.e3;   Ts = 1/fs;  % Abtastfrequenz und Abtastperiode
```

entworfen. Die absoluten Frequenzen müssen in Werte relativ zum Nyquist-Bereich umgewandelt werden. Die Frequenzwerte definieren in diesem Fall zwei Sperrbereiche und einen Durchlassbereich. Dadurch kann man den Vektor der Bereichsgrenzen edges gleich dem Vektor f nehmen.

Der Entwurf des Filters geschieht mit dem Programm iirlpnorm_1.m:

```
nz = 3; nn = 10;        % Ordnung Zähler und Nenner
f = [fs1, fp, fs2]*2/fs;  % Vektor Frequenzen
m = [0 0 1 1 0 0];      % Vektor Amplitudengänge
edges = f;              % Vektor der Grenzbereiche
Wb = [1 5 5 5 5 1];     % Vektor der Bewertung
[b,a]=iirlpnorm(nz,nn,f,edges,m, Wb);
```

Abb. 3.9 zeigt den Amplitudengang, detailliert den Durchlassbereichs und die Verteilung der Null- und Polstellen. Die Polstellen des Filters liegen sehr nahe am Einheitskreis und haben die Beträge:

```
0.9869   0.9869   0.9868   0.9868   0.9660
0.9660   0.9660   0.9660   0.9582   0.9582
```

3.1 Optimaler Entwurf digitaler Filter

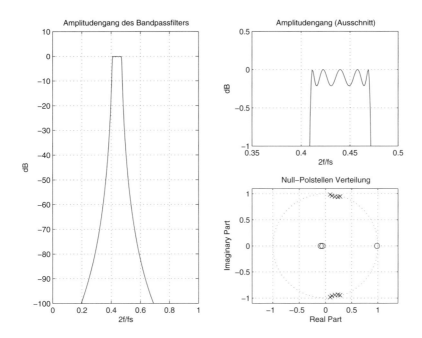

*Abb. 3.9: Bandpassfilter, das mit der Funktion **iirlpnorm** entwickelt wurde (iirlpnorm_1.m)*

Solche Werte können bei der Implementierung des Filters mit begrenzter Auflösung (im Festkomma-Format) zu instabilen Polen führen. Im Programm iirlpnormc_1.m wird deshalb die Funktion **iirlpnormc** eingesetzt, um das gleiche Filter mit Einschränkung des Betrags der Pole zu berechnen:

```
% --------- Filter Spezifikation
fp = [20.5, 22, 23.5]*1.e3;   % Durchlassbereich mit Stützpunkt
fp1 = [20.5, 23.5]*1.e3;      % Durchlassbereich
fs1 = [0, 19]*1.e3;           % Sperrbereich 1
fs2 = [25, 50]*1.e3;          % Sperrbereich 2
Rp = 0.25;    % dB Welligkeit im Durchlassbereich
Rs = 45;      % dB Dämpfung in den Sperrbereichen
fs = 100*1.e3;                % Abtastfrequenz
Ts = 1/fs;                    % Abtastperiode
% --------- Berechnung des Filters
nz = 3; nn = 10;    % Ordnung Zähler und Nenner
f = [fs1, fp, fs2]*2/fs;      % Vektor Frequenzen
m = [0 0 1 1 1 0 0];          % Vektor Amplitudengänge
edges = [fs1, fp1, fs2]*2/fs; % Vektor der Grenzbereiche
Wb = [1 5 5 8 5 5 1];         % Vektor der Bewertung
[b,a]=iirlpnormc(nz,nn,f,edges, m, Wb, 0.95);
```

Das letzte Argument im Befehl **iirlpnormc** stellt den Radius des Kreises dar, innerhalb dessen die Pole liegen dürfen. Um die Spezifikationen des Filters auch in diesem Fall zu erfüllen

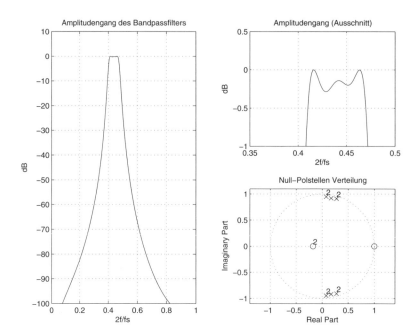

Abb. 3.10: *Bandpassfilter, das mit der Funktion* `iirlpnormc` *entwickelt wurde* (iirlpnormc_1.m)

(Abb. 3.10), wurde im Durchlassbereich noch ein Stützpunkt bei $f = 22$ kHz eingefügt. Der Vektor der Bereichsgrenzen `edges` enthält alle Frequenzen des Vektors f mit Ausnahme der Frequenz dieses Stützpunktes.

Folgende praktische Hinweise helfen bei der Wahl der Parameter dieser Funktionen:

- nach jedem Entwurf ist die Lage der Pol- und Nullstellen zu überprüfen,

- liegen die Nullstellen auf und die Pole weit im Inneren des Einheitskreises, so sollte man die Ordnung des Zählers `nz` erhöhen oder die Bewertung für die Sperrbändern reduzieren,

- haben mehrere Pole große Beträge und liegen die Nullstellen weit im Inneren des Einheitskreises, so sollte man die Ordnung des Nenners `nn` erhöhen oder die Bewertung im Durchlassbereich reduzieren.

3.2 Festkomma-Quantisierung

Wie in jedem Rechner werden auch in der Hardware zur Digitalen Signalverarbeitung die Zahlen (Abtastwerte, Filterkoeffizienten usw.) in binärer Repräsentation gespeichert. Die Interpretation dieser Folge von Binärzeichen der Wertigkeit 0 oder 1 wird durch das Format der Daten bestimmt [3], [53].

3.2 Festkomma-Quantisierung

Man unterscheidet zwei Arten: das Festkomma- und das Gleitkomma-Format. Das Festkomma-Format wird durch die Anzahl der Binärstellen (die „Länge" des Datenwortes), durch die Lage der Kommastelle oder des Stellenwertpunktes (*Radix or Binary Point*) und durch die Angabe, ob es sich um eine Zahl mit Vorzeichen (*signed*) oder ohne Vorzeichen (*unsigned*) handelt, beschrieben.

Das Gleitkomma-Format wird durch das Vorzeichen, durch die Mantisse, also die Nachkommastellen der Zahl, sowie durch den Exponenten, jeweils in binärer Repräsentation auf der Rechnerhardware dargestellt. Die MATLAB-Produktfamilie verwendet zur Repräsentation von Gleitkommazahlen den IEEE-Standard[2] 754 in einfacher (*single*) und doppelter Genauigkeit (*double precision*) sowie ein eigenes Gleitkomma-Format.

Bei der Wahl eines Darstellungsformats für Zahlen müssen verschiedene Faktoren berücksichtigt werden: der Wertebereich der in der Anwendung vorkommenden Zahlen, die erforderliche Auflösung, die sich aus dem zulässigen Quantisierungsfehler ergibt, Verfahren zur Handhabung von arithmetischen Ausnahmebedingungen (z.B. Überlauf) und nicht zuletzt die Architektur der eingesetzten Hardware sowie die Kosten zur Hardware- und/oder Software-Entwicklung. Generell kann man sagen, dass die Verwendung des Gleitkomma-Formates im Vergleich zum Festkomma-Format die Implementierung der Algorithmen wesentlich vereinfacht, aber in der Regel mit höheren Kosten für die Hardware verbunden ist.

Da Festkomma-Architekturen in der Praxis noch sehr weit verbreitet sind (bei Geräten mit hohen Stückzahlen wie z.B. Mobiltelefonen), wurde die MATLAB-Produktfamilie ab Version 7 mit dem Werkzeug *Simulink Fixed Point* erweitert. Damit werden viele Blöcke der Simulink-Grundausstattung sowie die Blöcke des *Signal Processing Blockset* und des *Stateflow*-Werkzeugs[3] für die Simulation im Festkomma-Format erweitert.

Zusätzlich können folgende Produkte zur Generierung von Festkomma-Code im Zusammenhang mit dem *Simulink Fixed Point*-Werkzeug verwendet werden:

- *Real-Time Workshop* zur Generierung von portablem C-Code
- *Real-Time Embedded Coder* zur Generierung von hocheffizientem C-Code
- *Stateflow Coder* zur Code-Generierung für Stateflow

Die von den *Codern* generierten Programme können für verschiedene Hardware-Systeme übersetzt werden. Dafür stehen Werkzeuge wie *Embedded Target for TI C6000 DSP*, *Embedded Target for Infineon C166 Microcontrollers* oder *xPC Target* zur Verfügung.

Wenn das *Simulink Fixed Point*-Werkzeug und die MATLAB *Fixed Point Toolbox* vorhanden sind, können mit der *Filter Design Toolbox* auch Filter im Festkomma-Format entwickelt und analysiert werden. Dabei können die Eigenschaften der Hardware, auf der das Filter später zu implementieren ist, angegeben und beim Entwurf berücksichtigt werden. Es kann auch ein Simulink-Filterblock zur Durchführung der Filterung mit den Eigenschaften der Hardware generiert werden.

---

[2] *IEEE: Institute of Electrical and Electronics Engineers*
[3] Das *Stateflow*-Werkzeug wird zur Simulation von Zustandsautomaten verwendet.

3.2.1 Einführung in das Festkomma-Format

Abb. 3.11 zeigt die allgemeine Darstellung einer binären Festkomma-Zahl mit oder ohne Vorzeichen. Die binären Stellen b_i mit Werten 0 oder 1 und $i = 0, 1, 2, ..., n_b - 1$ gewichten die Potenzen der Basis 2, so dass z.B. die in Abb. 3.11 angenommene Repräsentation folgenden Wert darstellt:

$$b_{nb-1}2^{nb-1-4} + b_{nb-2}2^{nb-2-4} \ldots b_5 2^1 + b_4 2^0$$
$$+ b_3 2^{-1} + b_2 2^{-2} + b_1 2^{-3} + b_0 2^{-4}$$
(3.5)

Mit nb wurde die Anzahl der Binärstellen (Bit) bezeichnet. Das höchstwertige Bit (*MSB – Most Significant Bit*) ist das Bit b_{nb-1} und das niedrigstwertige Bit (*LSB – Least Significant Bit*) ist das Bit b_0. Der Stellenwertpunkt (*Radix Point*) wurde in diesem Beispiel zwischen den Bits b_3 und b_4 angenommen.

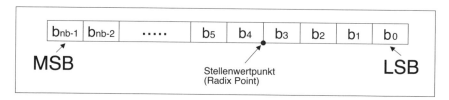

Abb. 3.11: Darstellung einer binären Festkomma-Zahl (mit oder ohne Vorzeichen)

So stellt z.B. das sechsstellige vorzeichenlose (*unsigned*) Binärwort 110.101 den Wert $1 \cdot 2^2 + 1 \cdot 2^1 + 0 \cdot 2^0 + 1 \cdot 2^{-1} + 0 \cdot 2^{-2} + 1 \cdot 2^{-3} = 6.625$ dar.

Zur Darstellung von negativen Zahlen kann ein Vorzeichenbit oder die sogenannte Zweierkomplement-Darstellung [3] verwendet werden, wobei Letztere am weitesten verbreitet ist. Sie wird auch hier im weiteren Verlauf betrachtet.

Eine Zahl im Zweierkomplement mit derselben Struktur wie in Abb. 3.11 angenommen, stellt den Wert

$$-b_{nb-1}2^{nb-1-4} + b_{nb-2}2^{nb-2-4} \ldots b_5 2^1 + b_4 2^0$$
$$+ b_3 2^{-1} + b_2 2^{-2} + b_1 2^{-3} + b_0 2^{-4}$$
(3.6)

dar. Dasselbe Binärwort 110.101 aus dem vorherigen Beispiel ergibt in der Zweierkomplement-Darstellung den Wert $-2^2 + 2^1 + 2^{-1} + 2^{-3} = -1.375$.

Um diesen Wert zu erhalten, kann man auch die Binärstellen invertieren (110.101 → 001.010) und eine Eins hinzuaddieren. Man erhält dann die Folge 001.011, welche die Zahl 1.375 darstellt. Da das MSB der Zahl 110.101 gleich 1 ist, ist die Zahl als negative Zahl -1.375 zu interpretieren. Im Falle der Zweierkomplement-Darstellung ist das Vorzeichen also implizit im MSB enthalten. Worte mit einer 1 als MSB sind in der Zweierkomplement-Repräsentation negative Zahlen.

3.2.2 Stellenwert-Interpretation

Der Stellenwertpunkt (*Radix-Point*) zeigt, wie Festkomma-Zahlen skaliert sind. Gewöhnlich wird die Stelle dieses Punktes in der Software berücksichtigt und stellt somit eine virtuelle Stelle dar. In der Hardware werden die mathematischen Operationen, wie z.B. die Addition und die Subtraktion mit denselben logischen Schaltungen realisiert, unabhängig von der Skalierung durch den Stellenwertpunkt.

Die Hardware kennt den Skalierungsfaktor E nicht, der den Wert Q_B eines binären Wortes, wie in

$$Q_B = Q \cdot 2^E \tag{3.7}$$

definiert. Mit Q wird die ganze Zahl bezeichnet, für die der Stellenwertpunkt ganz rechts hinter dem LSB liegt. Die ganze Zahl E bestimmt die Lage des Stellenwertpunktes. Mit negativen Werten für E gleitet dieser Punkt nach links und mit positiven Werten verschiebt sich der Punkt nach rechts. Der Faktor 2^E bildet eine Skalierung für die Darstellung der binären Zahlen, die später für die skalierte Interpretation erweitert wird.

MATLAB bietet als Datentyp für ganzzahlige vorzeichenlose (also positive) Werte den Typ uint und für ganzzahlige vorzeichenbehaftete Werte den Typ sint an.

Rationale positive Zahlen werden in MATLAB standardmäßig mit dem Stellenwertpunkt links vom MSB angenommen und werden mit der Funktion ufrac erzeugt. Allerdings kann mit einem zusätzlichen Argument auch eine andere Lage des Stellenwertpunktes angegeben werden. Vorzeichenbehaftete rationale Zahlen werden mit der Funktion sfrac erzeugt und bei ihnen liegt der Stellenwertpunkt ohne weitere Festlegung rechts vom MSB. Auch hier kann mit einem zusätzlichen Funktionsargument die Lage des Stellenwertpunktes beliebig gewählt werden.

Zusätzlich gibt es in MATLAB die Typen ufix und sfix für vorzeichenlose und vorzeichenbehaftete Zahlen, bei denen keine Festlegung über die Lage des Stellenwertpunktes getroffen ist.

Tabelle 3.5: Bereiche der Festkomma-Datentypen in MATLAB bei Standardskalierung

Name	Datentyp	Untere Grenze	Obere Grenze	Standardskalierung
Integer	uint	0	$2^{nb} - 1$	1
	sint	-2^{nb-1}	$2^{nb-1} - 1$	1
Fractional	ufrac	0	$1 - 2^{-nb}$	2^{-nb}
	sfrac	-1	$1 - 2^{-(nb-1)}$	$2^{-(nb-1)}$

Tabelle 3.5 zeigt die Bereiche der Festkomma-Datentypen in MATLAB mit Annahme der Standardskalierung. Mit nb wird die Anzahl der Bit im Wort bezeichnet. Die Skalierung entspricht auch der Auflösung der Zahlen und stellt den Wert dar, mit dem sich die Zahl ändert, wenn das LSB sich von 0 auf 1 ändert.

Es ist eine gute Übung, die Ergebnisse aus der Tabelle zu überprüfen. So ist z.B. für den Typ sfrac die untere Grenze in der Zweierkomplementdarstellung durch $1.000\ldots00$

Tabelle 3.6: Bereiche der 8 Bit-Daten im Festkomma-Format für verschiedene Skalierungen

Skalierung	Genauigkeit	Bereich für vorzeichenlose Daten	Bereich für vorzeichenbehaftete Daten
2^1	2.0	-256, 254	0, 510
2^0	1.0	-128, 127	0, 255
2^{-1}	0.5	-64, 63.5	0, 127.5
2^{-2}	0.25	-32, 31.75	0, 63.75
2^{-3}	0.125	-16, 15.875	0, 31.875
2^{-4}	0.0625	-8, 7.9375	0, 15.9375
2^{-5}	0.03125	-4, 3.96875	0, 7.96875
2^{-6}	0.015625	-2, 1.984375	0, 3.984375
2^{-7}	0.0078125	-1, 0.9921875	0, 1.9921875
2^{-8}	0.00390625	-0.5, 0.49609375	0, 0.99609375

gegeben. Die Inversion der Binärstellen ergibt $0.111\ldots11$ und die Addition von eins führt zu $1.000\ldots00$ oder, wie in der Tabelle angegeben, zu -1. Die obere Grenze ist die Zahl $0.111\ldots11$, welche den Wert $2^{-1} + 2^{-2} + \cdots + 2^{-(nb-1)} = 1 - 2^{-(nb-1)}$ darstellt.

Tabelle 3.6 zeigt die Bereiche der mit acht Bit dargestellten Daten im Festkomma-Format für verschiedene Skalierungen mit E (nach Gl. (3.7)) zwischen 1 und -8. Auch hier ist die Überprüfung der Tabelle eine gute Übung zur Vertiefung des Umgangs mit Festkomma-Zahlen.

3.2.3 Skalierte Interpretation

Um bei Festkommazahlen den Quantisierungsfehler so klein wie möglich zu halten, ist es erforderlich, den Wertebereich der im Festkomma-Format darzustellenden Daten an den Wertebereich der Festkommadarstellung anzupassen, also zu skalieren.

In Abb. 3.12 sind zwei Möglichkeiten zur Skalierung einer wertkontinuierlichen Variablen dargestellt. Der Wertebereich dieser Variablen V sei $[V_{min}, V_{max}]$.

Die einfache Form der Skalierung arbeitet ohne Verschiebung und benutzt den Bereich von 0 bis V_{max}. Die wertkontinuierliche Variable wird in diesem Bereich (gleichförmig) quantisiert. Die Anzahl der Quantisierungsstufen ist durch die Anzahl der mit dem gewählten Festkomma-Format darstellbaren Zahlen gegeben.

In der Darstellung aus Abb. 3.12a ist die Quantisierung durch die treppenförmige Kennlinie angegeben. Die Quantisierungsstufen werden in diesen Fall mit einem Wort der Länge 8 Bit nummeriert[4]. Da die Variable V den Bereich unter dem Wert 2 nie belegt, werden viele

---

[4]In dem Beispiel aus Abb. 3.12a wurden positive Zahlen zur Bezeichnung der Quantisierungsstufen und in dem Beispiel aus Abb. 3.12b wurden vorzeichenbehaftete (also positive und negative Werte) gewählt. Es spielt prinzipiell keine Rolle, ob man vorzeichenlose oder vorzeichenbehaftete Werte wählt.

3.2 Festkomma-Quantisierung

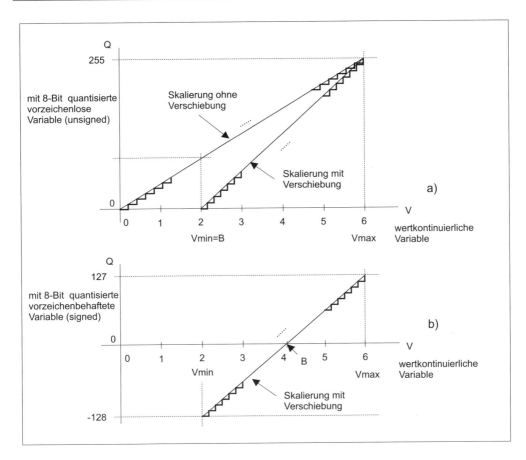

Abb. 3.12: *Skalierung für die Quantisierung einer wertkontinuierlichen Variablen*

Quantisierungsstufen „verschenkt".

Wenn der tatsächliche Bereich $[V_{min}, V_{max}]$ der Variablen quantisiert wird, erhält man kleinere Fehler bei der Quantisierung. Das entspricht in der Abbildung der Kennlinie, die durch *Skalierung mit Verschiebung* bezeichnet ist, wobei die nötige Verschiebung B gleich V_{min} ist. Die quantisierte Variable V_q berechnet man aus dem Festkommawert Q nach:

$$V_q = S \cdot Q + B \tag{3.8}$$

Mit S wurde der Skalierungsfaktor und mit B die Verschiebung bezeichnet.

In der *Fixed Point Toolbox* bzw. im *Fixed Point*-Werkzeug von Simulink wird S als *Slope*, B als *Bias*, Q als *Quantized Integer* und V als *Real-World Value* bezeichnet. Man kann V_q als quantisierten *Real-World*-Wert und Q auch als Codewort bezeichnen.

Wenn man vorzeichenbehaftete Werte für Q verwendet, gilt die Sachlage aus Abb. 3.12b. Die quantisierte Variable V_q ist ebenfalls proportional zum Codewort Q, nur die Verschiebung hat jetzt einen anderen Wert.

Abb. 3.13 zeigt zwei mögliche Quantisierungskennlinien, die in der englischen Literatur die

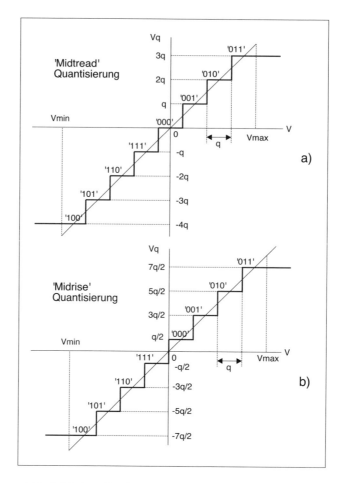

Abb. 3.13: Die 'Midtread'- und 'Midrise'-Quantisierung

Bezeichnungen *Midtread-* bzw. *Midrise*-Quantisierung tragen. Mit einem Codewort der Länge nb wird der Bereich der kontinuierlichen Variablen V in 2^{nb} gleichmäßige Intervalle unterteilt. Die Größe eines Intervalls ergibt die Quantisierungsstufe q:

$$q = \frac{V_{max} - V_{min}}{2^{nb}} \tag{3.9}$$

In Abb. 3.13a ist als Beispiel die *Midtread*-Kennlinie für vorzeichenbehaftete Codeworte mit 3 Bit dargestellt. Die Diagonale, die der Beziehung $V_q = V$ entspricht, stellt die ideale Verbindung zwischen der im Wertebereich kontinuierlichen Variablen V und der im Wertebereich diskreten, quantisierten Variablen V_q dar. Mit der begrenzten Anzahl der Bits des Codewortes kann man wertkontinuierliche Variablen aber nicht darstellen. Die Differenz zwischen den Werten entlang der Diagonalen und den Werten der treppenförmigen Kennlinie ergibt den Fehler

3.2 Festkomma-Quantisierung

der Quantisierung. Wie man sieht, liegt der Fehler ε im Bereich

$$\frac{-q}{2} \leq \varepsilon \leq \frac{q}{2}, \tag{3.10}$$

wobei der maximale Betrag gleich $q/2$ ist. Für diese Kennlinie gilt auch:

$$V_q = Q \cdot q \quad \text{und} \quad V_q = \langle V/q \rangle \cdot q \tag{3.11}$$

Die spitzen Klammern stellen hier die Rundung dar. Die entsprechende MATLAB-Funktion heißt **round**.

Abb. 3.13b zeigt die Quantisierung mit der *Midrise*-Kennlinie, die häufig eingesetzt wird. Die Fehler bei dieser Quantisierung liegen ebenfalls im Bereich

$$\frac{-q}{2} \leq \varepsilon \leq \frac{q}{2} \tag{3.12}$$

Für die *Midrise*-Kennlinie gilt aber:

$$V_q = Q \cdot q + q/2 \quad \text{und} \quad V_q = \langle V/q \rangle \cdot q + q/2 \tag{3.13}$$

Die spitzen Klammern sollen jetzt die Rundung in Richtung minus unendlich darstellen. Sie entspricht in MATLAB der Funktion **floor**.

Der Vergleich dieser letzten Gleichungen mit Gl. (3.8) zeigt, dass der Skalierungsfaktor S für diese Quantisierungskennlinien gleich der Quantisierungsstufe q ist.

Setzt man in Gl. (3.8) die Bit-Darstellung des Codewortes Q ein, so erhält man bei vorzeichenlosen Codeworten die Beziehung:

$$V_q = S \left[\sum_{i=0}^{n_b-1} b_i 2^i \right] + B \tag{3.14}$$

Ist Q eine Festkommazahl in der Zweierkomplement-Darstellung, so ist die quantisierte Variable V_q durch

$$V_q = S \left[-b_{n_b-1} 2^{n_b-1} + \sum_{i=0}^{n_b-2} b_i 2^i \right] + B \tag{3.15}$$

gegeben.

Die Skalierung S wird in der *Fixed Point Toolbox* und in *Simulink Fixed Point* durch

$$S = F \cdot 2^E \tag{3.16}$$

ausgedrückt, wobei E eine ganze Zahl ist (positiv oder negativ) und F eine reelle Zahl mit $1 \leq F < 2$. Somit stellt 2^E den binären Stellenwertpunkt dar. In Abschnitt 3.2.2 wurde die Skalierung mit Stellenwertpunkt beschrieben, die als Sonderfall der vorher beschriebenen allgemeinen Skalierung durch

$$F = 1 \quad S = 2^E \quad B = 0 \tag{3.17}$$

erhalten wird. Der Bezeichnung S für die Skalierung aus der Dokumentation für die *Fixed Point Toolbox* bzw. *Simulink Fixed Point* entspricht die Quantisierungsstufe q aus Gln. (3.9) bis (3.13).

Experiment 3.2: Umgang mit Variablen im Festkomma-Format

In diesem Beispiel soll eine wertkontinuierliche Variable V mit Werten zwischen 2 und 6 in einem Festkomma-Format quantisiert werden (Abb. 3.12a). Da die Variable nur positive Werte annimmt, könnte man den Typ *unsigned* mit z.B. 8 Bit wählen. In der einfachen Form mit Skalierung ohne Verschiebung wählt man eine Skalierung $S = 2^{-5}$. Der maximal darstellbare Wert ist in der Binärdarstellung 111.11111 oder dezimal 7.9688. Dieser Wert ist jedoch größer als der Maximalwert $V_{max} = 6$ und somit verschenkt man nicht nur die Codeworte zwischen null und zwei, sondern auch jene im oberen Bereich. Die Quantisierung ist dadurch relativ grob mit der Quantisierungsstufe $q = S = 2^{-5} = 0.03125$

Für die Umwandlung der Binärwerte in Dezimalwerte bietet MATLAB einige Funktionen. Mit den Anweisungen

```
q = quantizer('ufixed',[8,5]);
x = bin2num(q, '11111111');
```

wird die Binärzahl 111.11111 in den Dezimalwert 7.9688 umgewandelt. Mit dem Aufruf der Funktion **quantizer** wird ein Quantisierer definiert. Er wird mit dem vorzeichenlosen Festkomma-Format mit einer Wortbreite von 8 Bit und dem Stellenwertpunkt nach 5 Stellen implementiert und in der Struktur q gespeichert. Danach wandelt die Funktion **bin2num** die Zeichenkette '11111111' in einen Dezimalwert mit Hilfe des definierten Quantisierers q um.

Eine bessere Quantisierung erhält man über die Kennlinie, die in Abb. 3.12a durch *Skalierung mit Verschiebung* bezeichnet ist. Der Bereich zwischen 2 und 6 ist quantisierbar mit einer Quantisierungsstufe von $(6-2)/(2^8) = 2^{-6} = 0.015625$, welche zweimal kleiner als die zuvor verwendete Quantisierungsstufe ist. Die Skalierung mit Verschiebung ergibt jetzt die quantisierte Variable V_q nach der Gleichung

$$V_q = 2^{-6}Q + 2, \qquad (3.18)$$

wobei mit Q die Codezahlen mit Werten zwischen 0 und 255 bezeichnet werden. Der Höchstwert ist $255 \cdot 2^{-6} + 2 = 5.9844$ statt 6, weil der maximale Wert für $2^{-6} \cdot 255 = 3.9844$ (statt 4) ist. Die Binärdarstellung dieser Zahl ist 11.111111.

Die MATLAB-Funktionen zur Umwandlung z.B. des Maximalwertes sind jetzt:

```
q = quantizer('ufixed',[8,6]);
x = bin2num(q, '11111111') + 2;
```

Die Quantisierung nach der Kennlinie aus Abb. 3.12b kann ähnlich gestaltet werden. Der Bereich von 2 bis 6 wird jetzt mit einer vorzeichenbehafteten Festkomma-Zahl und der Verschiebung um $B = 4$ codiert. Dem Höchstwert von $6 - 4 = 2$ wird die Zahl 01.111111 = 1.9844 ≅ 2 und dem kleinsten Wert die Zahl 10.000000 = −2 zugeordnet. Für die Umwandlungen von binär nach dezimal können die gleichen Funktionen eingesetzt werden:

```
q = quantizer('fixed',[8,6]);
x = bin2num(q,'01111111');   % oder x = bin2num('10000000');
```

Der Quantisierer q definiert in diesem Fall eine vorzeichenbehaftete Festkomma-Zahl mit 8 Bit und Stellenwertpunkt nach 6 Bit. Die Verschiebung von 4 wird den Minimalwert der quantisierten Variablen korrekt wiedergeben:

$$V_q = 2^{-6}Q + B = 2^{-6} \cdot (-128) + 4 = 2$$

3.2 Festkomma-Quantisierung

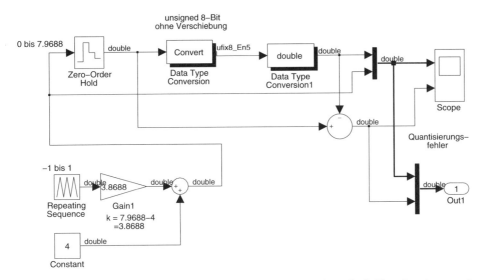

Abb. 3.14: *Untersuchung des Festkomma-Formats unsigned 8-Bit* (fest_komma1.mdl, fest_komma_1.m)

Beim maximalen Wert entsteht ein kleiner Fehler

$$V_q = 2^{-6}Q + B = 2^{-6} \cdot 127 + 4 = 5.9844,$$

der gleich dem Skalierungsfaktor 2^{-6} ist ($6 - 2^{-6} = 5.9844$). Die Quantisierungstufe ist mit $q = S = 2^{-6}$ dieselbe wie sie auch zuvor für die Codierung mit vorzeichenlosen Festkomma-Zahlen und Verschiebung (siehe Abb. 3.12 a) verwendet wurde.

Um diese Codierung und Quantisierung zu verstehen, können Experimente mit den Blöcken des *Signal Processing Blockset* durchgeführt werden. Abb. 3.14 zeigt ein Simulink-Modell (`fest_komma1.mdl`), in dem eine kontinuierliche Variable im Format *double* in ein beliebiges Festkomma-Format mit dem ersten Block *Data Type Conversion* umgewandelt wird.

Mit den Blöcken *Data Type Conversion* und *Data Type Conversion1* werden Schnittstellen zwischen den MATLAB/Simulink-Formaten *double* und den Formaten des *Signal Processing Blockset* und umgekehrt realisiert (Abb. 3.15).

In Abb. 3.16 sind vier Quantisierungsfälle dargestellt, die in diesem Experiment realisiert und untersucht werden. Der Fall a) zeigt eine *Real-World*-Variable mit Werten zwischen 0 und 8, die man sehr einfach in das Festkomma-Format umwandeln kann.

Der erste Block *Data Type Conversion* aus dem Modell `fest_komma1.mdl` wird so initialisiert, dass ein *unsigned*-Format mit 8 Bit gewählt wird und ein Stellenwertpunkt entsprechend einer Skalierung mit dem Faktor 2^{-5} entsteht.

Das Fenster zur Initialisierung dieses Blocks ist in Abb. 3.15 links dargestellt. Die Optionen, die für diesen ersten Fall relevant sind, sieht man in den weißen Feldern. Es ist die Option *Output data type*, die auf `ufix(8)` gesetzt wird und das Feld *Output scaling value*, das mit 2^{-5} initialisiert wird. Zusätzlich wird die Option *Saturate on integer overflow* aktiviert.

Die Schnittstelle zwischen diesem Format und dem üblichen MATLAB/Simulink-Format *double* wird mit dem zweiten Block *Data Type Conversion1* gewährleistet, so dass man

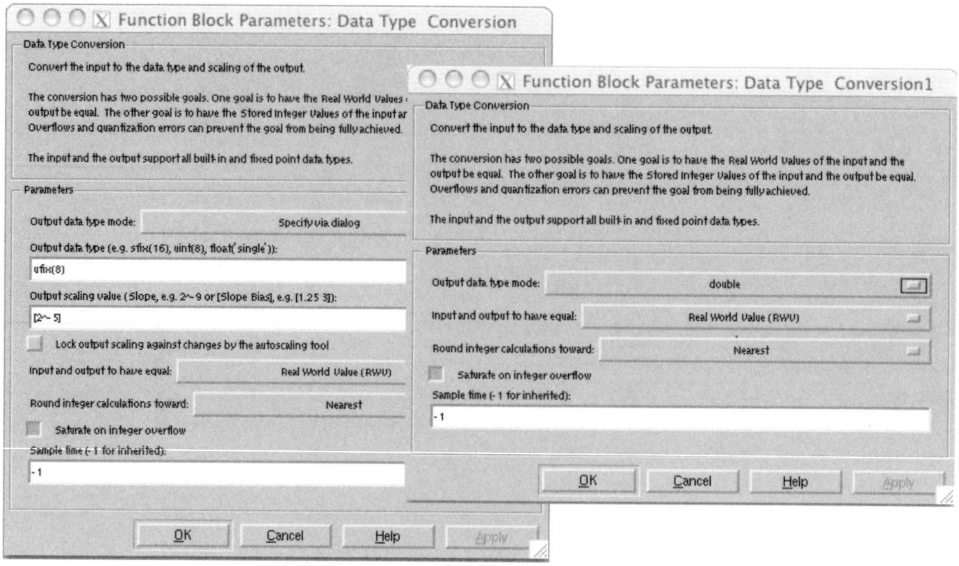

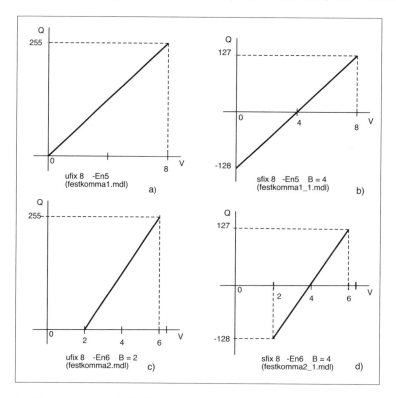

Abb. 3.15: *Parametrierung der Convert-Blöcke* (fest_komma1.mdl, fest_komma_1.m)

Abb. 3.16: *Vier Quantisierungsfälle* (fest_komma1.mdl, fest_komma1_1.mdl, fest_komma2.mdl, fest_komma2_1.mdl, fest_komma_1.m)

3.2 Festkomma-Quantisierung

beide Signale auf dem *Scope*-Block darstellen kann. Der Parameter *Output data type mode* wird auf *double* gesetzt (Abb. 3.15 rechts).

Das Signal am Eingang des Modells (für den ersten Fall aus Abb. 3.16a) besteht aus einem Sägezahn mit Werten zwischen -1 und 1, der mit dem Faktor *Gain 1* verstärkt und zu dem danach die Konstante 4 addiert wird. Wenn für den Verstärkungsfaktor des Blocks *Gain 1* der Wert $2^3 - 2^{-5} - 4 = 7.9688 - 4 = 3.8688$ gewählt wird, erhält man eine Variable V, die sich zwischen $2^{-5} = 0.0312 \cong 0$ und $2^3 - 2^{-5} = 7.9688 \cong 8$ linear ändert.

Mit dem eingestellten Format (ufix(8) und Skalierung mit 2^{-5}) wurde schon gezeigt, dass die zu quantisierende Variable zwischen 0 und 7.9688 liegen kann, ohne dass Überlauf oder Unterlauf auftreten.

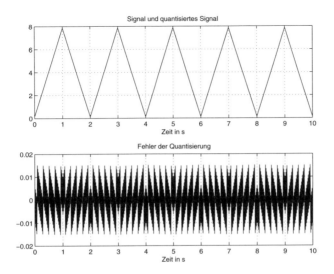

Abb. 3.17: Signale und Quantisierungsfehler bei Quantisierung mit vorzeichenlosen 8-Bit-Codeworten (fest_komma1.mdl, fest_komma_1.m)

Abb. 3.17 zeigt in der oberen Hälfte das Eingangs- und das quantisierte Eingangssignal und unten den Fehler der Quantisierung als Differenz zwischen den Abtastwerten ohne und mit Quantisierung, wenn kein Über- oder Unterlauf vorkommt. Dieser Fehler muss zwischen $-q/2$ und $q/2$ liegen, was in dem vorliegendem Fall zwischen $-2^{-5}/2 = -0.03125/2 = -0.015625$ und $2^{-5}/2 = 0.015625$ bedeutet. Mit $q = 2^{-5}$ wurde die Skalierung bezeichnet. Wie aus der Abbildung ersichtlich ist, liegen die Fehlerwerte in diesem Bereich. Die Darstellung wurde mit dem Programm fest_komma_1.m erzeugt, das auch die Simulation startet. Das Modell muss aber interaktiv initialisiert und parametriert werden.

Wenn man den Bereich des Eingangssignals mit einem *Gain 1* Faktor von 6 auf den Bereich -2 bis 10 erhöht, entsteht Überlauf und Unterlauf. Weil die Option *Saturate on integer overflow* aktiviert wurde, wird das quantisierte Signal nach unten auf 0 und nach oben auf $7.9688 \cong 8$ begrenzt. Der Fehler in den Bereichen des Überlaufs und Unterlaufs ist jetzt sehr groß, während er ansonsten weiterhin zwischen $-q/2$ und $q/2$ läge.

Die in Abb. 3.16b dargestellte Quantisierung mit Verschiebung wird mit dem Modell fest_komma1_1.mdl simuliert, das aus dem Programm fest_komma_1_1.m aufgerufen wird. Im Block *Data Type Conversion* wird jetzt die Option *Output data type* mit `sfix(8)` und die Option *Output scaling value* mit `[2^-5, 4]` initialisiert. Die Skalierung mit 2^{-5} ergibt in diesem Fall dieselben Quantisierungsfehler und somit keine weitere Verbesserung. Die Quantisierung mit Verschiebung führt allerdings zu einem zusätzlichen Aufwand bei der Implementierung.

Dasselbe Simulink-Modell kann auch für die Quantisierung gemäß der Kennlinie aus Abb. 3.12b mit vorzeichenbehaftetem 8-Bit-Codewort eingesetzt werden. Um die Parametrierungen für die verschiedenen Fälle beizubehalten, wird das Modell in der Datei mit dem Namen `fest_komma3.mdl` gespeichert, neu initialisiert und über das Programm `fest_komma_3.m` aufgerufen. Die Option *Output data type* wird mit `sfix(8)` und die Option *Output scaling* mit `[2^-6, 4]` initialisiert. Damit wird derselbe Bereich der Eingangsvariablen zwischen 2 und 6 abgedeckt. Weil der Höchstwert (ohne Verschiebung) von 01.111111 gleich 1.9844 ist, wird der tatsächliche Bereich ohne Überlauf zwischen 2 und 5.9844 liegen.

Die anderen zwei Fälle aus Abb. 3.16c und d sollten mit Verschiebung quantisiert werden, da der Wertebereich stark eingeschränkt ist. Im Programm `fest_komma_2.m` wird das Modell `fest_komma2.mdl` aufgerufen und die Ergebnisse dargestellt. Die Quantisierung benutzt das Format `ufix(8)` mit einer Skalierung $q = 2^{-6}$ und einer Verschiebung von 2 für die Kennlinie gemäß Abb. 3.16c. Der Quantisierungsfehler liegt jetzt zwischen $2^{-6}/2 = 0.0078$ und -0.0078 (Abb. 3.18).

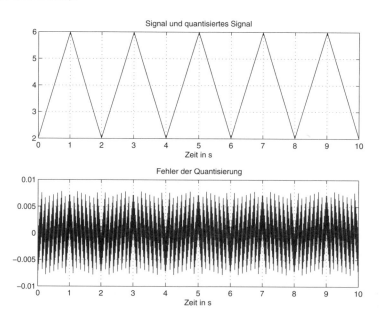

Abb. 3.18: Signale bei Quantisierung mit Verschiebung und vorzeichenlosen 8-Bit-Codeworten (fest_komma2.mdl, fest_komma_2.m)

Der Fall aus Abb. 3.16d wird mit dem Format `sfix(8)` und der Skalierung $q = 2^{-6}$ sowie der Verschiebung 4 quantisiert (Modell `fest_komma2_1.mdl` und Programm `fest_komma_2_1.m`). Der Quantisierungsfehler bleibt derselbe, weil die Skalierung dieselbe geblieben ist.

3.2 Festkomma-Quantisierung

Der Leser wird an dieser Stelle ermutigt, die Modelle und Programme mit neuen Namen zu speichern und danach mit verschiedenen Formaten und Wertebereichen der Eingangssignale zu experimentieren.

Als letzte Übung im Umgang mit Festkomma-Zahlen wird die Quantisierung der Koeffizienten eines FIR-Tiefpassfilters besprochen. Es wird eine Quantisierung der Form $V_q = F2^E Q + B$ mit $1 \leq F < 2$ ermittelt, die sich optimal an den Wertebereich der Koeffizienten anpasst. Diese wird dann mit der einfachen Form der Quantisierung, die ohne Verschiebung ($B = 0$) und mit $F = 1$ definiert ist, verglichen.

Im Programm `fest_komma_filter1.m` wird zuerst das Filter entworfen:

```
nord = 32;         fr = 0.3;
h = fir1(nord, fr);
```

und man erhält die Koeffizienten h im üblichen *double* Format mit einem Maximalwert von $2.9919 \cdot 10^{-1}$ und einem Minimalwert von $-5.0509 \cdot 10^{-2}$. Die einfache Quantisierung kann z.B. für den Vergleich der Frequenzgänge des genauen und des quantisierten Filters mit folgendem Programm simuliert werden:

```
a = 2^15-1;
% hq = fix(h*a)/a;
% hq = floor(h*a)/a;
% hq = ceil(h*a)/a;
hq = round(h*a)/a;
nfft = 1024;
H = fft(h,nfft);        Hq = fft(hq,nfft);
figure(1);
plot((0:nfft-1)/nfft, 20*log10([abs(H)', abs(Hq)']));
La = axis;    axis([La(1:2), -100, La(4)]);
title('Amplitudengang ohne und mit Quantisierung');
xlabel('f/fs');         grid;
```

Für eine Quantisierung mit 16-Bit Worten werden die reellen Werte der Koeffizienten h mit dem größten darstellbaren Wert des vorzeichenbehafteten Wortes ($01111\ldots11 = 2^{15} - 1$), der in der Variablen a gespeichert ist, multipliziert. Durch Rundung mit einer der Funktionen **fix**, **floor**, **ceil** oder **round** werden die Dezimalstellen entfernt. Das Teilen durch a ergibt erneut reelle Koeffizienten hq, die jetzt mit dem Festkomma-Format darstellbar sind. Die Frequenzgänge werden dann mit der Funktion **fft** ermittelt und überlagert dargestellt (die Abbildung ist hier nicht gezeigt). Die Unterschiede zwischen dem Amplitudengang mit und ohne Quantisierung sind minimal, weil die 16-Bit Worte eine relativ hohe Auflösung auch für diese einfache Quantisierung bedeuten.

Zur Ermittlung der Parameter F, E und B in der Quantisierungsform $h_q = F2^E Q + B$ verwendet man folgende Gleichungen:

```
hmax = max(h);                      hmin = min(h);
B = (hmax + hmin)/2;                S = (hmax-hmin)/(2^16);
Emax = fix(log2(S));                Emin = fix(log2(S)-log2(2));
F_max = S/(2^Emin);                 F_min = S/(2^Emax);
F = max(Fmax, F_min);               E = min(Emax, Emin);
```

Diese leiten sich aus folgenden Überlegungen ab:

$$max(V_q) = F2^E(max(Q)) + B$$
$$min(V_q) = F2^E(min(Q)) + B \qquad (3.19)$$

Daraus folgt

$$S = F2^E = \frac{max(V_q) - min(V_q)}{max(Q) - min(Q)} = \frac{max(V_q) - min(V_q)}{2^{nb} - 1}$$

oder

$$S = F2^E \cong \frac{max(V_q) - min(V_q)}{2^{nb}} \qquad (3.20)$$

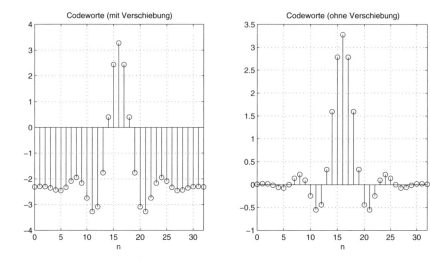

Abb. 3.19: *Codeworte der Koeffizienten mit und ohne Verschiebung* (fest_komma_filter1.m)

Mit nb wird die Anzahl der Bit des Codeworts bezeichnet. Die Codeworte Q erhält man dann mit:

```
Q = fix((h-B)/S);
% Q = floor((h-B)/S);
% Q = ceil((h-B)/S);
% Q = round((h-B)/S);
```

Abb. 3.19 zeigt links die Codeworte für diese Quantisierung mit Verschiebung. Die Skalierung S, die gleich der Quantisierungsstufe q ist, nimmt in dieser Quantisierungsform den kleinsten Wert an.

Die Parameter der Quantisierung ohne Verschiebung ($B = 0$) werden ähnlich ermittelt. In Abb. 3.19 rechts sind die entsprechenden Codeworte dargestellt. Der negative Bereich ist in dieser Codierung gleich dem positiven Bereich und ist nicht vollständig ausgenutzt. Die Skalierung S_1 oder die Quantisierungsstufe ist viel größer. Für das Filter, das im Programm fest_komma_filter1.m als Beispiel dient, ist $(S_1 - S)/S_1 \cong 41\%$.

Experiment 3.3: Addition von Variablen mit skalierter und verschobener Festkomma-Codierung

Bei der Entwicklung dynamischer Systeme mit Codierung im Festkomma-Format muss man insbesondere auf Folgendes achten:

- **Über- und Unterlauf:** Durch Addition von zu großen positiven oder zu kleinen negativen Werten kann es zu Über- oder Unterlauf kommen.
- **Quantisierung:** Festkomma-Zahlen können wertkontinuierliche Zahlen nur mit einer begrenzten Auflösung darstellen.
- **Rechenrauschen:** Bei Berechnungen mit Festkomma-Zahlen können sich die Quantisierungsfehler akkumulieren, so dass das Quantisierungsrauschen verstärkt wird.
- **Grenzzyklen:** Der Ausgang eines stabilen Systems bleibt begrenzt wenn der Eingang begrenzt ist. Wegen der Quantisierung können in manchen Fällen Grenzzyklen am Ausgang in Form von Schwingungen zwischen zwei Werten auftreten.

In digitalen Systemen wird die Skalierung der Variablen an der Schnittstelle zur kontinuierlichen Welt, die in den meisten Fällen über A/D- und D/A-Wandler realisiert ist, in der Regel mit Stellenwertpunkt implementiert. Für die anderen Variablen, wie z.B. die Koeffizienten der digitalen Filter, wird eine Skalierung eingesetzt, die der Anwendung angepasst ist. Jede Wahl hat Vorteile und Nachteile, die sorgfältig betrachtet werden müssen.

Um zu zeigen wie groß der Aufwand beim Festkomma-Format mit Skalierung und Verschiebung ist, wird in diesem Experiment die Addition untersucht. Es wird die allgemeine Form der Skalierung mit Verschiebung ($V_q = F2^E Q + B$) vorausgesetzt und die Skalierung mit Stellenwertpunkt wird als Sonderfall, in dem $F = 1$ und $B = 0$ sind, behandelt.

Angenommen, man muss zwei im Wertebereich kontinuierliche Variablen (*Real-World Variables*) addieren:

$$V_a = V_b + V_c \tag{3.21}$$

Die Variablen sind in der allgemeinen Form

$$V_{qi} = F_i 2^{E_i} Q_i + B_i \quad \text{mit} \quad i = a, b, c, \dots \tag{3.22}$$

codiert. Der Code Q_a des Ergebnisses ist aus

$$F_a 2^{E_a} Q_a + B_a = F_b 2^{E_b} Q_b + B_b + F_c 2^{E_c} Q_c + B_c \tag{3.23}$$

durch

$$Q_a = \frac{F_b}{F_a} 2^{E_b - E_a} Q_b + \frac{F_c}{F_a} 2^{E_c - E_a} Q_c + \frac{B_b + B_c - B_a}{F_a} 2^{-E_a} \tag{3.24}$$

gegeben.

Wie man sieht, sind hier zur Berechnung viele Operationen durchzuführen und der Vorteil einer guten Quantisierung wird durch diesen Aufwand relativiert.

Wenn man $B_a = B_b + B_c$ und $F_a = F_b$ oder $F_a = F_c$ wählt, dann vereinfacht sich die oben gezeigte Formel für Q_a:

$$Q_a = 2^{E_b - E_a} Q_b + \frac{F_c}{F_a} 2^{E_c - E_a} Q_c \tag{3.25}$$

oder

$$Q_a = \frac{F_b}{F_a} 2^{E_b - E_a} Q_b + 2^{E_c - E_a} Q_c \tag{3.26}$$

In den Formeln benötigt man noch E_a, das durch $E_a = E_c$ oder $E_a = E_b$ zu einer weiteren Vereinfachung führt.

Diese Vereinfachungen führen zu einer maximalen Geschwindigkeit für die Implementierung der Addition. Es gibt auch eine Lösung, die eine maximale Genauigkeit sichert und in dem *Simulink Fixed Point User's Guide* beschrieben ist. Hier wird sie nur in Verbindung mit einer Simulation in MATLAB gezeigt.

Bei der festen Stellenwertpunkt-Skalierung wird das Codewort des Ergebnisses durch eine einfache Operation erhalten:

$$Q_a = 2^{E_b - E_a} Q_b + 2^{E_c - E_a} Q_c \tag{3.27}$$

Sie besteht aus einer Addition und zwei Bitverschiebungen. Die Vermeidung der Multiplikation ist ein großer Vorteil dieser einfachen Codierung, die allerdings, wie bereits besprochen, eine schlechtere Genauigkeit als die Codierung mit Skalierung und Verschiebung bietet.

Die Subtraktion für beide Codearten führt zu ähnlichen Ergebnissen. Die anderen Operationen, wie Multiplikation, Division, Multiplikation mit einer Konstanten usw. sind in dem *Simulink Fixed Point User's Guide* beschrieben.

Die oben beschriebene Addition von Variablen im Festkomma-Format, die mit Skalierung und Verschiebung codiert sind, wird am Beispiel zweier Variablen durchgeführt. Es wird angenommen, dass die Variable V_b einen Bereich von -7.675 bis 126.89 belegt (Abb. 3.20a) und die Variable V_c einen Bereich von -178.176 bis 10.526 belegt (Abb. 3.20b).

Diese Bereiche der Variablen sind ungünstig für eine Codierung mit festem Stellenwertpunkt, weil, wie aus der Darstellung in Abb. 3.20b hervorgeht, große Teile der Codeworte nicht verwendet werden könnten.

Im Programm `addition_1.m` werden alle notwendigen Berechnungen durchgeführt. Für die Implementierung in einem Signalverarbeitungssystem ist zu beachten, dass einige dieser Berechnungen bereits im Vorfeld durchgeführt werden können und damit nicht zur Laufzeit erfolgen müssen. Mit

```
% Vorfeldberechnungen
nbb = 12;     % signed 12 Bit Worte
Vbmax = 126.89;                         Vbmin = -7.675;
Sb = (Vbmax-Vbmin)/(2^nbb);             Bb = (Vbmax+Vbmin)/2;
```

wird die Skalierung $S_b = F_b 2^{E_b}$ und die Verschiebung B_b berechnet. Um den Faktor F_b mit Werten $1 \leq F_b < 2$ und die ganzzahlige Potenz E_b aus S_b zu ermitteln, werden die Extremwerte des Faktors F_b benutzt und zwei Werte für die Potenz E_b berechnet:

3.2 Festkomma-Quantisierung

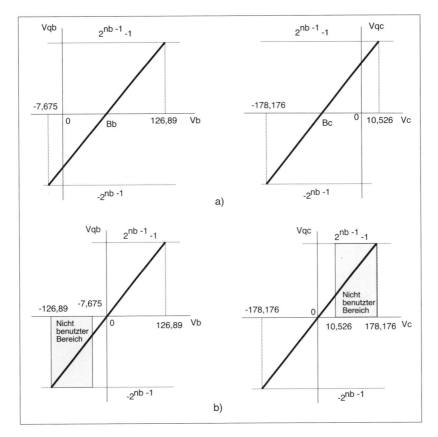

Abb. 3.20: a) Codierung mit Skalierung und Verschiebung; b) Codierung mit festem Stellenwertpunkt

```
Ebmax = log2(Sb);                       Ebmin = log2(Sb/2);
```

Danach werden zwei Werte für die Faktoren F_b ermittelt und nur der Faktor, der im Bereich $1 \leq F_b < 2$ liegt, gewählt. Die entsprechende Potenz E_b wird übernommen.

```
Fbmin = Sb/(2^round(Ebmax));    Fbmax = Sb/(2^round(Ebmin));
if(Fbmax >= 2)
    Fb = Fbmin;         Eb = round(Ebmax);
else
    Fb = Fbmax;         Eb = round(Ebmin);
end;
Sb = Fb*(2^Eb);
```

So entspricht z.B. dem Wert $V_b = 117.5643$ ein Codewort und ein quantisierter Wert, die durch

```
% Beliebiger Wert für Vb
Vb = 117.5643;          % Vbmin <= Vb < Vbmax
```

```
% Entsprechendes Codewort
Qb = round((Vb-Bb)/Sb);
% Quantisierte Variable
Vqb = Sb*Qb + Bb;
```

gegeben sind.

Ähnlich wird die Variable V_c im Vorfeld quantisiert

```
nbc = 16;    % signed
Vcmax = 10.526;                          Vcmin = -178.176;
Sc = (Vcmax-Vcmin)/(2^nbc);    Bc = (Vcmax+Vcmin)/2;
Ecmax = log2(Sc);                        Ecmin = log2(Sc/2);
Fcmin = Sc/(2^round(Ecmax));   Fcmax = Sc/(2^round(Ecmin));
if(Fcmax >= 2)
    Fc = Fcmin;          Ec = round(Ecmax);
else
    Fc = Fcmax;          Ec = round(Ecmin);
end;
Sc = Fb*(2^Ec);
```

und danach das Codewort für z.B. den Wert $V_c = -69.1715$ ermittelt:

```
% Beliebiger Wert für Vc
Vc = -69.1715;        % Vcmin <= Vc < Vcmax
% Entsprechendes Codewort
Qc = round((Vc-Bc)/Sc);
% Quantisierte Variable
Vqc = Sc*Qc + Bc;
```

Die Parameter der Addition (B_a, F_a und E_a) für höchste Rechengeschwindigkeit und die quantisierte Variable V_{qa} werden durch

```
Ba = Bb + Bc;
Fa = Fc;            Ea = Ec;
Sa = Fa*(2^Ea);
Qa = round((Fb*Qb/Fa)*(2^(Eb-Ea)) + Qc);
Vqa = Sa*Qa + Ba
```

berechnet.

Die korrekte Summe ergibt sich aus den Werten für die zwei Operanden der Addition $V_a = V_b + V_c$. Mit der Differenz $V_a - V_{qa}$ erhält man den Fehler der Addition und die Skalierung der Summe wird mit $F_a 2^{E_a}$ berechnet. Für die gezeigten Werte der Operanden liefert das Programm folgende Ergebnisse:

```
Vb = 117.5643;                  Vqb = 117.5598;
Vc = -69.1715;                  Vqc =  -69.1719;

Va = 48.3928;                   Vqa = 48.3885;
Fehler = 0.0043;                Skalierung = 0.0029;
```

Im Programm `addition_2.m` wird die Skalierung mit Verschiebung für höchste Genauigkeit nachgebildet. Dieselben Operanden werden in gleicher Art codiert. Für die Codierung der

3.2 Festkomma-Quantisierung

Summe wird zu Beginn ihr Bereich und der entsprechende Skalierungsfaktor für die gegebene Anzahl von Bit nba ermittelt:

```
nba = 16;           % Anzahl Bits für die Summe
Ba = Bb + Bc;       % Verschiebung
Vamax = Vbmax + Vcmax;
Vamin = Vbmin + Vcmin;
Sa = (Vamax - Vamin)/(2^nba);
```

Aus der Skalierung Sa werden dann die Faktoren Fa und Ea für die Form $S_a = F_a 2^{E_a}$ wie bei den anderen Operanden berechnet:

```
Eamax = log2(Sa);       Eamin = log2(Sa/2);
Famin = Sa/(2^round(Eamax));    Famax = Sa/(2^round(Eamin));
if(Famax >= 2)
    Fa = Famin;
    Ea = round(Eamax);
else
    Fa = Famax;
    Ea = round(Eamin);
end;
Sa = Fa*(2^(Ea));
```

Danach kann das Codewort Qa für die Summe und der quantisierte Wert der Summe Vqa ermittelt werden:

```
Qa = round((Fb/Fa)*(2^(Eb-Ea))*Qb + (Fc/Fa)*(2^(Ec-Ea))*Qc);
% quantisierte Summe
Vqa = Sa*Qa + Ba
```

Die einfache Codierung mit festem Stellenwertpunkt ist im Programm addition_3.m nachgebildet. Die Codierung der Operanden wird anhand des ersten Operanden gezeigt. Mit

```
nbb = 12;       % signed
Vbmax = 126.89;         Vbmin = -7.675;
Vbmax_abs = max(abs([Vbmax, Vbmin]));
```

wird der maximale Betrag des Operanden ermittelt. Der Bereich der codiert wird, ist dann zwei mal so groß und bestimmt die Skalierung Sb und den Faktor Eb der Form $V_{qb} = S_b Q_b = 2^{E_b} Q_b$:

```
Sb = 2*Vbmax_abs/(2^nbb);
Eb = round(log2(Sb));
Sb = 2^Eb;
```

Ein beliebiger Wert des Operanden, wie z.B. $V_b = 117.5643$, wird dann durch

```
Vb = 117.5643;      % Vbmin <= Vb < Vbmax
Qb = round(Vb/Sb);
Vqb = Sb*Qb;
```

codiert und quantisiert. Der zweite Operand und die Summe werden ähnlich codiert. Mit

```
nba = 16;
Vamax = Vbmax + Vcmax;
Vamin = Vbmin + Vcmin;
Vamax_abs = max(abs([Vamax, Vamin]));
Sa = 2*Vamax_abs/(2^nba);
Ea = floor(log2(Sa));
Sa = 2^Ea;
% on-line Berechnungen
Qa = round((2^(Eb-Ea))*Qb + (2^(Ec-Ea))*Qc);
Vqa = Sa*Qa
```

wird zuerst der Bereich der Summe ermittelt und danach die Parameter der Codierung in derselben Art berechnet. Die Ergebnisse sind:

```
Va = 48.3928;            Vqa = 48.3906;
Fehler = 0.0022;         Skalierung = 0.0039;
```

Entgegen aller Erwartungen ist der Fehler in diesem Fall der kleinste. Es ist leicht zu sehen, dass Q_a hier ohne Rundung berechnet wird, weil Eb = -4; Ec = -8 und Ea = Ec = -8 sind.

In den Programmen addition_11.m, addition_21.m sowie in dem Programm addition_31.m wird die Addition der gezeigten Operanden nachgebildet, ausgehend von Auflösungen von 8 Bit für die Operanden und 16 Bit für die Summe. Die Ergebnisse zeigen, wie erwartet, den kleinsten Fehler für die Codierung mit höchster Genauigkeit und den größten Fehler bei der Codierung mit festem Stellenwertpunkt (0.0459 < 0.3728 < 0.6072).

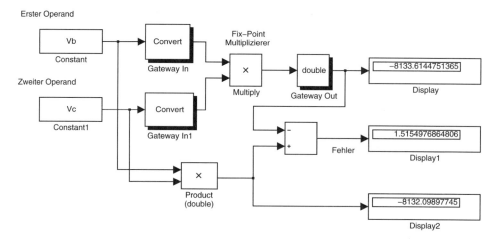

Abb. 3.21: *Simulation einer Multiplikation im Festkomma-Format* (multip_1.mdl, multip_1_.m)

Im Programm multip_1_.m wird eine Multiplikation in der Darstellung für höchste Geschwindigkeit simuliert. In diesem Fall wird $B_a = B_b B_c$; $F_a = F_b F_c$ bzw. $E_a = E_b + E_c$ und das Codewort Q_a berechnet man mit:

$$Q_a = Q_b Q_c + B_c 2^{-E_c} Q_b / F_c + B_b 2^{-E_b} Q_c / F_b \qquad (3.28)$$

Die Variablen des Programms werden auch in dem Simulink-Modell aus Abb. 3.21 (`multip_1.mdl`) zur Initialisierung der Blöcke aus dem *Fixed Point Blockset* eingesetzt. Am Ende des Programms wird das Modell aufgerufen und die Ergebnisse in *Display*-Blöcken dargestellt. Die Eingangsvariablen sind dieselben, die auch in den Simulationen der Addition verwendet wurden. Der Fehler, der im Programm berechnet wird, unterscheidet sich geringfügig vom Fehler aus dem Modell.

3.2.4 Schlussfolgerungen

Die Analyse der Codierung im Festkomma-Format hat gezeigt, dass die Codierung mit Skalierung und Verschiebung die beste Auflösung bei gegebener Größe des Codewortes sichert. Sie ist leider mit einem großen Programmieraufwand verbunden. Die einfache Codierung mit festem Stellenwertpunkt ist viel einfacher und daher auch sehr verbreitet.

Ist bei der Codierung mit festem Stellenwertpunkt der doppelte Bereich gegenüber der optimalen Codierung mit Skalierung und Verschiebung abzudecken, so „verliert man" ein Bit, bei der Abdeckung des vierfachen Bereiches zwei Bit und bei der Abdeckung des achtfachen Bereiches „verliert man" drei Bit. Verwendet man Wortbreiten von 16 Bit, so verbleiben einem für die tatsächliche Auflösung 13 Bit, was aber in vielen Fällen ausreicht. Bei Wortbreiten von 32 Bit ist der Verlust vernachlässigbar. Da Signalprozessoren mit 32 Bit Wortbreite bereits sehr verbreitet sind, wird in Zukunft die Codierung mit Skalierung und Verschiebung wohl weiter an Bedeutung verlieren.

In der *Filter Design Toolbox* werden die Daten und Koeffizienten für das Festkomma-Format nur mit festem Stellenwertpunkt quantisiert.

3.3 Funktionen der *Fixed-Point Toolbox*

Die *Fixed Point Toolbox* ermöglicht in MATLAB die Entwicklung von Algorithmen im Festkomma-Format über folgende Festkomma-Objekte:

- **fi**-Objekte zur Definition von Festkomma-Daten. Jedes **fi**-Objekt besteht aus einem Datenwert, einem **fimath**-Objekt und einem **numerictype**-Objekt

- **fimath**-Objekte zeigen, wie die arithmetischen Methoden (*overloaded arithmetic operators*) mit den **fi**-Objekten arbeiten

- **numerictype**-Objekte definieren den Datentyp und die Skalierungsattribute der **fi**-Objekte

- **quantizer**-Objekte zur Quantisierung von Daten

Die *Fixed Point Toolbox* unterstützt das *Simulink Fixed Point*-Werkzeug, das *Signal Processing Blockset* und die *Filter Design Toolbox*. Über **help fi**, **help fimath**, ... **help quantizer** erhält man im Kommandofenster kurze Beschreibungen.

Die Voreinstellung der Darstellung der Festkomma-Werte über **fipref** ist:

```
p = fipref('NumberDisplay','RealWorldValue',...
'NumericTypeDisplay','full','FimathDisplay','none')
```

Mit `'RealWorldValue'` wird der ursprüngliche Wert einer quantisierten Variablen bezeichnet.
 Mit

```
a = fi(pi)
a =       3.1416
          DataTypeMode: Fixed-point: binary point scaling
                Signed: true
            WordLength: 16
        FractionLength: 13
```

wird ein Festkomma-Objekt erzeugt. Es enthält die Zahl π in der Festkommadarstellung mit 16 Bit und der Festkommastelle bei Bit 13. Der Festkommawert wird mit der Voreinstellung angezeigt. Wenn das Darstellungsformat geändert wird,

```
>> format long e
>> a
a =       3.141601562500000e+00
          DataTypeMode: Fixed-point: binary point scaling
                Signed: true
            WordLength: 16
        FractionLength: 13
```

erhält man eine Darstellung des quantisierten Wertes a mit mehr Dezimalstellen. Zum Vergleich beträgt der Wert von π in der vollen (*double*) Genauigkeit, also für MATLAB der „unquantisierte" *Real-World* Wert:

```
>> pi
ans =     3.141592653589793e+00
```

Mit `p.NumberDisplay = 'bin';` aktiviert man die binäre Darstellung der quantisierten Werte und mit `p.FimathDisplay = 'full'` aktiviert man die Optionen für die arithmetischen Operationen (RoundMode, OverflowMode, etc.):

```
>> a = fi(pi)
a =       0110010010001000
          DataTypeMode: Fixed-point: binary point scaling
                Signed: true
            WordLength: 16
        FractionLength: 13
          ........
             RoundMode: round
          OverflowMode: saturate
          ........
           CastBeforeSum: true
```

Der Wert von a hat sich natürlich nicht geändert, lediglich die Ausgabe erfolgt binär.
 Wie schon gezeigt, ergibt `fi(v)` ein Festkomma-Objekt für den Wert v mit 16 Bit Wortlänge. Dabei wird die Festkommastelle so gewählt, dass die beste Genauigkeit für den Bruchteil erzielt wird. In den vorherigen Beispielen mit v = pi wird ein Bit für das Vorzeichen verwendet, 2 Bit vor dem Komma-Punkt sind für die Darstellung des Wertes 3 erforderlich, also verbleiben für `FractionLength` 13 Bit.

3.3 Funktionen der *Fixed-Point Toolbox*

Es gibt viele andere Definitionsmöglichkeiten, wie z.B. in

a = **fi**(v, s, w, slope, bias),

wo neben dem zu quantisierenden Wert v mit s angegeben wird, ob die Zahl vorzeichenbehaftet (*signed*) oder vorzeichenlos (*unsigned*) zu speichern ist, mit w die Wortlänge angegeben wird und die Skalierung slope sowie die Verschiebung bias zu verwenden sind. Als Beispiel erhält man mit

```
a = fi(sin(2*pi*(0:100)/50),1,16,2^(-14),0)
a =
  Columns 1 through 9
0  0.1250  0.2480  0.3672  0.4824  0.5879  0.6836  0.7715  0.8438
  Columns 10 through 18
0.9043  0.9512  0.9824  0.9980  0.9980  0.9824  0.9512  0.9043 ...
  .....
            DataTypeMode: Fixed-point: slope and bias scaling
                  Signed: true
              WordLength: 16
                   Slope: 2^-14
                    Bias: 0

               RoundMode: round
            OverflowMode: saturate
             ProductMode: FullPrecision
    MaxProductWordLength: 128
                 SumMode: FullPrecision
        MaxSumWordLength: 128
           CastBeforeSum: true
```

die quantisierten Elemente des Vektors v = sin(2*pi*(0:100)/50) als **fi**-Objekt a, die man dann mit der Methode **plot** oder besser mit **stairs** (Funktionen, die auf diese Objekte als Methoden erweitert wurden) darstellen kann. Der Aufruf

stairs(0:**length**(a)-1, a);

ergibt die erwartete, wegen der Quantisierung treppenartige Darstellung der zwei Perioden. Mit a.data greift man auf den Wert des **fi**-Objekts zu.

3.3.1 Erzeugung von **numerictype**-Objekten

Die **fi**-Objekte können auch über **numerictype**-Objekte, die die Repräsentationseigenschaften der quantisierten Werte enthalten, parametriert werden. So z.B. erhält man mit dem **numerictype**-Konstruktor

```
T = numerictype(1, 24, 20)
T =
            DataTypeMode: Fixed-point: binary point scaling
                  Signed: true
              WordLength: 24
          FractionLength: 20
```

eine Spezifikation zur Repräsentation von quantisierten Werten mit einer Wortlänge von 24 Bit und einer Bruchteillänge von 20 Bit. Über den Aufruf

```
>> format long e
>> a = fi(pi, T)
a =    3.141592979431152e+00
            DataTypeMode: Fixed-point: binary point scaling
                  Signed: true
              WordLength: 24
          FractionLength: 20
```

wird das **fi**-Objekt a mit den in T angegebenen Spezifikationen erzeugt und der quantisierte Wert im Format long e auf dem Bildschirm dargestellt.

3.3.2 Erzeugung von `fimath`-Objekten

Die **fimath**-Objekte definieren die arithmetischen Eigenschaften der **fi**-Objekte, die für die arithmetischen Operationen relevant sind. Der entsprechende Konstruktor ist sehr einfach. Als Beispiel wird mit

```
F = fimath
F =
               RoundMode: round
            OverflowMode: saturate
             ProductMode: FullPrecision
    MaxProductWordLength: 128
                 SumMode: FullPrecision
        MaxSumWordLength: 128
            CastBeforeSum: true
```

ein Objekt mit den Voreinstellungen erzeugt. Diese können direkt geändert werden:

```
F.MaxProductWordLength=40
F.MaxSumWordLength=40
F =
               RoundMode: round
            OverflowMode: saturate
             ProductMode: FullPrecision
    MaxProductWordLength: 40
                 SumMode: FullPrecision
        MaxSumWordLength: 40
            CastBeforeSum: true
```

3.3.3 Einsatz der `fimath`-Objekte in arithmetischen Operationen

Jedes **fi**-Objekt enthält ein **fimath**-Objekt, das die Eigenschaften der arithmetischen Operationen beschreibt. Für ein **fi**-Objekt a

3.3 Funktionen der *Fixed-Point Toolbox*

```
a = fi(pi)
a =  3.141601562500000e+00
            DataTypeMode: Fixed-point: binary point scaling
                  Signed: true
              WordLength: 16
          FractionLength: 13
```

greift man auf das darin enthaltene **fimath**-Objekt mit

```
a.fimath
               RoundMode: round
            OverflowMode: saturate
             ProductMode: FullPrecision
    MaxProductWordLength: 128
                 SumMode: FullPrecision
        MaxSumWordLength: 128
            CastBeforeSum: true
```

zu. Da bei der Konstruktion von *a* keine Angaben zu seinen **fimath**-Eigenschaften gemacht wurden, enthalten diese die Voreinstellungen.

Die arithmetischen Operationen +, -, .* und * verlangen Operanden des gleichen **fi**-Typs. In der Annahme, dass das Objekt *a* wie oben definiert ist, wird mit

```
b = fi(2)
b =  2
            DataTypeMode: Fixed-point: binary point scaling
                  Signed: true
              WordLength: 16
          FractionLength: 13
               RoundMode: round
            OverflowMode: saturate
             ProductMode: FullPrecision
    MaxProductWordLength: 128
                 SumMode: FullPrecision
        MaxSumWordLength: 128
            CastBeforeSum: true
```

ein zweites Objekt vom gleichen Typ erzeugt. Die Summe

```
c = a + b
c =  5.141601562500000e+00         % in Format long e
            DataTypeMode: Fixed-point: binary point scaling
                  Signed: true
              WordLength: 17
          FractionLength: 13
               RoundMode: round
            OverflowMode: saturate
             ProductMode: FullPrecision
    MaxProductWordLength: 128
                 SumMode: FullPrecision
        MaxSumWordLength: 128
            CastBeforeSum: true
```

wird, wegen der Einstellung `SumMode:FullPrecision` mit einer Wortlänge von 17 Bit und 13 Bit nach dem Stellenwertpunkt (kurz [17,13]) geliefert.

Das Produkt

```
d = a*b
d = 6.283203125000000e+00   % in Format long e
            DataTypeMode: Fixed-point: binary point scaling
                  Signed: true
              WordLength: 32
          FractionLength: 26
               RoundMode: round
            OverflowMode: saturate
             ProductMode: FullPrecision
     MaxProductWordLength: 128
                 SumMode: FullPrecision
        MaxSumWordLength: 128
            CastBeforeSum: true
```

wird im Format [32,26] erzeugt, weil die beiden Operanden im Format [16,13] quantisiert sind.

3.3.4 Erzeugung von `quantizer`-Objekten

Man kann **quantizer**-Objekte zur Quantisierung der Daten einsetzen, bevor man aus ihnen **fi**-Objekte erzeugt. Mit

```
q = quantizer
q =
            DataMode = fixed
           RoundMode = floor
        OverflowMode = saturate
              Format = [16  15]
                 Max = reset
                 Min = reset
          NOverflows = 0
         NUnderflows = 0
         NOperations = 0
```

wird ein **quantizer**-Objekt mit den Voreinstellungen erzeugt. Um ein zweites Objekt vom gleichen Typ zu erzeugen, kann man mit

```
r = quantizer(q)    % oder einfach r = q;
r =
            DataMode = fixed
           RoundMode = floor
        OverflowMode = saturate
              Format = [16  15]
                 Max = reset
                 Min = reset
          NOverflows = 0
         NUnderflows = 0
         NOperations = 0
```

3.3 Funktionen der *Fixed-Point Toolbox*

das erste Objekt kopieren. Die Eigenschaften `DataMode`, `Format`, `OverflowMode` und `RoundMode` können auch explizit angegeben werden:

```
q = quantizer('mode','fixed','format',[16,14],'overflowmode',...
    'saturate','roundmode','ceil')
% oder q = quantizer('fixed', [16,14],'saturate','ceil')
```

Statt `DataMode` wird einfach `mode` angegeben. Die anderen Eigenschaften wie `Max`, `Min` usw. können nur gelesen, aber nicht gesetzt werden.

Diese Objekte können nun zur Quantisierung von Variablen eingesetzt werden. Folgende Programmsequenz zeigt ein Beispiel, das selbsterklärend ist:

```
randn('state', 1379);       % Startwert
x = randn(100,1);
q = quantizer([16,14]);     % nur das Format ist festgelegt
y = quantize(q,x);
```

Die Werte von x wurden über die Funktion (Methode) **quantize** quantisiert und im Vektor y gespeichert. Die Eigenschaften von q können jetzt abgefragt werden:

```
q.max
ans = 2.701301679168723e+00
q.min
ans = -2.743509483031400e+00
q.noverflow
ans = 6
```

Der maximale Wert, der dem Quantisierer zugeführt wurde, betrug q.max = 2.701..., ebenso ist der minimale Wert angegeben. Die letzte Eigenschaft zeigt, dass der Vektor x der Länge 100 insgesamt 6 Werte enthält, die entweder größer als der Höchstwert $2 - 2^{-14} \cong 2$ oder kleiner als der minimal darstellbare Wert -2 sind. Der darstellbare Bereich zwischen $[-2, 2)$ ergibt sich aus der Festlegung von 14 Bit für die Nachkommastellen, so dass mit den 2 verbleibenden Bit in der Zweierkomplementdarstellung der angegebene Wertebereich darstellbar ist.

Mit den Funktionen **num2bin, num2hex, hex2num, bin2num** können die quantisierten Werte in verschiedene Formate umgewandelt und angezeigt werden. Als Beispiel soll folgende Sequenz dienen:

```
q = quantizer([6,5]);
x = rand(4,4);
b = num2bin(q, x)
b =
011110
000111
010011
001111
......
001100
```

Sie erzeugt die Zweierkomplementdarstellung der Zufallswerte x im Format [6,5]. Es gibt noch viele andere überladene Funktionen für die **quantizer**-Objekte, wie z.B. **length, disp,**

eps, **get**, **set** sowie spezielle Funktionen für diese Objekte wie z.B. **exponentbias, exponentlength, noprations, noverflow, range**.

3.3.5 Einsatz der `fi`-Objekte in Simulink

Man kann die Festkomma-Daten der MATLAB-Objekte an ein Simulink-Modell übertragen und es gibt ebenso die Möglichkeiten, die Festkomma-Daten aus einem Simulink-Modell in die MATLAB-Umgebung zu exportieren. Das Lesen von Festkomma-Daten aus MATLAB in ein Simulink-Modell wird über den Block *From Workspace* realisiert. Dabei wird eine Struktur für die Daten gebildet, die im Feld `values` ein **fi**-Objekt enthalten.

Es sind allerdings einige Einschränkungen zu beachten:

- Eine Matrix kann der *From Workspace*-Block nur als reelle Werte im *double*-Format liefern.

- Um **fi**-Daten zu lesen, darf der Parameter *Interpolate data* des Blocks *From Workspace* nicht selektiert werden.

- Der Parameter *Form output after final data value by* darf nicht auf `Extrapolation` gesetzt sein.

Festkomma-Daten aus einem Modell können der MATLAB-Umgebung über den Block *To Workspace* sowohl als Matrix-Daten, als auch in Form einer Struktur übertragen werden. Um die Daten als **fi**-Objekt zu erhalten, muss aber die Option *Log fixed-point data as a fi object* im Dialogfenster des Blocks *To Workspace* gesetzt werden, sonst werden die Daten in das *double*-Format konvertiert.

Im Programm `fi_2_workspace1.m` wird eine Struktur von Daten für den Block *From Workspace* des Modells `fi_2_worksp.mdl` initialisiert. Es werden 1000 Zufallswerte und der dazugehörige Zeitvektor mit der Abtastperiode `Ts` in die Struktur eingetragen:

```
u = fi(randn(1,1000));    % Zufallssequenz
              % mit Default Parameter des fi-Objekts
u
u =
  Columns 1 through 8
   -0.4326   -1.6655    0.1254    0.2877   -1.1465       ...
  Columns 9 through 16
    0.3273    0.1747   -0.1868    0.7258   -0.5883       ...
    .....
Columns 993 through 1000
   -0.1265   -0.7372    0.2137   -0.4005    0.0649       ...

          DataTypeMode: Fixed-point: binary point scaling
                Signed: true
            WordLength: 16
        FractionLength: 13

             RoundMode: nearest
          OverflowMode: saturate
           ProductMode: FullPrecision
```

3.3 Funktionen der *Fixed-Point Toolbox*

```
      MaxProductWordLength: 128
                   SumMode: FullPrecision
          MaxSumWordLength: 128
             CastBeforeSum: true
% --------- Bildung einer Struktur s
s.signals.values = u';      % Value-field der Struktur
s.signals.dimensions = 1;
Ts = 0.1;
s.time = [0:Ts:100-Ts]';    % Zeit-Feld
s
s =
    signals: [1x1 struct]
       time: [1000x1 double]
```

Die Struktur s enthält zwei Komponenten: den Zeitvektor s.time und die Struktur s.signals, in der die Abtastwerte s.signals.values und ein Feld für die Dimension enthalten sind:

```
>> s.signals
ans =
        values: [1000x1 embedded.fi]
    dimensions: 1
```

Über den Block *From Workspace* werden die Festkomma-Daten einem FIR-Filter, das mit dem Filterentwurfsprogramm **fdatool** entwickelt wurde, zugeleitet. Die Entwicklungsumgebung für den Filterentwurf ist in der Datei fi_2_worksp.fda gespeichert und kann aus dem **fdatool**-Programm geöffnet und bei Bedarf angepasst werden.

Über das Menü dieses Werkzeugs *File, Generate M-file* kann eine M-Datei, in der das Filter als MATLAB-Funktion generiert wird, erzeugt werden:

```
function Hd = fi_worksp_filter
....
% All frequency values are normalized to 1.

Fpass = 0.2;                % Passband Frequency
Fstop = 0.25;               % Stopband Frequency
Dpass = 0.057501127785;     % Passband Ripple
Dstop = 0.0001;             % Stopband Attenuation
dens  = 20;                 % Density Factor

% Calculate the order from the parameters using FIRPMORD.
[N,Fo,Ao,W]=firpmord([Fpass,Fstop],[1 0],[Dpass,Dstop]);

% Calculate the coefficients using the FIRPM function.
b  = firpm(N, Fo, Ao, W, {dens});
Hd = dfilt.dffir(b);

% Set the arithmetic property which is enabled by the filter design
% toolbox.
```

```
set(Hd, 'Arithmetic', 'fixed', ...
    'coeffWordLength', 16, ...
    'coeffAutoScale', true, ...
    'Signed', true, ...
    'inputWordLength', 16, ...
    'inputFracLength', 15, ...
    'FilterInternals', 'FullPrecision');
```

Daraus sind sehr einfach alle Eigenschaften des Filters zu entnehmen.

Die Ausgangsdaten des Modells (fi_2_worksp.mdl) sind im Festkomma-Format sfix34 mit dem Stellenwertpunkt nach Bit 30 (Skalierung mit 2^{-30}) gespeichert. Mit einem Block *Data Type Conversion* werden daraus wieder Festkomma-Daten im Format [16,13] erzeugt.

Die Ergebnisse werden über die Senke *To Workspace* zurück an die MATLAB-Umgebung in Form der Struktur y

```
>> y
y =
        time: []
     signals: [1x1 struct]
   blockName: 'fi_2_worksp/To Workspace'
```

transferiert.

Im Simulink-Modell kann über den Menüpunkt *Tools, Fixed Point Settings* ein Dialog zur Parametrierung der Festkommarepräsentation geöffnet werden. Wenn als *Logging mode:* die Option *Min, max and overflow* aktiviert wird, so werden die kleinsten und größten Werte sowie die Überläufe, die eventuell in den Akkumulatoren, Multiplizierern und am Ausgang auftreten, aufgezeichnet. Man kann Überläufe vermeiden, wenn man die Option *Autoscale Blocks* aktiviert.

Der *Fixed Point Settings*-Dialog kann auch über den Aufruf

```
>> fxptdlg('fi_2_worksp');
```

geöffnet werden.

3.4 Gleitkomma-Quantisierung

Zahlen im Festkomma-Format haben einen eingeschränkten Dynamik-Bereich. Abhilfe kann man durch die Aufnahme eines Exponenten in die Zahlendarstellung schaffen: man erhält das Gleitkomma-Format. Eine Zahl im Gleitkomma-Format hat die Form $\pm f \cdot 2^{\pm e}$, wobei f die Mantisse und e der ganzzahlige Exponent ist. MATLAB unterstützt die Gleitkomma-Formate des IEEE Standards 754.

Der IEEE-Standard spezifiziert vier Formate, wobei zwei davon – *single* und *double* – die am meisten verbreiteten Formate sind [16], [3]. Jedes Format besteht aus drei Komponenten mit jeweils festgelegter Länge: einem Vorzeichenbit, dem Feld für den Exponenten und dem Feld für die Mantisse (Abb. 3.22a und 3.22b).

Anders als beim Festkomma-Format, bei dem die Zahlen als 2er-Komplement-Werte gespeichert werden, ist das Vorzeichen beim Gleitkomma-Format explizit: der Wert 0 des Vorzeichenbit s steht für eine positive und der Wert 1 für eine negative Zahl. Der gebrochene Teil ist

3.4 Gleitkomma-Quantisierung

normiert und wird als eine Binärzahl der Form $1.f$ dargestellt. Da das erste Bit immer eins ist, wird seine Stelle eingespart, es existiert durch Vereinbarung. Somit ist der gebrochene Teil eine Zahl zwischen 1 und annähernd 2 (wenn f nur Einsen enthält).

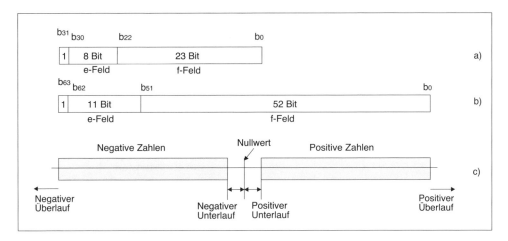

Abb. 3.22: Die Felder bei Gleitkommazahlen einfacher Genauigkeit (a), doppelter Genauigkeit (b), sowie ihr Wertebereich (c)

Im IEEE-Standard wird der Exponent mit einer Verschiebung dargestellt, so dass kein Vorzeichenbit hierfür notwendig ist. Vom Exponenten e als positive Zahl interpretiert, wird bei Zahlen einfacher Genauigkeit die Konstante 127, bei Zahlen doppelter Genauigkeit die Konstante 1023 subtrahiert, um den Exponenten der Zahl 2 zu erhalten (Gl. (3.29)). Damit berechnet man den dargestellten Wert (quantisierter Wert V_q) durch

$$Wert = V_q = (-1)^s (2^{e-127})(1.f)$$
$$0 < e < 255$$
(3.29)

Der größte positive Wert ergibt sich für $e = 254$ und

$$1.f = 1.1111...111_2 = (2^{nbf+1} - 1)2^{-nbf} = (2 - 2^{-nbf}) \cong 2,$$

was zu einem maximalen Wert der Größe $(2 - 2^{-nbf})2^{127} \cong 2^{128} = 3 \cdot 10^{38}$ führt. Hier ist nbf die Anzahl der Bit für das f-Feld: im Falle einfacher Genauigkeit ist $nbf = 23$ Bit.

Der kleinste positive Wert entspricht einem (verschobenen) Exponenten $e = 1$ und einer Mantisse $1.f = 1.0000...000_2 = 1$, was zu dem Wert $2^{1-127} = 2^{-126} = 10^{-38}$ führt. Der größte negative Wert ist -2^{-126} und der kleinste ist -2^{128}. Das Überschreiten dieser Grenzen führt zu Über- oder Unterlauf (Abb. 3.22c).

Gleitkommawerte doppelter Genauigkeit sind durch die Gleichung

$$Wert = V_q = (-1)^s (2^{e-1023})(1.f)$$
$$0 < e < 2047$$
(3.30)

gegeben.

Für die Null wird ein spezielles Muster für den Exponenten und den gebrochenen Teil benutzt und zwar $e = 0$ und $f = 0$, wobei diese Werte nicht in die Formeln (Gl. (3.29) und Gl. (3.30)) eingesetzt werden können. Weiterhin gibt es reservierte Werte zur Kennzeichnung von Ausnahmen, die bei Berechnungen auftreten können, wie NaN für *Not a Number* (z.B. bei Grenzwerten der Form 0/0, ∞, $-\infty$ usw.) und Inf zur Kennzeichnung der Zahl Unendlich (z.B. bei Division durch null).

Tabelle 3.7 fasst die Parameter der zwei Gleitkomma-Formate zusammen.

Tabelle 3.7: Parameter der Gleitkomma-Formate

Datentyp	Untere Grenze	Obere Grenze	Bias (Verschiebung) des Exponenten	Genauigkeit
einfach	$2^{-126} \cong 10^{-38}$	$2^{128} \cong 3 \cdot 10^{38}$	127	$2^{-23} \cong 10^{-7}$
doppelt	$2^{-1022} \cong 2 \cdot 10^{-308}$	$2^{1024} \cong 2 \cdot 10^{308}$	1023	$2^{-52} \cong 10^{-16}$

3.4.1 Genauigkeit der Zahlen im Gleitkomma-Format

Wegen der begrenzten Länge der Codeworte können wertkontinuierliche Variablen auch im Gleitkommaformat nur quantisiert dargestellt werden. Es ist deshalb wichtig, die Genauigkeit der Darstellung, auch im Vergleich zu den Festkomma-Zahlen, zu verstehen.

Im Festkomma-Format wird der Bereich der kontinuierlichen Variablen in 2^{nb} gleichmäßige Intervalle unterteilt. Die Größe der Intervalle bildet die Quantisierungsstufe, die auch die Genauigkeit darstellt (Abb. 3.23 links oben).

Beim Gleitkomma-Format hängen die Quantisierungsstufen vom Exponenten e ab, so als hätte man eine nicht gleichmässige Quantisierung, wie in Abb. 3.23 rechts unten dargestellt. Die kleinste Stufe erhält man für $e = bias$ die dann $q = 2^{-nbf}$ ist. Die Genauigkeiten aus Tabelle 3.7 sind durch diesen Wert gegeben.

In MATLAB ist die Genauigkeit oder Quantisierungsstufe für das *double*-Format gleich $2^{-52} = 2.2204 \cdot 10^{-16}$, ein Wert, der in der vordefinierten Variablen eps enthalten ist.

3.4.2 Dynamischer Bereich des Gleitkomma-Formats

Der dynamische Bereich DR (*dynamic range*) ist definiert als das Verhältnis der Beträge des größten darstellbaren Wertes zu dem des kleinsten, von null verschiedenen darstellbaren Wertes. Im Festkomma-Format ist der dynamische Bereich gegeben durch:

$$DR_{Festkomma} = 20 log_{10}(2^{nb} - 1) \cong 6.02 nb \; dB \qquad (3.31)$$

So erhält man z.B. bei einer Wortlänge $nb = 16$ Bit einen dynamischen Bereich von ca. 96 dB.

Der dynamische Bereich der Gleitkomma-Zahlen ist viel größer. Das Verhältnis der oberen Grenze zur unteren Grenze ist

$$(2 - 2^{-nbf}) 2^{bias} / 2^{1-bias} \cong 2^{2bias} = 2^{2^{nbe}} \qquad (3.32)$$

3.4 Gleitkomma-Quantisierung

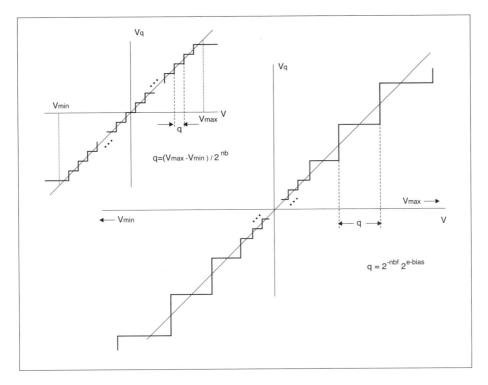

Abb. 3.23: Quantisierungsstufen beim Festkomma- und Gleitkomma-Format

und der entsprechende dynamische Bereich in dB wird zu:

$$DR_{Gleitkomma} = 20 log_{10}(2^{2^{nbe}}) \cong 6.02(2^{nbe}) \; dB \tag{3.33}$$

Bei einem Exponentfeld mit $nbe = 8$ Bit (einfache Genauigkeit) erhält man einen dynamischen Bereich von 1541 dB, der viel größer als der dynamische Bereich der Festkomma-Formate (mit 16, 24 oder 32 Bit) ist.

In den Modellen `gleit_komma1.mdl`, `gleit_komma2.mdl` und dem Programm `gleit_komma_3.m` bzw. dem Modell `gleit_komma3.mdl` werden verschiedene Blöcke mit einfacher und doppelter Genauigkeit eingesetzt, um zu zeigen, wie auch bei Gleitkomma-Formaten Fehler auftreten können.

Für die Wortlänge $nb = 32$ Bit ist die Auflösung oder Genauigkeit des Gleitkomma-Formats nicht so gut wie die des Festkomma-Formats, weil die Mantisse des Gleitkomma-Formates nur 24 Bit enthält. In der Praxis ist jedoch vielmals der dynamische Bereich die Schlüsselanforderung und die absolute Auflösung wird zu Gunsten des dynamischen Bereichs geopfert.

3.5 Entwurf quantisierter Filter

Digitale Filter arbeiten mit quantisierten Abtastwerten und sie sind durch Koeffizienten, die ebenfalls quantisiert sind, charakterisiert. Sowohl Abtastwerte als auch Filterkoeffizienten werden in einem der vorgestellten Zahlenformate dargestellt. Die Quantisierung führt zu Fehlern, die sowohl von dem verwendeten Format, als auch von der Reihenfolge, in der die Rechenoperationen ausgeführt werden, abhängen. Und Letztere ist von der Struktur, in der ein Filter implementiert wird, abhängig. MATLAB unterstützt folgende Filterstrukturen [30], [52]:

- *Direct Form I* und *Direct Form I transposed*
- *Direct Form II* und *Direct Form II transposed*
- *Direct Form FIR* und *Direct Form FIR transposed*
- *Direct Form antisymmetric FIR* und *Direct Form symmetric FIR*
- *Lattice allpass* und *Lattice coupled-allpass*
- *Lattice moving average (MA) minimum phase* und *Lattice MA maximum phase*
- *Lattice autoregressive (AR)* und *Lattice ARMA*

Wenn die *Fixed Point Toolbox* installiert ist, können mit der *Filter Design Toolbox* quantisierte Filter im Festkomma-Format entwickelt und untersucht werden. Hierfür stehen vier Filter-Klassen zur Verfügung:

1. `dfilt`, zum Entwurf von quantisierten FIR- und IIR-Filtern verschiedenster Strukturen (wie z.B. *Direct Form I, Direct Form II* usw.)

2. `fdesign` zum Entwurf von FIR- und IIR-Filtern mit bestimmten Frequenzgängen

3. `adaptfilt` zum Entwurf adaptiver Filter

4. `mfilt` zum Entwurf von Multiraten-Filtern.

In diesem Abschnitt werden die ersten beiden Klassen besprochen. Die adaptiven und Multiraten-Filter werden in nachfolgenden Kapiteln untersucht.

3.5.1 Quantisierte FIR-Filter

Für einen FIR-Tiefpass 5. Ordnung werden zwei Filterstrukturen in Abb. 3.24 dargestellt: die FIR direkte Form und die FIR direkte Form für symmetrische FIR-Filter[5].

Ein FIR-Filter realisiert die Faltungssumme zwischen den Eingangswerten $x[kT_s]$ und den Filterkoeffizienten $h[i]$ um den Ausgangswert $y[kT_s]$ zu berechnen:

$$y[kT_s] = \sum_{i=0}^{N-1} h[i]x[(k-1)T_s] \qquad (3.34)$$

---

[5]Für FIR-Filter sind die Strukturen Direct-Form I und Direct-Form II identisch und werden im Weiteren als direkte Form bezeichnet.

3.5 Entwurf quantisierter Filter

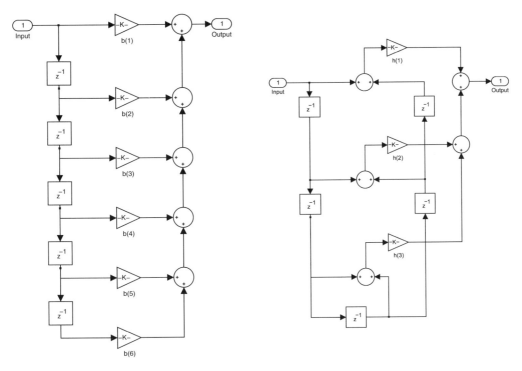

Abb. 3.24: Direkte Form für FIR-Filter und direkte Form für symmetrische FIR-Filter

Die Zwischenergebnisse der Faltungssumme werden häufig in arithmetischen Einheiten der Prozessoren mit doppelter Wortlänge berechnet, so dass hierbei die Gefahr eines Über- oder Unterlaufs geringer ist, doch bei der Ausgabe des Ergebnisses sind Skalierungen in der Regel unerlässlich. Ein Über- oder Unterlauf kann zwar durch Abfrage des entsprechenden Bit im Statuswort des Prozessors detektiert und damit vermieden werden, doch ist dieses Verfahren aufwändig.

Eine Alternative dazu ist, die Koeffizienten des Filters $h[i]$ und/oder die Eingangs- bzw. Ausgangsdaten zu skalieren. In [30] werden zwei Möglichkeiten empfohlen:

$$h[i] = h[i]/\sum_{k=0}^{N-1} |h[k]| \tag{3.35}$$

oder

$$h[i] = h[i]/\Big[\sum_{k=0}^{N-1} |h^2[k]|\Big]^{1/2} \tag{3.36}$$

Die erste Methode der Skalierung auf die Betragssumme ist eine sehr restriktive Skalierung. Bei der zweiten Methode wird auf den „Effektivwert" der Filterkoeffizienten skaliert. Sie wird in der Praxis häufiger angewandt, kann aber gelegentlich zu Über- oder Unterlauf führen. Die zu verwendende Skalierung kann in den von MATLAB angebotenen Methoden zur Filterung eingestellt werden.

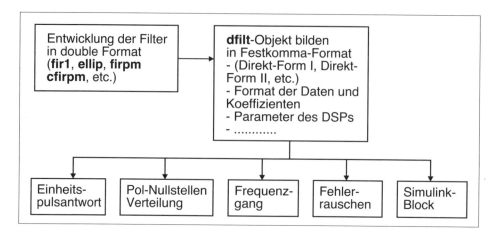

*Abb. 3.25: Entwurf der **dfilt**-Filter*

Abb. 3.25 zeigt das Schema der Entwicklung und Analyse von quantisierten Filtern mit **dfilt**-Objekten. Aus einem im *double*-Format entwickelten Filter mit den klassischen Funktionen der *Signal Processing Toolbox* oder mit den Funktionen der *Filter Design Toolbox* wird ein **dfilt**-Objekt erzeugt. In der Datenstruktur dieses Objekts können die Eigenschaften des quantisierten Filters angegeben werden, wie z.B. das Format der Daten und Koeffizienten, die Eigenschaften des DSP (Breite des Akkumulators, Art der Rundung), die Skalierungsmethode usw.

Methoden der **dfilt**-Objekte ermöglichen die Untersuchung der quantisierten Filter durch Ermittlung der Einheitspulsantwort, der Pol-Nullstellenverteilung, des Frequenzgangs und des Fehlerrauschens sowie die Durchführung der Filterung und die Erzeugung von Simulink-Blöcken für das Filter.

Als Beispiel für den Entwurf eines quantisierten Filters über MATLAB-Befehle wird in dem Programm quantis_filter1.m ein FIR-Tiefpassfilter entworfen. Zunächst wird mit **firpm** ein „unquantisiertes"[6] Filter entworfen:

```
fs = 1000;      % Abtastfrequenz
fr = 0.3;       % Durchlassfrequenz (relativ zur Nyquist Frequenz)
nord = 150;     % Ordnung des Filters
f = [0, fr, fr*1.15, 1];  % Vektor der Frequ. mit zwei Bereichen
m = [1 1 0 0];            % Vektor der Amplitudengangswerte
% --------- Ermittlung des nicht quantisierten Filters
b = firpm(nord, f, m);    % Remez Algorithmus
```

Daraus wird ein Filter-Objekt **dfilt** erstellt. Es wird formal die Direct-Form-II-Struktur gewählt, weil diese auch in Simulink unterstützt wird.

```
hq = dfilt.df2(b);   % df2, weil die Funktion block
                     % diese Struktur in Simulink unterstützt
```

---

[6] Also ein Filter mit der höchsten in MATLAB möglichen Genauigkeit.

3.5 Entwurf quantisierter Filter

Das Feld `hq.Arithmetic` des Filter-Objektes wird jetzt auf `'fixed'` gesetzt, um ein Festkomma-Format zu erzwingen:

```
%hq.Arithmetic ='fixed';      % Festkomma-Format
set(hq,'Arithmetic','fixed');
hq
%pause
```

Die in der Datenstruktur gespeicherten Eigenschaften des Filter-Objekts kann man durch Eingabe des Variablennamens im Kommandofenster ansehen:

```
hq =
       FilterStructure: 'Direct-Form II'
            Arithmetic: 'fixed'
             Numerator: [1x151 double]
           Denominator: 1
      PersistentMemory: false
       CoeffWordLength: 16
       CoeffAutoScale: true
                Signed: true
       InputWordLength: 16
       InputFracLength: 15
      OutputWordLength: 16
            OutputMode: 'AvoidOverflow'
       StateWordLength: 16
       StateFracLength: 15
           ProductMode: 'FullPrecision'
             AccumMode: 'KeepMSB'
      AccumWordLength: 40
         CastBeforeSum: true
             RoundMode: 'convergent'
          OverflowMode: 'wrap'
```

Die quantisierten Koeffizienten sind im Feld `hq.Numerator`, allerdings noch in dem hoch aufgelösten MATLAB-Format *double* enthalten. Wenn man Voreinstellungen ändern möchte, so muss man zuerst die dazugehörenden Bedingungen ändern. Als Beispiel sollen die mit hoher Auflösung vorliegenden Koeffizienten mit einer Mantisse der Länge 15 quantisiert werden. Dazu muss die automatische Skalierung der Koeffizienten, die mit der Option `CoeffAutoScale: true` vorgegeben ist, ausgeschaltet werden. Die Programmsequenz hierfür lautet:

```
set(hq, 'CoeffAutoScale',false)
set(hq, 'NumFracLength',15)
set(hq, 'DenFracLength',15)
% -------- Eigenschaften von hq
hq
pause
```

Ähnlich wird auch die Genauigkeit der Berechnung der Produkte mit

```
set(hq, 'ProductMode','SpecifyPrecision')
```

zur Veränderung freigegeben. Statt `ProductMode: 'FullPrecision'` sind jetzt die Voreinstellungen

```
ProductMode: 'SpecifyPrecision'
ProductWordLength: 32
NumProdFracLength: 30
DenProdFracLength: 30
```

aktiv und können einzeln mit dem Befehl **set** geändert werden. Mit dem Funktionsaufruf `specifyall(hq)` werden alle Eigenschaften freigegeben und können geändert werden.

Mit der Methode **zplane**(hq) kann die Pol-Nullstellenverteilung dargestellt werden (Abb. 3.26, oben links). Mit o werden dabei die Nullstellen des „unquantisierten" FIR-Filters (Wurzeln des Polynoms mit den Koeffizienten b) gekennzeichnet und mit kleinen Quadraten werden die Nullstellen des quantisierten Filters (Wurzeln des Polynoms mit den Koeffizienten hq.Numerator) angegeben. Die Polstellen des Filters werden mit x bzw. + gekennzeichnet, sie liegen bei einem FIR-Filter aber alle im Ursprung der z-Ebene.

Die Frequenzgänge des „unquantisierten" und des quantisierten Filters (überlagert dargestellt) werden mit **freqz**(hq) ermittelt (Abb. 3.26, oben rechts). Für das Filter aus dem Beispiel ist kein Unterschied zwischen den Frequenzgängen des quantisierten und unquantisierten Filters erkennbar. Ähnlich werden die Einheitspulsantworten dieser Filter mit der Funktion **impz**(hq) überlagert dargestellt (Abb. 3.26, unten links).

Den Einfluss der Quantisierung in Form eines Leistungsdichtespektrums des Fehlers kann mit der Funktion **noisepsd**(hq) ermittelt werden (Abb. 3.26, unten rechts). Sie basiert auf dem Verfahren, das in der Literatur als *Noise Loading Method* bekannt ist [49].

In dem Programm `quantis_filter1.m` ist auch die Filterung mit dem entworfenen Filter implementiert. Es wird ein sinusförmiges Signal im Durchlassbereich des Filters gewählt,

```
frs = (fr/2)*0.7;          % Signalfrequenz (relativ zu fs)
amp1 = 0.95;
n = 0:fix(100/frs);
x = amp1*sin(2*pi*frs*n);  % Ideales Eingangssignal
```

das quantisiert wird:

```
q = quantizer('fixed', 'ceil', 'saturate', [16 15]);
% Quantizierer
xq = quantize(q,x);        % Quantisiertes Eingangssignal
```

Mit der Funktion **quantizer** wird der Quantisierer definiert und mit **quantize** wird aus der Sequenz x die quantisierte Sequenz xq generiert. Wegen der Wahl einer Mantisse der Länge 15 bei einer Wortlänge von 16 Bit können Zahlen im Intervall $[-1, 1)$ dargestellt werden. Die binäre Darstellung von Zahlen durch den Quantisierer sieht man durch folgende Aufrufe:

```
>> num2bin(q, 0.95)
ans =
0111100110011010
>> num2bin(q, -0.95)
ans =
1000011001100111
>> num2bin(q, 2)
```

3.5 Entwurf quantisierter Filter

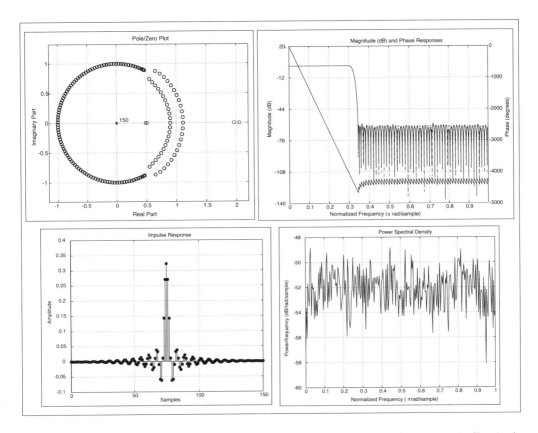

Abb. 3.26: Eigenschaften des unquantisierten und des quantisierten Filters (quantis_filter1.m)

```
Warning: 1 overflow.
ans =
0111111111111111
```

So werden z.B. die Extremwerte des Signals vom Quantisierer mit dem als Antwort auf den Befehl **num2bin** dargestellten Codewort repräsentiert. Für den Wert 2 erhält man einen Überlauf und der Binärwert ist auf $1 - 2^{-15} \cong 1$ wegen der Option `saturate` begrenzt.

Die Filterung der unquantisierten und der quantisierten Sequenz mit dem unquantisierten bzw. quantisierten Filter wird in den Aufrufen

```
yq = filter(hq,xq);          % Quantisierter Ausgang
y  = filter(b,1,x);          % Idealer Ausgang
```

durchgeführt.

Mit der Funktion **block** kann aus dem **dfilt**-Filterobjekt ein Simulink-Block erzeugt werden:

```
% Das Modell quantis_filter_1.mdl muss geöffnet sein
set(hq, 'RoundMode', 'round');
block(hq, 'Destination','Current',...
    'Blockname', 'Quant-Filter', ...
    'OverwriteBlock','on');
```

Mit der Angabe der Auswahl Current für die Option Destination wird der erzeugte Block einem geöffneten Simulink-Modell hinzugefügt. In unserem Beispiel ist es das Modell quantis_filter_1.mdl, das geöffnet sein muss. Der Block erhält den Namen Quant-Filter und er wird wegen der Option OverwriteBlock bei jedem Aufruf des Befehls **block** überschrieben.

Das Modell quantis_filter_1.mdl ist sehr einfach und enthält nur eine quantisierte sinusförmige Quelle (aus dem *Signal Processing Blockset*), das Filter und Oszilloskope (*Scope Blocks*). Durch Änderung der Parameter der Quelle und des Filters können verschiedene Situationen untersucht werden.

3.5.2 Quantisierte IIR-Filter

Die Entwicklung und Analyse von quantisierten IIR-Filtern wird mit Hilfe des schon erwähnten Werkzeugs *Filter-Design und Analysis-Tool* (*FDATool*) vorgestellt (Abb. 3.27).

Beispielhaft soll ein elliptisches IIR-Tiefpass-Filter mit einer relativen Bandbreite $f_r = 0.4$ und der Ordnung $N = 7$ entworfen werden. Dies geschieht durch Aktivieren der Schaltfläche *Design Filter*. Da in der Menüleiste die Schaltfläche für den Amplitudengang (*Magnitude Response*) ausgewählt ist, wird dieser nach erfolgtem Filterentwurf dargestellt. Alternativ kann man über weitere Schaltflächen den Phasengang (*Phase Response*), den Amplituden- und Phasengang überlagert, die Gruppenlaufzeit (*Group Delay Response*), die Laufzeit (*Phase Delay*), die Einheitspulsantwort (*Impulse Response*), die Sprungantwort (*Step Response*), die Pol-Nullstellenverteilung (*Pole/Zero Plot*) und die Koeffizienten des Filters (*Filter Coefficients*) darstellen.

Mit der Schaltfläche *Full View Analysis* erfolgt die gewählte Darstellung in einem eigenen Fenster, in dem die Graphik auch bearbeitet werden kann. Über die Schaltfläche mit der Bezeichnung *i* erhält man Informationen zum entworfenen Filter. Zur Entwicklung von quantisierten Filtern dienen die drei auf die Informationsschaltfläche folgenden Schaltflächen.

Über das Menü *Edit–Convert Structure* kann die Filterstruktur (Abschnitt 3.5) angegeben werden. In der Einstellung aus Abb. 3.27 wurde die Struktur *Direct-Form II, Second-Order Sections* gewählt.

In Abb. 3.28 ist beispielhaft diese Struktur für ein Filter 5. Ordnung dargestellt. Die Koeffizienten des Zählers werden mit $b_{i,n}$ und die des Nenners mit $a_{i,n}$ bezeichnet, wobei der zweite Index den Abschnitt (*section*) angibt. Das Filter besteht aus einem Abschnitt erster Ordnung und zwei Abschnitten zweiter Ordnung.

Für einen Abschnitt zweiter Ordnung (hier der erste der beiden Abschnitte zweiter Ordnung) erhält man folgende Differenzengleichungen, die den Eingang $x[kT_s]$, die Zwischenva-

3.5 Entwurf quantisierter Filter

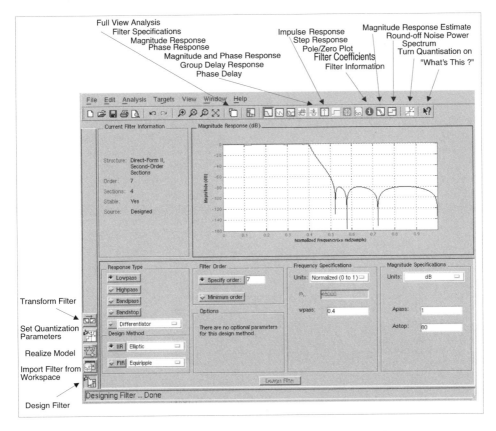

Abb. 3.27: FDATool, initialisiert für einen elliptischen IIR-Tiefpass

riable $w[kT_s]$ und den Ausgang $y[kT_s]$ verbinden:

$$w[kT_s] = x[kT_s] - a(2,2)w[(k-1)T_s] - a(3,2)w[(k-2)T_s]$$
$$y[kT_s] = w[kT_s] + b(2,2)w[(k-1)T_s] + w[(k-2)T_s]$$
(3.37)

Sie entsprechen folgenden Übertragungsfunktionen:

$$H_{wx}(z) = \frac{W(z)}{X(z)} = \frac{1}{1 + a(2,2)z^{-1} + a(3,2)z^{-2}}$$

$$H_{yx}(z) = \frac{Y(z)}{X(z)} = \frac{1 + b(2,2)z^{-1} + z^{-2}}{1 + a(2,2)z^{-1} + a(3,2)z^{-2}}$$
(3.38)

In ähnlicher Form können die Differenzengleichungen und Übertragungsfunktionen für den Abschnitt 1. Ordnung ermittelt werden. Der Faktor $s(1)$ am Eingang dieses Abschnittes (Abb. 3.28) ist ein Skalierungsfaktor, so dass die gesamte Übertragungsfunktion über alle Abschnitte die Verstärkung $A = 1$ bei $\omega = 0$ besitzt.

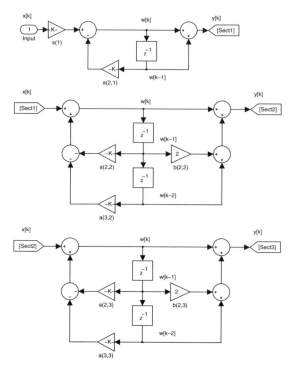

Abb. 3.28: IIR-Filter 5. Ordnung mit der Struktur: Direct-Form II, Second-Order Section

Die Koeffizienten eines mit dem *FDATool* entwickelten Filters können über das Menü *File–Export* in die MATLAB-Umgebung (*Workspace*) übertragen werden: Man gibt das Ziel an (*Workspace, Text-file* oder *MAT-file*), die gewünschte Form (*Coefficients* oder *Objects*) und schließlich werden die Namen der Variablen für die Koeffizienten gewählt.

Beim Export in die MATLAB-Umgebung in Form von Koeffizienten muss man einen Namen für die *SOS Matrix* und für den Skalierungsfaktor *Gain* angeben. Die so genannte SOS-Matrix (*Second-Order-Sections*) enthält in jeder Zeile die Koeffizienten eines Abschnitts der Struktur. Die ersten drei Elemente stellen die Koeffizienten des Zählers und die nächsten drei Elemente die Koeffizienten des Nenners dar. Für ein IIR-Filter der Ordnung 7 erhält man z.B. folgende Werte:

```
SOS =
    1.0000    1.2907    1.0000    1.0000   -1.1693    0.6039
    1.0000    0.4793    1.0000    1.0000   -0.7969    0.7942
    1.0000    0.1465    1.0000    1.0000   -0.6030    0.9392
    1.0000    1.0000         0    1.0000   -0.7017         0
G =
    0.0264
    0.4023
    0.6225
    0.7455
    1.0000
```

3.5 Entwurf quantisierter Filter

Man erkennt in der letzten Zeile der Matrix SOS die Koeffizienten eines Abschnitts erster Ordnung und darüber die Koeffizienten von drei Abschnitten zweiter Ordnung, so dass man insgesamt die Ordnung 7 für das Filter erhält.

Die Übertragungsfunktionen der Abschnitte sind somit:

$$H_1(z) = \frac{1 + 1.2907z^{-1} + z^{-2}}{1 - 1.1693z^{-1} + 0.6039z^{-2}}; \quad \text{mit} \tag{3.39}$$
$$H_1(0) = (1 + 1.2907 + 1)/(1 - 1.1693 + 0,6039) = 7.5718$$

$$H_2(z) = \frac{1 + 0.4793z^{-1} + z^{-2}}{1 - 0.7969z^{-1} + 0.7942z^{-2}}; \quad \text{mit} \tag{3.40}$$
$$H_2(0) = (1 + 0.4793 + 1)/(1 - 0.7969 + 0,7942) = 2.4860$$

$$H_3(z) = \frac{1 + 0.1465z^{-1} + z^{-2}}{1 - 0.6030z^{-1} + 0.9392z^{-2}}; \quad \text{mit} \tag{3.41}$$
$$H_3(0) = (1 + 0.1465 + 1)/(1 - 0.6030 + 0.9392) = 1.6064$$

$$H_4(z) = \frac{1 + z^{-1}}{1 - 0.7017z^{-1}}; \quad \text{mit} \tag{3.42}$$
$$H_4(0) = 2/(1 - 0.7017) = 6.7047$$

Zu bemerken ist, dass die Werte der Koeffizienten im MATLAB-Format *short* ausgegeben werden und somit nicht alle Dezimalstellen, die das Arbeitsformat *double* bereithält, dargestellt sind. Wenn man im Kommando-Fenster das Format

```
>> format long e
```

wählt, erhält man die Werte in voller Auflösung dargestellt.

Der Faktor G = G(1)G(2)...G(4) = 0.0049 stellt den Kehrwert des Produktes der Übertragungsfaktoren $H_1(0)H_2(0)H_3(0)H_4(0) = 202.7383$ dar und gibt an, mit welchem Faktor man die Übertragungsfunktion des Filters multiplizieren muss, so dass bei $\omega = 0$ die Verstärkung $A = 1$ ist. Die einzelnen Faktoren G(i) führen dazu, dass in den SOS-Abschnitten kein Über- oder Unterlauf auftritt, wenn angenommen wird, dass die Abtastwerte des Eingangssignals zwischen -1 und 1 liegen.

Die Arbeitssitzung mit dem *FDATool* wird unter IIR_1.fda gespeichert, um als Referenz für ein zu entwerfendes quantisiertes Filter zu dienen. In einer neuen Arbeitssitzung wird zunächst erneut dasselbe unquantisierte Filter 7. Ordnung entwickelt. Die Quantisierung wird über die Schaltfläche (*Set quantization parameters*) am linken Fensterrand eingeleitet.

Zuerst wird die Option *Filter arithmetic* auf *Fixed-point* gesetzt. Danach können über die drei Optionskarten *Coefficients*, *Input/Output* und *Filter Internals* die Parameter des quantisierten Filters eingestellt werden. Abb. 3.29 zeigt die Bedienoberfläche des *FDATool* mit der Optionskarte *Input/Output*, über die man das Format des Eingangs- und des Ausgangssignals festlegt (hier [16,15] bzw. [16,14]) und das Format der Signale am Eingang und Ausgang der SOS-Abschnitte (*Stage*) wählt (hier [16,14]). In den anderen beiden Optionskarten ist die Quantisierung der Filterkoeffizienten, bzw. sind die Eigenschaften der Multiplizierer und Akkumulatoren einzustellen.

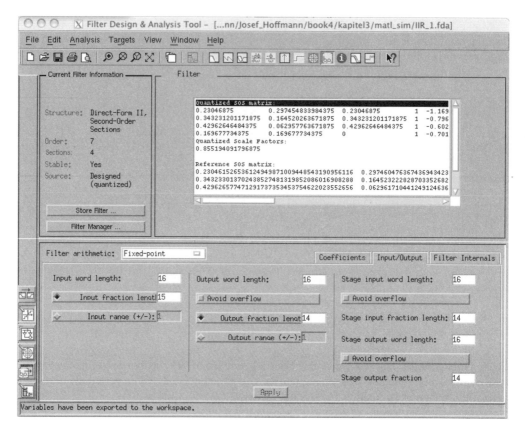

Abb. 3.29: Parameter für das quantisierte IIR-Filter 7. Ordnung

Mit der Schaltfläche *Filter coefficients* aus der Menüleiste am oberen Fensterrand wurde die Anzeige der quantisierten Filterkoeffizienten und der Referenzkoeffizienten eingeschaltet. Die quantisierten Koeffizienten der SOS-Abschnitte sind:

```
SOS =
     0.2305    0.2975    0.2305    1.0000   -1.1693    0.6039
     0.3432    0.1645    0.3432    1.0000   -0.7969    0.7942
     0.4296    0.0630    0.4296    1.0000   -0.6030    0.9392
     0.1697    0.1697         0    1.0000   -0.7017         0
G =
     0.8552
     1.0000
     1.0000
     1.0000
     1.0000
```

Die Skalierung ist jetzt viel einfacher (automatisch gewählt worden) und kann über *Edit, Reorder and Scale Second-Order Sections...* beliebig geändert werden.

3.5 Entwurf quantisierter Filter

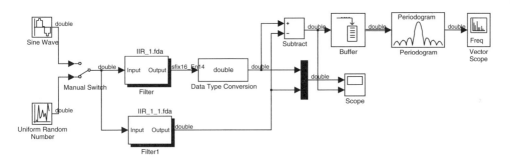

Abb. 3.30: Simulink-Modell zum Testen des quantisierten IIR-Filters (iir1.mdl, IIR_1.fda, IIR_1_1.fda)

Aus dem *FDATool* kann ein Simulink-Block für das Filter erzeugt werden. Mit der Schaltfläche *Realize Model* (unterhalb der Quantisierungsschaltfläche) wählt man eine Eingabemaske, in der das Ziel (*Destination*) und der Name des zu erstellenden Blocks angeben werden. Ist von Simulink bereits ein Modellfenster geöffnet, so kann als Ziel *Current* eingegeben werden und der Block wird in dem geöffneten Modellfenster erzeugt.

Im Modell IIR1.mdl (Abb. 3.30) sind die beiden Filter (quantisiertes und Referenzfilter) aus IIR_1.fda und IIR_1_1.fda so eingebunden, dass man mit einem sinusförmigen und mit einem Rauschsignal die Quantisierungsfehler untersuchen kann. Der Oszilloskop-Block *Scope* stellt die Ausgänge der Filter dar.

Wenn das Eingangssignal die Grenzen -1 und $\cong 1(1 - 2^{-15})$ über- oder unterschreitet, dann wird im Kommando-Fenster folgende Meldung ausgegeben:

```
Warning: Block 'iir1/Filter/ConvertIn' Saturation occurred.
iir1/Filter/ConvertIn
```

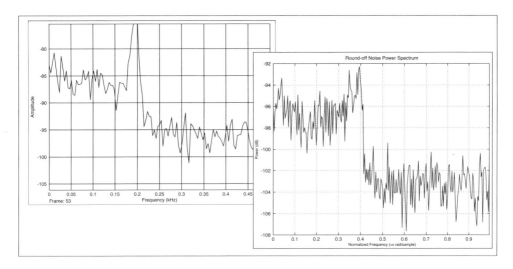

Abb. 3.31: Leistungsdichtespektren der Fehler (iir1.mdl, IIR_1.fda, IIR_1_1.fda)

Im Modell wird auch das Leistungsdichtespektrum der Differenz der Ausgangssignale des unquantisierten und quantisierten Filters ermittelt und dargestellt (Abb. 3.31 links). Ein solches Leistungsdichtespektrum kann auch bereits vom *FDATool* für das quantisierte Filter mit Hilfe der Menüschaltfläche *Round-off noise power spectrum* (in der Menüleiste oben, neben der Hilfe-Schaltfläche) ermittelt werden. Diese ist in Abb. 3.31 rechts dargestellt. Zwischen den beiden Leistungsdichten besteht ein Unterschied von ca. 10 dB, weil im Simulink-Modell auch die Quantisierung des Eingangssignal berücksichtigt wird.

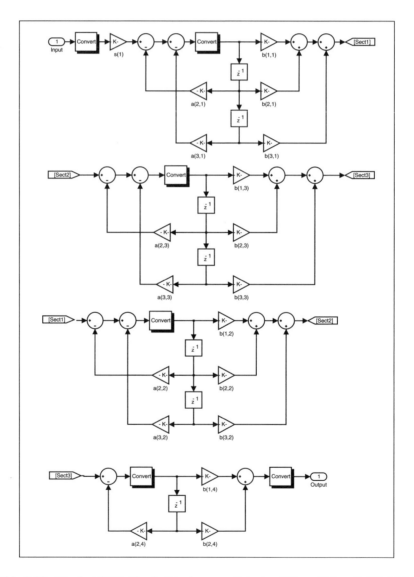

Abb. 3.32: Die drei SOS-Abschnitte des quantisierten Filters (iir1.mdl, IIR_1.fda)

Abb. 3.32 zeigt die drei Abschnitte des quantisierten Filters. Es wird ein einziger Skalierungsfaktor s(1) am Eingang benutzt. Die mit Schatten hervorgehobenen Blöcke dienen zur Konvertierung der Formate. Diese Darstellung erhält man durch Doppelklick auf den Block Filter im Modell iir1.mdl (Abb. 3.30).

3.6 Entwurf von **fdesign**-Filterobjekten

Während bei den **dfilt**-Filterobjekten die Filterstruktur die Entwurfsgrundlage bildet, steht bei den **fdesign**-Filterobjekten der Typ des Amplitudengangs (Tiefpass, Bandpass usw.) im Vordergrund. Wie die **dfilt**-Objekte, dienen die **fdesign**-Filterobjekte als Datenstruktur zur Speicherung der Filterspezifikationen und Filtereigenschaften. Durch die Erzeugung eines **fdesign**-Objektes ist somit das Filter noch nicht entworfen, sondern lediglich spezifiziert. Zum eigentlichen Entwurf und zur Implementierung des Filters sind geeignete Methoden des Objektes aufzurufen. Ein kleines Beispiel soll diesen Weg erläutern. Mit

```
d = fdesin.lowpass;
```

wird ein Tiefpassfilter-Objekt mit den voreingestellten Spezifikationen erzeugt. Über

```
>> d
d =
            ResponseType: 'Minimum-order lowpass'
       SpecificationType: 'Fp,Fst,Ap,Ast'
             Description: {4x1 cell}
       NormalizedFrequency: true
                      Fs: 'Normalized'
                   Fpass: 0.4500
                   Fstop: 0.5500
                   Apass: 1
                   Astop: 60
```

oder mit **get**(d) werden die Spezifikationen angezeigt. Die für die angenommene Spezifikation verfügbaren Methoden zum Filterentwurf erhält man mit dem Aufruf:

```
>> designmethods(d)
Design Methods for class fdesign.lowpass (Fp,Fst,Ap,Ast):
butter    cheby1    cheby2    ellip    equiripple    kaiserwin
```

Den Entwurf eines Elliptischen Filters und die Darstellung des Frequenzgangs erhält man dann mit folgender Programmsequenz:

```
hd = ellip(d);
fvtool(hd);
```

Die Struktur, in der das Filter implementiert ist, wird mit **get**(hd) sichtbar:

```
>> get(hd)
        PersistentMemory: 0
      NumSamplesProcessed: 0
          FilterStructure:'Direct-Form II, Second-Order Sections'
                   States: [2x3 double]
```

```
        Arithmetic: 'double'
          sosMatrix: [3x6 double]
        ScaleValues: [4x1 double]
```

Abb. 3.33 zeigt z.B. ein Schema zu Spezifikation eines Bandpassfilters, das bei der Definition des **fdesign**-Objekts berücksichtigt werden kann, wie in:

```
Fstop1 = 0.2;   Fpass1 = 0.25;   Fpass2 = 0.4;   Fstop2 = 0.45;
Astop1 = 60;    Apass = 0.1;     Astop2 = 80;
d = fdesign.bandpass(Fstop1, Fpass1, Fpass2, ...
                Fstop2, Astop1, Apass, Astop2);
get(d);
           ResponseType: 'Minimum-order bandpass'
            Description: {7x1 cell}
      SpecificationType: 'Fst1,Fp1,Fp2,Fst2,Ast1,Ap,Ast2'
     NormalizedFrequency: 1
                     Fs: 'Normalized'
                 Fstop1: 0.2000
                 Fpass1: 0.2500
                 Fpass2: 0.4000
                 Fstop2: 0.4500
                 Astop1: 60
                  Apass: 0.1000
                 Astop2: 80
```

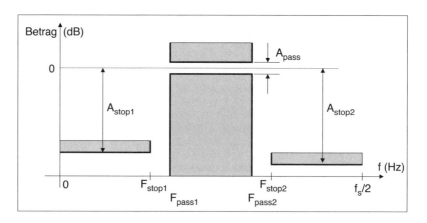

Abb. 3.33: Spezifikationsschema für ein Bandpassfilter

Für die Entwurfsmethode können je nach Verfahren zusätzliche Parameter angegeben werden. Man kann z.B. fordern, dass die Vorgaben im Durchlassbereich (oder auch im Sperrbereich oder in beiden Bereichen) exakt zu erfüllen sind:

```
hd = ellip(d, 'matchexactly', 'passband');
% hd = ellip(d, 'matchexactly', 'both');
get(hd)
        PersistentMemory: 0
```

3.6 Entwurf von **fdesign**-Filterobjekten

```
       NumSamplesProcessed: 0
           FilterStructure: 'Direct-Form II, Second-Order Sections'
                    States: [2x8 double]
                Arithmetic: 'double'
                 sosMatrix: [8x6 double]
               ScaleValues: [9x1 double]
```

Mit

`hd.sosmatrix`

ans =

```
    1.0000    1.4162    1.0000    1.0000   -1.0411    0.7617
    1.0000   -1.9390    1.0000    1.0000   -0.8351    0.7434
    1.0000   -1.7240    1.0000    1.0000   -1.2238    0.8351
    1.0000    0.1998    1.0000    1.0000   -0.6769    0.7990
    1.0000   -1.6075    1.0000    1.0000   -0.5919    0.8832
    1.0000   -0.1828    1.0000    1.0000   -1.3459    0.9114
    1.0000   -0.3005    1.0000    1.0000   -1.4172    0.9726
    1.0000   -1.5632    1.0000    1.0000   -0.5653    0.9624
```

erhält man die Koeffizienten der Abschnitte zweiter Ordnung (*Second Order Sections*). Diese sind im *double*-Format, in dem alle Entürfe zunächst stattfinden. Zur Quantisierung der Filterkoeffizienten im Festkomma-Format dient der Aufruf:

```
hd.arithmetic = 'fixed';
get(hd)
hd =
           FilterStructure: 'Direct-Form II, Second-Order Sections'
                Arithmetic: 'fixed'
                 sosMatrix: [8x6 double]
               ScaleValues: [9x1 double]
          PersistentMemory: false
           CoeffWordLength: 16
            CoeffAutoScale: true
                    Signed: true
           InputWordLength: 16
           InputFracLength: 15
      StageInputWordLength: 16
       StageInputAutoScale: true
     StageOutputWordLength: 16
      StageOutputAutoScale: true
          OutputWordLength: 16
                OutputMode: 'AvoidOverflow'
           StateWordLength: 16
           StateFracLength: 15
               ProductMode: 'FullPrecision'
                 AccumMode: 'KeepMSB'
           AccumWordLength: 40
             CastBeforeSum: true
                 RoundMode: 'convergent'
              OverflowMode: 'wrap'
```

Die dargestellten Eigenschaften wurden bereits in Verbindung mit den **dfilt**-Objekten im Festkomma-Format besprochen. Setzt man z.B. mit

`hd.CoeffAutoScale='false'`

die automatische Skalierung der Koeffizienten auf `false`, kann man die Radixstellen für die Koeffizienten des Zählers und des Nenners `NumFracLength` bzw. `DenFracLength` ändern.

Über `href` = **reffilter**(hd) wird das dem quantisierten Filter zu Grunde liegende Referenzfilter ermittelt und man kann danach die Eigenschaften der beiden vergleichen (z.B. mit **fvtool**(href, hd)).

4 Multiraten-Signalverarbeitung

In modernen digitalen Systemen müssen Signale häufig mit verschiedenen Abtastfrequenzen verarbeitet werden. Dieses, als Multiraten-Signalverarbeitung bezeichnete Teilgebiet der digitalen Signalverarbeitung wird z.B. in den Büchern [30], [52], [58] vorgestellt. Deutschsprachig und umfangreich ist das Thema in [17] behandelt.

Die Hauptoperationen der Multiraten-Signalverarbeitung sind die Dezimierung (oder Dezimation) und die Interpolierung (oder Interpolation). Die Dezimierung reduziert die Abtastfrequenz und mit der Interpolierung wird die Abtastrate erhöht. Eine typische Anwendung ist die Interpolierung der auf einer handelsüblichen Audio-CD mit 44,1 kHz Abtastfrequenz enthaltenen Daten, wenn man sie in einem Studio abspielen möchte, in dem eine Abtastfrequenz von 48 kHz (oder 96 kHz) verwendet wird. Oder, ein analoges Signal, das mit einer größeren Abtastrate als vom Abtasttheorem verlangt, abgetastet wird, benötigt ein viel einfacheres *Antialiasing*-Filter vor dem A/D-Wandler. Die Abtastrate des digitalen, überabgetasteten Signals wird (unter Verwendung einfacher zu realisierender digitaler Filter) danach dezimiert, um den Bearbeitungsaufwand zu verringern [3]. Ähnlich kann man kurz vor der D/A-Wandlung des Signals seine Abtastrate wieder erhöhen, um die Anforderungen an das analoge Filter am Ausgang des D/A-Wandlers gering zu halten.

Die Multiraten-Signalverarbeitung spielt auch in der effizienten Implementierung von Algorithmen der Digitalen Signalverarbeitung eine wichtige Rolle. Für digitale FIR-Filter mit sehr kleiner Bandbreite im Vergleich zur Abtastfrequenz benötigt man sehr viele Koeffizienten. Durch Dezimierung wird die relative Bandbreite erhöht und die Anzahl der Koeffizienten für die gewünschten Filtereigenschaften reduziert. Solche Anwendungen der Multiraten-Signalverarbeitung werden in diesem Kapitel beschrieben und mit Funktionen aus der *Signal Processing Toolbox* und Blöcken aus dem *Signal Processing Blockset* veranschaulicht und analysiert.

Tabelle 4.1: Funktionen zur Multiraten-Signalverarbeitung (Signal Processing Toolbox)

`decimate`	Dezimierung mit ganzzahligem Faktor
`interp`	Interpolierung mit ganzzahligem Faktor
`intfilt`	FIR-Filter zur Interpolierung (inklusive FIR-Lagrange-Filter)
`downsample`	Herabsetzung der Abtastrate mit ganzzahligem Faktor
`upsample`	Erhöhung der Abtastrate mit ganzzahligem Faktor
`upfirdn`	Überabtastung (*Upsample*), FIR-Filterung und Unterabtastung (*Downsample*)
`resample`	Änderung der Abtastrate mit einem rationalen Faktor
`interpft`	Eindimensionale Interpolierung über die FFT
`interp1`	Eindimensionale Interpolierung (über *Table-Lookup*)
`interp2`	Zweidimensionale Interpolierung (über *Table-Lookup*)
`interp3`	Dreidimensionale Interpolierung (über *Table-Lookup*)
`interpn`	Multidimensionale Interpolierung (über *Table-Lookup*)
`spline`	*Cubic-Spline* Interpolierung

Die wichtigsten Funktionen zur Multiraten-Signalverarbeitung der *Signal Processing Toolbox* sind in der Tabelle 4.1 aufgeführt.

Viele Multiraten-Anwendungen können auch mit Funktionen aus anderen *Toolboxen* simuliert und untersucht werden. Sehr wichtig sind die Blöcke des *Signal Processing Blockset*, die es ermöglichen, Modelle aufzubauen, die man automatisch in C-Programme für verschiedene DSP-Plattformen umsetzen kann. Dadurch wird MATLAB/Simulink mit allen Erweiterungen immer mehr ein Werkzeug nicht nur zur Entwicklung, sondern auch zur industriellen Implementierung von Algorithmen der Digitalen Signalverarbeitung.

Tabelle 4.2 zeigt die Blöcke aus dem *Signal Processing Blockset*, die für die Multiraten-Signalverarbeitung vorgesehen sind.

In der *Filter Design Toolbox* gibt es die Objektklasse `mfilt` für Multiratenfilter, welche die wichtigsten Multiraten-Filter enthält. Tabelle 4.3 zeigt die Filtertypen, die verfügbar sind. Die Eigenschaften der Klassenobjekte sind wie bei den `dfilt`-Objekten einstellbar und es können sowohl Filter im Festkomma-, als auch im Gleitkomma-Format implementiert werden.

Die Funktionen aus Tabelle 4.1 sind leicht einzusetzen, wenn man die Grundlagen der Multiraten-Signalverarbeitung kennt [30], [17]. In den nächsten Abschnitten werden einige

Tabelle 4.2: Blöcke zur Multiraten-Signalverarbeitung (Signal Processing Blockset)

Block	Kurze Beschreibung
Upsample	Erhöht die Abtastrate (Einfügen von Nullwerten)
Downsample	Setzt die Abtastrate herab (durch Unterabtastung)
interp	Eindimensionale Interpolierung
Variable Integer Delay	Verzögert eine Sequenz mit einer ganzen Zahl von Abtastintervallen
Variable Fractional Delay	Verzögert eine Sequenz mit einer gebrochenen Zahl von Abtastintervallen
FIR Decimation	Dezimierung mit FIR-Filter
FIR Interpolation	Interpolierung mit FIR-Filter
FIR Rate Conversion	FIR-Ratenänderung mit gebrochenem Faktor
Two-Channel Analysis Subband Filter	Zweikanal-Zerlegungsfilter
Two-Channel Synthesis Subband Filter	Zweikanal-Synthesefilter
Dyadic Analysis Filter Bank	Dyadische Zerlegungsfilterbank
Dyadic Synthesis Filter Bank	Dyadische Synthesefilterbank
CIC Decimation	CIC (*Cascaded-Integrator-Comb*) Dezimierung
CIC Interpolation	CIC (*Cascaded-Integrator-Comb*) Interpolierung

4.1 Dezimierung mit einem ganzzahligen Faktor

Tabelle 4.3: Methoden der Multiraten-Filterobjektklasse mfilt

Methode	Kurze Beschreibung
`mfilt.cicdecim`	Festkomma *Cascaded-Integrator-Comb* Dezimierungsfilter
`mfilt.cicinterp`	Festkomma *Cascaded-Integrator-Comb* Interpolierungsfilter
`mfilt.fftfirinterp`	*Overlap-Add*-FIR Polyphasen-Interpolierungsfilter
`mfilt.firdecim`	Direct-Form Polyphasen-FIR-Dezimierungsfilter
`mfilt.firdtecim`	Direct-Form *transposed* Polyphasen-FIR-Dezimierungsfilter
`mfilt.firinterp`	Direct-Form Polyphasen-FIR-Interpolierungsfilter
`mfilt.firfracdecim`	Direct-Form fraktionales Polyphasen-FIR-Dezimierungsfilter
`mfilt.firfracinterp`	Direct-Form fraktionales Polyphasen-FIR-Intergrationsfilter
`mfilt.firsrc`	Direct-Form Polyphasen-FIR-Filter zur Abtastratenwandlung
`mfilt.holdinterp`	*Hold*-FIR-Interpolierung zwischen den Abtastwerten
`mfilt.linearinterp`	Lineare FIR-Interpolierung zwischen den Abtastwerten

Themen aus diesem sehr umfangreichen Bereich beschrieben und mit Simulink-Experimenten, in denen die Blöcke aus Tabelle 4.2 eingesetzt werden, veranschaulicht.

4.1 Dezimierung mit einem ganzzahligen Faktor

Eine grundlegende Operation in der Multiraten-Signalverarbeitung ist die Dezimierung. Abb. 4.1a zeigt das Blockschema der Dezimierung mit ganzzahligem Faktor M. Die Eingangssequenz $x[kT_s]$ wird mit einem digitalen *Antialiasing*-Filter mit der Grenzfrequenz (einseitige Bandbreite) $f_g = f_s/(2M)$ gefiltert und man erhält die Sequenz $w[kT_s]$, welche anschließend mit dem Faktor M (im Bild $M = 3$) dezimiert wird. Bei der Dezimierung werden $M - 1$ Abtastwerte verworfen. Die neue Abtastperiode wird somit $T'_s = MT_s$.

Die Ausgangssequenz $y[mT'_s]$ enthält nur jeden M-ten Wert der gefilterten Sequenz $w[kT_s]$ und ist durch

$$y[mT'_s] = w[mMT_s] = \sum_{k=-\infty}^{\infty} h[kT_s]x[(mM-k)T_s] \qquad (4.1)$$

gegeben.

Abb. 4.2 zeigt die Interpretation der Dezimierung im Frequenzbereich. Ein Signal kann mit dem Faktor M ohne Überfaltungen (*aliasing*) dezimiert werden, wenn seine einseitige Bandbreite kleiner als $f_s/(2M)$ ist. Durch die Dezimierung, in der die Abtastfrequenz von f_s auf

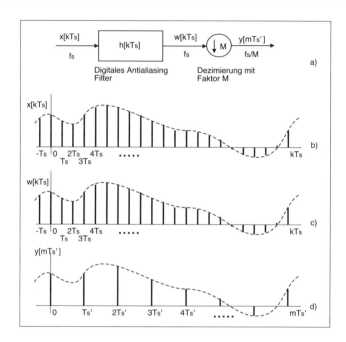

Abb. 4.1: Blockschema und Signale der Dezimierung mit dem Faktor M

$f'_s = f_s/M$ herabgesetzt wird, verschieben sich die Spektren aus der Umgebung von mf_s mit $m = 0, \pm 1, \pm 2...$ (Abb. 4.2c) in die Umgebung der Frequenzen mf'_s mit $m = 0, \pm 1, \pm 2...$ (Abb. 4.2d).

Eventuelle Störungen im Bereich von $f_s/(2M)$ bis $f_s/2$ (Abb. 4.2b) oder eine Bandbreite des Nutzsignals größer als $f_s/(2M)$ führen zu *aliasing*. Das Tiefpassfilter (Antialiasing-Filter oder Dezimierungsfilter), das bevorzugt als FIR-Filter implementiert wird, begrenzt das Spektrum des Nutzsignals auf $f_s/(2M)$ und unterdrückt die Störungen (Abb. 4.2b, c).

Abb. 4.3 zeigt ein einfaches Simulink-Modell (`dezim_1.mdl`) zur Simulation der Dezimierung eines sinusförmigen Signals der Frequenz $f_0 = 200$ Hz, das ursprünglich mit $f_s = 6000$ Hz abgetastet wurde. Mit einem Rauschsignal, das Leistung im Bereich von 1.5 kHz bis 2 kHz besitzt, simuliert man eine Störung, die durch Dezimierung zu Überfaltungen führen kann. Sie wird durch Filterung von weißem Rauschen (Block *Random Number 1*) mit einem Bandpassfilter (Block *Analog Filter Design 1*) erzeugt. Die Abtastung mit $f_s = 6000$ Hz übernimmt der Block *Zero-Order Hold*. Das Dezimierungsfilter wurde mit der Funktion `fir1` direkt im Parametrierungsfenster des Blocks *Discrete Filter* initialisiert. Das Spektrum am Eingang und am Ausgang des Dezimierungsfilters wird mit dem Block *Spektrum Scope* ermittelt und dargestellt.

Die Dezimierung mit $M = 3$ wird durch den Block *Downsample* aus dem *Signal Processing Blockset/Signal Operations Category* realisiert. Das Spektrum des dezimierten Signals wird mit dem zweiten Block *Spektrum Scope 1* ermittelt und dargestellt. Man erkennt in Abb. 4.4 das nun mit $f'_s = 2$ kHz abgetastete sinusförmige Signal, während die Störung durch das Dezimierungsfilter entfernt wurde.

4.1 Dezimierung mit einem ganzzahligen Faktor

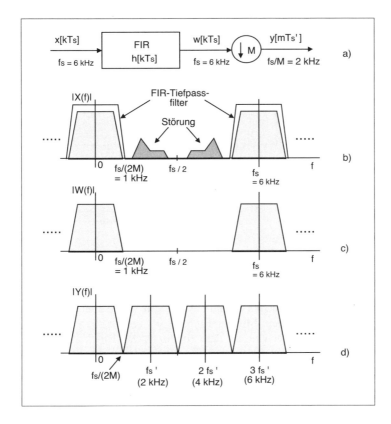

Abb. 4.2: Spektrum des dezimierten Signals (M = 3)

Um auf dem Oszilloskop-Block *Scope* das dezimierte und das ungestörte Signal überlagert darzustellen, wird das kontinuierliche, sinusförmige Signal (vom *Sine Wave*-Block) ebenfalls mit $f_s = 6000$ Hz abgetastet und dann mit der Laufzeit des Dezimierungsfilters verzögert. Bei einer Ordnung $N = 128$ des Filters ist diese Verzögerung gleich 64 Abtastperioden. Damit wird der Block *Delay* parametriert.

Die verschiedenen Abtastfrequenzen im Modell (dezim_1.mdl) können mit Hilfe von Farben gekennzeichnet werden. Über das Modell-Menü *Format* und weiter mit *Port/Signal Displays/Sample time colors* werden die Verbindungen der Blöcke mit Farben, die den Abtastraten zugeordnet sind, dargestellt (in Abb. 4.3 nicht ersichtlich). Die kontinuierlichen Signale am Eingang bleiben schwarz, die Signale der Abtastfrequenz $f_s = 6000$ Hz werden mit roter und die der Abtastfrequenz $f'_s = 2000$ Hz werden mit grüner Farbe dargestellt.

Auf den Eingang der Blöcke *Scope* und *To Workspace* wurden sowohl Signale mit der hohen als auch mit der niedrigen Abtastfrequenz geführt. Unter der Randbedingung, dass alle Blöcke eines Simulink-Modells synchron arbeiten müssen und die kleinste Abtastperiode im System auch gleichzeitig die Schrittweite der Simulation ist, kann Simulink die Situation unterschiedlicher Abtastfrequenzen an einem Block nur so behandeln, indem es durch Wiederholung der Werte das Signal mit der niedrigen Abtastfrequenz auf die höchste vorkommende Abtastfre-

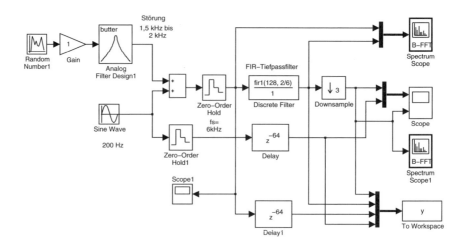

Abb. 4.3: Modell einer Dezimierung (dezim_1.mdl)

quenz bringt. Man kann das im ersten Signal der Struktur y, die über den Block *To Workspace* aufgenommen wurde, beobachten. Mit der Eingabe y.signals.values im Kommando-Fenster erhält man die Werte der vier mit dem *To Workspace*-Block aufgenommenen Signale, wovon die erste Spalte das Signal auf der niedrigen Abtastfrequenz enthält:

```
. . . . . . . . . . . . . . . .
   0.7432     0.4069     0.6710     0.4067
   0.2078     0.2078     0.4191     0.2079
   0.2078    -0.0000    -0.3649    -0.0000
   0.2078    -0.2078    -0.1562    -0.2079
  -0.4068    -0.4068    -0.1519    -0.4067
  -0.4068    -0.5881    -0.7786    -0.5878
  -0.4068    -0.7432    -0.8078    -0.7431
  -0.8660    -0.8660    -0.7135    -0.8660
. . . . . . . . . . . . . . . .
```

Dennoch hat dieses Signal, auch wenn es formal gleich viele Werte wie die mit der hohen Abtastfrequenz abgetasteten Signale besitzt, nach wie vor die niedrige Abtastfrequenz. Das kann man verifizieren, indem man das Signal einem nachfolgenden digitalen Block (wie z.B. einem digitalen Filter) zuführt. Man wird auch am Ausgang dieses Filters drei gleiche Werte beobachten, d.h. jeder Abtastwert „wirkt" nur einmal im Filter und nicht dreimal. Schlussfolgernd kann man sagen, dass alle digitalen Blöcke in Simulink als Halteglieder nullter Ordnung bezogen auf die kleinste Abtastperiode der Simulation arbeiten.

Somit erfährt auch der Block *Spectrum Scope1*, als digitaler Block, die richtige (niedrige) Abtastfrequenz des Eingangssignal und berechnet das Spektrum korrekt.

Die gewählte Struktur mit Zeit (*Structure With Time*) für das *Save format* im *To Workspace*-Block enthält auch die diskrete Zeit der diskreten Signale. Über y.time kann diese Zeit angezeigt werden und mit diff(y.time) erhält man die Zeitschrittweite von $0.1667 \cdot 10^{-3}$ Sekunden, die wiederum der Abtastfrequenz $f_s = 6000$ Hz entspricht.

4.1 Dezimierung mit einem ganzzahligen Faktor

Zu bemerken ist, dass die Zeitschrittweite im kontinuierlichen Teil des Modells ungleichmäßig ist und mit `diff(tout)` angezeigt werden kann. Die Variable `tout` ist in dem Fenster der Parametrierung der Simulation, Menü *Simulation* und anschließend *Configuration Parameters: dezim_1/Configuration* in der Option *Data Import/Export*, angegeben.

Im Programm `dezim_1_.m` wird die Simulation aufgerufen. Beispielhaft ist auch der Zugriff auf die Struktur `y` angegeben:

```
fs = 6000;            fs_prim = 2000;
sim('dezim_1',[0, 1]);                  % Aufruf der Simulation
n = length(y.signals.values);      yn = zeros(n,4);

yn(:,1) = y.signals.values(:,1);   % dezimiertes Signal,
% noch mit fs abgetastet
yd = yn(1:3:end,1);                % und jetzt mit fs_prim abgetastet

yn(:,2)=y.signals.values(:,2);     % Ausgangssignals des Filters
yn(:,3)=y.signals.values(:,3);     % Verzögertes gestörtes Signal
yn(:,4)=y.signals.values(:,4);     % Verzögertes ungestörtes Signal

t = y.time;                        % Zeit der diskreten Schrittweite 1/fs
```

Das Spektrum einiger Signale wird mit der Funktion **pwelch** ermittelt

```
[Ps1, f]  = pwelch(yn(:,3), 256, fs, hamming(256), 64);
[Ps2, f]  = pwelch(yn(:,2), 256, fs, hamming(256), 64);
[Ps3, f_] = pwelch(yd, 256, fs_prim, hamming(256), 64);
```

und dargestellt.

Abb. 4.4 zeigt links das Spektrum des Signals am Eingang und am Ausgang des FIR-Filters. Man erkennt das Spektrum des Störsignals mit Leistung im Bereich von 1500 Hz bis 2000 Hz. Nach der Filterung wird diese Störung stark unterdrückt. Rechts ist das Spektrum des dezimierten Signals dargestellt.

In Abb. 4.5 sind oben das ungestörte und das dezimierte Signal dargestellt. Die im Verhältnis $1/3$ ($M = 3$) stehenden Abtastperioden dieser Signale werden deutlich. Darunter ist das mit Rauschen überlagerte Eingangssignal und wiederum das dezimierte Signal dargestellt, das keinen Einfluss der Störung mehr enthält, sie wurde mit dem FIR-Filter unterdrückt.

Im Modell `dezim_2.mdl` ist die Simulation als vollständig zeitdiskrete Simulation, ohne „zeitkontinuierliche" Quellen, gestaltet. Die Quellen für das sinusförmige Signal und für das Rauschsignal werden als diskrete Quellen mit einer Abtastperiode von $1/6000$ parametriert. Die nachfolgenden Blöcke sind jetzt alle diskret, auch das Bandpassfilter für die Erzeugung der Störung. Dieses wurde mit dem Block *Digital Filter Design* aus dem *Signal Processing Blockset* entwickelt.

Über das Menü *Simulation* des Modells und weiter mit *Configuration Parameters* bzw. *Solver* werden die *Solver options* auf *Type: Fixed-step* und *discrete (no continuous states)* festgelegt. Im Modus *Mode: Single Tasking* akzeptieren die Blöcke *Scope* und *Spectrum Scope 1* die Eingangssignale mit verschiedenen Abtastfrequenzen, wie im Falle des vorherigen kombinierten Modells mit kontinuierlichen und diskreten Blöcken.

In den Modi *Mode: Auto* und *Mode: MultiTasking* verlangen einige Blöcken die gleiche Abtastfrequenz für alle Eingangssignale. Das bedeutet, dass man eine Anpassung der Abtast-

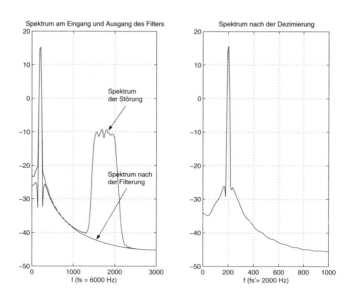

Abb. 4.4: Spektren der Signale des Modells dezim_1.mdl

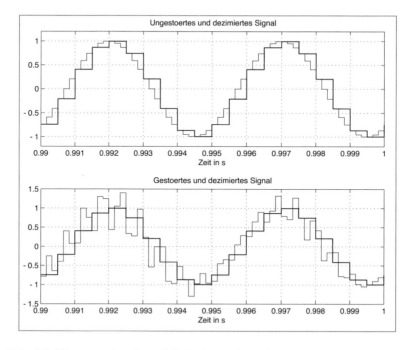

Abb. 4.5: Eingangssignale und dezimiertes Signal (dezim_1.mdl, dezim_1_.m)

frequenz z.B. mit *Rate Transition*-Blöcken (`dezim_2.mdl`) einbringen muss, um von der niedrigen Abtastrate $f'_s = 2000$ Hz auf $f_s = 6000$ Hz zu erhöhen. Dadurch erweitert sich der Bereich des mit dem Block *Spektrum Scope 1* dargestellten Spektrums bis $f_s = 6000$ Hz. Die ungleiche Höhe der Spektrallinien bei $f_0 = 200$ Hz, bzw.

$$mf'_s \pm 200 = 1800, 2200, 3800, 4200, 5800, ...Hz$$

sind durch den *Rate Transition*-Block bedingt, der als Halteglied nullter Ordnung funktioniert und jeden Abtastwert des dezimierten Signals dreifach wiederholt. Im Spektrum bedeutet das eine Multiplikation des ursprünglichen Spektrums mit einer Hüllkurve der Form $sin(x)/x$, was zur beobachteten Dämpfung der Spektrallinien bei höheren Frequenzen führt.

4.2 Interpolierung mit einem ganzzahligen Faktor

Die Interpolierung ist ein Prozess, mit dem die Abtastrate erhöht wird. Am einfachsten ist eine Interpolierung nullter Ordnung, bei der die Abtastwerte wiederholt in das Signal eingefügt werden. Besser, aber auch nicht ideal, ist die lineare Interpolierung, bei der die eingefügten Werte als Linearkombination benachbarter Abtastwerte berechnet werden.

Gemäß dem Abtasttheorem hat die ideale Interpolierung mit der $sin(x)/x$-Funktion zu erfolgen [30], also eine Filterung mit einem idealen Tiefpassfilter. Da man ideale Filter (mit unendlich langer Einheitspulsantwort) praktisch nicht einsetzen kann, werden realisierbare, kausale Filter eingesetzt.

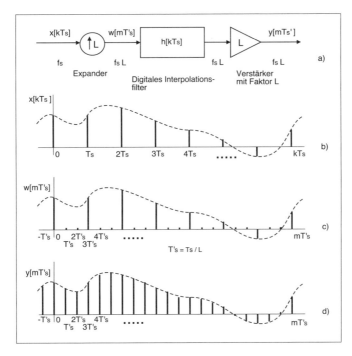

Abb. 4.6: Blockschema und Signale einer Interpolierung mit dem Faktor L

Abb. 4.6 zeigt das Blockschema und die Signale einer Interpolierung mit ganzzahligem Faktor L [52]. Das Eingangssignal $x[kT_s]$ der Abtastperiode T_s wird durch Einfügen von $L-1$ Nullzwischenwerten expandiert. Die resultierende Sequenz $w[mT'_s]$ (Abb. 4.6c) mit der neuen Abtastperiode $T'_s = T_s/L$ wird mit einem annähernd idealen Tiefpassfilter der Bandbreite $f'_s/(2L)$ gefiltert (und mit dem Faktor L verstärkt). In Abb. 4.6d ist skizzenhaft das Ergebnis der Interpolierung mit einer nichtkausalen Filterung, die keine Verzögerung bewirkt, dargestellt.

Der Interpolierungsprozess ist durch folgende Eingang-Ausgangsbeziehung beschrieben:

$$y[mT'_s] = \sum_{k=-\infty}^{\infty} h[kT'_s] w[(m-k)T'_s] \tag{4.2}$$

wobei

$$w[mT'_s] = \begin{cases} x[mT_s/L], & m = 0, \pm L, \pm 2L, ... \\ 0 \end{cases} \tag{4.3}$$

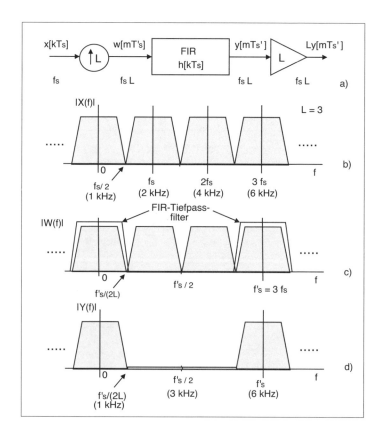

Abb. 4.7: Spektrum des interpolierten Signals (L=3)

4.2 Interpolierung mit einem ganzzahligen Faktor

Die Sachverhalte im Frequenzbereich sind in Abb. 4.7 dargestellt. Aus dem ursprünglichen Spektrum des Eingangssignals (Abb. 4.7b) erhält man das gewünschte Spektrum des interpolierten Signals, wie in Abb. 4.7d gezeigt, durch folgende Schritte:

Eine Expandierung mit $L-1$ Nullwerten erhöht die Abtastfrequenz mit dem Faktor L, ohne dass das Spektrum sich ändert. Allerdings befinden sich nun im Eindeutigkeitsbereich der neuen, höheren Abtastfrequenz auch periodische Fortsetzungen des ursprünglichen Spektrums. Durch Filterung werden diese im Bereich $f'_s/(2L)$ bis $f'_s - f'_s/(2L)$ entfernt (Abb. 4.7c) und man erhält das Spektrum des interpolierten Signals aus Abb. 4.7d.

Für die z-Transformation erhält man die Beziehung

$$Y(z) = \sum_{m=-\infty}^{\infty} y[mT'_s]z^{-m} = \sum_{m=-\infty}^{\infty} x[\frac{m}{L}T_s]z^{-m} = \sum_{k=-\infty}^{\infty} x[kT_s](z^L)^{-k} \tag{4.4}$$

oder

$$Y(z) = X(z^L), \quad \text{bzw.} \quad Y(e^{j2\pi fT'_s}) = X(e^{j2\pi fT'_sL}) \tag{4.5}$$

Damit die Ausgangssequenz $y[mT'_s]$ gleich der Eingangssequenz $x[mT_s/L]$ für $m = 0, \pm L, \pm 2L, \pm 3L, \ldots$ ist, muss man am Ausgang des Filters eine Verstärkung mit dem Faktor L (Abb. 4.7a) vornehmen.

Um die mathematische Ableitung der Notwendigkeit der Verstärkung zu vereinfachen, wird aus der vorherigen Beziehung im Frequenzbereich nur der Abtastwert $y[0]$ berechnet [58]. Aus

$$y[0] = \int_{-f'_s/2}^{f'_s/2} Y(e^{j2\pi fT'_s})df = \int_{-f'_s/(2L)}^{f'_s/(2L)} Y(e^{j2\pi fT'_s})df = \int_{-f'_s/(2L)}^{f'_s/(2L)} X(e^{j2\pi fT'_sL})df \tag{4.6}$$

erhält man:

$$y[0] = \frac{1}{L}\int_{-f_s/2}^{f_s/2} X(e^{j2\pi fT_s})df = x[0]/L \tag{4.7}$$

Für die anderen Abtastwerte $y[mT'_s]$ bei $m = \pm L, \pm 2L, \ldots$ ist die Beziehung ähnlich und bestätigt die Notwendigkeit der Verstärkung.

Abb. 4.8 zeigt ein Simulink-Modell zur Interpolierung eines zufälligen, bandbegrenzten Signals mit dem Faktor $L = 3$. Das Eingangssignal wird aus weißem Rauschen durch Tiefpassfilterung erzeugt. Die Bandbreite des Signals wurde auf 500 Hz begrenzt, so dass die Abtastung mit $f_s = 2$ kHz das Abtasttheorem erfüllt.

Die Expandierung mit Nullwerten wird mit dem Block *Upsample* realisiert. Man erkennt weiter das FIR-Tiefpassfilter als Interpolierungsfilter mit einer relativen Bandbreite bezogen auf die neue Abtastfrequenz $f'_s = Lf_s$ von $1/(2L)$ (in der Funktion `fir1` wird die relative Frequenz bezogen auf $f'_s/2$ also $2/(2L)$ angegeben). Das Ausgangssignal des Filters wird mit dem Faktor $L = 3$ verstärkt und bildet das interpolierte Signal.

Das Spektrum des expandierten Signals am Eingang des Filters und das Spektrum des interpolierten Signals, ermittelt und dargestellt mit dem Block *Spectrum Scope*, sind in Abb. 4.9 gezeigt.

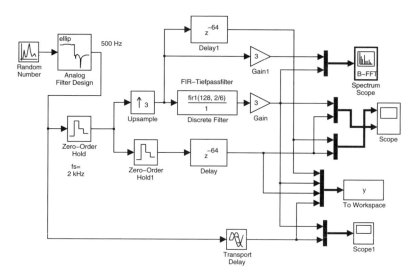

*Abb. 4.8: Modell einer Interpolierung (*interp_1.mdl*)*

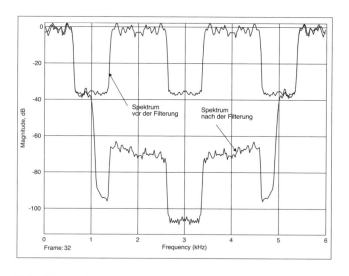

*Abb. 4.9: Spektrum vor und nach der Filterung (*interp_1.mdl*)*

Man sieht die Wiederholung des Spektrums bei Vielfachen der Frequenz $f_s = 2$ kHz vor der Filterung und die Unterdrückung der Spektralanteile um 2 kHz und 4 kHz um mehr als 60 dB nach der Filterung.

Abb. 4.10 zeigt oben das mit f_s abgetastete Eingangssignal und seine Expansion mit $L = 3$, die zu der neuen, erhöhten Abtastfrequenz $f'_s = L f_s$ führt. Darunter sind das Eingangssignal und das interpolierte Signal dargestellt. Wie erwartet, sind je drei Abtastperioden des interpo-

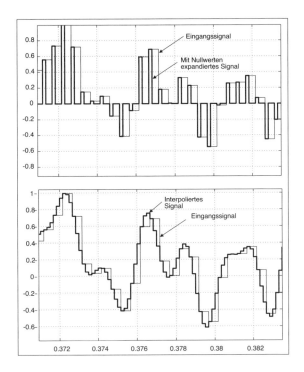

*Abb. 4.10: Das expandierte Signal (oben) und das interpolierte Signal (unten) (*interp_1.mdl*)*

lierten Signals in einer Abtastperiode des ursprünglichen Signals enthalten.

Um die Qualität der Interpolierung zu zeigen, werden mit dem Block *Scope1* sowohl das interpolierte als auch das ursprüngliche Signal überlagert dargestellt. Die Verzögerung mit 64 Abtastperioden im Block *Transport Delay* ist gleich der Verzögerung durch das Interpolierungsfilter und ermöglicht die ausgerichtete Überlagerung der beiden Signale.

In der Senke *To Workspace* werden die interessierenden Signale gesammelt und stehen danach in der MATLAB-Umgebung zur Verfügung. Man kann diese Signale mit MATLAB-Funktionen bearbeiten und Darstellungen nach eigenen Wünschen gestalten. Als Beispiel kann das Programm `dezim_1_.m` aus dem vorherigen Kapitel dienen.

4.3 Änderung der Abtastrate mit einem rationalen Faktor

In einigen Anwendungen muss man die Abtastrate mit einem nicht ganzzahligen Faktor ändern. Die schon in der Einführung erwähnte Anwendung, die Daten einer CD mit 44.1 kHz Abtastfrequenz in Daten für eine DAT[1]-Aufzeichnung mit 48 kHz zu ändern, kann als Beispiel dienen. Das Verhältnis $48/44.1$ ist keine ganze Zahl.

---

[1] *Digital Audio Tape*

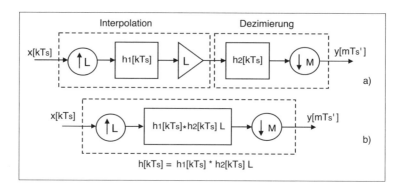

Abb. 4.11: Änderung der Abtastrate mit rationalem Faktor

Praktisch wird für so eine Änderung eine rationale Zahl (L/M) gesucht, die durch das Verhältnis zweier ganzen Zahlen L und M ausgedrückt wird und so den gewünschten Faktor ergibt.

Die Abtastratenänderung erhält man dann über eine Interpolierung mit dem Faktor L gefolgt von eine Dezimierung mit dem Faktor M (Abb. 4.11a). Es ist zwingend notwendig, dass die Interpolierung zuerst stattfindet, sonst könnten durch die Dezimierung Komponenten mit gewünschtem Frequenzinhalt entfernt werden.

Das Interpolierungsfilter mit der Einheitspulsantwort $h_1[kT_s]$ und das Dezimierungsfilter mit der Einheitspulsantwort $h_2[kT_s]$ können durch ein einziges Filter ersetzt werden, dessen Einheitspulsantwort aus der Faltung der beiden Einheitspulsantworten resultiert.

Die Änderung der Abtastrate mit dem Faktor $48/44.1$ könnte durch die Wahl $L = 160$ und $M = 147$ realisiert werden. Das bedeutet eine Erhöhung der Abtastrate von 44.1 kHz auf 7056 kHz und danach eine Reduktion dieser Abtastrate auf 48 kHz. Die Realisierung dieser Abtastratenänderungen in einem Schritt führt in der Praxis aber zu Problemen, die im nächsten Abschnitt besprochen werden.

4.4 Dezimierung und Interpolierung in mehreren Stufen

Bei der Dezimierung und Interpolierung mit großen Werten für die Faktoren M bzw. L benötigt man Filter mit sehr kleiner relativer Bandbreite. Aus Abb. 4.2b und Abb. 4.7c sieht man, dass die relative Bandbreite des Dezimierungsfilters gleich $f_p/f_s = 1/(2M)$ und die des Interpolierungsfilters gleich $f_p/f'_s = 1/(2L)$ sind.

Ist die relative Bandbreite der Filter sehr klein, so benötigt man in der Realisierung als FIR-Filter sehr viele Koeffizienten. Abb. 4.12a zeigt den periodischen Amplitudengang eines idealen Tiefpassfilters mit der Abtastfrequenz f_s und der Bandbreite f_p. Die inverse Fourier-Reihe führt zu der idealen Einheitspulsantwort des Filters mit einer Hülle in Form einer $sin(x)/x$-Funktion. Diese belegt den gesamten Definitionsbereich von $-\infty$ bis ∞ und besitzt Nullstellen bei Vielfachen von $f_s/(2f_p)$ (Abb. 4.12a). Sie wird für den praktischen Einsatz mit einer Fensterfunktion in der Länge begrenzt, z.B. auf $20f_s/(2f_p)$ Werte symmetrisch um den Hauptwert,

4.4 Dezimierung und Interpolierung in mehreren Stufen

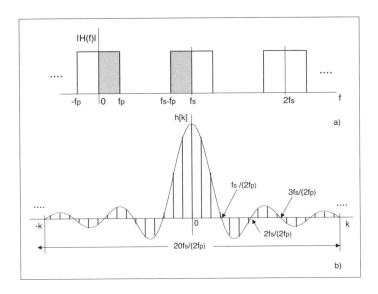

Abb. 4.12: Einheitspulsantwort eines Tiefpassfilters

so dass die signifikanten Koeffizienten enthalten sind. Damit würde das Interpolierungsfilter $10L$ Koeffizienten und das Dezimierungsfilter $10M$ Koeffizienten besitzen.

Dieser Schätzwert zeigt, wie rasch die nötige Anzahl der Koeffizienten mit steigenden Werten von M oder L wächst. Für die Abtastratenänderung von 44.1 kHz der Audio-CD auf 48 kHz der DAT-Aufzeichnung mit $L = 160$ und $M = 147$ würde man FIR-Filter der Länge 1600 bzw. 1470 benötigen, welche aufwändig in der Implementierung sind.

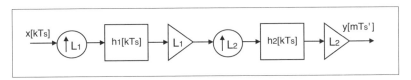

Abb. 4.13: Interpolierung in zwei Stufen

Eine deutliche Ersparnis erhält man, wenn die Interpolierung oder Dezimierung in mehreren Stufen realisiert wird. Beispielhaft soll dies an einer Interpolierung um den Faktor L = 100 gezeigt werden. Das FIR-Filter würde etwa 1000 Koeffizienten benötigen. Bei einer Lösung in zwei Stufen (Abb. 4.13) mit $L_1 = L_2 = 10$ ergeben sich zwei Filter mit je 100 Koeffizienten, zusammen also 200 Koeffizienten. Der Unterschied ist beträchtlich und die Lösung hat noch den Vorteil, dass die beiden Filter gleich sind und somit mit demselben Unterprogramm implementiert werden können.

Zu bemerken ist, dass nicht immer gleiche Faktoren für die Stufen optimal sind [52]. Abhängig von den Spezifikationen der erforderlichen Filter, kann man abwägen, ob eine andere Aufteilung geeigneter wäre. Im vorherigen Beispiel könnte man auch mit $L_1 = 5$ und $L_2 = 20$ versuchen, die Spezifikationen für die Filter mit möglichst wenig Koeffizienten zu erfüllen.

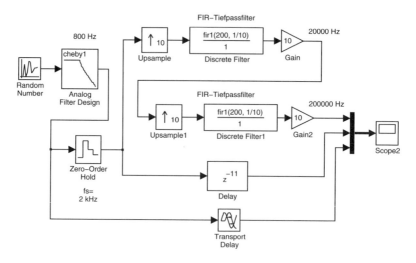

*Abb. 4.14: Beispiel für eine Interpolierung in zwei Stufen (*interp_2.mdl*)*

Abb. 4.14 zeigt die Simulation einer Interpolierung mit dem Faktor $L = 100$, die in zwei Stufen gestaltet ist. Die oben erwähnte Schätzung der Anzahl von Koeffizienten führt zu je 100 Koeffizienten pro Filter. Als Realisierungsmethode für die Filter wurde das einfache Fensterverfahren **fir1(100,1/10)** gewählt, wobei die Initialisierung der Filterkoeffizienten direkt im Modell stattfindet. Eine Überprüfung des Frequenzgangs ergab mit diesen Filterparametern eine relativ geringe Dämpfung des Sperrbereichs, so dass die Ordnung auf 200 (**fir1(200,1/10)**) erhöht wurde.

Es wird ein Eingangssignal der Bandbreite $B = 800$ Hz angenommen, das mit einer Abtastfrequenz $f_s = 2000$ Hz abgetastet wird. Bis zur halben Abtastfrequenz besteht somit noch ein kleiner Abstand $\Delta f = 200$ Hz, der angesichts der Tatsache, dass die Filter nicht ideal sind, erforderlich ist. Der Filterentwurf mit der **firpm**-Funktion kann den Frequenzbereich von 800 Hz bis 1000 Hz als Übergangsbereich nutzen. Dieser Filterentwurf ist eine gute Übung, die der Leser durchführen sollte.

Der Frequenzgang der einfachen Filter kann mit

freqz(fir1(200, 1/10), 1);

dargestellt werden.

Im linken Teil der Abb. 4.15 sind das kontinuierliche, das mit $f_s = 2000$ Hz abgetastete und das mit dem Faktor $L = 100$ interpolierte Signal überlagert dargestellt. Das kontinuierliche Signal der Bandbreite $B = 800$ Hz wurde durch Filterung mit einem Tschebyschev-Filter Typ I der Ordnung 8 aus weißem Rauschen erzeugt. Zwischen dem kontinuierlichen und dem interpolierten Signal sieht man in der Darstellung keinen Unterschied.

Wenn die Bandbreite des kontinuierlichen Signals auf $B_1 = 900$ Hz (und damit näher an $f_s/2 = 1000$ Hz) erhöht wird, dann ergeben sich Unterschiede zum interpolierten Signal wegen der nicht idealen Filter (Abb. 4.15 rechts).

Die Verzögerungen in den Blöcken *Delay* und *Transport Delay* müssen den Verzögerungen

4.4 Dezimierung und Interpolierung in mehreren Stufen

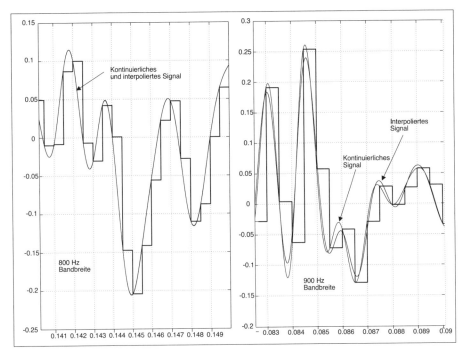

Abb. 4.15: *Kontinuierliches, mit 2000 Hz abgetastetes und mit Faktor 100 interpoliertes Signal* (interp_2.mdl)

der beiden Interpolierungsfilter entsprechen. Das erste Filter der Ordnung $N_1 = 200$ ergibt eine Verzögerung von $100 T'_s$, wobei T'_s die Abtastperiode nach der ersten Expandierung mit dem Faktor $L_1 = 10$ ist, also $T'_s = 1/(10 \cdot 2000) = 1/20000$.

Über das zweite Interpolierungsfilter ist die Verzögerung auch $100 T''_s$, wobei jetzt $T''_s = 1/(100 \cdot 2000) = 1/200000$ ist. Aus

$$x/2000 = 100/20000 + 100/200000 \tag{4.8}$$

erhält man $x = 11$ als Anzahl der Abtastperioden der ursprünglichen Abtastfrequenz $f_s = 2000$ Hz, die der Gesamtverzögerung der Filter entspricht und im Block *Delay* einzusetzen ist.

Experiment 4.1: Entwurf eines Tiefpassfilters mit sehr kleiner Bandbreite

In dieser praktischen Anwendung soll ein analoges Eingangssignal mit einer Bandbreite bis $B \leq 10$ kHz, das mit 20 kHz abgetastet wird, bis zu einer Bandbreite $B' = 1$ Hz digital tiefpassgefiltert werden.

Mit einem einzelnen FIR- oder IIR-Filter kann man diese Aufgabe nicht lösen. Das FIR-Filter mit einer relativen Bandbreite $f_p/f_s = 1/20000$ müsste nach der im vorstehenden Abschnitt verwendeten Schätzung $N = 100000$ Koeffizienten haben. Ein IIR-Filter wird Pole sehr nahe am Einheitskreis besitzen, die sich mit den heute zur Verfügung stehenden Wortbreiten der

Variablen in einem DSP nicht realisieren lassen.

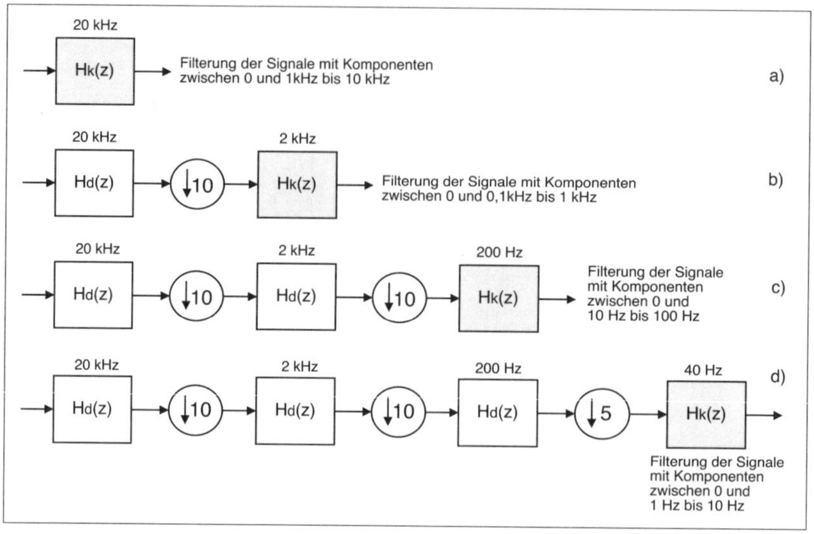

Abb. 4.16: Filterstrukturen in Abhängigkeit des gefilterten Bereichs

Abb. 4.16 zeigt, wie man die Filterung abhängig vom gewünschten Durchlassbereich gestalten muss. So soll man z.B. für die Tiefpassfilterung mit Bandbreiten von 10 Hz bis 100 Hz in zwei Stufen jeweils mit dem Faktor 100 dezimieren und danach, wie in Abb. 4.16c gezeigt, filtern. Mit $H_d(z)$ wurde die Übertragungsfunktion des Dezimierungsfilters und mit $H_k(z)$ die Übertragungsfunktion des sogenannten Kernfilters [17] bezeichnet. Das Kernfilter realisiert die gewünschte Filterung, nachdem die Abtastrate über die Dezimierung von 20 kHz auf 200 Hz herabgesetzt wurde.

In diesem Experiment wird die Tiefpassfilterung mit Bandbreiten von 1 Hz bis 10 Hz gemäß Abb. 4.16d simuliert. Mit dem Simulink-Modell aus Abb. 4.17 wird die Filterung mit einer Bandbreite $B = 1$ Hz simuliert.

Als „Nutzsignal" wird aus dem Block *Sine Wave* eine harmonische Schwingung mit der Frequenz $f_0 = 1$ Hz auf der gewählten Filtergrenze erzeugt. Ihm überlagert werden als Störungen Rauschen mit Leistung im Bereich 100 Hz bis 4000 Hz sowie ein sinusförmiges Signal der Frequenz $f_1 = 2$ Hz, das sehr nahe an der Grenze des gewünschten Durchlassbereichs von 1 Hz liegt.

Das mit $f_s = 20$ kHz abgetastete Signal (Block *Zero-Order Hold*) wird in zwei Stufen mit jeweils dem Faktor 10 und zuletzt nochmals mit dem Faktor 5 dezimiert. Damit wird insgesamt ein Dezimierungsfaktor gleich 500 erreicht, mit dem die ursprüngliche Abtastfrequenz $f_s = 20$ kHz auf $f'_s = 40$ Hz reduziert wird (Abb. 4.16d). Bei dieser Abtastfrequenz kann das Kernfilter leicht eine Bandbreite von 1 Hz oder eine relative Bandbreite von $f_p/f'_s = 1/40$ realisieren.

Die Filter werden mit dem *FDATool* entwickelt. Im *Signal Processing Blockset* in der Unterbibliothek *Filtering* und danach *Filter Designs* findet man einen *Digital Filter Design*-Block, der dieses Werkzeug zum Entwurf des Filters öffnet.

Die Spezifikationen für die Filter basieren auf den Frequenzgängen aus Abb. 4.18. Die Zeichnungen sind Skizzen ohne Maßstab, die nur als Hilfe für die Bestimmung der Parameter

4.4 Dezimierung und Interpolierung in mehreren Stufen

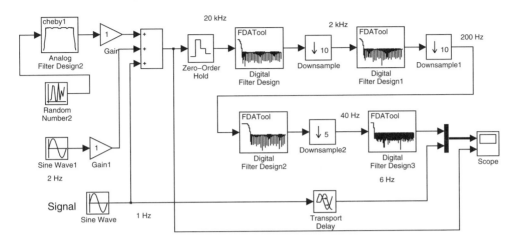

Abb. 4.17: Tiefpassfilterung mit der Bandbreite B=1 Hz (filter_1_10.mdl)

Tabelle 4.4: Parameter der Filter

Filter	f_{stop}	f_{pass}	$2f_{stop}/f_s$	$2f_{pass}/f_s$	Anzahl Koeff.	Dämpfung (dB)	Welligkeit (dB)
H_{D1}	1 kHz	10 Hz	0.1	0.001	56	60	0.1
H_{D2}	0.1 kHz	10 Hz	0.1	0.01	61	60	0.1
H_{D3}	20 Hz	10 Hz	0.2	0.1	55	60	0.1
H_K	2 Hz	1 Hz	0.1	0.05	110	60	0.1

der Filter anzusehen sind. Die Tabelle 4.4 enthält die so abgeleiteten Spezifikationen.

Als Beispiel wird gezeigt, wie man die Spezifikationen des ersten Dezimierungsfilters erhält. Von der ursprünglichen Abtastfrequenz $f_s = 20$ kHz wird mit dem Faktor $M = 10$ die Abtastfrequenz auf $f'_s = 2$ kHz herabgesetzt. Der entsprechende Nyquist-Bereich ist dann $f'_s/2 = 1$ kHz und alle Störungen mit spektralen Komponenten zwischen 1 kHz und 10 kHz des ursprünglichen Signals führen durch die Dezimierung zu Überfaltungen (*aliasing*).

Wenn man dem Nutzsignal die Bandbreite von 10 Hz zubilligt, dann ergibt sich für das erste Dezimierungsfilter eine Durchlassfrequenz $f_{pass} = 10$ Hz. Aus der halben Abtastfrequenz nach der Dezimierung ergibt sich die Sperrfrequenz $f_{stop} = 1$ kHz. Mit einer Dämpfung von 60 dB im Sperrbereich werden eventuelle Störungen im Bereich 1 kHz bis 10 kHz genügend unterdrückt und eine Welligkeit von 0.1 dB im Durchlassbereich beeinflusst das Nutzsignal kaum.

Die relative Durchlassfrequenz bezogen auf den Nyquist-Bereich (halbe Abtastfrequenz) ist $2f_{pass}/f_s = 2 \cdot 10/20000 = 0.001$ und die relative Sperrfrequenz ebenfalls auf diesem Bereich bezogen wird zu $2f_{stop}/f_s = 2 \cdot 1000/20000 = 0.1$. Ähnlich werden die anderen Filter spezifiziert und entwickelt.

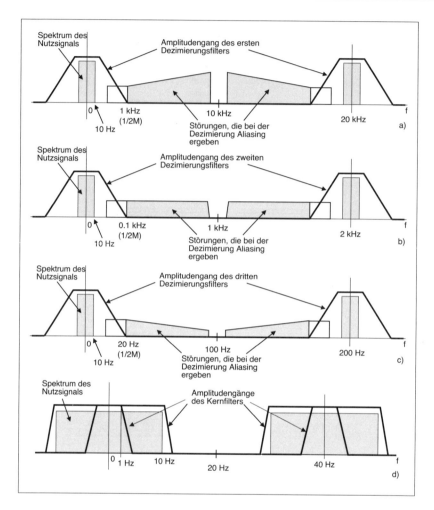

Abb. 4.18: Spezifikationen der Dezimierungsfilter und des Kernfilters (filter_1_10.mdl)

Nach Durchführung der Simulation erhält man die in Abb. 4.19 dargestellten Ergebnisse. In der oberen Graphik sind das zeitkontinuierliche, ungestörte Nutzsignal der Frequenz $f_0 = 1$ Hz zusammen mit dem gefilterten Signal dargestellt. Zum Vergleich sind in der unteren Graphik das Eingangssignal vor der Filterung, bestehend aus dem Nutzsignal überlagert mit den Störungen aus Rauschsignal und sinusförmigem Signal der Frequenz $f_1 = 2$ Hz dargestellt.

Aus der Tabelle 4.4 geht hervor, dass die Filter für diese Lösung insgesamt 282 Koeffizienten besitzen, die hauptsächlich den Aufwand bei der Implementierung in einem DSP bestimmen.

An dieser Stelle muss man sich fragen, ob es nicht eine alternative Lösung mit Filtern gibt, die weniger Koeffizienten benötigen. Diese Alternative wird im Modell aus Abb. 4.20 (filter_1_10_1.mdl) vorgestellt, wo für die Dezimierung IIR-Filter eingesetzt werden. In den ersten Dezimierungsstufen, in denen die Abtastfrequenz bis auf 40 Hz herabgesetzt wird,

4.4 Dezimierung und Interpolierung in mehreren Stufen

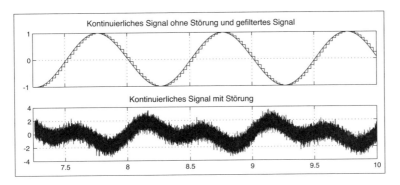

Abb. 4.19: *Zeitkontinuierliches Signal ohne Störung und gefiltertes Signal bzw. Signal mit Störung* (filter_1_10.mdl)

spielen die Fehler wegen des nichtlinearen Phasengangs der IIR-Filter im Bereich des Nutzsignals kaum eine Rolle. Um das zu zeigen, wurden in diesem Modell IIR-Filter verwendet, mit denen man Dämpfungen von 60 − 80 dB bei einer geringeren Anzahl von Koeffizienten erzielt.

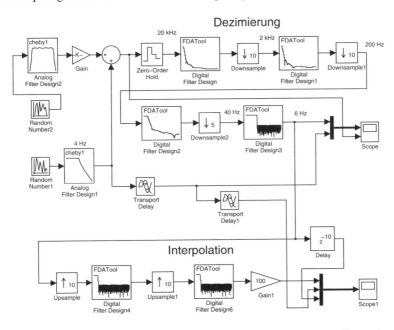

Abb. 4.20: *Dezimierung mit IIR-Filtern* (filter_1_10_1.mdl)

Die drei IIR-Filter für die Dezimierung wurden mit denselben Spezifikationen wie die FIR-Filter des vorhergehenden Modells entworfen, wobei das *FDATool* und das *Least Pth-norm*-Verfahren verwendet wurden. Für jedes der drei IIR-Filter erhält man eine Ordnung von 8, die zu 18 Koeffizienten führt (9 für den Zähler und 9 für Nenner der Übertragungsfunktion).

Das Kernfilter wird weiterhin als FIR-Filter realisiert, um keine Verzerrungen bedingt durch

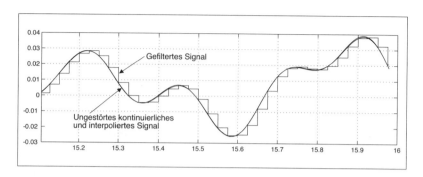

Abb. 4.21: Ungestörtes kontinuierliches, interpoliertes und gefiltertes Signal (filter_1_10_1.mdl)

einen nichtlinearen Phasengang zu erhalten. Hierfür sind dann 182 Koeffizienten notwendig. Insgesamt benötigt man in dieser Lösung $3 \cdot 19 + 182 = 239$ Koeffizienten, also rund 40 Koeffizienten weniger als bei der FIR-Lösung. Der Hauptanteil liegt beim Kernfilter.

Um eventuelle Verzerrungen wegen der nichtlinearen Phase der IIR-Filter in der Simulation sichtbar werden zu lassen, ist hier als Nutzsignal ein bis 4 Hz bandbegrenztes Rauschsignal verwendet worden. Als Störsignal wird weiterhin ein Rauschsignal mit Leistungsanteilen im Bereich von 100 Hz bis 4000 Hz hinzugefügt. Im Modell `filter_1_10_2.mdl` ist zum Vergleich auch das Kernfilter als ein IIR-Filter eingesetzt worden, so dass man die Verzerrungen beobachten kann.

Nur für Zwecke der graphischen Darstellung ist nach der Dezimierung das Signal mit der sehr niedrigen Abtastrate zu grob und man verwendet eine Interpolierung, um die Abtastrate zu erhöhen. Im Modell aus Abb. 4.20 (`filter_1_10_1.mdl`) wird im unteren Teil eine Interpolierung mit dem Faktor 100 in zwei Etappen realisiert.

Für diese Operation werden wieder FIR-Filter eingesetzt, um eine Interpolierung mit $sin(x)/x$-Funktionen annähernd zu erhalten. Mit dem Block *Scope1* werden das interpolierte, das kontinuierliche ungestörte und das gefilterte Signal dargestellt. Zwischen dem ungestörten Eingangssignal und dem interpolierten Signal sieht man keinen Unterschied (Abb. 4.21). Die Verzögerungen in den Blöcken *Transport Delay, Transport Delay1* und *Delay* werden verwendet, um die zu visualisierenden Signale zeitrichtig zu überlagern.

Experiment 4.2: Filterung von Bandpasssignalen mit sehr kleiner Bandbreite

In Anwendungen, in denen Bandpassfilter mit sehr kleiner Bandbreite notwendig sind, wird das Signal ins Basisband verschoben, hier tiefpassgefiltert und anschließend wieder in den Bandpassbereich transformiert [17], [65]. Das Signal im Basisband ist unter dem Namen äquivalentes Tiefpasssignal bekannt und man kann die Bandpass-Tiefpasstransformation mit Hilfe der Hilbert-Transformierten durchführen oder, wie nachfolgend gezeigt und in der Praxis auch meistens angewandt, mittels Verschiebung mit einem komplexen Drehvektor und anschließender Filterung.

Das Spektrum[2] $X(\omega)$ eines Signals $x(kT_s)$ kann durch Multiplikation des Signals mit dem

---

[2] Auch wenn hier aus Gründen der Notationsvereinfachung auf die Schreibweise $X(j\omega)$ verzichtet wird, sei daran

4.4 Dezimierung und Interpolierung in mehreren Stufen

komplexen Drehvektor $e^{-j\omega_0 kT_s}$ um ω_0 nach links verschoben werden:

$$y(kT_s) = x(kT_s)e^{-j\omega_0 kT_s} \leftrightarrow X(\omega + \omega_0) \qquad (4.9)$$

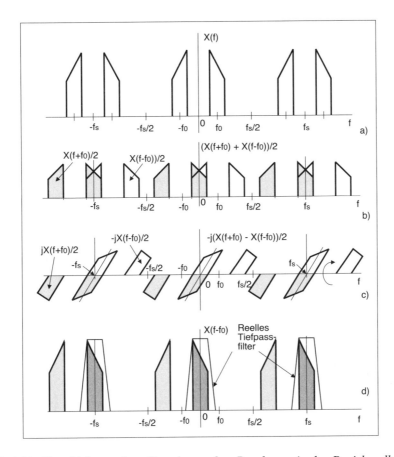

Abb. 4.22: *Verschiebung eines Signals aus dem Bandpass- in den Basisbandbereich*

Der Realteil $x(kT_s)cos(\omega_0 kT_s)$ und der Imaginärteil $-x(kT_s)sin(\omega_0 kT_s)$ des komplexwertigen Signals $y(kT)$, haben jeweils Spektren, die den Symmetrieeigenschaften der Spektren reellwertiger Signale gehorchen [34]:

$$x(kT_s)cos(\omega_0 kT_s) \leftrightarrow \frac{1}{2}[X(\omega + \omega_0) + X(\omega - \omega_0)] \qquad (4.10)$$

und

$$-x(kT_s)sin(\omega_0 kT_s) \leftrightarrow \frac{-j}{2}[X(\omega + \omega_0) - X(\omega - \omega_0)] \qquad (4.11)$$

erinnert, dass Spektren grundsätzlich komplexwertige Funktionen sind.

Das Spektrum des komplexwertigen Signals $y(kT_s) = x(kT_s)e^{-j\omega_0 kT_s}$ weist jedoch im Allgemeinen keine Symmetrien auf:

$$x(t)cos(\omega_0 t) - jx(t)sin(\omega_0 t) \leftrightarrow$$
$$\tfrac{1}{2}[X(\omega+\omega_0) + X(\omega-\omega_0)] + j\tfrac{-j}{2}[X(\omega+\omega_0) - X(\omega-\omega_0)] = \quad (4.12)$$
$$X(\omega+\omega_0)$$

Das Spektrum des ursprünglichen reellen Signals $x[kT_s]$ ist in Abb. 4.22a dargestellt und das verschobene Spektrum des komplexen Signals $y(kT_s) = x[kT_s]e^{-j2\pi f_0 kT_s}$ ist in Abb. 4.22d dargestellt. Das symmetrische Spektrum des Realteils $x[kT_s]cos(2\pi f_0 kT_s)$ des komplexen Signals ist in Abb. 4.22b dargestellt und das ebenfalls symmetrische Spektrum des Imaginärteils des komplexen Signals $x[kT_s]sin(2\pi f_0 kT_s)$ sieht man in Abb. 4.22c. Wegen des Faktors $-j$ wird dieses Spektrum um 90° gedreht dargestellt.

Im komplexwertigen Signal führt die Multiplikation des Imaginärteils mit dem Faktor j zu einer weiteren Drehung um 90°. Dabei addieren sich die grau hinterlegten Anteile, während sich die anderen aufheben (wie in Gl. (4.12)). Dadurch ergibt sich für das komplexe Signal das Spektrum aus Abb. 4.22d.

Mit Hilfe eines reellwertigen Tiefpassfilters können die Komponenten im Basisband (grau hinterlegte Anteile) extrahiert und die restlichen Anteile unterdrückt werden. Im Zeitbereich werden sowohl der Realteil als auch der Imaginärteil des komplexwertigen Signals mit dem gleichen Filter gefiltert.

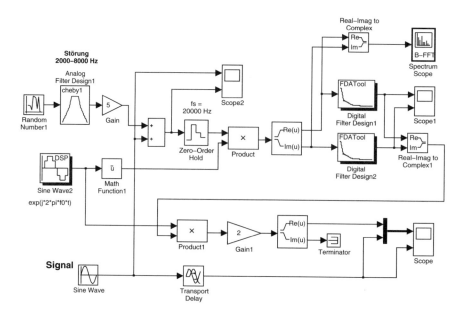

Abb. 4.23: Simulation einer Verschiebung aus dem Bandpass- in den Basisbandbereich und zurück (band_1.mdl)

4.4 Dezimierung und Interpolierung in mehreren Stufen

Wie bei dem vorhergehenden Experiment dargelegt, ist bei kleinen relativen Filterbandbreiten eine effiziente Implementierung nur mit Hilfe der Dezimierung möglich. Allerdings ist danach, vor der Rücktransformation in den Bandpassbereich eine Interpolierung erforderlich.

Die gezeigten Sachverhalte können mit dem Modell band_1.mdl (Abb. 4.23) untersucht werden. Darin wird angenommen, dass ein Signal um die Mittenfrequenz $f_0 = 1000$ Hz mit einer Bandbreite von 40 Hz zu filtern ist. Das Signal sei ein Träger bei der Frequenz $f = 1005$ Hz als Nutzsignal, gestört durch bandbegrenztes Rauschen mit Leistung im Bereich zwischen 2000 Hz und 8000 Hz. Es wird eine Abtastfrequenz von $f_s = 20000$ Hz für die Simulation gewählt.

Durch Multiplikation mit dem komplexen Träger $e^{-j2\pi f_0 t}$ wird das komplexe Signal im Basisband erhalten, dessen Spektrum mit dem Block *Spectrum Scope* angezeigt wird und in Abb. 4.24 dargestellt ist.

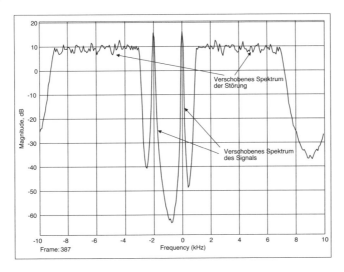

Abb. 4.24: Spektrum des komplexen verschobenen Signals vor der Filterung (band_1.mdl)

Man erkennt das verschobene Spektrum des Nutzsignals und der Rauschstörung. Es ist lehrreich das *Spectrum Scope* auch hinter die beiden IIR-Filter zu schalten und das Spektrum an dieser Stelle zu beobachten und zu beurteilen. Es ist ebenfalls wichtig zu verstehen, dass das Spektrum des Real- und des Imaginärteils die üblichen Symmetrien für reellwertige Signale aufweist.

Die Verschiebung zurück in den Bandpassbereich wird durch Multiplikation mit dem komplexen Träger $e^{j2\pi f_0 t}$ im Block *Product1* und Beibehaltung des Realteils nach dem Block *Complex to Real-Imag* sowie Verstärkung mit zwei realisiert. Am *Scope*-Block können das kontinuierliche, nicht gestörte und das gefilterte Signal beobachtet werden. Mit dem Block *Scope* werden das nicht verrauschte und das durch die Filterung im Tiefpassbereich von seinen Störungen weitgehend befreite Signal dargestellt. Das nicht verrauschte Signal wird dabei mit Hilfe des Blocks *Transport Delay* so verzögert, dass in der überlagerten Darstellung die Qualität der Störunterdrückung beurteilt werden kann.

An dem vereinfachten Signal einer harmonischen Schwingung ohne Störung

$$x(t) = \hat{x}cos(2\pi(f_0 + \Delta f)t) \tag{4.13}$$

kann man den Weg vom Bandpassbereich in den Tiefpassbereich und zurück auch im Zeitbereich verfolgen. Die Verschiebung ins Basisband ergibt:

$$x(t)e^{-j2\pi f_0 t} = \frac{\hat{x}}{2}[cos(2\pi \Delta f t) + cos(2\pi(2f_0 + \Delta f)t)] + \\ j\frac{\hat{x}}{2}[sin(2\pi \Delta f t) - sin(2\pi(2f_0 + \Delta f)t)]$$ (4.14)

Das Tiefpassfilter entfernt die Komponenten der Frequenz $2f_0 + \Delta f$ und es bleibt ein komplexes Signal der Form:

$$y(t) = \overline{x(t)e^{-j2\pi f_0 t}} = \frac{\hat{x}}{2}[cos(2\pi \Delta f t) + jsin(2\pi \Delta f t)]$$ (4.15)

Dabei soll der Überstrich die Filterung symbolisieren. Die Verschiebung des Signals $y(t)$ in den Bandpassbereich ergibt nach einfachen mathematischen Operationen:

$$y(t)e^{j2\pi f_0 t} = \frac{\hat{x}}{2}[cos(2\pi(f_0 + \Delta f)t) + jsin(2\pi(f_0 + \Delta f)t)]$$ (4.16)

Der Realteil dieses neuen komplexen Signals entspricht (bis auf den Faktor $\frac{1}{2}$ dem ursprünglichen Signal.

Im Modell band_2.mdl wird das gleiche Experiment mit einem Nutzsignal bestehend aus bandbegrenztem Rauschen im Bereich 980 Hz bis 1020 Hz durchgeführt. Diese Modelle könne leicht mit einer Dezimierung, Kernfilterung und einer Interpolierung, in derselben Art wie im vorhergehenden Experiment, erweitert werden. So wurde in dem Modell band_3.mdl das Modell band_2.mdl mit einer Dezimierung und Interpolierung in zwei Stufen (für Faktoren von 100), in denen FIR-Filter eingesetzt werden, erweitert. Die Spezifikationen der Filter sind: Durchlassfrequenzen $f_{TP1pass} = 0.02$, $f_{TP2pass} = 0.025$ bzw. Sperrfrequenzen $f_{TP1stop} = f_{TP2stop} = 1/20 = 0.05$. Man erreicht somit eine Bandbreite von $f_{TP2pass} = 100$ Hz ausgehend von einer Abtastfrequenz $f_s = 20$ kHz.

Im Programm band4.m und dem Modell band_4.mdl wird die Verschiebung des Spektrums eines Signals (wie sie in den vorherigen Experimenten eingesetzt wurde) mit der Verschiebung des Frequenzgangs eines FIR-Filters verglichen. Die Spektren der komplexen und reellen Signale werden überlagert mit den Blöcken *Spectrum Scope* und *Spectrum Scope 1* dargestellt, um die Unterschiede hervorzuheben.

4.5 Dezimierung und Interpolierung mit Polyphasenfiltern

Polyphasenfilter [17], [58] sind eine elegante Methode zur Implementierung der Filterung bei der Dezimierung und Interpolierung. Solche Filter werden auch von den Blöcken *FIR Decimation* und *FIR Interpolation* des *Signal Processing Blockset* verwendet.

Die grundlegenden Prinzipien der FIR-Polyphasenfilter für die Dezimierung und Interpolierung werden in den nachfolgenden Abschnitten dargestellt. Zu Beginn betrachten wir die Polyphasen-Zerlegung durch Unterabtastung der Einheitspulsantwort eines FIR-Filters, wie sie in Abb. 4.25 für den Faktor M = 3 skizziert ist.

4.5 Dezimierung und Interpolierung mit Polyphasenfiltern

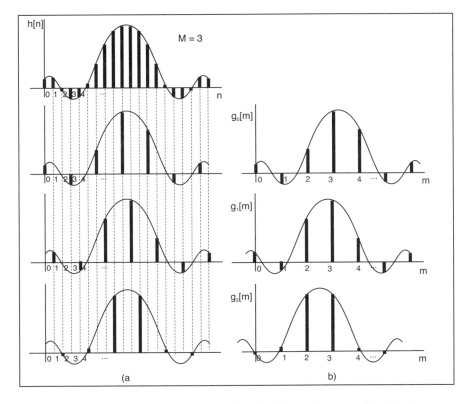

Abb. 4.25: *Polyphasenzerlegung der Einheitspulsantwort für M = 3*

Mit Hilfe der z-Transformation kann die Zerlegung sehr kompakt beschrieben werden. Die Übertragungsfunktion $H(z)$ des FIR-Filters (als z-Transformierte der Einheitspulsantwort) wird durch folgende Gruppierung:

$$\begin{aligned}
H(z) &= h_0 + h_1 z^{-1} + h_2 z^{-2} + \ldots \\
&= (h_0 + h_M z^{-M} + h_{2M} z^{-2M} + \ldots) + \\
&\quad + z^{-1}(h_1 + h_{M+1} z^{-M} + h_{2M+1} z^{-2M} + \ldots) + \\
&\quad \ldots \\
&\quad + z^{-(M-1)}(h_{M-1} + h_{2M-1} z^{-M} + h_{3M-1} z^{-2M} + \ldots)
\end{aligned} \qquad (4.17)$$

in Teilfilter $G_k(z^M)$

$$\begin{aligned}
G_k(z^M) &= h_k + h_{k+M} z^{-M} + h_{k+2M} z^{-2M} + \ldots \\
k &= 0, 1, 2, \ldots, M-1
\end{aligned} \qquad (4.18)$$

zerlegt, so dass die Übertragungsfunktion $H(z)$ durch

$$H(z) = \sum_{k=0}^{M-1} z^{-k} G_k(z^M) \qquad (4.19)$$
$$= G_0(z^M) + z^{-1} G_1(z^M) + \cdots + z^{-(M-1)} G_{M-1}(z^M)$$

ausgedrückt werden kann.

Die Polyphasenteilfilter $G_k(z^M)$

$$G_k(z) = h_k + h_{k+M} z^{-1} + h_{k+2M} z^{-2} + \ldots, \qquad (4.20)$$

die für das Filter aus Abb. 4.25a angenommen werden, besitzen als Einheitspulsantworten die Werte $g_k[m] = h[k+3m]$ mit $k = 0, 1, 2, \ldots, M-1$ und $m = 0, 1, 2, 3, \ldots$, die aus der Zerlegung hervorgehen und in Abb. 4.25b in die Ursprungslage verschoben dargestellt sind.

Allgemein sind die Einheitspulsantworten der Polyphasenfilter in der Form nach Gl. (4.20) durch

$$g_k[m] = h[k + Mm], \qquad k = 0, 1, 2, \ldots, M-1, \qquad m = 0, 1, 2, \ldots \qquad (4.21)$$

gegeben. Dabei sind $h[n]$ bzw. $g_k[m]$ die vereinfachten Schreibweisen für die Einheitspulsantworten $h[nT_s]$ bzw. $g_k[mMT_s]$:

$$h[nT_s] = h_0 \delta[nT_s] + h_1 \delta[(n-1)T_s] + h_2 \delta[(n-2)T_s] \ldots$$
$$g_k[mMT_s] = h_k \delta[mMT_s] + h_{k+M} \delta[(m-1)MT_s] + h_{k+2M} \delta[(m-2)MT_s] + \ldots$$
$$\qquad (4.22)$$

Mit $\delta[nT_s]$ wird der Kronecker-Operator [58] bezeichnet, der durch

$$\delta[nT_s] = \begin{cases} 1 & \text{für } n = 0 \\ 0 & \text{sonst} \end{cases} \qquad (4.23)$$

definiert ist.

Die Differenzengleichung für eine Transformierte der Form $Y(z) = G_k(z) X(z)$ ist durch

$$y[kT_s] = g_k[0] x[kT_s] + g_k[1] x[(k-1)T_s] + g_k[2] x[(k-2)T_s] + \ldots \qquad (4.24)$$

gegeben. Für die Transformierte $Y(z) = G_k(z^M) X(z)$ dagegen ist die Differenzengleichung durch

$$y[kT_s] = g_k[0] x[kT_s] + g_k[1] x[(k-M)T_s] + g_k[2] x[(k-2M)T_s] + \ldots \qquad (4.25)$$

definiert.

Wenn $G_k(z)$ in MATLAB als Zeilenvektor durch

```
[gk0, gk1, gk2, ...]
```

dargestellt ist, dann wird $G_k(z^M)$ durch

4.5 Dezimierung und Interpolierung mit Polyphasenfiltern

```
[gk0,zeros(1,M-1),gk1,zeros(1,M-1),gk2,zeros(1,M-1), ...]
```

gegeben. Dieser Vektor enthält je $M - 1$ Nullwerte zwischen den Werten gk0, gk1, gk2, ... des Vektors für $G_k(z)$.

In der *Signal Processing Toolbox* gibt es die Funktion **firpolyphase**, mit deren Hilfe die Einheitspulsantwort eines FIR-Filter in die Teilfilter $G_k(z)$ zerlegt werden kann. So werden z.B. über

```
h = fir1(20, 0.4);     % FIR-Tiefpassfilter
g = firpolyphase(h, 4); % Teilfilter für M oder L = 4
```

die Teilfilter $G_k(z)$ in der Matrix g als Zeilen gespeichert:

```
g =
  -0.0000    0.0201    0.0855    0.0855    0.0201   -0.0000
  -0.0035   -0.0000    0.2965   -0.0506    0.0072         0
  -0.0039   -0.0517    0.4008   -0.0517   -0.0039         0
   0.0072   -0.0506    0.2965   -0.0000   -0.0035         0
```

Um daraus die Teilfilter $G_k(z^M)$ zu erhalten, muss man zwischen den Werten der so ermittelten Teilfilter $G_k(z)$ noch $M - 1$ Nullwerte platzieren.

4.5.1 Dezimierung mit Polyphasenfiltern

Abb. 4.26a zeigt die Struktur eines Dezimierers, in dem das Tiefpassfilter eine Übertragungsfunktion $H(z)$ besitzt. In Abb. 4.26b ist dieselbe Dezimierung realisiert, wobei aber das Tiefpassfilter $H(z)$ als Polyphasenfilter dargestellt ist, also als Parallelschaltung mehrerer Filter, deren Einheitspulsantwort, wie im vorhergehenden Abschnitt gezeigt, durch geeignete Abtastung der Einheitspulsantwort des Filters $H(z)$ erhalten wird. Die Dezimierung mit dem Faktor M ist eine lineare Operation, also kann sie mit der ihr vorhergehenden Summe vertauscht und unmittelbar hinter die Ausgänge der Teilfilter $G_k(z^M), k = 0, 1, 2, ..., M - 1$ gebracht werden (Abb. 4.26c).

Eine Vertauschung der Dezimierung mit der Filterung ist unter Anpassung der Filterung ebenfalls möglich. In der Literatur ist die Äquivalenz aus Abb. 4.26d als *Noble Identity* [72] bekannt und mit ihrer Hilfe kann man aus der Struktur gemäß Abb. 4.26c die Struktur aus Abb. 4.26e bilden. Sie hat den Vorteil, dass die Dezimierung vor den Teilfiltern stattfindet und diese somit bei einer um den Faktor M niedrigeren Abtastrate arbeiten. Die Variante e ist auch deshalb vorteilhaft, weil der grau hinterlegte Teil ein Puffer ohne Überlappungen ist und in der Hardware oder in einem Programm einfach zu realisieren ist.

Im Programm polydezim_1.m wird ein FIR-Tiefpassfilter für eine Dezimierung mit dem Faktor $M = 5$ in Polyphasenfilter zerlegt, die in den Modellen polydezim_1_.mdl, polydezim_2_.mdl und polydezim_3_.mdl eingesetzt werden.

Das Programm beginnt mit der Entwicklung des FIR-Filters:

```
M = 5;
fr = 1/(2*M);     % Relative Frequenz des Dezimierungsfilters
nf = 128;         % Filterlänge
h = fir1(nf-1, 2*fr);
```

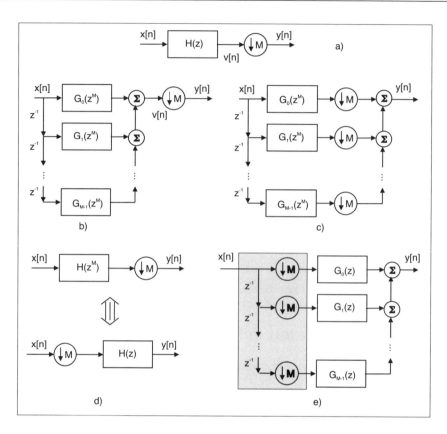

Abb. 4.26: Polyphasenfilter für die Dezimierung

Danach werden die Teilfilter der Polyphasenzerlegung (hier durch einfaches Unterabtasten des Vektors, ohne Verwendung der Funktion **firpolyphase**) ermittelt:

```
rn = rem(nf,M);
if rn == 0
    g = zeros(M, nf/M);    % nf ein Vielfaches von M
else
    g = zeros(M, fix(nf/M)+1);  % Filterlänge zu einem
    h = [h, zeros(1,M-rn)];     % Vielfachen von M erweitert
end;
for k = 1:M
    g(k,:) = h(k:M:end);   % Teilfilter des Polyphasen-
end;                        %            filters
```

Zuerst wird die Länge des Filters und die der Teilfilter auf ein Vielfaches von M gebracht und dann werden in einer **for**-Schleife die M Einheitspulsantworten der Teilfilter durch Dezimierung der Einheitspulsantwort h des Filters ermittelt. Sie sind in der Matrix g mit M Zeilen gespeichert. Mit **stem**(g(k,:)) und k=1,2,...,5 kann man die Einheitspulsantworten der Teilfilter, die nicht mehr symmetrisch sind, darstellen.

4.5 Dezimierung und Interpolierung mit Polyphasenfiltern

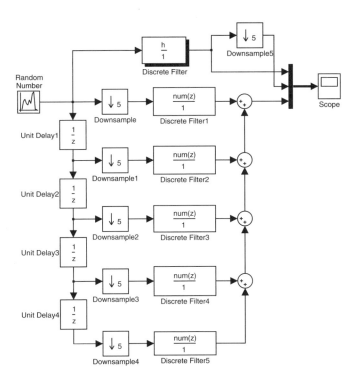

Abb. 4.27: Simulink-Modell der Dezimierung mit Polyphasenfiltern (polydezim_1.m, polydezim_1_.mdl)

In Abb. 4.27 ist das Simulink-Modell der Dezimierung, die der Struktur aus Abb. 4.26e entspricht, dargestellt. Die Zähler der Übertragungsfunktionen für die Blöcke *Discrete Filter 1, 2 ... 5* werden mit den Zeilen der Matrix g initialisiert. Die Nenner der FIR-Filter sind alle gleich eins. Im oberen Teil des Modells ist die klassische Struktur der Dezimierung nachgebildet, um ihr Ergebnis mit dem Ergebnis der Polyphasenrealisierung zu vergleichen. Nach der Simulation kann man mit dem *Scope*-Block die korrekte Funktionsweise der Dezimierung mit Polyphasenfiltern überprüfen.

Das Modell polydezim_2_.mdl (Abb. 4.28) benutzt am Eingang einen *Buffer*-Block, der dem grau hinterlegten Teil aus Abb. 4.26e entspricht. Für den Parameter *Buffer overlap* des Blocks wird der Wert null gewählt und die *Output buffer size (per channel)* (Puffergröße) wird auf M gesetzt. Da die Reihenfolge der gepufferten Werte nicht der erwarteten Form *Last In First Out* entspricht, wird der Vektor der Größe M mit dem Block *Flip* gedreht. Der *Buffer*-Block liefert die Ausgangsvektoren als *Frames* (siehe Abschnitt 7.2.1). Man erkennt dies durch die doppelten Verbindungslinien, wenn im Menü des Modell unter *Format-Port/Signal Displays* die Option *Wide nonscalar lines* aktiviert ist. Der *Mux*-Block und die Filter benötigen ihre Eingangsdaten allerdings als einzelne Abtastwerte, so dass mit dem Block *Frame Status Conversion* eine Umwandlung von *Frames* in einzelne Abtastwerte vorgenommen wird.

Im Modell polydezim_3_.mdl wird die Dezimierung mit dem Block *FIR Decimation* aus dem *Signal Processing Blockset* (siehe Tabelle 4.2) realisiert (Abb. 4.29).

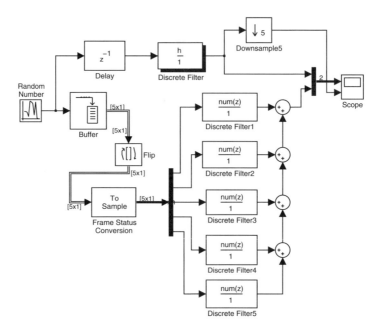

Abb. 4.28: Simulink-Modell der Dezimierung mit Buffer-Block am Eingang (polydezim_1.m, polydezim_2_.mdl)

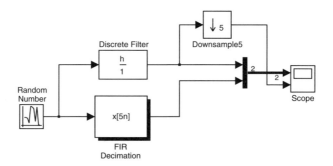

Abb. 4.29: Simulink-Modell der Dezimierung mit dem Block FIR Decimation, in dem eine Polyphasenstruktur implementiert ist (polydezim_1.m, polydezim_3_.mdl)

4.5.2 Interpolierung mit Polyphasenfiltern

Für die Interpolierung gibt es auch eine Lösung mit Polyphasenfiltern, die in Abb. 4.30 dargestellt ist. Oben (Abb. 4.30a) ist die klassische Lösung der Interpolierung mit Expandieren und Filterung dargestellt. In Abb. 4.30b ist die Interpolierung mit Polyphasenstruktur realisiert. Die Verzögerungen z^{-1} am Eingang können auch hinter die Teilfilter verlegt werden (Abb. 4.30c). Die *Noble Identity* für diesen Fall ist in Abb. 4.30d dargestellt und sie führt schließlich zur Lösung aus Abb. 4.30e. Der grau hinterlegte Teil stellt eine parallel-seriell-Konversion dar.

4.5 Dezimierung und Interpolierung mit Polyphasenfiltern

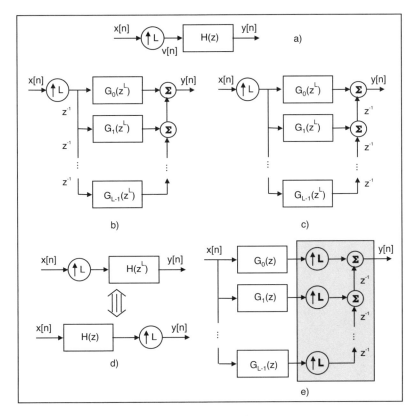

Abb. 4.30: Strukturen zur Interpolierung mit Polyphasenfiltern

In Abb. 4.31 ist die direkte Implementierung der Struktur aus Abb. 4.30e in einem Simulink-Modell (polyinterp_1_.mdl) für $L = 5$ dargestellt. Im Programm polyinterp_1.m wird das normale FIR-Interpolierungsfilter in Polyphasenteilfilter zerlegt. Es wird ähnlich vorgegangen, wie bei der Zerlegung für die Dezimierung. Die Koeffizienten der Teilfilter aus der Matrix g bilden die Zähler der Filter *Discrete Filter 1*, *Discrete Filter 2*, ... usw. Das MATLAB-Programm polyinterp_1.m muss zur Durchführung der Initialisierungen vor dem Start der Simulation ausgeführt werden. Anhand von bandbegrenztem Rauschen kann man die Funktion der Polyphaseninterpolierung untersuchen und sie mit der normalen Interpolierung vergleichen.

Das Modell polyinterp_2_.mdl zeigt ebenfalls eine Lösung für die Struktur aus Abb. 4.30e, wobei der grau hinterlegte Teil durch einen *Unbuffer*-Block simuliert wird. Weil die *Discrete Filter*-Blöcke SIMO[3]-Blöcke sind, kann man dieses Modell stark vereinfachen, wie Abb. 4.32 zeigt. Der *Unbuffer*-Block verlangt *Frame*-Daten am Eingang und deswegen muss die Umwandlung einzelner Abtastwerte in *Frame*-Daten eingefügt werden.

Das Programm polyinterp_3.m zeigt die Implementierung der Interpolierung in MATLAB. Die Zerlegung des FIR-Interpolierungsfilter in Polyphasenfilter der im Programm polyinterp_1.m verwendeten Zerlegung. Danach wird das bandbegrenzte Eingangssignal erzeugt und notwendige Variablen (y, xi) werden initialisiert:

---
[3]*Single Input Multi Output*

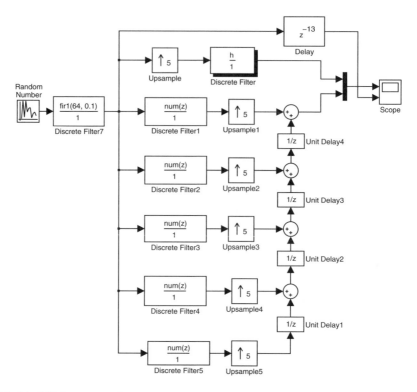

Abb. 4.31: Modell der Interpolierung mit Polyphasenfiltern (polyinterp_1.m, polyinterp_1_.mdl)

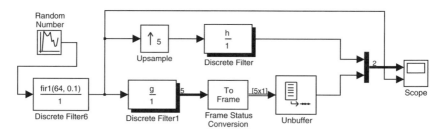

Abb. 4.32: Modell der Interpolierung mit Polyphasenfiltern und Unbuffer-Block (polyinterp_1.m, polyinterp_3_.mdl)

```
ns = 1000;                        % Länge Signal
x = randn(1,ns);                  % Bandbegrenztes Eingangs-
x = filter(fir1(64,0.1),1,x);     % signal

n_buffer = ng;                    % Frame-Größe (Puffer)
y = zeros(1, ns*L);               % Interpoliertes Signal
xi = y;                           % Mit FIR-Filter interpoliertes Signal
```

4.5 Dezimierung und Interpolierung mit Polyphasenfiltern 215

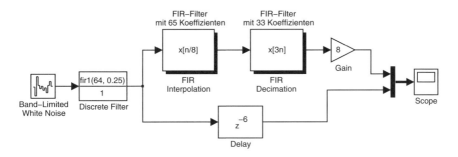

*Abb. 4.33: Änderung der Abtastrate mit dem Faktor 8/3 (*int_dezim1.mdl*)*

Die Filterung wird durch die Multiplikation der Matrix g, die die Teilfilter als Zeilen enthält, mit dem aktualisierten Eingangsvektor x_temp realisiert, dessen Länge gleich der Länge der Teilfilter ist:

```
k = 1;   i = 1;
x_temp = zeros(1,ng);
while k < ns-n_buffer
    x_temp = [x(k), x_temp(1:end-1)];  % Frame Bildung
    y_temp = g*(x_temp)';              % Polyphase-
    y(i:i+L-1) = y_temp';              % Filterung
    i = i + L;                         % Index für Ausgang
    k = k + 1;                         % Index für neuen Frame
end;
```

Das Ergebnis der Multiplikation (Vektor y_temp) enthält die interpolierten Werte für ein Abtastintervall des nicht interpolierten Eingangssignals. Die im Vektor enthaltenen Abtastwerte müssen serialisiert werden, was der *Unbuffer*-Funktion entspricht.

Im Modell int_dezim1.mdl (Abb. 4.33) werden schließlich die Dezimierung und Interpolierung mit Polyphasenfiltern kombiniert, um die Abtastfrequenz mit dem Faktor 8/3 zu ändern. Hierbei werden jetzt die Simulink-Blöcke *FIR-Interpolation* und *FIR-Decimation* eingesetzt.

Experiment 4.3: Dezimierung mit Polyphasenfiltern im Festkomma-Format

Die Blöcke des *Signal Processing Blocksets*, die in dem Simulink-Bibliotheksfenster in roter Farbe dargestellt sind, können auch für das Festkomma-Format parametriert werden. Im vorliegenden Experiment wird eine Dezimierung mit dem Block *FIR Decimation* im Festkomma-Format vorgestellt und mit der Dezimierung unter Verwendung eines Filters mit Koeffizienten hoher Genauigkeit (*double*) verglichen.

Abb. 4.34 zeigt das Simulink-Modell poly_festk1.mdl, in dem eine Dezimierung mit dem Faktor M = 5 untersucht wird. Als Eingangssignal soll ein Zufallssignal mit einer relativen Bandbreite von $B_n = \frac{1}{7 \cdot 2 f_s}$ dienen. Diese Bandbreite ist kleiner als die gewählte relative Bandbreite des Dezimierungsfilters im Block *FIR-Decimation* von $B_D = \frac{1}{6 \cdot 2 f_s}$. Und die Band-

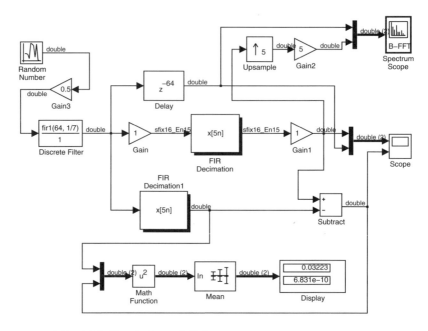

Abb. 4.34: Simulink-Modell der Dezimierung (poly_festk1.mdl)

breite des Dezimierungsfilters ist wiederum geringer als die maximal zulässige Bandbreite von $B_5 = \frac{1}{5 \cdot 2 f_s}$ bei einer Dezimierung um den Faktor 5. Diese konservative Wahl der Bandbreiten wurde getroffen, um den nicht ideal steilen Übergängen zwischen Durchlass- und Sperrbereich der Filter Rechnung zu tragen.

Der Block *FIR Decimation* wurde mit dem Festkomma-Format mit 16 vorzeichenbehafteten Bit und der Dezimalpunktstelle nach dem Vorzeichenbit initialisiert. Somit liegt der Wertebereich für die Filterkoeffizienten zwischen -1 und $\cong 1$ (genauer $1 - 2^{-15}$). Das Ausgangssignal des Dezimierers wird so parametriert, dass es im gleichen Format geliefert wird. Mit dem Block *Gain1* mit der Verstärkung $G = 1$ werden die Signale wieder in das Format *double* umgewandelt. Damit kann nun die Differenz zwischen dem mit dem Festkomma-Filter und dem mit einem Filter mit *double*-Koeffizienten dezimierten Signal gebildet werden. Dieser durch die Koeffizientenquantisierung verursachte momentane Fehler wird im unteren Oszilloskopfenster des *Scope*-Blockes angezeigt (Abb. 4.35). Der mittlere quadratische Fehler sowie die Leistung des dezimierten Signals werden ebenfalls ermittelt und mit dem Block *Display* angezeigt. Daraus kann man den Signal-Rausch-Abstand (*Signal to Noise Ratio* kurz SNR) berechnen und eine äquivalente Anzahl von Bit n_b für die Quantisierung dieser Dezimierung durch $n_b \cong SNR_{dB}/6$ ermitteln.

Weiterhin werden im oberen Teil des Oszilloskopfensters (Abb. 4.35 oben) das dezimierte und das ursprüngliche, nicht dezimierte Signal überlagert dargestellt. Ebenso werden das Spektrum des Signals vor und nach der Dezimierung mit dem Block *Spectrum Scope* zum Vergleich dargestellt (Abb. 4.36). Das dezimierte Signal wurde dazu mit einem *Upsample*-Block auf die Abtastrate des Eingangssignal expandiert und im *Gain2*-Block verstärkt. Selbstverständlich sind dann im Spektrum bei der hohen Abtastfrequenz die periodischen Fortsetzungen des

4.5 Dezimierung und Interpolierung mit Polyphasenfiltern

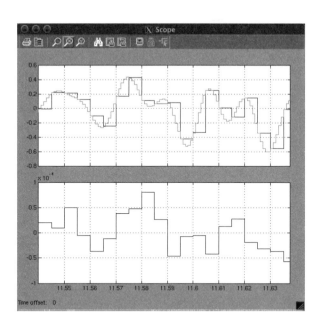

*Abb. 4.35: Signal und dezimiertes Signal bzw. Fehler (*poly_festk1.mdl*)*

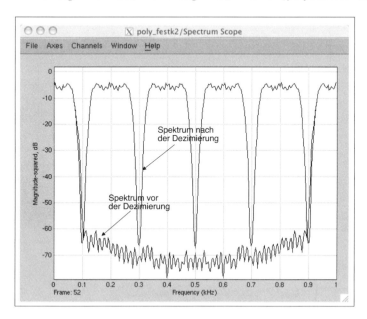

*Abb. 4.36: Spektrum vor und nach der Dezimierung (*poly_festk1.mdl*)*

Spektrums des ursprünglichen Signals sichtbar. Der Leser kann die Abtastratenanpassung auch über den (oft fälschlicherweise verwendeten) Block *Zero-Order-Hold* (Halteglied nullter Ordnung) implementieren und dabei die Tiefpasswirkung der Halte-Operation beobachten und bewerten.

Bei der Durchführung der Simulation erscheint im Kommandofenster der Hinweis:

```
Warning: The model 'poly_festk1' does not have continuous
states, hence using the solver 'VariableStepDiscrete' instead
of solver 'ode45'. You can disable this diagnostic by
explicitly specifying a discrete solver in the solver
tab of the Configuration Parameters dialog, or
setting 'Automatic solver parameter selection' diagnostic
to 'none' in the Diagnostics tab of the Configuration
Parameters dialog.
```

Dieser Hinweis besagt, dass Simulink zum Lösen der Differenzialgleichungen ein anderes Verfahren (*VariableStepDiscrete*) ausgewählt hat als das voreingestellte Verfahren (*ode45*), da keine zeitkontinuierlichen Signale simuliert werden sollen. Man kann diesen Hinweis ignorieren. Diesen Hinweis erhält man nicht, wenn man wie im Modell `poly_festk2.mdl` (hier nicht besprochen, aber Teil des Zusatzmaterials, das unter www.oldenbourg-wissenschaftsverlag.de als download abrufbar ist) für die Lösungsverfahren den Typ *Variable-step* und als *Solver: discrete (no continuous states)* einstellt. Alternativ kann man auch, wie

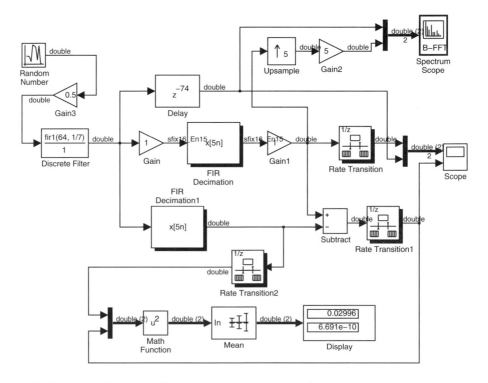

Abb. 4.37: Simulink-Modell der Dezimierung mit Fixed-step Solver (poly_festk3.mdl)

4.6 Interpolierung mit der Funktion `interpft`

im Modell `poly_festk3.mdl` (Abb. 4.37) geschehen, den Typ *Fixed-step* einstellen. Allerdings sind dann *Rate Transition*-Blöcke zur Anpassung der Abtastraten erforderlich und es gilt die Einschränkung, dass die verwendeten Abtastraten in einem ganzzahligen Verhältnis zueinander stehen müssen.

Wir betrachten die spektralen Eigenschaften einer Zeitsequenz $y[iT_s']$, die durch Expansion mittels Einfügen von Nullen aus einer anderen Zeitsequenz $x[kT_s]$ gewonnen wird. Werden $L-1$ Nullen zwischen die Abtastwerte von $x[kT_s]$ eingefügt, so gilt $T_s' = T_s/L$ und

$$y[iT_s'] = \begin{cases} x[kT_s] & \text{für} \quad i = kL, \\ 0 & \text{sonst} \end{cases} \quad (4.26)$$

Die DFT der ursprünglichen $x[kT_s]$ Sequenz ist:

$$X_m = \sum_{k=0}^{n-1} x[kT_s] e^{-j2\pi km/N}, \qquad m = 0, 1, 2, \ldots, N-1 \quad (4.27)$$

und die DFT der expandierten Sequenz $y[iT_s']$ ist:

$$Y_m = \sum_{k=0}^{LN-1} y[iT_s'] e^{-j2\pi im/(LN)} = \sum_{k=0}^{N-1} x[kT_s] e^{-j2\pi km/N} = X_m \quad (4.28)$$
$$m = 0, 1, 2, \ldots, Ln-1$$

Das Spektrum X_m der Sequenz $x[kT_s]$ wiederholt sich L mal und bildet das Spektrum der expandierten Sequenz $y[iT_s']$.

Mit einer kurzen Programmsequenz, kann man diese Eigenschaft der Expansion veranschaulichen:

```
L = 5;
x = filter(fir1(64,0.2),1,randn(1,200));% Bandbegrenzte Sequenz
x = x(101:end);      % ein Ausschnitt
X = fft(x);          % DFT der Sequenz
%
y = zeros(1, length(x)*L);
y(1:L:end) = x;      % Expandierte Sequenz
Y = fft(y);          % DFT der expandierten Sequenz
%
figure(1);
subplot(221), stem(0:length(x)-1, x);
title('Sequenz x');       grid;
subplot(223), plot(0:length(X)-1, abs(X));
title('DFT von x');       grid;
subplot(222), stem(0:length(y)-1, y);
title('Expandierte Sequenz y');    grid;
```

```
subplot(224), plot(0:length(Y)-1, abs(Y));
title('DFT von y');     grid;
```

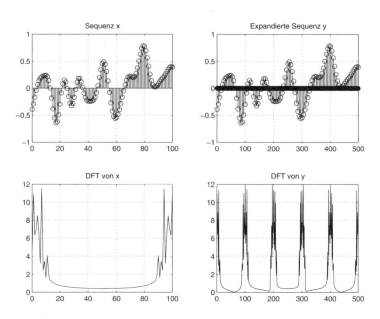

Abb. 4.38: Sequenzen x und y sowie der Betrag ihrer Spektren

Abb. 4.38 zeigt oben links die ursprüngliche Zeitsequenz und darunter den Betrag ihrer DFT. Rechts ist die expandierte Sequenz zusammen mit dem Betrag ihrer DFT dargestellt. Man sieht die Wiederholung des Spektrums der ursprünglichen Sequenz. Wenn die inneren $L-1$ Wiederholungen des Spektrums entfernt werden, entspricht die resultierende DFT der DFT einer Sequenz, die durch Abtastung des kontinuierlichen Signals mit der erhöhten Abtastrate $L \cdot f_s$ abgetastet wurde und die $L \cdot N$ Werte enthält. Sie ist gleichzeitig auch die interpolierte zur ursprünglichen Sequenz. Die inneren $L-1$ Wiederholungen des Spektrums werden entfernt, indem in der DFT Y der expandierten Sequenz $y[iT'_s]$ die entsprechenden Werte zu Null gesetzt werden, oder einfacher und aufwandsgünstiger, indem das Spektrum Y aus dem Spektrum X der ursprünglichen Sequenz durch Einfügen von Nullen konstruiert wird:

```
n = length(X);     % n gerade Zahl
Y = [X(1:n/2), zeros(1,L*n-1), X(n/2+1:n)];
```

Die interpolierte Sequenz $y[iT'_s]$ erhält man als Realteil der inversen FFT:

```
yi = L*real(ifft(Y));     % Interpolierte Sequenz
```

Die Entfernung der inneren Spektralwiederholungen entspricht einer idealen Filterung im Frequenzbereich (Abb. 4.40).

Im Programm int_fft1.m sind die vorgestellten Programmabschnitte zusammengefasst und es wird auch Abb. 4.39 erzeugt, in der einerseits die expandierte Sequenz und anderseits die Hülle der interpolierten Sequenz dargestellt werden. In dieser Form ist die Güte der Interpolierung besser sichtbar.

4.7 Lagrange-Interpolierung mit der Funktion `intfilt`

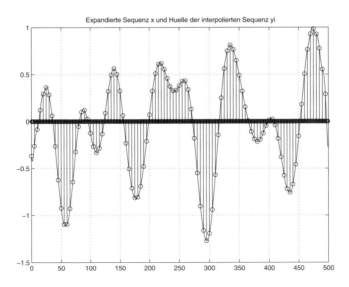

Abb. 4.39: Interpolierung über die FFT (int_fft1.m)

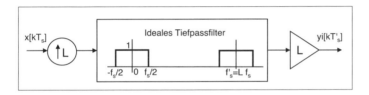

Abb. 4.40: Die Interpolierung mit Filterung in Frequenzbereich über die FFT

Die MATLAB-Funktion **interpfr** verwendet dieses Verfahren zur Interpolierung. Sie hat eine sehr einfache Syntax. Für eine Sequenz x und für den Interpolierungsfaktor L erhält man die interpolierte Sequenz yi mit:

```
yi = interpfr(x,L)    % Interpolierte Sequenz
```

4.7 Lagrange-Interpolierung mit der Funktion `intfilt`

Die Lagrange-Interpolierung ist in der Mathematik und in der Technik weit verbreitet [40], [48]. Sie kann auch für die Interpolierung zeitdiskreter Signale über FIR-Filter realisiert werden.

Das Lagrange-Theorem zeigt, dass $n + 1$ unterschiedliche reelle oder komplexe Punkte $x_0, x_1, \ldots, x_n$ mit $n + 1$ reellen oder komplexen Werten $w_0, w_1, \ldots, w_n$ über ein Polynom $p_n(x)$ verbunden werden können, so dass:

$$p_n(x_i) = w_i, \quad i = 0, 1, 2, \ldots, n \tag{4.29}$$

Die Koeffizienten des Polynoms vom Grad n werden mit dem Gleichungssystem

$$a_0 + a_1 x_i + a_2 x_i^2 + \cdots + a_n x_i^n = w_i, \quad i = 0, 1, 2, \ldots, n \qquad (4.30)$$

ermittelt.

Eine andere Form des Polynoms ist zur Auswertung besser geeignet. Mit

$$l_k(x) = \frac{(x - x_0)(x - x_1) \ldots (x - x_{k-1})(x - x_{k+1}) \ldots (x - x_n)}{(x_k - x_0)(x_k - x_1) \ldots (x_k - x_{k-1})(x_k - x_{k+1}) \ldots (x_k - x_n)}, \qquad (4.31)$$

wobei $k = 0, 1, 2, \ldots, n$, erhält man für das Polynom $p_n(x)$ die Form:

$$p_n(x) = \sum_{k=0}^{n} w_k l_k(x) \qquad (4.32)$$

Wenn man das Polynom $G_n(x)$ und die Zahl $G'_n(x_k)$ durch

$$\begin{aligned} G_n(x) &= (x - x_0)(x - x_1) \ldots (x - x_{k-1})(x - x_{k+1}) \ldots (x - x_n) \\ G'_n(x_k) &= (x_k - x_0)(x_k - x_1) \ldots (x_k - x_{k-1})(x_k - x_{k+1}) \ldots (x_k - x_n) \end{aligned} \qquad (4.33)$$

definiert, dann ergibt sich für $l_k(x)$ die Form

$$l_k(x) = \frac{G_n(x)}{(x - x_k)G'_n(x)}, \quad l_k(x_j) = \delta_{k,j} = \begin{cases} 0 & \text{wenn } k \neq j \\ 1 & \text{wenn } k = j \end{cases} \qquad (4.34)$$

und das Polynom $p_n(x)$ wird schließlich zu:

$$p_n(x) = \sum_{k=0}^{n} w_k l_k(x) = \sum_{k=0}^{n} w_k \frac{G_n(x)}{(x - x_k) G'_n(x)} \qquad (4.35)$$

Für den Fall, dass die Zahlen w_i die Werte einer Funktion $f(x)$ an den Stellen x_i sind ($w_i = f(x_i)$) und die Funktion $f(x)$ ein Polynom vom Grad n ist, erhält man die triviale Beziehung:

$$f(x) = \sum_{k=0}^{n} f(x_k) \frac{G_n(x)}{(x - x_k) G'_n(x)} \qquad (4.36)$$

Für die Interpolierung zeitdiskreter Signale werden die vorhandenen Abtastwerte als Werte w_k eines bandbegrenzten Signals für $x_k = kT_s$ angenommen. Es wird dann eine Ordnung des Polynoms n vorausgesetzt und die Zwischenwerte an den Punkten $x_k = k/L$ berechnet. Man kann zeigen [48], dass die Interpolierung äquidistanter Zwischenpunkte über ein FIR-Filter realisiert werden kann.

In der *Signal Processing Toolbox* gibt es die Funktion `intfilt`, mit deren Hilfe man FIR-Filter entwickeln kann, die zur Lagrange-Interpolierung führen. Die Syntax ist sehr einfach:

4.7 Lagrange-Interpolierung mit der Funktion `intfilt`

```
b = intfilt(L, N,'Lagrange');
```

Der Parameter L stellt den Interpolierungsfaktor dar und mit N wird die Ordnung der Lagrange-Interpolierung (Grad des Polynoms) gewählt. Für die Interpolierung wird die Eingangssequenz mit L-1 Nullwerten zwischen den ursprünglichen Abtastwerten expandiert und dann mit dem Filter der Einheitspulsantwort b gefiltert. Einer der Parameter L oder N muss eine ungerade Zahl sein, um ein FIR-Filter mit linearer Phase zu erhalten.

Im Programm `lagrange_int1.m` wird als Beispiel eine Interpolierung mit dem Lagrange-Filter gezeigt. Das Filter erhält man mit:

```
L = 10;        N = 5;
b = intfilt(L, N, 'Lagrange');   % Lagrange-FIR-Filter
nb = length(b);
```

In Abb. 4.41 sind die Einheitspulsantwort und der Amplitudengang des Filters dargestellt. Der Amplitudengang ähnelt dem Amplitudengang eines Kammfilter mit $L-1$ Nullstellen.

Das zu interpolierende, bandbegrenzte Signal x wird durch Filterung einer Zufallssequenz erzeugt:

```
% Bandbegrenzte Sequenz
ns = 100;              randn('state', 12567);
hTP = fir1(40, 0.5);
x = filter(hTP,1,randn(ns, 1));  % Sequenz
nx = length(x);
```

Die Expandierung mit Nullwerten kann mit

```
xr = zeros(nx*L,1);   % Expandierte Sequenz
```

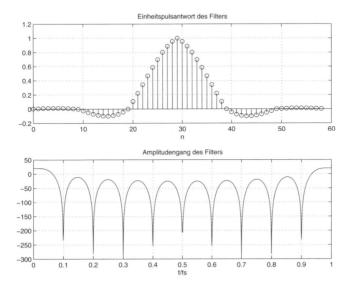

Abb. 4.41: Einheitspulsantwort und Amplitudengang des Lagrange FIR-Filters (lagrange_int1.m)

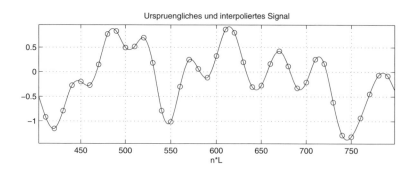

Abb. 4.42: Ursprüngliches und interpoliertes Signal für L = 10, N = 5 (lagrange_int1.m)

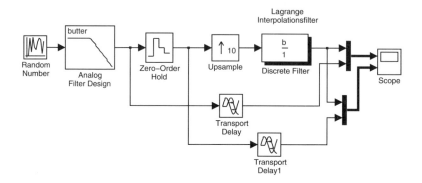

Abb. 4.43: Modell der Interpolierung mit Lagrange FIR-Filter (lagrange_int1.m, lagrange_int_1.mdl)

```
xr(1:L:end) = x;
```

realisiert werden oder eleganter durch:

```
xr = reshape([x, zeros(length(x), L-1)]', L*length(x), 1);
```

Die Interpolierung erhält man durch Filterung mit dem Lagrange-Filter:

```
y = filter(b,1,xr);                    ny = length(y);
```

Abb. 4.42 zeigt das ursprüngliche und das interpolierte Signal (für $L = 10, N = 5$).

Im Modell `lagrange_int_1.mdl` (Abb. 4.43) wird das Lagrange-Interpolierungsfilter eingesetzt, um ein auf 200 Hz bandbegrenztes Signal, das mit 1000 Hz abgetastet wird, zu interpolieren. Das Filter kann auch als Polyphasenfilter implementiert werden, wie im Programm `polylagrange_1.m` und im Modell `polylagrange_1_.mdl` gezeigt.

4.8 Multiratenfilterbänke

Die Signalverarbeitung mit Filterbänken wird in vielen Bereichen eingesetzt: Kompression von Audiosignalen (z.B. im MPEG-Verfahren), Entstörung verrauschter Signale, Analyse von mechanischen Schwingungen, Biosignalanalyse in der Medizintechnik, Mehrträgermodulationsverfahren in der Kommunikationstechnik, Bildverarbeitung und andere.

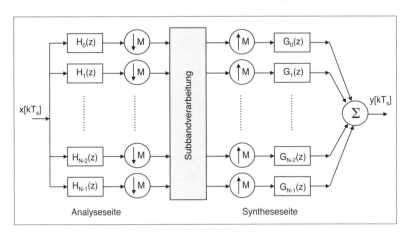

Abb. 4.44: Blockschaltbild eines N-Kanal-Multiratenfilterbanksystems

Abb. 4.44 zeigt das Blockschaltbild eines N-Kanal-Multiratenfilterbanksystems, das in vielen der gezeigten Anwendungen als grundlegendes System dient. Auf der Analyseseite wird das Eingangssignal $x[kT_s]$ mit Hilfe der Filterbank $H_i(z), i = 0, 1, 2, ..., N-1$ in N Subbänder zerlegt. Wenn die Teilfilter $H_i(z)$ bestimmte Bedingungen erfüllen, können die Subbandsignale mit dem Faktor M dezimiert werden, ohne das Verluste bei der Rekonstruktion auftreten. Bei $M = N$ spricht man von kritisch abgetasteten Filterbänken.

Nach geeigneter Verarbeitung der Subbandsignale erfolgt die Rekonstruktion auf der Syntheseseite durch Expandierung mit dem Faktor M und Filterung über die Teilfilter $G_i(z), i = 0, 1, 2, ..., N-1$, was einer Interpolierung entspricht. Die Subbandverarbeitung zwischen der Analyse- und Syntheseseite wird z.B. benutzt, um nicht signifikante Frequenzanteile des Eingangssignals für die Rekonstruktion zu entfernen und so eine Kompression der Eingangsdaten zu erzwingen. Ähnlich können Rauschanteile des Eingangssignals mit der Subbandverarbeitung unterdrückt werden.

Beim Entwerfen der Filter $H_i(z)$ und $G_i(z), i = 0, 1, 2, ..., N-1$ muss die Bedingung erfüllt sein, dass ohne Subbandverarbeitung (Analyse- und Syntheseseite durchgeschaltet) eine perfekte oder fast perfekte Rekonstruktion des Eingangssignals (abgesehen von der Verzögerung durch die Filter) gewährleistet ist.

4.8.1 Die DFT als Bank von Bandpassfiltern

Es wird angenommen, dass das erste Filter $H_0(z)$ der Analysefilterbank aus Abb. 4.45 ein FIR-Filter mit der Einheitspulsantwort

$$h_0(k) = \begin{cases} 1/N & \text{für } 0 \leq k \leq (N-1) \\ 0 & \text{sonst} \end{cases} \qquad (4.37)$$

ist. Die Einheitspulsantwort hat also die Form eines rechteckigen Zeitfensters mit Werten gleich $1/N$, wobei N die Länge des Filters ist.

Der Ausgang $y_0(kT_s)$ ist durch die Faltung

$$y_0[kT_s] = \sum_{n=0}^{N-1} x[(k-n)T_s]h_0(n) = \frac{1}{N}\sum_{n=0}^{N-1} x[(k-n)T_s] \qquad (4.38)$$

gegeben. Er stellt einen gleitenden Mittelwert über N Abtastwerte der Eingangssequenz $x[kT_s]$ dar. Der Frequenzgang dieses Filters ist in Abb. 4.45 rechts dargestellt. Er wurde mit dem Programm dft_bank1.m ermittelt. Man erkennt, dass das Filter ein Tiefpassfilter ist, zugegeben nicht sehr gut und weit entfernt von dem mit gestrichelter Linie eingezeichneten Frequenzgang eines idealen Tiefpassfilters mit der relativen Bandbreite $f_p/f_s = 1/(2N)$.

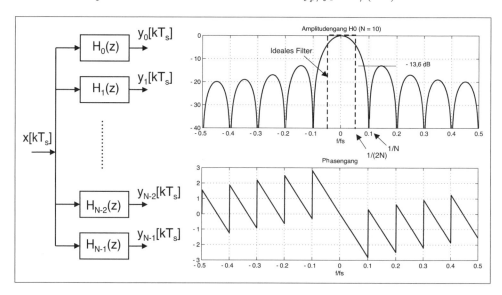

Abb. 4.45: *Multibandpassfilterung und Frequenzgang des Filters $H_0(z)$* (dft_bank1.m)

Die anderen Filter mit den Frequenzgängen $H_i(f), i = 1, 2, ..., N-1$ werden aus dem Frequenzgang $H_0(f)$ des Tiefpassprototyps durch Verschiebung im Frequenzbereich erhalten [64]:

$$H_i(f) = H_0(f - f_i) \quad \text{mit} \quad f_i = i\frac{f_s}{N} \qquad (4.39)$$
$$i = 1, 2, 3, ..., N-1$$

4.8 Multiratenfilterbänke

Die Verschiebung im Frequenzbereich bedeutet eine Multiplikation im Zeitbereich mit $e^{j2\pi f_i k}$ und somit sind die Einheitspulsantworten dieser Filter durch

$$h_i(k) = h_0(k)e^{j2\pi f_i k} = h_0(k)e^{j2\pi ik/N} \tag{4.40}$$

gegeben. Mit $i = 1, 2, ..., N - 1$ wird das jeweilige Filter gewählt und $k = 0, 1, 2, ..., N - 1$ stellt den Index der Werte der Einheitspulsantworten dieser Filter dar.

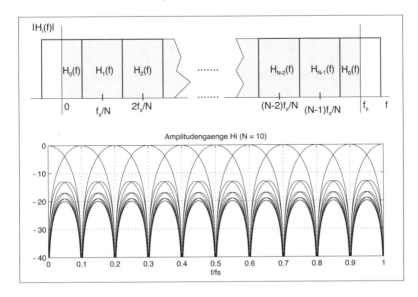

Abb. 4.46: Ideale und reale Belegung des Frequenzbereichs von 0 bis f_s (dft_bank1.m)

Abb. 4.46 zeigt oben die Belegung des Frequenzbereichs von $f = 0$ bis f_s mit den Frequenzgängen von N idealen Filtern. Darunter sind die realen Frequenzgänge für den Fall $N = 10$ gezeigt. Die Frequenzgänge aus Abb. 4.46 wurden mit dem Programm dft_bank1.m ermittelt und dargestellt. Das Tiefpassprototypfilter und dessen Frequenzgang wird durch

```
N = 10;
h0 = ones(1,N)/N;      % Fenster oder gleitender Mittelwert-Filter
nfft = 1024;
H0 = fftshift(fft(h0, nfft));   % Frequenzgang von h0
```

berechnet. Die weiteren Bandpässe der Filterbank werden mit folgender Sequenz nach Gl. (4.40) entwickelt und in der Matrix hi zeilenweise gespeichert:

```
hi = zeros(N,N);
for i = 1:N
    hi(i,:) = h0.*exp(j*2*pi*(0:N-1)*i/N);
end;
Hi = fft(hi,nfft);    % Frequenzgänge von hi
```

Die Bandpässe der Filterbank (mit Ausnahme von $H_0(z)$) haben jetzt komplexe Koeffizienten und der Ausgang des Filters i wird:

$$y_i[kT_s] = \frac{1}{N} \sum_{n=0}^{N-1} x[(k-n)T_s]h_i(n) = \frac{1}{N} \sum_{n=0}^{N-1} x[(k-n)T_s]e^{j2\pi nk/N} \quad (4.41)$$

Diese Faltung kann auch als Matrixoperation geschrieben werden. Dafür werden die Ausgänge der Filterbank zum Zeitpunkt kT_s im Vektor **y** und die Sequenz der Eingänge

$$x[kT_s], x[(k-1)T_s], ..., x[(k-N+1)T_s]$$

im Vektor **x** zusammengefasst. Daraus folgt

$$\mathbf{y} = W_N \mathbf{x}, \quad (4.42)$$

wobei W_N die Matrix der inversen DFT ist, die folgende Elemente

$$W_{ik} = \frac{1}{N} e^{j2\pi ik/N}$$

besitzt.

Abb. 4.47 zeigt zwei Blockschaltbilder für die zwei möglichen Vorgehensweisen. Das erste entspricht einer Filterbank, bei der der Eingangsvektor mit je einem Abtastintervall gleitet. Das Ausgangssignal besitzt die gleiche Abtastfrequenz wie das Eingangssignal. Die zweite Möglichkeit stellt die Analyseseite eines Filterbanksystems dar, bei dem zusätzlich eine Dezimierung mit dem Faktor N stattfindet. Das Ausgangssignal, als Vektor der Länge N über die Filter aufgefasst, stellt die (inverse) Fourier-Transformierte des Eingangssignals (Eingangsvektor über die Filter) dar. Die Vektoren gleiten mit N Abtastintervallen, das Ausgangssignal eines Filters besitzt also eine um den Faktor N kleinere Abtastfrequenz als das Eingangssignal. Es ist zu beachten, dass die Filter der Filterbank komplexe Koeffizienten besitzen und somit sind die Ausgänge der Struktur aus Abb. 4.47a und b komplex.

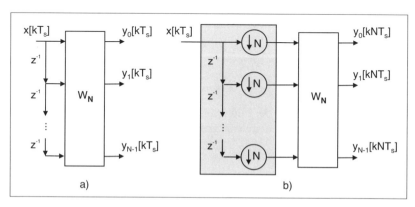

Abb. 4.47: *a) DFT-Filterbank; b) DFT-Analyseseite für ein Multiratenfilterbanksystem*

4.8 Multiratenfilterbänke

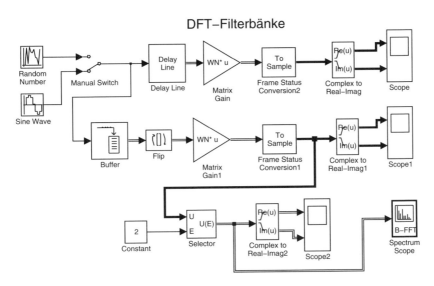

Abb. 4.48: DFT-Filterbänke realisiert mit Delay-Line- und Buffer-Block (dft_bank2.m, dft_bank_2.mdl)

Beide Strukturen können leicht in Simulink nachgebildet werden. Die Vektoren der Struktur a) werden mit Hilfe einer Verzögerungsleitung gebildet. Dafür kann man den Block *Delay Line* mit einer Verzögerung gleich N oder den Block *Buffer*, bei dem der *overlap* Parameter auf $N-1$ gesetzt wird, verwenden.

Abb. 4.48 zeigt beide Möglichkeiten im Modell dft_bank_2.mdl, das mit dem Programm dft_bank2.m initialisiert wird. Die Matrix W_N, (im Programm die Variable WN), wird wie folgt berechnet:

```
WN = zeros(N,N);
for p = 1:N
    WN(p,:) = exp(j*2*pi*(p-1)*(0:N-1)/N)/N;
end;
% WN = dftmtx(N)/N;   % Eine andere Möglichkeit
```

Der Vektor am Ausgang des *Buffer*-Blocks muss noch von rechts nach links gespiegelt werden, bevor er mit der Matrix WN multipliziert wird. Die Blöcke *Scope* und *Scope1* zeigen gleichzeitig die Real- bzw. Imaginärteile am Ausgang aller Filter und man kann feststellen, dass beide Blöcke gleiche Signale ergeben.

Mit dem *Selector*-Block kann jeder der 10 komplexen Ausgänge (für N = 10) der Filterbank selektiert und als Real- bzw. Imaginärteil am Block *Scope2* angezeigt werden. Das Spektrum des komplexwertigen Signals am Ausgang des so gewählten Bandpassfilters kann mit dem Block *Spectrum Scope* dargestellt werden.

Speist man das Modell z.B. mit einem Signal der Frequenz 100 Hz (bei $f_s = 1000$ Hz ist die relative Frequenz $f/f_s = 0.1$) so reagiert nur das zweite Filter der Filterbank, wie aus Abb. 4.46 unten zu entnehmen ist, da alle anderen Filter im Amplitudengang bei dieser Frequenz eine Nullstelle besitzen. Am Block *Scope2* sieht man in der Darstellung für Real- und

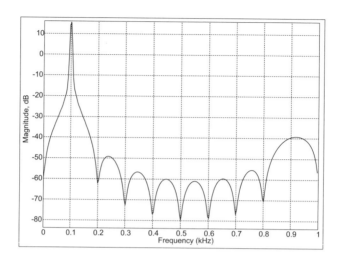

Abb. 4.49: *Spektrum des komplexen Signals* (dft_bank2.m, dft_bank_2.mdl)

Imaginärteil jeweils eine harmonische Schwingung der Frequenz 100 Hz, die gegeneinander um $\pi/2$ phasenverschoben sind und deren Amplituden jeweils den Wert 0.5 haben, genau so, wie das aus der DFT eines sinusförmigen Signals zu erwarten ist. Am *Spectrum Scope* wird das Spektrum des komplexwertigen Signals dargestellt (Abb. 4.49). Man bemerkt das Signal bei der Frequenz $f = 100$ Hz und die fehlende Symmetrie des Spektrums.

Wählt man für dasselbe Eingangssignal Filter 10 aus, so erhält man die gleiche harmonische Schwingung mit $f = 100$ Hz im Realteil und im Imaginärteil, wobei Letzterer dem Ersteren um $\pi/2$ voreilt. Das Spektrum des komplexwertigen Signals ist ebenfalls einseitig, allerdings nun bei $f = 900$ Hz (oder $f = -100$ Hz). Betrachtet man hingegen nur das Spektrum des Real- oder des Imaginärteils, so sieht man ein Spektrum mit der bekannten Symmetrie für reelle Signale.

Für die Lösung aus Abb. 4.47b kann der grau hinterlegte Teil am Eingang mit Hilfe des *Buffer*-Blocks, wobei der Parameter *overlap* auf null gesetzt wird, nachgebildet werden.

Die Syntheseseite des DFT-Multiratenfilterbanksystems enthält eine Multiplikation mit der Transjugierten (transponierte und konjugiert komplexe Matrix) der Matrix W_N (die direkte DFT), gefolgt von einer Serialisierung des Ergebnisvektors (Abb. 4.50). In Simulink wird die Serialisierung mit Hilfe eines *Unbuffer*-Blocks realisiert.

Abb. 4.51 zeigt das Modell eines DFT-Multiratenfilterbanksystems mit $N = 10$. Im *Buffer*-Block wird der Parameter *overlap* auf null gesetzt, so dass der linke grau hinterlegte Ausschnitt der Analyseseite nachgebildet wird. Nach der Multiplikation mit der Matrix WN erhält man die inverse DFT des jeweiligen Eingangsvektors, der $N = 10$ Elemente besitzt. Auf dem Block *Scope2* werden der Betrag (*Magnitude*) und der Winkel (*Angle*) der inversen DFT dargestellt. Wenn das Eingangssignal sinusförmig ist, z.B. mit $f = 100$ Hz und der Amplitude $A = 1$, und man mit einer Abtastfrequenz $f_s = 1000$ Hz arbeitet, dann enthalten die Eingangsvektoren in ihren 10 Abtastwerten genau eine Periode des Signals und nur zwei Werte des Vektors der inversen DFT sind verschieden von null und gleich 0.5. Es sind dies die Ausgänge des zweiten und zehnten Filters, wenn die Filter der Filterbank von 1 bis 10 nummeriert werden.

4.8 Multiratenfilterbänke

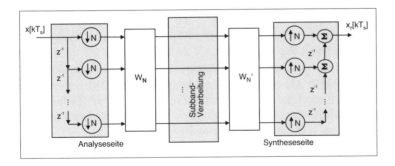

Abb. 4.50: DFT-Multiraten Filterbanksystem

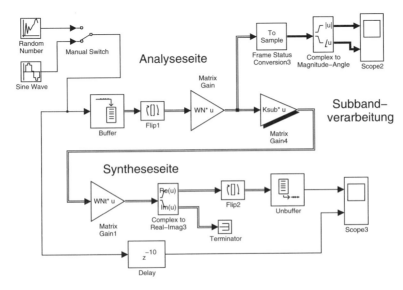

Abb. 4.51: Modell des DFT-Multiratenfilterbanksystems (dft_bank3.m, dft_bank_3.mdl)

Mit Hilfe der Amplitudengänge der Filter, die in Abb. 4.46 dargestellt sind, sieht man, dass das Signal der relativen Frequenz $f/f_s = 100/1000 = 0.1$ (und Spiegelfrequenz $1 - 0.1 = 0.9$) nur das zweite und zehnte Filter anregt, weil alle anderen Filter bei diesen Frequenzen Nullstellen besitzen.

Bei Signalen mit anderen Frequenzen, wie z.B. $f = 150$ Hz, werden mehrere Filter aus dem Bereich $0 \leq f/f_s \leq 0.5$ angeregt. Wegen der Eigenschaft der DFT und ihrer Inversen, dass für reellwertige Signale $X_i = X^*_{N-i}$ gilt, werden auch die Filter aus dem Bereich $0.5 \leq f/f_s \leq 1$ eine Antwort liefern.

Die Subbandverarbeitung im Modell (Abb. 4.51) ist einfach gestaltet und auf eine Multiplikation mit einer Matrix (Ksub) reduziert. Wenn diese Matrix die Einheitsmatrix ist, werden die Subbandsignale der Analyseseite zur Syntheseseite weitergeleitet. Subbandsignale können von der Rekonstruktion ausgeschlossen werden, wenn an den entsprechenden Stellen der Matrix die Werte auf null gesetzt werden.

Die Syntheseseite stellt eine Interpolierung dar, die der Struktur aus Abb. 4.30c entspricht, und die wie in Abb. 4.50 realisiert wurde. Die Matrix W'_N ist die Transjugierte der inversen DFT-Matrix W_N und somit die Matrix der direkten DFT.

Wegen numerischen Fehlern ist der Imaginärteil der Vektoren nach der Multiplikation mit der Matrix W'_N nicht null. Deshalb wird der Realteil mit dem Block *Complex to Real-Imag3* abgetrennt. Der grau hinterlegte Teil der Syntheseseite aus Abb. 4.50 wird im Modell mit dem Block *Unbuffer* implementiert. Ohne Manipulation der Subbandsignale mit der Matrix Ksub sind das Eingangssignal und das rekonstruierte Signal gleich.

Im Modell dft_bank_4.mdl, das mit dem Programm dft_bank4.m initialisiert wird, wird breitbandiges Rauschen im Eingangssignal unterdrückt. Es wird eine Filterbank mit $N = 30$ und $f_s = 1000$ Hz angenommen. Eine harmonische Schwingung mit $f = 100$ Hz fällt in den Bereich des vierten Filters und entsprechend symmetrisch in den Bereich des Filters mit dem Index 28 (wenn die Nummerierung der Filter mit eins beginnt). Die Matrix Ksub wird mit jeweils einer Eins auf der Hauptdiagonale in den Zeilen vier und 28 initialisiert, die anderen Werte werden zu null gesetzt. Damit wird die harmonische Schwingung durchgelassen, während das Rauschen in den Frequenzbereichen außerhalb dieser beiden Filter unterdrückt wird.

Experiment 4.4: Cosinusmodulierte Filterbänke

Cosinusmodulierte Filterbänke [15], [72] erhält man ausgehend von einem Tiefpassprototypfilter, dessen Frequenzgang durch Verschiebung zu Bandpässen führt, die den Bereich $0 \leq f/f_s \leq 1$ symmetrisch belegen (Abb. 4.52c). Diese Symmetrie führt zu reellen Filtern.

Das Prototyptiefpassfilter $H(z)$ muss eine Bandbreite $B = f_s/(4N)$ haben, um N Bandpässe im Bereich $0 \leq f/f_s \leq 0.5$ zu erhalten. Die Mittenfrequenzen dieser Bandpässe sind dann:

$$f_i = (2i+1)f_s/(4N) \qquad i = 0, 1, 2, ..., N-1 \tag{4.43}$$

Für das Bandpassfilter $H_i(f)$ wird der Frequenzgang des Prototypfilters $H(f)$ sowohl nach links als auch nach rechts um f_i verschoben (Abb. 4.52b), so dass:

$$H_i(f) = H(f - f_i) + H(f + f_i) \qquad i = 0, 1, 2, ..., N-1 \tag{4.44}$$

Im Zeitbereich erhält man dadurch für die Einheitspulsantwort $h_i[k]$ des Bandpasses i die Form:

$$\begin{aligned} h_i[k] =& h[k][e^{j2\pi f_i T_s k} + e^{-j2\pi f_i T_s k}] = 2h[k]cos[\pi(2i+1)k/(2N)] \\ & i = 0,1,2,...,N-1; \qquad k = 0,1,2,...,L-1 \end{aligned} \tag{4.45}$$

Hier ist $h[k]$ die Einheitspulsantwort der Länge L des FIR-Tiefpassprototyp-Filters.

In einem Filterbanksystem mit Analyse- und Syntheseseite folgt nach der Filterung mit diesen Bandpassfiltern die Dezimierung mit dem Faktor N, die zu Überfaltungen und Amplituden- bzw. Phasenverzerrungen wegen der nichtidealen Frequenzgänge der Filter führen kann.

Als Synthesefilter werden die gespiegelten Analysefilter benutzt [72]:

$$h_{ir}[k] = h_i[L-k] \tag{4.46}$$

4.8 Multiratenfilterbänke

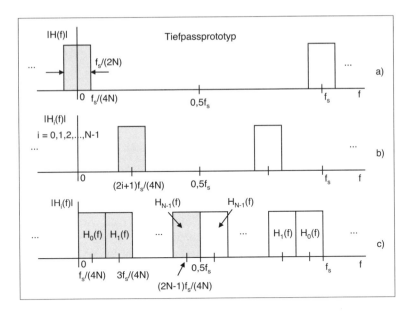

Abb. 4.52: Cosinusmodulierte Filterbank

Auch wenn die Analysefilter nicht symmetrisch sind und somit keine lineare Phase besitzen, ergibt diese Wahl bei der Faltung des jeweiligen Analyse- und Synthesefilters

$$t_i[k] = h_i[k] * h_{ir}[k] = \sum_{n=0}^{k} h_i[n] h_{ir}[k-n]$$

ein Filter mit linearer Phase. Es wurde angenommen, dass die Filter kausal mit $k = 0, 1, ...,$ $L - 1$ sind. Die Spiegelung nach Gl. (4.46) wird in MATLAB mit der Funktion `fliplr` und die Faltung zweier Vektoren wird mit der Funktion `conv` realisiert.

Das Filter $T(z)$ definiert durch

$$T(z) = \frac{1}{N} \sum_{i=0}^{N-1} H_i(z) H_{ir}(z) \qquad (4.47)$$

stellt die so genannte *Distortion Function* dar und kann als Gesamtübertragungsfunktion des Filtersystems angesehen werden. Idealerweise müsste sie einer Verzögerung $T(z) = z^{-(L-1)}/N$ entsprechen und der Amplitudengang von $NT(z)$ müsste somit konstant 1 sein.

Um Überfaltungen zu kompensieren, wird für die Bandpassfilter eine Korrektur der Impulsantwort mit Hilfe einer zusätzlichen Phasenverschiebung vorgenommen. Nach [15] wird diese Korrektur durch

$$h_i(k) = 2h(k) cos[\pi(2i+1)(k - \frac{L-1+N}{2})/(2N)] \qquad (4.48)$$
$$i = 0, 1, 2, ..., N-1; \qquad k = 0, 1, 2, ..., L-1$$

realisiert oder alternativ, nach [72], durch:

$$h_i(k) = 2h(k)cos[\pi(2i+1)(k-N/2)/(2N) + (-1)^i\pi/4]$$
$$i = 0,1,2,...,N-1; \qquad k = 0,1,2,...,L-1 \qquad (4.49)$$

Die Synthesefilter werden weiterhin durch Spiegelung gemäß Gl. (4.46) ermittelt.

Zusätzlich kann die Einheitspulsantwort des Tiefpassprototypfilters, als Vektor **h** zusammengefasst, so optimiert werden, dass die Bedingung

$$T_t(\mathbf{h}, f/f_s) = [H(\mathbf{h}, f/f_s) + H(\mathbf{h}, f/f_s - 1/(2N))]^2 = 1 \qquad (4.50)$$

erfüllt ist. Diese Bedingung sichert eine nahezu perfekte Rekonstruktion durch das Filterbanksystem. In [15] wurde eine MATLAB-Funktion `unicombf` entwickelt, mit der diese Optimierung iterativ durchgeführt werden kann. Wie die Simulation zeigen wird, ist diese Optimierung sehr gut und die Fehler bei der Synthese entsprechend klein.

Im Programm `cos_bank1.m` wird ein Filterbanksystem für $N = 32$ berechnet sowie auch einige der Parameter für das Modell `cos_bank_1.mdl` initialisiert. Es beginnt mit dem Entwurf des Tiefpassprototypfilters:

```
L = 512;        % Anzahl Koeffizienten des Filters
h = fir1(L-1, 1/(2*N), kaiser(L, 6));    % Einheitspulsantwort
```

Danach werden die Bandpassfilter für die Analyse- und Syntheseseite ermittelt:

```
hi = zeros(N,L);    % Initialisierung
hir = hi;
for i = 0:N-1
   %hi(i+1,:) =2*h.*cos(pi*(2*i+1)*((0:nf-1)-(L-1)/2)/(2*N));
      % Einfache Modulation
   %hi(i+1,:) =2*h.*cos(pi*(2*i+1)*((0:L-1)-(L-1+N)/2)/(2*N));
      % Doblinger Cosine-Modulationsfilter
   hi(i+1,:) =2*h.*cos(pi*(2*i+1)*((0:L-1)-(L-1)/2)/...
              (2*N)+((-1)^i)*pi/4);
      % Vaidyanathan Cosine-Modulationsfilter
end;
hir=fliplr(hi);      % Synthese Filter
hit = hir';          % Für das Simulink-Modell
```

Die Einheitspulsantworten $h_i[k]$ der Bandpassfilter können mit einem der in der **for**-Schleife angegebenen Befehle berechnet werden. Die erste Möglichkeit entspricht der einfachen Form aus Gl. (4.45) und die beiden anderen Formen enthalten die Korrektur nach Gl. (4.48) oder Gl. (4.49).

Abb. 4.53 zeigt oben die Amplitudengänge der 32 Bandpassfilter und darunter in einem Ausschnitt die ersten 8 Amplitudengänge vergrößert. Durch die Überfaltungen der Amplitudengänge entstehen, wenn keine Optimierung eingesetzt wird, Fehler bei der Rekonstruktion, wie die Simulation mit dem Modell `cos_bank1_1.mdl` zeigt. In diesem, hier nicht abgebildeten Modell, werden die Bandpässe der Analyseseite mit dem SIMO[4]-Block *Discrete Filter* realisiert. Die Syntheseseite muss jedoch aus Einzelblöcken zusammengesetzt werden, da kein

---
[4]*Single-Input-Multiple-Output*

4.8 Multiratenfilterbänke

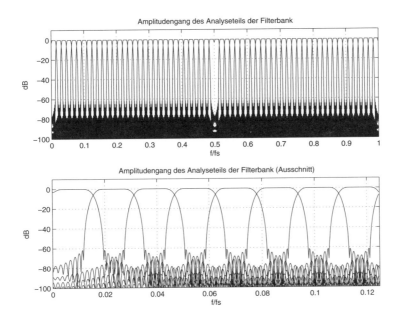

Abb. 4.53: Amplitudengänge der Bandpassfilter und Ausschnitt daraus (cos_bank1.m, cos_bank_1.mdl)

MIMO[5]-Filterblock verfügbar ist. In zwei *Display*-Blöcken werden die Leistung des Signals und die des Fehlers angezeigt und man stellt fest, dass der Signalrauschabstand bei lediglich 16 dB liegt, was in der Regel nicht toleriert werden kann.

Mit der Programmsequenz:

```
figure(3);    clf;
nfft = 4096;
subplot(211),plot((0:nfft-1)/nfft,...
          20*log10(sum(abs(Hi.*Hir),2)));
.....
t = zeros(N, 2*L-1);
for p = 1:N
    t(p,:) = conv(hi(p,:), hir(p,:));
end;
tt = sum(t);
subplot(212), stem(0:length(tt)-1, tt);
....
```

wurden der Amplitudengang und die Einheitspulsantwort des Filterbanksystems gemäß Gl. (4.47) in Abb. 4.54 dargestellt. Man bemerkt die Abweichungen von dem idealen Wert 0 dB im Amplitudengang, bzw. von dem Einheitspuls in der Einheitspulsantwort, die für die Rekonstruktionsfehler verantwortlich sind.

---

[5]*Multi-Input-Multiple-Output*

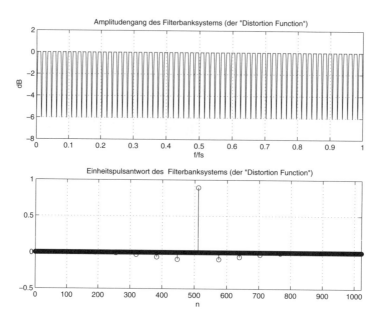

Abb. 4.54: Amplitudengang der Distortion Function und Einheitspulsantwort des Filterbanksystems (cos_bank1.m, cos_bank_1.mdl)

Das Modell `cos_bank_12.mdl`, das aus dem Modell `cos_bank_1.mdl` durch Ersetzen der Signalquelle mit einer Quelle vom Typ *From Workspace* hervorgeht, wird zur Messung des Amplitudengangs und der Einheitspulsantwort des gesamten Filterbanksystems eingesetzt.

Mit dem Programm `cos_bank_transfer1.m` wird als Eingangssignal für dieses Modell ein Gemisch von sinusförmigen Signalen der Amplitude eins und zufälligen, gleichmäßig verteilten Nullphasen erzeugt [49]:

```
nN = 2000;          phi = rand(1,nN/2-1)*2*pi;
phi = [0, phi, 0, -phi(nN/2-1:-1:1)];   % Symmetrie für
X = exp(j*phi);                % reelles Signal
x = real(ifft(X));             % Sinusförmige Signale
xt = [x,x];
% ------ Eingangssequenz für das Modell
simin = [((0:length(xt)-1)*Ts)',xt'];
```

Das Eingangssignal xt besteht aus zwei gleichlangen Sequenzen x, so dass man vom Ausgangssignal y des Modells als Antwort auf xt die erste Hälfte mit dem Einschwingvorgang entfernen kann und nur die zweite Hälfte benutzt:

```
% ------ Aufruf der Simulation
sim('cos_bank_12',[((0:length(xt)-1)*Ts)']);
y = squeeze(simout)';   % Entfernen der Singleton-Dimensionen
% ------ Ermittlung der Übertragungsfunktion
y = y(nN+1:1:2*nN);     % Ausgang ohne Einschwingteil
Y = fft(y);             % FFT des Ausgangs (zweiter Teil)
Ht = Y./X;              % Gesamte Übertrgaungsfunktion
```

4.8 Multiratenfilterbänke

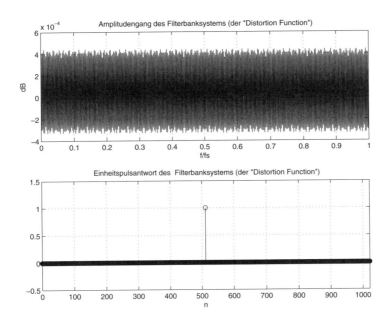

Abb. 4.55: Amplitudengang und Einheitspulsantwort des Filterbanksystems, das mit dem Verfahren aus [15] entwickelt wird (cos_bank2.m, cos_bank_2.mdl)

Die Einheitspulsantwort des gesamten Filterbanksystems wird einfach durch

```
ht = real(ifft(Ht));
```

berechnet. Der derart experimentell ermittelte Amplitudengang, bzw. die Einheitspulsantwort, sind identisch mit dem berechneten Amplitudengang, bzw. der Einheitspulsantwort aus Abb. 4.54.

Im Programm cos_bank2.m wird das Filterbanksystem mit der Funktion unicmfb.m nach [15] entwickelt, welches die Resynthese-Fehler minimiert:

```
L = 512;        % Anzahl Koeffizienten des Filters
[h, hi, hir] = unicmfb(N,L,1/(2*N),1e5,L,0,0);
                % Doblinger Verfahren
h = h/sqrt(N);  % Tiefpassprototypfilter
hi = hi'/sqrt(N);   % Analysefilter
hir = hir'/sqrt(N); % Synthesefilter
hit = hir;      % Parameter für das Modell cos_bank_2.mdl
```

Mit dem Modell cos_bank_2.mdl kann dieses Filterbanksystem getestet werden. Man sieht praktisch keinen Unterschied zwischen dem Eingangs- und dem rekonstruierten Ausgangssignal. Die mittlere Leistung der Differenz dieser beiden Signale ist im Bereich $5 \cdot 10^{-10}$ für weißes Rauschen der Leistung 1 am Eingang.

Diese sehr guten Eigenschaften gehen auch aus dem berechneten Amplitudengang und aus der Einheitspulsantwort des Filterbanksystems hervor, die in Abb. 4.55 dargestellt sind. Der Amplitudengang besitzt nur sehr kleine Abweichungen von ca. $4 \cdot 10^{-4}$ zu dem idealen Wert

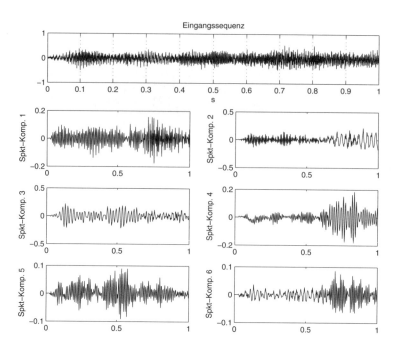

Abb. 4.56: *Eingangssequenz und die ersten sechs spektralen Komponenten* (cos_bank_test2.m, cos_bank_21.mdl)

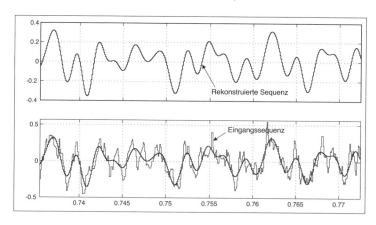

Abb. 4.57: *Eingangssequenz und synthetisiertes Signal basierend auf den ersten drei spektralen Komponenten* (cos_bank_test2.m, cos_bank_2.mdl)

von 0 dB und die Einheitspulsantwort ist eins bei $k = 512$ und stellt nur eine Verzögerung dar. Diese Eigenschaften werden auch mit dem Programm cos_bank_transfer2.m und dem Modell cos_bank_21.mdl durch Simulation wie bei der vorherigen Filterbank bestätigt.

Dasselbe Modell wird über das Programm cos_bank_test2.m mit einigen Takten der fünften Symphonie von Beethoven angeregt und die spektralen Komponenten der Analyseseite

4.8 Multiratenfilterbänke

werden in der Senke *To Workspace 1* in der Variablen spk gespeichert. Abb. 4.56 zeigt die Eingangssequenz und die ersten sechs spektralen Komponenten.

Eine Wav-Datei (Beeth5th.wav) kann in MATLAB sehr einfach als Eingangssignal für einen Block *From Workspace* eingesetzt werden:

```
fs = 11025;     % Abtastfrequenz der Wav-Datei
Ts = 1/fs;      nN = fix(1/Ts);
[x,fs,nbit] = wavread('Beeth5th', nN);
% ------- Eingangssequenz für das Modell   (Block From Workspace)
simin = [((0:length(x)-1)*Ts)',x];
```

Die Matrix Ksub steuert die Subbandverarbeitung. Mit der Matrix Ksub = eye(N,N) wird das Signal unverändert rekonstruiert. Verwendet man aber z.B. die Matrix:

```
Ksub = diag([1,1,1,zeros(1,N-3)]);
```

so werden nur die ersten drei spektralen Komponenten zur Rekonstruktion eingesetzt. Das synthetisierte Signal enthält somit nur tiefe Frequenzen (Abb. 4.57). Ähnlich kann versucht werden, nur die Komponenten mit einer Leistung, die eine vorgegebene Schwelle überschreiten, in die Synthese einzubeziehen, in der Annahme, dass die unterschwelligen Komponenten nur Rauschen enthalten.

Die Codierung von Audiosignalen nach dem Standard MPEG-1 Layers 1-3 arbeitet mit einem Filterbanksystem mit $N = 32$, deren Anteile für die Synthese mit Hilfe eines psychoakustischen Modells bewertet werden. Das Prototypfilter und damit die Bandpässe haben eine Länge $L = 512$ und die Implementierung ist als Polyphasenfilter realisiert [32].

4.8.2 Zweikanal-Analyse- und Synthesefilterbänke

Die Bedingungen für eine perfekte oder fast perfekte Rekonstruktion von Filterbänken werden mit Hilfe der Zweikanal-Analyse- und Synthesefilterbänken [15], [72], [1] untersucht und mit Versuchen begleitet.

Abb. 4.58 zeigt eine Zweikanal-Analyse- und Synthesefilterbank, die aus der allgemeinen Filterbank aus Abb. 4.44 für $N = 2$ hervorgeht. Für die perfekte Rekonstruktion muss die

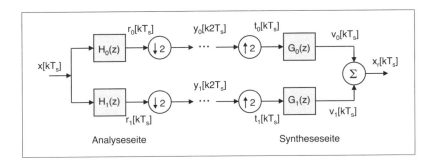

Abb. 4.58: Zweikanal-Analyse- und Synthesefilterbank

Ausgangssequenz $x_r[kT_s]$ eine verzögerte Version der Eingangssequenz $x[kT_s]$ sein:

$$x_r[kT_s] = x[(k-M)T_s] \quad \text{oder} \quad X_r(z) = X(z)z^{-M} \tag{4.51}$$

Abb. 4.59 zeigt den Frequenzgang des Tiefpassfilters $H_0(z)$ und des Hochpassfilters $H_1(z)$, die allgemein nicht sehr steile Flanken besitzen. Die z-Transformation des Signals $y_0[k2T_s] = y_0[kT'_s]$ ist wegen der Dezimierung [58]:

$$\begin{aligned} Y_0(z) &= \frac{1}{2}\left[R_0(z^{1/2}) + R_0(-z^{1/2})\right] \\ &= \frac{1}{2}\left[H_0(z^{1/2})X(z^{1/2}) + H_0(-z^{1/2})X(-z^{1/2})\right] \end{aligned} \tag{4.52}$$

Mit $T'_s = 2T_s$ wurde die Abtastperiode der dezimierten Sequenz bezeichnet.

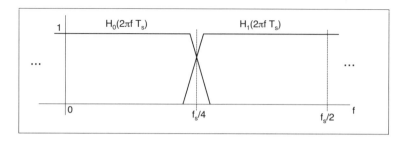

Abb. 4.59: Frequenzgänge der Filter $H_0(z)$ und $H_1(z)$

Im Frequenzbereich, wenn der Einfachheit halber die komplexen Funktionen wie z.B. $Y_0(e^{j\omega T'_s})$ durch $Y_0(\omega T'_s)$ bezeichnet werden, erhält man:

$$Y_0(\omega T'_s) = \frac{1}{2}\left[H_0(\omega T'_s/2)X(\omega T'_s/2) + H_0(\omega T'_s/2 - \pi)X(\omega T'_s/2 - \pi)\right]$$

oder

$$\begin{aligned} Y_0(2\pi f T'_s) &= \frac{1}{2}\big[H_0(2\pi f T_s)X(2\pi f T_s) + \\ &\quad H_0(2\pi(f - 1/T'_s)T_s)X(2\pi(f - 1/T'_s)T_s)\big] \end{aligned}$$

(4.53)

Wenn für das Eingangssignal $x[kT_s]$ weißes Rauschen angenommen wird, also $X(\omega T_s) = 1$ ist (Abb. 4.60a), dann ist das Spektrum der Sequenz $r_0[kT_s]$ durch $R_0(\omega T_s) = H_0(\omega T_s)$ gegeben (Abb. 4.60b) und ähnlich ist das Spektrum der Sequenz $r_1[kT_s]$ durch $R_1(\omega T_s) = H_1(\omega T_s)$ gegeben (Abb. 4.60d). Für die dezimierte Sequenz $y_0[kT'_s]$ ergibt sich dann gemäß Gl. (4.53) ein Spektrum $Y_0(2\pi f T'_s)$, das in Abb. 4.60c gezeigt ist.

In ähnlicher Art kann man feststellen, dass das Spektrum $Y_1(2\pi f T'_s)$ der Sequenz $y_1[kT'_s]$ des Hochpasspfads wie in Abb. 4.60e aussieht. Es entstehen in beiden Pfaden Überfaltungen, so dass die Rekonstruktion fehlerhaft sein kann.

4.8 Multiratenfilterbänke

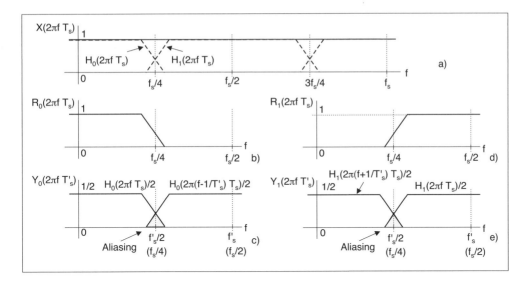

Abb. 4.60: Spektrum nach der Dezimierung für den Tiefpass- und den Hochpasspfad

Das Ziel ist nun, die Synthesefilter $G_0(z)$ und $G_1(z)$ so zu wählen, dass die Bedingung

$$V_0(z) + V_1(z) = z^{-M} X(z) \tag{4.54}$$

erfüllt ist und das rekonstruierte Signal eine mit MT_s verzögerte Version des Eingangssignals wird. Mit

$$V_0(z) = G_0(z)T_0(z) = G_0(z)Y_0(z^2) \quad \text{(wegen der Expandierung)}$$
$$= \frac{1}{2}G_0(z)\big[H_0(z)X(z) + H_0(-z)X(-z)\big] \tag{4.55}$$
$$V_1(z) = \frac{1}{2}G_1(z)\big[H_1(z)X(z) + H_1(-z)X(-z)\big]$$

erhält man für die Bedingung der perfekten Rekonstruktion gemäß Gl. (4.54) die Form:

$$\frac{1}{2}\big[G_0(z)H_0(z) + G_1(z)H_1(z)\big]X(z) + \\ \frac{1}{2}\big[G_0(z)H_0(-z) + G_1(z)H_1(-z)\big]X(-z) = z^{-M}X(z) \tag{4.56}$$

Der Vergleich der linken und rechten Seite führt zu zwei Bedingungen, welche die Filter erfüllen müssen. Die erste

$$\frac{1}{2}\big[G_0(z)H_0(z) + G_1(z)H_1(z)\big] = z^{-M} \tag{4.57}$$

stellt sicher, dass keine Verzerrungen entstehen, und die zweite Bedingung

$$\frac{1}{2}\big[G_0(z)H_0(-z) + G_1(z)H_1(-z)\big] = 0 \tag{4.58}$$

fordert, dass keine Überfaltungen auftreten. Damit diese erfüllt ist, muss man die Synthesefilter wie folgt wählen:

$$G_0(z) = H_1(-z) \quad \text{und} \quad G_1(z) = -H_0(-z) \tag{4.59}$$

oder

$$G_0(z) = -H_1(-z) \quad \text{und} \quad G_1(z) = H_0(-z) \tag{4.60}$$

Im Weiterem wird die zweite Wahl angenommen. Die Ausgangs-Eingangs-Beziehung für die Zweikanal-Filterbank wird jetzt durch

$$\begin{aligned}X_r(z) &= \frac{1}{2}[G_0(z)H_0(z) + G_1(z)H_1(z)]X(z) = \\ &\quad \frac{1}{2}\bigl[-H_0(z)H_1(-z) + H_0(-z)H_1(z)\bigr]X(z)\end{aligned} \tag{4.61}$$

gegeben. Das entspricht einer Übertragungsfunktion $T(z)$ der Form:

$$T(z) = X_r(z)/X(z) = \frac{1}{2}\bigl[H_0(-z)H_1(z) - H_0(z)H_1(-z)\bigr]X(z) \tag{4.62}$$

Orthogonale Filter. Eine mögliche Wahl der Filter geht von der Annahme aus, dass $H_0(z)$ und $H_1(z)$ kausale FIR-Filter der Länge L sind, wobei L gerade ist, und dass:

$$H_1(z) = z^{-(L-1)}H_0(-z^{-1}) \tag{4.63}$$

Das bedeutet im Zeitbereich:

$$h_1(n) = (-1)^{n+1}h_0(L-1-n) \tag{4.64}$$

In MATLAB erhält man diese Beziehung durch:

```
h1 = (-1).^(0:L-1).*fliplr(h0);
```

Die Synthesefilter können jetzt definiert werden. Aus

$$G_0(z) = -H_1(-z) = z^{-(L-1)}H_0(z^{-1})$$

ergibt sich für die Einheitspulsantwort des FIR-Tiefpassfilters $g_0(n)$ der Syntheseseite (mit $n = 0, ..., L-1$) die Form

$$g_0(n) = h_0(L-1-n), \tag{4.65}$$

oder in MATLAB:

```
g0 = fliplr(h0);
```

Ähnlich erhält man die Einheitspulsantwort des FIR-Hochpassfilters $g_1(n)$ der Syntheseseite. Aus

$$G_1(z) = H_0(-z)$$

ergibt sich im Zeitbereich:

$$g_1(n) = (-1)^n h_0(n), \tag{4.66}$$

oder in MATLAB:

```
g1 = (-1).^(0:L-1).*h0;
```

4.8 Multiratenfilterbänke

Mit dieser Wahl der Filter wird die Übertragungsfunktion $T(z)$ durch

$$T(z) = \frac{X_r(z)}{X(z)} = \frac{1}{2}z^{-(L-1)}[H_0(z)H_0(z^{-1}) + H_0(-z)H_0(-z^{-1})] \quad (4.67)$$

gegeben, und sie ist nur vom Filter $H_0(z)$ abhängig.

Wenn das Produkt $H_0(z)H_0(z^{-1})$ durch

$$P_0(z) = H_0(z)H_0(z^{-1}) \quad (4.68)$$

bezeichnet wird, dann ist die Bedingung, dass keine Verzerrungen entstehen (Gl. (4.57)), durch

$$P_0(z) + P_0(-z) = c = konstant \quad (4.69)$$

ausgedrückt. Die Übertragungsfunktion der Zweikanal-Filterbank ist dann:

$$T(z) = \frac{X_r(z)}{X(z)} = \frac{1}{2}z^{-(L-1)}c \quad (4.70)$$

Sie stellt eine Verzögerung mit $L-1$ Abtastintervallen dar, wobei L die gerade Anzahl der Koeffizienten der Filter ist. Dadurch erhält man für die Konstante M aus Gl. (4.54) den Wert $M = L - 1$.

Für $H_0(z)$ als FIR-Filter wird $P_0(z)$ folgende Form besitzen:

$$P_0(z) = p_{L-1}z^{L-1} + p_{L-2}z^{L-2} + ... + p_0z^0 + ... + p_{L-1}z^{-(L-1)} \quad (4.71)$$

Dass bedeutet für $P_0(-z)$ die Form:

$$P_0(-z) = -p_{L-1}z^{L-1} + p_{L-2}z^{L-2} - ... + p_0z^0 - p_1z^{-1} + ... - p_{L-1}z^{-(L-1)} \quad (4.72)$$

Die Bedingung nach Gl. (4.69) ist erfüllt, wenn alle Faktoren der geraden Potenzen von z in $P_0(z)$ und in $P_0(-z)$ null sind, mit Ausnahme des Faktors p_0. Der Faktor p_0 muss gleich $c/2$ sein, so dass $2p_0 = c$ wird.

Die gezeigte Form für $P_0(z)$ erhält man mit FIR-Filtern $H_0(z)$, welche die Bedingung

$$\sum_{k=0}^{L-1} h_0[k]h_0[k+2n] = \begin{cases} 0 & \text{für } n \neq 0 \\ c/2 & \text{für } n = 0 \end{cases} \quad (4.73)$$

erfüllen. Für $c = 2$ müssen die Koeffizienten des Filters wie folgt normiert sein:

$$\sum_{k=0}^{L-1} |h_0(k)|^2 = 1 \quad \text{und} \quad \sum_{k=0}^{L-1} h_0(k) = \sqrt{2} \quad (4.74)$$

Im Frequenzbereich muss dann folgende Beziehung gelten:

$$P_0(2\pi f T_s) + P_0(2\pi (f - f_s/2)T_s) = \\ |H_0(2\pi f T_s)|^2 + |H_0(2\pi (f - f_s/2)T_s)|^2 = \\ |H_0(2\pi f T_s)|^2 + |H_1(2\pi f T_s)|^2 = 2 \quad (4.75)$$

Sie stellt die Bedingung für die so genannten *Half-Band*- und *Power Complementary*-Filter dar [17], [1]. FIR-Filter, welche die Bedingung (4.73) erfüllen, sind auch als orthogonale Filter bekannt und werden ausführlich in der Wavelet-Theorie [69] behandelt.

Biorthogonale Filter. Eine andere Möglichkeit, die Filter der Zweikanal-Filterbank zu wählen, geht von derselben Bedingung für $P_0(z)$ gemäß Gl. (4.71) bzw. Gl. (4.72) aus, lässt aber für $P_0(z)$ die Form

$$P_0(z) = G_0(z)H_0(z), \qquad (4.76)$$

zu, die direkt aus Gl. (4.57) hervorgeht.

Man muss jetzt das Polynom $P_0(z)$, das nach wie vor die im vorstehenden Abschnitt genannten Bedingungen erfüllen muss, in die beiden Faktoren $G_0(z)$ und $H_0(z)$ zerlegen. Als Beispiel sei das Polynom:

$$P_0(z) = \frac{1}{16}(-z^3 + 9z + 16 + 9z^{-1} - z^{-3}) \qquad (4.77)$$

angenommen. Es ist leicht zu überprüfen, dass:

$$P_0(z) + P_0(-z) = 2 \qquad (4.78)$$

und

$$P_0(2\pi f T_s) + P_0(2\pi (f - f_s/2) T_s) = 2 \qquad (4.79)$$

Eine Möglichkeit für die Wahl der Faktoren $G_0(z)$ und $H_0(z)$ sind die orthogonalen symmetrischen Filter, die den Filtern des vorherigen Abschnitts entsprechen, wie z.B. folgende Filter:

$$G_0(z) = \frac{\sqrt{3}-1}{4\sqrt{2}}(1+z^{-1})^2(2+\sqrt{3}-z^{-1})$$
$$H_0(z) = \frac{-\sqrt{2}}{4(\sqrt{3}-1)}(1+z^{-1})^2(2-\sqrt{3}-z^{-1}) \qquad (4.80)$$

Die dazugehörigen Einheitspulsantworten der Filter, als Zeilenvektoren geschrieben, sind:

$$g_0 = \frac{1}{4\sqrt{2}}[1+\sqrt{3} \quad 3+\sqrt{3} \quad 3-\sqrt{3} \quad 1-\sqrt{3}] \simeq$$
$$[0.4830 \quad 0.8365 \quad 0.2241 \quad -0.1294]$$
$$h_0 = \frac{1}{4\sqrt{2}}[1-\sqrt{3} \quad 3-\sqrt{3} \quad 3+\sqrt{3} \quad 1+\sqrt{3}] \simeq \qquad (4.81)$$
$$[-0.1294 \quad 0.2241 \quad 0.8365 \quad 0.4830]$$

Die anderen beiden Filter $h_1(n)$ und $g_1(n)$ werden unter Beachtung der Bedingung zur Vermeidung von Überfaltungen (Gl. (4.60)) mit Gl. (4.64) und Gl. (4.66) ermittelt. Alle vier Filter können in MATLAB mit der Funktion **wfilters** aus der *Wavelet Toolbox* berechnet werden:

[h0,h1,g0,g1] = **wfilters**('db2');

Es gibt weitere Zerlegungen von $P_0(z)$ in die Faktoren $G_0(z)$ und $H_0(z)$, die zu verschiedenen Filtern führen. Als Beispiel ergibt die Zerlegung mit

$$G_0(z) = \frac{1}{2}(1+z^{-1})$$
$$H_0(z) = \frac{-1}{8}(1+z^{-1})^3(2+\sqrt{3}-z^{-1})(2-\sqrt{3}-z^{-1}) \qquad (4.82)$$

4.8 Multiratenfilterbänke

die Filter:

$$g_0 = \frac{1}{\sqrt{2}}[1 \quad 1]$$
$$h_0 = \frac{1}{8\sqrt{2}}[-1 \quad 1 \quad 8 \quad 8 \quad 1 \quad -1] \tag{4.83}$$

Diese Zerlegung führt zu Filtern aus der Kategorie der biorthogonalen Filter [69]. Die vier Filter ($h_0(n), h_1(n), g_0(n)$ und $g_1(n)$) werden in MATLAB durch den Aufruf

`[h0,h1,g0,g1] = `**`wfilters`**`('bior1.3');`

erhalten. Die Zahl 1 bedeutet, dass eines der Filter, z.B. $G_0(z)$, eine Nullstelle bei $z = -1$ besitzt und dass das andere Filter (z.B. $H_0(z)$) 3 Nullstellen bei $z = -1$ besitzt (Gl. (4.82)).

Die allgemeine Form für $P_0(z)$, die eine perfekte Rekonstruktion sichert, ist gegeben durch [69]:

$$P_0(z) = (1 + z^{-1})^{2p} \frac{1}{2^{2p-1}} \sum_{k=0}^{p-1} \binom{p+k-1}{k}(-1)^k z^{-(p-1)+k}\left(\frac{1-z^{-1}}{2}\right)^{2k} \tag{4.84}$$

$P_0(z)$ besitzt $2p$ Nullstellen gleich -1, was für die Stabilität der iterierten Filterbank wichtig ist und die Summe aus der Beziehung ergibt die perfekte Rekonstruktion durch Annullierung der ungeraden Potenzen von z mit Ausnahme von $z^{-(2p-1)}$. Der Wert $p = 2$ führt zum Polynom nach Gl. (4.77).

Mit $p = 4$ gibt es eine Zerlegung in orthogonale Filter mit je 8 Koeffizienten, die in der *Wavelet Toolbox* von MATLAB in der Kategorie der Daubechies-Filter angesiedelt sind [69], und unter der Bezeichnung `db4` geführt werden.

Derselbe Wert für p führt zu biorthogonalen Filtern `bior4.4` mit 9 Koeffizienten für ein Filter (z.B. $G_0(z)$) und 7 Koeffizienten für das zweite Filter ($H_0(z)$). Aus den Koeffizienten der Filter $G_0(z)$ und $H_0(z)$ werden die Koeffizienten der Filter $G_1(z)$ und $H_1(z)$ über die Bedingung der Gl. (4.60) ermittelt.

Die Bedingung gemäß Gl. (4.75) für die orthogonalen Filter muss bei den biorthogonalen Filtern (für die die Annahme (4.63) nicht gilt), durch

$$H_0(z)G_0(z) + H_1(z)G_1(z) = 2$$
$$|H_0(2\pi f T_s)G_0(2\pi f T_s)| + |H_1(2\pi f T_s)G_1(2\pi f T_s)| = 2 \tag{4.85}$$

ersetzt werden. Im Zeitbereich erhält man somit

$$h_0(n) * g_0(n) + h_1(n) * g_1(n) = 2\delta(n - ((L_1 + L_2)/2 - 1)), \tag{4.86}$$

was einem Puls bei $n = M = (L_1 + L_2)/2 - 1$ entspricht, wobei L_1, L_2 die Filterlängen von $G_0(z)$ bzw. von $H_0(z)$ sind.

In MATLAB können mit der Funktion **`wfilters`** folgende Filter, die von einem Polynom $P_0(z)$ der Form aus Gl. (4.84) hervorgehen, ermittelt werden:

```
[h0, h1, g0, g1] = wfilters('bior4.4');
%    Available wavelet names 'wname' are:
%    Daubechies: 'db1' or 'haar', 'db2', ... ,'db12'
%    Coiflets  : 'coif1',  ... ,  'coif5'
%    Symlets   : 'sym2' ,  ... ,  'sym8', ... ,'sym12'
%    Discrete Meyer wavelet: 'dmey'
%    Biorthogonal:
%        'bior1.1', 'bior1.3' , 'bior1.5'
%        'bior2.2', 'bior2.4' , 'bior2.6', 'bior2.8'
%        'bior3.1', 'bior3.3' , 'bior3.5', 'bior3.7'
%        'bior3.9', 'bior4.4' , 'bior5.5', 'bior6.8'.
%    Reverse Biorthogonal:
%        'rbio1.1', 'rbio1.3' , 'rbio1.5'
%        'rbio2.2', 'rbio2.4' , 'rbio2.6', 'rbio2.8'
%        'rbio3.1', 'rbio3.3' , 'rbio3.5', 'rbio3.7'
%        'rbio3.9', 'rbio4.4' , 'rbio5.5', 'rbio6.8'.
```

Im Programm zwei_kanal1.m wird diese Funktion aufgerufen und die Einheitspulsantworten bzw. die Frequenzgänge der Filter dargestellt. Abb. 4.61 zeigt die Einheitspulsantworten der biorthogonalen Filter vom Typ bior2.4. Die Frequenzgänge dieser Filter sind links oben

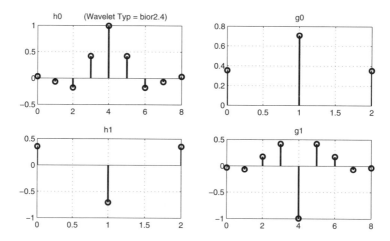

Abb. 4.61: Einheitspulsantworten für die Analyse- bzw. Synthesefilter (Typ bior2.4) (zwei_kanal1.m)

in Abb. 4.62 dargestellt. Sie entsprechen einer Normierung der Filter, so dass $\sum h_0(n) = \sqrt{2}$. Darunter sind die Frequenzgänge für die Normierung $\sum h_0(n) = 1$ dargestellt, die man in MATLAB durch

```
h0 = h0/sqrt(2);     h1 = h1/sqrt(2);
g0 = g0/sqrt(2);     g1 = g1/sqrt(2);
```

erhält.

Die Frequenzgänge werden mit folgenden Programmzeilen ermittelt:

```
nfft = 1024;
```

4.8 Multiratenfilterbänke

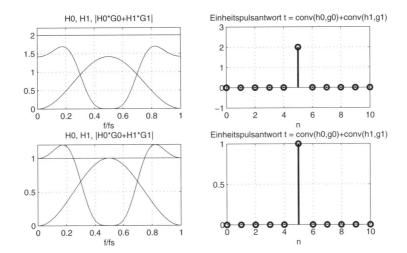

Abb. 4.62: Frequenzgänge der Filter und Einheitspulsantwort der Filterbank (zwei_kanal1.m)

```
H0 = fft(h0,nfft);      H1 = fft(h1,nfft);
G0 = fft(g0,nfft);      G1 = fft(g1,nfft);
```

Zusätzlich werden im Programm die Polynome $P_0(z)$ im Frequenzbereich berechnet und dargestellt. Für die erste Koeffizientennormierung erhält man den Wert 2 und für die zweite Art der Normierung erhält man den Wert 1. In MATLAB werden diese Darstellungen mit

```
plot((0:nfft-1)/nfft, abs(H0.*G0 + H1.*G1));
```

erhalten.

In Abb. 4.62 rechts sind die Einheitspulsantworten der Filterbank für die beiden Normierungen dargestellt. Wie man sieht, besitzt die Filterbank die Eigenschaft der perfekten Rekonstruktion. Diese Darstellungen ermöglichen auch die Bestimmung der Verzögerung, welche die Filterbank wegen der kausalen Filter bewirkt. Mit $L_1 = 9$ und $L_2 = 3$ muss $M = (L_1 + L_2)/2 - 1 = 5$ sein, was aus der Darstellung auch hervorgeht. Mit folgender Programmzeile werden die Einheitspulsantworten ermittelt:

```
t = conv(h0,g0)+conv(h1,g1);
```

Es wird dem Leser empfohlen, mit verschiedenen Filtern zu experimentieren, beginnend mit den orthogonalen Filtern, die über die Funktion **wfilters** mit Parameter 'db1', 'db2',... usw. erzeugt werden.

In einigen Anwendungen ist die Zerlegung des Frequenzbereichs in zwei Bänder in der Form wie z.B. in Abb. 4.62 dargestellt, nicht geeignet. Man erwartet eine klare Trennung des Tiefpass- und des Hochpassbereichs mit steilen Flanken. Für diese Fälle muss man Filter mit viel mehr Koeffizienten einsetzen, die über andere Methoden [15], [1] entwickelt werden. In der *Filter Design Toolbox* gibt es die Funktion **firpr2chfb** mit deren Hilfe solche Filter zu berechnen sind. Als Beispiel erhält man mit

```
nord = 99;
```

```
[h0,h1,g0,g1] = firpr2chfb(nord,.45);
fvtool(h0,1,h1,1,g0,1,g1,1);
```

die Einheitspulsantworten der vier Filter und stellt die entsprechenden Amplitudengänge dar. Die Eigenschaft der perfekten Rekonstruktion kann durch folgende Darstellung überprüft werden:

```
stem(0:2*nord, 1/2*conv(h0,g0)+1/2*conv(h1,g1))
```

Sie stellt einen Einheitspuls an Stelle $n = 99$ dar.

Experiment 4.5: Simulation des Hochpasspfades einer Zweikanal-Filterbank

Die theoretischen Betrachtungen des vorherigen Kapitels sollen mit einer Simulation des Hochpasspfades der Zweikanal-Filterbank begleitet werden. Es werden alle Signale und deren Spektren entlang des Hochpasspfades der Blockschaltung aus Abb. 4.58 untersucht und erläutert.

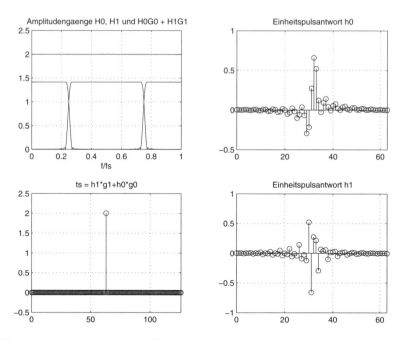

Abb. 4.63: Frequenzgänge und Einheitspulsantworten der Filter (audio_test1.m, audio_test_1.mdl)

Im Programm `audio_test1.m` wird die Simulation mit MATLAB-Funktionen durchgeführt und gleichzeitig werden auch die Parameter für die Simulation mit dem Modell `audio_test_1.mdl` initialisiert. Mit

```
fs = 10000;         Ts = 1/fs;
```

4.8 Multiratenfilterbänke

```
f1 = 250;           f2 = 4500;
a1 = 2;             a2 = 3;

tfinal = 3;         t = 0:Ts:tfinal;
x = a1*sin(2*pi*f1*t) + a2*cos(2*pi*f2*t+pi/3);
```

wird ein Signal bestehend aus zwei sinusförmigen Komponenten gebildet. Für die gewählte Abtastfrequenz erfolgt die Trennung der beiden Bänder bei $f = f_s/4 = 2500$ Hz. Somit wird eines der gewählten Signale im Tiefpassband und das andere im Hochpassband liegen. Die vier Filter des Systems werden mit der Funktion unicmfb aus [15] mit der Programmsequenz

```
L = 64;             % Anzahl Koeffizienten
[htp, han, gsy] = unicmfb(2,L,1/32,1,4*L,0,0);
h0 = han(:,1);      h1 = han(:,2);
g0 = gsy(:,1);      g1 = gsy(:,2);
```

berechnet. Das Filter $H_0(z)$, aus dem die anderen Filter ermittelt werden, ist ein Halbbandfilter mit gerader Anzahl von Koeffizienten, das über ein Optimierungsverfahren die Bedingungen für eine nur annähernd perfekte Rekonstruktion erfüllt.

Alternativ kann auch die Funktion **firpr2chfb** aus der *Filter Design Toolbox* eingesetzt werden. Sie liefert alle vier Filter der Zweiband-Filterbank:

```
L = 64;             % Anzahl Koeffizienten
[h0, h1, g0, g1] = firpr2chfb(L-1, 0.45);
```

Abb. 4.63 zeigt links oben die Frequenzgänge der Filter $H_0(z)$ und $H_1(z)$ und die des Systems $(H_0(z)G_0(z)+H_1(z)G_1(z))$ und die entsprechenden Einheitspulsantworten der Filter, die mit der Funktion unicmfb entwickelt wurden.

Folgende Programmzeilen erzeugen die Signale entlang des Hochpasspfades, wobei r1 das mit dem Analysefilter $h_1[n]$ gefilterte Signal ist, y1 das Signal nach der Dezimierung mit dem Faktor 2 ist, t1 ist die Expansion der Sequenz y1 mit dem Faktor 2 und schließlich ist v1 die mit dem Synthesefilter $g_1[n]$ gefilterte Sequenz:

```
r1 = filter(h1,1,x);      % Mit Analysefilter gefiltertes Signal
y1 = downsample(r1,2);    % Dezimiertes Signal
t1 = upsample(y1,2);      % Expandiertes Signal
v1 = filter(g1,1,t1);     % Mit Synthesefilter gefiltertes Signal
```

Für dieses Beispiel sind die Signale entlang des Hochpasspfades in Abb. 4.64 dargestellt. Die linke Spalte zeigt die diskreten Sequenzen, die mit der Funktion **stem** dargestellt wurden und rechts sind die gleichen Signale, die mit der **plot**-Funktion dargestellt wurden. Diese Funktion verbindet zur Darstellung die Abtastwerte mit Geradenstücken, so dass die Gestalt der Signale leichter erkennbar ist.

Mit Hilfe der Skizze aus Abb. 4.65 werden die Signale aus Abb. 4.64 erläutert. Abb. 4.65a zeigt die Spektren der beiden sinusförmigen Komponenten bei $f_1 = 250$ Hz und $f_2 = 4500$ Hz und deren Spiegelungen bei 9750 Hz und 5500 Hz. Das Hochpassfilter $H_1(z)$ lässt nur die Komponente der Frequenz $f_2 = 4500$ Hz durch und unterdrückt die Komponente bei $f_1 = 250$ Hz. In Abb. 4.65a ist der Amplitudengang des Filters $H_1(z)$ im Nyquistbereich von $0 \leq f \leq f_s/2$ grau hinterlegt. In Abb. 4.64 ist das Signal $r_1[kT_s]$ nach der Hochpassfilterung in der zweiten Zeile dargestellt. Die Komponente mit der niedrigen Frequenz ist unterdrückt.

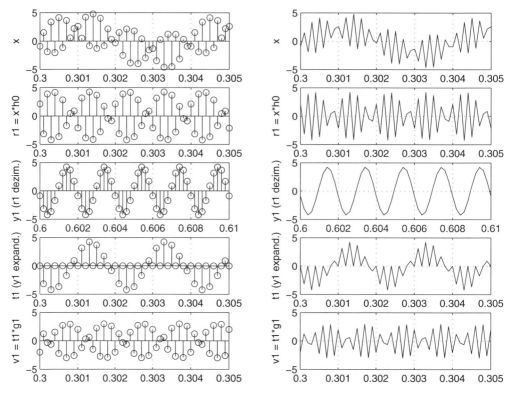

Abb. 4.64: *Signale des Hochpasspfades der Zweikanal-Filterbank* (audio_test1.m, audio_test_1.mdl)

Die Dezimierung führt zu einer neuen Abtastfrequenz $f'_s = f_s/2$ und die Schwingung der Frequenz $f = 4500$ Hz wird in eine Schwingung der Frequenz $f' = 500$ Hz transformiert. Das erkennt man in Abb. 4.65b. Das entsprechende Zeitsignal $y_1[kT'_s]$ ist in der dritten Zeile von Abb. 4.64 dargestellt.

Mit der Expandierung werden Nullwerte zwischen die Abtastwerte des Signals $y_1[kT'_s]$ eingefügt, man erhält das Signal $t_1[kT_s]$ (vierte Zeile von Abb. 4.64). Das Spektrum dieses Signals ist in Abb. 4.65c dargestellt. Es enthält zwei Spektrallinien und zwar bei $f' = 500$ Hz und die daraus durch Expansion resultierende bei $f_2 = 4500$ Hz. Die Letztere stellt das rekonstruierte Signal $v_1[kT_s]$ des Hochpasspfades dar, das in Abb. 4.64 in der letzten Zeile dargestellt ist, und das über das Hochpassfilter der Syntheseseite $G_1(z)$ extrahiert wird. Wenn man im Programm die Komponente mit der niedrigen Frequenz weglässt (durch a1 = 0), sieht man, dass das rekonstruierte Signal gleich dem Eingangssignal ist.

Im Programm werden auch die spektralen Leistungsdichten der Signale mit

```
[X,fx]  = psd(x, 256, fs);        [R1,fr] = psd(r1, 256, fs);
[Y1,fy] = psd(y1, 256, fs/2);     [T1,ft] = psd(t1, 256, fs);
[V1,fxr] = psd(v1, 256, fs);
```

ermittelt und dargestellt.

4.8 Multiratenfilterbänke

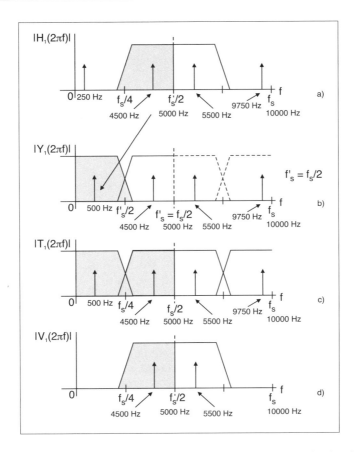

Abb. 4.65: Signale des Hochpasspfades der Zweikanal-Filterbank

Die Spektrallinien der Darstellung aus Abb. 4.66 bestätigen die durch theoretische Überlegungen erstellten Skizzen aus Abb. 4.65. Im Programm werden aus den erzeugten Sequenzen auch .wav-Dateien gebildet, um einen Höreindruck zu gewinnen.

Das Programm kann geändert werden (audio_test2.m), so dass in derselben Art der Tiefpasspfad untersucht wird. In diesem Fall ist das Signal nach der Tiefpassfilterung und nach der Dezimierung das gleiche. Sie unterscheiden sich nur durch die Abtastperiode, die nach der Dezimierung doppelt so groß ist.

Im Hochpasspfad findet durch die Dezimierung eine Verschiebung im Frequenzbereich statt, so dass das gefilterte Signal z.B. der Frequenz $f_2 = 4500$ Hz nach der Dezimierung bei der Frequenz $f' = 500$ Hz erscheint. Ohne die prinzipiellen Überlegungen mit den Spektren wie in Abb. 4.65 durchgeführt, sind die Zusammenhänge oftmals nur schwer zu erkennen. Nur die Expandierung und Filterung mit dem Synthesefilter führt zum rekonstruierten Signal dieses Pfades bei $f_2 = 4500$ Hz.

Die Sequenzen nach der Dezimierung können als Koeffizienten einer (mathematischen) Zerlegung angesehen werden, die man benutzen kann, um die ursprünglichen Signale der Pfade durch Interpolierung zu rekonstruieren. Die Sequenz des Tiefpasspfades nach der Dezimierung

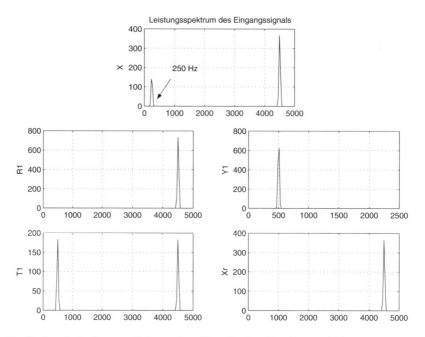

*Abb. 4.66: Spektrale Leistungsdichten der Signale des Hochpasspfades (*audio_test1.m, audio_test_1.mdl*)*

wird in der Literatur [1], [17] als Koeffizienten der *Approximation* und die Sequenz des Hochpasspfades nach der Dezimierung als Koeffizienten der *Details* bezeichnet. Diese Bezeichnungen spiegeln die Tatsachen wider, dass ein tiefpassgefiltertes Signal eine Approximation des ursprünglichen Signals darstellt und eine Hochpassfilterung die Details wiedergibt.

Im Modell audio_test_1.mdl ist auch der Tiefpasspfad des Zweikanal-Filters enthalten und nach der Initialisierung mit den MATLAB-Programmen audio_test1.m oder audio_test2.m kann die Simulation mit dem Modell duchgeführt werden. Der Block *Scope* zeigt das Signal vor und nach der Dezimierung und die Blöcke *Spectrum Scope5* und *Spectrum Scope6* stellen die spektralen Leistungsdichten dieser Signale dar.

Der Leser wird ermutigt, die vorgestellten Programme zu ändern und mit Wavelet-Filtern, die man mit der Funktion **wfilters** entwerfen kann, diese Untersuchung zu wiederholen. Bei diesen Filtern ist die Trennung der beiden Frequenzbereiche allerdings nicht so gut.

Experiment 4.6: Simulation der Zweikanal-Filterbank für die Audio-Komprimierung

Die ITU[6]-Empfehlung G.722 beschreibt eine Komprimierung für Audiosignale mit einer Bandbreite von 50 Hz bis 7 kHz auf eine Bitrate von 64 kBit/s. Im ISDN-Netz werden die Sprachsignale mit einer Bandbreite lediglich von 50 Hz bis ca. 4 kHz mit derselben Bitrate von 64 kBit/s komprimiert.

---
[6]*International Telecommunication Union*

4.8 Multiratenfilterbänke

Die erhöhte Bandbreite wird durch eine Subband-Codierung über zwei Bänder, deren Struktur in Abb. 4.67 dargestellt ist, erreicht. Das Audiosignal $x[kT_s]$ am Eingang wird mit $f_s = 16$ kHz abgetastet und mit 14 Bit Auflösung quantisiert. Anschließend wird es in zwei Subbänder mit Hilfe der Filter $H_0(z)$ und $H_1(z)$ zerlegt. Nach der Filterung über $H_1(z)$ und Dezimierung mit dem Faktor 2 wird der Hochpassanteil ADPCM[7]-codiert [65], [33], [13]. Da Sprache eher tieffrequente Anteile enthält, genügt es, die Abtastwerte des Hochpassanteils mit nur zwei Bit zu quantisieren.

Der Tiefpassanteil, der für die Verständlichkeit der Sprache verantwortlich ist, wird nach der Filterung über $H_0(z)$ und Dezimierung mit dem Faktor 2 ebenfalls ADPCM-codiert, die resultierenden Abtastwerte aber mit 6 Bit quantisiert.

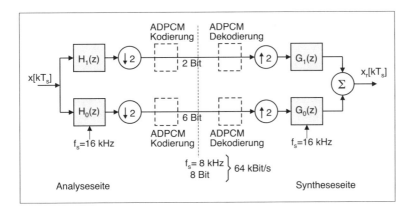

Abb. 4.67: Prinzip der Audio-Komprimierung nach der ITU-Empfehlung G.722

Nach der Dezimierung der beiden Pfade beträgt die Abtastrate nur noch 8 kHz und somit werden die 8 Bit der zwei Subbänder (2 Bit für den Hochpassanteil und 6 Bit für den Tiefpassanteil) mit der üblichen Bitrate eines ISDN-Kanals von 64 kBit/s (8 Bit × 8 kHz) übertragen.

Beim Empfänger werden die beiden Kanäle ADPCM-decodiert, mit dem Faktor zwei expandiert und dann mit den Filtern $G_1(z)$ und $G_0(z)$ gefiltert. Die Summe ergibt das rekonstruierte Ausgangssignal.

In diesem Experiment wird das Zweikanal-System ohne ADPCM-Codierung und -Decodierung simuliert und es wird angenommen, dass die Signale die volle Auflösung von MATLAB besitzen. Die Trennung des Eingangssignals in die beiden Frequenzbänder soll mit steilen Flanken und ohne Verzerrungen erfolgen, um auch bei getrennter Betrachtung der Kanäle gute Signale zu haben. Aus diesem Grund wird hier ein symmetrisches QMF[8]-Filter als Filter $H_0(z)$ eingesetzt [1].

Die Empfehlung G.722 sieht folgende Koeffizienten für das symmetrische FIR-Tiefpassfilter vor:

```
h0=[3  -11  -11  53  12  -156  32  362  -210  -805  951  3876 ...
      3876  951  -805  -210  362  32  -156  12  53  -11  -11  3]/(2^13);
```

---
[7] Adaptive Differential Pulse Code Modulation
[8] Quadratur Mirror Filter

Die anderen Filter des Systems werden nach den Regeln der perfekten Rekonstruktion gebildet. Da das Filter $H_0(z)$ symmetrisch ist, sind die Filter einfach zu berechnen:

```
h1=(-1).^(0:L-1)*h0;
g0 = h0;                          g1 = fliplr(h1);
```

Abb. 4.68 zeigt links die Einheitspulsantworten des Tiefpassfilters $H_0(z)$, des Hochpassfilters $H_1(z)$ und des Systems $P_0(z) = H_0(z)G_0 + H_1(z)G_1(z)$. Wenn man mit der Zoom-Funktion die Einheitspulsantwort des Systems vergrößert betrachtet, sieht man, dass nicht alle Werte die in der Abbildung als null erscheinen, tatsächlich null sind.

Auf der rechten Seite sind die Frequenzgänge der drei Filterfunktionen überlagert dargestellt. Im vergrößerten Ausschnitt sieht man die kleinen Abweichungen vom idealen Wert 1 des Frequenzgangs des Gesamtsystems. Dadurch wird deutlich, dass die Rekonstruktion nur annähernd perfekt sein wird.

Die Darstellungen aus Abb. 4.68 wurden mit dem Programm G722_1.m erzeugt, das auch die Parameter des Modells G7221.mdl (Abb. 4.69) initialisiert. Das Modell benutzt Blöcke aus der Grundbibliothek von Simulink.

Im oberen Teil wird ein Zufallssignal mit einer Bandbreite bis 7 kHz gebildet. Das Modell des Zweikanal-Filtersystems entspricht dem Blockschaltbild aus Abb. 4.67. Am Block *Scope* wird das Ausgangssignal des Systems mit dem mit $M = L - 1 = 24 - 1 = 23$ Abtastperioden verzögerten Eingangssignal überlagert dargestellt. Bei der gegebenen Auflösung des *Scope*-Blocks sieht man keinen Unterschied zwischen den beiden Signalen.

Im *Signal Processing Blockset* gibt es in der Unterbibliothek *Filtering* bzw. *Multirate Filters* die beiden Blöcke *Two-Channel Analysis Subband Filter* und *Two-Channel Synthesis Subband*

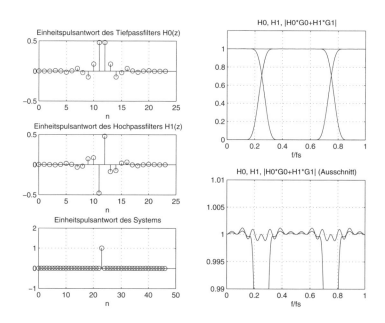

Abb. 4.68: Eigenschaften der Filter für die Empfehlung G.722 (G722_1.m, G7221.mdl)

4.8 Multiratenfilterbänke

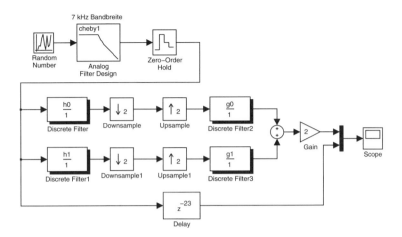

Abb. 4.69: Simulation des Filtersystems aus der Empfehlung G.722 (G722_1.m, G7221.mdl)

Filter, mit denen das System auch aufgebaut werden kann. Im Simulink-Modell `G7222.mdl` werden diese Blöcke eingesetzt (Abb. 4.70).

Die Blöcke können auch blockweise, also mit *Frames*, arbeiten. Weil im Modell `G7222.mdl` die Verarbeitung Abtastwert für Abtastwert erfolgen soll, muss der Parameter *Framing* auf *Maintain input frame size* statt *Maintain input frame rate* gesetzt werden. Bei der Normierung, die in diesen Filtern auf $\sum h_0(n) = 1$ vorgenommen wurde, muss man am Schluss den Ausgang des Filtersystems mit dem Faktor 2 multiplizieren, um die Signale, die verglichen werden, mit gleicher Amplitude zu erhalten.

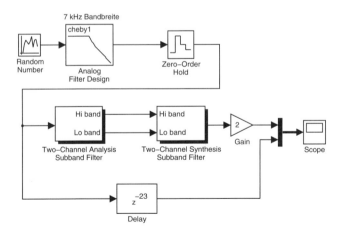

Abb. 4.70: Modell mit Blöcken aus der Multiraten-Bibliothek (G722_1.m, G7222.mdl)

4.8.3 Multikanal-Analyse- und Synthesefilterbänke

In diesem Abschnitt werden die asymmetrischen und symmetrischen dyadischen Analyse- und Synthesefilterbänke untersucht [1], [17], [69], die in den Blöcken *Dyadic Analysis Filter Bank* bzw. *Dyadic Synthesis Filter Bank* aus dem *Signal Processing Blockset* implementiert sind. Abb. 4.71a zeigt das Blockschaltbild einer dyadischen asymmetrischen Filterbank mit zwei Stufen und in Abb. 4.71b ist die symmetrische Filterbank dargestellt.

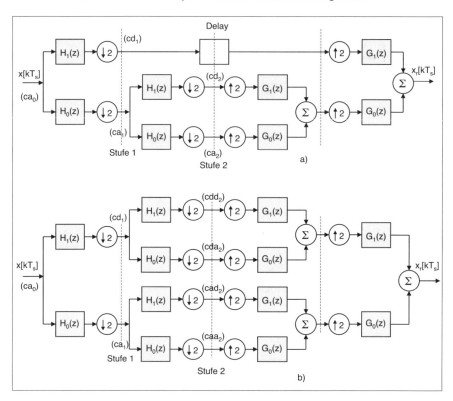

Abb. 4.71: Dyadische asymmetrische und symmetrische Filterbank in zwei Stufen

In der asymmetrischen Filterbank wird das Eingangssignal in den Hochpass- und Tiefpassanteil zerlegt und mit dem Faktor zwei dezimiert. Nach der Dezimierung erhält man die Koeffizienten cd_1 der Details und die Koeffizienten ca_1 der Approximation der ersten Zerlegungsstufe. Die Detail-Koeffizienten werden für die Rekonstruktion zwischengespeichert und die Koeffizienten der Approximation werden in einer weiteren Stufe erneut zerlegt. Der Hochpasspfad, der dasselbe Analysefilter $H_1(z)$ wie in Stufe 1 einsetzt, ergibt nach der Dezimierung die Koeffizienten der Details cd_2 und der Tiefpasspfad, der wie in Stufe 1 das Analysefilter $H_0(z)$ benutzt, führt zu den Koeffizienten der Approximation ca_2 der zweiten Stufe.

Die Analyseseite hat somit drei Sequenzen von Werten erzeugt: cd_1, cd_2 und ca_2. Aus diesen kann man jetzt die Eingangssequenz perfekt rekonstruieren, wenn die Filter entsprechend entwickelt wurden. Die Rekonstruktion (Abb. 4.71a) geschieht wie bei den Zweikanal-

4.8 Multiratenfilterbänke

Filterbänken. Da man kausale Filter in der Realisierung einsetzt, muss man die Verzögerung der inneren Zweikanal-Filterbank im oberen Pfad hinzufügen, um die Signale für die Rekonstruktion zeitrichtig zusammenzufügen. Aus dem vorherigen Abschnitt ist bekannt, dass diese Verzögerung gleich $M = L - 1$ für Filter gleicher Länge L ist, oder $M = (L_1 + L_2)/2 - 1$ für Analyse- und Synthesefilter der Längen L_1 bzw. L_2. Wenn nun eine Stufe hinzukommt, dann ist die Verzögerung des oberen Pfades gleich $(2+1)M = 3M$ wegen der unterschiedlichen Abtastperiode. Eine weitere Stufe erfordert somit eine Verzögerung $(2+1)3M = 9M$ usw. In den Simulationen müssen diese Verzögerungen immer hinzugefügt werden.

Durch gezielte Veränderung der Koeffizienten cd_1, cd_2 und ca_2 vor der Rekonstruktion kann das ursprünglichen Signal manipuliert werden. So kann man z.B. annehmen, dass die Werte der Koeffizienten der Details cd_1, cd_2, die unter einer bestimmten Schwelle liegen, Rauschwerte seien und man kann diese bei der Rekonstruktion ausschließen. Das führt zu einer flexiblen, nichtlinearen Filterung des dem Signal überlagerten Rauschens.

Der Vorgang kann in derselben Art weiter geführt werden, indem die Koeffizienten der Approximationen ca_2 wieder in zwei Teile mit denselben Filtern, gefolgt von Dezimierungen, zerlegt werden. Als Zwischenwerte sind jetzt die vorherigen Details cd_1, cd_2 und die neuen Werte cd_3 bzw. ca_3 vorhanden.

In der diskreten Wavelet-Transformation DWT wird diese Zerlegung/Rekonstruktion als *Multi Resolution Analysis* MRA bezeichnet. Dabei wird von einer in der Länge begrenzten Eingangssequenz ausgegangen [69]. Die Datenmenge in jeder Stufe der Analyse und Synthese bleibt dieselbe. Ausgehend von einer gegebenen Länge N der Eingangssequenz ist die Anzahl der Stufen der Zerlegungen p durch die Bedingung $N \geq 2^p$ begrenzt, denn die letzte Zerlegung muss naturgemäß mindestens einen Koeffizienten für die Approximation und einen für die Details ergeben.

Mit dem Programm `mra1.m` und dem Modell `mra_1.mdl` wird eine dyadische, asymmetrische Filterbank in drei Stufen untersucht. Dabei werden keine speziellen Blöcke aus dem *Signal Processing Blockset* benutzt, sondern die Filterbank wird aus herkömmlichen Simulink-Blöcken aufgebaut.

Abb. 4.72 zeigt das Modell, das der Struktur aus 4.71a entspricht, allerdings eine zusätzliche Stufe enthält. Als Eingangssignal wird ein bandbegrenztes Zufallssignal mit einer Bandbreite von 100 Hz angelegt. Über einen *Gain*-Block wird eine Störung in Form von auf den Bereich 200 Hz bis 400 Hz bandbegrenztem Rauschen hinzugefügt. Das Modell benutzt eine Abtastfrequenz von $f_s = 1000$ Hz.

Die Filter wurden mit der Funktion **wfilters** aus der *Wavelet Toolbox* entwickelt:

```
wname = 'db8';
[h0,h1,g0,g1] = wfilters(wname)
```

Im Programm werden auch die Verzögerungen für die *Delay*-Blöcke berechnet:

```
L1 = length(h0);      L2 = length(g0);
L = (L1+L2)/2
delay1 = L-1;         delay2 = delay1*3;
delay3 = delay2*2+L-1
```

Sie werden in den Blöcken `Delay`, `Delay1`, `Delay2` und `Delay3` eingesetzt. Es sei erwähnt, dass weder Dezimierung, noch Expandierung die Dauer der Signale verändern. Mit der Dezimierung wird nur die Abtastperiode um den Faktor zwei vergrößert und die Expansion verkürzt durch Einfügen von Nullwerten die Abtastperiode um dem Faktor zwei.

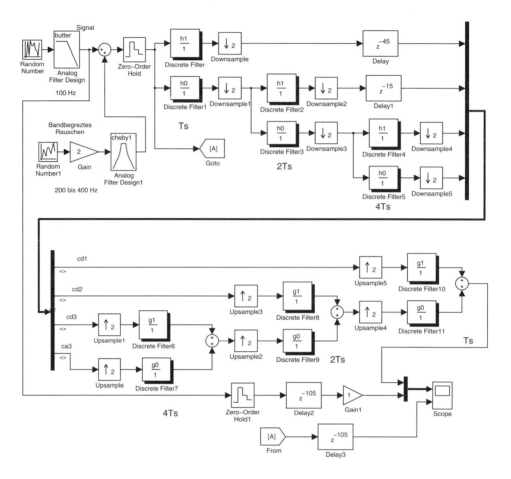

Abb. 4.72: Modell einer dyadischen asymmetrischen Filterbank in drei Stufen (mra1.m, mra_1.mdl)

Zunächst sollte man die Simulation ohne Rauschstörung durchführen, indem man den *Gain*-Faktor auf den Wert null setzt. In der Darstellung des Blocks *Scope* sieht man dann die perfekte Rekonstruktion. Wenn die Rauschstörung wieder hinzugefügt wird, wird die Summe des Nutz- und Rauschsignals rekonstruiert.

Um das Rauschen zu unterdrücken müssen die Detail-Koeffizienten der Zerlegung $cd1$, $cd2$, $cd3$ verändert werden. Im Modell `mra_2.mdl` werden die ersten zwei Detail-Koeffizienten mit den Blöcken *Dead Zone1* und *Dead Zone2* durch einen geeigneten Schwellwert unterdrückt. Die Rekonstruktion (Synthese) findet nur mit den Koeffizienten der Details $cd3$ und den Koeffizienten der Approximation $ca3$ statt.

Abb. 4.73 zeigt oben das Eingangssignal ohne Störungsanteil und überlagert das aus cd_3 und ca_3 rekonstruierte Signal. Zum Vergleich ist in Abb. 4.73 unten das Signal mit Störung dargestellt, wobei die Störung so groß gewählt wurde, dass man das Nutzsignal nicht mehr erkennt.

4.8 Multiratenfilterbänke

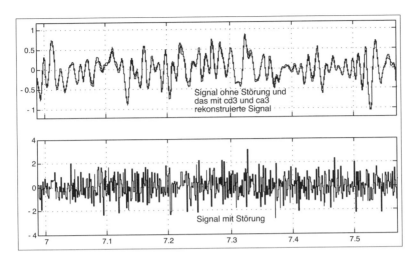

Abb. 4.73: Signal ohne Störung und das aus cd_3 und ca_3 rekonstruierte Signal bzw. Signal mit Störung (mra1.m, mra_2.mdl)

Die dyadische Zerlegung entspricht einer Unterteilung des Frequenzbereichs in Oktaven, die in Abb. 4.74 skizziert ist. Der Nyquist-Bereich $0 \leq f \leq f_s/2$ wird in der ersten Stufe halbiert und die Anteile des Signals in der unteren Hälfte werden mit Hilfe der Koeffizienten ca_1 und die der oberen Hälfte mit Hilfe der Koeffizienten cd_1 dargestellt.

Danach wird die untere Hälfte weiter halbiert und die Anteile werden mit den Koeffizienten cd_2 bzw. ca_2 dargestellt. Diese Unterteilung entspricht der zweiten Stufe. Ähnlich werden in der dritten Stufe die Anteile der weiteren Halbierung mit den Koeffizienten cd_3 und ca_3 dargestellt.

Die aus der Analyseseite erhaltenen Anteile des Signals sind mit den Koeffizienten cd_1, cd_2, cd_3 und ca_3 dargestellt. Um diese Anteile zu sehen, muss man die Rekonstruktion auffächern, wie in Abb. 4.75 für die Zerlegung mit zwei Stufen gezeigt ist. Die Summe dieser Anteile ergibt das rekonstruierte Signal, allerdings ist in der aufgefächerten Form der Rekonstruktion der Aufwand größer.

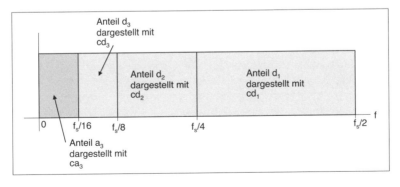

Abb. 4.74: Die Anteile des Signals im Frequenzbereich

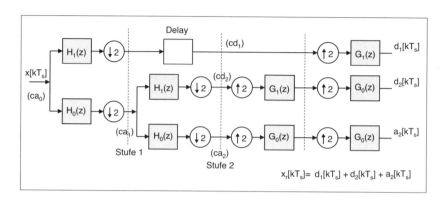

Abb. 4.75: Rekonstruktion der Anteile, die den Frequenzbereichen entsprechen

Im Modell mra_3.mdl wird die Rekonstruktion in der aufgefächerten Form durchgeführt. Ohne Rauschstörung (*Gain*-Faktor null) sieht man dann am *Scope2*-Block die Anteile in den Oktavbändern der Zerlegung.

In Abb. 4.76 sind diese Anteile von oben nach unten in der Reihenfolge $d_1[kT_s]$, $d_2[kT_s]$, $d_3[kT_s]$, $a_3[kT_s]$ dargestellt. Das Signal besitzt signifikante Details nur in den Anteilen $d_2[kT_s]$ und $d_3[kT_s]$. Die Anteile $d_1[kT_s]$ sind in diesem Beispiel relativ klein (man beachte die Skala) und können bei der Rekonstruktion vernachlässigt werden.

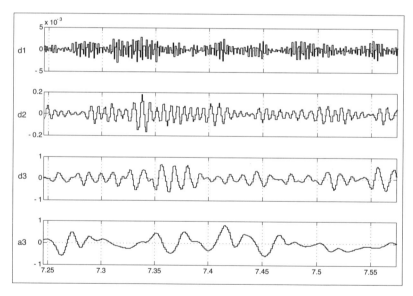

Abb. 4.76: Anteile des Signals d_1, d_2, d_3 und a_3 (mra1.m, mra_3.mdl)

Wenn man dieses Signal zu übertragen wünschte, müsste man nur die Koeffizienten der Details cd_2, cd_3 und die Koeffizienten der Approximation ca_3 übertragen. Für ein Signal mit z.B. 1000 Abtastwerten erhält man für die Koeffizienten cd_1 500 Werte, für die Koeffizienten

4.8 Multiratenfilterbänke

cd_2 250 Werte und für die Koeffizienten cd_3 und ca_3 je 125 Werte. Für den Fall, dass man die Koeffizienten cd_1 nicht übertragen muss, spart man die 500 Werte dieser Koeffizienten: das Signal wurde komprimiert. Von den ursprünglichen 1000 Werten bleiben nur 500 zu übertragen oder zu speichern.

Um eine bessere Vorstellung zu erhalten, wie sich die Anteile im Ausgangssignal aus den Koeffizienten einer Zerlegung bilden, werden die Einheitspulsantworten jedes Pfades bis zum Ausgang ermittelt. In der Skizze aus Abb. 4.75 sind das die Pfade von cd_1 bis d_1, von cd_2 bis d_2 und von ca_2 bis a_2.

Es ist klar, dass die Einheitspulsantwort des Pfades von cd_1 bis d_1 gleich der Einheitspulsantwort des Filters $G_1(z)$ ist, also $g_1(n)$. Für den Pfad von cd_2 bis d_2 erhält man als Zwischenantwort zunächst $g_1(n)$, die danach durch Expandierung und Filterung mit $G_0(z)$ interpoliert wird.

Der letzte Pfad aus Abb. 4.75 enthält zweimal das Synthese-Tiefpassfilter $G_0(z)$. Die Einheitspulsantwort $g_0(n)$ des ersten Synthese-Tiefpassfilters wird, wie im Pfad zuvor, durch Expandierung und Filterung mit $G_0(z)$ interpoliert.

Obwohl die Koeffizienten mit verschiedenen Abtastperioden aus der Analyse hervorgehen, wird durch die Interpolierung sichergestellt, dass die aus den Pfaden erhaltenen Anteile die ursprüngliche Abtastperiode des Eingangssignals besitzen. Wenn man mit T_s die Abtastperiode des Eingangssignals bezeichnet, so besitzen die Koeffizienten (Teilsignale) aus Abb. 4.75 folgende Abtastperioden:

cd_1 besitzt die Abtastperiode $2T_s$
cd_2 besitzt die Abtastperiode $4T_s$
ca_2 besitzt die Abtastperiode $4T_s$

Im Programm `sc_wa1.m` werden für eine asymmetrische Filterbank mit drei Stufen die Einheitspulsantworten für orthogonale Filter ermittelt. Das Programm benutzt die Funktion `scale_wavelet`, die für gegebene Filter `h0, h1, g0,` und `g1` die Einheitspulsantworten der Pfade mittels Iteration über die Anzahl der Stufen berechnet. Dabei treten als Zwischenergebnisse sogenannte `phi`- und `psi`-Antworten [69] auf. Bei einer `phi`-Antwort erfolgt zunächst eine Expansion gefolgt von einer Filterung mit $G_0(z)$ und weiter für jede Iteration eine Expansion und Filterung mit $G_0(z)$, während bei einer `psi`-Antwort die erste Iteration aus einer Expansion gefolgt von einer Filterung mit $G_1(z)$ besteht und die folgenden Iterationen, wie bei den `phi`-Antworten auch, aus Expansion und Filterung mit $G_0(z)$ bestehen (vgl. auch Abb. 4.75).

Abb. 4.77 zeigt in der ersten Spalte die Einheitspulse am Eingang der Rekonstruktionspfade für die Koeffizienten cd_1, cd_2, cd_3 und ca_3 und in der mittleren Spalte die entsprechenden Einheitspulsantworten. Für die gezeigte Reihenfolge besitzen die Koeffizienten die Abtastperioden $2T_s$, $4T_s$, $8T_s$ und nochmals $8T_s$.

Die ersten drei Einheitspulsantworten, deren Summe über alle Abtastwerte gleich null ist, entsprechen Hochpassfiltern. Wenn die Anzahl der Iterationen groß wird, erhält man als Hülle die Funktion rechts oben, die in der Wavelet-Theorie [69] durch $\psi(t)$ bezeichnet ist und die sogenannte *Wavelet*-Funktion darstellt. Die ersten drei Einheitspulsantworten kann man als Abtastwerte von ausgedehnten $\psi(t)$ Funktionen betrachten. Die erste Einheitspulsantwort entspricht der Funktion $\psi(2^{-1}t)$, die zweite entspricht der Funktion $\psi(2^{-2}t)$ und die dritte entspricht der Funktion $\psi(2^{-3}t)$ und hat die größte Ausdehnung.

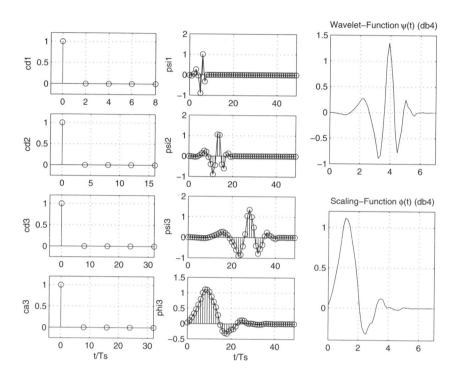

Abb. 4.77: Einheitspulsantworten der Rekonstruktionspfade (sc_wa1.m, scale_wavelet.m)

Die letzte Einheitspulsantwort, deren Summe über alle Abtastwerte verschieden von null und in diesem Fall gleich acht ist, entspricht einem Tiefpassfilter. Für sehr viele Iterationen erhält man als Hülle die in der Abbildung rechts unten dargestellte Funktion, die in der Wavelet-Theorie mit $\phi(t)$ bezeichnet wird und die sogenannte *Scaling*-Funktion darstellt. Die letzte Einheitspulsantwort erhält man durch Abtasten der *Scaling*-Funktion $\phi(2^{-3}t)$.

Die *Wavelet*- und die *Scaling*-Funktion sind nur von den eingesetzten Filtern abhängig und in dem gezeigten Fall entsprechen sie den Daubechies-Funktionen, die in der *Wavelet Toolbox* mit 'db4' bezeichnet sind.

Formelmäßig erhält man die Abtastwerte des rekonstruierten Signals durch folgende Beziehung:

$$x_r(t)|_{t=kT_s} = \sum_{k=0} ca_3(k2^3 T_s)\phi(2^{-3}t - kT_s) + \\ \sum_{i=1}^{3}\sum_{k=0} cd_i(k2^i T_s)\psi(2^{-i}t - kT_s)\big|_{t=kT_s} \quad (4.87)$$

Die Summe mit dem Index k erstreckt sich über alle Koeffizienten. Diese Beziehung unterscheidet sich ein wenig von der üblicherweise in der Literatur angegebenen Form, indem hier der Bezug zur Abtastperiode T_s des Eingangssignals dargestellt wird. So ist z.B. die Abtastperiode der Koeffizienten cd_2, die gleich $2^2 T_s$ ist, explizit angegeben.

4.8 Multiratenfilterbänke

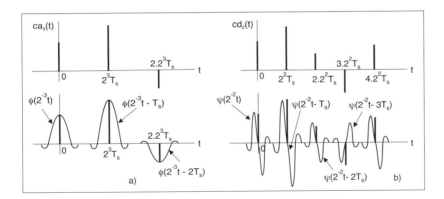

Abb. 4.78: Beispiel für die Bildung der Anteile (der Komponenten) mit Hilfe der Koeffizienten

Abb. 4.78a zeigt als Beispiel, wie sich aus den Koeffizienten ca_3 die entsprechende Komponente im Ausgangssignal mit Hilfe der *Scaling*-Funktion bildet. Ähnlich sieht man in Abb. 4.78b die Zusammensetzung der *Wavelet*-Funktionen für die Komponente, die aus den Koeffizienten cd_2 hervorgeht.

Die Funktionen $\phi(2^{-i}t)$ und $\psi(2^{-i}t)$ mit $i \in \mathbb{Z}$ sind gedehnte ($i \geq 0$) oder gestauchte ($i < 0$) Versionen der Funktionen $\phi(t)$ und $\psi(t)$. Die Abtastwerte des Eingangssignals betrachtet man als Koeffizienten einer Approximation ca_0, bei der die *Scaling*-Funktion die Impulsfunktion ist.

Abb. 4.78 ist nur eine Skizze, mit der gezeigt wird, wie die Koeffizienten über die *Scaling*- bzw. *Wavelet*-Funktionen die Komponenten in dem Ausgangssignal ergeben. Die *Scaling*-Funktionen sind interpolierende Funktionen und daher muss man sich die realen *Scaling*-Funktionen viel ausgedehnter vorstellen als die, die in Abb. 4.78a gezeigt sind. Praktisch arbeitet man nur mit den Filtern und der Bezug zu den *Wavelet*- und *Scaling*-Funktionen wird nicht explizit benötigt.

Die Programme `sc_wa1.m` und die Funktion `scale_wavelet.m` werden nicht weiter kommentiert. Sie enthalten Funktionen, die schon vorher eingeführt wurden.

Die symmetrischen Filterbänke, für die in Abb. 4.71b ein Beispiel mit zwei Stufen gezeigt ist, werden ähnlich behandelt. Die Komponenten, die durch die Koeffizienten cdd_2, cda_2, cad_2, caa_2 dieses Beispiels dargestellt werden, entsprechen einer gleichförmigen Unterteilung des Nyquist-Bereichs wie in Abb. 4.79 dargestellt.

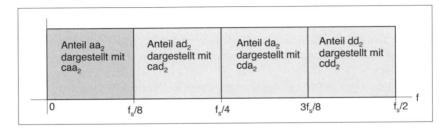

Abb. 4.79: Frequenzbänder der Komponenten einer symmetrischen Filterbank mit zwei Stufen

Im *Signal Processing Blockset* gibt es in der Unterbibliothek *Filters/Multirate Filters/Multirate Filtering/Demos* einige Demonstrationen mit den Filterbänken dieses Blocksets. So wird z.B. im Modell dspwdnois eine Rauschunterdrückung mit einer Filterbank gezeigt und im Modell dspwpr eine perfekte Rekonstruktion mit einer Filterbank simuliert.

Experiment 4.7: Signalkonditionierung mit Filterbänken

In diesem Experiment wird mit MATLAB-Funktionen eine Rausch- und Artefaktunterdrückung mit Hilfe einer asymmetrischen Filterbank der Form aus Abb. 4.71a entwickelt. Die MATLAB-Funktionen stammen aus der *Wavelet Toolbox*. Das zu verbessernde Signal stellt Messungen der Kohlenmonoxid-Konzentrationen in einer Stadt dar [28]. Abb. 4.80 zeigt ein typisches, normiertes Signal bestehend aus Messungen im Abstand von 6 Sekunden über 8 Stunden.

Im Programm co_1.m wird das Signal exemplarisch mit einer asymmetrischen Filterbank konditioniert. Damit das Programm einfach und leicht verständlich bleibt, wird die Zerlegung über 6 Stufen festgelegt.

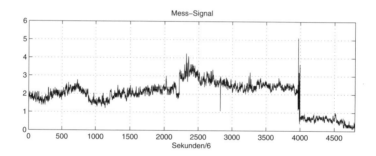

*Abb. 4.80: Typisches Signal (*co_1.m*)*

Das Programm beginnt mit dem Einlesen des Signals:

```
load('cs2');      % Signal cs2.mat
ncs2 = length(cs2);
```

Nach der Darstellung (Abb. 4.80) werden die Koeffizienten der Zerlegung mit der Funktion **wavedec** und mit den Wavelet-Filtern Typ db4 ermittelt:

```
N = 6;              wave_name = 'db4';
[C,L] = wavedec(cs2,N,'wave_name');% Koeffizienten der Zerlegung
```

Im Vektor C werden die Koeffizienten der Zerlegung in der Reihenfolge und der Größe, die im Vektor L beschrieben sind, gespeichert. Diese Parameter bilden die Argumente für die nachfolgenden Funktionen.

Die Approximations- und Detail-Endkomponenten der Zerlegung (nicht die Koeffizienten) können mit der Funktion **wrcoef** ermittelt werden:

```
a1 = wrcoef('a',C,L,'wave_name',1);   % Approximationskomponente
a2 = wrcoef('a',C,L,'wave_name',2);
......
```

4.8 Multiratenfilterbänke

```
d1 = wrcoef('d',C,L,'wave_name',1);   % Detailkomponenten
d2 = wrcoef('d',C,L,'wave_name',2);
......
```

In der Erläuterung der Funktion (über **help wrcoef** erhalten),

```
WRCOEF Reconstruct single branch from 1-D wavelet coefficients.
WRCOEF reconstructs the coefficients of a 1-D signal,
given a wavelet decomposition structure (C and L) and either a
specified wavelet ('wname', see WFILTERS for more information)
or specified reconstruction filters (Lo_R and Hi_R).
```

führt die Aussage, dass hier die Koeffizienten berechnet werden, zu Verwirrung, da die Abtastwerte der Endkomponenten (*single branch*) auch als Koeffizienten in der *Wavelet Toolbox* bezeichnet werden.

Abb. 4.81 zeigt das Signal und die Endkomponenten der asymmetrischen Zerlegung. Sie haben die gleiche Länge wie das ursprüngliche Signal und entsprechen den Endkomponenten $d_1[kT_s], d_2[kT_s], a_2[kT_s]$ aus Abb. 4.75a für den Fall einer Zerlegung mit zwei Stufen. Die letzte End-Approximationskomponente a_6 stellt eine Tiefpasskomponente dar. Die End-Detailkomponenten sind Bandpasskomponenten (d_2, d_3, d_4, d_5, d_6) bzw. eine Hochpasskomponente (d_1), ähnlich den Komponenten der Skizze aus Abb. 4.74, die für 3 Stufen gilt.

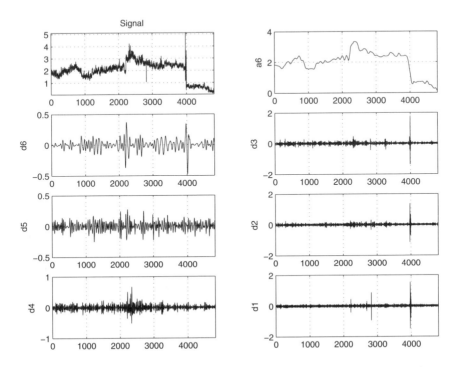

Abb. 4.81: Die Endkomponenten der asymmetrischen Zerlegung (co_1.m)

Die Korrelationskoeffizienten [5], [4] zwischen dem Signal und der Approximationskomponente bzw. dem Signal und den Detailkomponenten werden mit der Funktion **corrcoeff** ermittelt:

```
rcoef_sa = corrcoef([cs2,a1,a2,a3,a4,a5,a6]);
rcoef_sd = corrcoef([cs2,d1,d2,d3,d4,d5,d6]);
```

Abb. 4.82 zeigt die Werte dieser Korrelationskoeffizienten. Wie man sieht, sind die Approximationen sehr stark mit dem Signal korreliert. Die entsprechenden Werte liegen zwischen 0.98 und 0.99. Das Signal und die Details sind weniger korreliert (Werte von ca. 0.1) und die Details untereinander sind praktisch nicht korreliert (Werte unter 0.0001). Man kann also die Details als Rauschen ansehen.

```
rcoef_sa =
   1.0000   0.9958   0.9918   0.9856   0.9798   0.9759   0.9703
   0.9958   1.0000   0.9960   0.9898   0.9839   0.9800   0.9744
   0.9918   0.9960   1.0000   0.9938   0.9879   0.9840   0.9784
   0.9856   0.9898   0.9938   1.0000   0.9941   0.9902   0.9845
   0.9798   0.9839   0.9879   0.9941   1.0000   0.9961   0.9904
   0.9759   0.9800   0.9840   0.9902   0.9961   1.0000   0.9943
   0.9703   0.9744   0.9784   0.9845   0.9904   0.9943   1.0000
                        (a₂,a₆)           (a₄,a₅)
rcoef_sd =
   1.0000   0.0917   0.0890   0.1104   0.1070   0.0845   0.0985
   0.0917   1.0000   0.0003   0.0000   0.0000   0.0000   0.0000
   0.0890   0.0003   1.0000   0.0004   0.0000   0.0001   0.0000
   0.1104   0.0000   0.0004   1.0000  -0.0001   0.0001   0.0000
   0.1070   0.0000   0.0000  -0.0001   1.0000   0.0012   0.0005
   0.0845   0.0000   0.0001   0.0001   0.0012   1.0000  -0.0011
   0.0985   0.0000   0.0000   0.0000   0.0005  -0.0011   1.0000
             (d₆,d₁)           (d₃,d₄)
```

*Abb. 4.82: Die Korrelationskoeffizienten zwischen Signal und Approximationen bzw. zwischen Signal und Details (*co_1.m*)*

Mit der Funktion **appcoef** werden die Koeffizienten der Approximationen und mit **detcoef** werden die Koeffizienten für die Details ermittelt. Das sind praktisch die Komponenten der Zerlegung mit den entsprechenden Dezimierungen (wie in Abb. 4.71a für nur zwei Stufen gezeigt ist).

Für die Rekonstruktion benötigt man die Koeffizienten der letzten Approximation und alle Koeffizienten der Details:

```
ca6 = appcoef(C,L,wave_name,6);    % Koeff. der Approximation a6
[cd1,cd2,cd3,cd4,cd5,cd6] = detcoef(C,L,[1,2,3,4,5,6]);
                                   %Koeff. der Details
```

Abb. 4.83 zeigt das ursprüngliche Signal und einige der Koeffizienten (cd_1, cd_2 und cd_6 bzw. ca_6) der Zerlegung. In der Darstellung ist durch die unterschiedliche Fensterlänge auch angedeutet, dass sich die Anzahl der Koeffizienten nach jeder Stufe (wegen der Dezimierung mit dem Faktor 2) halbiert.

Um das Rauschen zu unterdrücken genügt es, die Rekonstruktion ohne die Koeffizienten der Details cd_1, cd_2, cd_3, cd_4 und cd_5 zu realisieren. Mit den Koeffizienten der Details cd_6 kann man einige Details in die Rekonstruktion einbringen.

4.8 Multiratenfilterbänke

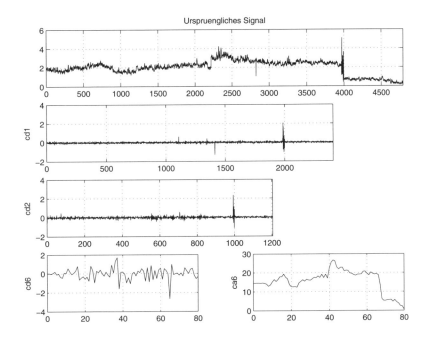

Abb. 4.83: Das Signal und die Koeffizienten cd_1, cd_2, cd_6 und $ca6$ (co_1.m)

Um die Artefakte, die nach Weglassen der Details $cd_1, \ldots, cd_5$ noch geblieben sind, zu unterdrücken, muss man die großen Werte der Koeffizienten cd_6 begrenzen. Mit

```
schwelle = 1.0;    % Begrenzung der Details cd6
k = find(cd6 > schwelle | cd6 < -schwelle);
cd6(k) = sign(cd6(k))*schwelle;
```

wird die Begrenzung realisiert. Die restlichen Koeffizienten der Details werden auf null gesetzt:

```
cd1 = zeros(length(cd1),1);    cd2 = zeros(length(cd2),1);
cd3 = zeros(length(cd3),1);    cd4 = zeros(length(cd4),1);
cd5 = zeros(length(cd5),1);
```

Die Rekonstruktion wird mit der Funktion **waverec** vollzogen:

```
sr = waverec([ca6;cd6;cd5;cd4;cd3;cd2;cd1],L,wave_name);
```

Abb. 4.84 zeigt oben das ursprüngliche und unten das rekonstruierte Signal bei einer Begrenzungsschwelle von eins.

In der *Wavelet Toolbox* gibt es die Funktion **ddencmp** für die Bestimmung der Parameter, die man in die Funktion **wdencmp** einsetzen kann, um eine Unterdrückung des Rauschens oder eine Kompression zu erhalten. Am Ende des Programms co_1.m werden diese Funktionen exemplarisch für das gleiche Signal eingesetzt und das Ergebnis wird dargestellt. Die eingesetzten Schwellen werden automatisch berechnet [46] oder sie können vorgegeben werden.

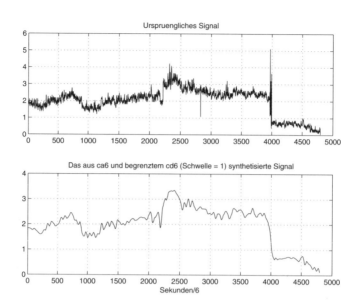

Abb. 4.84: *Das ursprüngliche und das aus den begrenzten Koeffizienten* cd_6 *und Koeffizienten* ca_6 *rekonstruierte Signal (*co_1.m*)*

Der Leser wird ermutigt, sich über das Hilfesystem mit den Parametern der Befehle **ddencmp** und **wdencmp** vertraut zu machen und dann mit diesen Funktionen zu experimentieren. Eine andere Möglichkeit bietet die Bedienoberfläche der *Wavelet Toolbox*. Über den Aufruf **wavemenu** startet man die Bedienoberfläche, um mit den *Wavelet*-Funktionen zu arbeiten. In diesem Fenster wählt man dann *Wavelet 1-D*, um das Fenster zu öffnen, das die Analyse und Synthese mit asymmetrischen *Wavelet*-Filterbänken erlaubt. Über *File/Load* kann ein beliebiges Signal (als mat-Datei, wie z.B. cs2.mat) geladen werden.

Danach wählt man die *Wavelet*-Funktion, wie z.B. 'db' Typ 4, und die Anzahl der Stufen der Zerlegung, z.B. *Level* = 6. Mit *Analyse* wird die Zerlegung gestartet und die Endkomponenten der Zerlegung werden dargestellt, wie in Abb. 4.85 gezeigt.

Wenn die Option *De-noise* aktiviert wird, öffnet sich ein neues Fenster (Abb. 4.86) in dem links die Koeffizienten der Details zusammen mit horizontalen Linien dargestellt sind. Die Linien entsprechen den Schwellen, mit denen man signifikante Werte für die Rekonstruktion angibt. Sie lassen sich direkt mit der Maus oder über Schieberegler verändern.

In der Mitte oben sind das ursprüngliche Signal in rot und das rekonstruierte Signal in gelb überlagert dargestellt. Man kann so gleich das Ergebnis beurteilen. Darunter sind die Koeffizienten der Zerlegung in einer 3-D Darstellung gezeigt, wobei die hellen Balken große absolute Werte repräsentieren. Die *Level number* zeigt mit $1, 2, ..., 6$ für welche Koeffizienten der Details ($cd_1, cd_2, ..., cd_6$) die Balken in den horizontalen Bereichen gelten. Weitere Optionen und Funktionen der Bedienoberfläche können durch Experimentieren leicht erkundet werden.

4.9 CIC-Dezimierungs- und Interpolierungsfilter   269

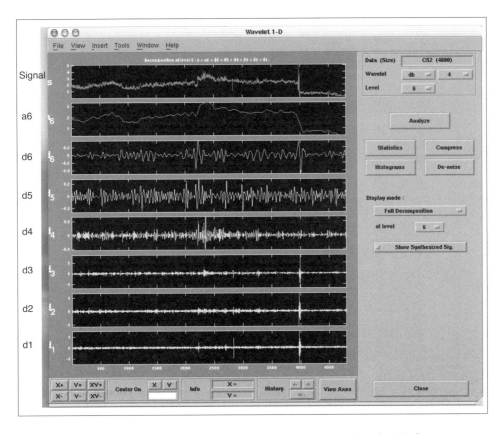

Abb. 4.85: Die Bedienoberfläche für die Analyse von 1-D Wavelet-Zerlegungen

4.9 CIC-Dezimierungs- und Interpolierungsfilter

CIC-[9]-Filter [29], [52], [42] bieten eine Lösung zur Dezimierung und Interpolierung an, bei der man ohne Multiplikationen auskommt und die in FPGAs[10] relativ einfach zu implementieren ist. In diesem Abschnitt werden die Grundlagen der CIC-Filter beschrieben und mit Experimenten erläutert. Danach wird auf ein Modell mit CIC-Blöcken aus dem *Signal Processing Blockset* eingegangen.

4.9.1 Das laufende Summierungsfilter

Das einfachste FIR-Filter ist das laufende Summierungsfilter, in der Literatur als *Recursive-Running-Sum-* oder *Boxcar*-Filter bekannt. Im Zeitbereich wird der Ausgang einfach als Summe über M Eingangswerte ermittelt. Aus

$$y[k] = x[k] + x[k-1] + x[k-2] + \ldots x[k-M+1] \qquad (4.88)$$

---
[9] *Cascaded-Integrator-Comb*
[10] *Field-Programmable-Gate-Array*

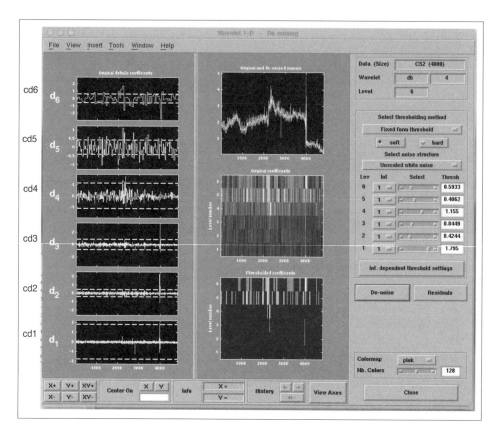

Abb. 4.86: Die Bedienoberfläche für die Einstellung der Rauschunterdrückung

und
$$y[k-1] = x[k-1] + x[k-2] + x[k-3] + \ldots x[k-M] \tag{4.89}$$
kann eine rekursive Form für dieses Filter abgeleitet werden:
$$y[k] - y[k-1] = x[k] - x[k-M] \tag{4.90}$$

Nach der z-Transformation wird das Filter mit folgender Übertragungsfunktion beschrieben:
$$Y(z) = \frac{1 - z^{-M}}{1 - z^{-1}} X(z) = \left(\frac{1}{1 - z^{-1}}\right)(1 - z^{-M}) X(z) \tag{4.91}$$

Der erste Faktor $H_1(z) = 1/(1 - z^{-1})$ aus Gl. (4.91) stellt einen Integrierer dar und der zweite Faktor $H_2(z) = (1 - z^{-M})$ ist ein Kamm- oder *Comb*-Filter [52]. Der Name Kammfilter bezieht sich auf den typischen, kammförmigen Amplitudengang dieses Filters, der z.B. für $M = 10$ in Abb. 4.87 dargestellt ist und durch folgende Programmsequenz (kamm_1.m) erzeugt wird:

4.9 CIC-Dezimierungs- und Interpolierungsfilter

```
M = 10;
zaehler = [1, zeros(1,M-1),-1];   nenner = 1;
nfft =256;
[H,w]= freqz(zaehler, nenner, nfft, 'whole');


figure(1);    clf;
subplot(211), plot(w/(2*pi), 20*log10(abs(H)));
title(['Amplitudengang, M = ',num2str(M)]);
xlabel('f/fs');    grid;
subplot(212), plot(w/(2*pi), angle(H));
title(['Phasengang']);
xlabel('f/fs');    grid;
```

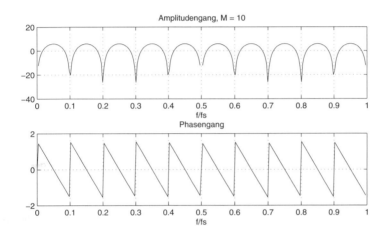

Abb. 4.87: Frequenzgang des Kammfilters (M = 10) (kamm_1.m)

Der Amplitudengang besitzt für $M = 10$ zehn Kammzähne mit einer Verstärkung $A = 2$ für jeden Zahn. Wenn die Übertragungsfunktion so verändert wird, dass der Koeffizient von z^{-M} positives Vorzeichen hat, also $H_2'(z) = 1 + z^{-M}$, so erhält man ebenfalls ein Kammfilter, jetzt aber mit Tiefpasscharakter. Das Programm kamm_1.m kann leicht geändert werden, um dieses Verhalten nachzubilden. Der Frequenzgang besitzt für $M = 10$ auch zehn Kammzähne, die aber bei $f = 0$ mit einem halben Zahn beginnen, der dann bei $f = f_s$ mit der anderen Hälfte vervollständigt wird (kamm_2.m).

Das Kammfilter bildet zusammen mit dem Integrierer nach Gl. (4.91) ein Tiefpassfilter (*Running-Summ*-Filter) mit einem Frequenzgang, der in Abb. 4.88 für $M = 10$ dargestellt ist. Er wurde mit dem Programm lauf_summ1.m erzeugt. Die erste Nebenkeule ist unabhängig von M um nur 13 dB gedämpft und somit ist dieses Tiefpassfilter relativ schlecht. Es hat aber den großen Vorteil, dass es mit Abschnitten implementiert werden kann, in denen keine Multiplikationen vorkommen, weil die Koeffizienten alle den Wert eins haben. Abb. 4.89 zeigt die Struktur eines laufenden Summierungsfilters mit $M = 4$, das also die laufende Summe über 4 Eingangswerte ermittelt.

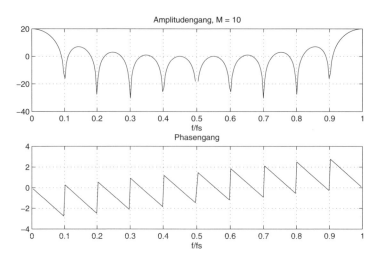

Abb. 4.88: *Frequenzgang des laufenden Summierers (M = 10)* (lauf_summ1.m)

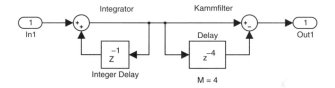

Abb. 4.89: *Running-Sum-Filter*

Um höhere Flexibilität zu haben, wird die Anzahl der Eingangswerte M für die laufende Summe durch $M \cdot R$ ersetzt, wobei R ebenfalls eine natürliche Zahl ist. Im Bereich der z-Transformation wird das Filter jetzt mit folgender Übertragungsfunktion dargestellt:

$$Y(z) = \frac{1 - z^{-MR}}{1 - z^{-1}} X(z) \qquad (4.92)$$

Prinzipiell hat sich dadurch nichts geändert, es wird aber später gezeigt, wie man diese Zerlegung der Anzahl der summierten Eingangswerte geschickt beim Einsatz dieses Filters für die Dezimierung und Interpolierung benutzen kann.

4.9.2 Die Dezimierung mit CIC-Filtern

Abb. 4.90 zeigt die äquivalenten Strukturen einer Dezimierung, die auf der *Noble Identity* basiert [1]. Im CIC-Filter ist die Übertragungsfunktion des Kammfilters eine Funktion von z^{MR}: $\quad H_C(z) = (1 - z^{MR})$ und erlaubt die Anwendung der *Noble Identity*. Eine Dezimierung um den Faktor R kann zwischen Integrierer und Kammfilter vorgezogen werden und führt dazu, dass das Kammfilter ein Verzögerungsglied um M Abtastperioden statt um $M \cdot R$ Abtastperioden benötigt. Gleichzeitig wird es bei einer um den Faktor R niedrigeren Abtastfrequenz arbeiten.

4.9 CIC-Dezimierungs- und Interpolierungsfilter

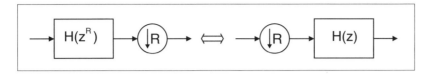

Abb. 4.90: Äquivalente Formen der Dezimierung ("Noble Identity")

In Abb. 4.91a ist beispielhaft die gewöhnliche Struktur einer Dezimierung mit einem laufenden Summierungsfilter für $M = 4, R = 4$ dargestellt, während in Abb. 4.91b die äquivalente Struktur dargestellt ist, bei der das Kammfilter mit der dezimierten Abtastfrequenz ($f'_s = f_s/R$) arbeitet und somit Rechenaufwand spart.

Bei der Dezimierung kommt es zu Überfaltungen, da der Tiefpasscharakter des laufenden Summierungsfilters, wie bereits erwähnt, bescheiden ist. Allerdings ist durch die Wahl von R als Teiler der Filterordnung $M \cdot R$ sichergestellt, dass sich um die Frequenz $f = 0$ die Nullstellen des Amplitudengangs zurückfalten. Da in einem kleinen Bereich um diese Nullstellen der Amplitudengang sehr steil ist, hat man dort wenig Überfaltungen. Man kann diese Bereiche vernachläßigbarer Überfaltung vergrößern, indem mehrere Stufen von Integrierern und Kammfiltern kaskadiert werden. In Abb. 4.92 ist ein Beispiel für Kammfilter mit $M = 4, R = 4$, die in drei Stufen ($N = 3$) angeordnet sind, dargestellt.

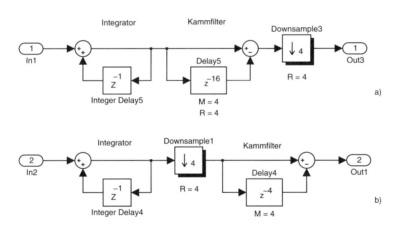

Abb. 4.91: a) Dezimierung mit CIC-Filter als Tiefpassfilter; b) Äquivalente Form

Die allgemeine Übertragungsfunktion für N Stufen ist dann:

$$Y(z) = \left(\frac{1 - z^{-MR}}{1 - z^{-1}}\right)^N X(z) \tag{4.93}$$

Die Struktur aus Abb. 4.92 trägt den Namen *Cascaded-Integrator-Comb*-Dezimierer (kurz CIC-Dezimierer). Eine ähnliche Struktur gibt es auch für den *Cascaded-Integrator-Comb*-Interpolierer, kurz CIC-Interpolierer.

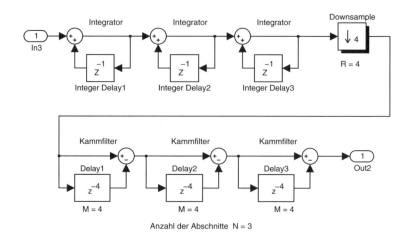

Abb. 4.92: CIC-Dezimierungsfilter mit N = 3 Stufen

Der Frequenzgang des Dezimierungsfilters mit einer Stufe ($N = 1$) kann leicht aus der Übertragungsfunktion (4.92) ermittelt werden. Die Variable z wird durch $e^{j2\pi f/f_s}$ ersetzt und mit Hilfe der Euler-Formel erhält man:

$$H(e^{j2\pi f/f_s}) = e^{-j\pi f/f_s(MR-1)} \frac{sin(\pi f/f_s MR)}{sin(\pi f/f_s)} \tag{4.94}$$

Wenn N Stufen eingesetzt werden, dann potenziert sich dieser Frequenzgang:

$$H_N(e^{j2\pi f/f_s}) = e^{-j\pi(f/f_s)(MR-1)N} \frac{sin^N(\pi(f/f_s)MR)}{sin^N(\pi(f/f_s))} \tag{4.95}$$

Für kleine Werte der relativen Frequenz f/f_s, für die $sin(\pi(f/f_s)) \cong \pi(f/f_s)$ ist, entspricht der Frequenzgang einer $(sin(x)/x)^N$-Funktion, die zu einer besseren Dämpfung in der Umgebung der Nullstellen im Vergleich zur Dämpfung der $sin(x)/x$-Funktion führt.

Das Ergebnis kann auch mit Hilfe von $sin(x)/x$-Funktionen, die in MATLAB als **sinc** verfügbar sind, ausgedrückt werden:

$$H_N(e^{j2\pi f/f_s}) = (MR)^N e^{-j\pi(f/f_s)(MR-1)N} \left(\frac{sinc(\pi(f/f_s)MR)}{sinc(\pi(f/f_s))}\right)^N \tag{4.96}$$

Wie man im Exponentialterm erkennt, besitzt das Filter lineare Phase und der Frequenzgang kann durch die drei Parameter R, M und N gesteuert werden. Mit dem MATLAB-Programm `cic_freq1.m` kann man den Amplitudengang abhängig von diesen Parametern darstellen. Die Funktion stellt auch überlagert den Frequenzgang des Filters mit $N + 1$ Stufen dar, um den Gewinn in der Dämpfung durch eine zusätzliche Stufe hervorzuheben (Abb. 4.93a).

Die Darstellungen sind relativ zur Verstärkung bei $f = 0$:

$$H_N(1) = (MR)^N \tag{4.97}$$

skaliert.

4.9 CIC-Dezimierungs- und Interpolierungsfilter

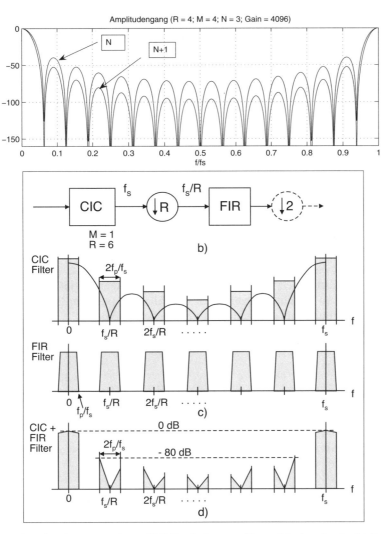

Abb. 4.93: a) Amplitudengang eines CIC-Dezimierungsfilters (cic_freq1.m); b) Struktur einer Dezimierung mit CIC-Filter; c) Frequenzgänge mit Aliasing-Bereichen; d) Zusammensetzung der Frequenzgänge von CIC- und FIR-Filter

Der Frequenzgang wird mit folgenden Programmzeilen berechnet:

```
fr = 0:0.001:1;                 % Relative Frequenz
gain = (M*R)^N;                 % Verstärkung bei f = 0
H=gain*exp(-j*pi*fr*(M*R-1)*N).*...
        ((sinc(fr*M*R)./sinc(fr)).^N);
betrag = abs(H);                phase = angle(H);
```

Abb. 4.93a zeigt den Amplitudengang eines CIC-Dezimierungsfilters mit $R = 4, M = 4$ und $N = 3$ zusammen mit dem Amplitudengang des Filters, das $N + 1 = 4$ Stufen besitzt.

Mit steigender Anzahl N der Stufen verbessert sich die Dämpfung der Nebenkeulen. Die Frequenzen der Nullstellen des Amplitudengangs sind Vielfache der Frequenz der ersten Nullstelle bei $f/f_s = 1/(MR)$. Für das als Beispiel verwendete Filter ist diese relative Frequenz gleich $f/f_s = 1/16 = 0.0625$.

Durch die Dezimierung entstehen Überfaltungen (*Aliasing*). Diese sind wegen der besonderen Lage der Nullstellen des CIC-Filters in einer engen Umgebung der Frequenz $f = 0$ klein. Sie sind umso kleiner, je höher N ist. Dennoch ist der nutzbare Frequenzbereich (in Abb. 4.93 grau hinterlegt) durch ein dem CIC-Filter nachgeschaltetes FIR-Filter zu begrenzen.

Ein hoher Wert für N hat aber auch den Nachteil, dass die Frequenzen am oberen Rand des Durchlassbereichs eine größere Dämpfung erfahren. Das nachgeschaltete FIR-Filter muss damit auch die Aufgabe übernehmen, diese Dämpfungen zu kompensieren. Dieses Filter wird daher auch *Compensation*-FIR oder kurz CFIR-Filter genannt.

Für $M = 1$ ist die erste Nullstelle des CIC-Filters genau bei der Frequenz f_s/R, die auch die neue Abtastfrequenz f'_s nach dem Dezimierer ist (Abb. 4.93b). Um Aliasing zu vermeiden, muss die relative Bandbreite des FIR-Filters f_p deutlich kleiner als $f'_s/2$ oder $f_s/(2R)$ sein. Sie ist in Abb. 4.93c grau hinterlegt.

Abb. 4.93d zeigt die Zusammensetzung der Frequenzgänge des CIC- und des FIR-Filters bezogen auf die Abtastfrequenz f_s. Wie Abb. 4.93c und d zeigen, ergibt sich abhängig von der entstandener Lücke im Amplitudengang nach der Filterung mit dem FIR-Filter eine weitere Möglichkeit zur Dezimierung, gewöhnlich mit einem Faktor 2 bis 4.

Experiment 4.8: CIC-Dezimierung und FIR-Kompensationsfilter

Im Programm `CIC_dezim1.m` wird das CIC-Filter als Multiraten-Objekt Hm mit der *Filter Design Toolbox*-Funktion **mfilt.cicdecim** erzeugt:

```
R = 10;     % Dezimierungsfaktor
M = 1;      % Verzoegerung im Kammfilter (Differential-Delay)
N = 5;      % Anzahl der Stufen
% -------- CIC-Filter über die Funktion mfilt.cicdecim
Hm = mfilt.cicdecim(R,M,N);    % Hm ein Objekt
```

Danach wird die Verstärkung `gain` bei $f = 0$ abgefragt und der Frequenzgang wird mit der Funktion **freqz** ermittelt und dargestellt.

```
gain = Hm.gain;    % Verstärkung des Filters
nfft = 2048;
[Hcic,w]=freqz(Hm,nfft,'whole');    % Frequenzgang des Filters
```

Für das Nutzsignal wird eine relative Durchlassfrequenz am Eingang der Dezimiererstruktur von $f_p/f_s = 0.01$ (`fnutz = 0.01`) angenommen. Das CFIR-Kompensationsfilter, das bei der dezimierten Abtastfrequenz $f'_s = f_s/R$ arbeitet, wird mit einer relativen Durchlassfrequenz fp bezogen auf dem Nyquist-Bereich von $f/f'_s = 0$ bis $f/f'_s = 0.5$ spezifiziert:

```
fp = 2*fnutz*R;
```

4.9 CIC-Dezimierungs- und Interpolierungsfilter

Durch Versuche wird dieser Wert mit dem Faktor 1.4 korrigiert, so dass im Frequenzgang des Gesamtfilters die gewünschte relative Durchlassfrequenz von 0.01 entsteht. Das Kompensationsfilter wird mit der Funktion **firceqrip** ermittelt:

```
fnutz = 0.01;       % Nutzbandbreite relativ zur hohen Abtastfrequenz
fp = 2*fnutz*R*1.4; % Durchlassfrequenz des CFIR-Filters
% (mit Korrektur von 40%);
nord = 32;
hc = firceqrip(nord,fp,[0.001 0.005],'invsinc',[0.5,N]);
```

Sie erzeugt ein FIR-Tiefpassfilter vom Typ *equiripple*, das im Durchlassbereich bis $f = $ fp einen Amplitudengang entsprechend einer inversen sinc-Funktion hoch N besitzt. Mit dem Faktor 0.5 wird das Argument der sinc-Funktion beeinflusst.

Für die überlagerte Darstellung der Frequenzgänge des CIC- und des Kompensationsfilters muss man die beiden unterschiedlichen Abtastfrequenzen der Filter berücksichtigen. Wenn angenommen wird, dass sich die Darstellung auf die Abtastfrequenz am Eingang bezieht, dann wiederholt sich der Frequenzgang des Kompensationsfilters R mal im Frequenzbereich von $f/f_s = 0$ bis $f/f_s = 1$. Er wird mit der Programmsequenz

```
fn = 0:R/(nfft-1):R;  % Frequenzbereich für das CFIR-Filter
wn = exp(j*2*pi*fn);  % bis R.fs'
Hc = polyval(hc,wn)'; % Frequenzgang von 0 bis R.fs' (fs' = fs/R)
```

berechnet. Mit

```
plot(w/(2*pi), 20*log10(abs(Hcic)/gain));
...
hold on
plot(fn/R, 20*log10(abs(Hc)));
hold off
```

erhält man dann die Frequenzgänge aus Abb. 4.94 oben.

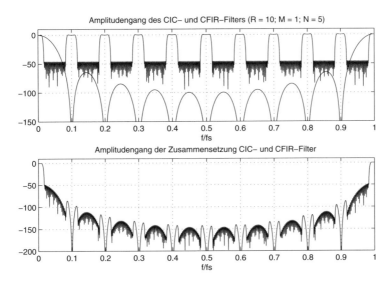

Abb. 4.94: Amplitudengänge des CIC- und CFIR-Filters (cic_dezim1.m)

Der Gesamtfrequenzgang (Abb. 4.94 unten) der beiden Filter wird mit folgender Programmsequenz ermittelt und dargestellt:

```
Hg = (Hcic/gain).*Hc;    % Gesamt Frequenzgang
subplot(212);
plot(fn/R, 20*log10(abs(Hg)));
```

Im Programm (cic_dezim1) wird auch die Darstellung aus Abb. 4.95 erzeugt. Links oben ist der Amplitudengang des Kompensationsfilters bezogen auf die dezimierte Abtastfrequenz $f'_s = f_s/R$ dargestellt. Rechts ist ein Ausschnitt des Amplitudengangs des CIC-, des Kompensationsfilters und deren Zusammensetzung dargestellt, aus dem die Kompensation ersichtlich ist.

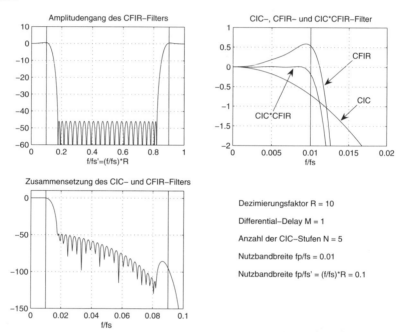

Abb. 4.95: *Amplitudengang des CFIR-Filters und Ausschnitte der Amplitudengänge des CIC-, CFIR und des Gesamtfilters* (cic_dezim1.m)

Links unten wird noch ein Ausschnitt des zusammengesetzten Amplitudengangs im Bereich $f/f_s = 0$ bis $f/f_s = 0.1$ bezogen auf die Abtastfrequenz am Eingang dargestellt. Die vertikalen Linien markieren die Grenzen des angenommenen Durchlassbereichs und des ersten Überfaltungsbereichs bei $f/f_s = 1/R - f_p/f_s = 0.1 - 0.01$, der mit ca. -100 dB gedämpft ist, was für viele Anwendungen ausreichend ist. Die weiteren Überfaltungsbereiche um $f/f_s = 0.1; 0.2; 0.3; \ldots; 0.9$ sind stärker gedämpft (siehe Abb. 4.94 unten).

Das Kompensationsfilter der Ordnung `nord` = 32 führt noch zu einem relativ hohen Implementierungsaufwand. In [54] wird ein einfacheres Kompensationsfilter, *ISOP*[11] genannt, eingesetzt. Im Programm `cic_dezim2.m` wird das gleiche CIC-Filter mit dem ISOP-Filter kompensiert.

---

[11] *Interpolated-Second-Order-Polynomial*

4.9 CIC-Dezimierungs- und Interpolierungsfilter

Das Kompensationsfilter ist durch folgende z-Transformation definiert:

$$P(z) = \frac{1}{|c+2|}(1 + cz^{-I} + z^{-2I}) \tag{4.98}$$

Mit der rationalen Zahl $c < -2$ wird die Steigung für die Kompensation gesteuert und mit $I = kQ$ als natürliche Zahl wird die Anzahl der Nullstellen des Amplitudengangs im Bereich $f/f_s' = 0$ bis $f/f_s' = 1$ festgelegt. Für $I = 1, (Q = 1, k = 1)$ gibt es keine Nullstelle im gezeigten Frequenzbereich (Abb. 4.96 links oben). Bei $I = 2$ erhält man eine Nullstelle bei $f/f_s' = 0.5$, bei $I = 3$ sind es zwei Nullstellen usw.

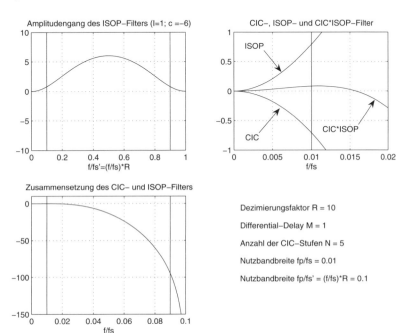

Abb. 4.96: *Amplitudengang des ISOP-Filters und Ausschnitte der Amplitudengänge des CIC-, ISOP- und des Gesamtfilters* (cic_dezim2.m)

Der Programmabschnitt, in dem das ISOP-Filter initialisiert und dessen Frequenzgang ermittelt wird, ist:

```
I = 1;       c = -6;
hc=[1,zeros(1,I-1),c,zeros(1,I-1),1]/abs(c+2);
     % Einheitspulsantwort
...
fn = 0:R/(nfft-1):R;   % Frequenzbereich für das ISOP-Filter
wn = exp(j*2*pi*fn);   % bis R.fs'
Hc = polyval(hc,wn)';  % Frequenzgang von 0 bis R.fs' (fs' = fs/R)
```

Das ISOP-Filter mit nur drei von null verschiedenen Koeffizienten ergibt eine ähnliche Kompensation und Unterdrückung der Überfaltungskomponenten bei $f/f_s = 0.1 - 0.01$ wie beim CFIR-Filter der Ordnung `nord = 32` mit 33 Koeffizienten (Abb. 4.96).

4.9.3 Die Interpolierung mit CIC-Filtern

Auch für die Interpolierung können CIC-Filter im Hinblick auf eine effiziente Implementierung in FPGAs eingesetzt werden. Abb. 4.97a zeigt die Struktur einer Interpolierung, in der das FIR-Filter die Nutzbandbreite festlegt und eine Kompensation der Dämpfung durch das CIC-Filter in diesem Bereich realisiert.

Die *Noble Identity* die in Abb. 4.97b dargestellt ist, erlaubt es auch hier, die normale Struktur des CIC-Filters aus Abb. 4.97c in die neue Struktur gemäß Abb. 4.97d umzuwandeln. Hier werden die Kammfilterstufen auf die Seite der niedrigen Abtastfrequenz vor die Expandierung gebracht.

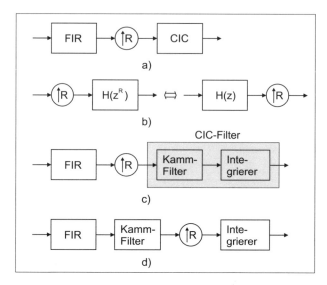

Abb. 4.97: a) Interpolierung mit CIC-Filter; b) „Noble Identity"; c) Normale Struktur; d) Neue Struktur

Abb. 4.98a zeigt das CIC-Filter in einer Stufe für $R = 4, M = 4$. Die äquivalente Form basierend auf der *Noble Identity* ist in Abb. 4.98b dargestellt. Ein CIC-Filter mit $N = 3$ Stufen für die Interpolierung ist in Abb. 4.99 für $R = 4, M = 4$ gezeigt.

Zur Kompensation der Verzerrung im Durchlassbereich durch das CIC-Filter und zur Unterdrückung der Überfaltungen kann auch hier das FIR-Filter (Abb. 4.97a) als CFIR- oder ISOP-Kompensationsfilter realisiert werden.

Die Frequenzgänge des CIC-, CFIR- und des Gesamtfilters, die in Abb. 4.94, Abb. 4.95 und Abb. 4.96 für das vorherige Experiment dargestellt wurden, gelten auch für die Interpolierung. Der Unterschied zur Dezimierung besteht lediglich darin, dass sie jetzt bezogen auf die Abtastfrequenz am Ausgang (die um den Faktor R höhere Abtastfrequenz) betrachtet werden müssen.

4.9 CIC-Dezimierungs- und Interpolierungsfilter

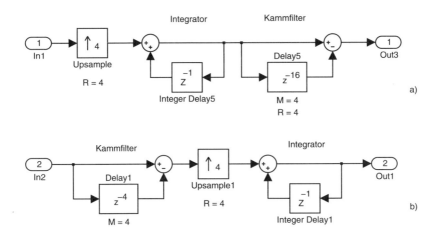

Abb. 4.98: a) Interpolierung mit CIC-Filter; b) Äquivalente Form

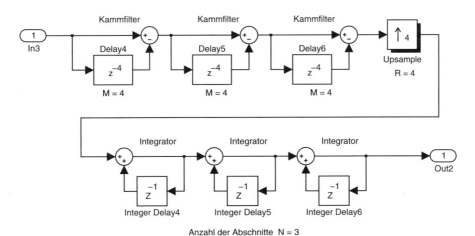

Abb. 4.99: CIC-Interpolierungsfilter mit N = 3 Stufen

4.9.4 Implementierungsdetails

Bei einer Dezimierung mit CIC-Filtern ist die Verstärkung G am Ausgang der letzten Kammstufe nach Gl. (4.97) gleich $(M \cdot R)^N$ und kann sehr hohe Werte erreichen. So erhält man z.B. bereits für die relativ geringe Dezimierung mit dem Faktor $R = 4$ bei $M = 4, N = 3$ für die Verstärkung den Wert $G = 4096$. Wenn angenommen wird, dass eine Zweierkomplement-Arithmetik benutzt wird, kann man die erforderliche Anzahl der Bit für die letzte Kammstufe mit Hilfe dieser Verstärkung ermitteln. Für B_{in} Bit am Eingang werden B_{out} Bit nach folgender Gleichung am Ausgang notwendig [29], [22]:

$$B_{out} = B_{in} + \lceil N \log_2(M \cdot R) \rceil \qquad (4.99)$$

Die Klammer ⌈ ⌉ bedeutet die Rundung nach oben. Da bei der Dezimierung die Integrierer sich am Anfang der Signalverarbeitungskette befinden und hier der größte Gewinn erzielt wird, sind die Datenwortbreiten nach Gl. (4.99) bereits ab der ersten Integrierer-Stufe und für alle nachfolgenden Stufen notwendig.

Einen gewisse Aufwandsreduktion kann man erzielen, wenn man eine Skalierung des Ausgangssignals des CIC-Filters auf dieselbe Datenwortbreite wie die des Eingangssignals vornehmen möchte. Dann wird man nicht erst am Ausgang des Filters die Skalierung durch Entfernung der niederwertigsten Bit vornehmen, sondern man kann, unter Beachtung des durch die Bit-Entfernung eingefügten Rauschens, bereits zwischen den einzelnen Stufen nach und nach niederwertige Bit entfernen [22].

Die Datenwortbreite nach Gl. (4.99) sichert ein korrektes Ergebnis am Ausgang des CIC-Dezimierers, also nach der letzten Kammstufe. Sie gewährleistet aber nicht, dass auch die Zwischenergebnisse richtig sind. Vielmehr wird wegen den hohen Verstärkungen der Integrierer an deren Ausgang ein Überlauf auftreten. Verwendet man jedoch das Zweierkomplement-Format für die Berechnungen, so sind die von den Kammfiltern berechneten Differenzen richtig, auch wenn bei den Integrierern zwischenzeitlich ein Überlauf eintritt [22], [42].

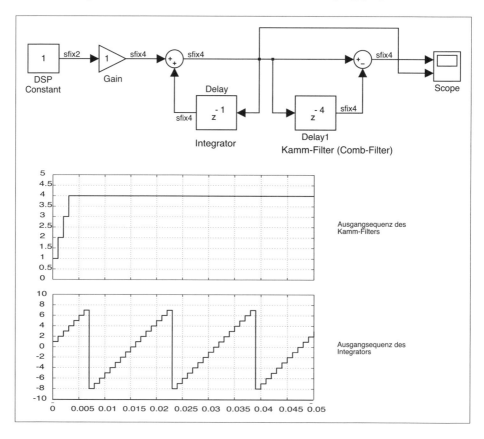

Abb. 4.100: *CIC-Struktur und Signal des Kammfilters und des Integrierers* (fixed_2.mdl)

4.9 CIC-Dezimierungs- und Interpolierungsfilter

Um das zu veranschaulichen, wird das Modell `fixed_2.mdl` aus Abb. 4.100 oben verwendet. Es ist das einfache Modell eines einstufigen CIC-Filters mit M = 4, wie es bereits in Abb. 4.89 verwendet wurde, jedoch werden die Abtastwerte im ganzzahligen Zweierkomplement-Format mit nur wenigen Bit dargestellt. Auf die Abtastratenänderung wurde verzichtet. Am Eingang wird eine konstante Sequenz gleich 1 angenommen, für deren Darstellung 2 Bit vorgesehen wurden. Für die CIC-Struktur mit einer maximalen Verstärkung M = 4 werden weitere 2 Bit angesetzt und im *Gain*-Block für dessen Ausgangsdaten initialisiert. Insgesamt ergibt sich so eine Darstellung mit 4 Bit für das Ausgangssignal der CIC-Struktur.

Tabelle 4.5: Signalwerte der einfachen CIC-Struktur mit M = 4

Ausgangssequenz des Integrierers (binär)	Ausgangssequenz des Integrierers (dezimal)	mit M = 4 verzögerte Sequenz	Differenz
0000	0	0	0
0001	1	0	1
0010	2	0	2
0011	3	0	3
0100	4	0	4
0101	5	1	4
0110	6	2	4
0111	7	3	4
1000	−8	4	-12 ⇒ 4
1001	−7	5	-12 ⇒ 4
1010	−6	6	-12 ⇒ 4
1011	−5	7	-12 ⇒ 4
1100	−4	−8	4
1101	−3	−7	4
1110	−2	−6	4
1111	−1	−5	4
0000	0	−4	4
0001	1	−3	4
...	...	...	...

In der ersten Spalte der Tabelle 4.5 sind die Werte am Ausgang des Integrierers als Festkomma-Werte in Zweierkomplement-Darstellung mit 4 Bit dargestellt. Wenn der Integrierer zu Beginn mit null initialisiert war, so erhält man an seinem Ausgang die Sequenz $0_D = 0000_2, 1_D = 0001_2, 2_D = 0010_2, \ldots$ Der größte positive Wert ist $7_D = 0111_2$ und durch Addition von eins im nächsten Abtastschritt erhält man die Binärzahl 1000_2, die für das gewählte Datenformat einen Überlauf darstellt und wegen der Zweierkomplement-Darstellung als $-8_D = 1000_2$ interpretiert wird. Nach weiteren Schritten ergeben sich die Werte $-7_D = 1001_2, -6_D = 1010_2, \ldots, -1_D = 1111_2, 0_D = 0000_2, 1_D = 0001_2 \ldots$ usw., die Werte wiederholen sich also. In der zweiten Spalte der Tabelle sind diese Werte als Dezimalzahlen dargestellt.

Die dritte Spalte der Tabelle zeigt die mit M = 4 Abtastintervallen verzögerte Sequenz und die vierte Spalte stellt die Differenz der beiden Sequenzen als Ausgang des Kammfilters dar. Der erwartete Wert von 4 ergibt sich auch beim Überlauf des Integrierers, wie z.B. bei $-8 - 4 = -12$:

$$\begin{array}{rl} -8_D = & 1000_2 \\ -4_D = & 1100_2 \\ \hline -12_D = & 10100_2 \end{array}$$

Der Wert $-12_D = 10100_2$ stellt den Wert 4 dar, wenn nur die 4 zur Darstellung verwendeten Bit betrachtet werden.

In Abb. 4.100 sind oben das Modell der einfachen CIC-Struktur und unten das Ausgangssignal des Kammfilters (die Differenzen aus der Tabelle 4.5) und das Signal am Ausgang des Integrierers dargestellt. Die akkumulierten Werte des Integrierers erfahren Überlauf und liegen im Bereich von -8 bis 7, so wie aus der ersten und zweiten Spalte der Tabelle ersichtlich.

Mit dem vorgestellten Modell können weitere Experimente durchgeführt werden. So kann man z.B. über den *Gain*-Block 5 Bit für die Daten der CIC-Struktur parametrieren (Modell `fixed_3.mdl`) und die Sequenzen untersuchen. Die Differenzen sind dieselben, nur der Integrierer liefert jetzt Werte zwischen -16 und 15.

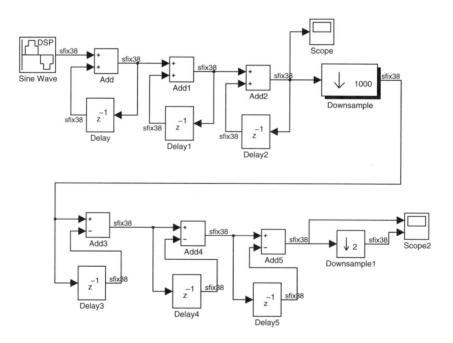

Abb. 4.101: CIC-Dezimierung mit dem Faktor 1000×2 (cic_1000.mdl)

Ein etwas aufwändigeres Modell (`cic_1000.mdl`) ist in Abb. 4.101 dargestellt. Hier wird eine CIC-Dezimierung mit dem Faktor 1000×2 im Festkomma-Format durchgeführt. Die Eingangsdaten wurden mit einem Wertebereich von -128 bis 127 gewählt und mit acht Bit ganz-

4.9 CIC-Dezimierungs- und Interpolierungsfilter

zahlig dargestellt. Es werden drei Stufen von CIC-Strukturen (N = 3) mit dem Dezimierungsfaktor R = 1000 und der Verzögerung M = 1 angenommen. Die Verstärkung der Anordnung ist somit

$$G = (RM)^N = 10^9, \tag{4.100}$$

was zu einer Wortlänge nach Gl. (4.99) von 38 Bit für alle Blöcke führt. So wurde auch das Format der Ausgangsdaten gewählt.

Als Eingangssignal wurde eine harmonische Schwingung mit $f_0 = 0.5$ Hz bei einer Abtastfrequenz $f_s = 10$ kHz gewählt. Damit ist die Abtastfrequenz nach der Dezimierung durch das CIC-Filter $f'_s = 10$ Hz, so dass eine weitere Dezimierung mit dem Faktor 2 vorgenommen wird.

Am *Scope*-Block nach der Integriererkette sieht man die Über- und Unterläufe der Werte, die wegen der Eigenschaften der Zweierkomplement-Rechnung aber nicht zu Fehlern im Ausgangssignal des CIC-Filters führen. Der Block *Scope2* zeigt oben das Signal nach der Dezimierung mit dem Faktor 1000 und unten nach der zusätzlichen Dezimierung mit dem Faktor 2. Weil die Amplitude des Eingangssignals zu $\hat{u}_{ein} = 127$ gewählt wurde, hat das Ausgangssignal die Amplitude $\hat{u}_{aus} = 127 \cdot G = 1.27 \cdot 10^{11}$.

Für eine Interpolierung mit CIC-Filtern und N Stufen (N Kammfilter und N Integrierer) ist die Verstärkung für jede Stufe durch

$$G_k = \begin{cases} 2^k & k = 1, 2, \ldots, N \\ \dfrac{2^{2N-k}(RM)^{k-N}}{R} & k = N+1, \ldots, 2N \end{cases} \tag{4.101}$$

gegeben [22]. Somit benötigt man bei der Stufe k Wortlängen B_k nach:

$$B_k = \lceil B_{in} + log_2 G_i \rceil \tag{4.102}$$

Wenn M = 1 ist, dann ist $B_N = B_{in} + N - 1$.

Im Modell `cic2_1000.mdl` ist eine Interpolierung mit dem Faktor 1000 simuliert, in dem die Vergabe der Bit nach Gl. (4.102) vorgenommen wurde. Im Unterschied zur Dezimierung findet allerdings bei der Interpolierung kein Überlauf der Integrierer statt. Dafür sorgt die Differenzbildung durch die Kammstufen und die Expandierung mit Nullwerten bei der Abtastratenerhöhung.

Mit den Modellen `cic_dezim1_.mdl`, `cic_dezim3_.mdl`, `cic_dezim4_.mdl`, `cic_interp1_.mdl`, `cic_interp2_.mdl` und den dazugehörenden MATLAB-Programmen `cic_dezim_11_.m`, `cic_dezim_13_.m`, `cic_dezim_14_.m` sowie `cic_interp_1_.m`, in denen die Parameter der Modelle für die Dezimierung bzw. für die Interpolierung initialisiert werden, können die hier besprochenen numerischen Eigenschaften ebenfalls simulativ nachvollzogen werden.

Experiment 4.9: Simulation mit CIC-Filterblöcken

In der *Filtering/Multirate Filters*-Bibliothek des *Signal Processing Blockset* gibt es zwei Blöcke zur Simulation der Dezimierung und Interpolierung mit CIC-Filtern (siehe Tabelle 4.2). Sie sollen in diesem Experiment eingesetzt werden.

Abb. 4.102 zeigt das Modell (`CIC_dezim_interp1.mdl`), in dem auf die Dezimierung eine Interpolierung mit gleichen Parametern ($R = 4, M = 1, N = 5$) folgt.

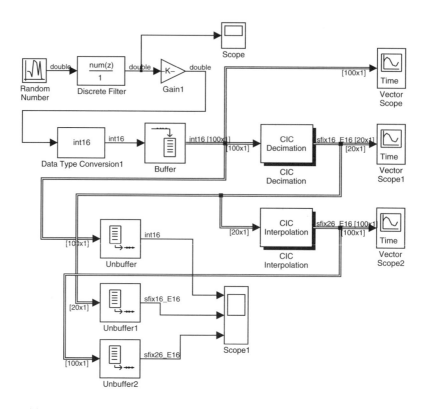

Abb. 4.102: Simulink-Modell mit CIC-Dezimierer und CIC-Interpolierer
(cic_dezim_interp1.mdl)

Das Eingangssignal ist ein bandbegrenztes zufälliges Signal, das man durch Filterung von Zufallszahlen erhält. Der hierfür verwendete Block *Discrete Filter* implementiert ein FIR-Tiefpassfilter mit einer relativen Bandbreite $f/f_s = 0.02$, was bei der verwendeten Abtastfrequenz $f_s = 10$ kHz einer absoluten Bandbreite von 200 Hz entspricht.

Der *CIC Decimation*-Block benötigt am Eingang *Frame*-Daten im Festkomma-Format. Somit müssen die *double*-Werte am Ausgang des Filters, die im Bereich $-1 \leq x \leq 1$ liegen, mit dem *Gain1*-Block auf einen Wertebereich gebracht werden, der dem Datentyp *int16* entspricht. Die Umwandlung der *double*- in *int16*-Daten geschieht im Block *Data Type Conversion1* und die *Frames* werden mit Hilfe des *Buffer*-Blocks gebildet.

Der *CIC-Decimation*-Block wird mit den Parametern R, M, N initialisiert und zusätzlich wird die Wortlänge der Register jeder Stufe gemäß Gl. (4.99), die einen Wert von 28 Bit ergibt, mit dem Vektor [28,28,28,28,28,28,28,28,28,16] belegt.

Nach der Dezimierung wird die Interpolierung mit dem Block *CIC Interpolation* realisiert. Aus den *Frames* der Größe 100 am Eingang des *CIC Decimation*-Blocks werden durch Dezimierung mit dem Faktor $R = 5$ *Frames* der Größe 20, die dann als Eingänge für den *CIC Interpolation*-Block dienen. Ihr Format ist jetzt sfix16 E12, was einem Festkomma-Format mit 16 Bit und einer Skalierung mit 2^{12} entspricht.

4.10 Entwurf der *Interpolated*-FIR Filter

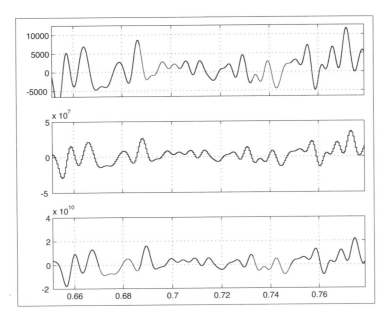

Abb. 4.103: Eingangssignal sowie Ausgangssignal nach der Dezimierung und nach der Interpolierung (cic_dezim_interp1.mdl)

Die Initialisierung des *CIC Interpolation*-Blocks ist ähnlich der Initialisierung des *CIC Decimation*-Blocks und enthält die Parameter R, M, N und ebenfalls die Wortlängen der Register für die Stufen gemäß Gl. (4.101):

$$W_i = [17, 18, 19, 20, 21, 21, 22, 23, 24, 26]$$

Abb. 4.103 zeigt die Signale am Eingang, am Ausgang des Dezimierers und am Ausgang des Interpolierers, aus denen man auch die Veränderung der Wertebereiche und die Verzögerungen der Filter entnehmen kann.

Die *Frame*-Daten können mit Blöcken vom Typ *Vector Scope* aus der *DSP Sinks*-Bibliothek des *Signal Processing Blockset* dargestellt werden. Um sie auf dem normalen *Scope*-Block darzustellen, muss man sie in einzelne Abtastwerte umwandeln, z.B. mit Hilfe von *Unbuffer*-Blöcken.

Die Simulation der CIC-Filter für die Dezimierung und Interpolierung im Format *double* kann mit den Simulink-Blöcken der Grundbibliothek realisiert werden, so wie in der Abb. 4.91 und Abb. 4.92 für die Dezimierung und Abb. 4.98 und Abb. 4.99 für die Interpolierung gezeigt wurde.

4.10 Entwurf der *Interpolated*-FIR Filter

Die *Interpolated*-FIR-Filter (kurz IFIR-Filter) [17], [52] werden für die Realisierung von Tiefpassfiltern mit sehr kleiner Bandbreite und von Hochpassfiltern mit sehr großer Bandbreite und steilem Übergangsbereich eingesetzt, weil sie weniger Koeffizienten und somit eine reduzierte Anzahl von Multiplikationen im Vergleich zu den konventionellen FIR-Filtern benötigen.

Beim klassischen Filterentwurf steigt die Anzahl der Koeffizienten mit der Steilheit des Übergangsbereichs und Reduzierung der Bandbreite. Bei den IFIR-Filtern wird zuerst ein FIR-Filter mit einer Übergangsbandbreite entwickelt, die um den Faktor L größer ist als der gewünschte Wert. Ein solches Filter wird relativ wenige Koeffizienten benötigen. Danach werden die Koeffizienten mit $L - 1$ Zwischen-Nullwerten expandiert, was eine Vergrößerung der Anzahl der Koeffizienten bedeutet, mit dem Vorteil, dass sich die Anzahl der notwendigen Multiplikationen nicht ändert. Die Expansion im Zeitbereich führt zu einer Stauchung des Frequenzgangs, so dass die ursprünglichen Spezifikationen erfüllt werden, ohne die Anzahl der Multiplikationen und damit den Aufwand zu erhöhen.

Die Expansion der Koeffizienten hat allerdings den Nachteil, dass im Frequenzbereich $f/f_s = 0$ bis $f/f_s = 1$ genau $L - 1$ zusätzliche, gestauchte Repliken des gewünschten Frequenzgangs erscheinen. Diese Repliken werden danach mit einem sogenannten *Image-Suppressing*-Filter unterdrückt. Da die Repliken im Abstand f_s/L liegen, reicht in der Regel ein Filter mit einem relativ breiten Übergangsbereich zu ihrer Unterdrückung aus. Damit benötigt man für das *Image-Suppressing*-Filter nur wenige Koeffizienten und man erhält insgesamt eine Einsparung verglichen mit dem klassischen Entwurf.

Das zu expandierende Filter der Übertragungsfunktion $H(z)$, die durch

$$H(z) = h_0 + h_1 z^{-1} + h_2 z^{-2} + \ldots h_m z^{-m} \tag{4.103}$$

gegeben ist, wird durch die Expandierung mit $L - 1$ Nullwerten zu einer Übertragungsfunktion $H(z^L)$ führen:

$$H_{exp}(z) = h_0 + h_1 z^{-L} + h_2 z^{-2L} + \ldots h_m z^{-mL} = H(z^L). \tag{4.104}$$

Zu bemerken ist, dass bei der Implementierung der IFIR-Filter die beiden Filter separat implementiert werden müssen, weil nur so die Einsparung in der Anzahl der Multiplikationen zustande kommt. Wenn man die Einheitspulsantworten der beiden Filter falten würde, um nur ein Filter zu erhalten, dann gibt es keine Nullkoeffizienten mehr. Das Gesamtfilter hätte in dieser Form die Länge des expandierten Filters plus die Länge des *Image-Suppressing*-Filters.

Im Programm `ifir_1.m` wird das Prinzip der IFIR-Filter an einem Beispiel erläutert. Es wird angenommen, dass ein IFIR-Tiefpassfilter mit der relativen Durchlassfrequenz `fp = 0.05`, der relativen Sperrfrequenz `fs = 0.065`, der Dämpfung im Sperrbereich von $a = -75$ dB und einer Welligkeit im Durchlassbereich kleiner als `0.025` dB gewünscht ist. Zunächst wird das zu expandierende Filter mit einer Durchlassfrequenz von `fp*L` und einer Sperrfrequenz von `fs*L` spezifiziert und mit der Funktion **firpm** entworfen:

```
L = 5;
nord_exp = 50;
h=firpm(nord_exp,[0,fp*L,fs*L,0.5]*2,[1,1,0,0],[1,10]);
```

Die Ordnung des Filters und die Wichtigkeit des Durchlass- und des Sperrbereichs werden durch Versuche bestimmt.

Abb. 4.104 zeigt oben den Amplitudengang dieses Filters in linearen Koordinaten und in Abb. 4.105 oben ist derselbe Amplitudengang in logarithmischen Koordinaten dargestellt.

4.10 Entwurf der *Interpolated*-FIR Filter

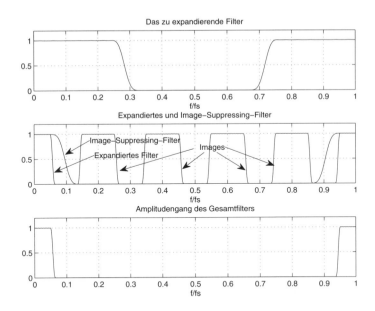

Abb. 4.104: Amplitudengang des zu expandierenden, des expandierten und des Image-Suppressing-Filters (ifir_1.m)

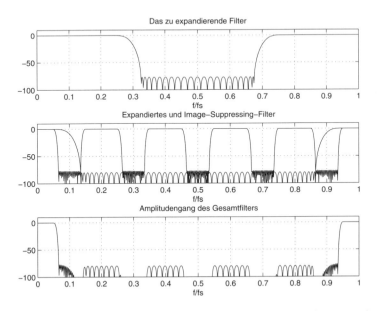

Abb. 4.105: Logarithmischer Amplitudengang des zu expandierenden, des expandierten und des Image-Suppressing-Filters (ifir_1.m)

Durch Expandierung der Koeffizienten dieses Filters mit je $L - 1$ Nullwerten

```
hexp=zeros(1,length(h)*L);
hexp(1:L:end)=h;
```

erhält man die Koeffizienten des expandierten Filters, dessen Frequenzgang die $L - 1 = 4$ inneren Spiegelungen (*Images*) zwischen $f/f_s = 0$ und $f/f_s = 1$ enthält. Diese sind im mittleren Diagramm der Abb. 4.104 und Abb. 4.105 zu sehen. Der ursprüngliche Frequenzgang (in der Umgebung von $f = 0$ und $f = f_s$) ist gestaucht und erfüllt jetzt die Spezifikationen. Mit

```
nord_image = 60;
himage = firpm(60, [0,fp,2.7*fp,0.5]*2, [1,1,0,0],[10,1]);
```

wird das *Image-Suppressing*-Filter spezifiziert und entworfen. Sein Amplitudengang ist im mittleren Diagramm der Abb. 4.104 bzw. Abb. 4.105 zusammen mit dem Amplitudengang des expandierten Filters dargestellt. Eine andere Form für das *Image-Suppressing*-Filter

```
nord_image = 60;
himage = firpm(60, [0, fp, 2.7*fp, 5.2*fp, 6.6*fp, 0.5]*2,...
     [1,1,0,0,0,0],[10,1,1]);
```

enthält einen nicht näher spezifizierten Bereich (*don't-care*-Bereich) in der Zone, in der das expandierte Filter von sich aus gute Dämpfung realisiert. Die Amplitudengänge des Gesamtfilters sind in den unteren Diagrammen der Abb. 4.104 bzw. Abb. 4.105 linear und logarithmisch dargestellt.

Das Gesamtfilter benötigt 51 Multiplikationen für das expandierte Filter der Ordnung 50 und 61 Multiplikationen für das *Image-Suppressing*-Filter, insgesamt also 112 Multiplikationen. Um die Ersparnis in der Anzahl der notwendigen Multiplikationen hervorzuheben, wird mit

```
nord = 240;
hkonv = firpm(nord, [0,fp,fs,0.5]*2,[1,1,0,0],[1,10]);
```

ein konventionelles FIR-Filter so entworfen, dass dieselben Spezifikationen erfüllt werden. Durch Versuche ergibt sich eine erforderliche Filterordnung von 240, entsprechend 241 Multiplikationen. Abb. 4.106 zeigt Ausschnitte des Amplitudengangs des IFIR- und des konventionellen FIR-Filters, um die Erfüllung der Spezifikationen durch beide Filter zu dokumentieren.

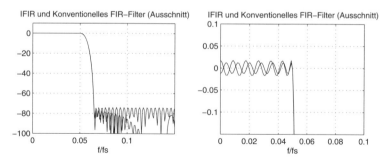

Abb. 4.106: Logarithmischer Amplitudengang des IFIR- und des konventionellen FIR-Filters (Ausschnitte) (ifir_1.m)

4.10 Entwurf der *Interpolated*-FIR Filter

In der *Filter Design Toolbox* gibt es die Funktion `ifir` mit deren Hilfe man *Interpolated*-FIR-Filter entwickeln kann. Sie liefert das expandierte und das *Image-Suppressing*-Filter. Als Beispiel wird ein IFIR-Hochpassfilter mit einer relativ niedrigen Durchlassfrequenz (hohe Bandbreite!) entworfen, das in einer konventionellen Entwicklung zu einer größeren Anzahl von Koeffizienten führen würde.

Im Programm `ifir_high1.m` wird ein IFIR-Hochpassfilter mit der Sperrfrequenz `fs = 0.06` und der Durchlassfrequenz `fp = 0.075` entwickelt. Die Funktion ermittelt eigentlich ein komplementäres IFIR-Tiefpassfilter, so dass die parallele Zusammensetzung mit einer reinen Verzögerung zu dem gewünschten Hochpassfilter führt.

Mit folgender Programmzeile werden das expandierte FIR-Tiefpassfilter hup und das *Image-Suppressing*-Filter hsupp ermittelt:

```
L = 5;
[hup, hsupp, d]=ifir(L,'high',[fs, fp]*2,[0.0001, 0.001]);
disp(['Verzoegerung fuer den parallelen Pfad = ',...
   num2str(length(d)-1)]);
```

Das dritte Argument d ist ein Vektor, der aus Nullwerten und einem Wert eins besteht, so dass `length(d)-1` die Verzögerung für die parallele Zusammensetzung ergibt.

Abb. 4.107 zeigt links oben den Amplitudengang des IFIR-Tiefpassfilters und darunter das *Image-Suppressing*-Filter, die zusammen in Reihe geschaltet zu einem IFIR-Tiefpassfilter führen, dessen Amplitudengang rechts oben dargestellt ist. Die Differenz der Signale am Ausgang des IFIR-Tiefpassfilters und am Ausgang der angegebenen Verzögerung führt zu einem Hochpassfilter, dessen Amplitudengang rechts unten dargestellt ist.

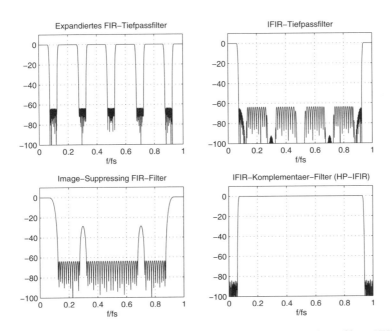

Abb. 4.107: Expandiertes FIR-Tiefpassfilter, Image-Suppressing-Tiefpassfilter, IFIR-Tiefpass- und komplementäres IFIR-Hochpassfilter (ifir_high1.m)

Im Programm werden auch die Einheitspulsantworten der beiden Filter dargestellt und die Anzahl der von null verschiedenen Koeffizienten ermittelt: 59 für das expandierte Filter und 65 für das *Image-Suppressing*-Filter.

Experiment 4.10: Dezimierung und Interpolierung mit IFIR-Filtern

Wenn das IFIR-Tiefpassfilter für eine Dezimierung eingesetzt wird, kann man statt der konventionellen Form gemäß Abb. 4.108a auch die äquivalente Form aus Abb. 4.108b benutzen. Für die Interpolierung gibt es eine ähnliche äquivalente Form.

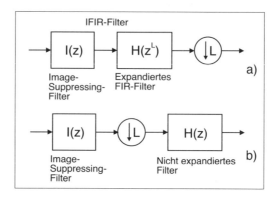

Abb. 4.108: Äquivalente Formen der Dezimierung mit IFIR-Filtern

In diesem Experiment werden eine Dezimierung und eine Interpolierung mit dem Faktor $L = 10$ und IFIR-Filter in den äquivalenten Formen simuliert.

Das Modell ifir_dezim_1.mdl (Abb. 4.109) für die Dezimierung wird über das Programm ifir_dezim1.m initialisiert. Es wird dasselbe IFIR-Filter benutzt, das im Programm ifir_1.m entwickelt wurde. Als Eingangssignal wird ein bandbegrenztes, zufälliges Signal benutzt, das durch Filterung mit dem FIR-Filter der Einheitspulsantwort hsig im Block *Discrete Filter* realisiert wird. Bei einer relativen Bandbreite des Eingangssignals von $f_{sig}/f_s = 0.02$ muss die Bandbreite des Dezimierungsfilters etwas größer sein, z.B.

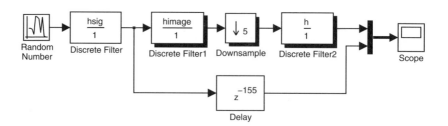

Abb. 4.109: Simulink-Modell einer Dezimierung mit einem IFIR-Filter (ifir_dezim1.m, ifir_dezim_1.mdl)

4.10 Entwurf der *Interpolated*-FIR Filter

$f_p/f_s = 0.05$. Das nicht expandierte Filter wird, wie schon gezeigt, mit dem Aufruf

```
p = 0.05;  fs = 0.065;  % Durchlassfrequenz und Sperrbereich
L = 5;          nord_exp = 50;
h=firpm(nord_exp,[0,fp*L,fs*L,0.5]*2,[1,1,0,0],[1,10]);
```

und das *Image-Suppressing*-Filter mit

```
nord_image = 60;
himage = firpm(60, [0,fp,2.7*fp,0.5]*2, [1,1,0,0], [10,1]);
```

entworfen.

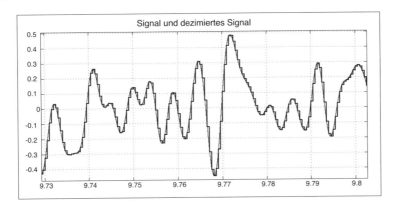

Abb. 4.110: *Signal und dezimiertes Signal* (ifir_dezim1.m, ifir_dezim_1.mdl)

Die Verzögerung `delay` für den *Delay*-Block, die es ermöglicht, das Eingangssignal und das dezimierte Signal zeitrichtig überlagert darzustellen (Abb. 4.110), wird aus der Ordnung der beiden Filter unter Berücksichtigung ihrer unterschiedlichen Abtastfrequenzen berechnet:

```
delay = fix((length(himage)-1)/2 + L*(length(h)-1)/2);
```

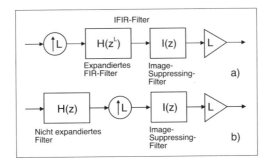

Abb. 4.111: *Äquivalente Formen der Interpolierung mit IFIR-Filtern*

IFIR-Filter können auch für die Interpolierung eingesetzt werden. Eine der konventionellen (Abb. 4.111a) äquivalente Form, die in Abb. 4.111b dargestellt ist, führt zu dem Modell

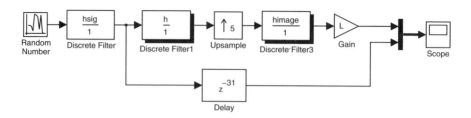

Abb. 4.112: Simulink-Modell einer Interpolierung mit einem IFIR-Filter (ifir_interp1.m, ifir_interp_1.mdl)

ifir_interp_1.mdl, das durch das Programm ifir_interp1.m initialisiert wird. Die Verzögerung für die überlagerte Darstellung der Signale ist jetzt durch

```
delay = fix((length(h)-1)/2 + (length(himage)-1)/(2*L));
```

gegeben.

Obwohl das IFIR-Filter kein Multiraten-Filter ist, ergeben sich im Einsatz für die Dezimierung und Interpolierung Multiratenstrukturen.

4.11 Multiraten-Objekte aus der *Filter Design Toolbox*

In Tabelle 4.3 am Anfang dieses Kapitels sind auch die Multiraten-Filterobjekte der *Filter Design Toolbox* angegeben. Es werden hier einige Eigenschaften dieser Objekte besprochen und es wird der Umgang mit den Objekten anhand von Beispielen erläutert.

Das einfachste Filter ist das **mfilt.holdinterp**-Interpolierungsfilter, das die interpolierten Werte durch Wiederholung vorangehender Abtastwerte bestimmt. Man muss als Argument nur den Interpolierungsfaktor angeben:

```
hm = mfilt.holdinterp(4);
```

Mit

```
set(hm,'arithmetic', 'fixed');
% oder   hm.arithmetic ='fixed';
```

wird das Filter als Festkomma-Filter definiert. Die Objekteigenschaften sind für das Festkomma- und Gleitkommaformat unterschiedlich. Mit **info**(hm) können seine Eigenschaften (ebenso wie die eines jeden **mfilt**-Objektes) dargestellt werden:

```
Discrete-Time FIR Multirate Filter (real)
-----------------------------------------
Filter Structure        : FIR Hold Interpolator
Interpolation Factor    : 4
Stable                  : Yes
Linear Phase            : Yes (Type 2)
```

4.11 Multiraten-Objekte aus der *Filter Design Toolbox*

```
Arithmetic            : fixed
Input                 : S16Q15
Output                : S16Q15
```

Das Format der Eingangssequenz kann ähnlich geändert werden:

set(hm,'InputWordLength', 32);
set(hm,'InputFracLength', 31);

Diese Änderung führt dazu, dass auch die Ausgangssequenz das gleiche Format erhält, wie man leicht über den erneuten Anruf **info**(hm) feststellen kann.

Von größerer praktischer Bedeutung als **mfilt.holdinterp** ist das Multiraten-Filterobjekt **mfilt.fftfirinterp**. Es ist ein FIR-Filterobjekt, das die *overlap-add* Methode [55], [30] für die Implementierung der Interpolierung mit Polyphasenfiltern einsetzt. Um diese Interpolierung zu verstehen, wird im nächsten Abschnitt die *overlap-add* Methode kurz beschrieben und mit einer Simulation veranschaulicht.

4.11.1 Die *overlap-add* Methode zur Filterung einer unendlichen, zeitdiskreten Sequenz

Das Ausgangssignal $y[k]$ der zeitdiskreten Filterung einer Sequenz $x[k]$ mit einem FIR-Filter der Einheitspulsantwort $h[k]$ erhält man bekanntlich über die Faltungssumme:

$$y[k] = \sum_{n=0}^{M-1} h[n]x[k-n] \tag{4.105}$$

Hier ist M die Länge der Einheitspulsantwort des FIR-Filters. Wenn die Eingangssequenz $x[k]$ eine begrenzte Länge N hat, dann führt die Faltung zu einer Ausgangssequenz der Länge $M + N - 1$. Wenn man von dieser, auch von den kontinuierlichen Signalen bekannten Faltung in Zusammenhang mit der im nächsten Absatz zu besprechenden Durchführung der Faltung mit Hilfe der DFT spricht, so fügt man oft das Attribut „aperiodisch" (oder linear) hinzu, um den Unterschied zu der Faltung über die DFT zu betonen.

Eine Eigenschaft der Fourier-Transformation besagt, dass der Faltung im Zeitbereich eine Multiplikation im Frequenzbereich entspricht. Da die Multiplikation weniger aufwändig als die Faltung ist, kann diese Eigenschaft, trotz dafür erforderlicher DFT und inverser DFT, zur Rechenzeitersparnis ausgenutzt werden. Allerdings muss man dabei beachten, dass die DFT wegen der Diskretisierung im Frequenzbereich ein Signal repräsentiert, das die periodische Fortsetzung des ursprünglichen Zeitsignals ist. Somit realisiert man bei der Durchführung der Faltung als inverse DFT des Produktes der DFT der beiden Signale nicht die gewünschte aperiodische Faltung, sondern eine Faltung der periodisch fortgesetzten Signale [36]. Das Ergebnis ist ebenfalls periodisch und darum trägt diese Implementierung der Faltungsoperation den Namen periodische Faltung oder zirkuläre Faltung [55], [30].

Allerdings kann man durch Erweiterung der beiden Sequenzen bis zur Länge $L = M + N - 1$ mit Nullwerten erreichen, dass eine Periode des Ergebnisses der periodischen Faltung dem Ergebnis der aperiodischen Faltung entspricht. Derart kann man die in vielen Fällen aufwandsgünstigere periodische Faltung für die aperiodische Faltung nutzen. Ein einfaches Programm (overl_add1.m) zeigt diesen Sachverhalt.

Mit:

```
N = 50; M = 10;
x = randn(1,N);   % Sequenz der Länge N
h = ones(1,M);    % Einheitspulsantwort der Länge M
yl = conv(x,h);   % Lineare Faltung
```

wird die aperiodische Faltung mit der Funktion **conv** ermittelt. In den folgenden Programmzeilen wird die periodische Faltung zur Berechnung des Ergebnisses der aperiodischen Faltung verwendet:

```
L = N+M-1;
Xe = fft(x, L);   % DFT der erweiterten Sequenz x
He = fft(h, L);   % DFT der erweiterten Sequenz h
ylfft = real(ifft(Xe.*He));  % lineare Faltung über DFT
```

Die Erweiterung bis zur Länge L wird automatisch durch den Aufruf der **fft**-Funktion der Länge L erhalten. Abb. 4.113 zeigt oben das Ergebnis der Faltung über **conv** und unten über die DFT, wobei hiervon nur eine Periode dargestellt ist.

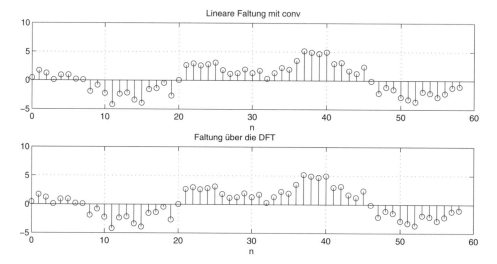

Abb. 4.113: Ergebnis der Faltung mit conv und über die DFT (overlap_add1.m)

Um die Vorteile der periodischen Faltung auch für sehr lange Sequenzen zu nutzen, wird die Eingangssequenz $x[k]$ in angrenzende Blöcke der Länge $N >> M$ unterteilt. Für jeden Block wird mit der Methode der periodischen Faltung das Ergebnis berechnet. Weil der laufende Block mit $M-1$ Nullwerten erweitert wurde, fehlen den letzten $M-1$ Werten des Ergebnisses die Beiträge der Anfangswerte des nachfolgenden Blocks. Diese Beiträge befinden sich jedoch in den ersten $M-1$ Ergebniswerten des nachfolgenden Blocks. Man erhält also das richtige Ergebnis, wenn man zu den letzten $M-1$ Ergebniswerten eines Blocks die ersten $M-1$ Ergebniswerte des nachfolgenden Blocks addiert. Daher auch der Name *overlap-add* für diese Methode [36]. Es existiert noch eine weitere, duale Methode zur Faltung langer Sequenzen unter Verwendung der periodischen Faltung: *overlap-save*. Sie bietet keinen prinzipiellen Gewinn zur *overlap-add*-Methode und wird hier nicht weiter betrachtet.

4.11 Multiraten-Objekte aus der *Filter Design Toolbox*

Im Programm `overl_add2.m` wird dieses Verfahren simuliert:

```
Nt = 300;       % Gesamt Länge der Eingangssequenz
N = 100;        % Länge der Blöcke für die Eingangssequenz
M = 10;         % Länge der Einheitspulsantwort

x = randn(1,Nt);  % Sequenz der Länge Nt
h = ones(1,M);    % Einheitspulsantwort der Länge M

y1 = conv(x,h);   % Lineare Faltung

% -------- Filterung über die DFT
L = M+N-1;       % Länge der erweiterten Blöcke
y_fft = [];
p = Nt/N;
for k = 1:p      % Faltung der Blöcke
    x_temp = x((k-1)*N+1:k*N);
    Xe = fft(x_temp, L); % DFT des laufenden Blocks
    He = fft(h, L); % DFT der erweiterten Sequenz h
    ylfft = real(ifft(Xe.*He)); % lineare Faltung über DFT
    if k==1
        y_fft = ylfft;
    else
        y_fft(end-M+2:end) = y_fft(end-M+2:end) + ylfft(1:M-1);  %% add
        y_fft = [y_fft, ylfft(M:L)];% weitere Zusammensetzung
    end
end;
```

In Abb. 4.114 ist oben die aperiodische (oder lineare) Faltung gezeigt, die mit der Funktion **conv** ermittelt wird und unten ist die Faltung, die über die *overlap-add* Methode ermittelt wurde, dargestellt. In der *Signal Processing Toolbox* gibt es die Funktion **fftfilt**, die diese Methode implementiert.

4.11.2 Das Mutiraten-Objekt `mfilt.fftfirinterp`

Mit dem Objekt **mfilt.fftfirinterp** wird die Interpolierung mit Polyphasenfiltern realisiert, wobei für die Faltungen die *overlap-add* Methode verwendet wird. Die Syntax für den Konstruktor dieses Objekts ist:

```
hm = mfilt.fftfirinterp(L, num, bl);
```

Das Argument L stellt den Interpolierungsfaktor dar und muss eine ganze Zahl sein. Der Vektor num kann die Koeffizienten des FIR-Tiefpassfilters enthalten, das zur Interpolierung verwendet wird. Wenn dieser Vektor im Aufruf nicht enthalten ist, wird ein Nyquist-FIR-Tiefpassfilter [52] mit einer relativen Bandbreite (*cutoff*-Frequenz) gleich $1/L$ bezogen auf den Nyquist-Bereich (d.h. die halbe Abtastfrequenz des interpolierten Signals) verwendet.

Mit dem letzten Argument bl kann die Länge der Blöcke festgelegt werden, die im *overlap-add* Verfahren für die Filterung mit Polyphasenfiltern eingesetzt werden. Wird nichts spezifiziert, so wird der Wert 100 benutzt. Die Länge der Polyphasenfilter ist die Länge des Vektors num geteilt durch L und somit ist es vorteilhaft, dass die Blocklänge so gewählt wird, dass

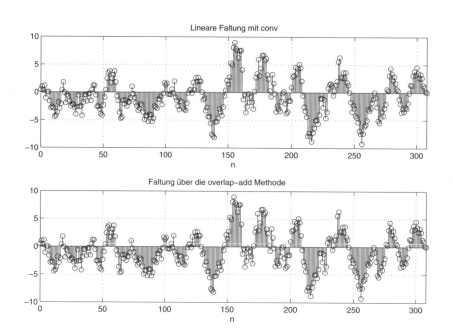

Abb. 4.114: Ergebnis der Faltung mit conv und über die overlap-add Methode (overlap_add2.m)

```
bl+ceil(length(num)/L)-1
```

eine ganze Potenz von 2 ist. Dadurch werden die DFTs aus dem *overlap-add* Verfahren effizient als FFTs berechnet.

Die Nyquist-Filter werden auch als L-Bandfilter bezeichnet [1]. Im speziellen Fall $L = 2$ sind sie auch als Halbband-Filter bekannt. In der *Filter Design Toolbox* gibt es die Funktionen **firhalfband** und **firnyquist** zur Entwicklung solcher Filter.

Wenn man das Verhalten des idealen Interpolierungsfilters im Zeitbereich untersucht, kann man sagen, dass für jeden Eingangsabtastwert L Ausgangsabtastwerte erzeugt werden, wobei einer exakt gleich dem Eingangswert ist. Diese exakte Kopie wird von dem Teilfilter des Polyphasenfilters erzeugt, das als Einheitspulsantwort den Einheitspuls besitzt. Nyquist-Filter besitzen diese Eigenschaft, dass in der Polyphasen-Zerlegung ein Teilfilter den Einheitspuls als Einheitspulsantwort hat. Mit

```
h = firnyquist(32,4,.2);
```

wird die Einheitspulsantwort eines Nyquist-FIR-Tiefpassfilters der Ordnung 32 (sie muss gerade sein), mit dem Interpolierungsfaktor $L = 4$ und dem *Roll-Off*-Faktor 0.2 ermittelt. Der *Roll-Off*-Faktor mit Werten zwischen 0 und 1 steuert den Übergang vom Durchlass- in den Sperrbereich.

Die Zerlegung in Polyphasenfilter mit

```
p = firpolyphase(h,4);
```

4.11 Multiraten-Objekte aus der *Filter Design Toolbox*

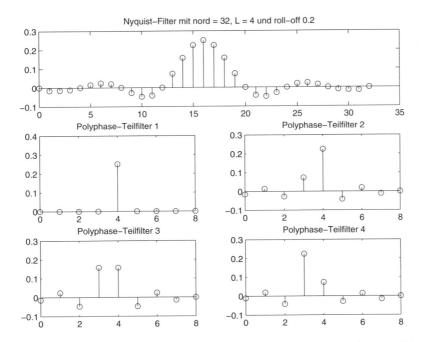

Abb. 4.115: Polyphasenzerlegung eines Nyquist-FIR-Filters der Ordnung 32 und Interpolierungsfaktor L = 4 (nyquist_filt1.m)

ergibt die Einheitspulsantworten der vier Teilfilter, die in Abb. 4.115 dargestellt sind. Die Abbildung wird mit dem Programm `nyquist_filt1.m` erzeugt.

Für dieses Nyquist-Filter ist das erste Polyphasen-Teilfilter das Allpass-Filter mit dem Einheitspuls als Einheitspulsantwort. Wenn man die Einheitspulsantwort des Nyquist-Filters als nichtkausal ansieht, mit dem Ursprung beim Höchstwert, dann ist jeder L-te Wert dieser Einheitspulsantwort gleich null.

In dem Filterobjekt **mfilt.fftfirinterp** wird die Struktur der Interpolierung mit Polyphasenfiltern gemäß Abb. 4.30e über die Methode *overlap-add* implementiert. Jede Teilfilterung wird mit dieser Methode implementiert und die L Ausgänge der Teilfilter werden serialisiert.

Der einfachste Aufruf des Konstruktors enthält nur den Interpolierungsfaktor, wie in:

`h = `**`mfilt`**`.fftfirinterp(8);`

Mit **fvtool**(h) können die Eigenschaften des dazugehörigen Nyquist-Filters dargestellt werden (Abb. 4.116). Die Einheitspulsantwort des voreingestellten Filters erhält man mit

`h.numerator`

und mit

`p = `**`polyphase`**`(h);`
`% oder p = firpolyphase(h.numerator, 8);`

erhält man die Teilfilter der Polyphasen-Zerlegung.

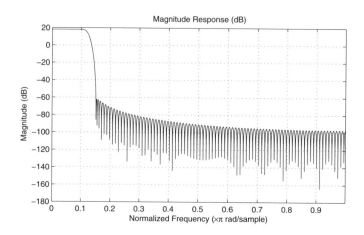

Abb. 4.116: *Nyquist-FIR-Filter des Objekts* (h = mfilt.fftfirinterp(8))

Mit

```
>> h
h =
    FilterStructure: 'Overlap-Add FIR Polyphase Interpolator'
          Numerator: [1x192 double]
  InterpolationFactor: 8
        BlockLength: 100
    PersistentMemory: false
```

werden die Parameter des **mfilt**-Objekts angezeigt. Sie können natürlich den Bedürfnissen der Anwendung angepasst werden. So kann man z.B. die voreingestellte Blocklänge von 100 auf eine Länge setzen, die zu FFT-Auswertungen führt. Dafür wird die Länge der Polyphasenteilfilter ermittelt:

```
a = ceil(length(h.numerator)/8)-1
```

und danach wird die nötige Blocklänge so eingestellt, dass z.B. FFTs der Länge 256 in der periodischen Faltung eingesetzt werden:

```
bl = 256-a;
h.BlockLength = bl;
```

Die anderen multirate **mfilt**-Objekte aus Tabelle 4.3 können ähnlich manipuliert und eingesetzt werden.

4.11.3 Anmerkungen zum *Solver*

Mit Hilfe der Simulink-Blöcke sowie der Blöcke aus dem *Signal Processing Blockset* können Multiraten-Systeme sehr gut simuliert werden. Eine Simulation sollte zunächst immer als Mixed-Signal-Anwendung mit einem *Solver* für kontinuierliche Systeme programmiert werden. In dieser Form können beliebige Änderungen von Abtastfrequenzen simuliert werden.

4.11 Multiraten-Objekte aus der *Filter Design Toolbox*

Wenn die Lösung gefunden wurde und die Anwendung diskret ist, kann man den *Solver* auf *Fixed step* und *Discrete no continuous states* umschalten und das Modell, wenn nötig, ändern. In der Regel wird von Simulink nämlich nicht akzeptiert, dass ein Signal mit niedriger Abtastfrequenz an irgend einer Stelle mit einer höheren Abtastfrequenz abgetastet wird. Es ist dann ein *Converter*-Block erforderlich. Im Fall der rein diskreten Simulation müssen alle Abtastperioden ein Vielfaches der kleinsten Periode sein.

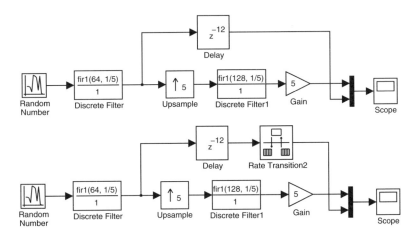

Abb. 4.117: Simulink-Modell mit ode45- und Fixed step/discrete-Solver (sample_rate1.mdl, sample_rate2.mdl)

Abb. 4.117 (oben) zeigt das Simulink-Modell einer einfachen Interpolierung mit dem Faktor 5, in dem der *Solver* für kontinuierliche Systeme als `ode45` eingesetzt wird. Es gibt keine Probleme wegen den unterschiedlichen Abtastraten am Eingang des *Mux*- bzw. *Scope*-Blocks.

Wenn das gleiche Modell mit den Solvern *Fixed step* und *discrete no continuous states* verwendet wird (Abb. 4.117 (unten)), erhält man eine Fehlermeldung:

```
Illegal rate transition found involving
'sample_rate2/Scope' at input port 1
and 'sample_rate2/Delay' at output port 1.
A Rate Transition must be inserted between them.
```

Mit einem *Rate Transition*-Block wird das Problem, wie in Abb. 4.117 (unten) gezeigt, gelöst. Die Ergebnisse der beiden Modelle sind identisch. Abgesehen von der viel kürzeren Ausführungsdauer des zweiten Modells erfüllt dieses zeitdiskrete Modell (ohne kontinuierliche Signale) die Bedingung für die automatische Generierung eines C-Programms mit Hilfe des Werkzeugs *Real-Time Workshop*.

5 Analyse und Synthese adaptiver Filter

In diesem Kapitel werden Programme zur Analyse und Synthese adaptiver Filter aus dem *Signal Processing Blockset* (kurz *SP-Blockset*) und aus der *Filter Design Toolbox* vorgestellt und ihre Verwendung mit Beispielen erläutert.

Adaptive Filter sind Filter, deren Parameter sich an die Eigenschaften eines Signals oder Prozesses automatisch anpassen. Die Anpassung gehorcht in der Regel statistischen Gesetzen, entsprechend den Veränderungen in den Systemen, in denen sie eingesetzt werden. Adaptive Filter werden, um nur einige Anwendungen zu nennen, in der Kommunikationstechnik, Regelungs- und Steuerungstechnik, in der Schall- und Funkortung, der Medizin, Seismologie usw. eingesetzt. Sie sind zu einem wichtigen Bereich der digitalen Signalverarbeitung geworden und sind entsprechend ausgiebig in der Literatur behandelt, z.B. in [23], [24], [25], [75], [63].

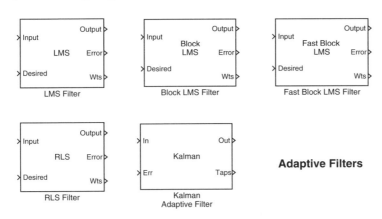

Abb. 5.1: Adaptive Filter im SP-Blockset

Abb. 5.1 zeigt die Blöcke der Unterbibliothek *Adaptive Filters* aus der Bibliothek *Filtering* des *SP-Blockset* in Simulink. Die Adaption oder Anpassung der Filterparameter wird mit unterschiedlichen Verfahren durchgeführt: in den ersten drei Blöcken mit dem LMS[1]-Verfahren [23], [24], weiter mit dem RLS[2]-Verfahren [47] oder mit dem Kalman-Algorithmus [20], [10].

In der neuesten Version der *Filter Design Toolbox* von MATLAB stehen eine Vielzahl von Funktionen zur Analyse und Synthese von adaptiven Filtern zur Verfügung. Sie sind alle in der Objekt-Klasse **adaptfilt** zusammengefasst. Eine kleine Auswahl davon ist:

---

[1] *Least Mean Square*
[2] *Recursive Least Square*

```
adaptfilt.lms      % Direct-form least-mean-square FIR adaptive filter
adaptfilt.nlms     % Direct-form Normalized LMS FIR adaptive filter
adaptfilt.dlms     % Direct-form delayed LMS FIR adaptive filter
adaptfilt.blms     % Block LMS FIR adaptive filter
adaptfilt.blmsfft  % FFT-based block LMS FIR adaptive filter

adaptfilt.ss       % Direct-form sign-sign FIR adaptive filter
adaptfilt.se       % Direct-form sign-error FIR adaptive filter
adaptfilt.sd       % Direct-form sign-data FIR adaptive filter

adaptfilt.filtxlms % Filtered-X LMS FIR adaptive filter
adaptfilt.adjlms   % Adjoint LMS FIR adaptive filter
........................
```

Dazu gehören auch viele Methoden, mit deren Hilfe die Eigenschaften der adaptiven Filtern ermittelt und/oder dargestellt werden können. Einige davon sind:

```
adaptfilt/coefficients  %Instantaneous filter coefficients.
adaptfilt/filter        %Execute ("run") adaptive filter.
adaptfilt/freqz %Instantaneous adaptive filter frequency response.
adaptfilt/grpdelay      %Instantaneous filter group-delay.
adaptfilt/impz     %Instantaneous adaptive filter impulse response.
adaptfilt/info          %Adaptive filter information.
adaptfilt/isfir         %True for FIR adaptive filters.
adaptfilt/islinphase    %True for linear phase adaptive filters.
adaptfilt/ismaxphase    %True for maximum-phase adaptive filters.
........................
adaptfilt/stepz    %Instantaneous adaptive filter step response.
adaptfilt/tf   %Instantaneous adaptive filter transfer function.
adaptfilt/zpk      %Instantaneous adaptive filter zero/pole/gain.
adaptfilt/zplane
             %Instantaneous adaptive filter Z-plane pole-zero plot.
```

In diesen Objekten werden folgende Verfahren in verschiedenen Formen eingesetzt: LMS-Verfahren, RLS-Verfahren, *Affine-Projection*-Verfahren, Verfahren im Frequenzbereich und schließlich *Lattice*-basierte Verfahren [44]. Die grundlegenden Verfahren des LMS und RLS, die auch in den Blöcken des *SP-Blockset* implementiert sind, werden im Weiteren erklärt und simuliert.

5.1 LMS-Verfahren

Es wird die allgemeine Anordnung aus Abb. 5.2 angenommen. Mit $x[k]$ und $y[k]$ werden die Signale am Eingang und Ausgang eines adaptiven FIR-Filters zum diskreten Zeitpunkt kT_s bezeichnet. Sie sind durch die Faltung mit der Einheitspulsantwort des Filters miteinander verbunden:

$$y[k] = h_0(k)x[k] + h_1(k)x[k-1] + h_2(k)x[k-2] + \cdots + h_{M-1}(k)x[k-M+1]$$
(5.1)

5.1 LMS-Verfahren

Die M Koeffizienten der Einheitspulsantwort des Filters werden mit

$$h_0(k), h_1(k), h_2(k), \ldots, h_{M-1}(k)$$

bezeichnet. Man beachte, dass diese ebenfalls einen Zeitindex k tragen, also die Filterkoeffizienten zum Zeitpunkt kT_s darstellen, da hier adaptive, also zeitveränderliche Filter betrachtet werden sollen.

Ziel der Anordnung ist es, mit dem Ausgangssignal des Filters ein gewünschtes Signal, hier mit $d[k]$ notiert, nachzubilden. Dieses Signal sei vom Signal $x[k]$ in einer nicht bekannten Art abhängig und zusätzlich durch das sogenannte Messrauschen $n[k]$ gestört. Der Fehler der Anpassung ist durch die Differenz $e[k] = d[k] - y[k]$ gegeben. Er wird von der Güte der Schätzung der unbekannten Übertragungsfunktion abhängen und natürlich auch von der Varianz des Messrauschens.

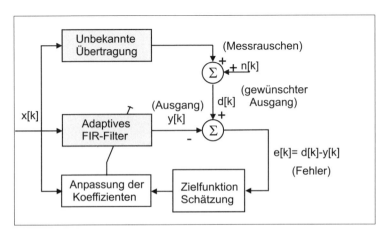

Abb. 5.2: Blockschaltbild einer adaptiven Filterung

Die Koeffizienten des FIR-Filters sind so einzustellen, dass der Erwartungswert des quadratischen Fehlers als Zielfunktion minimiert wird:

$$\min_{h_i(k)} E\{e[k]^2\} = \min_{h_i(k)} E\{(d[k] - y[k])^2\} \tag{5.2}$$

Die Lösung dieser Optimierungsaufgabe führt im Falle stationärer Prozesse zum sogenannten Wiener-Filter [58], [47]:

$$\boldsymbol{h} = \boldsymbol{R}_{xx}^{-1} \boldsymbol{r}_{xd} \tag{5.3}$$

und ist auch als MMSE[3]-Lösung bekannt. Dabei ist $\boldsymbol{R}_{xx}$ die Autokorrelationsmatrix des Eingangssignals, definiert als der Erwartungswert $\boldsymbol{R}_{xx} = E\{\boldsymbol{x}\boldsymbol{x}^T\}$ und $\boldsymbol{r}$ ist der Kreuzkorrelationsvektor zwischen Eingang und gewünschtem Ausgang $\boldsymbol{r} = E\{\boldsymbol{x}d\}$.

Da die Schätzung und Inversion der Autokorrelationsmatrix rechenaufwändig ist, wird in der Praxis häufig die MMSE-Lösung durch die LMS-Lösung ersetzt. Bei Letzterer wird auf

---

[3] *Minimum Mean Square Error*

die Erwartungswertbildung des quadratischen Fehlers verzichtet und als Zielfunktion dient der laufende (also stochastische) quadratische Fehler $e[k]^2$:

$$e[k]^2 = (d[k] - y[k])^2 = \\ [d[k] - (h_0(k)x[k] + h_1(k)x[k-1] + \cdots + h_M(k)x[k-M])]^2 \qquad (5.4)$$

Die Minimierung dieser Zielfunktion nach dem Vektor der Koeffizienten $\boldsymbol{h}(k)$ erfolgt in einem schrittweisen Gradientenabstiegsverfahren:

$$\boldsymbol{h}(k+1) = \boldsymbol{h}(k) - \mu \frac{\partial [e[k]^2]}{\partial \boldsymbol{h}(k)} \qquad (5.5)$$

Die partielle Ableitung stellt den Gradienten der Zielfunktion dar und μ ist die Größe des Anpassungsschrittes. Die M Elemente des Vektors, der den Gradienten darstellt, sind:

$$\frac{\partial [e[k]^2]}{\partial h_i(k)} = -2e[k]x[k-i] \qquad (5.6)$$
$$i = 0, 1, 2, \ldots, M-1$$

Wenn die Eingangswerte $x[k-i], i = 0, 1, 2, \ldots, M-1$ auch in einem Vektor zusammengefasst werden, dann ist die Anpassung nach dem LMS-Verfahren durch

$$\boldsymbol{h}(k+1) = \boldsymbol{h}(k) + 2\mu e[k]\boldsymbol{x}[k] \qquad (5.7)$$

gegeben.

Zusammenfassend besteht das LMS-Verfahren aus folgenden Schritten. Zum Zeitpunkt kT_s werden folgende Größen als gegeben betrachtet:

$$\begin{aligned} \boldsymbol{x}[k] & \quad \text{Eingangsvektor} \\ d[k] & \quad \text{gewünschter Ausgang} \\ \boldsymbol{h}(k) & \quad \text{Vektor der Koeffizienten aus der vorherigen Anpassung} \\ \mu & \quad \text{Anpassungsschritt} \end{aligned} \qquad (5.8)$$

Mit geeignet gewählten Anfangswerten für $\boldsymbol{x}[0]$ und $\boldsymbol{h}[0]$ sind in jedem Aktualisierungsschritt dann folgende Berechnungen für die Anpassung der Filterkoeffizienten $\boldsymbol{h}(k)$ durchzuführen:

$$\begin{aligned} y[k] &= \boldsymbol{h}^T(k)\boldsymbol{x}[k] \\ e(k) &= d[k] - y[k] \\ \boldsymbol{h}(k+1) &= \boldsymbol{h}(k) + 2\mu e[k]\boldsymbol{x}[k] \end{aligned} \qquad (5.9)$$

Für die Größe μ der Schrittweite gilt die Bedingung:

$$0 < \mu \ll \frac{1}{\sum_{n=1}^{M+1} E\{|x_n[k]|^2\}} \qquad (5.10)$$

Bei kleinen Schrittweiten ist die Konvergenz gesichert, die Anpassung dauert aber länger. Bei größeren Werten konvergiert das Verfahren schneller, es entstehen aber Schwankungen der Koeffizienten in der Umgebung der optimalen Werte, die dazu führen können, dass der Endwert des mittleren quadratischen Fehlers größer als im optimalen Fall ist.

5.1 LMS-Verfahren

Die Wahl und Auswirkungen des Parameters μ sind ausführlich in der Literatur beschrieben [23], [25]. Weiterhin ist zu beachten, dass der Wahl der Anzahl M der Koeffizienten des adaptiven FIR-Filters eine entscheidende Bedeutung zukommt. Wird das adaptive FIR-Filter mit ungenügend Koeffizienten gewählt, so wird der verbleibende quadratische Fehler größer sein. Ebenfalls zur Vergrößerung des Fehlers führt ein größeres Messrauschen sowie eine geringe Korrelation zwischen $x[k]$ und $d[k]$. Die Wahl einer zu großen Anzahl von Koeffizienten für das adaptive Filter führt zu einer langsameren Konvergenz des Verfahrens. Ganz allgemein gilt jedoch, dass die Konvergenzgeschwindigkeit maßgeblich von den Eigenwerten λ_i der Kovarianzmatrix $\boldsymbol{R}_{xx}$ beeinflusst wird. Wenn das Verhältnis zwischen λ_{max} und λ_{min} groß ist, verschlechtert sich die Konvergenz [24].

Der LMS-Algorithmus benutzt eine verrauschte Schätzung des Gradientenvektors. Verbesserungen erzielt man mit einer Kombination von LMS und MMSE-Algorithmus, d.h. dass die Anpassung der Koeffizienten nach mehreren Schritten mit einem geschätzten Erwartungswert des Gradienten durchgeführt wird. Dieses Vorgehen ist in den Blöcken *Block LMS Filter* und *Fast Block LMS Filter* aus Abb. 5.1 realisiert. Abb. 5.3 zeigt, wie die Struktur aus Abb. 5.2 in den Blöcken aus Abb. 5.1 eingebettet ist.

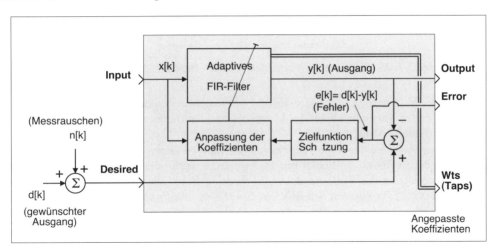

Abb. 5.3: Blockschaltbild der adaptiven Identifikation

Experiment 5.1: Identifikation mit dem LMS-Verfahren

Die einfachste Anwendung des LMS-Verfahrens ist die Identifikation eines Systems, das mit einem FIR-Filter exakt beschrieben werden kann. Um den Algorithmus besser zu verstehen, wird er in diesem Beispiel aus einfachen Simulink-Blöcken aufgebaut, ohne die fertigen Simulink-Realisierungen aus Abb. 5.1 zu verwenden.

Das Blockschaltbild der adaptiven Identifikation entspricht der Struktur aus Abb. 5.2. Das Modell `adaptiv2.mdl`, das in Abb. 5.4 dargestellt ist, benutzt als Eingangssequenz ein diskretes unkorreliertes Signal (weißes Rauschen). Mit dem *Buffer*-Block wird der Eingangsvektor der Länge M erzeugt. Da im LMS-Verfahren die Abtastwerte durch die zu verwendenden Vektoren „durchgeschoben" werden, ist als Parameter *Buffer Overlap* der Wert $M-1$ einzutragen.

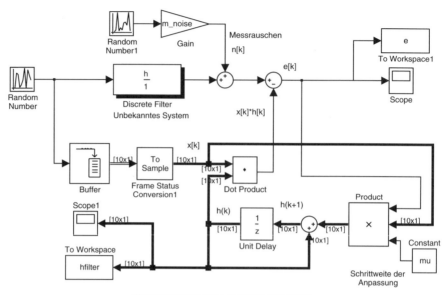

Abb. 5.4: Modell der adaptiven Identifikation (adaptiv_2.m, adaptiv2.mdl)

Die Länge der Vektoren ist gleich der Anzahl der Koeffizienten des adaptiven Filters und sie wird für die ersten Versuche gleich der Länge des zu identifizierenden Filters (in diesem Beispiel $M = 10$) angenommen.

Der *Frame*-Ausgang des *Buffer*-Blocks muss in *Sample*-Daten umgewandelt werden[4], weil die nachfolgenden Simulink-Blöcke nur Daten diesen Typs verarbeiten können. Der Block *Dot Product* realisiert das Skalarprodukt $y[k] = \boldsymbol{x}^T[k]\boldsymbol{h}(k)$. Die Koeffizientenadaption nach Gl. (5.5) oder Gl. (5.7) wird mit den Blöcken *Unit Delay* und *Product* realisiert.

Das Modell wird mit dem Programm `adaptiv_2.m` initialisiert und aufgerufen. Die wichtigen Signale werden in den *To Workspace*-Blöcken, die als *Array*-Senken initialisiert sind, gespeichert. Das Feld `hfilter` (der Senke *To Workspace*) hat die Dimension $10 \times 1 \times 2500$ und enthält die $M = 10$ variablen Koeffizienten des adaptiven Filters für insgesamt 2500 Anpassungsschritte. Im Programm werden durch

`hf = squeeze(hfilter); % unnötige Dimensionen entfernen`

die nicht benötigte zweite Dimensionen dieses Feldes (ein sogenanntes *singleton* bestehend aus einer „Spalte") entfernt.

Das unbekannte FIR-Filter wird mit folgenden Koeffizienten initialisiert:
h = [1 2 3 4 5 6 7 8 9 10]. Wie in Abb. 5.5 rechts zu sehen ist, werden diese Werte nach ca. 500 Schritten identifiziert. Wegen des zugefügten Messrauschens kann der Endfehler (Abb. 5.5 links) nicht zu null werden.

Betrachtet man die Koeffizienten des adaptiven Filters, so wird man feststellen, dass diese gegenüber den zu identifizierenden Koeffizienten h gespiegelt sind. Das liegt an der Reihenfolge, in der die Daten von Simulink am Ausgang des *Buffer*-Blocks zur Verfügung gestellt

---

[4]Zu *Frame*- und *Sample*-Daten siehe Abschnitt 7.2.1.

5.1 LMS-Verfahren

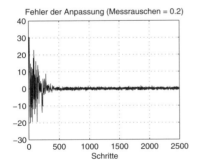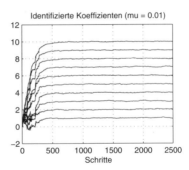

Abb. 5.5: Fehler und angepasste Koeffizienten (adaptiv_2.m, adaptiv2.mdl)

werden. Alternativ kann man den Vektor am Ausgang des *Buffer*-Blocks mit einem *Flip*-Block drehen.

Der Leser wird ermutigt, mit verschiedenen Parametern zu experimentieren. So kann man z.B. die Schrittweite verkleinern oder vergrößern, die Leistung des Messrauschens erhöhen oder die Anzahl der Koeffizienten des adaptiven Filters ungleich der Koeffizientenzahl des zu identifizierenden Filters wählen.

Im Programm `adaptiv_3.m` und dem Modell `adaptiv3.mdl` wird dasselbe Modell mit farbigem Rauschen, das über eine Tiefpassfilterung des weißen Rauschens erzeugt wird, angeregt. Die Konvergenz und die Anpassung wird schwieriger, man benötigt mehr Schritte und die Streuung der identifizierten Koeffizienten ist größer. Das kann man sich anschaulich so erklären, dass bei Anregung mit farbigem Rauschen die „Ausleuchtung" der zu schätzenden Übertragungsfunktion nicht gleichmäßig über alle Frequenzen wie bei der Verwendung von weißem Rauschen erfolgt.

Experiment 5.2: Adaptive Störunterdrückung

Um zu zeigen, wie adaptive Filter und das LMS-Verfahren zur Störunterdrückung eingesetzt werden können, wird ein Simulationsmodell vorgestellt, mit dem ein EKG[5]-Signal von Netzbrumm befreit werden soll.

Abb. 5.6 zeigt das Blockschaltbild der Störunterdrückung mit einem adaptiven FIR-Filter. Die Störung, hier als Netzbrumm $x[k]$ angenommen, breitet sich über den menschlichen Körper aus, dessen Übertragungsfunktion nicht bekannt ist. Sie ist hier mit $s[k]$ bezeichnet und stört die EKG-Signale $z[k]$. Das messbare EKG-Signal $d[k]$ ist die Summe aus Störung durch Netzbrumm $s[k]$, EKG-Nutzsignal $z[k]$ und Messrauschen. Es spielt die Rolle des gewünschten Ausgangs in der allgemeinen Struktur des LMS-Verfahrens, obwohl hier die Bezeichnung nicht ganz zutreffend ist. In der Applikation ist schließlich das Signal $z[k]$ gewünscht.

Das adaptive FIR-Filter muss jetzt die Übertragungsfunktion des Körpers nachbilden, so dass nach der Anpassung der Ausgang $y[k]$ gleich der nicht messbaren Störung $s[k]$ wird. Die Differenz

$$e[k] = d[k] - y[k] = (s[k] + z[k] + n[k]) - y[k] \approx z[k], \quad \text{wenn} \quad y[k] \approx s[k]$$

---
[5]*Elektrokardiogramm*

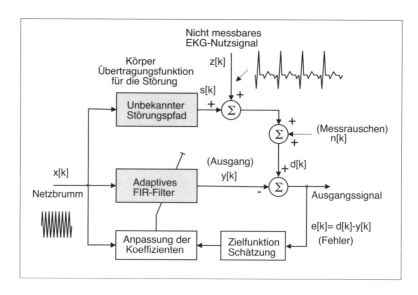

Abb. 5.6: Blockschaltbild der Störunterdrückung mit einem adaptiven FIR-Filter

enthält dann nur das Nutzsignal $z[k]$. Mit anderen Worten, das Ausgangssignal ist der Fehler der allgemeinen adaptiven Struktur. Allerdings kann die Kompensation der Störungen nur dann funktionieren, wenn das Nutzsignal $z[k]$ nicht mit dem Netzbrumm $x[k]$ korreliert ist, sonst wird auch der mit $x[k]$ korrelierte Anteil von $z[k]$ kompensiert.

Im Modell aus Abb. 5.7 (oben) wird jetzt der *LMS Filter*-Block aus dem *SP-Blockset/Filtering/Adaptive Filters* eingesetzt. Auf den *Input*-Eingang des Modells wird ein Muster der Eingangsstörung gelegt. Es entspricht dem Signal $x[k]$ aus dem Blockschaltbild in Abb. 5.6. In der Praxis erhält man dieses Signal mittels eines Transformators aus der Versorgungsspannung des öffentlichen Stromnetzes.

Der Eingang *Desired* des LMS-Blocks wird mit dem messbaren EKG-Signal gespeist, also mit dem mit der Störung $s[k]$ überlagerten Nutzsignal[6] $z[k]$. Das gestörte EKG-Signal ist links oben im Fenster der Signale dargestellt. Wie man sieht, ist der Brummanteil beträchtlich.

Als (für das adaptive Filter unbekanntes) Modell der Übertragungsfunktion des Körpers wurde in der Simulation beispielhaft ein Tiefpassfilter erster Ordnung mit einer Durchlassfrequenz $f_g = 50/(2\pi) \approx 8$ Hz verwendet. Das Brummsignal von 50 Hz wird mit dieser Übertragungsfunktion gedämpft, phasenverschoben und dem Nutzsignal überlagert.

Nach der Anpassung kompensiert das Ausgangssignal des adaptiven Filters den Netzbrumm, der sich über den Körper ausgebreitet hat. Der geschätzte Netzbrumm steht am Ausgang *Output* des LMS-Blocks zur Verfügung und wird mit dem Oszilloskop-Block angezeigt. Er ist in diesem Fall für die Anwendung ohne praktische Bedeutung. Die Anwendung verwendet das Fehlersignal der Anpassung (zugänglich am *Error*-Ausgang), in dem das vom adaptiven Filter nicht nachgebildete EKG-Signal verbleibt. Die Signale des *Output* und des *Er-*

---

[6]Die Begriffe „Störung" und „Nutzsignal" sind hier in der Terminologie der Anwendung verwendet. Es sei nochmals daran erinnert, dass in der Terminologie des adaptiven Filters die Bedeutungen von „Störung" und „Nutzsignal" vertauscht sind.

5.1 LMS-Verfahren

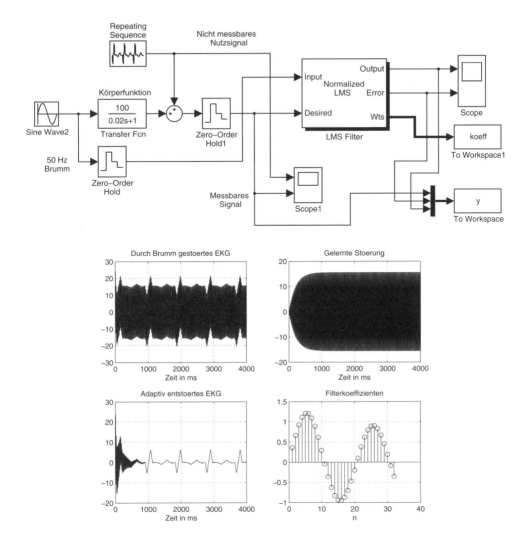

Abb. 5.7: Modell und Signale der adaptiven Filterung (adaptiv_4.m, adaptiv4.mdl)

ror-Ausgangs sind in Abb. 5.7 mit der Überschrift „Gelernte Störung" und „Adaptiv entstörtes EKG" dargestellt. Man erkennt den Einschwingvorgang der Anpassung und danach das EKG-Signal ohne Störung.

Die durch Anpassung eingestellten Koeffizienten des FIR-Filters, entsprechend der Einheitspulsantwort, sind ebenfalls in Abb. 5.7 dargestellt. Man erkennt, dass das angepasste FIR-Filter ein Bandpassfilter ist. Seine Mittenfrequenz beträgt 50 Hz. Die Koeffizienten werden am Ausgang *Wts* geliefert und in der Senke *To Workspace* als koeff zu MATLAB übertragen.

Das Modell wird im Programm adaptiv_4.m initialisiert und aufgerufen. Mit dem Block *Repeating Sequence* wird das EKG-Signal aus Stützpunkten erzeugt:

```
xs = [0 -2 -4 -5 -4 -2 0 1 3 5 6 5 3 1,...
      randn(1,10)*0.1, -0.2 -0.3 -0.4 -0.5 -0.6 -0.7 -1,...
-0.8 -0.6 -0.4 -0.2 0 0.2 0.4 0.6 0.8 1 1.2 1 0.8 0.6,...
      0.4 0.2 0 0 -0.2 -0.5 -0.4 -0.2 0 0 0];
xs=interp1(0:length(xs)-1,xs,0:0.25:length(xs)-1,'spline');
ts = (0:length(xs)-1)/250;
```

Die Periode ist ungefähr eine Sekunde, entsprechend 60 Herzschlägen/Minute.

Man kann auch Übertragungsfunktionen höherer Ordnung für den menschlichen Körper einsetzen und mit den Anpassungsparametern (wie z.B. mu, der für die Schrittweite μ der Anpassung steht) experimentieren.

Der Block *LMS* aus Simulink unterstützt noch drei weitere, vereinfachte Varianten des LMS-Verfahrens. Dabei wird statt des Gradienten nur dessen Richtung in der Formel zur Anpassung der Koeffizienten benutzt. Die erste Form, die mit dem Parameter *Algorithm:* auf *Sign-Error LMS* eingestellt wird, implementiert die Beziehung:

$$\boldsymbol{h}(k) = \boldsymbol{h}(k-1) + 2\mu\, sign(e[k])\, \boldsymbol{x}[k] \tag{5.11}$$

Wie man sieht, wird nur das Vorzeichen des Fehlers verwendet, was zu einer Reduzierung des Aufwands führt.

Eine weitere Vereinfachung für die Anpassung der Koeffizienten benutzt das Vorzeichen des entsprechenden Elements des Eingangsvektors:

$$\begin{aligned}h_i(k) =& h_i(k-1) + 2\mu\, e[k]\, sign(x[k-i]) \\ & i = 0, 1, 2, 3, \ldots, M-1\end{aligned} \tag{5.12}$$

Der dazugehörende Algorithmus heißt *Sign-Data LMS* und der Aufwand ist ebenfalls geringer als beim LMS-Algorithmus. In der letzten Form mit der Bezeichnung *Sign-Sign LMS* werden sowohl das Vorzeichen des Fehlers als auch das Vorzeichen des Elementes des Eingangsvektors verwendet:

$$\begin{aligned}h_i(k) =& h_i(k-1) + 2\mu\, sign(e[k])\, sign(x[k-i]) \\ & i = 0, 1, 2, 3, \ldots, M-1\end{aligned} \tag{5.13}$$

Für einfache Fälle wie der vorliegende Fall einer Unterdrückung von Netzbrumm, ergeben auch diese einfacheren Formen brauchbare Ergebnisse. Der Leser wird ermutigt, den Block *LMS Filter1* mit diesen Formen zu parametrieren und ihre Leistungsfähigkeiten zu vergleichen.

Eine etwas schwierigere Aufgabe ist in Abb. 5.8 dargestellt. Ziel ist es, die EKG-Signale des Fötus zu erfassen und dabei die Störung durch die EKG-Signale der Mutter auszublenden. Das messbare EKG-Signal des Fötus ist im Wesentlichen durch das EKG-Signal $x[k]$ der Mutter gestört. Dieses Signal verbreitet sich über einen unbekannten Pfad vom Herz der Mutter zur Messstelle und bildet die Störung $s[k]$.

Das adaptive FIR-Filter muss diesen Pfad nachbilden, so dass der Ausgang $y[k] \approx s[k]$ durch Subtraktion aus $d[k]$ zum gewünschten, nicht direkt messbaren EKG-Signal des Fötus führt.

Das Modell `adaptiv5.mdl` für diesen Fall, das über `adaptiv_5.m` initialisiert und aufgerufen wird, ist in Abb. 5.9 oben dargestellt. Die EKG-Signale der Mutter und des Fötus dürfen nicht korreliert sein, sonst würden beide unterdrückt werden. Die beiden Signale unterscheiden sich nun nicht mehr durch ihre Form, sondern nur noch durch ihre Pulsdauer.

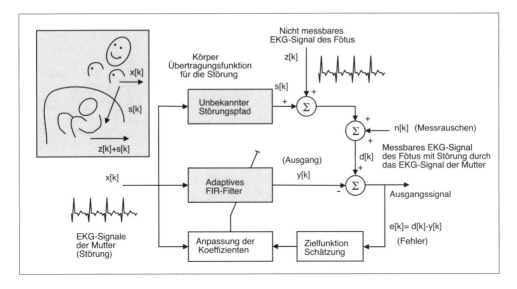

Abb. 5.8: EKG-Störunterdrückung mit einem adaptiven FIR-Filter

Als Übertragungspfad der Störung wurde in der Simulation ein FIR-Tiefpassfilter mit 32 Koeffizienten benutzt. Man kann dann leicht feststellen, ob das adaptive Filter die Koeffizienten erlernt. Die Simulation zeigt, dass der Algorithmus nicht in der Lage ist, den Übertragungspfad zu schätzen, wenn lediglich das EKG-Signal der Mutter als Eingangsgröße verwendet wird. Fügt man dem Signal jedoch das Messrauschen (mit den Blöcken *Random Number* und *Gain*) hinzu, so kann der Algorithmus mit guter Näherung den Übertragungspfad der Störung schätzen. Die Einheitspulsantwort des angepassten Filters ist rechts unten in Abb. 5.9 dargestellt und die gelernte Störung ist darüber dargestellt. Einen kleinen Ausschnitt des gemessenen, gestörten EKG-Signals ist links oben und darunter ist das Nutzsignal, das extrahiert wurde, dargestellt.

Das extrahierte EKG-Signal des Fötus enthält natürlich noch das (in der Simulation hinzugefügte) Messrauschen. Dieses ist statistisch unabhängig von den EKG-Signalen der Mutter und kann durch das adaptive Filter nicht geschätzt werden. Unbeschadet dessen wurde aber das Filter des Störpfades richtig geschätzt. Die Schätzung funktioniert mit Messrauschen besser als ohne dieses, weil das Messrauschen es dem Gradientenabstiegsverfahren des LMS ermöglicht, lokale Minima wieder zu verlassen.

5.2 RLS-Verfahren

Um eine bessere Konvergenz als beim LMS-Verfahren zu erhalten, muss man aufwändigere Algorithmen einsetzen. Im LS^7-Verfahren wird die Kovarianzmatrix der Eingangssequenz geschätzt und dann zur Anpassung eingesetzt.

---

[7] *Least Square, zu deutsch: kleinster quadratischer Fehler*

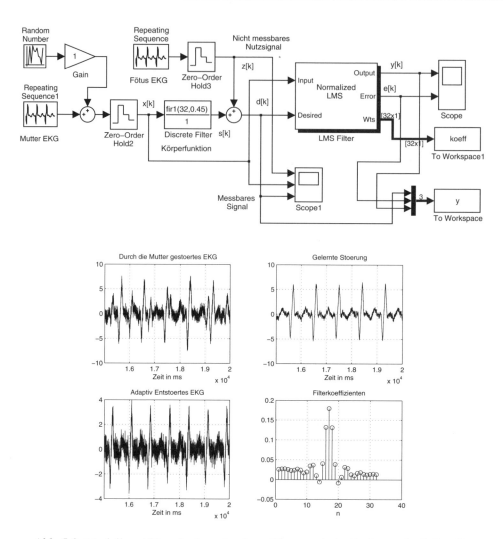

Abb. 5.9: Modell und Signale der adaptiven Filterung (adaptiv_5.m, adaptiv5.mdl)

Man geht von $n+1$ Werten des Eingangsvektors

$$\boldsymbol{x}[k], \qquad k = 0, 1, 2, \ldots, n,$$

5.2 RLS-Verfahren

aus, die mit derselben Einheitspulsantwort $h(n)$ des adaptiven Filters zur Berechnung von n Fehlern $e[k], k = 0, 1, 2, \ldots, n$ herangezogen werden:

$$\begin{bmatrix} e[n] \\ e[n-1] \\ \vdots \\ e[0] \end{bmatrix} = \begin{bmatrix} d[n] \\ d[n-1] \\ \vdots \\ d[0] \end{bmatrix} - \begin{bmatrix} x[n] & x[n-1] & \ldots & x[n-M+1] \\ x[n-1] & x[n-2] & \ldots & x[-M] \\ \hdotsfor{4} \\ x[0] & x[-1] & \ldots & x[-M+1] \end{bmatrix} \begin{bmatrix} h_0(n) \\ h_1(n) \\ \vdots \\ h_{M-1}(n) \end{bmatrix} \quad (5.14)$$

Ohne Einschränkung der Allgemeinheit kann man annehmen, dass $x[k] = 0$ für $k < 0$ und dass $n \geq M$. In Matrixform wird die Fehlergleichung wie folgt geschrieben:

$$\boldsymbol{e}_n = \boldsymbol{d}_n - \boldsymbol{X}_n \boldsymbol{h}(n) \quad (5.15)$$

Als Zielfunktion wird nun die gewichtete Summe der Elemente des Fehlervektors gewählt:

$$J_n(\boldsymbol{h_n}) = \sum_{k=0}^{n} w^{n-k} |e[k]|^2 = (\boldsymbol{d}_n - \boldsymbol{X}_n \boldsymbol{h}(n))^T \boldsymbol{W} (\boldsymbol{d}_n - \boldsymbol{X}_n \boldsymbol{h}(n)) \quad (5.16)$$

Die Matrix $\boldsymbol{W}$ ist diagonal mit den Diagonalelementen $1, w, \ldots, w^{n-1}, w^n$. Mit diesen Faktoren kann man die relative „Wichtigkeit" des Fehlers einstellen, z.B. mit der Wahl $w < 1$ kann man Fehler aus der Vergangenheit weniger stark gewichten. In der Literatur wird der Faktor w auch als *forgetting factor* bezeichnet. Die Minimierung der Zielfunktion über

$$\frac{\partial J_n(\boldsymbol{h_n})}{\partial \boldsymbol{h_n}} = 0$$

führt zu einem Satz von linearen Gleichungen, die in Matrixform durch

$$-2\boldsymbol{X}_n^T \boldsymbol{W} \boldsymbol{d}_n + 2\boldsymbol{X}_n^T \boldsymbol{W} \boldsymbol{X}_n \boldsymbol{h}(n) = 0 \quad (5.17)$$

gegeben sind. Daraus folgt die Lösung:

$$\boldsymbol{h}(n) = [\boldsymbol{X}_n^T \boldsymbol{W} \boldsymbol{X}_n]^{-1} \boldsymbol{X}^T \boldsymbol{W} \boldsymbol{d}_n \quad (5.18)$$

Es ist leicht zu sehen, dass $\boldsymbol{X}_n^T \boldsymbol{W} \boldsymbol{X}_n$ mit $w = 1$ die Autokorrelationsmatrix der Eingangssequenz ist und $\boldsymbol{X}^T \boldsymbol{W} \boldsymbol{d}_n$ der Kreuzkorrelationsvektor zwischen Eingang und gewünschtem Ausgang ist. Man erhält dann formal wieder das bekannte Wiener-Filter oder die MMSE-Lösung, mit dem Unterschied, dass beim Wiener-Filter Scharmittelwerte zur Berechnung der Korrelationen zu verwenden sind, während bei der LS-Lösung Zeitmittelwerte verwendet werden. Für ergodische Signale sind die beiden Lösungen also äquivalent.

Gl. (5.18) wird wegen des Aufwands selten in dieser Form gelöst. Es gibt mehrere rekursive Lösungen, die alle unter den Namen RLS[8]-Verfahren bekannt sind [50], [36], [47]. Eine der Lösungen, die im Block *RLS Adaptive Filter* implementiert ist, wird kurz erläutert.

---
[8]*Recursive Least Square*

Zur Vereinfachung der Schreibweise wird die Matrix $\boldsymbol{P}(n)$

$$\boldsymbol{P}(n) = [\boldsymbol{X}_n^T \boldsymbol{W} \boldsymbol{X}_n]^{-1} \tag{5.19}$$

eingeführt. Die rekursive Form zur Anpassung der Koeffizienten aus $\boldsymbol{h}(n)$ mit einem neuen Eingangswert $x[n]$ wird zu:

$$\begin{aligned} \boldsymbol{K}(n) &= \frac{w^{-1}\boldsymbol{P}(n-1)\boldsymbol{x}[n]}{1+w^{-1}\boldsymbol{x}[n]^T\boldsymbol{P}(n-1)\boldsymbol{x}[n]} \\ y[n] &= \boldsymbol{h}(n-1)^T \boldsymbol{x}[n] \\ e[n] &= d[n] - y[n] \\ \boldsymbol{h}(n) &= \boldsymbol{h}(n-1) + \boldsymbol{K}(n)e[n] \\ \boldsymbol{P}(n) &= [\boldsymbol{I} - \boldsymbol{K}(n)\boldsymbol{x}(n)^T]\boldsymbol{P}(n-1)/w \end{aligned} \tag{5.20}$$

Dabei sind $\boldsymbol{x}[n] = [x[n], x[n-1], \ldots, x[n-M+1]]^T$ der Eingangsvektor und $\boldsymbol{I}$ die Einheitsmatrix der Dimension $M \mathrm{x} M$.

Im Modell `adaptiv6.mdl`, das mit dem Programm `adaptiv_6.m` initialisiert und aufgerufen wird, wird das Experiment aus Abb. 5.8 bzw. Abb. 5.9 mit einem RLS-Filter wiederholt. Die Anpassung erfolgt viel rascher und das adaptive Filter nähert auch besser das den Übertragungspfad simulierende Filter an. Der Block *RLS Filter* verwendet die Rekursion nach den Gleichungen (5.20).

Für eine spätere Implementierung auf einem DSP sind Simulationen in MATLAB oftmals hilfreicher als Simulationen in Simulink, da die MATLAB-Skriptsprache der Programmiersprache C ähnlich ist. Darum soll hier beispielhaft auch eine MATLAB-Implementierung der nicht rekursiven Lösung nach Gl. (5.18) sowie der rekursiven Lösung nach Gl. (5.20) angegeben werden. Im Programm `ls_1.m` ist die nicht rekursive Lösung für die Identifikation eines FIR-Filters implementiert. Das zu identifizierende Filter sei ein FIR-Tiefpassfilter der Länge 13 der Form:

```
nf = 13;
h = fir1(nf-1, 0.35)';   % oder
%h = (0.8.^(0:nf-1))';
```

Für das adaptive FIR-Filter wird eine Länge M = 15 > 13 gewählt. Die Matrix X, die der Matrix X_n aus Gl. (5.14) entspricht, wird mit der Programmsequenz

```
nx = 500;
x = randn(nx,1);                xrot = flipud(x);
M = 15;                 % Geschätzte Länge des Filters M
X = zeros(nx,M);
for k = 1:M
    X(:,k) = [xrot(k:nx); zeros(k-1,1)];
end;
```

gebildet. Der gemessene Ausgang des zu identifizierenden Filters kann auch mit Messrauschen versehen werden:

```
d = filter(h,1,x);              d = flipud(d);
noise = 0.1;                    % Varianz des Mesrauschens
randn('state', 12753);
d = d + sqrt(noise)*randn(length(d),1);   % Ausgang
```

5.2 RLS-Verfahren

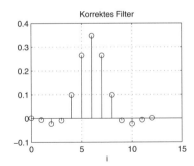
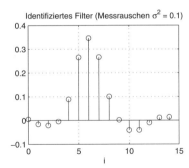

Abb. 5.10: Einheitspulsantworten der Filter (ls_1.m)

Die Umkehrungen mit **flipud** wurden eingeführt, um genau die Struktur der Matrix aus Gl. (5.14) zu erhalten. Die Lösung nach Gl. (5.18) ergibt sich schließlich durch:

```
w = 1;                          % forgetting factor
W = diag(w.^(0:nx-1));          % Gewichtungsmatrix
hg = inv(X'*W*X)*X'*W*d;        % LS-Lösung
```

Abb. 5.10 zeigt links die Einheitspulsantwort des zu schätzenden Filters und rechts die des adaptierten Filters bei Messrauschen der Varianz $\sigma^2 = 0.1$. Es wurden 500 Werte für die Eingangssequenz verwendet.

Wie erwähnt, wird die Lösung in dieser Form selten angewandt. In der numerischen Mathematik gibt es andere Methoden zur Lösung der Gl. (5.18), die auch für den Fall, dass die Matrix X_n nicht ihren maximalen Rang gleich M besitzt, einsetzbar sind. In [50] wird z.B. das sehr leistungsfähige Verfahren der *Singular-Value Decomposition* für das LS-Problem beschrieben.

Im Programm ls_2.m wird die rekursive Lösung nach den Gleichungen (5.20) implementiert. Die Initialisierung wird mit

```
nf = 13;             hr = fir1(nf-1, 0.35)'; % oder
%hr = (0.8.^(0:nf-1))';
M = 15;    h = zeros(M,1);   P = eye(M);     % Anfangswerte
w = 1;                                       % forgetting Faktor
x_temp1 = zeros(nf,1);                       % Für das korrekte Filter
x_temp = zeros(M,1);                         % Für das zu identif. Filter
noise = 0.01;                                % Varianz des Messrauschens
```

durchgeführt. Die rekursive Form der Lösung erfolgt entsprechend den Gleichungen (5.20):

```
nx = 500;
for n = 1:nx
    xn = randn(1);  % Laufender Eingang
    x_temp = [xn; x_temp(1:end-1)];   % Aktualisierung
    % gewünschter Ausgang
    x_temp1 = [xn; x_temp1(1:end-1)]; % Aktualisierung
    d = hr'*x_temp1;
    d = d + sqrt(noise)*randn(1);     % mit Messrauschen
    K = P*x_temp/(w+x_temp'*P*x_temp);
```

```
         y = h'*x_temp;
         e = d-y;
         h = h + K*e;
         P = (eye(M)-K*x_temp')*P/w;
end;
```

Für dieses, auch als *RLS-Covariance-Algorithmus* bezeichnete Verfahren gibt es in der Literatur [50] den Hinweis, dass bei einer Implementierung im Festkomma-Format mit weniger als 16 Bit sich die numerischen Fehler akkumulieren und zur Divergenz des Verfahrens führen. Dieses kann in der vorliegenden Simulation wegen der hohen Genauigkeit der Zahlendarstellung in MATLAB natürlich nicht beobachtet werden.

Eine andere rekursive Lösung für Gl. (5.18) ist die als *RLS-Information-Algorithmus* bekannte Form:

$$\begin{aligned}\boldsymbol{P}^{-1}(n) &= \boldsymbol{P}^{-1}(n-1) + \boldsymbol{x}[n]w\boldsymbol{x}[n]^T \\ \boldsymbol{K}(n) &= \boldsymbol{P}(n)\boldsymbol{x}[n]w \\ y[n] &= \boldsymbol{h}(n-1)^T\boldsymbol{x}[n] \\ e[n] &= d[n] - y[n] \\ \boldsymbol{h}(n) &= \boldsymbol{h}(n-1) + \boldsymbol{K}(n)e[n]\end{aligned} \qquad (5.21)$$

Sie besitzt ein besseres Konvergenzverhalten und ist robuster gegen numerische Fehler, hat aber den Nachteil, dass zur Berechnung des Faktors $K(n)$ die Inversion der Matrix $\boldsymbol{P}(n)$ erforderlich ist.

Im Programm ls_3.m ist dieser Algorithmus implementiert. Das Programm unterscheidet sich von dem Programm ls_2.m nur durch die Rekursion:

```
nx = 500;
for n = 1:nx
    xn = randn(1);                    % Laufender Eingang
    x_temp = [xn; x_temp(1:end-1)];   % Aktualisierung
    Pinv = Pinv + x_temp*w*x_temp';
    P = inv(Pinv);                    % !!!! großer Aufwand
    % gewünschter Ausgang
    x_temp1 = [xn; x_temp1(1:end-1)];
    d = hr'*x_temp1;
    d = d + sqrt(noise)*randn(1);     % mit Messrauschen
    K = P*x_temp*w;
    y = h'*x_temp;
    e = d-y;
    h = h + K*e;
end;
```

Denkbar ist auch eine Kombination der beiden Algorithmen. Im Programm ls_4.m werden die ersten 20 Adaptionsschritte mit dem RLS-Information-Algorithmus durchgeführt, um in die Nähe der richtigen Lösung zu gelangen, danach wird zur Rechenzeitersparnis mit dem RLS-Covariance-Algorithmus fortgefahren.

5.3 Kalman-Filter

Das Kalman-Filter wurde in den 1960er Jahren von dem ungarisch-amerikanischen Mathematiker Rudolf Kalman entwickelt und ist ein rekursives Filter zur Schätzung des Zustands eines dynamischen Systems aus verrauschten Messungen durch Minimierung des mittleren quadratischen Fehlers [20], [41].

Für die Schätzung eines FIR-Filters geht man von folgendem sehr einfachen Zustandsmodell aus:

$$\begin{aligned} \boldsymbol{h}(n+1) &= \boldsymbol{h}(n) + \boldsymbol{v}(n+1) \\ y[n+1] &= \boldsymbol{x}[n+1]^T \boldsymbol{h}(n+1) + w[n+1] \end{aligned} \tag{5.22}$$

Hier ist $\boldsymbol{v}(n+1)$ der Vektor des unabhängigen Prozessrauschens, das die Zeitvariabiliät des zu schätzenden Filters modelliert und das mit einer diagonalen Korrelationsmatrix $\boldsymbol{Q}_p$ beschrieben wird. Das Messrauschen $w[n+1]$, das die beobachtete Größe $y[n+1]$ beeinflusst, habe die Varianz Q_M.

Das Kalman-Filter ist durch folgende rekursive Gleichungen gegeben:

$$\begin{aligned} \boldsymbol{g}(n) &= \frac{\boldsymbol{K}(n-1)\boldsymbol{x}[n]}{\boldsymbol{x}[n]^T \boldsymbol{K}(n-1)\boldsymbol{x}[n] + Q_M} \\ y[n] &= \boldsymbol{h}(n)^T \boldsymbol{x}[n] \\ e[n] &= d[n] - y[n] \\ \boldsymbol{h}(n+1) &= \boldsymbol{h}(n) + \boldsymbol{g}(n)e[n] \\ \boldsymbol{K}(n) &= \boldsymbol{K}(n-1) - \boldsymbol{g}(n)\boldsymbol{x}[n]^T \boldsymbol{K}(n-1) + \boldsymbol{Q}_p \end{aligned} \tag{5.23}$$

Die Bezeichnungen entsprechen denen im Handbuch des *SP-Blocksets* mit Ausnahme des Eingangsvektors $\boldsymbol{x}[n]$, der im Handbuch mit $\boldsymbol{u}[n]$ bezeichnet wird. Der Vektor $\boldsymbol{g}(n)$ enthält die Verstärkungen des Kalman-Filters und die Matrix $\boldsymbol{K}(n)$ ist die Korrelationsmatrix des Schätzfehlers der Zustandsgrößen. In dem hier betrachteten Fall der Schätzung eines FIR-Filters sind die Zustandsgrößen die Filterkoeffizienten $\boldsymbol{h}(n)$.

Im Programm kalman1.m wird das Kalman-Filter zur Identifikation eines FIR-Filters eingesetzt. Das Programm ist ähnlich aufgebaut wie das Programm ls_3.m zur Simulation der RLS-Verfahrens. Die Initialisierung der rekursiven Gleichungen geschieht durch:

```
M = 15;
x_temp1 = zeros(nf,1);   % Für das korrekte Filter
x_temp = zeros(M,1);     % Für das zu identif. Filter
noise = 0.1;             % Varianz des Messrauschens
h = zeros(M,1);          % Anfangswerte
QM = noise;              % Messrauschkorrelationsmatrix
QP = eye(M)*0;           % Prozessrauschkorrelationsmatrix
K = eye(M)*100;          % Fehler-Kovarianzmatrix
```

Die rekursive Anpassung der Filterkoeffizienten $\boldsymbol{h}(n)$ wird mit folgendem Programmabschnitt realisiert:

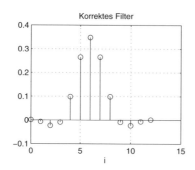
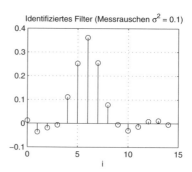

Abb. 5.11: Einheitspulsantworten der Filter (kalman1.m)

```
nx = 500;
for n = 1:nx
    xn = randn(1);       % Laufender Eingang
    x_temp = [xn; x_temp(1:end-1)];   % Aktualisierung
    % gewünschter Ausgang
    x_temp1 = [xn; x_temp1(1:end-1)];
    d = hr'*x_temp1;
    d = d + sqrt(noise)*randn(1);     % mit Messrauschen

    g = K*x_temp/(x_temp'*K*x_temp + QM);
    y = h'*x_temp;
    e = d-y;
    h = h + g*e;
    K = (eye(M) - g*x_temp')*K+QP;
end;
```

In Abb. 5.11 sind links die tatsächlichen Koeffizienten des Filters der Ordnung 12 (also 13 Koeffizienten) und rechts die Koeffizienten des geschätzten Filters mit der größer angenommenen Ordnung 14 (also 15 Koeffizienten) dargestellt. Die Darstellungen geben den Zustand nach 500 Adaptionsschritten wieder. Da das zu identifizierende Filter als konstant angenommen wurde, wurde die Matrix des Prozessrauschens Q_p mit der Nullmatrix initialisiert (Programmvariable QP). Die Varianz des Messrauschens wurde als $Q_M = 0.1$ angenommen (Programmvariable QM).

Experiment 5.3: Adaptive Störunterdrückung mit einem Kalman-Filter

Ähnlich dem Experiment 5.1 zur Störunterdrückung mit dem LMS-Verfahren soll nun die Störunterdrückung mit dem Kalman-Filter untersucht werden. Abb. 5.12 zeigt das Modell kalman_filter1.mdl, das aus dem Programm kalman_filter_1.m aufgerufen wird.

Als Nutzsignal wird ein Signal angenommen, das aus der Überlagerung eines sinusförmigen Signals mit Rauschen gebildet wurde und einem Musik-Signal entsprechen könnte. In der Struktur des adaptiven Filters als $n[k]$ bezeichnet, spielt es für das Kalman-Filter, wie auch bei

5.3 Kalman-Filter

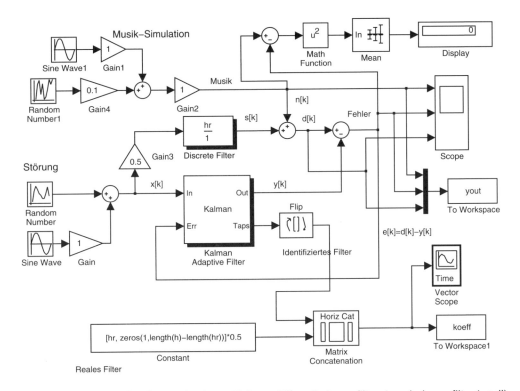

Abb. 5.12: *Störunterdrückung mit einem Kalman-Filter* (kalman_filter_1.m, kalman_filter1.mdl)

dem Experiment zur Störunterdrückung bei EKG-Signalen, die Rolle des gewünschten Signals, das durch das Signal $s[k]$ gestört wird. Das Letztere wird ebenfalls aus einem sinusförmigen Signal und einem Rauschsignal mit Hilfe des FIR-Filters aus dem Block *Discrete Filter* gebildet. Die Koeffizienten dieses Filters hr müssen mit dem Kalman-Filter geschätzt werden, so dass der Ausgang $y[k]$ die Störung $s[k]$ nachbildet und aus dem Signal $d[k]$ über die Differenz

$$d[k] - y[k] = (n[k] + s[k]) - y[k] \cong n[k]$$

diese Störung entfernt.

Die beiden Blöcke *Random Number1* und *Random Number* sind mit zwei verschiedenen *Initial-Seed*-Werten zu initialisieren, da ansonsten Nutzsignal und Störung korreliert sind und beide unterdrückt werden.

Die angepassten Koeffizienten des Kalman-Filters am Ausgang *Taps* werden zusammen mit den Koeffizienten hr des nachzubildenden Filters über die Blöcke *Matrix Concatenation* und *Vector Scope* angezeigt. Während der Simulation kann man die Anpassung verfolgen. Da das anzupassende Filter h mit mehr Koeffizienten als das Filter hr angenommen wurde und der Block *Matrix Concatenation* gleiche Längen verlangt, werden die Koeffizienten des Filters hr im Block *Constant* mit Nullwerten erweitert.

Die Signale werden mit der Senke *To Workspace* in der Variablen yout und die gelernten oder identifizierten Koeffizienten mit der Senke *To Workspace1* in der Variablen koeff an

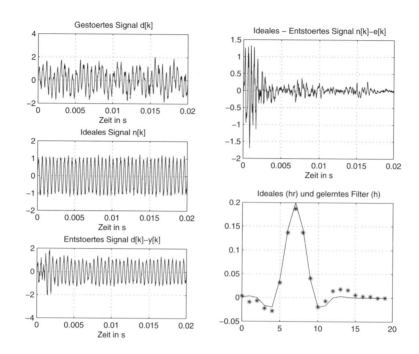

Abb. 5.13: Signale der Störunterdrückung (kalman_filter_1.m, kalman_filter1.mdl)

MATLAB übertragen. Der Parameter *Save format* dieser Senken wurden als *Structure With Time* bzw. *Structure* angegeben.

In Abb. 5.13 sind die Signale der Senken dargestellt. Wie man mit den Strukturen der Daten umgehen muss, zeigt als Beispiel folgende Programmsequenz, welche die Darstellung links oben erzeugt:

```
subplot(321), plot(yout.time, yout.signals.values(:,3));
title('Gestoertes Signal d[k]');
xlabel('Zeit in s');      grid;
pos = get(gca, 'Position');    % Darstellung neu positionieren
set(gca,'Position',[pos(1),pos(2)*1.05,pos(3),pos(4)*0.9]);
```

Die Koeffizienten werden in dreidimensionalen Feldern gespeichert, und zwar bei jedem Adaptionsschritt $M = 20$ Werte der zu identifizierenden Filterkoeffizienten und dieselbe Anzahl für die identifizierten Koeffizienten. Dargestellt werden nur die Koeffizienten am Ende der Simulation:

```
koeffizienten = squeeze(koeff.signals.values(:,:,end));
subplot(224), plot(0:length(koeffizienten)-1, ...
    koeffizienten(:,1), '*', 0:length(koeffizienten)-1, ...
    koeffizienten(:,2));
title('Ideales (hr) und gelerntes Filter (h)');
grid;
```

5.3 Kalman-Filter

Die Funktion **squeeze** entfernt die nicht benötigten ersten beiden Dimensionen der Variablen koeff.signals.values(:,:,end), um sie anschließend leichter darzustellen (Abb. 5.13 rechts unten). Die geschätzten Filterkoeffizienten wurden in der Abbildung mit dem Symbol „*" kenntlich gemacht.

Rechts oben ist die Differenz zwischen dem idealen (nicht gestörten) Signal und dem entstörten Signal dargestellt. Nach einer kurzen Anpassungsphase wird der Fehler klein und man erkennt daraus, dass die Störung erfolgreich unterdrückt wird.

Ein gutes Verständnis der Funktionsweise des Kalman-Filters erhält man, wenn man die Parameter des Filters verändert. Die erfolgreiche Anpassung überprüft man dabei am einfachsten im Vergleich der Koeffizienten des zu identifizierenden und des Kalman-Filters. Man wird sehr rasch feststellen, dass die Varianz des Messrauschens (*Measurement noise variance*) als Parameter des Kalman-Filters eine wichtige Rolle spielt. In dieser Simulation ist dies die Varianz des Signals $n[k]$, also des Nutzsignals[9].

Mit dem Modell kalman_filter2.mdl, welches über das Programm kalman_filter_2:m initialisiert und aufgerufen wird, wird eine Unterdrückung der PKW-Fahrgeräusche in den Kopfhörern simuliert, um den Passagieren reinstes Musikvergnügen zu bieten. Die Geräusche sind als wav[10]-Daten für eine Geschwindigkeit des PKWs von 90 km/h und 140 km/h (90.wav, 140.wav) vorhanden. Das adaptive Filter muss die Übertragung der Geräusche in die Fahrgastzelle des PKWs und weiter über die Kopfhörermuscheln bis zum Ohr nachbilden.

Die Geräusche wurden mit einer Abtastfrequenz $f_s = 48$ kHz aufgenommen. Die spektrale Leistungsdichte des Signals aus der Datei 140.wav ist in Abb. 5.14 dargestellt. Ähnlich sieht auch die spektrale Leistungsdichte der Störung bei der Geschwindigkeit von 90 km/h aus und man bemerkt, dass der Großteil der Leistung im Frequenzbereich zwischen 0 und 500 Hz liegt. Aus diesem Grunde braucht die Anpassung des Filters nicht bei der hohen Abtastfrequenz von 48 kHz durchgeführt werden, sondern sie kann bei einer viel kleineren Frequenz, z.B. von $48/5 = 9.6$ kHz erfolgen.

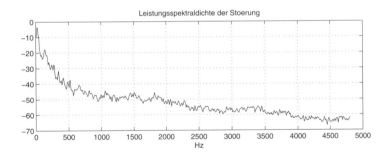

Abb. 5.14: Spektrale Leistungsdichte des Störsignals bei *v = 140 km/h* (kalman_filter_2.m, kalman_filter2.mdl)

Das Modell kalman_filter2.mdl unterscheidet sich vom Modell kalman_filter1.mdl dadurch, dass der Eingang des Filters und der *Fehler*-Eingang mit

---
[9] Da es verwirrend ist, sei nochmals daran erinnert, dass bei der Störunterdrückung das extrahierte Nutzsignal als Fehler in der allgemeinen Struktur der adaptiven Filter gilt.
[10] *Wave*-Audio-Dateien

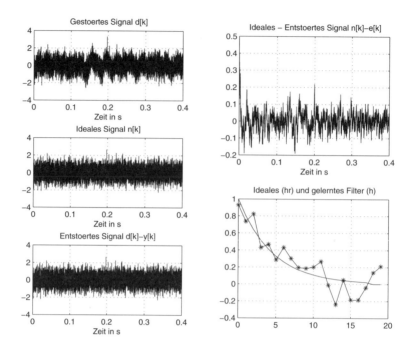

Abb. 5.15: Signale in der Störunterdrückung bei v = 140 km/h (kalman_filter_2.m, kalman_filter2.mdl)

dem Faktor 5 unterabgetastet sind. Zusätzlich wird auch die mittlere Leistung der Differenz zwischen dem idealen und dem nicht gefilterten Signal bzw. die mittlere Leistung der Differenz zwischen dem idealen und dem gefilterten Signal ermittelt und mit Senken vom Typ *Display* angezeigt.

Die Störunterdrückung funktioniert gut für relativ starke Störungen und ist weniger erfolgreich für schwache Störungen. Über den Faktor des Blocks *Gain5* kann die Stärke der Störung eingestellt werden. Bei einem Faktor von 10 ist der Gewinn (Verhältnis von mittlerer Leistung ohne Filter zu mittlerer Leistung mit Filter) etwa 400, bei einem Faktor von 5 ist er nur noch etwa 200 und bei einem Faktor von 1 ist der Gewinn schließlich nur 23. Die Signale aus Abb. 5.15 wurden mit dem Faktor 1 für die Stärke der Störung erzeugt.

Im Programm `kalman_filter_3.m` und dem Modell `kalman_filter3.mdl` wird die Störunterdrückung für den Fall, dass der Störungspfad eine reine Verzögerung darstellt, simuliert. Die Störung und der Fehler werden ebenfalls mit dem Faktor 5 unterabgetastet und der erzielte Gewinn ist etwa 30 (entsprechend 14 dB).

Experiment 5.4: Adaptive Störunterdrückung mit einem Block-LMS-Filter

Neben den besprochenen adaptiven Filtern sind in Abb. 5.1 zwei weitere Blöcke enthalten, die *Block LMS Filter* implementieren. Bei ihnen werden statt der Aktualisierung mit jedem

Abtastwert die Filterkoeffizienten nur jeweils nach einem Block von Eingangsdaten aktualisiert. Der Rechenaufwand verringert sich entsprechend.

Abb. 5.16 zeigt das Modell `block_lms.mdl`, in dem der *Fast Block LMS*-Algorithmus [47] zur Störunterdrückung eingesetzt wird. Das Modell wird mit dem Programm `block_lms_.m` initialisiert und gestartet. Die beiden Eingänge *Input* und *Desired* werden über *Buffer*-Blöcke mit Datenblöcken gespeist. Die Datenblöcke müssen eine Länge besitzen, die zusammen mit der Länge des Filters eine ganzzahlige Potenz von zwei ergeben. Mit einer Filterlänge $M = 16$ und Datensequenzen derselben Länge ist diese Bedingung in dem Beispiel aus Abb. 5.16 erfüllt. Als Störung werden das Fahrgeräusch eines PKW aus dem vorherigen Experiment und weißes Rauschen verwendet.

Das LMS-Verfahren konvergiert am besten mit weißem Rauschen (gleich große Eigenwerte der Autokorrelationsmatrix), was auch durch das Experiment bestätigt wird. Wird nur das Fahrgeräusch als Störung verwendet, so adaptiert der Algorithmus zu einem anderen als dem gewünschten Filter. Das Verfahren bleibt in einem lokalen Minimum „hängen" und erreicht nicht das absolute Minimum des Fehlers. Ein größerer Anteil an weißem Rauschen erlaubt dem Verfahren, lokale Minima zu verlassen und als Ergebnis das zu identifizierende Filter mit guter Näherung zu liefern.

Abb. 5.16 zeigt unten die Signale der Simulation für Störungen durch Fahrgeräusche überlagert mit weißem Rauschen. Das Filter des Störungspfads wurde gut identifiziert und die Störung gut unterdrückt. Als Filter des Störungspfades wurde ein Tiefpassfilter mit folgender Einheitspulsantwort verwendet:

```
% -------- Filter zur Simulation des Störungspfads
nf = 16;
%hr = fir1(nf-1, 0.2);
hr = 0.8.^(0:nf-1);
```

5.4 Beispiele für den Einsatz der `adaptfilt`-Objekte

Aus der Beschreibung des Objekts **adaptfilt** wird die Identifikation eines Systems als Beispiel für dessen Einsatz übernommen. Mit

```
x = randn(1,500);        % Input to the filter
b = fir1(31,0.5);        % FIR system to be identified
n = 0.1*randn(1,500);    % Observation noise signal
d = filter(b,1,x)+n;     % Desired signal
```

werden die Eingangssequenz x und das durch das Filter zu erzeugende Signal d generiert. Danach wird mit

```
mu = 0.008;              % LMS step size
h = adaptfilt.lms(36,mu); % Definieren des Objekts
[y,e] = filter(h,x,d);   % Berechnen der Koeff. des Filter-Objekts
```

der Anpassungsfaktor mu gewählt und das adaptive Filter h definiert. An dieser Stelle ist nur die Struktur des Objekts definiert. Mit der überladenen Funktion **filter** wird das LMS-Verfahren

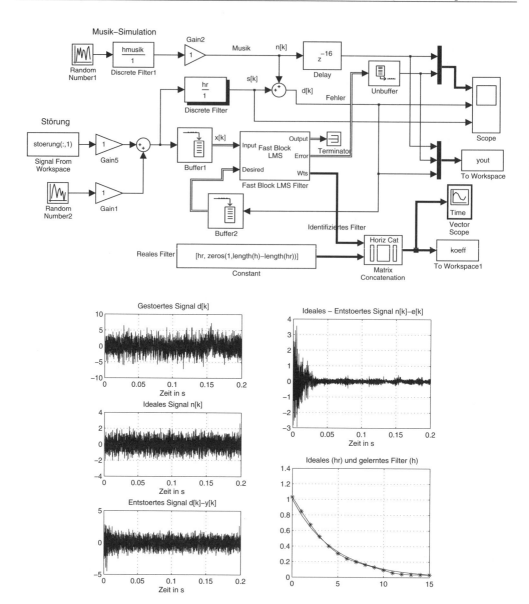

Abb. 5.16: Modell und Signale der Anpassung mit dem Fast-Block-LMS-Verfahren (block_lms_.m, block_lms.mdl)

mit der Filterstruktur h eingesetzt um aus der Eingangssequenz x und der gewünschten Sequenz d einerseits die Koeffizienten des angepassten Filters (gespeichert in der Struktur h) und andererseits das Ausgangssignal y des angepassten Filters sowie den Fehler e = y - d zu bestimmen.

Im Programm `adapt_filter1.m` ist das Experiment mit kleinen Änderungen für das LMS-Verfahren programmiert. Wenn man im Kommando-Fenster das entwickelte Filter h ansehen will, erhält man die Struktur des Objekts:
≫ h

```
h =
                 Algorithm: 'Direct-Form FIR LMS Adaptive Filter'
              FilterLength: 36
              Coefficients: [1x36 double]
                    States: [35x1 double]
                  StepSize: 0.008
                   Leakage: 1
       ResetBeforeFiltering: 'on'
        NumSamplesProcessed: 500
```

Man kann auf alle Teile der Struktur zugreifen. So können z.B. die Koeffizienten des Filters durch `h.coefficients` angezeigt werden.

Im Programm `adapt_filter2.m` wird das Block-LMS-Verfahren mit Hilfe der Funktion **adaptfilt.blms** für die Berechnung von h verwendet. Die Datenstruktur des adaptiven Filterobjekts ist nun:

```
h =
                 Algorithm: 'Block LMS FIR Adaptive Filter'
              FilterLength: 36
              Coefficients: [1x36 double]
                    States: [36x1 double]
                  StepSize: 0.0100
                   Leakage: 1
               BlockLength: 36
       ResetBeforeFiltering: 'on'
        NumSamplesProcessed: 720
```

Kurze Beschreibungen dieser Funktionen erhält man, wie üblich, mit **help lms** bzw. **help blms** oder **help adaptfilt/lms** bzw. **help adaptfilt/blms**. Die Beschreibung für die überladene Funktion **filter** erhält man mit: **help adaptfilt/filter**.

5.5 Anmerkungen

Der Einsatz von adaptiven Filtern in der Praxis ist eng verbunden mit der kontinuierlichen Leistungssteigerung der Hardware zur Signalverarbeitung, sei es in Form der digitalen Signalprozessoren oder programmierbarer logischer Schaltungen wie FPGA und ASIC.

Industriell werden adaptive Lösungen in der Regelungstechnik zur Modellbildung und -identifikation, in der Kommunikationstechnik zur adaptive Echounterdrückung, zur Entzerrung und Detektion oder zur prädiktiven Codierung, in der Sonartechnik, in der Medizinelektronik, um nur einige zu erwähnen, eingesetzt. Doch auch im Heimanwenderbereich sind in vielen integrierten Schaltungen neben anderen Funktionen auch adaptive Lösungen enthalten.

So enthalten z.B. die Schaltkreise für die digitale ISDN-Telefonie adaptive Kanalentzerrer- und Echounterdrückungsfunktionen. Es gibt auch bereits Kopfhörer mit adaptiver Rauschunterdrückung als Massenprodukt.

Die Simulation von adaptiven Systemen mit den in der Anwendung vorkommenden Signalen liefert wichtige Erkenntnisse, die die Entwicklung solcher Systeme beschleunigen können und Rückschläge in der Implementierungs- und Inbetriebnahmephase vermeiden helfen. Die leistungsfähigen Funktionen und Blöcke aus MATLAB und Simulink (z.B. Kalman-Filter in einem Simulink-Block) erlauben es sogar, die Simulation aufzusetzen, auch wenn man noch nicht alle Feinheiten der Algorithmen beherrscht. Für die darauf folgende Implementierung in der Anwendung ist die Kenntnis der Algorithmen dann natürlich erforderlich, allerdings wird man simulationsunterstützt wesentlich schneller zum Ziel kommen.

6 MATLAB kompakt

MATLAB ist eine leistungsfähige Hochsprache für numerische Simulationen. Sie integriert die Berechnung, die Visualisierung und die Programmierung in einer einfach zu bedienenden Umgebung, in der die Anwendungen und deren Lösungen mit den üblichen mathematischen Notationen beschrieben werden.

Der Erfolg von MATLAB beruht einerseits auf der zuverlässigen Numerik und anderseits auf den vielfältigen Graphikmöglichkeiten zur Visualisierung sehr großer Datenmengen. MATLAB wurde gezielt zu einem durchgängigen Entwicklungswerkzeug erweitert. So kann der gesamte Entwicklungsprozess von der Spezifikation über deren Validierung und Codegenerierung bis hin zur Produktion und Kalibrierung mit einem einzigen Werkzeug beschrieben und teilweise automatisiert werden.

MATLAB wurde über mehrere Jahre mit Impulsen von vielen Anwendern aus dem Hochschulbereich und der industrieller Forschung und Entwicklung erweitert. An Hochschulen ist MATLAB das Standardwerkzeug zur Begleitung der Vorlesungen in vielen technischen Fächern geworden. Es besitzt eine Reihe von Erweiterungen in Form von *Toolboxen*. Diese sind Sammlungen von Funktionen, die für einen bestimmten Bereich entwickelt wurden, wie z.B. Signalverarbeitung (*Signal Processing Toolbox*), Regelungstechnik (*Control System Toolbox*), Kommunikationstechnik (*Communications Toolbox*), Datenerfassung (*Data Acquisition Toolbox*), Systemidentifikation (*System Identification Toolbox*) usw.

Eine wichtige Erweiterung von MATLAB stellt Simulink dar. Letzteres ist ein graphisches Programmierwerkzeug, auf das im nächsten Kapitel eingegangen wird. In Simulink besteht ein Programm aus Funktionsblöcken, die so miteinander verbunden werden, dass ein Modell eines Systems entsteht. Die Ansammlungen von Funktionsblöcken für verschiedene Bereiche, wie Signalverarbeitung, Regelungstechnik, Kommunikationstechnik usw. bilden so genannte *Blocksets* (kurz BS). In Zusammenhang mit der Thematik dieses Buches sind das *Signal Processing BS* und das *Fixed-Point BS* wichtig.

MATLAB enthält fünf Teile:

- Die Entwicklungsumgebung bestehend aus Werkzeugen, die den Einsatz von MATLAB unterstützen. Dazu gehören das Kommando-Fenster, das *History*-Fenster, ein Editor mit *Debugger*, ein Hilfe-Fenster usw.

- Die mathematische Funktionsbibliothek, die eine umfangreiche Sammlung von Algorithmen enthält, beginnend mit elementaren Funktionen wie der Sinus- oder Cosinusfunktion bis hin zu komplexen Funktionen wie z.B. Bestimmung der Eigenwerte von Matrizen, Fourier-Transformationen usw.

- Die MATLAB-Sprache als Hochsprache zur Manipulation von Matrizen oder Feldern, die es erlaubt, den Programmfluss zu steuern, Funktionen und Datenstrukturen zu definieren, Daten einzulesen und auszugeben, mit Dateien zu arbeiten und die in den letzten Versionen auch Eigenschaften einer objektorientierten Programmiersprache besitzt.

- Die Graphik von MATLAB mit umfangreichen Möglichkeiten zur Visualisierung von

Daten. Sie enthält Funktionen für zwei- und dreidimensionale Darstellungen, für Bildverarbeitung, für Animation usw. Zusätzlich stellt MATLAB auch Funktionen zur Manipulation der Eigenschaften einer Graphik zur Verfügung sowie zur Erstellung von Bedienoberflächen (*Graphical-User-Interfaces*) für die eigenen Applikationen.

- Das *API*[1] ist eine Bibliothek, mit deren Hilfe C- oder Fortran-Programme geschrieben werden können, die mit MATLAB zusammenwirken. Mit ihrer Hilfe kann man aus Programmen MATLAB-Funktionen aufrufen oder in diesen Sprachen Funktionen für MATLAB schreiben.

MATLAB stellt eine umfangreiche Dokumentation sowohl in gedruckter als auch in elektronischer Form zur Verfügung. Die eingebaute Hilfefunktion liefert ausführliche Informationen und ist komfortabel zu bedienen. Die große Verbreitung der MATLAB-Produktfamilie spiegelt sich auch in der umfangreichen Literatur [19], [74], [62], [8], [71], [21] [2], [27] wider.

Es wird nun MATLAB kurz eingeführt, so dass man die in diesem Buch vorgestellten Programme verstehen und für weitere Experimente erweitern kann.

6.1 Das MATLAB-Fenster

Wenn MATLAB gestartet wird, erscheint das MATLAB-Fenster, das in Abb. 6.1 dargestellt ist. Es enthält folgende Teilfenster: *Command Window*, *Current Directory* oder *Workspace* und *Command History*.

Über das Kommando-Fenster (*Command Window*) werden die Funktionen von MATLAB und die eigenen Funktionen und Programme aufgerufen. Nach dem Start erscheinen Angaben über die verwendete Version, einige Hinweise und schließlich das Eingabezeichen >>, an dem man seine Kommandos eingibt. Als Beispiel kann die Eingabe aus Abb. 6.1 dienen:

```
>> help sin
```

Als Ergebnis erhält man eine kurze Beschreibung der Funktion `sin`.

Wenn stattdessen hier ein mathematischer Ausdruck mit numerischen Werten

```
>> 1.2*sin(2*pi*8) + 7.356
```

eingegeben wird, berechnet MATLAB das Ergebnis und gibt es aus:

```
ans =   7.3560
```

Die Arbeitsweise von MATLAB ist somit interpretierend: jeder Befehl wird analysiert und sofort ausgeführt.

Im Verzeichnis-Fenster *Current Directory* (links oben) wird der Inhalt des aktuellen Verzeichnisses angezeigt. Der Name des aktuellen Verzeichnisses wird in der Menüleiste angezeigt. Es ist empfehlenswert, gleich zu Beginn einer MATLAB-Sitzung in das selbst gewählte Arbeitsverzeichnis zu wechseln. Dazu kann dessen Name in das Feld der Menüleiste eingegeben werden oder man benutzt den Verzeichnis-Navigator, der über die vorletzte Schaltfläche recht oben aktiviert werden kann.

Anstelle des Verzeichnis-Fensters kann auch das *Workspace*-Fenster (Arbeitsplatz) dargestellt werden, in dem alle Variablen der laufenden MATLAB-Sitzung enthalten sind.

---

[1]*Application Programming Interface*

6.1 Das MATLAB-Fenster

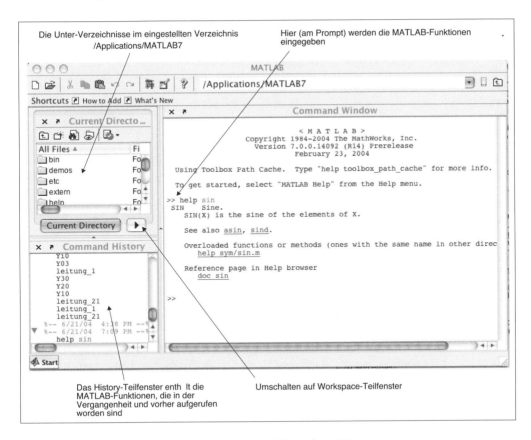

Abb. 6.1: Das MATLAB-Desktop-Fenster

Darunter liegt das *Command History*-Fenster, in dem die aktuellen und vorherigen Eingaben inklusive dem Datum dieser Eingaben enthalten sind. Man kann so sehr leicht eine Arbeitssitzung an einem anderen Tag weiterführen. Eingegebene Anweisungen oder Ausdrücke können kopiert und erneut im Kommando-Fenster ausgeführt werden.

Die erwähnten Fenster können aus der Entwicklungsumgebung herausgelöst oder auch geschlossen werden, so dass nur noch das Kommando-Fenster übrig bleibt.

Das Hilfe-Fenster wird über die Schaltfläche mit dem Fragezeichen aus der Menüleiste des Kommando-Fensters oder durch Eingabe von doc gestartet. Auf der linke Seite des Hilfe-Fensters befindet sich die Navigationsleiste, rechts erscheint der Hilfetext. Die Navigation kann im Inhalt, im Index, über eine Suche oder in Demonstrationen (*Contents, Index Search, Demos*) erfolgen.

Aus den vorhergehenden Versionen von MATLAB steht noch die einfache Funktion **help** zur Verfügung, die im Kommando-Fenster aufgerufen werden kann. Wie schon gezeigt, bringt der Aufruf **help sin** eine kurze Beschreibung der Sinusfunktion. Ebenfalls von den älteren Versionen ist auch die Funktion **lookfor** bekannt. So werden z.B. mit **lookfor fourier** alle Funktionen angezeigt, die mit der Fourier-Transformation in Verbindung stehen:

```
>> lookfor fourier
FFT Discrete Fourier transform.
FFT2 Two-dimensional discrete Fourier Transform.
FFTN N-dimensional discrete Fourier Transform.
IFFT Inverse discrete Fourier transform.
IFFT2 Two-dimensional inverse discrete Fourier transform.
IFFTN N-dimensional inverse discrete Fourier transform.
DFTMTX Discrete Fourier transform matrix.
SPECGRAM Spectrogram using a Short-Time Fourier Transform
         (STFT).
.................
FFT  Quantized Fast Fourier Transform.
FOURIER Fourier integral transform.
IFOURIER Inverse Fourier integral transform.
>>
```

Damit kann man Funktionsnamen, die man vergessen hat, wiederfinden. Das eigenständige Hilfe-Fenster und seine Navigationsmöglichkeiten sind aber sicherlich leistungsfähiger.

6.2   Interaktives Arbeiten mit MATLAB

Das interaktive Arbeiten stellt den ersten Zugang zu den Funktionen und zur Syntax der Sprache dar. Anweisungen werden durch den Benutzer am Eingabezeichen eingeben und von MATLAB analysiert und gleich ausgeführt. Anweisungen werden durch das Zeilenende, also durch die Eingabetaste (*Return*-Taste) abgeschlossen. Ist eine Zeile für eine Anweisung nicht ausreichend, so wird durch die Eingabe von drei oder mehreren Punkten angezeigt, dass die Anweisung in der nächsten Zeile fortgesetzt wird.

Man kann die Anweisungen auch zu einem Programm (*script* genannt) zusammenfassen und in einer Datei mit der Endung „.m" speichern. Durch Eingabe des Dateinamens wird das Programm ausgeführt. Dadurch lassen sich komplexe Aufgaben automatisieren.

Zunächst wird der interaktive Modus anhand einiger einfacher Berechnungen erläutert. Gibt man z.B. den Ausdruck:

```
>> (5.3 - 2.78*4)^2
```

ein und schließt die Eingabe mit der Eingabetaste ab, so berechnet MATLAB den Ausdruck und liefert den Wert in der Variablen mit dem Namen **ans**:

```
ans =  33.8724
```

Die Ausdrücke können die üblichen arithmetischen Operatoren (+ für Addition, - für Subtraktion, * für Multiplikation, / für Division und ( )^ für Potenzieren), die impliziten Funktionen von MATLAB (wie **sin, cos, sqrt**) und vordefinierte Konstanten (wie **pi** für π) enthalten:

```
>> sin(2*pi*100) + (3.75/sqrt(2))*cos(2*pi*200 + pi/3)
```

6.2.1 MATLAB-Variablen

Variablen definiert man in MATLAB durch Eingabe eines Namens und Zuweisung eines Wertes. Bei der Wahl der Namen von Variablen muss man einige Vorsicht walten lassen, um nicht die Namen von in MATLAB vordefinierten Konstanten oder von Funktionen zu verwenden, da sonst ihre ursprüngliche Bedeutung überschrieben wird und in der laufenden Sitzung nicht mehr verwendbar ist. Man ist auf der sicheren Seite, wenn man in den eigenen Variablennamen das Unterstrichzeichen _ verwendet, wie z.B. my_sin, fourier_1, da dieses in keinem der vordefinierten Namen vorkommt.

Da MATLAB ein numerisches Simulationsprogramm ist, müssen Variablen immer numerische Werte zugewiesen sein. Lediglich die *Symbolic Math Toolbox* kann mit symbolischen Variablen, denen also noch kein Wert zugewiesen ist, umgehen.

In MATLAB gibt es, vergleichbar zur Programmiersprache C, drei Typen von Variablen: lokale Variablen, globale Variablen und persistente Variablen. Mit diesen Typen unterscheidet man den Kontext, in dem die Variablen existieren. Beim Starten von MATLAB wird der Kontext des Arbeitsplatzes geöffnet. Jede MATLAB-Funktion (eingeleitet durch das Schlüsselwort function) eröffnet einen neuen Kontext.

Lokale Variablen sind nur im Kontext einer MATLAB-Funktion bekannt und werden gelöscht, sobald die Funktion verlassen wird. MATLAB-Skripte (also eine Folge von Befehlen in einer Datei, die nicht mit dem Schlüsselwort function eingeleitet ist) haben keinen eigenen Kontext, sondern erben den Kontext des Aufrufers. Wird also im Besonderen ein MATLAB-Skript vom Arbeitsplatz (*workspace*) ausgerufen, so verändert dieses Skript die Variablen im Arbeitsplatz.

Globale Variablen sind auch außerhalb von Funktionen bekannt und werden mit dem Schlüsselwort global als solche deklariert. Damit kann man in Funktionen auf Variablen eines anderen Kontextes (z.B. des Arbeitsplatzes) zugreifen, ohne dass die Variablen in der Parameterliste der Funktion übergeben werden. Es leidet allerdings die Transparenz eines Programmablaufs, so dass die Verwendung von globalen Variablen nur mit Bedacht und sparsam erfolgen sollte.

Persistente Variablen sind lokale Variablen einer Funktion, die aber beim Verlassen der Funktion nicht gelöscht werden, sondern von einem Aufruf der Funktion zum nächsten erhalten bleiben. Sie entsprechen den static-Variablen der Programmiersprache C.

Nachfolgend sind einige Beispiele für die Definition lokaler Variablen (hier lokale Variablen des Arbeitsplatzes) angegeben:

```
>> x = 6.5
x =   6.5000
>> y = -4.75
y =   -4.7500
>> z = pi*15.7e-2;
>> p = -4.5e5;
```

Wird eine Anweisung ohne Semikolon abgeschlossen, so zeigt MATLAB das Ergebnis der Auswertung, wie am Beispiel der Variablendefinition für x und y ersichtlich, an. Schließt ein Semikolon die Anweisung ab, so wird die Anzeige des Ergebnisses unterdrückt. Mit

```
>> Summe = x + y + z + p;
>> Mittelwert = Summe/4;
```

wird die Summe bzw. der Mittelwert der vier Werte ermittelt und als Variablen Summe und Mittelwert gespeichert. Im Arbeitsplatz-Fenster sind jetzt diese Variablen mit ihren Werten und Typen (*double*) aufgeführt.

Die Eingabe des Befehls **whos** liefert die Antwort:

```
>> whos
   Name          Size              Bytes  Class

   Mittelwert    1x1               8      double array
   Summe         1x1               8      double array
   ans           1x1               8      double array
   x             1x1               8      double array
   y             1x1               8      double array
   z             1x1               8      double array
   p             1x1               8      double array

Grand total is 7 elements using 56 bytes
```

Sie zeigt die definierten Variablen, ihre Größe und ihren Datentyp. Die hier definierten Variablen sind alle vom Datentyp *double* (in der Spalte *Class* ersichtlich) und werden in MATLAB im Gleitkommaformat mit einer Länge von 8 Byte dargestellt [8]. Dieser Datentyp ist der voreingestellte in MATLAB.

Bei Variablennamen wird zwischen Groß- und Kleinbuchstaben unterschieden, so dass z.B. preis und Preis zwei verschiedene Variablen sind. Ein Name kann aus bis zu 31 Zeichen bestehen, wobei das erste Zeichen ein Buchstabe sein muss. Die nachfolgenden Zeichen können Buchstaben, Ziffern oder Unterstrich-Zeichen sein, wie z.B. in spannung_12.

Zahlen werden in MATLAB in dezimaler Darstellung angegeben. Es kann auch die wissenschaftliche Darstellung mit dem Buchstaben e zur Angabe der Zehnerpotenzen verwendet werden. Gültige Werte sind z.B.

$$3 \quad -96 \quad 0.00125 \quad 1.602e-12 \quad 5.678e12.$$

Die Form der Darstellung auf dem Bildschirm kann über die Funktion **format** geändert werden. So wird z.B. mit **format short e** die Anzeige in verkürzter wissenschaftlicher Notation eingeschaltet. Der Aufruf **help format** bringt eine kurze Beschreibung dieser Funktion und der möglichen Formate.

6.2.2 Komplexwertige Variablen

In MATLAB können reellwertige und komplexwertige Variablen gleichermaßen verwendet werden. Für die Wurzel aus -1 stehen zwei vordefinierte Variablen i und j zur Verfügung. Beispielhaft wird mit

```
>>   z1 = 2.5 + i*(-7.9)
z1 =   2.5000 - 7.9000i
```

ein komplexer Wert in der Variablen z1 gespeichert.

Für die Grundrechenarten werden wie bei reellen Zahlen die bekannten Symbole +, -, *, / verwendet und MATLAB erkennt am Datentyp, wie diese anzuwenden sind. Für weitere Operationen mit komplexen Zahlen stehen Funktionen zur Verfügung, wie z.B.: **real** zur Extraktion

6.2 Interaktives Arbeiten mit MATLAB

des Realteils, **imag** zur Extraktion des Imaginärteils, **abs, angle** zur Bestimmung des Betrags und des Winkels und **conj** um die konjugiert komplexe Zahl zu erhalten.

Die direkte Schreibweise in polarer Form ist auch möglich:

```
>> z2 = 5.85*exp(-j*3.2)
z2 =  -5.8400 + 0.3415i
```

6.2.3 Vektoren und Matrizen

MATLAB behandelt alle Variablen als Matrizen. Der Sonderfall skalarer Variablen wird in MATLAB als eine Matrix mit einer Zeile und einer Spalte betrachtet. Das ist auch in der Ausgabe der Anweisung whos ersichtlich, in der z.B. die Größe der Variablen Mittelwert mit 1x1, also einer Zeile und einer Spalte angegeben ist. Damit sind Vektoren oder Matrizen in MATLAB kein Sonderfall, sondern der Regelfall und alle Operationen oder Funktionen können auf sie angewandt werden.

Die Elemente einer Matrix werden in eckigen Klammern angegeben, wobei die Elemente einer Zeile durch Leerzeichen oder Kommata getrennt werden. Die Anweisung:

```
>> a = [1, 2, 3, 4, 5]
a =
     1     2     3     4     5
```

definiert also einen Zeilenvektor. Einzelne Zeilen werden durch Semikolon getrennt, so dass die Anweisung:

```
>> b = [6; 7; 8; 9; 10]
b =  6
     7
     8
     9
    10
```

einen Spaltenvektor definiert.

Eine zweidimensionale Matrix erhält man schließlich mit:

```
>> A = [11 12 13 14 3*5;
        16 17 18 19 cos(pi/3);
        21 22 23 24 25;
        26 27 28 29 30;
        31 32 33 34 35];
```

wobei die Elemente auch durch beliebige numerische Ausdrücke angegeben werden können.

Einzelne Elemente einer Matrix spricht man mit Indizes an. Die Nummerierung der Zeilen und Spalten einer Matrix beginnt in MATLAB immer bei eins. Mit A(2,5) wird z.B. das Element aus der zweiten Zeile und der fünften Spalte der Matrix A adressiert. Benutzt man nur einen Index, so werden die Elemente in MATLAB entsprechend ihrer Speicherung adressiert. Diese ist in MATLAB (im Gegensatz zur Programmiersprache C) spaltenweise, so dass das Element A(17) dem Element A(2,4) entspricht. Mit fünf Elementen in einer Spalte erhält man aus $17/5 = 3$, Rest 2, drei ganze Spalten und gelangt in der vierten Spalte bis zum Element in der zweiten Zeile.

Der Zahlenreihenoperator (*Colon Operator*), der durch den Doppelpunkt „:" angegeben wird, ist ein sehr oft verwendeter Operator. Der Ausdruck

```
>> x = 1:2:100;
```

ergibt eine Zahlenreihe mit den Werten $1, 3, 5, ..., 99$, die in einem Zeilenvektor gespeichert wird. Der erste Wert in der Definition der Zahlenreihe ist der Startwert, der zweite Wert ist die Schrittweite, der dritte Wert der Endwert. Fehlt die Schrittweite, so wird dafür eins angenommen, wie in:

```
>> y = 1:10
y =
     1     2     3     4     5     6     7     8     9    10
```

Die Zahlen der Zahlenreihe können auch reelle Zahlen sein, wie z.B. in:

```
y = 2*pi:-pi/100:2*pi
```

Um eine Untermatrix auszuwählen wird auch der Zahlenreihenoperator (natürlich mit ganzen Zahlen) verwendet, z.B.:

```
>> a1 = A(3:4, 2:5)
a1 =
    22    23    24    25
    27    28    29    30
```

Man erhält die Teilmatrix `a1` bestehend aus den Zeilen 3 bis 4 und den Spalten 2 bis 5 der Matrix A. Der letzte Index (einer Zeile oder Spalte) wird auch mit dem Schlüsselwort **end** gekennzeichnet. Dieselbe Teilmatrix erhält man somit auch mit der Anweisung `a1=A(3:4,2:end)`. Der Doppelpunkt allein in einem Index wählt alle möglichen Werte dieses Index aus. In `a2 = A(:,3)` werden alle Elemente der dritten Spalte gewählt. Diese Anweisung ist also mit der Form `a2 = A(1:end,3)` äquivalent.

Für besondere Matrizen gibt es spezielle Funktionen. So können z.B. Initialisierungen mit null oder eins mit den Funktionen **zeros** und **ones** durchgeführt werden. Der Ausdruck `A0 = zeros(50,100)` erzeugt eine Matrix `A0` mit 50 Zeilen und 100 Spalten, die mit Nullwerten initialisiert sind.

Matrizen mit Zufallszahlen können mit den Funktionen **rand** und **randn** erzeugt werden. Mit `x1 = rand(1,100)` wird der Zeilenvektor `x1` bestehend aus 100 im Bereich $[0, 1]$ gleichverteilten Zufallszahlen erzeugt. Ähnlich werden mit der Funktion **randn** Gauß-verteilte Zufallszahlen mit dem Mittelwert null und der Standardabweichung eins erzeugt.

Es gibt viele Funktionen (**compan**, **gallery**, **hankel**, **hilb**, **invhilb**, **hadamard**, **dftmtx**, **dctmtx**, usw.), die in der linearen Algebra und in der Signalverarbeitung eingesetzt werden und die Matrizen erzeugen oder bearbeiten. Beschreibungen dazu erhält man mit Hilfe der Funktion **help** oder im Hilfesystem.

Mit **linspace** und **logspace** werden Vektoren mit linearer bzw. logarithmischer Verteilung der Werte erzeugt. Die Anweisung

```
>> f = logspace(-1,1,5)
f =
    0.1000    0.3162    1.0000    3.1623   10.0000
```

6.2 Interaktives Arbeiten mit MATLAB

erzeugt einen Vektor mit 5 Elementen, dessen Werte bei 10^{-1} beginnen, bei 10^1 enden und logarithmische Abstände in diesem Intervall haben. Das Ergebnis des Aufrufs **diff(log10(f))**

ans = 0.5000   0.5000   0.5000   0.5000

zeigt, dass die Skalierung logarithmisch ist. Die Funktion **diff** bildet die Differenzen aufeinanderfolgender Elemente eines Vektors und mit **log10** wird der Zehnerlogarithmus der Elemente des Vektors f berechnet.

6.2.4 Arithmetische Operationen

In Ausdrücken mit Matrizen können folgende arithmetische Operatoren benutzt werden: +,- für die Addition und Subtraktion von Matrizen der gleichen Größe; *, /, \ für die Multiplikation, die rechtsseitige und die linksseitige Division der Matrizen; ^ für das Potenzieren und ' für die Transjugierung. Transjugierung bedeutet Bildung der konjugiert komplexen transponierten Matrix. Im Falle reellwertiger Matrizen ist die transjugierte gleich der transponierten Matrix. Für die Transponierung komplexwertiger Matrizen wird der Operator .' verwendet.

Mit den Matrizen A der Dimension 5×5, a der Dimension 1×5 (Zeilenvektor) bzw. b der Dimension 5×1 (Spaltenvektor):

```
>> A = randn(5,5);
>> a = randn(1,5); b = randn(5,1);
```

sind z.B. folgende Multiplikationen möglich:

```
>> c = A*b,     d = a*a',     e = (a')*a,
>> f = b*a,     g = a*b,      h = b*b',     k = (b')*b
```

wobei die Ergebnisse Skalare oder Matrizen (eingeschlossen Vektoren) sein können.

Die linksseitige Division mit dem Operator \ dient z.B. der Lösung von algebraischen Gleichungen der Form:

$$\mathbf{A}\, x_1 = \mathbf{b} \tag{6.1}$$

Die mathematische Lösung ist:

$$x_1 = \mathbf{A}^{-1}\mathbf{b}, \tag{6.2}$$

In MATLAB kann diese Lösung auch in einem Verfahren ohne Inversion, mit der linksseitigen Division berechnet werden:

```
>> x1 = A\b;
```

Ebenso werden Gleichungen der Form

$$x_2\, \mathbf{A} = \mathbf{a}, \tag{6.3}$$

deren mathematische Lösung

$$x_2 = \mathbf{a}\mathbf{A}^{-1} \tag{6.4}$$

ist, in MATLAB durch die rechtsseitige Division gelöst:

```
>> x2 = a/A;
```

Die Inverse einer Matrix wird in MATLAB mit der Funktion **inv** berechnet. Natürlich können in MATLAB auch die Lösungen obiger Gleichungen über die Inverse (aber weniger effizient) berechnet werden:

```
>> x1 = inv(A)*b;
>> x2 = a*inv(A);
```

In vielen Fällen möchte man die Matrizen elementweise mit arithmetischen Operatoren verknüpfen. Um das zu erzwingen, wird den Operatoren ein Punkt vorangestellt (.*, .^, ./). So ergibt z.B. A.*A eine Matrix, deren Elemente aus der Multiplikation der jeweiligen Elemente der Matrix A bestehen.

6.2.5 Vergleichs- und logische Operationen

Zum Vergleich von Matrizen gibt es sechs Vergleichsoperatoren: < kleiner als; > größer als; == gleich; <= kleiner oder gleich; >= größer oder gleich und ~= ungleich. Als Ergebnis erhält man eine Matrix mit Einsen an den Stellen, an denen die Vergleichsbedingung erfüllt ist, ansonsten sind die Elemente mit Nullwerten belegt.

Einige zusätzliche Funktionen wie z.B. **find**, **isfinit**, **isinf**, **isnan**, **isempty** erweitern die Vergleichsoperationen. Mit diesen kann man in einem Vektor nach von Null verschiedenen Elementen, nach endlichen und nach unendlichen Werten in einer Matrix suchen. Die Funktion **isnan** (von *is Not A Number*) liefert z.B. die Elemente einer Matrix, die einen unbestimmten numerischen Wert haben. Diesen Wert erhält man z.B. bei der Division von null durch null. Ein Beispiel dazu:

```
>> a = [1 2 3 4 5 6 7 8];
>> a(4) = 0/0;
>> a_nan = isnan(a)
a_nan =
     0    0    0    1    0    0    0    0
```

Mit den logische Operatoren & für UND, | für ODER und ~ für NICHT werden Matrizen elementweise verknüpft. So erhält man z.B. mit C = A & B eine Matrix C, die Einsen an den Stellen enthält, an denen sowohl die Elemente von A als auch die von B von null verschieden sind.

Mit den Funktionen **any** und **all** kann man überprüfen, ob mindestens ein Element oder ob alle Elemente eines Vektors von null verschieden sind:

```
>> a = [1 0 3 4 5 0 7 8];
>> a_any = any(a)
a_any = 1
```

Wenn A eine Matrix ist, dann werden die beiden Funktionen spaltenweise angewandt und man erhält als Ergebnis einen Vektor mit je einem Element für jede Spalte. Mit

```
>> A = randn(5,5);
>> A(:,3) = 0; % Die Elemente der dritten Spalte werden auf
               % null gesetzt
>> any(A)
ans =
     1    1    0    1    1
```

wird diese Arbeitsweise deutlich.

6.2.6 Mathematische Funktionen

MATLAB stellt eine große Anzahl elementarer mathematischer Funktionen zur Verfügung, wie z.B. **sin**, **cos**, **abs**, **angle**, **real**, **imag**, **conj**, **exp**, **log**, **log10**, **fix**, **floor**, **ceil**, **round**, **sqrt** usw.

Eine Liste dieser Funktionen erhält man mit **help elfun**. Für eine Liste spezieller Funktionen sowie von Matrixfunktionen muss man

```
>> help specfun
>> help elmat
```

eingeben.

Einige Funktionen (wie z.B. **sin**, **sqrt**) sind als Teile des MATLAB-Kerns implementiert und dadurch sehr effizient. Nach außen sind die dahinterstehenden Verfahren nicht zugänglich. Andere Funktionen sind als m-Funktionen in Dateien mit der Erweiterung .m enthalten (wie z.B. **gamma**, **sinh**). Diese Dateien stehen im Installationsbaum von MATLAB und können eingesehen werden.

Spezielle Funktionen dienen der Erzeugung von Arbeitskonstanten wie z.B.: **pi**, **i,j** für $\sqrt{-1}$, **eps** für die relative Genauigkeit von Gleitkommazahlen ($\varepsilon = 2^{-52}$), **realmin** für den betragsmäßig kleinsten darstellbaren Wert in Gleitkomma-Format (2^{-1022}), **realmax** für den größten darstellbaren Wert in Gleitkomma-Format ($2^{1024} - \varepsilon$), **inf** für die Darstellung von unendlich (z.B. nach der Division durch null) und **NaN** für die Darstellung der Größe *Not-A-Number*.

Auch die Namen dieser Funktionen können überschrieben werden, allerdings sollte man dieses möglichst vermeiden. Um die interne Vordefinition wieder herzustellen wird die neue Variable gelöscht. Wenn z.B. mit eps = 1.e-6 die Variable eps neu definiert wurde und später zurückgesetzt werden muss, dann gibt man clear eps ein.

Die elementaren mathematischen Funktionen wirken auf Matrizen elementweise. So wird z.B. mit

```
>> t = 0:0.1:100;
>> y = 2.5*sin(2*pi*t/20);
>> plot(t,y);
```

zuerst ein Zeilenvektor t mit 1001 Werten erzeugt. Diese Größe kann über **size**(t) oder **length**(t) erhalten werden. Der nächste Ausdruck führt ebenfalls zu einem Zeilenvektor derselben Größe (für jedes Element von t wird ein Element für y berechnet). Die letzte Eingabe erzeugt eine Darstellung von y als Funktion von t. Wenn t transponiert wird und als Spaltenvektor in den Ausdruck für y eingeht, dann wird auch y ein Spaltenvektor.

6.2.7 Einfache Funktionen zur Datenanalyse

In den Vorgängerversionen der aktuellen Version 7 von MATLAB gab es die Konvention, dass die Funktionen zur Datenanalyse spaltenweise agieren [8]. Nun kann man die Dimension, entlang derer die Funktionen wirken, angeben. Ein einfaches Beispiel soll dies klären:

```
>> X = [1 2 3; 4 5 6; 7 8 9]
X =
     1     2     3
     4     5     6
     7     8     9
>> sum(X,1)    % oder  sum(X)
ans =   12    15    18
>> sum(X,2)
ans =
     6
    15
    24
```

Der Aufruf **sum**(X,1) berechnet die Summe über die Zeilen (also entlang der Spalten) und liefert das gleiche Ergebnis wie der Aufruf **sum**(X). Mit **sum**(X,2) wird die Summe über die zweite Dimension, also über die Spalten (entlang der Zeilen) berechnet.

Für die dreidimensionale Variable C (Abb. 6.2), die mit der Funktion **cat** erzeugt wird, kann man drei Summen definieren.

```
>> C = cat(3,[1, 8; 0.5, 5],[1.2, 3; 7.5, 9]),
C(:,:,1) =
     1       8
     0.5     5
C(:,:,2) =
     1.2     3
     7.5     9
```

Diese sind: **sum**(C,1) (über die Zeilen), **sum**(C,2) und **sum**(C,3). Die Ergebnisse sind leicht zu überprüfen.

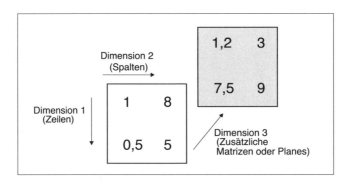

Abb. 6.2: Dreidimensionales Feld C

Ähnlich verhalten sich auch die weiteren Funktionen zur Datenanalyse, wie z.B. **max**, **min**, **mean**, **median**, **std**, **sort**, **cumsum**, **prod**, **cumprod**, **diff**, **hist**, **cov**, **corrcoeff**, **cplxpair** usw.

Wenn z.B. mit X=**sqrt**(5)***randn**(1000,6) eine Matrix mit Gauß-verteilten Zufallszahlen der Größe 1000×6 erzeugt wird und man danach mit **cov**(X) die Kovarianzmatrix schätzt, so fasst MATLAB die Matrix X als 1000 Realisierungen von sechs Zufallsvariablen auf und berechnet die Kreuzkorrelationen zwischen ihnen. Das Ergebnis wird in einer Matrix der Größe 6 × 6 geliefert.

```
>> cov(X)
ans =
    4.4509   -0.2641    0.2310    0.0388    0.0856   -0.0095
   -0.2641    5.3175    0.0124    0.2039   -0.0830   -0.0561
    0.2310    0.0124    5.2509   -0.0748   -0.2939    0.0853
    0.0388    0.2039   -0.0748    4.9130    0.0352    0.1870
    0.0856   -0.0830   -0.2939    0.0352    5.2661   -0.0755
   -0.0095   -0.0561    0.0853    0.1870   -0.0755    5.3134
```

Da die Funktion **randn** (annähernd) unkorrelierte Zufallszahlen liefert, sind die Elemente der Kovarianzmatrix mit Ausnahme der Hauptdiagonalen annähernd null. Die Hauptdiagonale enthält die geschätzten Werte der Varianz (der erwartete Wert ist 5 wegen des Faktors **sqrt**(5) bei der Erzeugung von X). Der Aufruf **std**(X) liefert die Standardabweichung der Daten aus den Spalten, und die Quadrate dieser Werte **std**(X).^2 müssen zu denselben Varianzen wie in der Diagonale der Matrix führen:

```
>> std(X).^2
ans =
    4.4509    5.3175    5.2509    4.9130    5.2661    5.3134
```

Die Funktion **hist**, wie in Hist = **hist**(X, 10), liefert die Häufigkeitsverteilung (Histogramm) in 10 Intervallen des Bereiches in dem die Werte der 6 Zufallsvariablen aus den Matrixspalten liegen:

```
>> Hist = hist(X,10)
Hist =
     0     1     2     0     2     3
    10    13    12    14    10     9
    48    50    45    43    58    47
   160   128   141   135   139   159
   264   264   254   281   285   263
   299   283   305   281   242   284
   161   168   159   175   189   158
    50    75    64    52    60    59
     8    16    16    17    12    13
     0     2     2     2     3     5
```

Dieselbe Funktion kann auch die Mittenwerte der Intervalle liefern, in denen die Häufigkeiten ermittelt werden, um sie danach darstellen zu können. Folgende Programmsequenz zeigt die Darstellung des Histogramms der vierten Spalte in einem Balkendiagramm:

```
>> [Hist, Int] = hist(X,10);
>> bar(Int, Hist(:,4));
```

6.3 Programmierung in MATLAB

Die Programmierung in MATLAB kann auf zwei Arten erfolgen: zum einen in der MATLAB-eigenen Sprache mittels der MATLAB-Anweisungen und Funktionen, zum anderen auch in den Programmiersprachen C oder Fortran unter Verwendung einer besonderen Schnittstelle („mex"-Dateien), die das Aufrufen der in der Programmiersprache geschriebenen Funktionen aus MATLAB erlaubt. In dieser kurzen Einführung soll nur auf die erste Art eingegangen werden.

Ein MATLAB-Programm besteht aus einer Folge von Anweisungen oder MATLAB-Funktionen, die in einer Datei mit der Endung „.m" gespeichert werden. Neben den mathematischen Ausdrücken und Funktionen bietet MATLAB auch die aus der C-Programmierung bekannten Kontrollstrukturen (**if, for, while** usw.) zur Gestaltung des Programmflusses. Auf diese wird in nachfolgenden Abschnitten eingegangen.

Die in der MATLAB-Sprache geschriebenen Programme werden ebenso wie die im Kommandofenster eingegebenen Befehle interpretiert. Eine vorherige Übersetzung der Programme (wie bei der Programmiersprache C) ist zur Ausführung nicht erforderlich. Ebenso ist es nicht erforderlich, Variablen vorab zu definieren und zu deklarieren. Beides erfolgt gleichzeitig mit der ersten Verwendung. Damit ist der Umgang mit MATLAB-Programmen sehr einfach und flexibel und unterstützt das schnelle Experimentieren. Wie bereits in Abschnitt 6.2.1 angesprochen, könen MATLAB-Programme auf zwei Arten gestaltet werden: als sogenannte MATLAB-Skripte und als MATLAB-Funktionen. Der Unterschied zwischen beiden besteht lediglich im verwendeten Namensraum und Kontext für die Speicherung der Variablen: MATLAB-Skripte haben keinen eigenen Namensraum und Kontext, sondern erben den des Aufrufers, während die MATLAB-Funktionen einen eigenen Namensraum und Kontext eröffnen, ähnlich wie bei C-Funktionen.

Wird ein MATLAB-Skript oder eine MATLAB-Funktion aufgerufen, so sucht der MATLAB-Interpreter diese im aktuellen Verzeichnis (wird in der Menüzeile des MATLAB-Fensters angezeigt) oder im Suchpfad, den man mit der Funktion **path** anzeigen kann. Eigene Verzeichnisse fügt man dem Suchpfad mit der Funktion **addpath** hinzu. Weiter Funktionen zur Bearbeitung des Suchpfades bekommt man mit **lookfor path** angezeigt.

6.3.1 MATLAB-Skripte

Die wichtigsten Eigenschaften von Skripten sollen an folgendem Beispiel zur Berechnung statistischer Momente erläutert werden:

```
% Programm statistic_1.m zur statistische Analyse eines
% zweidimensionalen Feldes (Matrix) X
%
% Die Ergebnisse werden in den Vektoren
% mittelw, varianz, standard_abw hinterlegt
%
% Testaufruf: X = randn(100,10);   % Erzeugte Daten
%             statistic_1;         % Aufruf

% ------ Mittelwerte
mittelw = mean(X);
```

6.3 Programmierung in MATLAB

```
% ------ Standard-Abweichung
standard_abw = std(X);
% ------ Varianz
varianz = standard_abw.^2;
```

Das Skript sei in der Datei `statistic_1.m` gespeichert. Es wird durch Eingabe des Aufrufs `statistic_1` (ohne die Dateierweiterung `.m`) ausgeführt. Da Mittelwert und Standardabweichung einer Matrix X berechnet werden, muss es im Kontext des Aufrufers (gewöhnlich der Arbeitsplatz) eine Variable mit genau dem Namen X geben. Die Ergebnisse werden in den Variablen mit den Namen `mittelw`, `standard_abw`, `varianz` gespeichert. Will man das Skript mehrmals in Folge aufrufen, so müssen die Ergebnisse in Variablen mit anderen Namen umkopiert werden, da sie ansonsten überschrieben werden. Wie im nächsten Abschnitt gezeigt wird, lassen sich diese Probleme durch den Einsatz von Funktionen umgehen.

Für Skripte, aber auch für Funktionen, ist es sinnvoll, zu Beginn der Datei eine Beschreibung anzugeben. Diese ist in den Kommentarzeilen, die in MATLAB mit dem Prozentzeichen % eingeleitet werden, enthalten. Das ist die Grundlage für die Funktionsweise des Befehles **help** in MATLAB. Durch Eingabe von **help** gefolgt vom Namen des Programms werden diese Kommentarzeilen zu Beginn der Datei, bis zur ersten Leerzeile oder zur ersten ausführbaren Zeile angezeigt. Es ist sinnvoll, auch nachfolgende Programmzeilen zwecks Dokumentation zu kommentieren. Diese Kommentare werden nicht mehr von **help** angezeigt.

6.3.2 Eigene Funktionen

Eine Funktion wird durch das Schlüsselwort **function** in der ersten Zeile einer Datei definiert. Es folgen in eckigen Klammern die Rückgabewerte der Funktion. Durch ein Gleichheitszeichen getrennt folgt der Name der Funktion, der identisch mit dem Dateinamen sein muss. Anschließend folgt in runden Klammern die Argumentliste. Das im vorhergehenden Abschnitt vorgestellte Beispielskript würde man als Funktion folgendermaßen implementieren:

```
function [mitt, varianz, std_abw] = my_statistic(X)
% Funktion my_statistic.m zur statistischen Analyse eines
% zweidimensionalen Feldes (Matrix) X
%
% Die Ergebnisse werden in den Vektoren
% mitt, varianz, std_abw geliefert
%
% Testaufruf: X = randn(100,10);
%             [m, v, abw] = my_statistic(X);       % Aufruf

% ------ Mittelwerte
mitt = mean(X);
% ------ Standard-Abweichung
std_abw = std(X);
% ------ Varianz
varianz = std_abw.^2;
```

Man ist nun wesentlich flexibler im Aufruf, indem z.B. nacheinander und ohne Umkopieren von Eingangsvariablen und Ergebnissen die statistischen Momente mehrerer Matrizen berechnet werden können:

```
[m1, v1, std1] = my_statistic(X1);
[m2, v1, std2] = my_statistic(X2);
[m3, v3, std3] = my_statistic(X3);
```

Die Daten aus den Matrizen X1, X2, X3 werden analysiert und die Ergebnisse werden in den Variablen m1,v1,std1,m2,v2,std2 und m3,v3,std3 gespeichert.

6.3.3 Funktionsarten

MATLAB stellt mehrere Funktionsarten zur Verfügung, die sich in ihrem Verhalten etwas von den anderen Programmiersprachen unterscheiden:

1. **Hauptfunktionen** (*primary m-file functions*): sind Funktionen wie jene aus dem Beispiel des vorstehenden Abschnittes. Sie werden in einer „.m"-Datei gespeichert, haben denselben Namen wie die Datei und sind aus allen anderen Programmen und Funktionen zugänglich (sofern sie gefunden werden, weil sie im Arbeitsverzeichnis stehen oder ihr Verzeichnis im Suchpfad enthalten ist).

2. **Unterfunktionen** (*subfunctions*): sind Funktionen die im Anschluss an eine Hauptfunktion definiert werden:

   ```
   function A(x,y)        % Primary function
   B(x,y);        % Zugriff auf Funktion B
   D(y);          % Zugriff auf Funktion D
   ...
   function B(x,y)        % Funktion B
   D(x);          % Zugriff auf Funktion D
   ...
   end;
   function D(x)          % Funktion D
   B(x,y);        % Zugriff auf Funktion B
   ...
   end;
   ```

   Unterfunktionen sind nur in der Datei, in der sie definiert wurden, bekannt und können somit auch nur in der Hauptfunktion oder anderen Unterfunktionen dieser Datei verwendet werden.

3. **Eingebettete Funktionen** (*nested functions*): sind Funktionen, die im Rumpf einer anderen Funktion deklariert werden:

   ```
   function A(x,y)            % Primary function
   B(x,y); D(y);
           function B(x,y)        % Nested in A
           C(x);         D(y);
                   function C(x)      % Nested in B
                   D(x);
                   end;
           end;
           function D(x)          % Nested in A
           E(x);
                   function E(x)      % Nested in D
   ```

```
            ...
          end;
      end;
end;
```

Sie sind demnach auch nur in der Funktion, in der sie definiert sind, bekannt. Alle Funktionsdefinitionen müssen mit der Anweisung **end** abgeschlossen werden.

4. **Anonyme Funktionen** (*anonymous functions*): sind Funktionen, die mit einem Ausdruck gebildet werden. Die Syntax ist sehr einfach:

```
Funktions_zeiger = @(arglist) Ausdruck
```

In Ausdruck wird die Berechnungsvorschrift der Funktion angegeben, in arglist steht die Liste der Argumente und mit Funktions_zeiger wird der Zeiger (*function handle*) angegeben, über den die Funktion aufgerufen wird. Als Beispiel diene die Funktion:

```
zweier_potenz = @(x) x.^2;
```

Aufgerufen wird sie über den Zeiger:

```
a = zweier_potenz([5 6 7 8])
a = 25    36    49    64
```

Die Anzahl der Argumente kann beliebig sein, wie z.B. in:

```
a = 2;     b = 3;
summeaxby = @(x,y)(a*x+b*y);
```

Der Aufruf

```
axby = summeaxby(5, 7)
```

liefert das erwartete Ergebnis axby=31.

Wie man sieht, können diese Funktionen mit Variablen aus der Argumentenliste (x, y) und mit bereits definierten Variablen aus dem aufrufenden Kontext (hier a, b aus dem Arbeitsplatz) arbeiten.

5. **Überladene Funktionen** (*overloaded functions*): sind mehrere Funktionen gleichen Namens, bei denen anhand der Argumentliste oder der Klassenzugehörigkeit entschieden wird, welche auszuführen ist. Sie wurden mit der Objektorientierung von MATLAB in den neuesten Versionen eingeführt und dienen dazu, alternative Implementierungen für unterschiedliche Datenstrukturen (-objekte) anzubieten. Mit **help filter** wird z.B. eine kurze Beschreibung der Funktion **filter** angezeigt und am Ende wird mit

```
Overloaded functions or methods (with the same name
                       in other directories)
    help gf/filter.m
    help mfilt/filter.m
    help adaptfilt/filter.m
    help qfilt/filter.m
    help dfilt/filter.m
```

angegeben, dass sie auch für weitere Implementierungen in anderen Objekten existiert.

6. **Private Funktionen** (*private functions*): dienen dazu, eigene Implementierungen einer bereits existierenden Funktion gleichen Namens bereitzustellen, ohne die Originalfunktion umzubenennen oder löschen zu müssen. Dazu muss die private Funktion in einem Unterverzeichnis des Arbeitsverzeichnisses mit dem Namen `private` gespeichert werden. Da MATLAB bei der Suche nach Funktionen immer zuerst nach solchen Unterverzeichnissen sucht, bevor die im Suchpfad gespeicherten Verzeichnisse durchsucht werden, ist sichergestellt, dass die selbst definierte (private) Funktion vor der Originalfunktion gefunden und ausgeführt wird. Man sollte es aber vermeiden, das Unterverzeichnis mit dem Namen `private` in den Suchpfad aufzunehmen.

6.4 Steuerung des Programmflusses

Wie in allen Programmiersprachen stehen auch in MATLAB Befehle für die Programmsteuerung zur Verfügung.

6.4.1 Die `if`-Anweisung

Die **if**-Anweisung prüft logische Bedingungen und steuert die Ausführung nachfolgender Programmabschnitte. Die allgemeine Form ist:

```
if      Bedingung 1
        Programmabschnitt 1
elseif      Bedingung 2
        Programmabschnitt 2
elseif      Bedingung 3
......................
else
        Programmabschnitt n
end;
```

Komplizierte Bedingungen und lange **if - elseif**-Folgen verlängern die Ausführungszeit, so dass es (falls möglich) oftmals günstiger ist, die **switch/case**-Anweisungen zu verwenden.

6.4.2 Die `for`-Schleife

Diese Schleife wird durch das Schlüsselwort **for** eingeleitet und mit **end** abgeschlossen. Hinter dem Schlüsselwort **for** steht die Variable für den Schleifenzähler mit der Angabe ihres Wertebereiches in der MATLAB-üblichen Notation mit dem Zahlenreihenoperator `:`. So werden z.B. in der Schleife

```
x = zeros(1,n);     % Initialisierung
for k = 1:1:n
        x(k) = 10*sin(2*pi*k/100+pi/2);
end;
```

die Elemente des Vektors x mit Indizes von 1 bis n mit einer sinusförmigen Sequenz belegt. Bei der gewählten Schrittweite 1 (die implizit ist – man hätte auch `k=1:n` schreiben können), wird die Schleife genau n Mal durchlaufen.

6.4 Steuerung des Programmflusses

Ist der Endwert (hier n) kleiner als der Anfangswert (hier 1), so wird die Schleife nicht durchlaufen, es wird aber kein Fehler gemeldet. Bei reellwertigem n wird der ganze Teil der Zahl benutzt, und bei komplexwertigem n wird der ganze Teil des Realteils verwendet. Die Schleifenvariable k kann auch rückwärts zählen, wie z.B. in k = N:-2:1. Zwischen den Schlüsselworten **for** und **end** können beliebige Befehle vorkommen, auch andere **for**-Schleifen, die ihre eigenen **end**-Anweisungen besitzen müssen.

Durch die Initialisierung der Variablen x (hier mit x = zeros(1,n);) vor der Schleife erreicht man eine Beschleunigung der Ausführung, da der gesamte Speicher für die Variable auf einmal reserviert wird. Im anderen Fall würde bei jedem Schleifendurchlauf ein weiteres Element des Vektors reserviert und an den bestehenden Vektor angehängt werden, was umfangreiche Speicherverwaltungsoperationen erforderlich macht und entsprechend lange dauert. Generell gilt jedoch, dass die Ausführung von Schleifen in MATLAB träge ist und man eine sehr starke Beschleunigung des Programms erreicht, wenn man davon Gebrauch macht, dass jeder mathematische Ausdruck auch für Vektoren geschrieben werden kann. Mit Hilfe des Zahlenreihen-Operators (:) kann obige **for**-Schleife durch einen Befehl ersetzt werden:

```
x = 10*sin(2*pi*(1:n)/100+pi/2);
```

6.4.3 Die while-Schleife

Als Beispiel für eine *while*-Schleife berechnet folgende Programmsequenz das Polynom y für einen gegebenen Wert von x nach der Regel von Horner:

```
k = 1;    y = 0;    n = length(a);
while k<=n
    y = y*x+a(k);
    k = k+1;
end;
```

Es wird angenommen, dass die Koeffizienten des Polynoms im Vektor a der Länge n enthalten sind.

Die Befehle in der Schleife werden so lange wiederholt, wie die Bedingung nach dem Schlüsselwort **while** wahr ist.

6.4.4 Die switch/case-Anweisung

Es wird eine Gruppe von Anweisungen abhängig vom Wert einer Variablen oder eines Ausdrucks ausgeführt. Im Gegensatz zur Programmiersprache C werden hier nicht alle **case**-Fälle geprüft, sondern der erste zutreffende Fall wird ausgeführt und danach wird der **switch**-Bereich verlassen. Die **switch/case**-Anweisung kann mehrfache Bedingungen in einem **case**-Fall behandeln, wenn die Bedingungen in eine Zelle (durch die geschweifte Klammer erkennbar) zusammenfasst werden:

```
switch var
  case 1
    disp('Wert von var ist 1');
  case {2, 3, 4, 5}
    disp('Wert von var ist 2, 3, 4 oder 5');
  otherwise
    disp('Wert von var ist kleiner als 1 oder größer als 5');
end;
```

6.4.5 Die `try/catch`-Anweisung

Diese Anweisung dient zur einheitlichen Behandlung von Fehlern. Die allgemeine Form der Anweisung ist:

```
try
    Ausführbare Befehlssequenz
    ...
catch
    Ausführbare Befehlssequenz
    ...
end;
```

Der **try**-Bereich der Anweisung enthält die auf eine Fehlerbedingung zu überprüfende Programmsequenz. Sollte ein Fehler in der Programmausführung auftreten, wie z.B. nicht zueinander passende Dimensionen der Matrizen in einer Operation, so wird in den **catch**-Bereich verzweigt, in dem die Fehlerbehandlung erfolgt. Die Ursache des Fehlers ist in der Variable **lasterr** enthalten.

6.4.6 Die `continue`-, `break`- und `return`-Anweisung

Die **continue**-Anweisung überträgt die Kontrolle der nächsten Iteration in einer **for**- oder **while**-Schleife. Die **break**-Anweisung ermöglicht ein frühzeitiges Verlassen einer **for**- oder **while**-Schleife. In geschachtelten Schleifen bewirkt die **break**-Anweisung nur das Verlassen der innersten Schleife.

Mit **return** wird die laufende Anweisungssequenz verlassen und die Kontrolle wird an die übergeordnete Funktion oder an das Kommandofenster, wenn die Funktion unmittelbar aus dem Kommandofenster aufgerufen wurde, weitergereicht.

6.5 Zeichenketten

Zeichenketten werden in MATLAB in einfache Hochkommata eingeschlossen, wie z.B. in `x = 'Spannung';`. Die Variable x ist ein Vektor vom Typ `char array` mit 8 Elementen, so dass z.B. `x(2)` das Zeichen `p` ist.

In Vektoren gespeicherte Zeichenketten können mit Hilfe der eckigen Klammer weiter verkettet werden. Diese Möglichkeit wird oft bei der Beschriftung von graphischen Darstellungen eingesetzt:

```
sigma = 10;
Abb_Titel = ['Weisses Rauschen (Standard-Abw. = ',...
                    num2str(sigma),')'];
plot(sigma*randn(1,200));
title(Abb_Titel);
```

Die Funktion **num2str** (*Numeric-to-String*) erzeugt aus dem numerischen Wert `sigma` eine Zeichenkette, so dass die Variable `Abb_Titel` nur aus Zeichen besteht und mit dem Befehl **title** als Überschrift für die Darstellung verwendet wird.

In MATLAB gibt es viele Funktionen zur Behandlung von Zeichenketten. Die Funktion **eval** wird z.B. zur Auswertung eines in einer Zeichenkette gespeicherten Befehls verwendet:

```
b = 'sqrt(x)';
x = 4;
y = eval(b)
y = 2
z = eval('b')   % Aufpassen auf die Hochkommata!
z = sqrt(x)
```

Ähnlich wertet **feval** eine Funktion aus, die in einer Zeichenkette definiert ist:

```
>> feval('sin', pi/4)
ans = 0.7071
```

Ebenso erwarten die sogenannten *function functions* (Funktion von Funktionen) als Argument einen Funktionsnamen in einer Zeichenkette. So kann man z.B. der Funktion **fplot** einen Funktionsnamen (von MATLAB oder selbst definierte Funktion) übergeben, um den Graph der Funktion darzustellen. Andere Beispiele sind **fminsearch** und **fzero** zur Bestimmung der Minima, bzw. der Nullstellen von Funktionen oder **quad** zur Berechnung des bestimmten Integrals zwischen den angegebenen Grenzen.

6.6 Polynome

Polynome werden in MATLAB durch die Angabe der Koeffizienten in einem Vektor spezifiziert. Vereinbarungsgemäß steht an erster Stelle des Vektors (Vektorindex 1) der Koeffizient des höchstgradigen Gliedes des Polynoms. Alternativ kann ein Polynom auch durch seine Nullstellen spezifiziert werden. Den Vektor der Polynomkoeffizienten erhält man dann mit der Funktion **poly**. Die dazu inverse Funktion, die aus den Polynomkoeffizienten die Nullstellen berechnet, heißt **roots**.

Übergibt man der Funktion **poly** anstelle eines Vektors eine quadratische Matrix **A**, so liefert sie das charakteristische Polynom der Matrix. Das charakteristische Polynom ist das Polynom in λ definiert durch:

$$det(\mathbf{A} - \lambda \mathbf{I}) = c_n \lambda^n + c_{n-1} \lambda^{n-1} + ... + c_1 \lambda + c_0$$

und seine Nullstellen sind die Eigenwerte der Matrix **A**. Folgende Programmsequenz zeigt die Berechnung der Eigenwerte, für deren unkomplizierte Berechnung es in MATLAB allerdings auch die Funktion **eig** gibt:

```
A = randn(4,4);
c = poly(A)     % Koeffizienten der charakteristischen Gleichung
c =
    1.0000    1.6213   -2.4350   -7.7858   -4.4919
lambda = roots(c)     % Eigenwerte von A
lambda =
   2.0240
  -1.3763 + 0.7692i
  -1.3763 - 0.7692i
  -0.8928
```

Den Wert eines Polynoms p an einer Stelle x0 erhält man mit der MATLAB-Funktion **polyval(p,x0)**. Eine weitere, häufig verwendete Funktion in Zusammenhang mit Polynomen ist **polyfit**, mit der man eine tabellarisch gegebene Funktion (in Vektoren gespeicherte Wert-Funktionspaare) mit einem Polynom gewählten Grades annähern kann. Es wird dabei die Methode des kleinsten quadratischen Fehlers verwendet.

6.7 Funktionen für die Fourier-Analyse

Die wohl am häufigsten verwendete Transformation in der Signalverarbeitung ist die Fourier-Transformation. Mit den Funktionen **fftn** und **ifftn** werden die K-dimensionale direkte und inverse Diskrete Fourier Transformation (kurz DFT) [55], [66], [27] einer Matrix der Dimension K berechnet. Sonderformen dieser Funktion sind **fft** und **fft2**, die die eindimensionale bzw. die zweidimensionale DFT berechnen.

Mit der Funktion **nextpow2** kann die nächste Zweierpotenz, die größer als eine Zahl ist, ermittelt werden, um durch Erweiterung mit Nullen (*zero padding*) die Signallänge als Zweierpotenz zu erhalten, so dass die DFT mit dem schnellen Algorithmus der FFT (*Fast-Fourier-Transformation*) [11] berechnet werden kann. Die Erweiterung mit Nullwerten vollzieht MATLAB automatisch, wenn im Aufruf der DFT-Funktionen die Länge der Transformation mit N angegeben wird (z.B. **fft**(x, N)) und diese größer als die Länge n der Datenfolge ist.

Im Programm fourier_1.m wird die DFT eines sinusförmigen Signals ermittelt und dargestellt:

```
% ------- Sequenz
f = 100;      % 100 Hz
fs = 1000;    % 1000 Hz Abtastfrequenz
a = 5;        % Amplitude
phi = pi/3;   % Nullphase
n = 925;      % Anzahl Abtastwerte
nt = 0:n-1;   % Indizes der sequenz
x = a*sin(2*pi*nt*f/fs + phi);
% ------- DFT der Sequenz
Xdft = fft(x);
% ------- FFT der Sequenz
p = nextpow2(n);
N = 2^p;      % Ganze Potenz von 2 (1024)
Xfft = fft(x, N);    % FFT der mit Nullwerten
%                      erweiterten Sequenz
```

Die ursprüngliche Länge der Datenfolge von n = 925 Abtastwerten wird für die FFT auf N = 1024 erweitert. In Abb. 6.3 ist links die DFT der Sequenz der Länge 925 und rechts die FFT der erweiterten Sequenz dargestellt. In beiden Darstellungen beobachtet man den Leck-Effekt (Englisch: *leakage*, [11]), der zu mehreren von Null verschiedenen Abtastwerten des Spektrums führt. Ohne Leck-Effekt sollte das Spektrum nur aus zwei Spektrallinien bestehen, eine bei 100 Hz und die zweite bei 900 Hz = 1000 Hz - 100 Hz.

Der Leck-Effekt tritt auf, weil die gewählten Werte für die Frequenz des Signals, die Abtastfrequenz und die DFT-Länge nicht in einem ganzzahligen Verhältnis stehen: $m_{1n} = n \cdot f/f_s = 925 \cdot 100/1000 = 92.5$ und $m_{2n} = n \cdot (f_s - f)/f_s = 832.5$ sowie $m_{1N} = N \cdot f/f_s = 1024 \cdot 100/1000 = 102.4$ und $m_{2N} = N \cdot (f_s - f)/f_s = 921.6$.

6.7 Funktionen für die Fourier-Analyse

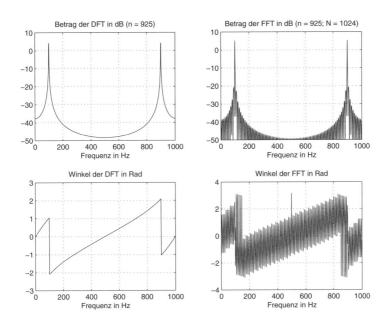

Abb. 6.3: DFT und FFT einer sinusförmigen Sequenz mit Leck-Effekt (fourier_1.m)

Dieselben Formeln, allerdings umgestellt: $f_1 = m_1 \cdot f_s/n$; $f_2 = m_2 \cdot f_s/n$, werden auch verwendet, um in der Darstellung aus Abb. 6.3 die Achsen mit Frequenzwerten und nicht mit den Indizes des Spektrums zu beschriften:

```
subplot(221), plot(nt*fs/n, 20*log10(abs(Xdft/n)));
title(['Betrag der DFT in dB (n = ', num2str(n), ')']);
grid on;   xlabel('Frequenz in Hz');
....
subplot(222), plot((0:N-1)*fs/N, 20*log10(abs(Xfft/N)));
La = axis;   axis([La(1:2), -50, 10]);
title(['Betrag der FFT in dB (n = ', num2str(n),...
    '; N = ', num2str(N), ')']);
grid on;   xlabel('Frequenz in Hz');
....
```

Wählt man die Länge der DFT z.B. zu $N = 1000$, so ergeben sich für das Beispielsignal ganzzahlige Werte für die Position der Spektrallinien und der Leckeffekt tritt nicht auf. In Abb. 6.4 links ist dies zu erkennen. Die Werte des Spektrums außerhalb der Spektrallinien haben einen um etwa -300 dB geringeren Betrag als die Spektrallinien und das entspricht in etwa der numerischen Genauigkeit der Berechnungen. Rechts im Bild ist zum Vergleich die FFT der Länge $N = 1024$ dargestellt und der Leck-Effekt ist deutlich sichtbar. Gegenüber Abb. 6.3 bemerkt man auch einen Unterschied in der Phase des Signals. Der Winkel wird als der Arcus-Tangens des Verhältnisses von Imaginärteil zu Realteil ermittelt. Wegen der numerischen Fehler durch die begrenzte Auflösung der Zahlen in MATLAB können die Winkel in den Bereichen des Spektrums mit gerin-

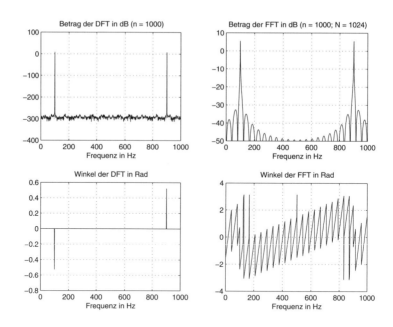

Abb. 6.4: DFT und FFT einer sinusförmigen Sequenz (fourier_1.m)

gem Betrag fehlerhaft sein. Mit folgender Programmsequenz werden diese Winkel bereinigt:

```
phi = angle(Xdft);
k = find((abs(imag(Xdft)) < 1e-8) & (abs(real(Xdft)) < 1e-8));
phi(k) = 0;     % Hier werden die falschen Werte entfernt
```

Zu beachten ist, dass der Winkelbezug bei der DFT die komplexwertige harmonische Schwingung mit der Nullphase $\varphi_0 = 0$ ist. Unser gewähltes sinusförmiges Signal mit der Nullphase $\varphi = \pi/3$ hat dazu mit seiner komplexwertigen Komponente bei der positiven Frequenz $f_+ = 100$ Hz den Phasenunterschied $\Delta\varphi_+ = \pi/3 - \pi/2 = -\pi/6 \cong -0.5$ und mit seiner komplexwertigen Komponente bei der negativen Frequenz $f_- = -100 = 900$ Hz den Phasenunterschied $\Delta\varphi_- = \pi/2 - \pi/3 = \pi/6 \cong 0.5$. Diese Werte erkennt man in Abb. 6.4 links.

Da Signale in der Regel mehr als eine harmonische Komponente enthalten, kann im allgemeinen Fall der Leck-Effekt durch geschickte Wahl der DFT-Länge nicht beseitigt werden. Abhilfe schaffen hier die Fensterfunktionen, mit welchen das Signal Abtastwert für Abtastwert zu multiplizieren ist. MATLAB bietet eine Vielzahl von Fensterfunktionen an, die gebräuchlichsten sind **hanning, hamming, kaiser** [11], [30]. Das Programm fourier_1.m enthält auch die DFT/FFT-Transformation der mit einem Hanning-Fenster gewichteten Datenfolge:

```
xw = x.*hanning(length(x))';
```

Die Transponierung ist notwendig, weil die Funktion **hanning** einen Spaltenvektor liefert und das Signal x als Zeilenvektor angegeben wurde.

Die Funktion **fftshift** ermöglicht es, eine DFT/FFT $X(n)$ so anzuordnen, dass sie dem Bereich $-N/2 < n < N/2 - 1$ für N gerade oder dem Bereich $-(N-1)/2 < n < (N-1)/2$ für N ungerade entspricht. Bei reellwertigen Signalen erscheint somit der Betrag der DFT/FFT symmetrisch um $n = 0$. Im Programm `fourier_1.m` wird auch diese Art der Darstellung für die Graphik *figure 3* verwendet, wobei die Abszissen in absoluten Frequenzen skaliert werden.

6.8 Graphik

MATLAB bietet eine Vielzahl von Möglichkeiten zur graphischen Darstellung von Daten, die sich in den nachfolgenden wenigen Seiten nicht erschöpfend besprechen lassen. Es werden deshalb nur häufig in diesem Buch verwendete Funktionen besprochen.

6.8.1 Grundlegende Darstellungsfunktionen

Die **plot**-Funktion besitzt abhängig von ihren Argumenten verschiedene Formen. Wenn x ein Vektor ist, ergibt **plot**(x) eine stückweise lineare Darstellung der Elemente von x als Funktion der Indizes der Elemente. Durch Spezifizierung eines zweiten Vektors t für die Werte der Abszisse führt **plot**(t,x) zu einem Graph von x nach t. In dem Beispiel:

```
t = 0:0.1:10;
x = 5*sin(2*pi*t/10);
figure(1);          clf;
plot(t,x);          % Darstellung von x(t)
title('Zeitsignal');
xlabel('Zeit in s');        ylabel('Volt');
grid on;
```

wird zuerst der Vektor t und danach der Vektor x erzeugt. Mit **figure**(1) wird das Darstellungsfenster mit der Nummer 1 neu erzeugt oder (falls bereits vorhanden) für die Darstellung ausgewählt. Der Befehl **clf** (*clear figure*) löscht einen eventuell vorhandenen Inhalt dieses Fensters. Mit **title**, **xlabel**, **ylabel** und **grid** wird die Darstellung beschriftet und ein Gitter hinzugefügt.

In einem Darstellungsfenster (*figure*) können mehrere graphische Darstellungen mit einem einzigen Aufruf von **plot** realisiert werden:

```
t = 0:0.01:1;
x1 = 5*sin(2*pi*t/10);      x2 = 2*cos(2*pi*t/15-pi/6);
figure(1);          clf;
plot(t,x1,t,x2);            % Darstellung y1(t) und y2(t)
title('Zwei Signale');
xlabel('Zeit in s');        ylabel('Volt');
grid;
%-------------------------------------------------
figure(2);          clf;
x = [x1',x2'];
plot(t,x);          % Eine andere Möglichkeit
...
```

Im ersten Fall (**figure**(1)) werden dem **plot**-Befehl durch Kommata getrennt mehrere darzustellende Vektoren übergeben. Alternativ wurden im zweiten Fall die beiden Vektoren x1 und x2 zu einer Matrix zusammengefasst, so dass sie die Spalten dieser Matrix bilden. Der **plot**-Befehl stellt alle Spalten einer Matrix gegen sein erstes Argument dar.

In der graphischen Darstellung kann man Farbe und Linienstil festlegen sowie die Punktepaare t, x markieren. So wird z.B. mit

```
...
plot(t,x,'r:+');        % Darstellung mit roten Linien und Marker +
...
```

die Darstellung mit roten Linien realisiert und die Punktepaare werden mit + markiert.

Wenn der Vektor Z komplexwertig ist, dann führt **plot**(Z) zur Darstellung der Ortskurve des komplexwertigen Signals und ist also äquivalent zum Aufruf:

```
plot(real(Z), imag(Z));
```

Folgende Programmsequenz erzeugt ein Polygon mit 20 Seiten und kleinen Kreisen an den Eckpunkten:

```
phi = 0:pi/10:2*pi;
plot(exp(i*phi),'-o');
axis equal;
```

Die Anweisung **axis** equal führt dazu, dass für beide Achsen dieselbe Skalierungseinheit verwendet wird und ein Kreis als Kreis erscheint.

Mit jedem neuen **plot**- oder einem anderen Darstellungsbefehl wird ein neues *figure*-Fenster geöffnet. Um einem Darstellungsfenster weitere Graphiken hinzuzufügen, wird nach der ersten Darstellung durch **hold on** der vorhandene Inhalt des graphischen Fensters vor Überschreiben geschützt.

Als Beispiel soll folgende Programmsequenz dienen, deren Ergebnis in Abb. 6.5 dargestellt ist:

```
t1 = 0:0.1:100;                    t2 = 0:5:100;
y1 = 5*sin(2*pi*t1/16+pi/8);       y2 = 5*sin(2*pi*t2/16+pi/8);
figure(1);    clf;
plot(t1,y1);              % Erste Darstellung
hold on;
stairs(t2,y2,'LineWidth',2,'Color',[0.6, 0, 0]);
                          % Zweite Darstellung
hold off;
```

Im Befehl **stairs** werden mit zusätzlichen Parametern die Stärke der Linie und deren Farbe gewählt. Die Farbe wird über die Anteile der Grundfarben RGB (im Wertebereich von 0 bis 1) angegeben. Hier wurde ein Rot-Ton ausgewählt.

6.8 Graphik

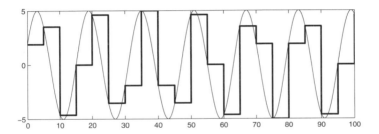

Abb. 6.5: Mit **hold on** *kann man mehrere Graphen in ein Darstellungsfenster zeichnen*

6.8.2 Unterteilung des Darstellungsfensters mit der Funktion `subplot`

Der Befehl **subplot** ermöglicht die Unterteilung des Darstellungsfensters. Die ersten beiden Argumente der Anweisung **subplot** (m,n,p) geben die Anzahl der Zeilen und der Spalten an, in die das Darstellungsfenster aufgeteilt werden soll und mit p wird eines der Teilfenster ausgewählt.

Abb. 6.6 zeigt einige Beispiele für mögliche Unterteilungen. In diesem Buch wurde oft die Unterteilung a) verwendet. So kann z.B. im oberen Fenster das Eingangssignal und im unteren die Antwort des Systems dargestellt werden. Ein Frequenzgang, z.B. oben der Amplitudengang und unten der Phasengang, kann ebenfalls in dieser Art dargestellt werden.

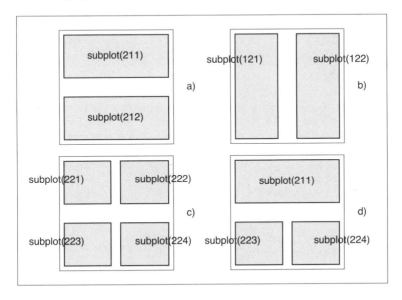

Abb. 6.6: Beispiele für Unterteilungen des Darstellungsfensters mit der Funktion **subplot**

Wenn zwischen den Teilfenstern nicht genügend Zwischenraum für Titel und Beschriftung vorhanden sind, kann man mit folgenden Befehlen Abhilfe schaffen.

Nach einer **subplot**-Anweisung

```
subplot(311), plot(....);
title('Amplitudengang');                xlabel('Hz');
```

wird mit dem Befehl

```
po = get(gca, 'Position');
```

die Position der Unterteilung abgefragt. Die vier Werte des Vektors `po` sind die Koordinaten der linken unteren Ecke sowie die Breite und die Höhe der Unterteilung (in MATLAB mit **gca** bezeichnet). Danach wird mit

```
set(gca, [po(1:3), po(4)*0.9]);
```

nur die Höhe (`po(4)`) verkleinert, so dass der Abstand für den **xlabel**-Text und **title**-Text des nächsten *subplot* ausreichend ist.

Mit dem **axis**-Befehl hat man vielfältige Eingriffsmöglichkeiten zur Gestaltung einer Darstellung. Mit

```
Lo = axis;
```

werden z.B. für die aktuell gültige Zeichenfläche die Grenzen der Skalierung im Vektor `Lo` in der Form `[xmin, xmax, ymin, ymax]` gespeichert. Man kann diese mit dem Befehl

```
axis([my_xmin, my_xmax, my_ymin, my_ymax]);
```

vollständig oder nur teilweise

```
axis([Lo(1), Lo(2), -100, 10]);
```

ändern. Im letzten Beispiel wurde auf einfache Art ein Zoom des Wertebereichs realisiert. Im Programm `zoom_axis.m` wird diese Möglichkeit angewandt:

```
% ------- Entwicklung eines IIR-Filters
nord = 8;       % Ordnung des Filters
[b,a] = ellip(nord, 0.1, 80, 0.2);
% ------- Frequenzgang des Filters
[H, w] = freqz(b,a, 500);   % 500 Punkte des Frequenzgangs
% ------- Darstellung des Amplitudengangs
figure(1);   clf;
subplot(221), plot(w/(2*pi), 20*log10(abs(H)));
xlabel('Relative Frequenz');    grid;
title('Amplitudengang');

subplot(222), plot(w/(2*pi), 20*log10(abs(H)));
Lo = axis;   axis([Lo(1), 0.15, -0.5, 0.1]);
xlabel('Relative Frequenz');    grid;
title('Durchlassbereich');
```

Zunächst wird ein Filter entwickelt und dessen Koeffizienten in den Vektoren `b`, `a` gespeichert. Der komplexe Frequenzgang `H` für 500 im Vektor `w` gespeicherte und gleichmäßig im Frequenzbereich zwischen 0 und π verteilte Stützstellen wird mit der Funktion **freqz** ermittelt.

6.8 Graphik

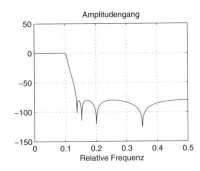 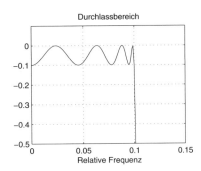

Abb. 6.7: Amplitudengang und Zoom-Effekt mit Hilfe der Funktion **axis** *(zoom_axis.m)*

Das erste Teilfenster (Abb. 6.7) enthält den gesamten Amplitudengang, in dem die Welligkeit im Durchlassbereich nicht sichtbar ist. Mit dem zweiten Teilfenster wird dieser Bereich mit neuen Grenzen der Achsen dargestellt. Ähnlich können der Übergangsbereich und der Sperrbereich vergrößert dargestellt werden.

6.8.3 Logarithmische Achsen

In der Technik werden oft logarithmische Koordinaten benötigt, die von MATLAB mit den Befehlen **semilogx, semilogy** und **loglog** unterstützt werden.

Im Programm quarz_1 werden diese Befehle eingesetzt, um den Betrag der Impedanz der Ersatzschaltung eines Quarzes [26] darzustellen.

Wie man in Abb. 6.8 erkennt, ist die lineare Skalierung (links oben) ungeeignet. Die logarithmische Einteilung der Abszisse (rechts oben) löst sehr gut den Frequenzbereich auf, die Impedanz bei der Reihenresonanz ist aber nicht ablesbar. Nur die logarithmischen Koordinaten aus der Darstellung rechts unten bringen die gewünschte Auflösung für beide Achsen.

6.8.4 Darstellung zeitdiskreter Daten mit den Funktionen stem und stairs

Von den verschiedenen MATLAB-Funktionen zur Darstellung zeitdiskreter Daten werden hier nur der **stem**- und der **stairs**-Befehl kurz beschrieben. Als typisches Beispiel soll die Darstellung der Einheitspulsantwort eines diskreten Systems dienen (Abb. 6.9):

```
h = fir1(64, 0.5);
stem(0:length(h)-1, h);
```

Der Befehl **stem** zeichnet die Abtastwerte als vertikale Linien. Wie auch beim Befehl **plot** können zusätzliche Argumente den Stil und die Farbe der Darstellung ändern:

```
stem(0:length(h)-1,h,'LineWidth',1.5,'Color',[0.5,0.5,0.5]);
```

Weil die Anzahl der Koeffizienten des Filters kein Vielfaches von zehn ist, sieht die Darstellung wie in Abb. 6.9 links aus (my_stem.m). Mit **axis tight** kann man die Grenzen der Achsen den Wertebereichen der Daten anpassen (Abb. 6.9 rechts).

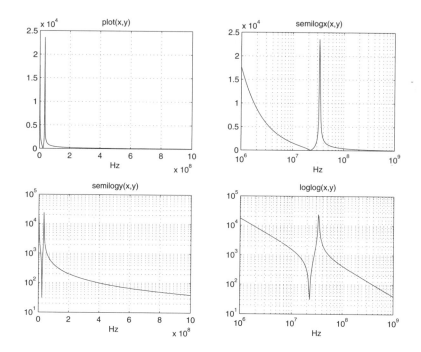

Abb. 6.8: Betrag der Impedanz eines Quarzes (quarz_1.m)

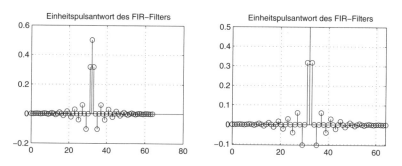

Abb. 6.9: Darstellung einer Einheitspulsantwort mit der Funktion **stem** *(my_stem.m)*

Wenn man nur die Abszisse ausdehnen möchte, dann sollte man statt **axis tight** folgende schon vorgestellte Vorgehensweise benutzen:

La = **axis**;   **axis**([La(1), **length**(h)-1, La(3:4)]);

Der **stairs**-Befehl dient zur „stufigen" Darstellung der Abtastwerte, so als wäre ein Halteglied nullter Ordnung auf sie angewandt worden. Er wurde bereits in Abschnitt 6.8.1 verwendet, um ein mit einem Halteglied nullter Ordnung abgetastetes Signal mit seinem entsprechenden, kontinuierlichen Signal überlagert darzustellen (Abb. 6.5).

6.9 Weitere Datenstrukturen

In MATLAB gibt es neben den Matrizen (welche als Sonderfälle auch skalare Größen und eindimensionale Vektoren enthalten) auch Felder mit mehreren Dimensionen, Zell-Felder und Strukturen.

6.9.1 Mehrdimensionale Felder

Mehrdimensionale Felder stellt man sich am besten als die Anordnung von Matrizen in verschiedenen Ebenen vor. Sie besitzen demnach mehr als zwei Indizes. Die ersten beiden Indizes adressieren die Zeilen und Spalten in der Matrix, während die nachfolgenden Indizes die Ebenen ansprechen. Eine Möglichkeit mehrdimensionale Felder zu initialisieren ist über die Funktionen **zeros, ones, rand** und **randn** gegeben. So wird z.B. mit

```
noise = randn(4,5,6);
```

ein Feld von 6 Matrizen der Größe 4×5 mit normalverteilten Zufallszahlen erzeugt. Jedes Teilfeld kann über die entsprechenden Indizes erreicht werden. Der Befehl

```
>> noise(:,:,3)
ans =
  -1.6041   -0.8051   -2.1707    0.5077    0.3803
   0.2573    0.5287   -0.0592    1.6924   -1.0091
  -1.0565    0.2193   -1.0106    0.5913   -0.0195
   1.4151   -0.9219    0.6145   -0.6436   -0.0482
```

wählt die dritte Matrix aus und mit

```
>> a = noise(3,4,:)
a(:,:,1) =   -0.1364
a(:,:,2) =    1.2902
a(:,:,3) =    0.5913
a(:,:,4) =   -1.4751
a(:,:,5) =    0.4437
a(:,:,6) =   -1.2173
```

werden die Elemente der dritten Zeile und der vierten Spalte aus allen Ebenen extrahiert. Wenn man die Größe von a mit **size**(a) bestimmen möchte, erhält man:

```
>> size(a)
ans =
     1     1     6
```

Entgegen der Erwartung ist das Ergebnis kein Vektor sondern ein dreidimensionales Feld. Über die Funktion **squeeze** kann man die unnötigen Dimensionen entfernen:

```
>> b = squeeze(a)
b =
   -0.1364
    1.2902
    0.5913
   -1.4751
```

```
     0.4437
    -1.2173
size(b)
ans =
     6     1
```

Mehrdimensionale Felder eignen sich z.B. gut für die Speicherung von Farbbildern mit den Kanälen RGB oder YUV.

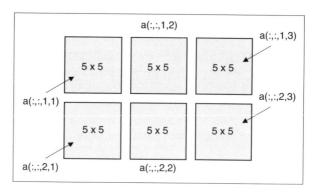

Abb. 6.10: Vierdimensionales Feld

Es soll nicht der Eindruck entstehen, dass nur drei Dimensionen möglich und sinnvoll sind. Mit

```
>> a = randn(5,5,2,3);
```

wird ein vierdimensionales Feld bestehend aus 6 Matrizen der Größe von jeweils (5 × 5) definiert, die in zwei Zeilen und drei Spalten organisiert sind (Abb. 6.10).

6.9.2 Zell-Felder

Zell-Felder (*cell-field*) sind mehrdimensional organisierte Container, die beliebige, unterschiedliche Datentypen enthalten können. Man erkennt Zell-Felder an der Adressierung ihrer Elemente über geschweifte Klammern. Zell-Felder werden in der Regel durch explizite Zuweisung von Daten oder durch den Befehl **cell** gebildet:

```
r{1,1} = {'1 kOhm'};
r{1,2} = {['Temperatur = ',num2str(20),'Grad']};
r{2,1} = {1100};
r{2,2} = {20};
```

Da sie Daten unterschiedlicher Länge enthalten können, werden Zell-Felder eben für die Speicherung solcher Daten verwendet. So können z.B. die Koeffizientenvektoren einer DWT[2]-Zerlegung [26], die verschiedene Längen besitzen, in einem einzigen Feld gespeichert werden:

```
[Koeff, L] = wavedec(y, 4, 'db4');   % Zerlegung
% -------- Speichern der Koeffizienten in coef
```

---

[2] *Discrete-Wavelet-Transform*

```
coef = cell(5,1);               % Definition des Zell-Feldes
    s = 1,              e = s+L(1)-1
coef{5} = Koeff(s:e);           % Details cd1
    s = s+L(1),         e = s+L(2)-1
coef{4} = Koeff(s:e);           % Details cd2
    s = s+L(2),         e = s+L(3)-1
coef{3} = Koeff(s:e);           % Details cd3
    s = s+L(3),         e = s+L(4)-1
coef{2} = Koeff(s:e);           % Details cd4
    s = s+L(4),         e = s+L(5)-1
coef{1} = Koeff(s:e);           % Approximation ca4
```

Im Zeilenvektor `Koeff` erhält man alle Koeffizienten der Zerlegung in vier Stufen mit den `'db4'`-Wavelet-Filtern [69], [17]. Die Elemente des Vektors `L` enthalten die Längen, so dass man die Koeffizienten aus `Koeff` extrahieren kann. Sie werden in dem Zell-Feld `coef` mit einer Spalte und fünf Zeilen gespeichert. Den Zugriff auf die einzelnen Elemente einer Zelle erfolgt über Indizes. So wird z.B. mit `coef{3}(12)` das 12. Element der dritten Zelle angesprochen.

Im Programm `zelle_1.m` wird diese Zerlegung für ein Signal mit veränderlicher Frequenz (Chirp-Signal) zusammen mit der Darstellung der Koeffizienten vorgenommen.

6.9.3 Struktur-Variablen

Mit der Befehlsfolge

```
Versuch.name = 'Aufzeichnung 1';
Versuch.datum = '18.08.06';
Versuch.daten = zeros(1,100);
```

wird eine Struktur-Variable mit dem Namen `Versuch` definiert, die aus drei Komponenten (*fields*) besteht. Man kann auch Matrizen von Strukturen definieren, indem Indizes nach dem Namen der Struktur hinzugefügt werden:

```
Versuch(5,2).name = 'Aufzeichnung 5';
Versuch(5,2).datum = '10.09.06';
Versuch(5,2).daten = zeros(1,200);
```

Die Struktur-Variable `Versuch` wird damit zu einer 5×2 Matrix erweitert. Alle noch nicht definierten Elemente werden mit leeren Matrizen (mit [ ] bezeichnet) initialisiert.

Die Funktion **fieldnames** liefert die Namen der Komponenten einer Struktur und die Funktion **struct** ist eine Alternative (neben der Zuweisungsmethode) zur Bildung von Struktur-Variablen.

6.10 Dateioperationen

MATLAB besitzt viele Möglichkeiten zum Lesen und Schreiben von Dateien unterschiedlicher Art. Auf die wichtigsten Methoden wird nachfolgend eingegangen.

6.10.1 Lesen und Schreiben im ASCII-Format

Für das Lesen und Schreiben im ASCII-Format gibt es einerseits die der Programmiersprache C ähnlichen Befehle **fprintf, fscanf, fopen, fclose** u.a., die eine Formatierung der Dateien nach eigenem Geschmack erlauben, und andererseits die Befehle **load** und **save**, die einfacher zu verwenden, aber auch weniger flexibel sind. Die Funktionen **load** und **save** dienen neben dem Lesen und Schreiben von Daten im ASCII-Format auch zur Speicherung der Daten in einem MATLAB-eigenen Binärformat (siehe nächster Abschnitt). Welche Dateiart verwendet wird, entscheidet das Programm über die Dateiendung oder mittels Optionen. Die Speicherung von ASCII-Daten wird mit der Option -ascii gewählt.

Der **load**-Befehl versucht, aus der Struktur der Datei auf die Organisation der Daten zu schließen und diese in einer entsprechenden Matrix zu speichern. Wenn z.B. in der Datei messung1.dat (die Erweiterung dat kann beliebig außer mat sein) folgende ASCII-Daten enthalten sind:

```
0          0.5326
0.1        0.6656
0.2        0.1253
0.3       -0.1899
0.4       -1.4457
0.5       -0.1909
0.6        0.8892
```

so erzeugt der Befehl **load** messung1.dat; eine Matrix mit dem Namen messung1 mit sieben Zeilen und zwei Spalten im Arbeitsplatz und initialisiert sie mit den numerischen Werten aus der Datei. Mit der funktionalen Form

```
m1 = load('messung1.dat')
```

werden die Daten in der Matrix-Variablen m1 gespeichert.

Mit dem Befehl **save** und der Option -ascii werden Variablen in einer ASCII-Datei gespeichert. Durch

```
save messung2.out m1 -ascii
```

wird das Feld m1 in die Datei messung2.out geschrieben (wobei out eine beliebige Erweiterung außer mat sein kann).

Die C-ähnlichen Befehle (**fprintf, fscanf, fopen, fclose**) können flexibler eingesetzt werden. Mit folgender Programmsequenz wird z.B. der in der Matrix freqgang enthaltene Frequenzgang eines FIR-Tiefpassfilters in einer ASCII-Datei mit mehreren Spalten und den entsprechenden Überschriften gespeichert.

```
h = fir1(32, 0.2);          % Einheitspulsantwort des Filters
[H,w] = freqz(h,1);         % Komplexer Frequenzgang
nr = 1:length(w);           % Laufende Nummer
freqgang = [nr', w/(2*pi), abs(H), angle(H)*180/pi];
freqgang =
    1.0000         0    1.0000         0
    2.0000    0.0010    1.0000   -5.6250
    3.0000    0.0020    1.0000  -11.2500
```

6.10 Dateioperationen

```
    4.0000      0.0029      1.0000    -16.8750
    5.0000      0.0039      0.9999    -22.5000
    6.0000      0.0049      0.9999    -28.1250
                  ...
fid = fopen('freq.dat','w');
freqgang = freqgang';      % fprintf nimmt die Daten Spaltenweise
fprintf(fid,'   Nr.       Frequenz      Betrag      Phase   \n\n');
fprintf(fid,'  %5.0f   %16.8f   %11.5f   %11.2f \n', freqgang);
fclose(fid);
```

Um die Daten aus der Matrix `freqgang` in die Datei `freq.dat` zu schreiben, wird diese Datei zuerst für Schreiben geöffnet (Option `'w'`) und anschließend mit **fprintf** beschrieben. Schließlich wird die Datei mit **fclose** geschlossen. Die ASCII-Datei `freq.dat` enthält den Frequenzgang in Form einer Tabelle:

```
    Nr.           Frequenz              Betrag               Phase

    1          0.00000000             1.00000               0.00
    2          0.00097656             1.00000              -5.62
    3          0.00195312             0.99999             -11.25
    4          0.00292969             0.99997             -16.88
    5          0.00390625             0.99994             -22.50
    6          0.00488281             0.99991             -28.13
    ...
```

Ähnlich werden formatierte Daten mit **fscanf** gelesen. Als Beispiel wird die zuvor erzeugte Datei `freq.dat` gelesen und im Feld `Hgelesen` abgelegt:

```
fid = fopen('freq.dat', 'rt');       % Öffnen zum Lesen
Kopf = ' ';
for k = 1:4
    word = fscanf(fid, '%s',1);      % Lesen des Kopfes
    Kopf = [Kopf, ' ', word];
end;
Hgelesen = [];
while 1          % Lesen des Frequenzgangs nach Hgelesen
    [Ht, count]=fscanf(fid, '%f %f %f %f',4);
    Hgelesen = [Hgelesen;Ht'];
    if feof(fid),
        break
    end
end;
fclose(fid);
```

Diese Sequenzen sind im Programm `datei_fprintf.m` enthalten.

6.10.2 Lesen und Schreiben von Binärdaten

Binärdateien sind hinsichtlich Speicherplatzbedarf und Geschwindigkeit beim Lesen oder Schreiben effizienter als ASCII-Dateien. Nachteilig ist jedoch, dass sie mit einem Texteditor nicht einsehbar sind.

MATLAB hat ein eigenes Binärformat, das sogenannte .mat-Format. Zum Lesen und Schreiben dieses Formates sind dieselben Befehle **load** und **save** vorgesehen. Im MATLAB-eigenen Format werden nicht nur die numerischen Werte der Variablen gespeichert, sondern auch die Struktur der Daten und die Namen der Variablen. Damit kann eine Arbeitsumgebung vollständig wiederhergestellt werden. Als Beispiel werden folgende Variablen

```
t = 1:50;    phi=2*pi*rand(1,50);    x = 9*cos(2*pi*t/50+phi);
```

mit einem der nachfolgenden äquivalenten Befehle in die Datei my_session.mat gespeichert:

```
save my_session t x phi;
save my_session.mat phi t x;
save my_session x t phi -mat
```

Die Reihenfolge, in der die Variablen angegeben werden, spielt keine Rolle.

Mit **load** my_session.mat oder einfach **load** my_session werden die zuvor gespeicherten Variablen wieder in den Arbeitsbereich geladen.

Analog zu den C-ähnlichen Befehlen für das Schreiben von ASCII-Daten stellt MATLAB auch die Befehle **fread** und **fwrite** zum Schreiben von Binärdateien mit selbst definierter Struktur zur Verfügung. Die Syntax und die Semantik sind analog zu den entsprechenden Funktionen in der Sprache C.

6.10.3 Lesen und Schreiben von Audiodaten

MATLAB unterstützt den Umgang mit Audiodaten im .wav und .au-Format. Das erste Format ist in der PC-Welt verbreitet, während das zweite häufig auf Sun-Workstations anzutreffen ist. Die entsprechenden Funktionen sind **wavread, wavwrite, auread** und **auwrite**. Ihr Einsatz ist sehr einfach. Beispielhaft (Programm wav_manip.m) wird mit

```
% ------ Lesen der Datei pop1.wav
[y, fs, nbit]=wavread('pop1.wav');
n = size(y);
disp('Laenge y = '), n,
disp('Abtastfrequenz fs = '), fs,
disp('Anzahl Bit je Abtastwert nbit = '), nbit,
% ------ Dezimierung der Variable y
yd = y(1:2:end);
fsd = fs/2;
% ------ Schreiben in die datei pop2.wav
wavwrite(yd, fsd, nbit, 'pop2.wav');
```

die Datei pop1.wav gelesen und die zeitdiskreten Werte im Vektor y gespeichert. In fs wird die Abtastfrequenz der Daten und in nbit die Anzahl der Bit, mit denen ein Abtastwert quantisiert ist, geliefert.

Danach werden die Daten mit dem Faktor zwei dezimiert und in die Datei pop2.wav geschrieben. Wegen der Dezimierung ist die neue Abtastfrequenz fsd = fs/2. Die Auflösung nbit bleibt unverändert.

Ähnliche Argumente sind auch in den Befehlen **auread, auwrite** vorgesehen.

6.11 Schreibtisch-Werkzeuge

Das Hauptwerkzeug des Schreibtischs (*Desktop*) ist das schon beschriebene Kommando-Fenster mit einigen Unterfenstern. Für die Programmentwicklung spielt der MATLAB-Editor mit integriertem Debugger eine wichtige Rolle. Weiterhin ist in der aktuellen Version auch das leistungsfähige Hilfesystem *Help Browser* von großer Bedeutung. Mit ihm erhält man alle nötigen Informationen über die Komponenten der MATLAB-Produktfamilie.

Die in MATLAB erstellten Programme können mit Bedienoberflächen, auch als GUIs (*Graphical-User-Interfaces*) bekannt, anwenderfreundlich gestaltet werden. In vielen Toolboxen gibt es spezifische GUIs, wie z.B. das *Filter Design and Analysis Tool* aus der *Signal Processing Toolbox*. In der Version 7 wurde der *Plot-Editor* der vorhergehenden Version erweitert und als GUI *Figure Tool* zur Verfügung gestellt. Man kann jetzt in einem Darstellungsfenster (*figure*) interaktiv viele Editier- und Bearbeitungsfunktionen anwenden, um z.B. eine Statistik der Daten aus dem Bild zu erstellen, die Minimal- oder Maximalwerte bestimmen usw.

In den folgenden Abschnitten werden kurz diese Werkzeuge vorgestellt.

6.11.1 Editor und Debugger

Der MATLAB-Editor wird aus dem Kommandofenster mit dem Befehl **edit** aufgerufen. Abb. 6.11 zeigt den MATLAB-Editor auf einem Apple-Mac-System[3], in dem zwei Dokumente geöffnet sind. Über die Schaltflächen unten links kann man das Dokument `wave_manip.m` oder `zelle_1.m` zur Anzeige auswählen. Mit der Schaltfläche oben rechts kann auch eine andere Anordnung der Dokumente gewählt werden, wie z.B. eine waagerechte oder senkrechte Unterteilung des Editor-Fensters, so dass mehrere Dokumente sichtbar sind.

Die Schaltflächen in der Menüleiste des Editors enthalten auch die Steuermöglichkeiten des Debuggers. Man kann Haltepunkte (*breakpoints*) setzen, bei deren Erreichen die Programmausführung angehalten wird, so dass man z.B. die Programmvariablen einsehen kann. Im Editor wird die Lage eines Haltepunktes durch einen roten Punkt in Höhe der betreffenden Programmzeile markiert. Das Erreichen eines Haltepunkts wird im Kommandofenster mit K>> angezeigt. Ebenfalls über eine Schaltfläche der Menüleiste kann man schrittweise die Zeilen des Programms ausführen.

Außer dem MATLAB-eigenen Editor können auch beliebige andere Editoren (wie z.B. Emacs) für die Entwicklung der MATLAB-Programme verwendet werden. In diesem Fall muss man die *Debugger*-Anweisungen direkt in das Programm schreiben oder vom Kommandofenster aus den Debugger bedienen. So wird z.B. mit der Anweisung **keyboard** in einem Programm ein Haltepunkt gesetzt. Das Verlassen dieser Stelle erzwingt man durch Eingabe des Befehls **return** im Kommandofenster. Alternativ kann auch der Befehl **dbquit** verwendet werden, aber dann wird das Programm abgebrochen.

Im Kommandofenster können mit **dbstop** Haltepunkte gesetzt werden. So wird z.B. mit **dbstop in alias_1** ein Haltepunkt am Anfang der Funktion `alias_1.m` gesetzt. Ähnlich wird mit **dbstop in alias_1 at 20** ein Haltepunkt bei Zeile 20 der Funktion gesetzt. Mit **dbstop if error** wird eine Funktion im Falle eines Fehlers an der Stelle des Fehlers unterbrochen und ihr Quelltext wird im Editierfenster angezeigt. Mit **dbclear all** werden alle Haltepunkte gelöscht.

---

[3] Auf PC-Systemen ist er bis auf die schmückenden Elemente der Fensterumgebung ähnlich

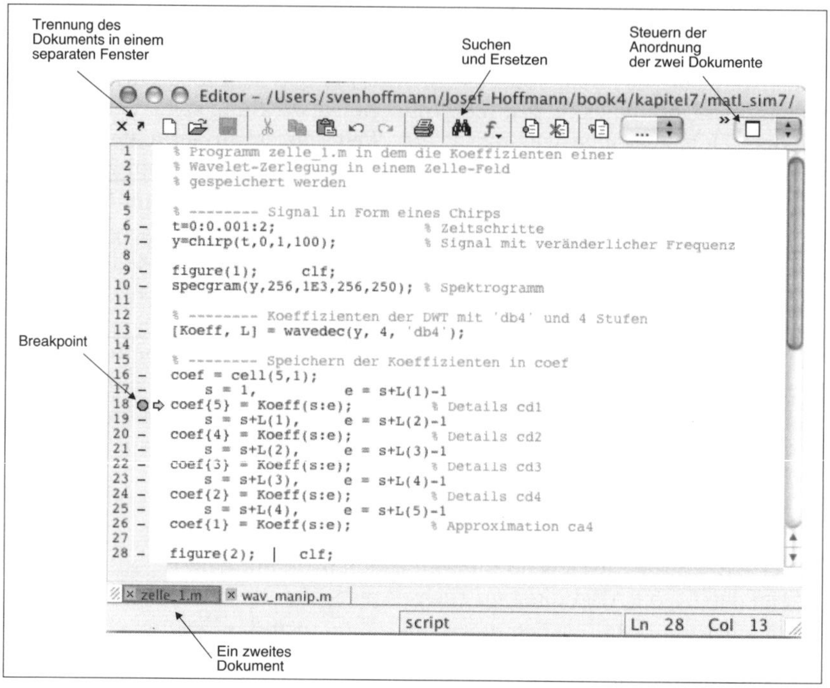

Abb. 6.11: Das Editor-Fenster

Ein Unterbrechungszustand wird mit **dbcont** oder **dbquit** verlassen. Der Befehl **dbcont** führt dazu, dass die Programmausführung unter Kontrolle des Debuggers bis zum nächsten Haltepunkt fortgesetzt wird. Mit **dbquit** wird der *Debug*-Zustand sofort verlassen, ohne das Programm bis zum Ende auszuführen.

Wurde ein Programm durch den Debugger an einem Haltepunkt angehalten, so kann man im Kommandofenster auf die Variablen des aktuellen Kontextes zugreifen. Den aktuellen Kontext kann man mit dem Befehl **dbstack** anzeigen:

```
K>>
[S,I] = dbstack
S =
    file: 'alias_1.m'
    name: 'alias_1'
    line: 18
I =
    2
```

In der Variablen S werden der Datei- und der Funktionsname sowie die Zeilennummer angezeigt, an der die Ausführung sich gerade befindet. Die Variable I gibt den Index des aktuellen Kontextes an. Mit dem Befehl **dbup** kann in den Kontext der aufrufenden Funktion gewechselt werden, so dass die dort enthaltenen Variablen inspiziert werden können.

Die Funktion **dbstep** führt die nächste Codezeile aus. Der Aufruf **dbstep** N führt N Codezeilen aus. Falls die nächste auszuführende Programmzeile ein Funktionsaufruf ist, so springt man mit **dbstep in** in die aufgerufene Funktion und die Ausführung stoppt bei der ersten Zeile dieser Funktion, während **dbstep out** die aufgerufene Funktion vollständig ausführt und bei der auf den Funktionsaufruf folgenden Zeile anhält. Neben diesen, wichtigsten Befehlen zur Steuerung des Debuggers gibt es noch weitere, die man bei Bedarf im Hilfesystem nachschlagen kann.

6.11.2 Fehlervermeidung

Bei der Programmierung können zwei Arten von Fehlern auftreten: Syntaxfehler und Laufzeitfehler. Syntaxfehler werden vom MATLAB-Interpreter erkannt und als solche angezeigt. Mit einem Blick in die Hilfedatei des entsprechenden Befehls können Syntaxfehler in der Regel schnell korrigiert werden. Laufzeitfehler treten erst während der Ausführung auf und äußern sich in einem Abbruch oder in einer fehlerhaften Programmausführung. Beispiele für Laufzeitfehler sind nichtzutreffende Datentypen oder Datengrößen, aber auch falsche Programmausführung durch Fehler in der Kontrollstruktur des Programms. Um die Ursachen der Laufzeitfehler zu entdecken ist in der Regel das Debuggen des Programmes erforderlich.

Mit defensiver Programmierung kann man jedoch häufige Laufzeitfehler vermeiden:

- Man sollte nicht die Richtigkeit der Eingangsdaten voraussetzen, besser ist es, sie zu überprüfen.

- Wenn es sinnvoll und möglich ist, sollte man Standardwerte für Optionen oder Zahlenwerte vorgeben.

- Man sollte Programme modular entwickeln und aufwändige Programme in kleine, übersichtliche Teile zerlegen, die einzeln viel leichter zu testen und zu überprüfen sind.

- Optional sollte man Zwischenergebnisse anzeigen, um die Korrektheit des Programms zu überprüfen.

6.11.3 Das Hilfesystem

Die Schaltfläche mit dem Fragezeichen in der Menüleiste des Kommandofensters öffnet das Hilfesystem (*Help-Browser*), wie in Abb. 6.12 dargestellt.

Links befindet sich die Navigationsleiste und rechts das Fenster, in dem die Hilfetexte dargestellt werden. Wie in jedem Hilfesystem bietet die Navigationsleiste auch hier das Inhaltsverzeichnis, den Index und die Suche nach beliebigen Begriffen. Im Hilfesystem sind auch ausführliche Beschreibungen von Demo-Programmen zu den verschiedenen Teilen der MATLAB-Produktfamilie integriert.

Die Dokumentation kann man mit Pfeilen in der Menüleiste durchblättern und einzelne Seiten können als Favoriten (*bookmark*) vorgemerkt werden. Das Fernglas im Menü des Hilfesystems dient der Suche nach Begriffen in der ausgewählten Dokumentation. Die weiteren Funktionen des Menüs bzw. der Schaltflächen kann man durch Experimentieren erkunden, sie entsprechen den üblichen Funktionen einer Bedienoberfläche.

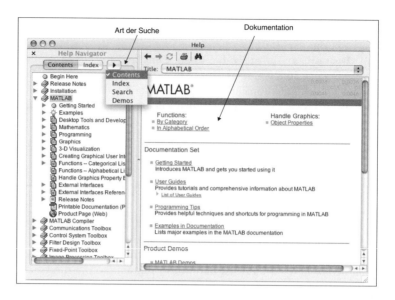

Abb. 6.12: Fenster des Hilfesystems

6.11.4 Graphische Objekte

Die graphischen Funktionen in MATLAB sind objektorientiert aufgebaut. Über Zeiger, genannt **handle**, kann man auf die Objekte zugreifen und sie verändern. Abb. 6.13 zeigt die Hierarchie der graphischen Objekte in MATLAB. An der Wurzel befindet sich das *Root*-Objekt, welches den Bildschirm repräsentiert. Das *Root*-Objekt hat immer den Zeiger mit dem Wert null. In der nächsten Ebene befinden sich die Darstellungsfenster (*figures*). Ein leeres Dar-

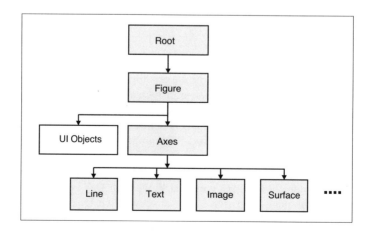

Abb. 6.13: Hierarchie der graphischen Objekte

6.11 Schreibtisch-Werkzeuge

stellungsfenster kann man mit dem Befehl **figure** erzeugen. Als Zeiger wird diesem Fenster automatisch eine Zahl zugewiesen, die ab eins beginnend durchnummeriert wird. Übergibt man dem **figure**-Befehl ein numerisches Argument, wie in:

figure(7);

so wird, falls es noch kein Fenster mit diesem Zeiger (in unserem Beispiel 7) gibt, ein neues Fenster geöffnet und ihm das Argument von **figure** als Zeiger zugewiesen. Gibt es bereits ein Fenster mit diesem Zeiger, so wird es zum aktiven Fenster (*current figure*).

Alle Funktionen, die eine Graphik erzeugen, wie z.B. **plot, surf** usw., öffnen automatisch ein neues Darstellungsfenster, sofern nicht vorher ein bestehendes Darstellungsfenster als aktives Fenster ausgewählt wurde. Die Graphikausgaben landen immer im aktiven Fenster. Den Zeiger auf das aktive Fenster erhält man mit dem Befehl **gcf**.

Die *figure*-Objekte besitzen als Kinder *axes*-, *uicontrol*- und *uimenu*-Objekte. Die letztgenannten werden auch als *UI Objects* bezeichnet und dienen dem Erstellen von Bedienoberflächen (*Graphical-User-Interfaces*).

Die *axes*-Objekte können mit dem Befehl **subplot** erzeugt werden und definieren einen Bereich in einem Darstellungsfenster, in den die graphischen Objekte wie Linien, Texte, Flächen eingezeichnet werden. Diese graphischen Objekte sind Kinder der *axes*-Objekte. Mit nachfolgender Programmsequenz (handle_1.m)

```
figure(1);               clf;
subplot(211), plot(0:99, randn(1,100));
title('Zufallsfolge');        xlabel('Index');           grid;
subplot(212), plot(0:200, 5*sin(2*pi*(0:200)/40+pi/4);
title('Sinussignal');         xlabel('Zeit in s');       grid;
```

wird z.B. Abb. 6.14 erzeugt.

Die Anweisung

```
hb = get(0, 'Children');
```

liefert den Zeiger des Darstellungsfensters, da dieses Kind des Wurzel-Knotens (Zeigerwert 0) ist. Der Wert für hb ist eins, und das entspricht dem Argument 1 aus der Anweisung **figure**(1). Die Zeiger der zwei *axes*-Kinder werden mit

```
>> ha = get(hb, 'Children')
ha =
  155.0011
  151.0013
```

bestimmt. Dasselbe Ergebnis erhält man mit ha = **get(gcf,'Children')**;, weil **gcf** den Zeiger des aktiven (da einzigen) Darstellungsfensters ist.

In ähnlicher Form können die Kinder dieser *axes*-Objekte und ihre Eigenschaften ermittelt werden. Die Eigenschaften können über den Befehl **get(Zeiger)** aufgelistet werden. So erhält man z.B. mit

```
get(ha(1))
```

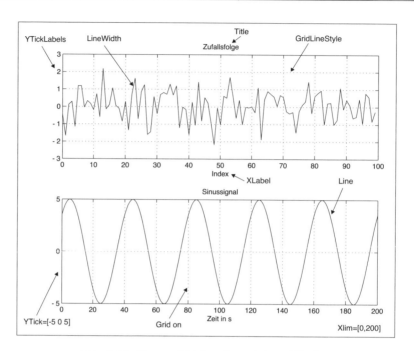

Abb. 6.14: Figure-Objekt mit zwei Axes-Kindern

eine relativ lange Liste von Eigenschaften, von denen hier nur ein Teil dargestellt wird:

```
..........
GridLineStyle = :
Layer = bottom
LineStyleOrder = -
LineWidth = [0.5]
MinorGridLineStyle = :
NextPlot = replace
..........
XLimMode = auto
XMinorGrid = off
XMinorTick = off
XScale = linear
XTick = [ (1 by 11) double array]
XTickLabel = [ (11 by 3) char array]
XTickLabelMode = auto
XTickMode = auto
..........
```

Die Eigenschaften der Objekte können über den Befehl **set** neu gesetzt werden. So wird z.B. mit

```
set(ha(1),'Linewidth',2);  % Änderung der Linienstärke der Achsen
set(ha(1),'XTick',[0:40:200]);% und der Einteilung der Abszisse
```

```
set(h_1_k,'Linewidth',2);      % Stärke der Linie
```

die Linienbreite der Achsen des ersten *axes*-Objektes auf zwei Punkte gesetzt, die Einteilung der Abszisse geändert und die Stärke der Zeichenlinie ebenfalls auf zwei Punkte gesetzt.

6.12 Anmerkungen

In diesem Kapitel wurden die grundlegenden Funktionen von MATLAB vorgestellt, die in Zusammenhang mit der Thematik dieses Buches stehen. Sie bilden nur einen kleinen Auszug aus den vielfältigen Möglichkeiten von MATLAB, erlauben aber bereits die Lösung umfangreicher Aufgaben auf dem Gebiet der Signalverarbeitung.

Die Dokumentation der MATLAB-Produktfamilie ist sehr umfangreich und erleichtert sowohl den Einstieg als auch die Einarbeitung in speziellen Thematiken, die hier nicht beschrieben wurden. Das wären z.B. die Entwicklung von graphischen Bedienoberflächen oder die Einbindung von Fortran- oder C-Funktionen sowie die Verwendung von MATLAB-Funktionen in Programmen, die unabhängig von der MATLAB-Laufzeitumgebung ausgeführt werden können.

7 Hinweise zu Simulink

Simulink ist eine Erweiterung von MATLAB, die für die Simulation dynamischer Systeme entwickelt wurde. Mit dieser Erweiterung wird das zu simulierende System graphisch mit Funktionsblöcken modelliert. Der Datenfluss wird über Verbindungen zwischen Funktionsblöcken angegeben. Die darüber laufenden Signale können dargestellt oder in Variablen gespeichert werden, um sie danach eventuell in MATLAB weiter zu bearbeiten.

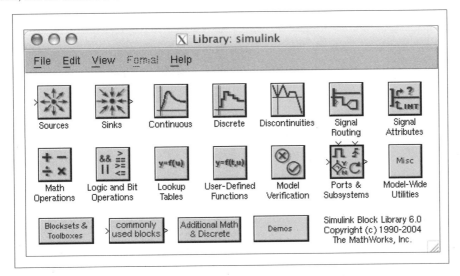

Abb. 7.1: Simulink-Bibliotheken

Abb. 7.1 zeigt die Bibliotheken von Simulink. In den ersten beiden Zeilen sind die Grundbibliotheken von Simulink dargestellt. Es gibt eine Bibliothek für Signalquellen (*Sources*) und eine für Signalsenken (*Sinks*), Bibliotheken mit Funktionsblöcken, die zur Simulation zeitkontinuierlicher (*Continuous*) und zeitdiskreter (*Discrete*) Systeme benötigt werden, Bibliotheken mit mathematischen Funktionen, zum Management der Signale usw.

Zusätzlich gibt es sogenannte Blocksets für spezielle Bereiche (Signalverarbeitung, Kommunikationstechnik, usw.), die als Erweiterungen der ursprünglichen Bibliotheken anzusehen sind. Diese werden über den mit *Blocksets & Toolboxes* bezeichneten Block geöffnet und man erhält das in Abb. 7.2 links oben dargestellte Fenster. Für die Thematik dieses Buches ist der *Signal Processing Blockset* wichtig (Abb. 7.2 links unten).

Der *Signal Processing Blockset* enthält zusätzliche Quellen- und Senken-Bibliotheken und weitere Bibliotheken mit Funktionsblöcken, die speziell für die Signalverarbeitung einsetzbar sind. Abb. 7.2 zeigt rechts oben die *Filtering*-Bibliothek und deren Unterbibliotheken.

Simulink wird durch die Eingabe `simulink` im Kommandofenster von MATLAB aufgerufen. Unter Microsoft Windows öffnet sich ein *Simulink Library Browser* mit allen Biblio-

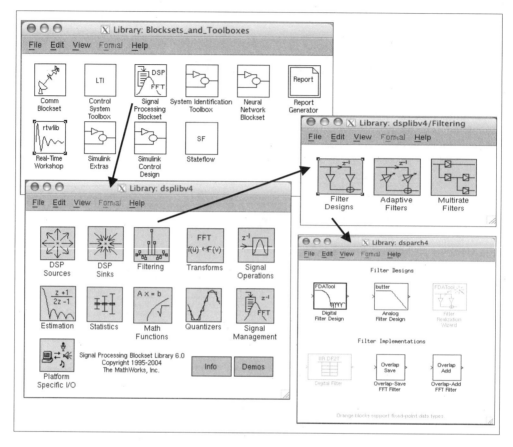

Abb. 7.2: Signal Processing Blockset mit der Filtering-Unterbibliothek

theken und Unterbibliotheken, die die Installation enthält. Da dieser *Browser* sehr viel Platz auf dem Monitor einnimmt, kann mit der rechten Maustaste durch Klicken auf *Simulink* die *Simulink Library* geöffnet werden, die in Abb. 7.1 dargestellt ist. Der *Browser* kann dann geschlossen werden. Auf Unix-Rechnern (und Apple Mac-Rechnern unter OS X) öffnet sich nur das *Simulink Library*-Fenster.

Um Raum für die Vorstellung einiger Besonderheiten von Simulink zu haben, wird angenommen, dass der Leser die Einstiegsschritte zum Umgang mit Simulink aus dem Kapitel *Simulink/Getting Started* des *Help Browsers* vorab selbst durcharbeitet.

7.1 Aufbau eines Modells

Über das Fenster der *Simulink Library* (Abb. 7.1) wird ein Modell-Fenster (*File/New/Model*) geöffnet und zur Sicherheit gleich als Modell in einer Datei mit der Erweiterung mdl (z.B. my_model.mdl) gespeichert. Aus den Bibliotheken werden jetzt die benötigten Blöcke mit der Maus in dieses Fenster gezogen.

7.1 Aufbau eines Modells

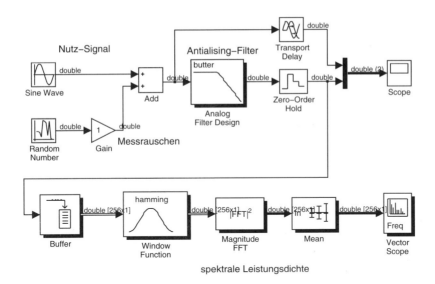

Abb. 7.3: Simulink-Modell (modell_1.mdl)

Als Beispiel für weitere Betrachtungen soll das Modell aus Abb. 7.3 zur Schätzung der spektralen Leistungsdichte dienen. Es enthält Blöcke aus den Simulink-Grundbibliotheken sowie Blöcke aus dem *Signal Processing Blockset*, welche mit Schatten hervorgehoben wurden.

Das Modell verwendet zwei Quell-Blöcke, einen für die Erzeugung einer harmonischen Schwingung und einen zur Erzeugung eines zufälligen Signals (Rauschen), die aus der *Sources*-Grundbibliothek entnommen wurden. Mit dem *Gain*-Block kann das Rauschen verstärkt und somit ein gewünschtes Signal-zu-Rausch-Verhältnis eingestellt werden. Mit dem *Add*-Block wird das Rauschen dem Nutzsignal additiv überlagert.

Aus dem *Signal Processing Blockset* und weiter aus *Filtering/Filter Designs* wird der *Analog Filter Design*-Block als Antialiasing-Filter angeschlossen. Das kontinuierliche Signal am Ausgang des Filters wird mit Hilfe des *Zero-Order Hold*-Blocks (Halteglied nullter Ordnung) zeitdiskretisiert. Dieser Block ist in der Grundbibliothek *Discrete* enthalten.

Das zeitkontinuierliche und das zeitdiskrete Signal werden mit einem *Mux*-Block aus der Grundbibliothek *Signal Routing* zusammengesetzt, um sie auf dem Oszilloskop (*Scope*-Block) überlagert darzustellen. Weil das analoge Filter das Eingangssignal verzögert, wird die Filterlaufzeit mit dem *Transport Delay*-Block (aus der Grundbibliothek *Continuous*) für das zeitkontinuierliche Signal nachgebildet. Die Verzögerung im *Transport Delay*-Block wird durch Versuche eingestellt (am einfachsten, indem man den Rauschanteil durch *Gain*-Faktor gleich null ausschaltet).

Im unteren Teil des Modells werden Blöcke aus dem *Signal Processing Blockset* eingesetzt, um die spektrale Leistungsdichte des zeitdiskreten Signals zu bestimmen. Zuerst wird ein Datenblock von Abtastwerten des Eingangssignals mit dem *Buffer*-Block (aus der *Signal Management Bibliothek*) zwischengespeichert. Hier ist eine Länge von 256 für den Datenblock eingestellt und der Parameter *Buffer overlap* ist auf null gesetzt, so dass sich die Blöcke nicht überlappen.

Der Datenblock wird weiter mit einem *Hamming*-Fenster gewichtet und dann wird das Betragsquadrat seiner Fourier-Transformierten ($|FFT|^2$) berechnet. Aufeinanderfolgende Datenblöcke werden mit dem *Mean*-Block gemittelt und auf dem Oszilloskop *Vector Scope* dargestellt. Beim *Vector Scope* wird unter *Scope Properties/Input domain* der Bereich *Frequency* gewählt. Mit der Karte *Axis Properties* wird für den Frequenzbereich eine der Möglichkeiten [0, Fs/2], [0, Fs] oder [-Fs/2, Fs/2] festgelegt, wobei Fs die Abtastfrequenz darstellt. Abb. 7.4 zeigt, wie die spektrale Leistungsdichte für jede dieser Möglichkeiten aussieht.

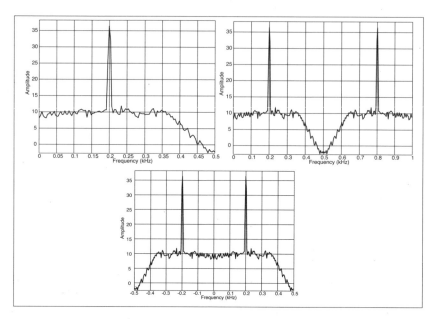

Abb. 7.4: Mögliche Darstellungen auf dem Vector-Scope [0,Fs/2],[0,Fs] und [-Fs/2,Fs/2]
(modell_1.mdl)

Über das Menü *Format/Port/Signal Display* des Modells werden die Optionen *Signal Dimensions, Port Data Types* und *Wide Nonscalar Lines* aktiviert, um im Modell die Dimensionen der Signale und den Typ der Daten anzuzeigen bzw. die mehrdimensionalen Signale mit besonderen Linienarten hervorzuheben.

Die dünnen Linien stehen dabei für skalare (eindimensionale) Signale und die fett dargestellten Linien symbolisieren Verbindungen, über die Vektoren oder Felder übertragen werden. In beiden Fällen sind die Signale vom Typ *Sample*, d.h. sie werden Abtastwert für Abtastwert übermittelt. Die doppelten Linien (wie z.B. am Ausgang des *Buffer*-Blocks) symbolisieren den Signaltyp *Frame* (siehe Abschnitt 7.2.1), der aber nicht von allen Blöcken unterstützt wird.

Das Modell wird über das *Simulation*-Menü und danach in der Karte *Configuration Parameters...* parametriert (Abb. 7.5). Das numerische Simulationsverfahren (Integrationsverfahren) wird mit der Option *Select/Solver* gewählt und initialisiert. Hier werden der Start- und Stoppzeitpunkt und die *Solver*-Optionen festgelegt. Weil das Modell sowohl zeitkontinuierliche als auch zeitdiskrete Blöcke enthält, muss der *Solver*-Typ mit variabler Schrittweite (*Variable-step*)

7.1 Aufbau eines Modells

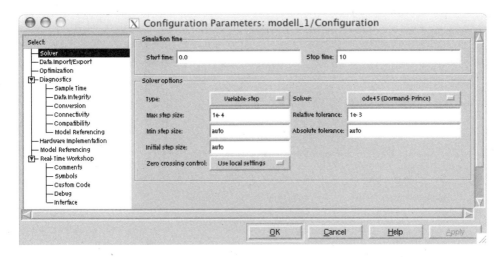

Abb. 7.5: Die Simulation/Configuration Parameters... Karte (modell_1.mdl)

gewählt werden. Als *Solver* stehen mehrere Varianten zur Verfügung. So kann z.B. mit *ode45 (Dormand-Prince)* eine Abwandlung des Runge-Kutta-Verfahrens [40] gewählt werden.

Die maximale Schrittweite (*Max step size*) des Runge-Kutta-Verfahrens wird auf 10^{-4} festgelegt, so dass das Sinussignal mit der Frequenz $f = 0 = 200$ Hz als kontinuierliches Signal erscheint. Die weiteren Parameter sollte man auf den voreingestellten Werten belassen.

Die Simulation wird über das Menü *Simulation* des Modells und danach *Start* gestartet. Unter dem Windows-Betriebssystem gibt es auch eine Schaltfläche in Form eines Dreiecks (▶) in der Menüleiste, die auch zum Starten benutzt werden kann.

7.1.1 Schnittstellen

Im Modell aus Abb. 7.3 werden die Ergebnisse mittels Oszilloskopen (*Scope*- und *Vector Scope*-Blöcke) dargestellt. Zwei andere Schnittstellen zur Außenwelt, nämlich über *Outports* und *To Workspace*-Senken, werden in den Modellen erben_1.mdl und erben_11.mdl (Abb. 7.6) verwendet. *Outports* und ihr Gegenstück, die *Inports*, sind die Schnittstellen von Simulink-Modellen (und Untermodellen), über die bei der Verschaltung mehrerer Modelle der Datenaustausch zwischen ihnen stattfindet. Sie können auch so parametriert werden, dass der Datenaustausch mit dem aufrufenden MATLAB-Programm oder dem MATLAB-Arbeitsplatz stattfindet. Die Senke *To Workspace* erlaubt die Datenübergabe an den MATLAB-Arbeitsplatz.

Es wird zunächst das Modell erben_1.mdl betrachtet. Die Parametrierung der Simulation über das Menü *Simulation/Configuration Parameters...* ist ähnlich der Parametrierung des vorherigen Modells mit einem *Solver* vom Typ *Variable-step* und dem Verfahren *ode45 (Dormand-Prince)*.

Das Parametrierfenster der Senke 1 Out enthält zwei Karten. In der *Main*-Karte wird die *Port number* eingetragen (hier 1) und festgelegt, was im Sinnbild des Blocks dargestellt werden soll (*Icon display*). Die anderen Parameter dieser Karte dienen zur Parametrierung von Senken, die in Systemen mit bedingter Ausführung verwendet werden, und sind in diesem Modell nicht veränderbar.

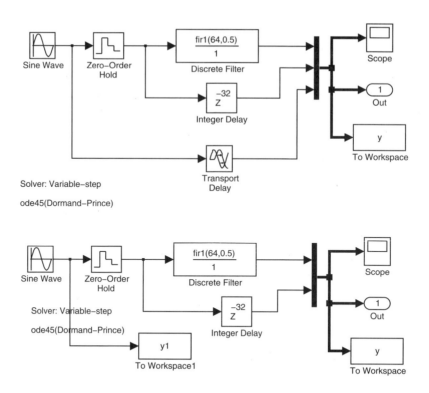

Abb. 7.6: *a) Ausgabe über Outport und To-Workspace-Senke b) Ausgabe über To-Workspace-Senke für das kontinuierliche Signal* (erben_1.mdl, erben_11.mdl)

Die zweite Karte *Signal specification* enthält in den Feldern *Port dimensions* und *Sample time* jeweils den Wert -1, gleichbedeutend mit dem Erben dieser Eigenschaften von vorgeschalteten Blöcken. Der letzte Parameter *Sampling mode* kann auf die Werte *auto*, *Sample based* oder *Frame based* eingestellt werden. In diesem Modell sind nur die ersten beiden Arten sinnvoll, da keine blockweise Simulation in diesem Modell eingestellt ist.

In den Konfigurationsparametern des Modells (*Simulation/Configuration Parameters...*) können mit der Option *Select/Data Import/Export*, die gleich unterhalb der Option *Solver* liegt (Abb. 7.5), die Namen der Variablen festgelegt werden, die man über *Inport*- und *Outport*-Blöcke von der MATLAB-Umgebung (*Workspace*) empfangen bzw. derselben übertragen möchte. Da man von MATLAB nichts empfangen möchte (kein *Inport* im Modell vorhanden), sind die Schalter *Load from workspace* nicht aktiviert.

Für die Ausgabedaten *Output* ist der Name `yout` voreingestellt. Er kann beliebig verändert werden. Diese Variable stellt im Modell `erben_1.mdl` ein Feld mit drei Spalten dar. Die erste Spalte ist das Ausgangssignal des Filters, die zweite Spalte ist das Signal am Ausgang des *Integer Delay*-Blocks und schließlich ist die dritte Spalte das Signal am Ausgang des Blocks *Transport Delay*. Diese Reihenfolge entspricht der Reihenfolge am Eingang des *Mux*-Blocks. Zusätzlich wird ein Vektor mit den Zeitschritten der Simulation mit dem voreingestellten Namen `tout` der MATLAB-Umgebung übergeben. Das Feld `yout` und der Vektor `tout` beste-

7.1 Aufbau eines Modells

hen aus 1000 Zeilen, weil die Option *Save option* zum Speichern mit dem Parameter *Limit data points to last* auf 1000 eingestellt wurde.

Über die Option *Format* kann man statt der Ausgabe als Feld (*Array*) die Ausgabe in Form einer Struktur (*Structure*) oder Struktur mit Zeit (*Structure with time*) wählen. Letztere wäre wie folgt organisiert:

```
>> yout
yout =
        time: [1000x1 double]
     signals: [1x1 struct]
```

Die Eingabe

```
>> yout.signals
ans =
         values: [1000x3 double]
     dimensions: 3
          label: ''
      blockName: 'erben_1/Out'
```

zeigt den Aufbau des Feldes yout.signals und mit

```
>> yout.signals.values
ans =
    -0.9515    -0.9511    -0.9298
    -0.9515    -0.9511    -0.9048
    -0.9515    -0.9511    -0.8763
     ....
    -0.9515    -0.9511    -0.9823
    -0.9515    -0.9511    -0.9686
    -0.9515    -0.9511    -0.9511
```

werden die drei Signale des *Mux*-Blocks dargestellt. Das Feld yout.time zeigt die Werte der Zeitschritte:

```
>> yout.time
ans =
    0.9001
    0.9002
    0.9003
    0.9004
    0.9005
     ....
    0.9998
    0.9999
    1.0000
```

Wegen der gewählten Begrenzung in *Save option* werden nur die letzten 1000 Werte der Signale in den Variablen yout.signals.values und yout.time gespeichert. Die Variable tout ist weiterhin unabhängig von der Option *Format* verfügbar. Mit

```
>> diff(tout)
ans =
  1.0e-03 *
    0.1000
    0.1000
    0.1000
    ....
```

kann man durch Differenzbildung die Größe der Zeitschritte anzeigen. In diesem Fall wurde vom *Solver* die eingestellte maximale Schrittweite durchgehend benutzt.

Für die Senke *To Workspace* gibt es ähnliche Parameter, die nicht mehr alle kommentiert werden. Mit dem Speicherformat (*Save format*) als Struktur mit Zeit (*Structure With Time*) erhält man die Struktur y mit gleicher Zusammensetzung wie die zuvor besprochene Struktur yout. Da die Begrenzung *Limit data points to last* mit inf initialisiert wurde, enthält diese Struktur die Daten aller Schritte dieser Simulation. Es ist jedoch ratsam, den Parameter zur Begrenzung der Speicherung auf nicht allzu große Werte festzulegen (einige tausend bis einige zehntausend), um keinen Speicherüberlauf zu erzeugen.

Die Variablen yout und y, die jetzt in der MATLAB-Umgebung verfügbar sind, können beliebig in Programmen z.B. für eine Darstellung mit dem **plot**-Befehl benutzt werden.

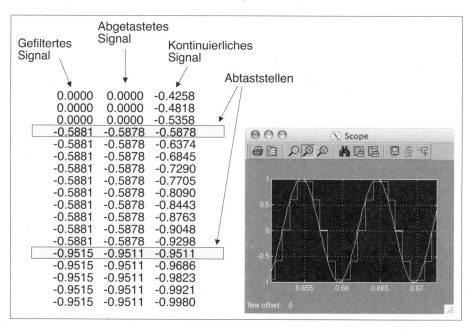

Abb. 7.7: Ausschnitt der Werte der drei Variablen (erben_1.mdl)

7.1.2 Signale und Zeitbeziehungen

In Abb. 7.7 ist ein Ausschnitt der Werte der drei Variablen des Feldes yout dargestellt. Die rechte Spalte zeigt das kontinuierliche Ausgangssignal des Blocks *Sine Wave* für Zeit-

7.1 Aufbau eines Modells

schritte gleich der gewählten Schrittweite $T = 10^{-4}$ Sekunden des *ode45 (Dormand Prince)*-Verfahrens. In der mittleren Spalte sieht man das abgetastete Signal mit je zehn gleichen Werten, weil zwischen der Schrittweite der Simulation und der Abtastperiode der zeitdiskreten Signale $T_s = 10^{-3}$ ein Verhältnis von 10 vorliegt. Die linke Spalte enthält die Abtastwerte am Ausgang des digitalen FIR-Filters (Block *Discrete Filter*), die annähernd gleich den Filtereingangswerten sind, weil das Signal des Generators mit der Frequenz $f_0 = 100$ Hz im Durchlassbereich des Filters $B = 0.5 \cdot 1000/2 = 250$ Hz liegt.

Das zeitdiskrete Filter (*Discrete Filter*) und der Block *Integer Delay* (Abb. 7.6) erben die Abtastrate des zeitdiskreten vorgeschalteten Blocks (*Zero-Order Hold*) und arbeiten somit nur mit den Abtastwerten im Abstand der Abtastperiode, nicht jedoch mit der Schrittweite des Simulationsverfahrens. Da das Modell ein hybrides Modell ist, das sowohl zeitkontinuierliche als auch zeitdiskrete Blöcke enthält, verhalten sich alle zeitdiskreten Blöcke wie Halteglieder nullter Ordnung und ändern nicht ihre Werte zu Simulationszeitpunkten, die zwischen den Abtastzeitpunkten liegen.

Der Oszilloskop-Block *Scope* (Abb. 7.7 rechts) zeigt das zeitkontinuierliche und die annähernd gleichen abgetasteten Signale am Ausgang des Filters und des Verzögerungsblocks. Zum Anpassen des darzustellenden Signalausschnitts klickt man mit der Maus auf das Fernglas-Symbol im Menü des *Scope*-Blockes.

Stellt man dieselben Betrachtungen für das zweite Modell aus Abb. 7.6 an, so wird man feststellen, dass das zeitkontinuierliche Signal aus der Struktur y1 des *To Workspace1*-Blocks mit der Simulationsschrittweite $T = 10^{-4}$ gespeichert wurde und dass die zeitdiskreten Signale der Senken *To Workspace*, *Out* und *Scope* mit der Abtastperiode $T_s = 10^{-3}$ zur Verfügung gestellt werden. Das kann man leicht nachvollziehen, indem man mit

```
>> diff(y1.time(1:10))
ans =
   1.0e-04 *
   1.0000
   1.0000
   ......
   1.0000
   1.0000
```

bzw.

```
>> diff(y.time(1:10))
ans =
   0.0010
   0.0010
   0.0010
   ......
   0.0010
   0.0010
```

z.B. die ersten zehn Zeitschritte der beiden Zeitreihen darstellt. Dies ist anders als im ersten Modell (erben_1.mdl aus Abb. 7.6), in dem alle Senken über denselben *Mux*-Block gespeist werden, so dass dort für alle Variablen dieselbe Schrittweite benutzt werden musste.

Es wird empfohlen, das Modell erben_1.mdl auch mit anderen maximalen Schrittweiten, die kein ganzzahliges Verhältnis mit der Abtastperiode $T_s = 10^{-3}$ bilden, wie z.B.

$T_{s1} = 0.85 \cdot 10^{-4}$, zu simulieren und unter Beibehaltung des Speicherformats *Structure with Time* die dann erzeugten Signale y.time und y.signals.values zu untersuchen. Man wird bemerken, dass die Schrittweite der Simulation nicht mehr konstant sein wird. Um die Abtastperiode einzuhalten, passt der Solver, der prinzipiell mit variabler Schrittweite arbeiten kann, diese an die Gegebenheiten im Modell an.

Enthält das Modell keine zeitkontinuierlichen Blöcke, so kann man die Simulation zur Ressourceneinsparung mit einem *Solver* mit fester Schrittweite (*Fixed-step*) durchführen und für das Verfahren *discrete (no continuous state)* einstellen. Die einfachen Modelle aus Abb. 7.6 benötigen z.B. nicht unbedingt eine zeitkontinuierliche Quelle, weil der Ausgang der Quelle sofort abgetastet wird.

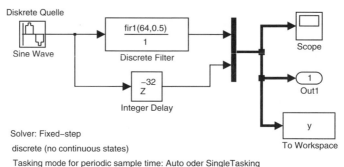

Abb. 7.8: Diskretes Modell (erben_2.mdl)

Abb. 7.8 zeigt das gleiche Modell (erben_2.mdl) mit einer zeitdiskreten Quelle. Man kann dazu denselben Block wie für die zeitkontinuierliche Quelle benutzen, jedoch muss man im Parametrierungsfenster des Blocks für die Abtastperiode (*Sample time*) einen von null verschiedenen Wert, z.B. 10^{-3}, angeben. Es entfällt damit der Abtastblock *Zero-Order Hold* aus den vorherigen Modellen. Mit

```
>> ausg = [[diff(y.time);0], y.signals.values];
>> ausg(200:500,:)
ans =
   1.0000e-03   -9.5154e-01   -9.5106e-01
   1.0000e-03   -9.5154e-01   -9.5106e-01
   1.0000e-03   -5.8808e-01   -5.8779e-01
   1.0000e-03   -1.4820e-15   -1.4433e-15
   1.0000e-03    5.8808e-01    5.8779e-01
   .....
```

kann man einen Ausschnitt der Zeitdifferenzen und der Signale darstellen. Die Zeitschritte entsprechen der Abtastperiode $T_s = 10^{-3}$ und die Signalwerte sind jetzt nur die Werte zu den Abtastzeitpunkten.

In Abb. 7.9 ist ein zeitdiskretes Modell mit zwei Abtastfrequenzen dargestellt. Im Menü *Format/Port/Signal Displays* des Modells und danach durch Aktivierung der Option *Sample Time Colors* kann man die Blöcke und die Datenpfade farblich entsprechend den von ihnen verwendeten Abtastfrequenzen kennzeichnen. Mit roter Farbe werden Blöcke und Pfade mit der

7.1 Aufbau eines Modells

größten Abtastfrequenz (kleinste Abtastperiode), mit grüner Farbe die zweitgrößter Abtastfrequenz und mit gelb schließlich Blöcke mit unterschiedlichen Abtastfrequenzen (wie z.B. der Block *Upsample*) dargestellt.

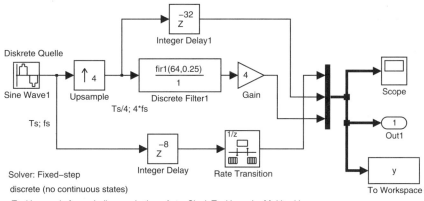

Abb. 7.9: Diskretes Modell mit zwei Abtastperioden (erben_3.mdl)

Der *Mux*-Block, der die drei Signale zusammenfasst, und der *Scope*-Block, der diese darstellt, können im Fall einer diskreten Simulation Eingangssignale mit unterschiedlichen Abtastfrequenzen nicht verarbeiten. Abhilfe schafft hier ein *Rate Transition*-Block. Alle Verbindungslinien am Eingang des *Mux*-Blocks werden nach Einfügen dieses Blocks rot und zeigen dieselbe höchste Abtastfrequenz an. Das Modell erben_31.mdl hat für jedes Signal einen eigenen *Scope*-Block und benötigt dann keine Anpassung der Abtastrate. Simulink stellt auch einen Block namens *Probe* zur Verfügung, mit dem man die Eigenschaften der Signalpfade, u.a. auch die Abtastfrequenzen, anzeigen lassen kann.

Die Quelle wurde in diesem Modell weiterhin mit einer Abtastperiode $T_s = 10^{-3}$ s und einer Frequenz $f_0 = 100$ Hz parametriert. Durch die Expansion mit dem Block *Upsample* wird die Abtastperiode mit dem Faktor 4 reduziert ($T'_s = T_s/4$), indem zwischen jeweils zwei ursprüngliche Abtastwerte drei Nullwerte eingefügt werden. Das Filter interpoliert das Signal, so dass nach der Filterung und Verstärkung mit dem Faktor 4 das Eingangssignal mit einer vier mal höheren Abtastfrequenz vorhanden ist.

Folgende MATLAB-Programmsequenz (erben_3_darst.m) dient der Darstellung der Signale der Senke *To Workspace*, so wie sie in Abb. 7.10 gezeigt sind:

```
t = y.time;
y1 = y.signals.values(:,1);%Signal der Quelle (Abtastperiode Ts)
y2 = y.signals.values(:,2);   %Signal nach der Expansion (Ts/4)
y3 = y.signals.values(:,3);   %Signal nach der Filterung (Ts/4)
nd = 200:450;       % Indizes der Signale die dargestellt werden
figure(1);    clf;
subplot(311), stairs(t(nd),y1(nd));
title('Signal der diskreten Quelle');
xlabel('Zeit in s');     grid;
La = axis;   axis([min(t(nd)), max(t(nd)),-1.2,1.2]);
```

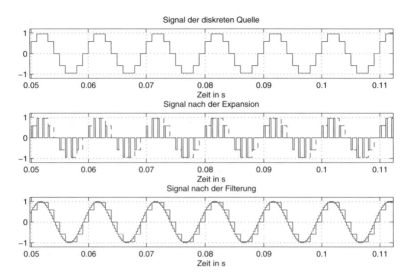

Abb. 7.10: Signale des Modells aus Abb. 7.9 (erben_3.mdl)

```
subplot(312), stairs(t(nd),y2(nd));
title('Signal nach der Expansion');
xlabel('Zeit in s');        grid;
La = axis;    axis([min(t(nd)), max(t(nd)),-1.2,1.2]);
hold on;                    stairs(t(nd), y1(nd), '--r');

subplot(313), stairs(t(nd),y3(nd));
title('Signal nach der Filterung');
xlabel('Zeit in s');        grid;
La = axis;    axis([min(t(nd)), max(t(nd)),-1.2,1.2]);
hold on;                    stairs(t(nd), y1(nd), 'r');
```

Ganz oben sieht man das Signal der Quelle. In der Mitte ist das mit dem Faktor vier expandierte Signal dargestellt, das aus den Abtastwerten der Quelle, gefolgt von drei Nullwerten besteht. Mit gestrichelten Linien ist auch das Signal der Quelle überlagert dargestellt. Unten ist das verstärkte Signal am Ausgang des Filters, ebenfalls dem verzögerten Signal der Quelle überlagert dargestellt.

Die Verzögerungen über die Blöcke *Integer Delay* und *Integer Delay 1* ermöglichen die zeitrichtige Überlagerung der drei Signale. Das FIR-Filter der Ordnung 64 verzögert mit $(T_s/4) \cdot 64/2 = 8T_s$ Sekunden und somit ist die Verzögerung für den Block *Integer Delay*, der an einen Block der Abtastperiode T_s angeschlossen ist, gleich 8 Abtastperioden. Dieselbe Verzögerung in Sekunden muss der Block *Integer Delay 1* erzwingen, allerdings ausgehend von einer Abtastperiode $T_s/4$ und somit wird hier der Wert 32 eingestellt ($32 \cdot T_s/4 = 8T_s$).

Die empfohlenen Einstellungen für den *Solver* bei der Simulation zeitdiskreter Systeme sind: *Typ = Fixed-step discrete*, *Fixed-step size = auto* und *Mode = SingleTasking*. Der *Tasking mode* ist nur bei Modellen relevant, die mit *Fixed step* im *Solver* parametriert werden und kann als `auto`, `SingleTasking` und `MultiTasking` gewählt werden.

Mit der Einstellung *Fixed-step SingleTasking* kann sich das Signal zu den Abtastzeitpunkten ändern. Zwischen den Abtastzeitpunkten ist das Signal definiert und bleibt konstant (*Zero-Order-Hold*-Verhalten). Das bedeutet, dass Simulink in diesem Fall auch Signale mit verschiedenen Abtastfrequenzen kombinieren kann (da es bei der höchsten Abtastfrequenz arbeiten muss) und z.B. eine Addition solcher Signale zulässt.

Wenn die Einstellung *Fixed-step MultiTasking* für den *Solver* gewählt wird, dann sind die diskreten Signale zwischen den Abtastzeitpunkten nicht definiert. Simulink meldet einen Fehler, wenn man Operationen verwendet, die auch Werte zwischen den Abtastzeitpunkten eines Signals benötigen, z.B. wenn man zwei Signale mit unterschiedlicher Abtastfrequenz addieren will. Bei solchen Operationen muss man explizit die Signale auf eine gemeinsame Abtastfrequenz bringen (z.B. mit einem *Rate Transition*-Block).

7.2 Datenaggregation in Simulink

Signale können in Simulink auf unterschiedliche Arten zusammengefasst werden. So können über eine Verbindung zwischen zwei Simulink-Blöcken die Daten in der Organisation ein Abtastwert je Simulationsschritt übertragen werden. In Simulink heißt diese Art *Sample*-Daten, bzw. *Sample*-Verarbeitung. Es können aber auch Gruppen von Abtastwerten gebildet werden, wobei eine Gruppe zeitlich aufeinanderfolgende Abtastwerte enthalten kann oder Abtastwerte eines mehrkanaligen Signals (z.B. Stereo-Audiosignale). Erstere werden in Simulink als *Frame*-Daten, letztere als *Multichannel*-Daten bezeichnet. Schließlich können mehrkanaligen Daten auch in einer *Frame*-Organisation verarbeitet werden, als sogenannte *Frame-Multichannel*-Daten. Da nicht alle Simulink-Blöcke alle angegebenen Datenarten bearbeiten können und es auch nicht immer einsichtig ist, in welcher Art man seine Daten zur Simulation organisieren soll, werden in den nächsten Abschnitten kurz die Vor- und Nachteile der verschiedenen Aggregationsarten besprochen und ihre Verwendung anhand von Beispielen veranschaulicht.

7.2.1 *Sample*-Daten und *Frame*-Daten

Ein Algorithmus kann so implementiert werden, dass die Verarbeitung Abtastwert für Abtastwert erfolgt oder dass sie blockweise erfolgt. In Abb. 7.11a ist die Verarbeitung Abtastwert für Abtastwert skizziert. Mit jedem Abtastwert, der vom A/D-Wandler geliefert wird, wird die CPU in der Abarbeitung ihres Programms unterbrochen, um den anstehenden Abtastwert vom A/D-Wandler zu übernehmen und dann zu verarbeiten.

Mit jeder Unterbrechung muss die Umgebung des laufenden Programms gerettet werden und nach Abschluss der Unterbrechungsbehandlung wieder hergestellt werden. Bei modernen Prozessoren, die viele Register besitzen, kann dieser Verwaltungsaufwand die eigentliche Algorithmenbearbeitung um einiges übersteigen. Damit werden die zur Verfügung stehenden Ressourcen nicht effizient genutzt.

Eine bessere Ausnutzung der Rechenzeit erzielt man durch einen Ansatz nach Abb. 7.11b. Dabei wird die CPU vom Abholen der einzelnen Abtastwerte vom A/D-Wandler entlastet. Hiermit wird die in allen DSPs vorhandene *DMA*[1] beauftragt. Die DMA ist nichts anderes als ein Kopierwerk, das, einmal parametriert, ohne Zutun der CPU Daten von einer Speicherstelle an

---
[1] *Direct-Memory-Access*

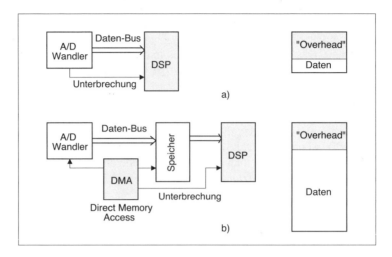

Abb. 7.11: Sample- und Frame-Bearbeitung

eine andere kopieren kann. Während die DMA einen Speicherbereich (ein Datenblock oder *Frame*) mit Werten vom A/D-Wandler füllt, kann die CPU ohne Unterbrechung die Algorithmen abarbeiten. Erst wenn der Speicherbereich gefüllt ist, wird die DMA eine Unterbrechung bei der CPU auslösen und ihr so mitteilen, dass ein neuer Datenblock zur Bearbeitung ansteht. Während die CPU diesen bearbeitet, füllt die DMA einen neuen Speicherbereich. Man nennt diesen Betrieb auch Doppelpufferbetrieb.

Damit wird die CPU um die Länge des Datenblocks weniger oft unterbrochen und der Verwaltungsaufwand sinkt in gleichem Maße. Ähnlich wird man auch die Ausgabe der Ergebnisse auf einen D/A-Wandler der DMA übertragen und so zu einer effizienten Ausnutzung der Rechenzeit der CPU kommen.

Je größer die Datenblöcke sind, umso seltener werden die Unterbrechungen und umso besser wird das Verhältnis zwischen Algorithmusbearbeitung und Verwaltungsaufwand in der CPU. In der Länge der Datenblöcke ist man dabei heute weniger durch die Größe des zur Verfügung stehenden Speichers begrenzt, als vielmehr durch die tolerierbaren Totzeiten in der Verarbeitung, die zweimal der Datenblocklänge multipliziert mit der Abtastperiode entsprechen.

Für die blockweise Verarbeitung der Daten wird in MATLAB/Simulink der Begriff *Frame*-Verarbeitung verwendet. Ein *Frame* ist dabei nichts anderes als ein Vektor (oder eine Matrix) von zeitlich aufeinanderfolgenden Abtastwerten, die in einem Simulationsschritt vollständig bearbeitet werden. Im Gegensatz dazu ist die in den MATLAB/Simulink-Versionen vor der Version 7.0 als einzige verfügbare *Sample*-Verarbeitung zu sehen, bei der in jedem Simulationsschritt genau ein Abtastwert bearbeitet wird.

Durch *Frame*-Verarbeitung wird die Simulation in der Regel bedeutend schneller ausgeführt. Ein noch größerer Vorteil ergibt sich aber durch den erheblichen Geschwindigkeitsvorteil bei der Ausführung von automatisch mit Simulink generiertem C-Code für DSP-Hardware. Auch in diesem Code werden dann die Funktionsaufrufe nicht mit jedem Abtastwert erfolgen, sondern nur einmal je Frame. Die C-Funktionen bearbeiten dann den gesamten Frame in einem Aufruf.

7.2 Datenaggregation in Simulink

Manche Blöcke des *Signal Processing Blocksets* erlauben die Wahl, ob eine *Sample*- oder *Frame*-Verarbeitung erfolgen soll, andere bieten nur die *Sample*-Verarbeitung an. Natürlich gibt es Blöcke zur Umwandlung von *Sample*-Daten in *Frame*-Daten und umgekehrt.

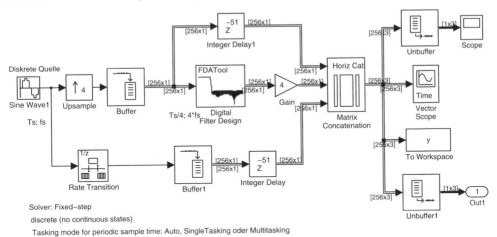

Abb. 7.12: Modell mit Frame-Signalen (frame_1.mdl)

Mit einigen Beispielen soll der Einsatz der Blöcke mit *Frame*-Daten veranschaulicht werden. Abb. 7.12 zeigt das zu dem Beispiel aus Abb. 7.9 ähnliche Modell einer Interpolation mit dem Faktor 4, diesmal mit *Frame*-Verarbeitung. Die Daten werden nach der Expandierung im Block *Upsample* in *Frame*-Daten mit Hilfe des Blocks *Buffer* zusammengefasst. Es wurde hier eine Puffergröße von 256 Werten gewählt, so dass die Oszilloskop-Darstellung eines *Frame* nicht zu viele Werte enthält. Man erkennt, dass die Datenpfade von Simulink mit unterschiedlichen Linienstilen dargestellt werden. Einfache Linien bezeichnen *Sample*-Daten und doppelte Linien *Frame*-Daten.

Die Filterung erfolgt mit dem Block *FDATool* aus dem *Signal Processing Blockset/Filtering/Filter Designs*, welcher *Frame*-Daten verarbeiten kann. Das Filter selbst wird mit der graphischen Bedienoberfläche des Blocks entwickelt.

Die Signale nach dem *Buffer*-Block werden zusammen mit dem Filterausgang und dem Quellsignal mit Hilfe des Blocks *Matrix Concatenation* zusammengefasst, um sie darzustellen. Dafür müssen all diese Signale *Frames* derselben Länge haben. Für das Quellsignal wird das über die Blöcke *Rate Transition* und *Buffer1* sichergestellt.

Mit dem Block *Vector Scope* aus dem *Signal Processing Blockset* werden dann die *Frames* der drei Signale dargestellt. Abb. 7.13 zeigt diese Signale, die zuvor mit Blöcken vom Typ *Integer Delay* zeitrichtig verzögert wurden.

Um den normalen Oszilloskop-Block *Scope* anzuschließen, müssen die *Frame*-Daten wieder in einzelne Abtastwerte (*Sample*-Daten) mit Hilfe des *Unbuffer*-Blocks umgewandelt werden. Dasselbe gilt auch für den *Out1*-Block, der ebenfalls nur mit *Sample*-Daten arbeiten kann. Der Block *To Workspace* kann allerdings direkt mit *Frame*-Daten arbeiten.

Die *Buffer*- und *Unbuffer*-Blöcke realisieren die Funktionen, die in den Abbildungen 4.26 und 4.30 grau hinterlegt sind. Der erste Block realisiert eine seriell-zu-parallel Wandlung und der zweite die umgekehrte Wandlung parallel-zu-seriell mit den entsprechenden Änderungen der Abtastraten.

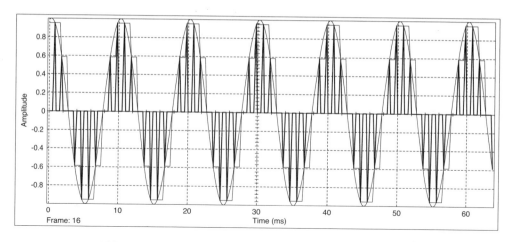

Abb. 7.13: *Signale des Modells aus Abb. 7.12* (frame_1.mdl)

Die Daten des *Out1-Ports* werden über das Menü *Simulation/Configuration Parameters/-Data Import/Export* als Struktur yout mit Zeit (*Structure with time*) parametriert und nach MATLAB exportiert. Mit den Aufrufen

```
>> yout
yout =
         time: [1000x1 double]
      signals: [1x1 struct]
```

und

```
>> yout.signals
ans =
          values: [1x3x1000 double]
      dimensions: [1 3]
           label: ''
       blockName: 'frame_1/Out1'
```

sieht man die Organisation der Daten in der Struktur. Die durch den *Unbuffer*-Block serialisierten Daten liegen in einem Feld der Größe $1 \times 3 \times 1000$ vor. Abb. 7.14 zeigt skizzenhaft die Organisation dieses Feldes. Die Daten wurden mit der Option *Limit data points to last* auf 1000 Werte begrenzt.

Über

```
>> yout.signals.values(:,:,200:210)
ans(:,:,1)  =    0    -0.8875    -0.9511
ans(:,:,2)  =    0    -0.8095    -0.9511
ans(:,:,3)  =    0    -0.7113    -0.9511
................
ans(:,:,10) =    0     0.3092    -0.0000
ans(:,:,11) =    0     0.4479    -0.0000
```

können die Werte der drei Signale des *Out1-Ports* (hier die Abtastwerte vom Zeitindex 200 bis 210) angezeigt werden. Die entsprechenden Abtastzeitpunkte erhält man mit

7.2 Datenaggregation in Simulink

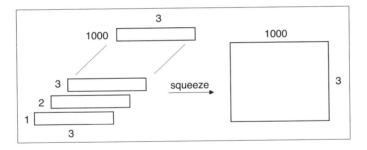

Abb. 7.14: *Feld der Daten des Out1-Ports* (frame_1.mdl)

```
>> yout.time(200:210)
ans =
    0.8000
    0.8003
    0.8005
. . . . . . . . . . . . . . . .
    0.8023
    0.8025
```

Die Signale `yout.signals.values` besitzen eine Dimension (Index) die eigentlich unnötig ist und können mit der Funktion **squeeze** in eine zweidimensionale Matrix umsortiert werden:

```
>> yout_n = squeeze(yout.signals.values);
```

Dieselben Daten erhält man jetzt mit:

```
>> yout_n(:,200:210);
ans =
  Columns 1 through 11
         0         0         0    ...        0         0
   -0.8875   -0.8095   -0.7113    ...   0.3092    0.4479
   -0.9511   -0.9511   -0.9511    ...  -0.0000   -0.0000
```

Ähnlich werden die Daten aus der Senke *To Workspace* zur Verfügung gestellt. Mit

```
>> y
y =
       time: []
    signals: [1x1 struct]
  blockName: 'frame_1/To Workspace'
```

wird die Organisation der Struktur ohne Zeit der Variablen y dargestellt. Über

```
>> y.signals
ans =
        values: [4096x3 double]
    dimensions: [256 3]
         label: ''
```

kann man auch die Größe des Feldes y.signals.values (4096 × 3), das die Daten als *Frames* der Größe 256 × 3 enthält, darstellen. Im Feld sind 4096/256 = 16 *Frames* enthalten. Die letzten 1000 Daten werden mit

```
>> y_n = y.signals.values(end-1000+1:end,:)
```

extrahiert. Die Werte vom Zeitindex 200 bis 210 sind jetzt:

```
>> y_n(200:210,:)
ans =
   -0.5878   -0.5876   -0.5878
         0   -0.7113   -0.5878
         0   -0.8095   -0.5878
         0   -0.8875   -0.5878
   ..........
         0   -0.8875   -0.9511
         0   -0.8095   -0.9511
```

Sie unterscheiden sich von den Daten mit denselben Indizes der Senke *Out1*, was zur Schlussfolgerung führt, dass die beiden Senken die Daten mit einem Versatz speichern. Aus den Oszilloskop-Darstellungen der Daten geht hervor, dass einerseits die als einzelne Abtastwerte auf dem *Scope*-Block dargestellten Daten mit denen der *Out1*-Senke gleich sind und andererseits die mit dem *Vector Scope*-Block dargestellten Daten mit denen der *To Workspace*-Senke gleich sind.

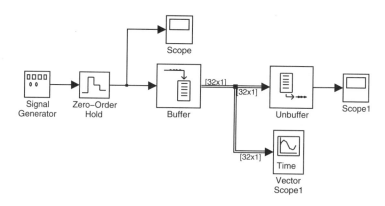

Abb. 7.15: Modell mit Frame-Daten und verschiedenen Senken (frame_2.mdl)

Mit dem Modell frame_2.mdl, das in Abb. 7.15 dargestellt ist, können die Verzögerungen der Daten für die Senken *Scope1* und *Vector Scope1* relativ zu den Eingangsdaten, die auf dem *Scope*-Block zur Darstellung kommen, festgestellt werden. Um alle *Frames* auf dem *Vector Scope1*-Block darzustellen, wird bei diesem Block die Anzahl der angezeigten *Frames* mit $n_{frame} = ceil(2/(32/1000)) = ceil(62.5) = 63$ gewählt, wobei 1/1000 s die Abtastperiode, 32 die *Frame*-Größe und 2 s die Dauer der Simulation sind. Man bemerkt, dass die Verzögerungen durch die *Buffer*- und *Unbuffer*-Blöcke bedingt sind und der *Frame*-, bzw. der zweifachen *Frame*-Größe entsprechen.

7.2 Datenaggregation in Simulink

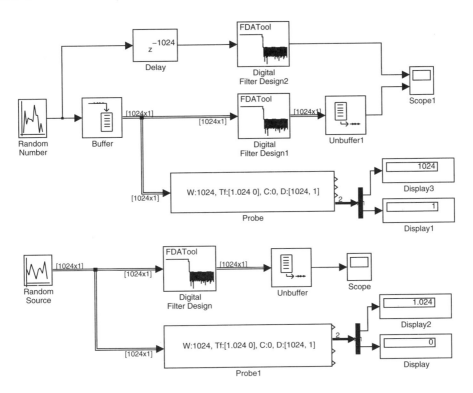

Abb. 7.16: Zwei FIR-Filterungen, implementiert als Frame-*Modelle* (frame_6.mdl)

Abb. 7.16 zeigt zwei FIR-Filterungen, die als *Frame*-Verarbeitung implementiert sind. Im oberen Modell wird als Quelle der Block *Random Number* aus der Grundbibliothek *Sources* eingesetzt, der nur *Sample*-Daten liefern kann.

Mit Hilfe des Blocks *Buffer*, in dem der Parameter *Buffer overlap* gleich null gesetzt wird, wird ein Frame der Länge 1024 gebildet. Die Bezeichnung 1024 x 1 gibt an, dass die Daten einkanalig sind. Das Filter (*Digital Filter Design 1*) besitzt die Ordnung 128 (129 Koeffizienten). Es bearbeitet in jedem Simulationsschritt ein Frame und liefert an seinem Ausgang ein Frame derselben Größe. Über den *Unbuffer1*-Block werden die Daten wieder in *Sample*-Daten gewandelt, um sie auf dem Oszilloskop darzustellen.

Mit dem oberen Pfad kann man überprüfen, ob die Filterung mittels *Frame*-Verarbeitung korrekt funktioniert. Hier wird das gleiche Filter, allerdings mit *Sample*-Verarbeitung eingesetzt. Wegen der Pufferung im Zweig der *Frame*-Verarbeitung sind die Daten im *Frame*-Verarbeitungszweig um die Größe des Puffers verzögert. Diese Verzögerung wird im oberen Pfad mit dem Block *Delay* ausgeglichen, so dass beide Pfade zeitrichtig ausgerichtet auf dem Oszilloskop dargestellt werden.

Im Unterschied zu dem Block *Random Number* kann die Quelle *Random Source* aus *DSP-Blockset/Sources Frame*-Daten liefern. Sie wird im unterem Modell aus Abb. 7.16 eingesetzt.

Informationen über die Daten einer Verbindung (und somit auch über die *Frame*-Daten) kann man mit Hilfe des Blocks *Probe*, der hier zwei mal eingesetzt wurde, erhalten. Er zeigt mit

Probe width die Größe des Feldes, das über die Verbindung übertragen wird, mit *Probe sample time* wird die Abtastperiode (hier *Frame*-Abtastperiode) angegeben. Bei einer Abtastfrequenz $f_a = 1000$ Hz und eine *Frame*-Größe von 1024 x 1 erhält man die Abtastperiode eines *Frames*: $T_f = 1024/1000 = 1.024$, die auch angezeigt wird.

Mit *Probe signal dimensions* und *Probe complex signal* wird die Dimension des Signals angegeben und ob es komplexwertig ist. Schließlich wird mit *Detect framed signal* ein *Frame*-Signal detektiert.

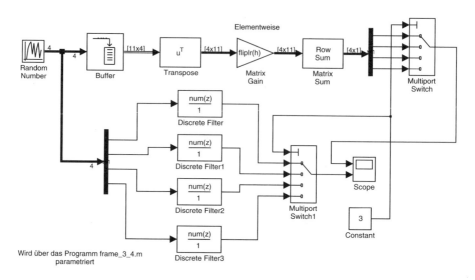

Abb. 7.17: *Modell einer MIMO-FIR-Filterung* (frame_7_8.m, frame_8.mdl)

Der Block *Discrete Filter* aus der Grundbibliothek *Discrete* von Simulink ist vom Typ SI-MO[2], d.h. er hat einen Eingang und kann mehrere Ausgänge haben. Damit kann man (mit kleinen Einschränkungen) ein Eingangssignal mit mehreren Filtern gleichzeitig filtern. Für den Zähler des Blocks kann man eine Matrix angeben. Die Anzahl der Zeilen der Matrix entspricht der Anzahl der Ausgänge des Blocks und die Zeilen stellen die Koeffizienten der Zähler der Filter dar. Für den Nenner kann man jedoch nur einen Zeilenvektor angeben, so dass alle Filter dieselben Nennerkoeffizienten haben müssen.

MIMO-Systeme[3], wie sie z.B. für die Polyphasen-Dezimierung und -Interpolierung erforderlich sind, haben mehrere Eingänge und können mit dem Block *Discrete Filter* nicht simuliert werden. Hierfür muss man sich Modelle mit Hilfe von Matrixoperationen aufbauen. Abb. 7.17 zeigt eine Lösung für ein Filter mit vier Eingängen und vier Ausgängen.

Im oberen Teil des Modells wird die Filterung mit Matrixoperationen simuliert. Im unteren Teil hingegen wird jeder Eingang mit einem separaten Filter gefiltert. Diese Art wäre sehr mühsam für den Fall, dass die Anzahl der Eingänge viel größer als vier ist, soll hier jedoch zur Überprüfung der Matrixoperationen dienen.

---

[2]*Single-Input-Multiple-Output*
[3]*Multiple-Input-Multiple-Output*

7.2 Datenaggregation in Simulink

Mit dem *Buffer*-Block wird entsprechend der Filterstruktur (FIR-Filter mit 11 Koeffizienten) eine Matrix der Größe 11×4 in folgender Organisation:

$$\begin{pmatrix} x_1[k-10] & x_2[k-10] & \ldots & x_4[k-10] \\ x_1[k-9] & x_2[k-9] & \ldots & x_4[k-9] \\ \multicolumn{4}{c}{\dotfill} \\ x_1[k] & x_2[k] & \ldots & x_4[k] \end{pmatrix} \quad (7.1)$$

erzeugt. Mit $x_1[k], x_2[k], \ldots, x_4[k]$ werden die vier Eingangswerte zum diskreten Zeitpunkt kT_s bezeichnet.

Die Koeffizienten der vier FIR-Filter werden in der Matrix h im Programm `frame_3_4.m` initialisiert:

```
h = zeros(4, 11);    nord = 10;
for k = 1:4
    h(k,:) = fir1(nord, k/10);
end;
```

Die Matrix der Koeffizienten sieht dann so aus:

$$\begin{pmatrix} h_1(0) & h_1(1) & h_1(2) & \ldots & h_1(10) \\ h_2(0) & h_2(1) & h_2(2) & \ldots & h_2(10) \\ \multicolumn{5}{c}{\dotfill} \\ h_4(0) & h_4(1) & h_4(2) & \ldots & h_4(10) \end{pmatrix} \quad (7.2)$$

Um die vier Filtergleichungen

$$\begin{aligned} y_i[k] &= h_i(0)x_i[k] + h_i(1)x_i[k-1] + \cdots + h_i(10)x_i[k-10] \\ i &= 1, 2, \ldots, 4 \end{aligned} \quad (7.3)$$

zu implementieren muss man die beiden Matrizen elementweise multiplizieren (im Block *Matrix Gain*) und dann die Summen über die Zeilen bilden (im Block *Row Sum*). Um dem hier gewählten Aufbau der Matrizen gerecht zu werden, muss man zuvor jedoch die Matrix der Koeffizienten mit der Funktion **fliplr** spiegeln und die Matrix der Abtastwerte transponieren.

Zu bemerken ist, dass hier der Parameter *Buffer overlap* des *Buffer*-Blocks um eins kleiner als die Puffer-Größe zu wählen ist. Damit wird in der Matrix nach Gl. (7.1) die erste Zeile jeweils verworfen, alle Zeilen verschieben sich um eins nach oben und als letzte Zeile werden die vier neuen Abtastwerte hinzugefügt.

Im Modell `frame3.mdl` (hier nicht dargestellt) wird statt des Blocks *Buffer* der Block *Delay Line* verwendet. Er fügt eine zusätzliche Verzögerung um eine Abtastperiode ein, die für den Vergleich mit der Filterung über vier Filter mit dem Block *Delay* ausgeglichen wird.

Als letztes Beispiel für ein Modell, das mit *Frames* arbeitet, wird die Zerlegung und Rekonstruktion mit der asymmetrischen Filterbank aus Abb. 7.18 vorgestellt. Die Größe des Puffers wurde auf 1024 festgelegt, man kann aber auch andere Werte annehmen. Allerdings müssen diese ganzzahlige Potenzen von 2 sein und für eine Zerlegung über 6 Stufen muss man sie größer als $2^6 = 64$ wählen.

Die Verzögerungen für die Verbindungen zwischen dem Analyse- und dem Syntheseteil sind von der Länge L der Filter abhängig. Die erste Verzögerung im Block *Delay1* ist gleich $(L-1)$ bei der Abtastperiode Δ dieser Stufe. Für die nächste Stufe erhält man ähnlich eine

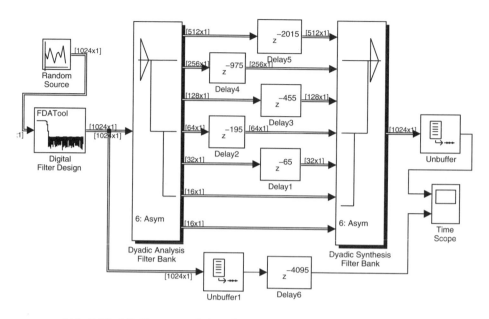

Abb. 7.18: Mit Frames arbeitende Filterbank (frame9.mdl, frame_9.m)

Verzögerung von $L-1$ allerdings bei einer Abtastperiode, die zwei mal kleiner als die vorherige ist.

Bei dieser Abtastperiode ergibt sich somit eine Verzögerung von:

$$\frac{\Delta}{2}(L-1) + \Delta(L-1) = \frac{3\Delta}{2}(L-1) \tag{7.4}$$

Diese Vorgehensweise muss bei der nächsten Stufe wiederholt werden:

$$\frac{\Delta}{4}(L-1) + \frac{3\Delta}{2}(L-1) = \frac{7\Delta}{4}(L-1) \tag{7.5}$$

Die Werte die in die *Delay*-Blöcke einzusetzen sind, sind also $(L-1), 3(L-1), 7(L-1), 15(L-1), \ldots$ usw.

Zur Darstellung wird das *Frame*-Signal am Ausgang mit Hilfe eines Blocks *Unbuffer* in eine *Sample*-Sequenz umgewandelt.

Das Modell wird im Programm frame_9.m parametriert und aufgerufen. Für die Berechnung der Filter wird die Funktion **firpr2chfb** eingesetzt:

```
nord = 65;        L = nord+1;
[h0,h1,g0,g1] = firpr2chfb(nord, 1e-3, 'dev');
g1 = -g1;        % wegen eines Fehlers der Funktion
```

Man kann hier auch mit anderen Filtern experimentieren, wie z.B. mit Wavelet-Filtern, die man mit der Funktion **wfilters** ermitteln kann. Der Vorteil der Funktion **firpr2chfb** besteht darin, dass FIR-Filter höherer Ordnung für die perfekte Rekonstruktion berechnet werden können, welche die Subbänder der Zerlegung viel besser trennen. Dies ist wichtig in Anwendungen der Kommunikationstechnik und in der Kompression von Audio- und Videodaten [70].

7.2.2 *Sample-Multichannel*-Daten

Im *Signal Processing Blockset* werden die Begriffe *Channel* und *Multichannel* für ein- bzw. mehrkanalige Daten verwendet. Ein Kanal steht für ein Signal. Mehrkanalige Daten sind also eine Zusammenfassung mehrerer (eventuell voneinander unabhängiger) Signale. In jedem Simulationsschritt werden damit zwischen den Blöcken mehrere Abtastwerte, die unterschiedlichen Kanälen zugeordnet sind, übertragen.

Nun können ein- und mehrkanalige Daten als *Sample*- oder *Frame*-Daten definiert werden. Bei einkanaligen *Sample*-Daten wird zu jedem Simulationsschritt ein Abtastwert übertragen und verarbeitet. Bei mehrkanaligen *Sample*-Daten wird zu jedem Simulationsschritt eine Matrix der Größe $M \times N$ mit $M \times N$ unabhängigen Signalabtastwerten übertragen und verarbeitet. Bei einkanaligen *Frame*-Daten wird zu jedem Simulationsschritt ein Spaltenvektor mit M aufeinanderfolgenden Abtastwerten eines Signals übertragen. Bei mehrkanaligen *Frame*-Daten wird zu jedem Simulationsschritt eine Matrix der Größe $M \times N$ mit M aufeinanderfolgenden Abtastwerten von N unabhängigen Signalen übertragen. Jede Spalte der Matrix repräsentiert also ein Signal, während jede Zeile der Matrix für einen Abtastzeitpunkt steht.

In Abb. 7.19 ist ein Modell dargestellt, in dem *Sample Multichannel*-Daten zwischen den Blöcken übertragen werden. Das Modell ist als Typ *Fixed-step* mit dem *Solver: discrete (no continuous states)* parametriert. Mit Hilfe des Blocks *Sine Wave* werden vier sinusförmige Signale der Frequenzen $f_i = 10, 25, 50$ und 100 Hz jeweils mit der Abtastfrequenz $f_s = 1000$ Hz erzeugt. Sie werden in einem Spaltenvektor ($M \times N = 4 \times 1$) am Ausgang des Blocks

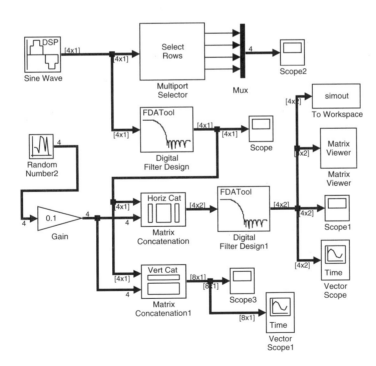

Abb. 7.19: Sample-Multichannel-Daten (multich_01.mdl)

bereitgestellt. Jedes Element des Vektors ist ein Abtastwert eines anderen Signals und bildet einen Kanal. Um die Daten als *Sample*-Daten zu erhalten, wurde in dem Block *Sine Wave* der Parameter *Sample per frame* auf 1 gesetzt.

Ganz oben im Modell wird gezeigt, wie man die vier Signale (oder die vier Kanäle) mit dem Block *Multiport Selector* wieder trennt und mit einem *Mux*-Block wieder zusammenfasst. Die *Scope*-Blöcke sind für die Darstellung von *Sample*-Daten vorgesehen und somit werden zu jedem Abtastzeitpunkt die vier Signalwerte dargestellt (Abb. 7.20a).

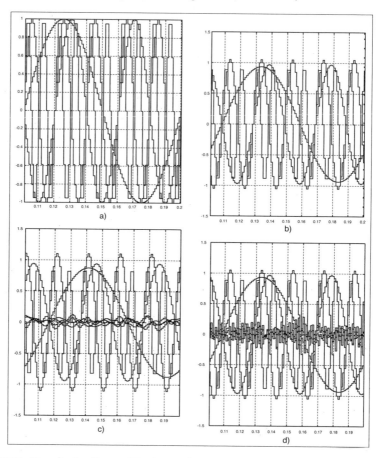

Abb. 7.20: Signale der Scope-Blöcke; a) Scope 2; b) Scope; c) Scope 1; d) Scope 3
(multich_01.mdl)

Die vier, zu einem *Multichannel*-Signal zusammengefassten harmonischen Schwingungen werden mit dem Filter aus dem Block *Digital Filter Design* von *Signal Processing Blockset/ Filtering/Filter Designs* gefiltert. Dieses Filter kann mehrkanalige Signale verarbeiten, d.h. der Block arbeitet in diesem Beispiel so, als enthielte er vier voneinander unabhängige Filter. Weil alle Signale im Durchlassbereich dieses Filters liegen, entsprechen die auf dem *Scope*-Block dargestellten Signale (Abb. 7.20b) den Signalen der Quelle (Abb. 7.20a).

7.2 Datenaggregation in Simulink

Mit dem Block *Matrix Concatenation* werden zu den gefilterten Signalen vier Rauschsignale als *Sample*-Daten hinzugefügt, aber so, dass sie die zweite Spalte einer Matrix bilden. Damit entsteht am Ausgang eine Matrix der Größe 4×2. In dieser Form sind jetzt acht Kanäle entstanden, je ein Kanal für jedes Element dieser Matrizen. Zur Erinnerung sei angemerkt, dass mehrkanalige *Sample*-Daten in einem Vektor oder in einer Matrix angeordnet werden können.

Über ein ähnliches Filter (*Digital Filter Design 1*) werden jetzt alle acht Kanäle gefiltert. Der Block *Scope 1* nach dem Filter stellt zu jedem Abtastzeitpunkt die 8 Werte dieser Signale dar (Abb. 7.20c). Weil die Rauschsignale mit dem *Gain*-Block stark gedämpft sind, kann man sie in der Darstellung als gefiltertes, von den harmonischen Schwingungen unabhängiges Rauschen leicht erkennen.

Ganz unten im Modell werden die unabhängigen Rauschsignale mit dem Block *Matrix Concatenation 1* vertikal mit den harmonischen Schwingungen zusammengesetzt. Sie werden also an den Spaltenvektor angehängt, so dass die mehrkanaligen *Sample*-Daten nun die Organisation 8×1 haben. Sie werden mit dem Block *Scope 3* dargestellt (Abb. 7.20d). Die gedämpften, jetzt nicht gefilterten Rauschsignale sind auch in diesem Fall leicht zu erkennen.

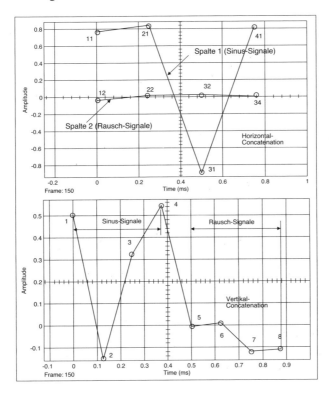

Abb. 7.21: Signale der Vector Scope-Blöcke (multich_01.mdl)

Mit Blöcken vom Typ *Vector Scope* (in dem besprochenen Modell mit den Bezeichnungen *Vector Scope* und *Vector Scope 1*) können Spaltenvektoren dargestellt werden. Auf dem *Vector Scope* sind die beiden Spalten der Matrizen vom Ausgang des Blocks *Digital Filter Design 1* dargestellt (Abb. 7.21 oben) und auf dem Block *Vector Scope* 1 sind die Vektoren am Ausgang des Blocks *Matrix Concatenation 1* dargestellt (Abb. 7.21 unten). Dabei wurde der Parameter *Time display span (number of frames)* auf eins gesetzt, so dass nur ein Satz von Abtastwerten dargestellt wird. Die Darstellungen enthalten also jeweils einen Abtastwert der mehrkanaligen Daten. In Abb. 7.21 oben sind zwei Kurven enthalten, da die *Multichannel*-Daten in einer Matrix mit zwei Spalten organisiert sind, während Abb. 7.21 unten nur eine Kurve enthält, gemäß der Organisation der Daten in einer Spalte.

Es wird dem Leser überlassen, Senken vom Typ *To Workspace* an den verschiedenen Ausgängen anzuschließen und die Speicherformate (*Save format*) dieser Blöcke nacheinander als *Structure*, *Structure With Time* und *Array* zu parametrieren und die Organisation der Daten zu überprüfen. Als Beispiel zeigt die Senke mit den Namen simout aus Abb. 7.19, deren Speicherformat als *Structure* parametriert wurde, folgende Struktur der Daten:

```
>> simout
simout =
         time: []
      signals: [1x1 struct]
    blockName: 'multich_01/To Workspace'
```

Die Werte der hier gespeicherten Matrizen der Größe 4×2 erhält man über:

```
>> simout.signals.values
ans(:,:,1) =
   1.0e-03 *
         0   -0.1137
         0   -0.0581
         0    0.1210
         0    0.1600
ans(:,:,2) =
   1.0e-03 *
    0.0003  -0.6834
    0.0007   0.0321
    0.0014   0.4708
    0.0026   0.7793
ans(:,:,3) =
    0.0000  -0.0020
    0.0000   0.0009
    0.0000   0.0004
    0.0000   0.0018
    ........
```

Die *Matrix-Viewer*-Senke stellt die zwei Spalten der Matrizen in einem Bild dar, wobei die Werte farblich oder mit Graustufen codiert werden.

Wenn man die Signale der verschiedenen Senken beobachtet, stellt man fest, dass sie zu denselben Zeitpunkten unterschiedliche Signalwerte enthalten. Das kommt vor, weil verschiedene Simulink-Blöcke unterschiedliche Latenzzeiten haben. Diese sind in der Beschreibung der Blöcke angegeben.

7.2.3 *Frame-Multichannel*-Daten

Ein weiteres Experiment soll die *Frame-Mutichannel*-Daten erläutern. Abb. 7.22 zeigt ein Modell, ähnlich dem aus Abb. 7.19, in dem *Frame-Multichannel*-Daten zwischen Blöcken, die solche Daten verarbeiten können, transferiert werden.

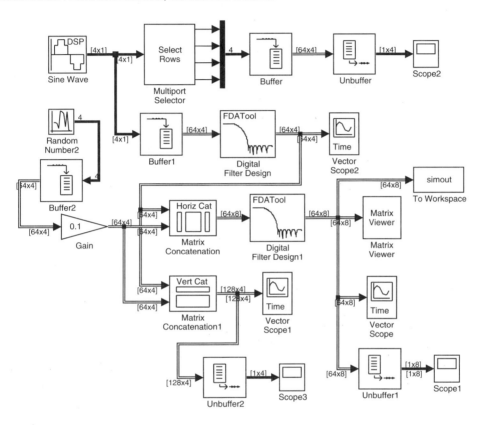

Abb. 7.22: *Modell mit Frame-Multichannel-Daten* (multich_02.mdl)

Die Verbindungen mit *Frame-Multichannel*-Daten sind durch Doppellinien anstatt der fettgedruckten Linien bei *Sample-Multichannel*-Daten gekennzeichnet. Die Dimensionen der Vektoren oder Matrizen die transferiert werden, sind dargestellt, weil im Menü *Format/Port/Signal Display* des Modells die Option *Signal Dimensions* aktiviert wurde.

In diesem Modell werden *Frame*-Daten mit Hilfe der *Buffer*-Blöcke erzeugt. So werden z.B. mit dem ersten dieser Blöcke (ganz oben) *Frames* der Größe 64×4 generiert, indem die Parameter *Output buffer size (per channel)* auf 64 und *Buffer overlap* auf null gesetzt werden. Um diese Daten mit dem normalen Oszilloskop-Block *Scope 2* darzustellen, muss man einen *Unbuffer*-Block vorschalten.

Die *Vector Scope*-Blöcke kann man direkt verwenden, um *Frame*-Daten darzustellen. Der *Vector Scope2* zeigt gleichzeitig die vier Spalten der *Frames* der Größe 64×4, die die sinusförmigen Signale des *Sine-Wave*-Generators enthalten, wenn der Parameter *Time display*

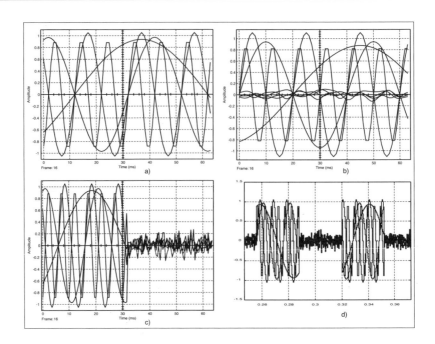

Abb. 7.23: Frame-Multichannel-Signale des Modells (multich_02.mdl)

span (number of frames) mit eins initialisiert wird (Abb. 7.23a). Wenn dieser Wert erhöht wird, werden mehrere *Frames* erfasst und dargestellt.

Der Block *Vector Scope* zeigt die beiden mit dem Block *Matrix Concatenation (Horiz Cat)* horizontal zusammengesetzten mehrkanaligen *Frame*-Daten der Größe jeweils 64 × 4, die die sinusförmigen und die Rauschsignale enthalten. Am Ausgang entstehen somit achtkanalige *Frame*-Daten mit der Organisation 64 × 8 (Abb. 7.23b). Dieselben Signale kann man auf dem Block *Scope 1* darstellen, wenn dazwischen ein *Unbuffer*-Block geschaltet wird.

Mit dem Block *Vector Scope1* werden die *Frames* dargestellt, die durch die vertikale Zusammensetzung der *Frames* der Größe 64 × 4 (*Matrix Concatenation (Vert Cat)*) entstehen und somit die Größe 128 × 4 ergeben (Abb. 7.23c). Zuerst sieht man die sinusförmigen Signale und danach die Rauschsignale. Über den *Unbuffer*-Block wird diese Zusammensetzung auch auf dem Block *Scope3* dargestellt (Abb. 7.23d).

Abb. 7.24 zeigt das vom *Matrix Viewer* erstellte Bild. Es enthält die acht Kanäle (Spalten), wobei jeder Kanal aus einem *Frame* mit 64 Abtastwerten besteht. Man erkennt, dass die ersten vier Spalten die *Frames* der sinusförmigen Signale sind und die folgenden vier die stärker gedämpften *Frames* der Rauschsignale.

Die Senke *To Workspace* mit der Variablen simout vom Datentyp *Structure* enthält folgende Struktur:

```
>> simout
simout = 
          time: []
       signals: [1x1 struct]
```

7.2 Datenaggregation in Simulink

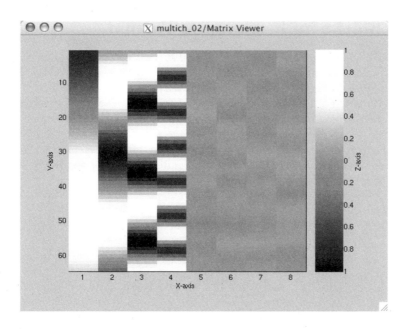

Abb. 7.24: Die Darstellung des Matrix Viewers (multich_02.mdl)

```
       blockName: 'multich_02/To Workspace'
>> simout.signals
ans =
         values: [1024x8 double]
     dimensions: [64 8]
          label: ''
```

Die Datenform *Structure With Time* ist hier nicht erlaubt. Es kann noch die einfache Form als *Array* benutzt werden. In diesem Fall werden die acht Werte als Spalten einer Matrix der Größe, die von der Dauer der Simulation abhängig ist, erfasst:

```
>> [m,n] = size(simout)
m = 1024
n =    8
```

Danach kann man sie mit

```
plot((0:m-1)/1000, simout);
xlabel('Zeit in s');
```

darstellen. Dabei wurde die im Modell parametrierte Abtastfrequenz von $f_s = 1000$ Hz zur Skalierung der Zeitachse des **plot**-Befehls angenommen.

Ein weiteres Modell (multich_03) zeigt den Einsatz des Blocks *Frame (Status) Conversion*, mit dessen Hilfe man zwischen *Sample-* und *Frame-*Daten umschalten kann. Das Modell enthält zwei Pfade, die beide dasselbe bewirken, jedoch unterschiedliche Latenzzeiten haben und somit zu verschiedenen graphischen Darstellungen auf den *Vector Scope*-Blöcken führen.

7.3 Blöcke im Festkomma-Format

Viele Blöcke, insbesondere jene aus dem *Signal Processing Blockset*, können mit verschiedenen Datenformaten arbeiten: Fließkommazahlen doppelter (voreingestellt) und einfacher Genauigkeit (*double* und *single*), Festkommazahlen (*fixed point*), benutzerdefinierte Formate (*user defined*) und vererbte Formate (*inherit via back propagation*). Die Blöcke bei denen man das Format der Daten wählen kann, sind mit oranger Farbe in den Unterbibliotheken der Blocksets gekennzeichnet.

Die Möglichkeit, das Datenformat zu wählen, ist über die Karte *Data Types* im Parametrierungsfenster dieser Blöcke gegeben. Abb. 7.25 zeigt diese Karte für den Block *Sine Wave* aus dem *Signal Processing Blockset*.

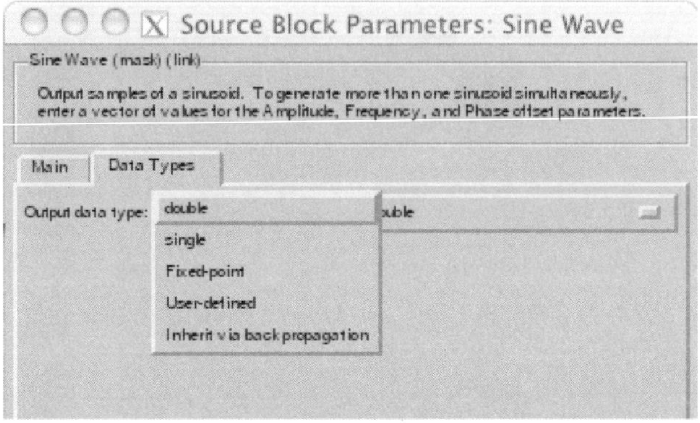

Abb. 7.25: Data Types für den Block Sine Wave aus dem Signal Processing Blockset

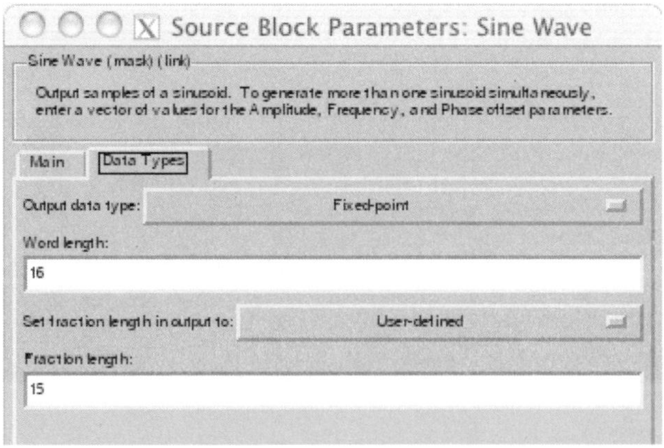

Abb. 7.26: Word length und Fraction length beim Datenformat Fixed-point

Um für das Festkomma-Format die Kommastelle (Radix-Punkt) beliebig festzulegen, wird der Parameter *Output data type* auf *Fixed-point* gesetzt und es werden in den entsprechenden Eingabezeilen die gewünschten Zahlen eingetragen. Abb. 7.26 zeigt die Einstellung mit 16 Bit für die Wortlänge (*Word length*) und 15 Bit nach der Kommastelle (*Fraction length*). Im Festkomma-Format werden die Zahlen immer als Zweierkomplement-Werte dargestellt.

7.3 Blöcke im Festkomma-Format

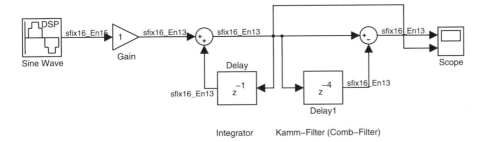

Abb. 7.27: Modell mit Blöcken im Festkomma-Format (fixed_1.mdl)

In Abb. 7.27 ist ein Modell mit Blöcken im Festkomma-Format dargestellt. Es besteht aus einem Generator *Sine Wave* gefolgt von einem Verstärker und einer CIC-Filterstufe (siehe Abschnitt 4.9). Diese ist aus einem Integrator und einem Kammfilter mit der Verzögerung $M = 4$ gebildet. Die CIC-Struktur entspricht einem Summierungsfilter über M Eingangswerte und hat somit bei der Frequenz null die Verstärkung M.

Der Generator wurde mit einer Wortlänge von 16 Bit und mit 15 Bit nach der Kommastelle initialisiert. Die Amplitude des Generatorsignals liegt damit zwischen -1 und $1 - 2^{-15} = 0.999969... \cong 1$.

Im Block *Gain* wird in der Karte *Main* der Verstärkungsfaktor (*Gain*) mit 1 initialisiert und über den Wert -1 für den Parameter *Sample time* wird angegeben, dass die Abtastfrequenz vom Eingangssignal geerbt wird. Weiterhin muss das Format der Ausgangssignale in der Karte *Signal data types* angegeben werden sowie das Format für den Verstärkungsfaktor in der Karte *Parameter data types* festgelegt werden. Man kann in der Karte *Signal data types* folgende Formate für die Ausgangssignale dieses Blocks angeben:

- *Specify via dialog*: Der Anwender wählt den Datentyp als *sfix, uint, float,...* usw. eventuell mit Skalierung und einem Offset (*Bias*).
- *Inherit via internal rule*: Es wird automatisch das Format so gewählt, dass mit möglichst kurzer Wortlänge der Wertebereich am Ausgang noch darstellbar ist.
- *Inherit via backpropagation*: Es wird das Format der Daten eines anderen Blocks geerbt.
- *Same as input*: Gleiches Format am Ausgang wie am Eingang.

Die Karte *Parameter data types* für die Wahl des Formats bei der Darstellung der Verstärkung verfügt über folgende Optionen, die dieselbe Bedeutung wie bei den Ausgangssignalen haben: *Specify via dialog, Inherit via internal rule* und *Same as input*.

Es wird exemplarisch die Option *Specify via dialog* für die beiden Formate der Daten und des Verstärkungsfaktors gewählt. Als *Output data type* wird sfix(16) gewählt, also das Signed Fixed-Point-Format mit 16 Bit. Über den Wert *Output scaling value* kann man die Skalierung und eventuell den Offset (*Bias*) wählen. Hier wurde die Skalierung 2^{-13} (2^-13) ohne Offset gewählt, entsprechend 13 Bit Nachkommastellen. Damit ist der Wertebereich der Daten zwischen -4 und $4 - 2^{-13} \cong 4$. Die Rundung (*Round integer calculation toward*) wird mit *Floor* nach unten festgesetzt und mit *Saturate on integer overflow* wird der Über- und Unterlauf mit einer Klemmung auf den höchsten bzw. kleinsten Wert des Bereichs behandelt.

Für den Verstärkungsfaktor wird ähnlich das Format sfix(16) und die Skalierung auf 2^{-12} (2^-12) festgelegt, was dem Format [16, 12] entspricht und einen Wertebereich von -8 bis $8 - 2^{-12}$ bedeutet.

Der Integrierer-Block, der nach dem Verstärker-Block im Modell aus Abb. 7.27 angeordnet ist, erbt das Format der Daten des Verstärkers, also [16,13]. Für eine relative Frequenz $f_r = f/f_s$, wobei f_s die Abtastfrequenz darstellt, ist der Frequenzgang des Integrierers mit der Übertragungsfunktion

$$H(z) = \frac{1}{1 - z^{-1}} \qquad (7.6)$$

durch

$$H(z)|_{z=e^{j2\pi f_r}} = \frac{1}{2} e^{-j\pi(f_r + 0,5)} \frac{1}{sin(\pi f_r)} \qquad (7.7)$$

gegeben.

Daraus errechnet man, dass der Integrierer bei einer Abtastfrequenz $f_s = 1000$ Hz und einer Signalfrequenz $f = 10$ Hz, entsprechend einer relativen Frequenz $f_r = 0.01$ Hz, eine Verstärkung $A \cong 16$ oder $a \cong 24$ dB hat. Damit wird bei einer Amplitude des Eingangssignals von $\hat{u} \cong 1$ der Wertebereich am Ausgang des Integrierers, der durch die Wahl des Formates [16,13] auf das Intervall $I = [-4, 4)$ begrenzt ist, überschritten. In Abb. 7.28 unten ist das Ausgangssignal des Integrierers dargestellt. Solche Überläufe führen im allgemeinen Fall natürlich zu fehlerhaften Werten am Ausgang, doch wird durch die Kombination des Integrierers mit

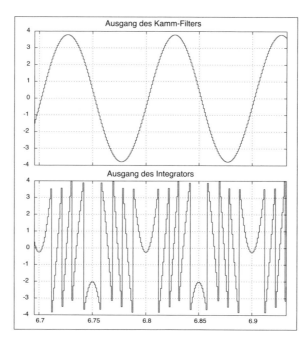

Abb. 7.28: Ausgang des Kammfilters und des Integrierers (fixed_1.mdl)

der Kammstufe am Ausgang des CIC-Filters, wie in Abschnitt 4.9.4 dargestellt, dennoch das richtige Ergebnis erzielt.

Das Kammfilter bildet die Differenz zwischen dem laufenden und dem um $M = 4$ Abtastintervallen verzögerten Wert:

$$H(z) = \frac{1 - z^{-M}}{1} \tag{7.8}$$

Zusammen mit dem Integrierer bildet es einen Summierer über M Eingangswerte, der seine größte Verstärkung gleich M (in diesem Fall 4) bei der Frequenz null besitzt. Wenn das Eingangssignal eine Amplitude $\hat{u} \leq 1$ hat, so benötigt man für seine Darstellung 1 Bit vor der Komma-Stelle, also z.B. das Format [16,15]. Für die Darstellung des Ausgangssignals benötigt man dann wegen der Verstärkung $A = 4$ zwei zusätzliche Bit vor der Komma-Stelle, was für die Struktur Integrierer/Kammfilter in diesem Fall zu dem Format [16,13] führt. Damit wird das Ausgangssignal des CIC-Filters, welches in Abb. 7.28 oben dargestellt ist, korrekt errechnet, auch wenn nach dem Integrierer Überlauf auftritt.

7.4 Spektrale Leistungsdichte und *Power Spectrum*

Simulink bietet zur Berechnung und Darstellung von Spektren den Block *Spectrum Scope* an. Dieser befindet sich in der Senkenunterbibliothek (*Signal Processing Sinks*) des *Signal Processing Blockset* und hat das Erscheinungsbild aus Abb. 7.29a. Im Kontextmenü des Blocks (durch Anklicken des Blocks mit der rechten Maustaste) kann man *Look Under Mask* auswählen, um die Struktur des Blocks zu inspizieren. Sie ist in Abb. 7.29b dargestellt und zeigt, dass der Block aus anderen Simulink-Blöcken zusammengesetzt ist.

Nach einer optionalen Pufferung und der Umwandlung der Daten in den Datentyp *double* werden die Spektren im Block *Periodogram* berechnet. Auch der Block *Periodogram* kann über *Edit/Look Under Mask* expandiert dargestellt werden und man erhält die Struktur aus Abb. 7.29c.

Am Eingang des Periodogramm-Blocks wird der Typ der Daten im Block *Error if Not Floating-Point* überprüft, danach werden die Daten mit einer Fensterfunktion (hier *Hann*-Fenster)[4] im Block *Window* gewichtet. Der Block liefert sowohl die gewichteten Daten als auch die Koeffizienten der Fensterfunktion, die zur Normierung benötigt werden. Hierfür wird im Block *Normalization*, den man durch Doppelklick öffnen kann, das Normquadrat, also das Skalarprodukt des Vektors mit sich selbst gebildet und dessen Kehrwert als Normierungsfaktor am Ausgang geliefert.

Mit dem Block *Magnitude FFT* werden die Daten mit der Diskreten Fourier-Transformation (DFT), unter Verwendung des schnellen Algorithmus der FFT in den Frequenzbereich transformiert und die Betragsquadrate der Spektralwerte berechnet. Diese werden mit dem nachfolgenden Block *Digital Filter* über eine parametrierbare Anzahl von Datenblöcken gemittelt. Die Mittelungslänge wird über den Parameter *Number of spectral averages* des Blocks *Spectrum Scope* spezifiziert.

---

[4]Das Hann-Fenster wurde nach dem österreichischen Meteorologen Julius von Hann benannt, der als erster die Gewichtung von Messwerten anwandte. Es ist durch eine Veröffentlichung von Blackmann und Tukey [7] besser bekannt unter dem Namen Hanning-Fenster. In MATLAB gibt es sowohl die Funktion *hann*, als auch die Funktion *hanning*. Beide liefern dieselben Werte, mit dem Unterschied, dass erstere die beiden Nullwerte am Anfang und Ende des Fensters mit ausgibt, während letztere nur die von Null verschiedenen Werte ausgibt.

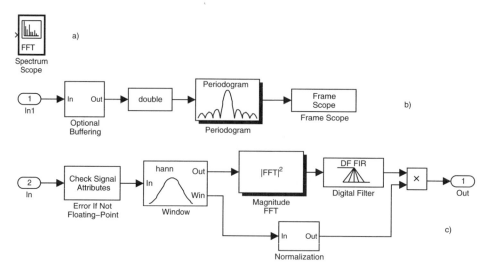

Abb. 7.29: Der Block Spectrum Scope (spektr_scope1.mdl)

Aus dieser Struktur kann man folgende mathematische Beschreibung der Funktion des Blocks *Spectrum Scope* ableiten. Wenn die DFT der mit der Fensterfunktion w gewichteten Daten x_m im Block Nummer m mit

$$\left(X[n]\right)_m = \sum_{k=0}^{N-1} (x_m[k]w[k])e^{-j\frac{2\pi}{N}nk} \tag{7.9}$$

bezeichnet wird, so wird der Mittelwert der Betragsquadrate der DFT-Werte über M Datenblöcke berechnet

$$\overline{|X[n]|^2} = \frac{1}{M}\sum_{m=1}^{M} |\left(X[n]\right)_m|^2 \tag{7.10}$$

und anschließend, um unabhängig von der Leistung der Fensterfunktion zu sein, auf deren Leistung normiert. Es werden somit die Werte $P_{xx}[n]$ ermittelt, die durch

$$P_{xx}[n] = \frac{\overline{|X[n]|^2}}{\sum_{k=0}^{N-1} w[k]^2}, \quad n = 0, 1, 2, \ldots, N-1 \tag{7.11}$$

gegeben sind.

Es bedarf einer Interpretation dieser Werte.

Lässt man zur Vereinfachung die Mittelung über die M Datenblöcke außer Acht (also $M = 1$) und verwendet als Fensterfunktion die Rechteck-Funktion, deren Werte alle gleich eins sind ($w[k] = 1$, $k = 0, 1, 2, \ldots, N-1$), so ergeben sich folgende Werte am Ausgang des *Spectrum Scope*-Blockes:

$$L_{xx}[n] = \frac{|X[n]|^2}{N}, \quad n = 0, 1, 2, \ldots, N-1 \tag{7.12}$$

7.4 Spektrale Leistungsdichte und *Power Spectrum*

Beachtet man, dass die zeitliche Autokorrelationsfolge (AKF) eines Signals $x[k]$ definiert ist als:

$$l_{xx}[k] = \frac{1}{N} \sum_{i=0}^{N-1} x^*[i] \cdot x[i+k] \tag{7.13}$$

so sieht man unter Berücksichtigung des Faltungssatzes der Fourier-Transformation, dass die Folge $L_{xx}[n]$ die DFT der zeitlichen Autokorrelationsfolge $l_{xx}[k]$ ist.

Für deterministische Signale (der Länge N) ist die (Pseudo-)AKF nach Gl. (7.13) definiert und ihr DFT-Paar kann also mit Gl. (7.12) angegeben werden. Für Zufallsprozesse ist Gl. (7.13) nur ein Schätzwert der als statistischer Erwartungswert zu definierenden AKF. Man kann zeigen (z.B. [36]), dass der Schätzwert nach Gl. (7.13) verbessert werden kann, indem man die bereits beschriebene Fensterung der Abtastwerte sowie die Mittelung über M Datenblöcke vornimmt, deren Ergebnis in Gl. (7.11) mündet. Diese Methode ist nach ihrem Autor als das Welch-Verfahren [73] bekannt. Die Bezeichnung *Periodogram* für den Simulink-Block ist also insofern etwas ungenau, als dass die Periodogramm-Schätzung nur ein Sonderfall des hier verwendeten Welch-Verfahrens ist, bei dem die Rechteck-Funktion (*Boxcar*-Fenster) als Fensterfunktion verwendet wird.

Der Satz von Wiener-Khintchine [35] sagt uns, dass die Fourier-Transformierte der Autokorrelationsfunktion die spektrale Leistungsdichte ist. Demnach könnten die Werte $P_{xx}[n]$ nach Gl. (7.11) als die Schätzwerte der spektralen Leistungsdichte eines Zufallsprozesses $x[k]$ betrachtet werden. Es fällt aber auf, dass die Maßeinheit der Werte $P_{xx}[n]$ V^2 ist und nicht, wie bei einer spektralen Leistungsdichte erwartet, V^2/Hz. Die berechneten Werte $P_{xx}[n]$ entsprechen also eher einer Leistung als einer spektralen Leistungsdichte.

Der Grund dafür liegt in der bekannten, (fast durchgängig in der Literatur) verwendeten Definition der DFT:

$$X[n] = \sum_{k=0}^{N-1} x[k] e^{-j\frac{2\pi}{N}nk} \tag{7.14}$$

$$x[k] = \frac{1}{N} \sum_{n=0}^{N-1} X[n] e^{j\frac{2\pi}{N}nk} \tag{7.15}$$

Ersetzt man diese durch die Definition, die man erhält, indem der Übergang von der zeit- und frequenzkontinuierlichen Fourier-Transformation zur DFT durch Anwendung der Rechteckregel bei der Integration erfolgt, so erhält man eine andere Definition für die DFT:

$$X_e[n] = T_s \sum_{k=0}^{N-1} x[k] e^{-j\frac{2\pi}{N}nk} \tag{7.16}$$

$$x[k] = \frac{1}{N \cdot T_s} \sum_{n=0}^{N-1} X_e[n] e^{j\frac{2\pi}{N}nk} \tag{7.17}$$

Dabei entspricht die in Gl. (7.16) auftretende Abtastperiode T_s dem zeitlichen Differential dt aus dem Fourier-Integral, während die Größe $\frac{1}{N \cdot T_s} = \frac{f_s}{N}$ der Abstand der diskreten Frequenzstützstellen ist und dem Differential df aus dem Integral der Fourier-Rücktransformation entspricht.

Verwendet man die DFT nach Gl. (7.16) im Schätzwert $P_{xx}[n]$ nach Gl. (7.11), so wird dieser zu:

$$E_{xx}[n] = \frac{\overline{|X_e[n]|^2}}{\sum_{k=0}^{N-1} w[k]^2} \tag{7.18}$$

$$= T_s^2 \frac{\overline{|X[n]|^2}}{\sum_{k=0}^{N-1} w[k]^2}$$

$$= T_s^2 P_{xx}[n] = \frac{1}{f_s^2} P_{xx}[n]$$

Die Maßeinheit von $E_{xx}[n]$ ist $V^2 s^2 = V^2 s/Hz$, welches die Maßeinheit einer spektralen Energiedichte ist. Das entspricht den Vorstellungen, da das Signal $x[k]$ als ein in der Zeitspanne $[0, (N-1)T_s]$ definiertes Signal eine endliche Länge hat und somit ein Energiesignal ist.

Nimmt man an, dass $x[k]$ ein Ausschnitt aus einem unendlich lange dauernden, stationären Zufallsprozess, oder aus einem unendlich lange dauernden deterministischen Signal konstanter Leistung (z.B. eine periodische Funktion) ist, so kann man aus der spektralen Energiedichte nach Gl. (7.18) die spektrale Leistungsdichte des unendlich langen Signals berechnen, indem man die Energiedichte auf die Beobachtungsdauer $N \cdot T_s$ normiert:

$$P_{xx}^{(e)}[k] = \frac{E_{xx}[n]}{N \cdot T_s} = \frac{1}{N \cdot f_s} P_{xx}[n] \tag{7.19}$$

oder

$$P_{xx}[n] = (N \cdot f_s) P_{xx}^{(e)}[k] \tag{7.20}$$

Gl. (7.20) zeigt, dass die vom Block *Spectrum Scope* gelieferten Werte um den Faktor $N \cdot f_s$ größer sind als die Werte der spektralen Leistungsdichte des zeitkontinuierlichen Signals, aus dem die Abtastwerte gewonnen wurden. Im Sprachgebrauch von MATLAB und Simulink werden die vom Block *Spectrum Scope* gelieferten Werte $P_{xx}[n]$ als *Power Spectrum* bezeichnet. Abgesehen von dem Faktor N ("Gewinn der DFT") entsprechen sie der spektralen Leistungsdichte eines mit der normierten Abtastfrequenz $f_s = 1$ Hz abgetasteten Signals.

Will man die mittlere Leistung des Signals aus den Werten $P_{xx}[n]$ des *Power Spectrums* berechnen, so kann man vom Satz von Parseval [35] ausgehen, dessen zeitkontinuierliche Formulierung die Energiegleichheit zwischen Zeit- und Frequenzbereich angibt:

$$\int_{-\infty}^{\infty} |x(t)|^2 dt = \int_{-\infty}^{\infty} |X(f)|^2 df \tag{7.21}$$

Für zeit- und frequenzdiskrete Signale ist er wie folgt zu schreiben:

$$T_s \sum_{k=0}^{N-1} |x[k]|^2 = \frac{1}{N \cdot T_s} \sum_{n=0}^{N-1} |X_e[n]|^2 \tag{7.22}$$

Normiert man die Energie auf die Beobachtungsdauer, so erhält man den bekannten Ausdruck für die mittlere Leistung im Zeitbereich:

$$P = \frac{T_s}{N \cdot T_s} \sum_{k=0}^{N-1} |x[k]|^2 = \frac{1}{N} \sum_{k=0}^{N-1} |x[k]|^2 \tag{7.23}$$

7.4 Spektrale Leistungsdichte und *Power Spectrum*

Im Frequenzbereich wird sie zu:

$$P = \frac{1}{(N \cdot T_s)^2} \sum_{n=0}^{N-1} |X_e[n]|^2 = \frac{1}{N^2} \sum_{n=0}^{N-1} |X[n]|^2 = \frac{1}{N} \sum_{n=0}^{N-1} P_{xx}[n] \quad (7.24)$$

Damit erhält man die mittlere Leistung des Signals als Mittelwert der Werte des *Power Spectrums*.

Es ist zu beachten, dass im Unterschied zu den Blöcken *Spectrum Scope* und *Periodogram* aus dem *Signal Processing Blockset* von Simulink, die das *Power Spectrum* eines Signals liefern, die MATLAB-Funktionen *periodogram* und *pwelch* aus der *Signal Processing Toolbox* die spektrale Leistungsdichte eines Signals berechnen, also auf die Abtastfrequenz normieren. Will man aus den Ergebnissen dieser Funktionen die Leistung des Signals berechnen, so muss man die Summe der Werte der spektralen Leistungsdichte mit dem Abstand f_s/N der Frequenzstützstellen multiplizieren. Weiterhin ist bei den MATLAB-Funktionen die Besonderheit zu beachten, dass sie bei reellwertigen Signalen, die ja ein gerades Betragsspektrum besitzen, nur die Werte der spektralen Leistungsdichte zwischen $[0, f_s/2]$ liefern, also nur $N/2+1$ Werte. Allerdings haben diese Werte dann den doppelten Betrag gegenüber der spektralen Leistungsdichte und werden in MATLAB mit „einseitiger spektraler Leistungsdichte" bezeichnet. Zur Berechnung der Leistung ist die Summe der Werte der einseitigen spektralen Leistungsdichte nur mit $f_s/(2 \cdot N)$ zu multiplizieren.

Um das vom Block *Spectrum Scope* gelieferte *Power Spectrum* zu untersuchen, kann das Modell aus Abb. 7.30 verwendet werden. Im oberen Bereich des Modells ist die Funktion des

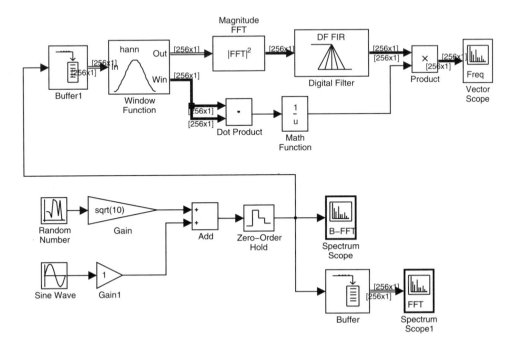

Abb. 7.30: Untersuchung des Blocks Spectrum Scope (leist_dichte1.mdl)

Blocks *Spectrum Scope* mit Simulink-Blöcken nachgebildet, um auch Zwischensignale betrachten zu können. Der Block vom Typ *Spectrum Scope* ist im Modell zwei Mal enthalten, einmal mit Pufferung der Signale im Block und für den Block *Spectrum Scope1* mit externer Pufferung im Block *Buffer*.

Das Modell wird mit weißem Rauschen, einem sinusförmigen Signal oder einer Linearkombination beider Signale gespeist. Für ein sinusförmiges Signal der Amplitude $\hat{a}$ und der Frequenz $f_0 = 1/T_0$, die so gewählt wird, dass eine ganze Zahl seiner Perioden in den Datenblöcken der Länge N enthalten ist[5] ($\frac{NT_s}{T_0} = m, m \in \mathbb{Z}$, mit der Abtastperiode $T_s = 1/f_s$), erhält man wie erwartet an den Stützstellen $n_1 = m$ und $n_2 = N - m$ zwei von Null verschiedene Werte der DFT. Die anderen Werte der DFT sind null. Die Beträge der von Null verschiedenen Werte sind gleich der mit der DFT-Länge multiplizierten[6] halben Amplitude der Schwingung:

$$|X[n]| = \frac{N\hat{a}}{2}, \quad \text{für} \quad n_1 = N\frac{f_0}{f_s} = m \quad \text{und} \quad n_2 = N - m \tag{7.25}$$

Daraus folgt, dass bei einer Amplitude von $\hat{a}$ Volt in der Darstellung des Blocks *Spectrum Scope* die beiden von null verschiedenen Werte die Größe

$$P_{xx}[n] = \frac{|X[n]|^2}{N} = \frac{N\hat{a}^2}{4} \text{für} \quad n_1 = m \quad \text{und} \quad n_2 = N - m \tag{7.26}$$

haben werden. Für $\hat{a} = 1V$ und $N = 256$ müssen die Beträge den Wert 64 oder in dB $10\log(64) = 18.06$ dB haben.

Die Leistung des Sinussignals ist nach Gl. (7.24) wie erwartet:

$$P = \frac{1}{N}\sum_{n=0}^{N-1} P_{xx}[n] = \frac{1}{N}\left(\frac{N\hat{a}^2}{4} + \frac{N\hat{a}^2}{4}\right) = \frac{\hat{a}^2}{2} \tag{7.27}$$

In Abb. 7.31 ist die Anzeige des Blocks *Vector Scope* für ein sinusförmiges Signal der Frequenz $f_0 = 250$ Hz, entsprechend der Stützstelle $m = 250 \cdot 256/1000 = 64$ ($N = 256, f_s = 1000$ Hz), dargestellt. Im oberen Fenster sind die Werte linear, im unteren logarithmisch in dB dargestellt und entsprechen den Vorgaben von Gl. (7.26).

Wird als Eingangssignal weißes Rauschen der Varianz σ^2 angelegt, so kann man vereinfachend annehmen, dass alle Stützstellen des *Power Spectrums* Komponenten gleicher Leistung enthalten werden. Da die Rauschleistung als Mittelwert des *Power Spectrums* berechnet wird, ist für die einzelnen Stützstellen jeweils der Wert σ^2 zu erwarten. In Abb. 7.32 ist die Anzeige des Blocks *Vector Scope* für eine Überlagerung des sinusförmigen Signals der Amplitude $\hat{a} = 1$ V mit weißem Rauschen der Varianz $\sigma^2 = 10$ dargestellt. Rauschen dieser Varianz wird aus einer Sequenz der Varianz $\sigma_0^2 = 1$ erhalten, die mit einer Verstärkung $G = \sqrt{10}$ multipliziert wird.

Man bemerkt in der Abbildung, dass wie erwartet das *Power Spectrum* um den Wert $P_{xx}[n] = 10$ schwankt. Die Leistung des Rauschens berechnet man wie zuvor auch als Mittelwert von $P_{xx}[n]$ und man erhält die eingestellte Varianz $\sigma^2 = 10$. Die Werte an den Stützstellen der sinusförmigen Komponente sind durch die Überlagerung von Sinussignal und Rauschen natürlich größer als im rauschfreien Fall der Abb. 7.31.

---

[5]Im anderen Fall werden die Werte durch den Leck-Effekt verfälscht.
[6]Man bemerkt auch hier den „Gewinn" N der DFT gegenüber der Fourier-Transformation.

7.4 Spektrale Leistungsdichte und *Power Spectrum* 411

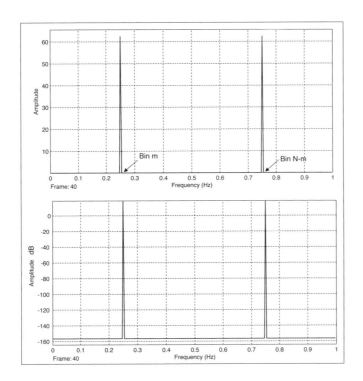

Abb. 7.31: Power Spectrum eines sinusförmigen Signals (leist_dichte1.mdl)

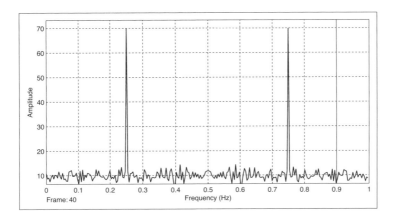

Abb. 7.32: Power Spectrum eines sinusförmigen und eines Rauschsignals (leist_dichte1.mdl)

7.5 Der Block *Embedded MATLAB Function*

In der neuen Simulink-Grundversion (Version 6.xx und aufwärts) gibt es in der Unterbibliothek *User-defined Functions* den Block *Embedded MATLAB Function*, der es erlaubt, einen Simulink-Block zu definieren, der vom Anwender geschriebenen MATLAB-Code ausführt. Von den auch bisher verfügbaren Blöcken zur Einbindung von MATLAB-Code in Simulink unterscheidet er sich in wichtigen Aspekten:

- Mit dem Block *Embedded MATLAB Function* kann Code generiert werden, der ohne MATLAB ausführbar ist. Insbesondere kann damit aus dem MATLAB-Code mit dem *Real-Time Workshop* C-Code erzeugt werden, der z.B. auf Signalprozessoren lauffähig ist.

- Dieser Block erlaubt mehrfache Ein- und Ausgänge, im Gegensatz zu dem *MATLAB-Fcn*-Block, der nur am Eingang Vektorsignale erlaubt.

- Der Block kann Simulink-Blöcke ersetzen, wenn man den Algorithmus mit MATLAB selbst gestalten will.

Das Modell `embedded1.mdl` enthält einen solchen Block. Durch Doppelklick auf den Block öffnet sich der *Embedded MATLAB Editor*, mit dem man die im Block realisierte MATLAB-Funktion definieren kann. Im Ursprungszustand enthält der Block die identische Funktion:

```
function y = fcn(u)
% This block supports an embeddable subset of the MATLAB language.
% See the help menu for details.
y = u;
```

Der Name der Funktion `fcn` ist auch der Name des Blocks im Modell.

Man kann jetzt den Namen der Funktion und somit auch den Namen des Blocks ändern und die gewünschte Funktion programmieren. Als Beispiel soll das Modell `embedded2.mdl` (Abb. 7.33) dienen, in dem ein FIR-Filter implementiert wird.

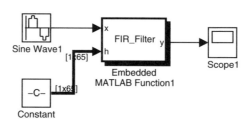

Abb. 7.33: *Modell mit einem Embedded-MATLAB-Block* (embedded2.mdl)

Die Konstante des *Constant*-Blocks enthält den Ausdruck:

`fir1(64, 0.1),`

und liefert somit die Koeffizienten eines FIR-Tiefpassfilters der Ordnung 64 und der relativen Bandbreite $B = 0.1$. Die Funktion `FIR_Filter` wird mit zwei Eingängen und einem Ausgang definiert:

7.5 Der Block *Embedded MATLAB Function*

```
function y = FIR_Filter(x,h)
% This block supports an embeddable subset of the MATLAB language.
% See the help menu for details.

persistent x_temp

if isempty(x_temp)
    n = length(h);
    x_temp = zeros(1,n);
end;

x_temp = [x, x_temp(1:n-1)];
y = h*x_temp';
```

Die Variable `x_temp` dient als Gedächtnis des Filters, ihn ihr werden der laufende und die vorherigen Eingangswerte gespeichert. Beim ersten Aufruf (wenn `x_temp` der leere Vektor ist) wird aus der Größe des Vektors der Koeffizienten die Größe von `x_temp` ermittelt und dieser wird mit Nullwerten initialisiert. Danach wird bei jedem Simulationsschritt das Gedächtnis `x_temp` aktualisiert und die Filterung als Skalarprodukt berechnet.

Wenn man nach dem Speichern der Funktion im Arbeitsverzeichnis nachsieht, wird man feststellen, dass zusätzlich zum Modell `embedded2.mdl` auf Rechnern mit dem Betriebssystem MacOS noch die Datei `embedded2_sfun.mexmac` und auf Rechnern mit dem Betriebssystem Microsoft Windows die Datei `embedded2_sfun.dll` erzeugt wurde. Es sind die Bibliotheksdateien, die dynamisch (zur Laufzeit) gebunden werden und den ausführbaren Code der implementierten Funktion enthalten. Es wird auch ein Unterverzeichnis `sfpj` mit mehreren weiteren Unterverzeichnissen erzeugt, wobei im Unterverzeichnis `src` die Dateien mit dem erzeugten C-Quellcode enthalten sind.

Nicht alle in MATLAB möglichen Funktionen oder Variablentypen sind in *Embedded-MATLAB*-Funktionen erlaubt. Im Hilfesystem kann man in der Liste *List of unsupported features* die nicht erlaubten Konstrukte sehen, wie z.B. *Cell arrays*, globale Variablen, *Integer Math*, Strukturen usw. Auch die *Embedded MATLAB Run-Time Function Library* mit den Funktionen, die erlaubt sind, ist im Hilfesystem angegeben. Man wird feststellen, dass die meisten Funktionen verfügbar sind.

Bei indizierten Variablen muss man darauf achten, dass es im Voraus möglich sein muss, für diese Variablen Speicher zu reservieren. So ist z.B. die Befehlsfolge

```
for i = 1:10
    M(i) = 5;
end;
```

erlaubt, wenn vorher mit `M = zeros(1,10)` der Speicherplatz für den Vektor M reserviert wurde. Dynamische Speicherzuweisung ist nicht möglich. Ebenfalls nicht erlaubt ist es, den Typ der Variablen dynamisch zu ändern. So ist z.B. folgende Programmsequenz, bei der die ursprünglich reelle Variable x in eine komplexe Variable umgewandelt wird, nicht erlaubt:

```
x = 3;          % Typ double
.....
x = 4 + 5i;     % Typ complex
```

Zulässig ist jedoch:

```
x = 3 + 0i;     % Typ complex
.....
x = 4 + 5i;     % Typ complex
```

Die wichtigsten Funktionen zur Signalverarbeitung sind einsetzbar, wie z.B. **conv, fft, ifft, filter** usw. Da die Funktion **fft** vom Typ komplex ist, wird auch die inverse Transformation **ifft** vom Typ komplex sein, selbst dann, wenn es sich um ein reellwertiges Signal y wie in folgendem Beispiel handelt. Eine Umwandlung muss explizit angegeben werden:

```
x = real(ifft(fft(y));
```

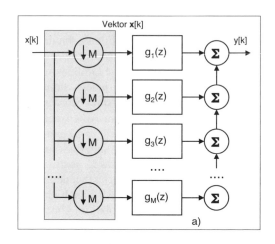

Abb. 7.34: Struktur der Dezimierung mit einem Polyphasenfilter

In Abb. 7.35 ist als ein zweites Beispiel für die Verwendung einer *Embedded MATLAB Function* (hier poly_dezim_filter) ein Simulink-Modell zur Dezimierung mit einem Polyphasenfilter dargestellt. Zur Erinnerung wird in Abb. 7.34 die Struktur der Polyphasen-Dezimierung angegeben. Der grau hinterlegte Teil dieser Struktur wird mit Hilfe des *Buffer*-Blocks und des *Flip*-Blocks realisiert, wobei der Letztere nur die Reihenfolge der Elemente des Vektors $x[k]$ umkehrt, so dass dieser wie in Abb. 7.34 am Eingang des *Embedded-MATLAB*-Funktionsblocks anliegt. Da der Block *Buffer* Daten vom Typ *Frame* liefert und der Funktionsblock *Embedded MATLAB Function* für *Sample*-Daten programmiert wird, muss man einen *Frame Conversion*-Block verwenden.

Die Koeffizienten der Teilfilter g des Polyphasenfilters werden vom Block *Constant* durch

firpolyphase(fir1(256, 1/5),5)

geliefert. Sie entsprechen einem FIR-Tiefpassfilter der Ordnung 256 und dem Dezimierungsfaktor $M = 5$. Da der Oszilloskop-Block *Scope* nur Daten gleicher Abtastfrequenz darstellen kann, werden die Signale am Ausgang des Blocks *Embedded MATLAB Function* mit dem Block *Rate Transition* auf die höhere Abtastrate des ersten Eingangs des *Scope*-Blocks gebracht. Im unteren Teil des Modells ist die klassische Dezimierung zum Vergleich implementiert. Auch hier werden die Abtastfrequenzen angeglichen.

7.6 Aufruf der Simulation aus der MATLAB-Umgebung

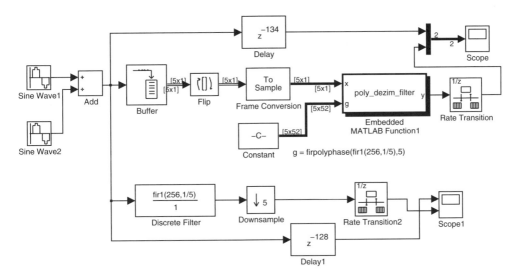

Abb. 7.35: *Dezimierung mit Polyphasenfilter implementiert in einem Embedded-MATLAB-Block* (embedded_poly_dezim1.mdl)

Die Funktion des Blocks *Embedded MATLAB Function* ist sehr einfach:

```
function y = poly_dezim_filter(x,g)
% x = laufender Eingangsvektor;  y = Ausgang des Filters
% g = Matrix der Teilfilter des Polyphasenfilters gi(z)

persistent x_temp

[m,n] = size(g);
if isempty(x_temp)
    x_temp = zeros(m,n);
end;
x_temp = [x, x_temp(:,1:n-1)];   % Aktualisierung der Daten
y = sum(sum(g.*x_temp,2));
```

Nach der elementweisen Multiplikation der in der Matrix `x_temp` gespeicherten Eingangswerte mit den Koeffizienten der Teilfilter aus der Matrix `g` muss man nur einerseits entlang der Zeilen und danach entlang der Spalten summieren, um den Ausgang `y` des Filters zu erhalten (Abb. 7.34).

7.6 Aufruf der Simulation aus der MATLAB-Umgebung

Ein Simulink-Modell kann aus dem Kommandofenster, aus einem Programm (*script*) oder aus einer Funktion heraus ausgeführt werden. Die flexibelste Art, eine Simulation für verschiedene Werte der Parameter durchzuführen, ist der Aufruf aus einem Programm oder einer Funktion. Die Variablen, die als Parameter für ein Modell dienen, müssen als globale Variablen deklariert werden, falls sie in einer Funktion definiert sind. Die global-Deklaration muss auch im Kommandofenster erfolgen.

Der Aufruf der Simulation geschieht mit der Funktion **sim**. Mit Hilfe der Funktion **simset** werden die verschiedenen Optionen für die Funktion **sim** festgelegt. Die Syntax der Funktion **sim** ist:

```
[t, x, y] = sim(model, TimeSpan, Options, ut);
```

Die Liste der zurückgelieferten Variablen ist optional. Sie kann fehlen oder sie kann nur die erste, die beiden ersten oder alle drei Variablen enthalten:

```
sim('hochhaus', ...);
t = sim('hochhaus', ...);
[t, x] = sim('hochhaus', ...);
[t, x, y] = sim('hochhaus', ...);
```

Die erste Variable (hier mit t bezeichnet) enthält die Werte der Simulationszeitschritte, die vom Integrationsverfahren abhängig ist und von den Argumenten TimeSpan und Options bestimmt werden.

Die zweite Variable (hier x) enthält die Zustandsvariablen des Modells in einer Matrix. Jede Zustandsvariable ist in einer Spalte der Matrix enthalten, wobei zunächst die zeitkontinuierlichen und danach die zeitdiskreten Variablen angeordnet sind. Die letzte Variable (hier y) enthält die Ausgangsvariablen, die im Modell über *Outport Blocks* definiert werden. Auch hier sind sie in der Reihenfolge der *Outports* als Spalten einer Matrix angeordnet. Wenn das Modell keine *Outport*-Blöcke enthält, wird für die Variable y eine leere Matrix geliefert.

Das erste Argument der Funktion **sim** ist eine Zeichenkette (wie z.B. hochhaus), die den Namen des zu simulierenden Modells (hochhaus.mdl) darstellt, ohne die Erweiterung mdl. Nur dieser Name ist im Aufruf vorgeschrieben. Die weiteren Parameter, falls sie angegeben werden, überschreiben die Werte, die im Dialogfenster *Configuration Parameters* des Modells eingestellt wurden.

Das Argument TimeSpan spezifiziert die Zeitschritte der Simulation, welche die Angaben des *Solvers* ersetzen. Es kann einfach mit einem Wert TFinal die Dauer der Simulation definieren. In der Form [Tstart, TFinal] oder [Tstart, OutputTimes, TFinal] wird zusätzlich der Startzeitpunkt, bzw. die Zeitpunkte, die in t geliefert werden, definiert. Die Simulationsschritte müssen nicht äquidistant sein.

Das Argument Options ist eine MATLAB-Struktur, die es erlaubt, viele der Optionen aus dem Dialogfenster *Configuration Parameters* des Modells zu ersetzen. Sie wird mit der Funktion **simset** erzeugt, welche vor **sim** aufgerufen werden muss.

Die einfachste Form für die Funktion **simset** ist:

```
my_options = simset('name_1','value_1',name_2,'value_2', ...);
```

In der Struktur my_options wird der Option oder der Eigenschaft name_1 der Wert value_1 vergeben, der Option name_2 der Wert value_2 usw. Wenn im Kommandofenster **simset** eingegeben wird, erhält man eine Liste aller Optionen oder Eigenschaften, die mit dieser Funktion gesetzt werden können:

7.6 Aufruf der Simulation aus der MATLAB-Umgebung

```
>> simset
        Solver: [ 'VariableStepDiscrete' |
                  'ode45' | 'ode23' | 'ode113' | 'ode15s' |
                  'ode23s' | 'ode23t' | 'ode23tb' |
                  'FixedStepDiscrete' |
                  'ode5' | 'ode4' | 'ode3' | 'ode2' |
                  'ode1' | 'ode14x' ]
        RelTol: [ positive scalar {1e-3} ]
        AbsTol: [ positive scalar {1e-6} ]
        Refine: [ positive integer {1} ]
       MaxStep: [ positive scalar {auto} ]
       MinStep: [ [positive scalar, nonnegative integer]
                  {auto} ]
......
```

Einige sind selbsterklärend, wie z.B. die Optionen `Solver`, `RelTol`, `AbsTol`, `MaxStep`, `InitialStep`, `FixedStep` usw., da sie denen der Parametrierung über das Menü *Configuration Parameters* entsprechen. Die voreingestellten Werte sind in den geschweiften Klammern angegeben.

Mit der Option `OutputPoints` können die Zeitpunkte für die zu liefernden Ergebnisse `t`, `x`, `y` im Aufruf des Befehls **sim** definiert werden. Durch `specified` (als Voreinstellung) werden die Zeitpunkte, die im Argument `TimeSpan` der Funktion **sim** angegeben sind, benutzt. Mit `all` werden sowohl diese Zeitpunkte als auch die Zeitpunkte des Integrationsverfahrens geliefert.

Mit der Funktion **simset** wird auch die Option `OutputVariables` eingestellt. In der Liste der zurückgelieferten Variablen der Funktion **sim** steht an zweiter Stelle die Matrix der Zustandsvariablen. Oft möchte man nur die Ausgangsvariablen des Modells als Ergebnisse erhalten und auf die Zustandsvariablen verzichten. Da die Matrix der Ausgangsvariablen (zuvor mit y bezeichnet) an dritter Stelle in der erwähnten Liste steht, müssen alle Variablen angegeben werden, um die Ausgangsvariablen zu erhalten. Mit der Option `OutputVariables` können beliebige Kombinationen der drei Variablen, die mit Werten zu belegen sind, gewählt werden. Als Beispiel wird mit `'ty'` nur die Zeit und die Ausgangsmatrix mit Werten belegt. Die Matrix der Zustandsvariablen bleibt leer. Beim Aufruf müssen aber nach wie vor alle drei Variablen angegeben werden.

Über `InitialState` können die Anfangswerte der Zustandsvariablen spezifiziert werden und mit `FinalStateName` kann man den Namen eines Vektors definieren, in dem die Endwerte der Zustandsvariablen gespeichert werden.

Die Option `ZeroCross` erlaubt oder sperrt die Detektion der Nulldurchgänge bei der Ermittlung der Lösung durch den *Solver* im Falle variabler Schrittweite. Mit `'off'` wird der *Solver* veranlasst, die Schrittweite so zu justieren, dass die geforderte Toleranz erfüllt ist, ohne die Nulldurchgänge zu ermitteln.

Mit der Option `SaveFormat` kann statt des voreingestellten Formats Matrix (`'Array'`) für die Ergebnisse `t`, `x` und `y` auch das Format Struktur (`'Structure'`) oder Struktur mit Zeit (`'StructureWithTime'`) eingestellt werden.

Zurückkehrend zur Funktion **sim**, wird mit dem letzten Argument ut die Option *Load from workspace* aus dem *Data Import/Export* des Dialogs *Configuration Parameters* ersetzt. Das Argument muss der Name einer Variablen der Form [t, u1, u2,...] sein, wobei t ein Spaltenvektor mit den Zeitpunkten für die Werte aus den Spalten u1, u2, ... ist. Die Variablen u1, u2, ... werden aus der MATLAB-Umgebung (Kommandofenster) über einen oder über mehrere Blöcke vom Typ *Inport* dem Modell zu den Zeitpunkten aus t übertragen. Alternativ zu einem Variablennamen kann das Argument ut auch eine Zeichenkette sein, die den Namen einer Funktion u = ut(t) enthält, die die Eingänge u1, u2, ... zu den Zeitschritten der Simulation liefert.

Mit der Option SrcWorkspace der Funktion **simset** kann die lästige Deklaration als **global** für die Variablen einer Funktion, die als Parameter für ein Modell gedacht sind, entfallen. Mit dieser Option wird eine von drei Möglichkeiten eingestellt: mit 'base' als Voreinstellung wird die MATLAB-Umgebung (das Kommandofenster) als Quelle für die Parametervariablen definiert. Über 'current' wird angegeben, dass die Parametervariablen aus der lokalen Umgebung, in der der Befehl **sim** aufgerufen wird, zu entnehmen sind. Schließlich wird mit 'parent' als Quelle für die Parametervariablen die Umgebung definiert, aus der die Funktion aufgerufen wird, die **sim** enthält.

Ähnlich ermöglicht die Option DstWorkspace, die Umgebung zu definieren, in der die *To-Workspace*-Senken ihre Ergebnisse liefern sollen. Auch hier haben die Einstellungen 'base', 'current' und 'parent' dieselbe Bedeutung wie bei SrcWorkspace. Die Optionen in ScrWorkspace und DstWorkspace können unterschiedlich sein, aber die Parametervariablen eines Modells können nicht von verschiedenen Umgebungen (z.B. aus einer Funktion und dem Kommandofenster) stammen.

Literaturverzeichnis

[1] AKANSU, ALI N. und RICHARD A. HADDAD: *Multiresolution Signal Decomposition. Transforms, Subbands, and Wavelets.* Academic Press, Inc., 2000.

[2] ANGERMANN, ANNE, MICHAEL BEUSCHEL, MARTIN RAU und ULRICH WOHLFARTH: *Matlab – Simulink – Stateflow. Grundlagen, Toolboxen, Beispiele.* Oldenbourg, 2005.

[3] BATEMAN, ANDREW und IAIN PATERSON-STEPHENS: *The DSP Handbook. Algorithms, Applications and Design Techniques.* Prentice Hall, 2001.

[4] BENDAT, JULIUS S. und ALLAN G. PIERSOL: *Engineering Applications of Correlation and Spectral Analysis.* John Wiley & Sons, 1993.

[5] BENDAT, JULIUS S. und ALLAN G. PIERSOL: *Random Data. Analysis and Measurement Procedures.* John Wiley & Sons, 2000.

[6] BERNSTEIN, HERBERT: *Analoge und digitale Filterschaltungen. Grundlagen und praktische Beispiele.* VDE Verlag, 1995.

[7] BLACKMAN, R.D. und J. TUKEY: *The Measurement of Power Spectra from the Point of View of Communications Engineering.* Dover Publications, 1958.

[8] BIRAN, ADRIAN und MOSHE BREINER: *MATLAB 5 für Ingenieure. Systematische und praktische Einführung.* Addison-Wesley, 1999.

[9] BLINCHIKOFF, HERMAN J. und ANATOL I ZVEREV: *Filtering in the Time and Frequency Domains.* Noble Publishing, 2001.

[10] BRAMMER, KARL und GERHARD SIFFLING: *Kalman-Bucy-Filter.* Oldenbourg, 1994.

[11] BRIGHAM, ELBERT O.: *FFT Anwendungen.* Oldenbourg, 1997.

[12] CAVICCHI, THOMAS J.: *Digital Signal Processing.* John Wiley & Sons, 2000.

[13] COUCH, LEON W.: *Modern Communication Systems. Principles and Applications.* Prentice Hall, 1995.

[14] DEFATTA, DAVID J., JOSEPH G. LUCAS und WILLIAM S. HODGKISS: *Digital Signal Processing. A System Design Approach.* John Wiley & Sons, 1988.

[15] DOBLINGER, GERHARD: *MATLAB-Programmierung in der digitalen Signalverarbeitung.* J. Schlembach Fachverlag, 2001.

[16] DOBLINGER, GERHARD: *Signalprozessoren. Architekturen – Algorithmen – Anwendungen.* J. Schlembach Fachverlag, 2004.

[17] FLIEGE, NORBERT: *Multiraten-Signalverarbeitung: Theorie und Anwendungen*. Teubner, 1993.

[18] GÖTZ, HERMANN: *Einführung in die digitale Signalverarbeitung*. Teubner, 1998.

[19] GRAMLICH, GÜNTER: *Anwendungen der Linearen Algebra mit MATLAB*. Fachbuchverlag Leipzig, 2004.

[20] GREWAL, MOHINDER S. und ANGUS P. ANDREWS: *Kalman Filtering. Theory and Practice Using MATLAB*. John Wiley & Sons, 2001.

[21] GRUPP, FRIEDER und FLORIAN GRUPP: *MATLAB 7 für Ingenieure. Grundlagen und Programmierbeispiele*. Oldenbourg, 2006.

[22] HARRIS, FREDERIC J.: *Multirate Signal Processing For Communication Systems*. Prentice Hall, 2004.

[23] HAYKIN, SIMON: *Introduction to Adaptive Filters*. Macmillan, 1984.

[24] HAYKIN, SIMON: *Adaptive Filter Theory*. Prentice Hall, 2003.

[25] HAYKIN, SIMON und BERNARD WIDROW: *Least-Mean-Square Adaptive Filters*. John Wiley & Sons, 2003.

[26] HOFFMANN, JOSEF: *MATLAB und Simulink in Signalverarbeitung und Kommunikationstechnik*. Addison-Wesley, 1999.

[27] HOFFMANN, JOSEF und URBAN BRUNNER: *MATLAB und Tools für die Simulation dynamischer Systeme*. Addison-Wesley, 2002.

[28] HOFFMANN, JOSEF und SABIN IONEL: *Signalkonditionierung mit Wavelet-Techniken*. Horizonte, 24, 2004.

[29] HOGENAUER, EUGENE B.: *An Economical Class of Digital Filters for Decimation and Interpolation*. IEEE Transaction on Acoustics, Speech and Signal Processing, ASSP-29(2), 1981.

[30] IFEACHOR, EMMANUEL C. und BARRIE W. JERVIS: *Digital Signal Processing. A Practical Approach*. Addison-Wesley, 2001.

[31] INGLE, VINAY K. und JOHN G. PROAKIS: *Digital Signal Processing Using MATLAB*. Thomson Learning, 2006.

[32] ISO/IEC: *Codierung von bewegten Bildern und damit verbundenen Tonsignalen für digitale Speichermedien bis 1,5 Mbit/s. Teil 3: Audio (ISO/IEC 11172-3:1993)*, 1993.

[33] JAYANT, N.S. und PETER NOLL: *Digital Coding of Waveforms. Principles and Applications to Speech and Video*. Prentice Hall, 1984.

[34] KAMEN, EDWARD W. und BONNIE S. HECK: *Fundamentals of Signals and Systems Using the Web and MATLAB*. Prentice Hall, 2006.

[35] KAMMEYER, KARL-DIRK: *Nachrichtenübertragung*. Teubner, 2004.

Literaturverzeichnis

[36] KAMMEYER, KARL DIRK und KRISTIAN KROSCHEL: *Digitale Signalverarbeitung. Filterung und Spektralanalyse mit MATLAB-Übungen.* Teubner, 2006.

[37] KEHTARNAVAZ, NASSER und BURC SIMSEK: *C6X-Based Digital Signal Processing.* Prentice Hall, 2000.

[38] KESTER, WALT (Herausgeber): *Mixed-Signal and DSP Design Techniques.* Newnes, 2003.

[39] KESTER, WALT (Herausgeber): *Analog-Digital Conversion.* Analog Devices, 2004.

[40] KREYSZIG, ERWIN: *Advanced Engineering Mathematics.* John Wiley & Sons, 2006.

[41] KROSCHEL, KRISTIAN: *Statistische Nachrichtentheorie. Signal- und Mustererkennung, Parameter- und Signalschätzung.* Springer, 1999.

[42] KUO, SEN M. und WOON-SENG GAN: *Digital Signal Processors: Architectures, Implementations, and Applications.* Prentice Hall, 2004.

[43] LANG, MATHIAS: *Algorithms for the Constrained Design of Digital Filters with Arbitrary Magnitude and Phase Responses.* Doktorarbeit, Technische Universität Wien, 1999.

[44] LING, F., D. MANOLAKIS und J. G. PROAKIS: *Numerically robust least-squares lattice-ladder algorithms with direct updating of the reflection coefficients.* IEEE Transaction on Acoustics, Speech and Signal Processing, ASSP-34(4):837–845, 1986.

[45] LYONS, RICHARD G.: *Understanding Digital Signal Processing.* Prentice Hall, 2004.

[46] MALLAT, STEPHANE: *A Wavelet Tour of Signal Processing.* Academic Press, 1999.

[47] MANOLAKIS, DIMITRIS G., VINAY K. INGLE und STEPHEN M. KOGON: *Statistical and Adaptive Signal Processing. Spectral Estimation, Signal Modeling, Adaptive Filtering and Array Processing.* Artech House, 2005.

[48] MARVASTI, FAROKH (Herausgeber): *Nonuniform Sampling. Theory and Practice.* Kluwer Academic/Plenum Publishers, 2001.

[49] MCCLELLAN, JAMES H., C. SIDNEY BURRUS, ALAN V. OPPENHEIM, THOMAS W. PARKS, RONALD W. SCHAFER und HANS W. SCHUESSLER: *Computer-Based Exercises for Signal Processing Using MATLAB 5.* Prentice Hall, 1998.

[50] MENDEL, JERRY M.: *Lessons in Estimation Theory for Signal Processing, Communications, and Control.* Prentice Hall, 1995.

[51] MEYER, MARTIN: *Signalverarbeitung: analoge und digitale Signale, Systeme und Filter.* Vieweg, 2003.

[52] MITRA, SANJIT K.: *Digital Signal Processing. A Computer-Based Approach.* McGraw-Hill, 2005.

[53] MITRA, SANJIT K. und JAMES F. KAISER (Herausgeber): *Handbook for Digital Signal Processing.* John Wiley & Sons, 1993.

[54] OH, H. J., KIM SUNBIN, CHOI GINKYU und Y. H. LEE: *On the Use of Interpolated Second-Order Polynomials for Efficient Filter Design in Programmable Downconversion.* IEEE Journal on Selected Areas in Communications, 17(4), 1999.

[55] OPPENHEIM, ALAN W., RONALD W. SCHAFER und JOHN R. BUCK: *Zeitdiskrete Signalverarbeitung.* Pearson Studium, 2004.

[56] OPPENHEIM, ALAN, W. und ALAN S. WILLSKY: *Signale und Systeme.* Wiley-VCH, 1991.

[57] PRESS, WILLIAM H., SAUL A. TEUKOLSKY, WILLIAM T. VETTERLING und BRIAN P. FLANNERY: *Numerical Recipes in C.* Cambridge University Press, 1992.

[58] PROAKIS, JOHN G. und DIMITRIS G. MANOLAKIS: *Digital Signal Processing. Principles, Algorithms, and Applications.* Prentice Hall, 2006.

[59] PROAKIS, JOHN G. und MASOUD SALEHI: *Communication Systems Engineering.* Prentice Hall, 2001.

[60] PROAKIS, JOHN G., MASOUD SALEHI und GERHARD BAUCH: *Contemporary Communication Systems using MATLAB.* Brooks/Cole, 2003.

[61] SCHAUMANN, ROLF und MAC E. VAN VALKENBURG: *Design of Analog Filters.* Oxford University Press, 2001.

[62] SCHOTT, DIETER: *Ingenieurmathematik mit MATLAB: Algebra und Analysis für Ingenieure.* Fachbuchverlag Leipzig, 2004.

[63] SCHRICK, KARL-WILHELM: *Anwendungen der Kalman-Filter-Technik. Anleitung und Beispiele.* Oldenbourg, 1977.

[64] SHENOI, KISHAN: *Digital Signal Processing in Telecommunications.* Prentice Hall, 1995.

[65] SKLAR, BERNARD: *Digital Communications. Fundamentals and Applications.* Prentice Hall, 2001.

[66] STEARNS, SAMUEL D.: *Digital Signal Processing with Examples in MATLAB.* CRC Press, 2003.

[67] STEARNS, SAMUEL D. und RUTH A. DAVID: *Signal Processing Algorithms in MATLAB.* Prentice Hall, 1996.

[68] STEARNS, SAMUEL D. und DON R. HUSH: *Digitale Verarbeitung analoger Signale.* Oldenbourg, 1999.

[69] STRANG, GILBERT und TRUONG NGUYEN: *Wavelets and Filter Banks.* Wellesley-Cambridge Press, 1996.

[70] STRUTZ, TILO: *Bilddatenkompression: Grundlagen, Codierung, Wavelets, JPEG, MPEG, H.264.* Vieweg, 2005.

[71] ÜBERHUBER, CHRISTOPH, STEFAN KATZENBEISSER und DIRK PRAETORIUS: *MATLAB 7: Eine Einführung.* Springer, 2005.

[72] VAIDYANATHAN, P.P.: *Multirate Systems and Filter Banks*. Prentice Hall, 1993.

[73] WELCH, P.D.: *The Use of Fast Fourier Transform for the Estimation of Power Spectra: A Method Based on Time Averaging Over Short, Modified Periodograms*. IEEE Trans. Audio Electroacoustics, AU-15:70–73, 1967.

[74] WERNER, MARTIN: *Digitale Signalverarbeitung mit MATLAB. Grundkurs mit 16 ausführlichen Versuchen*. Vieweg, 2006.

[75] WIDROW, BERNARD und SAMUEL D. STEARNS: *Adaptive Signal Processing*. Prentice Hall, 1985.

Index

Abschnitte zweiter Ordnung...41, 43, 170
Adaptive Filter 303
Adaptive Störunterdrückung 309
Analoge Filter 1
Analytische Signale 81
Antialiasing-Filter 5, 28, 35–37, 183
AR-Systeme 42
arithmetische Operationen 337
ARMA-Systeme 42
ASCII-Datei 362
Asymmetrische Filterbank 256
Audiodaten (Lesen und Schreiben) ... 364
Augendiagramm 103
Ausgangsgleichung 42

Bandpassfilter (analog) 21
Bandsperrfilter (analog) 3–5
Bartlett-Fenster 67
Beschreibung im Zustandsraum 42
Bessel-Filter 16, 47, 50, 51
bilineare Transformation 49, 50
Binärdaten (Lesen und Schreiben) 363
Biorthogonale Filter 244
Blackman-Fenster 67
Block-LMS-Filter 324
Boxcar-Fenster 67, 407
Butterworth-Filter 30, 47, 50, 51, 54

CFIR-Filter 276, 279
Chebwin-Fenster 67
CIC-Dezimierung 269, 276
CIC-Filter 403, 405
CIC-Interpolierung 269
Cosinusmodulierte Filterbank 232

Dateioperationen 361
Debugger 365
Dezimierung 181, 194, 195, 240, 292
Dezimierung mit Polyphasenfiltern ... 206, 209, 414

dfilt-Objekte 105
DFT 226, 350
DFT-Filterbank 228, 229
Differenzengleichung 41
Digitale Filter 39, 113
Digitales Kompensationsfilter 29
Dirac-Funktion (oder Dirac-Impuls) ... 27
Diskrete Wavelet-Transformation 257
Diskretes Filter 40
Distortion Function 233
Dämpfung im Sperrbereich 33

Editor 365
Einheitspulsantwort 46
Einseitenband-Demodulation 90
Einseitenband-Modulation 89
Elliptisches Filter 47, 50, 51
Expandierung mit Nullwerten ... 191, 223

Faltung 46
Fensterfunktionen 352
Festkomma-Format ... 131, 132, 151, 160, 179, 284, 402, 403
Festkomma-Quantisierung 130
FFT 350
FIR-*Raised-Cosine*-Filter 98
FIR-Differenzierer 79, 119
FIR-Filter 42, 44, 182, 184, 187, 191, 209, 223, 295, 381, 384, 412, 414
FIR-Filter (*Least-Squares*-Verfahren) .. 75
FIR-Filter (Fenster-Verfahren) 63
FIR-Filter (Parks-McClellan) 75
FIR-Filter durch Kombination einfacher Filter 92
FIR-Filter mit linearer Phase 61
FIR-Filter Typ I bis IV 62
FIR-Hilbertfilter 79, 82
FIR-Polyphasenfilter .. 206, 208, 213, 224, 298
Fourier-Analyse 350

Fourier-Transformation ... 82, 83, 89, 350
Frame-Multichannel-Daten 399
Frequenzgang 46
Frequenztransformation 18

Genauigkeit im Gleitkomma-Format .. 162
Generalized-Cosine-Fensterfunktionen . 65
Gleitkomma-Format ... 131, 160, 162, 163
Gleitkomma-Quantisierung 160
Glättungsfilter 28
Graphik........................... 353
Graphische Objekte 368
Gruppenlaufzeit 6, 46, 49, 125

Halteglied nullter Ordnung 27, 36, 375
Hamming-Fenster 65, 67, 71, 352, 376
Hann-Fenster 405
Hanning-Fenster 65, 67, 352
Hilbert-Transformation 81
Hochpassfilter (analog) 5, 18–21

IFIR-Filter 287, 292, 294
IIR-Filter 41, 44, 46
Impulsantwort.................... 16, 27
Impulsinvarianz-Verfahren 48
Interpolierung ... 181, 182, 189, 190, 193,
    195, 196, 219, 221, 280, 292
Interpolierung mit Polyphasenfiltern . 206,
    212
Intersymbol-Interferenz (ISI) 98
Inverse Fourier-Reihe 63, 194
Inverse Fourier-Transformation 70
Inverse Operation der Faltung 46

Kaiser-Fenster 67, 71, 352
Kalman-Filter 319, 320
Kammfilter 284, 403, 405
Kausalitätsbedingung................ 41
Komplexwertige FIR-Filter 83
Komplexwertige Variablen 334
Kronecker-Operator 95

L_2-Norm...........................114
L_∞-Norm........................ 114, 124
L_p-Norm....................113, 124, 128
Lagrange-Filter 182, 224
Lagrange-Interpolierung............ 221
Laufzeit........................... 46

LMS-Verfahren............ 304, 306, 307
Logarithmische Achsen 357

MA-Systeme 42
Mathematische Funktionen 339
MATLAB-Fenster 330
MATLAB-Variablen 333
Maxflat-Verfahren 56
Mehrdimensionale Felder 359
MIMO-Filter 392
Multiraten-Filterobjekte 297
Multiraten-Signalverarbeitung ... 181, 182

Null-Polstellen-Form 2, 40, 43

Optimaler Entwurf digitaler Filter 113
Orthogonale Filter 242, 243, 245

Parks-McClellan-Verfahren........ 75, 115
Perfekte Rekonstruktion 234, 239, 245
Phasenlaufzeit 7
Polynome 349

Quadratur-Amplitudenmodulation 89
Quadratur-Demodulation 91
Quantisierte Filter.................. 164
    FIR 164
    IIR 170

Raised-Cosine-Wellenform 100
RLS-Information-Algorithmus 318
RLS-Verfahren 313
Roll-Off-Faktor..................... 101
Runge-Kutta 377

Sample-Multichannel-Daten 395
Second-Order-Sections 41
Sign-Data LMS....................312
Sign-Error LMS 312
Sign-Sign LMS 312
sin(x)/x-Funktion 194, 202
SISO-System 42
Skalierte Interpretation 134
spektrale Leistungsdichte.........36, 375
Spektrum............. 184, 191, 192, 204
Sprungantwort....................... 46
Stellenwertpunkt . 133, 137, 139, 145, 146,
    149, 156, 160

Index

Struktur 361, 379, 388, 413
Struktur mit Zeit 379, 380
Symmetrische Filterbank 256

Tiefpassfilter (analog) 3, 5, 7, 9, 13, 19, 20, 26, 29
Tiefpassprototyp-Filter 47
Tschebyschev Typ I-Filter .. 47, 50, 51, 54
Tschebyschev Typ II-Filter 47, 50
Tschebyschev-Tiefpassfilter 33

Übergangsbereich 70
Übertragungsfunktion 2, 40, 49
Übertragungsfunktionsform 43

Vektoren und Matrizen 335

Vergleichs- und logische Operationen . 338

Wavelet-Filter 257
Wavelet-Funktion 261, 268
Welligkeit in Durchlassbereich 33

Yule-Walker-Verfahren 55

Zeichenketten 348
Zell-Felder 360
Zustandsbeschreibung 43
Zustandsgleichung 1, 42
Zustandsmodell 47, 49, 319
Zustandsraum 1
Zweikanal-Filterbank .. 242, 243, 248, 252

Index der MATLAB-Funktionen

abs 335, 339
adaptfilt 164, 303, 325
adaptfilt.blms 304, 327
adaptfilt.blmsfft 304
adaptfilt.dlms 304
adaptfilt.lms 304, 325
adaptfilt.nlms 304
adaptfilt.sd 304
adaptfilt.se 304
adaptfilt.ss 304
addpath 342
angle 335, 339
anonymous functions 345
any 338
appcoef 266
auread 364
auwrite 364
axis 354, 356

bar 341
barthannwin 69
bartlett 67
besselap 47
bilinear 49
bin2num 138, 157
blackman 67
blackmanharris 69
block 170
bohmanwin 69
boxcar 67
break 348
buttap 47
butter 44, 54, 177
buttord 44

ca2tf 114
ceil 143, 339
cfirpm 44, 62, 63, 85, 86, 90
chebwin 67
cheby1 . . . . 8, 20, 44, 54, 177

cheby1ord 44
cheby2 . . . . 44, 177
cheby2ord 44
cl2tf 114
conj 339
continue 348
conv 46, 233, 235, 247, 248, 296, 414
convert 114
corrcoeff 266, 340
cos 339
cov 340
cplxpair 340
cumprod 340
cumsum 340

dbclear 365
dbcont 366
dbquit 365, 366
dbstack 366
dbstep 367
dbstop 365
dbup 366
ddencmp 267
decimate 182
deconv 46, 104
detcoef 266
dfilt 44, 105, 164, 166, 170
dfilt.df1 105
dfilt.dffir 106
diff 336, 340, 379
disp 364
downsample 182, 249

ellip 5, 44, 177
ellipap 3
ellipord 44
Embedded MATLAB Function 412
eps 339
equiripple 177
eval 348

exp 335, 339, 354

fclose 362
fdatool 159
fdesign 164, 177
feval 349
fft . . 14, 143, 220, 227, 247, 296, 350, 414
fft2 350
fftn 350
fftshift 14, 227, 353
fi 151, 158
fieldnames 361
figure 354
filter 46, 108, 121, 169, 214, 220, 249, 414
filtstates 45
fimath 151, 154
find 338
fipref 151
fir1 44, 62, 69, 70, 72, 92, 94–97, 184, 196,
    209, 214, 220, 234, 414
fir2 . . . . 44, 62, 70
fircband 114
firceqrip 114, 124, 277
fircls 44, 62, 112
fircls1 . . . . 44, 62, 112
firgauss 44, 112
firgr 114–116, 118–120
firhalfband 114, 298
firlp2lp 114
firlpnorm 114, 124
firls 44, 62, 75, 77, 79, 80
firminphase 114
firnyquist 114, 298
firpm 44, 62, 75, 77, 79, 80,
    83, 115, 116, 119, 160, 166, 196,
    288, 290, 293
firpmord 44, 77, 78, 128
firpolyphase 209, 298, 414
firpr2chfb 247, 249
firrcos 44, 62, 102, 103
fix 143, 339
floor 137, 143, 339
fopen 362
for 346
fprintf 362
fread 364
freqs 4, 46, 48

freqz 46, 48, 55, 62, 66, 68, 109, 117, 120,
    168, 196, 271, 276
fscanf 362
function 343
fvtool 46, 57, 106, 109, 117, 125, 177, 248
fwrite 364
fxptdlg 160

gausswin 69, 70
gcf 369
get 108
grpdelay 46, 48, 55, 126

hamming 67, 72, 187, 352
hann 67
hanning 65, 67, 70, 352
help 330, 339
hex2num 157
hist 340, 341
hold on 354

i,j 339
if 346
ifft 220, 237, 296, 414
ifftn 350
ifir 114, 291
iircomb 114
iirgrpdelay 114, 125
iirlp2bp 114
iirlp2bs 114
iirlp2hp 114
iirlp2lp 114
iirlpnorm 114, 128
iirlpnormc 114, 128, 129
iirnotch 114
iirpeak 114
iirpowcom 114
imag 335, 339
impinvar 48
impz 46, 168
inf 339
info 294
interp 182
interp1 . . . . 182, 311
interp2 182
interp3 182
interpfr 221

Index der MATLAB-Funktionen

interpft 182
interpn 182
intfilt 44, 112, 182, 223
inv 338
isempty 338
isfinit 338
isinf 338
isnan 338

kaiser 67, 70, 72, 234, 352
kaiserord 44, 68, 71, 72
kaiserwin 177

length 339
linspace 336
load 362, 364
log 339
log10 . . . . 336, 339
loglog 357
logspace 336
lookfor 331, 342
lp2bs 4
lp2lp 47

max 340
maxflat 44, 56–58
mean 340
median 340
mfilt 164, 182, 300
mfilt.cicdecim 182, 276
mfilt.cicinterp 182
mfilt.fftfirinterp 182, 297, 299
mfilt.firdecim 182
mfilt.firdtecim 182
mfilt.firfracdecim 182
mfilt.firfracinterp 182
mfilt.firinterp 182
mfilt.firsrc 182
mfilt.holdinterp 182, 294
mfilt.linearinterp 182
min 340

NaN 339
nested functions 344
nextpow2 350
noisepsd 168
num2bin 157

num2hex 157
num2str 348
numerictype 151, 153
nuttallwin 69

ones 336
overloaded functions 345

path 342
persistent 412
phasedelay 46
pi 339
plot 348, 353
plotyy 121
poly 349
polyfit 350
polyphase 299
polyval 350
primary m-file functions 344
private functions 346
prod 340
psd 250
pwelch 187

quantize 168
quantizer 138, 151, 156, 168

rand 336
randn 336, 360
rcosfir 104
real 335, 339
realmax 339
rectwin 69
reffilter 180
remez 75
resample 182
return 348
roots 349
round 137, 143, 148, 154, 339

save 362, 364
semilogx 357
semilogy 357
set 108, 294, 370
sgolay 44, 112
sim 52, 123, 187, 416, 417
simset 123, 416, 417
sin 339

size 339
sort 340
sos2ss 43
sos2tf 43
sos2zp 43
spline 182
sqrt 339
squeeze 308, 323, 359, 389
ss2sos 43
ss2tf 43, 48
ss2zp 43
stairs 354, 357
std 340, 341
stem 357
stepz 46
struct 361
subfunctions 344
subplot 355
sum 339
switch/case 347

tf2ca 114
tf2cl 114
tf2sos 43, 44
tf2ss 43
tf2zp 43
triang 69

try/catch 348
tukeywin 69, 70

unwrap 9, 120
upfirdn 182
upsample 182, 249

wavedec 264
wavemenu 268
waverec 267
wavread 239, 364
wavwrite 364
wdencmp 267
wfilters 244–246, 257
while 347
whos 334
wintool 64
wrcoef 265
wvtool 69, 72

yulewalk 44, 55, 56

zeros 336
zp2sos 43
zp2ss 43, 47
zp2tf 4, 43
zplane 46, 168

Glossar

Adaptive Filter sind Filter deren Koeffizienten laufend angepasst werden, um ein vorgegebenes Optimalitätskriterium zu erfüllen. Sie sind praktisch nur digital realisierbar und werden z.B. zur Störunterdrückung oder in der Kommunikationstechnik zur Kanalentzerrung eingesetzt.

Analytische Signale sind komplexwertige Signale, deren Frequenzgang bei negativen Frequenzen null ist. Ihr Imaginärteil ist die Hilbert-Transformierte ihres Realteils.

Bessel-Filter In seiner Grundform als analoger Tiefpass ist es ein Filter, das nur Pole besitzt und dessen Nennerpolynom ein Bessel-Polynom ist. Seine herausragende Eigenschaft ist eine weitgehend konstante Gruppenlaufzeit im Durchlassbereich. Im Englischen wird dieses als *maximally flat delay* bezeichnet.

Bilineare Transformation ist ein Verfahren zum Entwurf digitaler Filter aus analogen Filtern. Die Übertragungsfunktion des digitalen Filters erhält man aus der Übertragungsfunktion des analogen Filters mit der Transformation $s = \frac{2}{T}\frac{z-1}{z+1}$, welche die linke s-Halbebene in das Innere des Einheitskreises der z-Ebene abbildet.

Butterworth-Filter In seiner Grundform als analoger Tiefpass ist es ein Filter, das nur Pole besitzt und dessen Amplitudengang die Form $A(\omega) = 1/\sqrt{1+\omega^{2n}}$ hat, wobei n die Ordnung des Filters ist. Der Amplitudengang hat einen sehr flachen Verlauf im Durchlassbereich, ohne Welligkeit. Im Englischen wird dieses als *maximally flat* bezeichnet.

CIC-Filter *Cascaded-Integrator-Comb*-Filter sind Tiefpassfilter, die ohne Multiplikationen auskommen und damit sehr gut für die Implementierung in einer digitalen Hardware (FPGA oder ASIC) geeignet sind. Sie werden häufig in Digital-Down-Convertern (DDC) und Digital-Up-Convertern zur Dezimierung bzw. Interpolierung mit großen Faktoren (im Bereich 1000) eingesetzt.

Dezimierung oder Dezimation bezeichnet die Herabsetzung der Abtastfrequenz eines Signals.

Elliptisches Filter In seiner Grundform als analoger Tiefpass besitzt es sowohl Null- als auch Polstellen, mit deren Hilfe sehr steile Übergänge zwischen Durchlass- und Sperrbereich erzeugt werden. Sein Name rührt von der Verwendung elliptischer Funktionen zur Bildung des Nenners der Übertragungsfunktion. Auch als Cauer-Filter bekannt.

Fensterfunktionen sind Funktionen zur Gewichtung (also punktweisen Multiplikation) von Datenblöcken. Sie werden hauptsächlich in der Spektralanalyse eingesetzt, um den Leck-Effekt zu verringern. Häufig verwendete Fensterfunktionen sind: Hann, Hamming, Blackman, Bartlett, Kaiser.

Festkomma-Darstellung ist eine Art der Repräsentation reellwertiger Größen in einem Rechner, bei der der Dezimalpunkt eine festgelegte Stelle einnimmt, bzw. die Anzahl der Stellen vor und nach dem Dezimalpunkt festgelegt ist. Dadurch haben alle Quantisierungsintervalle die gleiche Größe.

Filterbank Parallel geschaltete Bandpass-Filter, die im Analysefall ein Signal in Teilsignale (spektrale Anteile) zerlegen oder im Synthesefall ein Signal aus mehreren Komponenten zusammensetzen. Filterbänke werden z.B. zur Datenkompression oder Rauschunterdrückung eingesetzt.

FIR-Filter *Finite-Impulse-Response*-Filter, das sind digitale Filter mit endlicher Impulsantwort. Ihre Struktur ist nicht rekursiv, sondern transversal.

Frequenztransformation Transformation der Frequenzvariablen einer Übertragungsfunktion, um aus Tiefpassfiltern Hochpass-, Bandpass oder Bandsperrfilter zu entwickeln. So wandelt z.B. die Transformation $\omega_{TP} = \frac{\omega_0^2}{\omega_{HP}}$ eine Tiefpassübertragungsfunktion $H_{TP}(j\omega_{TP})$ der Variablen ω_{TP} in eine Hochpassübertragungsfunktion $H_{HP}(j\omega_{HP})$ der Variablen ω_{HP} um.

Gleitkomma-Darstellung ist die Repräsentation reellwertiger Größen im Rechner in Form einer Exponentialdarstellung. Für Mantisse und Exponent werden eine festgelegte Anzahl von Binärstellen verwendet. Der darstellbare Wertebereich ist dadurch viel größer als bei der Festkomma-Darstellung, die Größe des Quantisierungsintervalls ist aber nicht konstant.

Gruppenlaufzeit Die Gruppenlaufzeit ist definiert als die Ableitung der (frequenzabhängigen) Phasenverschiebung nach der Kreisfrequenz: $G_r(\omega) = -\frac{d\varphi(\omega)}{d\omega}$. Sie entspricht der zeitlichen Verzögerung eines Wellenpaketes mit infinitesimaler Bandbreite $d\omega$ beim Durchgang durch ein lineares System. Die Form eines Pulses verändert sich nicht, wenn die Gruppenlaufzeit konstant ist. Das negative Vorzeichen in der Definition wird verwendet, um positive Werte für G_r zu erhalten.

Hilbert-Transformation Die Hilbert-Transformierte eines Signals erhält man durch Faltung des Signals mit der Funktion $h(t) = \frac{1}{\pi t}$. Die Hilbert-Transformation lässt den Amplitudengang eines Signals unverändert und realisiert eine konstante Phasendrehung von $\Delta\varphi = \frac{\pi}{2}$ für negative Frequenzen und von $\Delta\varphi = -\frac{\pi}{2}$ für positive Frequenzen.

IIR-Filter *Infinite-Impulse-Response*-Filter sind digitale Filter mit unendlich langer Impulsantwort. Ihre Struktur ist rekursiv.

Impulsinvarianz-Verfahren Verfahren zum Entwurf digitaler Filter aus analogen Filtern, indem die Impulsantwort des digitalen Filters aus den Abtastwerten der Impulsantwort des analogen Filters gebildet wird.

Interpolated-FIR-Filter Zur aufwandsgünstigen Realisierung von Filtern mit geringer relativer Durchlassfrequenz wird durch Einfügen von $M-1$ Nullwerten zwischen den Koeffizienten eines FIR-Tiefpassfilters der Frequenzgang um den Faktor M gestaucht. Um die dadurch entstehenden Spiegelungen des Spektrums zu unterdrücken, wird im Anschluss daran ein weiteres Tiefpassfilter verwendet, an welches jedoch geringere Anforderungen gestellt werden können.

Interpolierung oder Interpolation bezeichnet die Erhöhung der Abtastfrequenz eines Signals durch Berechnung von Zwischenwerten, z.B. mit einem Tiefpassfilter.

Kalman-Filter Ist ein rekursives Filter zur Signalschätzung aus verrauschten Messungen durch Minimierung des mittleren quadratischen Fehlers. Es arbeitet mit der Zustandsbeschreibung von Systemen und erfordert keine Stationarität des zu schätzenden Signals.

Kanonische Strukturen sind Strukturen zur Realisierung digitaler Filter, die mit einer Minimalzahl von Speichern auskommen. Es gibt vier kanonische Strukturen.

Leck-Effekt tritt bei der Spektralanalyse zeitdiskreter Signale auf und bezeichnet die Verteilung der Signalleistung auf benachbarte Frequenzstützstellen als Folge der zeitlichen Begrenzung des analysierten Signals. Zur Verminderung des Leck-Effektes werden anstelle der Begrenzung mit einem rechteckigen Zeittor Fensterfunktionen (Hann, Hamming usw.) verwendet.

LMS-Verfahren Beim *Least Mean Squares*-Verfahren werden die Koeffizienten eines Filters iterativ in Richtung des negativen Gradienten des aktuellen quadratischen Fehlers verändert, mit dem Ziel der Minimierung desselben.

Multiraten-Systeme sind Systeme, die mit mehreren Abtastfrequenzen arbeiten.

Multiresolution-Filterbank ist in ihrer Analysevariante eine Anordnung von Filtern zur Zerlegung eines Signals in mehrere Teilsignale, indem hierarchisch eine wiederholte Zerlegung des Signals aus der vorhergehenden Stufe in einen Tiefpassanteil (*Approximation*) und einen Hochpassanteil (*Details*) erfolgt. Die Multiresolution-Synthesefilterbank fügt als umgekehrte Anordnung der Filter die Teilsignale wieder zusammen.

Noble Identity Gibt den Zusammenhang zwischen äquivalenten Strukturen an, bei denen die Unterabtastung und die Filterung vertauscht werden.

Parks-McClellan-Verfahren Ein Verfahren zum Entwurf von FIR-Filtern mit Hilfe des Remez-Exchange-Algorithmus. Das Verfahren optimiert den maximalen Fehler zwischen dem gewünschten und dem resultierenden Frequenzgang.

Phasenlaufzeit Die Phasenlaufzeit einer harmonischen Schwingung ist definiert als der Quotient zwischen der (frequenzabhängigen) Phasenverschiebung beim Durchgang durch ein lineares System und der Kreisfrequenz der Schwingung: $\tau_p = -\varphi(\omega)/\omega$. Sie entspricht der zeitlichen Verzögerung der harmonischen Schwingung beim Durchgang durch ein lineares System. Das negative Vorzeichen in der Definition wird verwendet, um positive Werte für τ_p zu erhalten.

Polyphasenfilter Durch Unterabtastung der Einheitspulsantwort eines FIR-Filters wird dieses in parallel angeordnete Teilfilter zerlegt. Bei der Dezimierung und Interpolierung können diese bei niedriger Abtastfrequenz arbeiten und dadurch Rechenaufwand sparen.

Raised-Cosine-Filter Diese Filter werden zur Bandbegrenzung von Kommunikationssignalen verwendet, ohne dass dadurch Intersymbol-Interferenz entsteht. Ihr Frequenzgang hat eine zur halben Symbolfrequenz symmetrische Flanke.

RLS-Verfahren für adaptive Filter: Beim *Recursive Least Squares*-Verfahren wird der quadratische Fehler durch rekursive Anpassung der Filterkoeffizienten minimiert.

Schnelle Faltung oder zyklische Faltung bezeichnet die Durchführung der Faltung auf dem Umweg über den Frequenzbereich, indem die zu faltenden Signale der DFT unterworfen und im Frequenzbereich multipliziert werden. Das Ergebnis wird mittels IDFT wieder in den Zeitbereich transformiert. Da die DFT-Berechnung eine zyklische Fortsetzung der Zeitsignale bedeutet, müssen die Signale mit Nullen aufgefüllt werden um dasselbe Ergebnis wie bei der Faltung im Zeitbereich zu erhalten. Für die Faltung sehr langer Signale gibt es Methoden wie „overlap-add" oder „overlap-save".

SOS *second-order-sections* oder Abschnitte zweiter Ordnung bezeichnen Teilsysteme zweiter Ordnung einer Übertragungsfunktion, die man durch die Gruppierung der konjugiert komplexen Pole der Übertragungsfunktion erhält. Die Darstellung der gesamten Übertragungsfunktion als Kettenschaltung von Abschnitten zweiter und erster Ordnung bezeichnet man als dritte kanonische Struktur. Abschnitte erster Ordnung sind ein Sonderfall der Abschnitte zweiter Ordnung bei reellwertigen Polen.

Tschebyschev-Filter vom Typ I und II In ihrer Grundform als analoge Tiefpassfilter haben die Tschebyschev-Filter vom Typ I nur Pole, während die Filter vom Typ II auch Nullstellen haben. Für beide werden Tschebyschev-Polynome zur Bildung der Übertragungsfunktion verwendet. Tschebyschev-Filter vom Typ I haben eine Welligkeit im Durchlassbereich, während die Filter vom Typ II die Welligkeit im Sperrbereich besitzen. Durch das Zulassen der Welligkeit wird ein steiler Übergang zwischen Durchlass- und Sperrbereich erzielt.